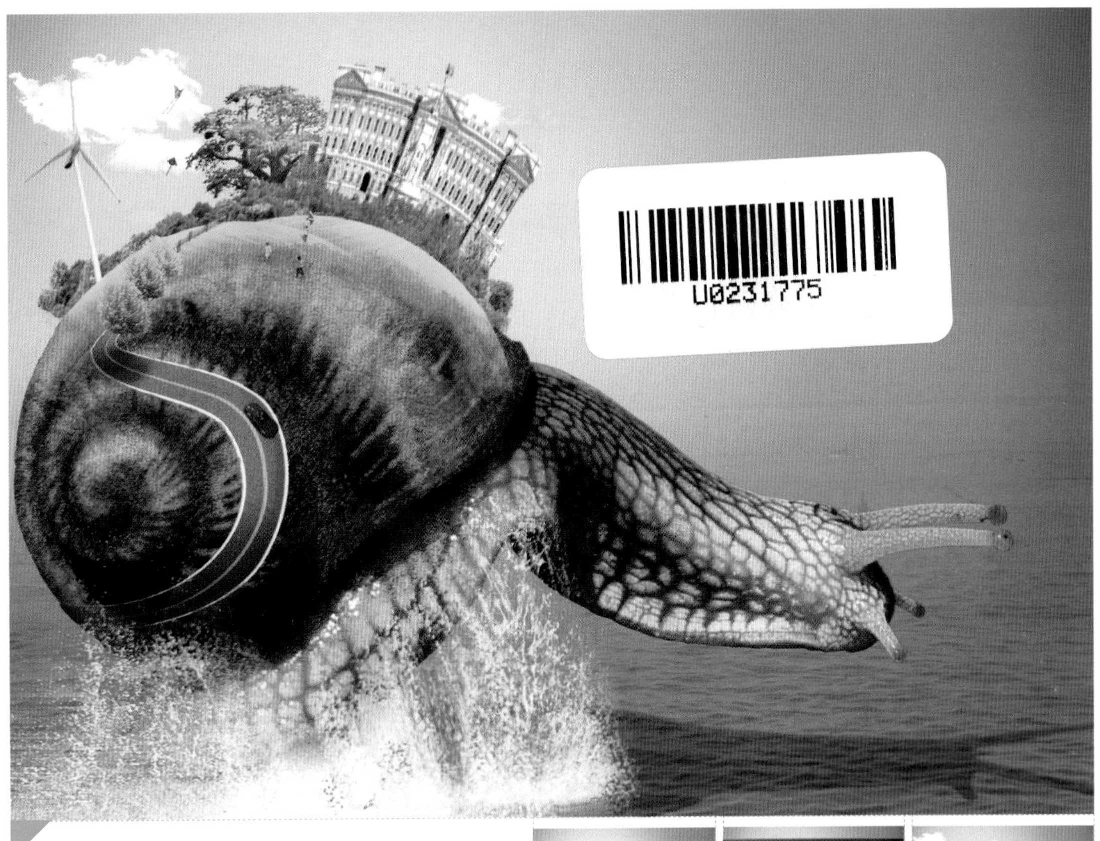

16 实战 12：启航的蜗牛（410 页）
视频位置：光盘 \ 第 16 章 \ 视频 \ 启航的蜗牛 .flv
实例说明：利用图层模式和颜色调整让蜗牛壳"长满"草和苔藓，然后通过蒙版添加水花，合成了这张巨型蜗牛。

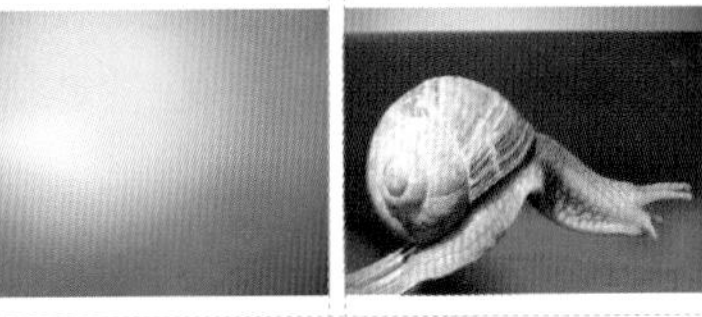

10.5 实例体验 25：光影特效（287 页）
视频位置：光盘 \ 第 10 章 \ 视频 \ 光影特效 .flv

16 实战 8：神奇的红外效果（408 页）
视频位置：光盘 \ 第 16 章 \ 视频 \ 神奇的红外效果 .flv

16 实战 1：中性灰质感磨皮（402 页）
视频位置：光盘 \ 第 16 章 \ 视频 \ 试镜美女 .flv
实例说明：使用修复污点画笔等工具，修复面部明显的斑点；然后建立观察组，在黑白效果下利用中性灰进行精细磨皮。

7.16 实例体验 21：卡通图案（192 页）
视频位置：光盘 \ 第 7 章 \ 视频 \ 卡通图案 .flv

2.2 实例体验 16：文件之间的复制（31 页）
视频位置：光盘 \ 第 2 章 \ 视频 \ 文件之间的复制 .flv

16 实战11：俯瞰瀑布上的城堡（410页）
视频位置：光盘\第16章\视频\俯瞰瀑布上的城堡.flv
实例说明：使用图层蒙版合成瀑布、城市、城堡，并调整整体虚实、明暗和颜色，完成最终的效果。

6.11 实战2：美女抠图（159页）
视频位置：光盘\第6章\视频\美女抠图.flv

6.11 实战1：抠汽车（157页）
视频位置：光盘\第6章\视频\抠汽车.flv

9.8 实战 2：唱歌的梨子（260 页）
视频位置：光盘 \ 第 9 章 \ 视频 \ 唱歌的梨子 .flv
实例说明：抠取人像嘴的区域，与梨子合成，然后通过制作眼睛、添加墨镜、添加乐符和手等元素，完成唱歌的梨子效果。

8.9 实例体验 15：图案字（230 页）
视频位置：光盘 \ 第 8 章 \ 视频 \ 图案字 .flv

16 实战 15：手机操作界面设计（413 页）
视频位置：光盘 \ 第 16 章 \ 视频 \ 手机操作界面设计 .flv

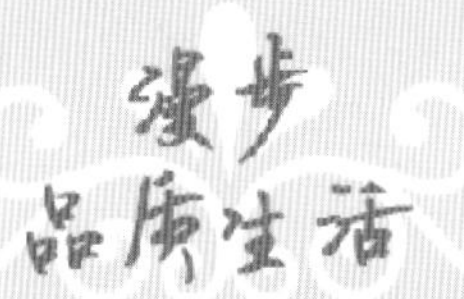

16 实战 16：网页设计（414 页）

视频位置：光盘 \ 第 16 章 \ 视频 \ 网页设计 .flv

实例说明：新建页面后，划分出网页的基本大块；添加网页内容、商品图及花纹等；最后制作出导航栏和搜索栏，完成最终效果。

10.3 实例体验 11：闪电效果（278 页）

视频位置：光盘 \ 第 10 章 \ 视频 \ 闪电效果 .flv

8.9 实例体验 12：立体字（228 页）

视频位置：光盘 \ 第 8 章 \ 视频 \ 立体字 .flv

16 实战 3：制作玻璃后面的人物效果（403 页）
视频位置：光盘 \ 第 16 章 \ 视频 \ 制作玻璃后面的人物效果 .flv
实例说明：复制一个图层后，执行高斯模糊命令；添加图层蒙版，使用画笔工具实现擦拭效果；叠加水珠素材图像，完成最终效果。

9.7 实例体验 12：用图层模式叠加纹理（257 页）
视频位置：光盘 \ 第 9 章 \ 视频 \ 用图层模式叠加纹理 .flv

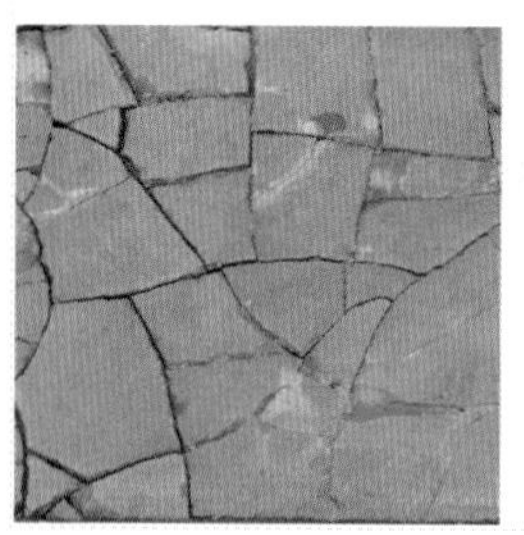

9.7 实例体验 9：用图层蒙版搭接（256 页）
视频位置：光盘 \ 第 9 章 \ 视频 \ 用图层蒙版搭接 .flv

16 实战 10：合成 CG 插画（409 页）
视频位置：光盘 \ 第 16 章 \ 视频 \ 合成 CG 插画 .flv
实例说明：调整人像颜色，抠取人像面部的区域；添加蝴蝶、植物、云朵和树藤等素材后，调整细节，完成最终效果。

9.7
实例体验 13：利用"应用图像""计算"命令合成（258 页）
视频位置：光盘 \ 第 9 章 \ 视频 \ 利用"应用图像""计算"命令合成 .flv

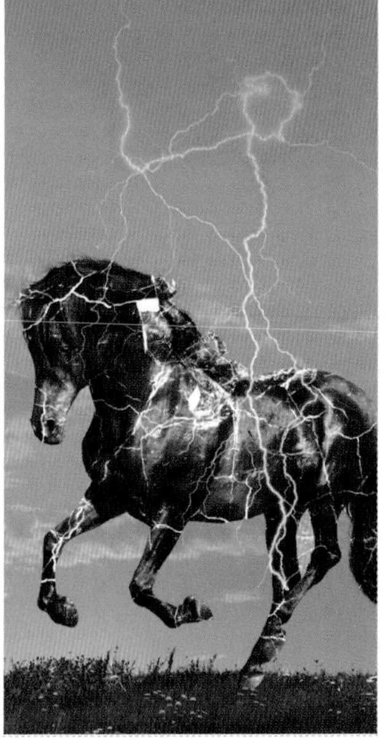

9.7
实例体验 8：利用剪贴蒙版嵌套图像（255 页）
视频位置：光盘 \ 第 9 章 \ 视频 \ 利用剪贴蒙版嵌套图像 .flv

16 实战13：户外大喷广告设计（411页）
视频位置：光盘\第16章\视频\户外大喷广告设计.flv

实例说明：这是一个户外喷绘广告，广告采用PVC网格布材料油性墨喷绘，宽高为2.3米 × 1.6米，文件分辨率设置为30ppi。

10.5
实例体验24：光柱效果（287页）
视频位置：光盘\第10章\视频\光柱效果.flv

10.5
实例体验18：模拟闪电（283页）
视频位置：光盘\第10章\视频\模拟闪电.flv

10.5

实例体验 19：照片变油画（283 页）

视频位置：光盘 \ 第 10 章 \ 视频 \ 照片变油画 .flv

7.17

实例体验 22：扫描图上色（192 页）

视频位置：光盘 \ 第 7 章 \ 视频 \ 扫描图上色 .flv

16

实战 5：制作非常个性的雷朋风格人物海报（405 页）

视频位置：光盘 \ 第 16 章 \ 视频 \ 制作非常个性的雷朋风格人物海报 .flv

实例说明：将人物转成黑白图，然后添加对比强烈的颜色，变成雷朋风格。

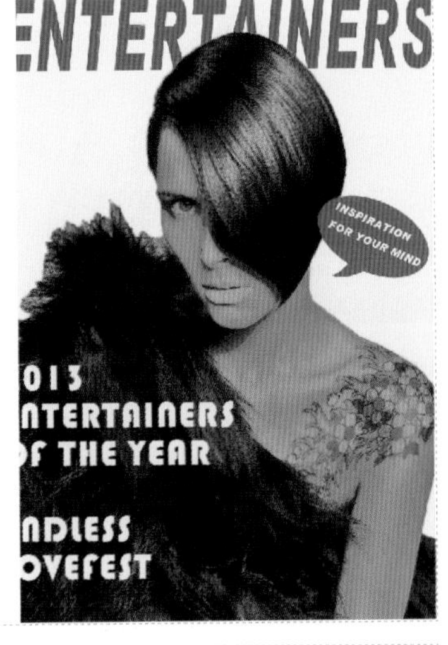

16

实战 14：海报招贴设计（412 页）

视频位置：光盘 \ 第 16 章 \ 视频 \ 海报招贴设计 .flv

实例说明：这是一张音乐海报，宽高为 420mm × 570mm，文件分辨率 300ppi，采用铜版纸单面印刷。

10.6

实战 2：合成爆炸（289 页）

视频位置：光盘 \ 第 10 章 \ 视频 \ 合成爆炸 .flv

10.5

实例体验 26：光芒四射效果（288 页）

视频位置：光盘 \ 第 10 章 \ 视频 \ 光芒四射效果 .flv

16

实战 7：制作怀旧封面印刷海报（407 页）

视频位置：光盘 \ 第 16 章 \ 视频 \ 制作怀旧封面印刷海报 .flv

9.8

实战 1：合成超酷的蓝色水珠人像（259 页）

视频位置：光盘 \ 第 9 章 \ 视频 \ 合成超酷的蓝色水珠人像 .flv

10.5

实例体验 15：模拟雾海（281 页）

视频位置：光盘 \ 第 10 章 \ 视频 \ 模拟雾海 .flv

8.9

实例体验 11：阴影文字（226 页）

视频位置：光盘 \ 第 8 章 \ 视频 \ 阴影文字 .flv

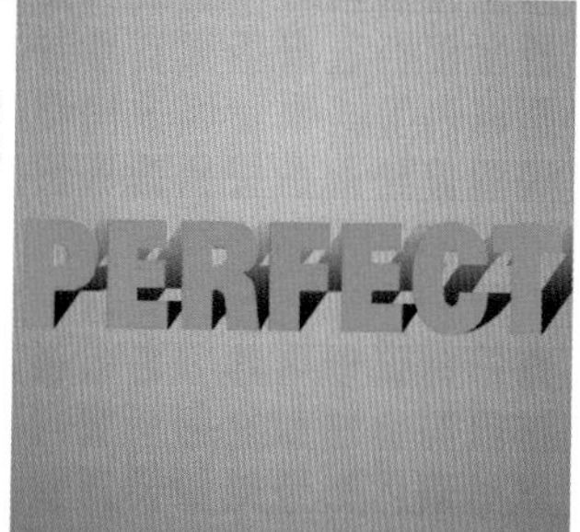

5.10

实例体验 26：结合法调色（115 页）

视频位置：光盘 \ 第 5 章 \ 视频 \ 综合法调色 .flv

6.10

实例体验 29：图层模式抠毛发（153 页）

视频位置：光盘 \ 第 6 章 \ 视频 \ 图层模式抠毛发 .flv

6.10

实例体验 28：蒙版抠婚纱（152 页）

视频位置：光盘 \ 第 6 章 \ 视频 \ 蒙版抠婚纱 .flv

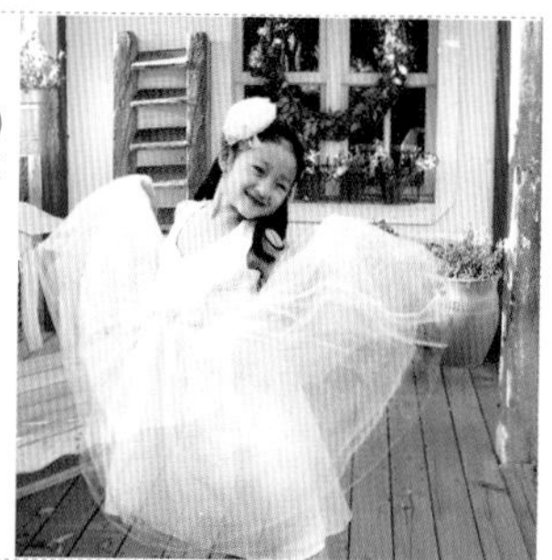

10.5

实例体验 16：打造美丽雨景（282 页）

视频位置：光盘 \ 第 10 章 \ 打造美丽雨景 .flv

12.4

实例体验 3：通道制作印金专色片（329 页）

视频位置：光盘 \ 第 12 章 \ 视频 \ 通道制作印金专色片 .flv

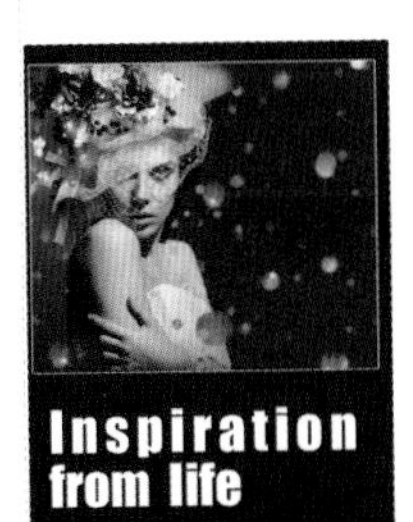

7.19

实例体验 25：手绘板绘制漫画人像（197 页）

视频位置：光盘 \ 第 7 章 \ 视频 \ 手绘板绘制漫画人像 .flv

9.7

实例体验 10：用图层蒙版渐隐合成（256 页）

视频位置：光盘 \ 第 9 章 \ 视频 \ 用图层蒙版渐隐合成 .flv

8.11

实战 2：封面文字设计（240 页）

视频位置：光盘 \ 第 8 章 \ 视频 \ 封面文字设计 .flv

10.6

实战 1：汽车广告（289 页）

视频位置：光盘 \ 第 10 章 \ 视频 \ 汽车广告 .flv

5.5

实例体验 15：变暗、正片叠底模式效果（102 页）

视频位置：光盘 \ 第 5 章 \ 视频 \ 变暗、正片叠底效果 .flv

10.5

实例体验 21：把人物照片转为水彩画（284 页）

视频位置：光盘\第 10 章\把人物照片转为水彩画 .flv

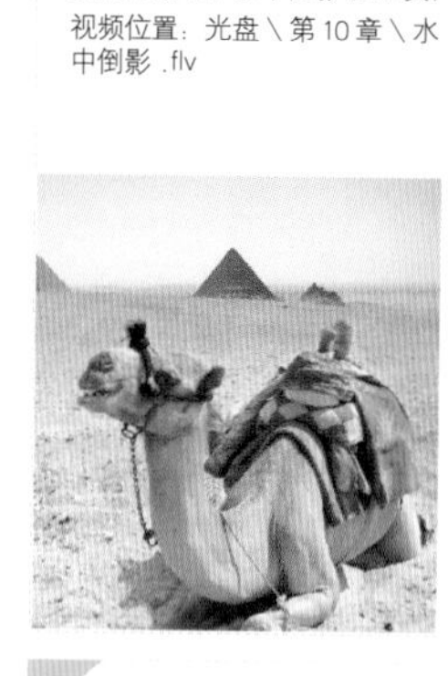

10.3

实例体验 12：水中倒影（279 页）

视频位置：光盘\第 10 章\水中倒影 .flv

16

实战 6：真实照片转黑白漫画效果（406 页）

视频位置：光盘\第 16 章\视频\真实照片转黑白漫画效果 .flv

7.21

实战 2：简单的四方连续图案（208 页）

视频位置：光盘\第 7 章\视频\简单的四方连续图案 .flv

4.14

实战 2：模糊数码照片的清晰化处理（78 页）

视频位置：光盘\第 4 章\视频\模糊数码照片的清晰化处理 .flv

5.11

实战 1：欠曝图像的调整（118 页）

视频位置：光盘\第 5 章\视频\欠曝图像的调整 .flv

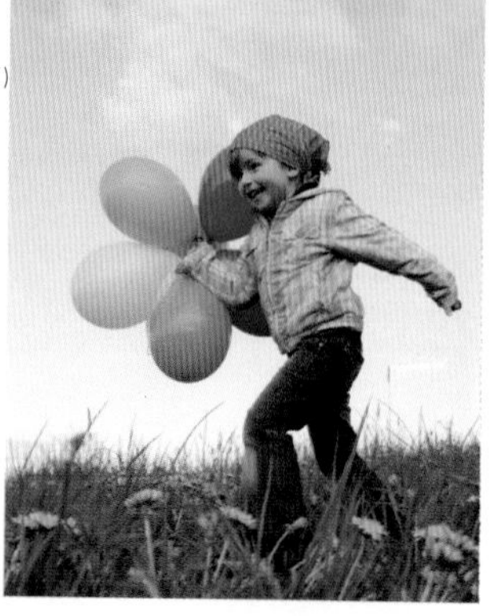

8.11

实战 1：文字创意排列（237 页）

视频位置：光盘\第 8 章\视频\文字创意排列 .flv

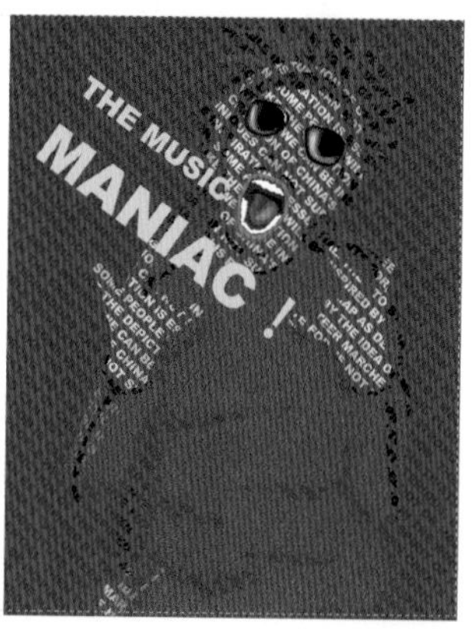

11.8

实战 1：完全用 PS 完成的设计（319 页）

视频位置：光盘\第 11 章\视频\完全用 PS 完成的设计 .flv

13.8

实例体验 12：黑夜的望远镜（364 页）
视频位置：光盘 \ 第 13 章 \ 视频 \ 黑夜中的望远镜 .flv
实例说明：这是一个典型的蒙版动画，通过蒙版编辑，制作出不同帧的变化。

13.10

实战 1：水波动画（370 页）
视频位置：光盘 \ 第 13 章 \ 视频 \ 水波动画 .flv
实例说明：这个动画制作复杂，但实际只有四帧，利用大小不同的同心圆环做成蒙版，模拟水波荡漾。

13.10

实战 2：网页广告动画（376 页）
视频位置：光盘 \ 第 13 章 \ 视频 \ 网页广告动画 .flv
实例说明：这是一个购物节促销网络动画广告，尺寸为 800 像素 ×600 像素。

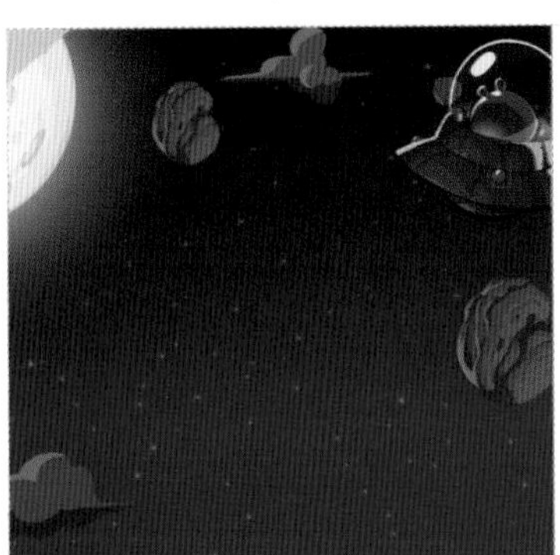

13.1

实例体验 1：关于帧的基础操作（343 页）
视频位置：光盘 \ 第 13 章 \ 视频 \ 关于帧的基础操作 .flv
实例说明：这是一个简单的位移帧动画，不同的帧对应飞行器不同的位置，设置帧持续时间为 0.1 秒。

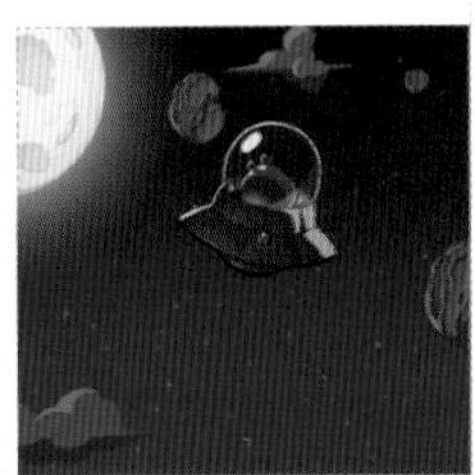

16

实战 2：古铜色肤色调整（402 页）

视频位置：光盘\第 16 章\视频\古铜色肤色调整 .flv

5.7

实例体验 18：黑白场标定欠曝图像（105 页）

视频位置：光盘\第 5 章\视频\标定黑白场 .flv

8.10

实例体验 16：文字设计（231 页）

视频位置：光盘\第 8 章\视频\文字设计 .flv

4.5

实例体验 7：修复画笔工具用法（63 页）

视频位置：光盘\第 4 章\视频\修复画笔工具用法 .flv

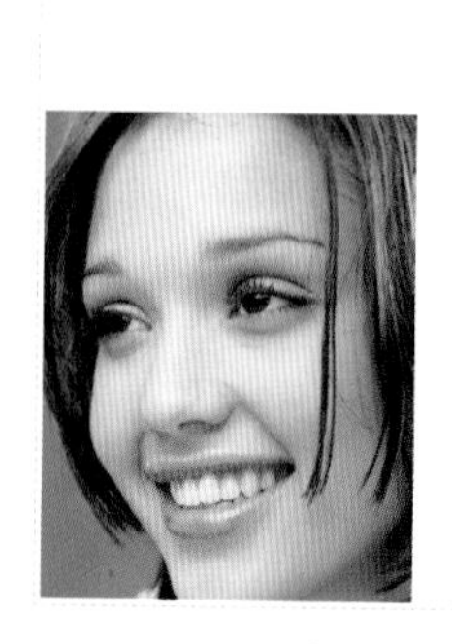

4.6

实例体验 8：修补工具用法（64 页）

视频位置：光盘\第 4 章\视频\修补工具用法 .flv

16 实战 4：打造一个半调网屏唱片封面（404 页）

视频位置：光盘\第 16 章\视频\打造一个半调网屏唱片封面 .flv

13.8

实例体验 13：沿线移动（367 页）

视频位置：光盘\第 13 章\视频\沿线移动 .flv

① 原照片

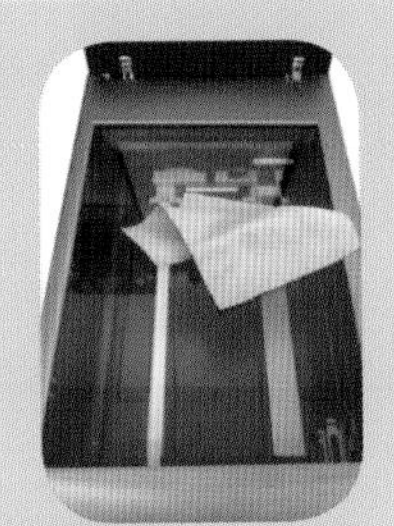

②先清扫扫描仪

③ 照片面向下放置

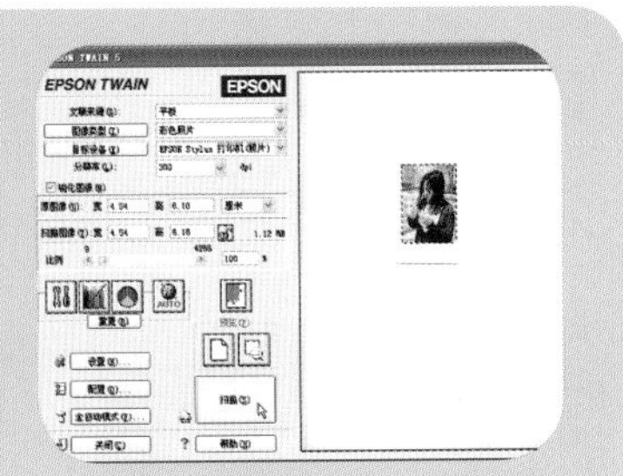

④ 设置为“彩色照片”扫描类型

⑤ 扫描效果

3.3

实例体验 3：扫描照片（48 页）

实例说明：扫描仪使用的时候需要注意保持扫描区域玻璃板的清洁，然后根据不同的扫描原稿选择合适的扫描类型，彩色照片扫描适宜选择彩色照片模式。

杂志原稿

3.3

实例体验 5：扫描印刷品（50 页）

实例说明： 杂志扫描有特殊性——图像上有印刷形成的网纹。如果扫描仪性能好，我们可以利用扫描仪自身的去网纹功能进行扫描。

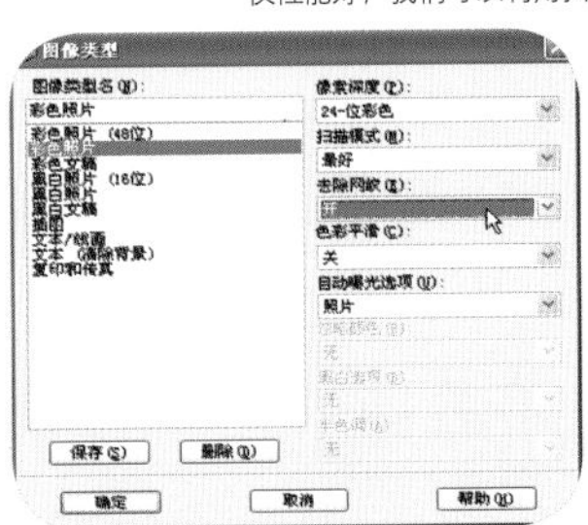

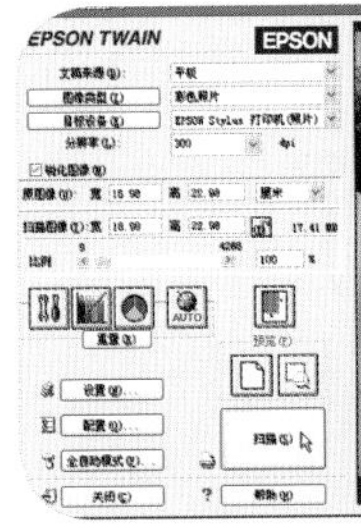

打开去网纹选项

扫描效果

3.3

实例体验 4：扫描线稿（49 页）

实例说明： 线稿图扫描同样比较特殊，只需要获得清晰的线条就好。将扫描类型设置为“文本／线画”可以获得最佳扫描效果，并且不用担心纸张的颜色。

① 线描原稿

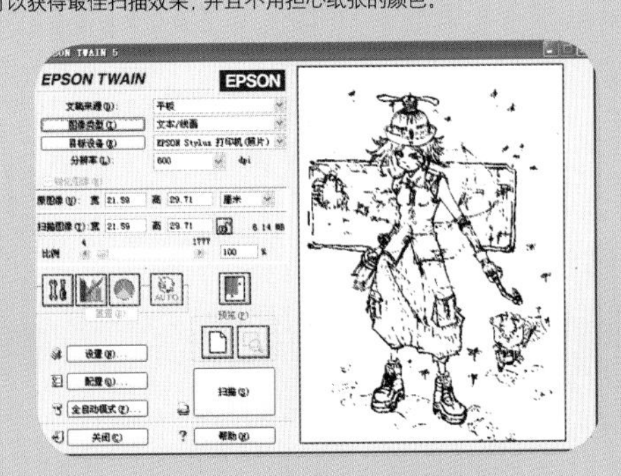

② 扫描类型设置为“文本／线画

③ 扫描效果

11.5

实例体验 7：CMYK 模式下的单黑文字分色效果（309 页）

视频位置：光盘 \ 第 11 章 \ 视频 \CMYK 模式下的黑色文字分色效果 .avi

实例说明：在 Photoshop 设计的印刷作品中文字容易出现分色问题。只有将文字层模式设置为正片叠底才能避免文字套印的麻烦。

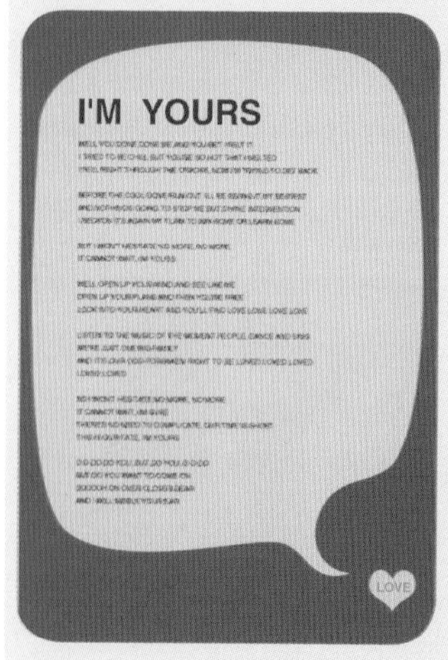

CMYK 原图

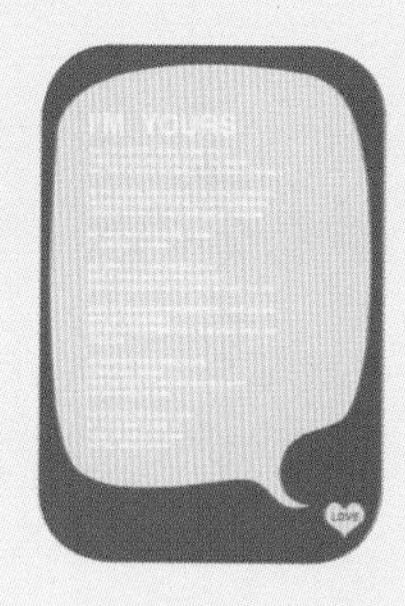

修改模式前的分色

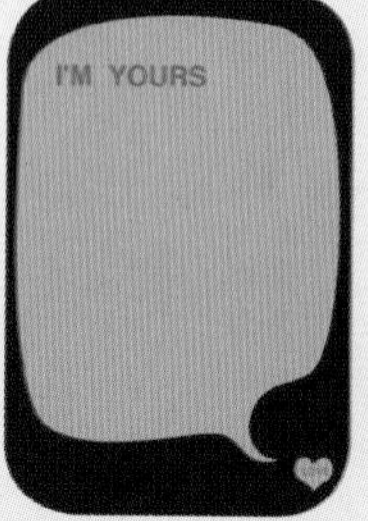

文字模式改为正片叠底后的分色

12.8

实战：酒瓶标签——专色压四色设计（337 页）

视频位置：光盘 \ 第 12 章 \ 视频 \ 专色压四色设计 .flv

实例说明：瓶贴上的白色文字以及下方的烫金图标都需要出专色片。这张瓶贴印刷时总共需要 6 张片子。

源文件

四色文件

Bordex

FROM ASPECIES OF
WORLD
PREMIUM RED GRAPES
SPECLAL RESERVE

白墨专色片

烫金专色片

不只会PS，更会用PS设计！

Photoshop CC 设计从入门到精通（超值版）

2张DVD

马兆平 李仁 郑国强 编著

内容简介

这是一本专门为设计师打造的Photoshop技能实训手册。

全书共16章，内容围绕两个问题的解决：Photoshop有何用；设计师如何用Photoshop。第1章介绍Photoshop与设计、设计师的关系。第2章，以及第4~14章的第一部分，按设计单元操作的需要组织，讲解Photoshop的术语、工具、命令，告诉读者"Photoshop有何用"。第3、15章，以及第4~14章的第二部分，讲解设计单元操作，如图片处理、文字编辑、素材组合、动画编辑、颜色调整与管理、设计工艺选择与制作等在Photoshop软件中的具体实现，告诉读者"设计师如何用Photoshop"。第16章利用16个综合案例从照片精修、喷绘设计、海报设计、网页设计、界面设计等方面全面检验设计师驾驭Photoshop的能力。

书中通过"设计师经验谈"和第4~14章的第二部分内容毫无保留地与读者分享了"个人从事设计三年"也难全面掌握的经验和技巧，值得拥有和珍藏。

本书配套的2张DVD光盘中包含书中案例的素材、最终文件和视频教程。

图书在版编目(CIP)数据

Photoshop CC 设计从入门到精通：超值版 / 马兆平，李仁，郑国强编著．—北京：清华大学出版社，2015
（2017.1 重印）
ISBN 978-7-302-37778-8

Ⅰ．①P… Ⅱ．①马… ②李… ③郑… Ⅲ．①图象处理软件 Ⅳ．①TP317.4

中国版本图书馆CIP数据核字(2014)第190205号

责任编辑：郑期彤 秦 甲
封面设计：吕单单
责任校对：李玉萍
责任印制：何 芊

出版发行：清华大学出版社
网 址：http://www.tup.com.cn，http://www.wqbook.com
地 址：北京清华大学学研大厦 A 座 **邮 编**：100084
社 总 机：010-62770175 **邮 购**：010-62786544
投稿与读者服务：010-62776969，c-service@tup.tsinghua.edu.cn
质 量 反 馈：010-62772015，zhiliang@tup.tsinghua.edu.cn
课 件 下 载：http://www.tup.com.cn,010-62791865
印 装 者：北京亿浓世纪彩色印刷有限公司
经 销：全国新华书店
开 本：185mm×260mm **印 张**：27 **彩 插**：8 **字 数**：688 千字
（附 DVD 光盘 2 张）
版 次：2015 年 1 月第 1 版 **印 次**：2017 年 1 月第3 次印刷
印 数：4001～5000
定 价：88.00 元

产品编号：053576-01

前言

相信你是因为想做设计才看到了这本书。看到封面上我们的建议了吗？希望你是在设计师朋友的陪同下来选购本书的。

Photoshop 功能强大，应用广泛，全民都可以学用 Photoshop。不同的人，对 Photoshop 的学习有相同的地方，更有很多不同的地方。照片爱好者关注如何调色、磨皮等；公司文员可能对如何翻新证件甚至做一点假照更感兴趣；网店店主只想知道如何把宝贝照片处理好；数码艺术从业者关心的是如何绘制、合成有创意的作品。

作为设计师，别说你只关心怎么会用 Photoshop 的各种工具和命令。买一本 Photoshop 大全回家弄懂了所有的工具和命令，估计到了设计岗位你还得从头学起，学习怎么用 Photoshop。最简单的例子，一个照片爱好者可以一直将新建文件的分辨率设置为 72ppi，而你如果这么干，老板和客户肯定会认为你"故意使坏"或者"是个不学无术的人"。不同的设计作品，需要设置不同的分辨率，比如喷绘设计的分辨率与印刷品设计的分辨率就完全不同，同样是喷绘，写真喷绘与大幅喷绘的分辨率设置也不同。如果你学了 Photoshop 却连这些也不懂，又怎么能胜任设计工作呢？

设计师学习 Photoshop 就要学习用 Photoshop 干活的方法和技巧！

记住你的目的：你不只是来学 Photoshop，更是来学怎么用 Photoshop 做设计！

本书特色

1. 按设计需要肢解 Photoshop——更快掌握 Photoshop，学完就能胜任设计工作

本书的编写者都是从事设计多年的资深设计师，他们肢解了 Photoshop，完全按照设计工作的需要来组织、介绍 Photoshop 工具和命令，并联系实例总结出完成某项设计单元操作的方法和技巧。

在 Photoshop 中设计一件作品，包括的单元操作不外乎获取与处理图片素材、编辑文字、调整和管理颜色、图文素材组合（合成）、编辑动画、选择并设计印刷工艺等。如果把这些单元操作都学会，那不就学会用 Photoshop 进行设计了吗？因此，对设计师来说，图层、通道是很重要，但没必要脱离设计，为了讲图层通道而介绍图层通道。下面举例说说这么做的好处。

抠素材，属于图片素材单元操作，是设计师最常做的事之一。单纯的 Photoshop 书会设置"选择"或者"选区"章节，向你介绍各种各样的用于选择的工具和命令等，告诉你它们能形成选区，能抠取图像，但不会为你总结不同素材的抠取方法，更不会告诉你抠图也是有原则的——不是什么都要精细抠取，不是抠了就完事。因此，你熟练掌握了套索、魔棒、钢笔、色彩范围等工具和命令，回到设计中，面对一个形状简单但是透明的水杯，你仍然不知道如何把它抠出来并保留透明效果。本书就不同，书中没有专门的"选择"或者"选区"章节，而是设置了"抠取素材"章节，并分成两大部分详解如何完成抠图操作。第一部分，详细向你介绍完成抠图这项操作需要的所有工具、命令（不只是普通书"选择"章节中介绍的工具和命令）；第二部分，列举多个实例向你介绍并总结出抠取素材的五大原则和六大方法。学完本章，面对透明的水杯，你可以根据需要灵活使用通道法、图层模式法等快速完成抠取任务。

2. 揭秘印前处理和印刷工艺技术——直接从设计新手变成资深设计师

学会 Photoshop 不难，会做出设计效果也不太难，真正的难点在于如何灵活驾驭设备和印刷工艺，获得完美设计。

本书详细介绍了与 Photoshop 相关的印前处理技术和工艺制作。从扫描到扫描图的处理，从显示器调色到印刷成品色彩的管理，从专色的应用到特殊工艺的处理，从新建文件到文件输出前的检查，书中不但有精辟的原理介绍，更列举了多个典型案例。掌握了这些技术，你就不会因为分辨率过大过小而浪费时间，你就不会做出"显示（颜色）好看印刷（颜色）难看"的设计，你就不会犯因为文字字体设置不当造成印刷后不清晰的错误，你就不会一遍一遍地打电话向出片公司、印厂人员求助该如何做烫金、印金出片文件。

可以说，本书分享了"个人从事设计三年"也难全面掌握的经验和技巧，通过本书，你能迅速成长为一名资深设计师。

3. 让利超值——赠送 77 个案例，花更少的钱买到更多学习范例

全书案例共 277 个，其中小案例 231 个，大案例 46 个。在目录中出现红色星号★的 77 个案例，只是在纸面上提供了案例效果和分析，具体制作步骤均录制在视频光盘中。这样整本书就减少了篇幅，变薄了，价格降低了。相似的内容、相同的案例数量，相比其他书，读者至少少花了 10 元钱。

4. 饱和视频——视频教程撑满两张 DVD，学习方便

除开赠送的 77 个案例视频，我们没在光盘里赠送任何其他东西，因为学习所需的所有视频教程、素材、最终文件已经撑满了整整两张 DVD 光盘！ 277 个范例，所有视频采用了高清的、压缩的 FLV 格式，总时长 12 小时零 16 分。

本书服务

1. 论坛交流

为了方便读者彼此交流、探讨，我们专门在 www.blwbbs.com 论坛中开辟了本书读者交流板块。所有读者通过注册后即可发帖讨论、上传和下载素材等，也可以在论坛上获得更多教程。

2. YY 视频辅导

所有读者可以进入部落窝 YY 教学频道获得免费的、专业的在线视频辅导。部落窝 YY 教学频道 ID 是 69247。

进入部落窝 YY 教学频道的步骤如下。

（1）下载安装 YY 语音软件。

（2）申请一个 YY 账号，申请过程类似申请 QQ 号。

（3）登录个人 YY 账号，然后搜索频道，设置搜索条件为"频道 ID"，输入"69247"即可搜到部落窝 YY 教学频道。

（4）双击搜到的频道，即可进入部落窝 YY 教学频道。

本书感谢

经历了创作的痛苦和喜悦，本书终于可以和大家见面了，有很多朋友要感谢。

感谢书籍装帧设计师王蒙女士，平面广告设计师、高校讲师盛春宇女士，北京妙思品位设计公司资深设计师吕单，上海自由设计师杨秋仙，成都黑蚁设计师刘谦的帮助和支持，他们为本书提供了众多宝贵的 Photoshop 设计经验；感谢部落窝资深 Photoshop 玩家笨木头、资深讲师陈洁、韦卫鲜老师，他们为本书提供了案例视频；感谢部落窝论坛的支持，该论坛为本书提供了论坛交流和 YY 视频辅导服务。

关于作者

本书主要由马兆平、李仁、郑国强编写。其他参与编写和资料整理的人员还有王华、李琦、刘芳华、杨菊华、李其俊、苏凡茹、李翔、隋晓莹、李竞、李倩、郑家祥、李丹、谢秋香、杜军、张伟、王红梅。

由于作者水平有限，书中难免存在不足之处，欢迎您的批评指正。如果您在阅读中遇到任何问题，请登录部落窝论坛 www.blwbbs.com，或者进入部落窝 YY 教学频道 69247，我们将竭诚为您服务。

编　者

01

PS 与设计师的对话

02

快速掌握 PS 基础

03

获取设计素材

04

素材修补

05

调整素材颜色

06

抠取素材

07

自绘素材

08

文字处理

09

图像合成

10

添加特效

11

设计颜色管理和分色

12

做专色和特殊工艺处理

13

动画与网页设计

大批量图处理

15

打印与输出

综合实战

CHAPTER

01

PS与设计师的对话

学习重点

- Photoshop的主要功能
- 设计的大概流程
- 创意和软件相辅相成

一个好的设计师至少要具备两点：第一，要有好的创意；第二，要对设计软件精通。对软件操作熟练却没创意和空有创意却做不出来，都无济于事。本章介绍Photoshop的主要功能以及在设计领域中的运用。

1.1 PS是什么

Photoshop俗称PS——是Adobe公司推出的一款功能十分强大、使用范围广泛的平面图像处理软件。目前Photoshop是众多平面设计师进行平面设计，图形、图像处理的首选软件。Photoshop具有化腐朽为神奇的力量，图1-1所示为波兰艺术家的超现实主义世界。

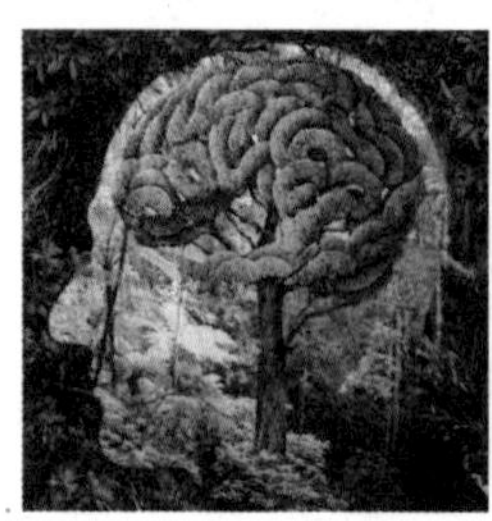

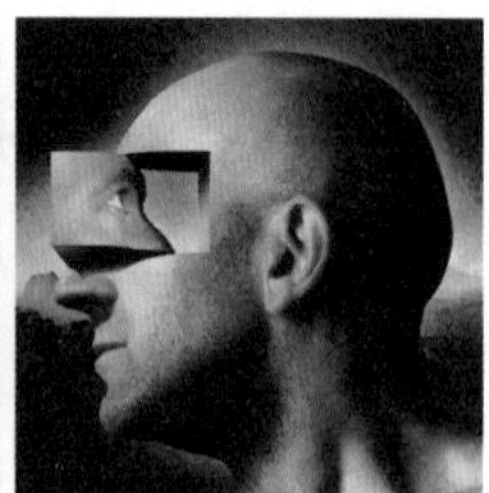

图1-1　波兰艺术家的超现实主义世界

1 发展历程

Photoshop的主要开发者是Thomas Knoll和John Knoll兄弟俩，他们的爸爸是密歇根大学教授，同时也是一名摄影爱好者，他家地下室是一间暗房。两个儿子Thomas和John从小就跟着爸爸玩暗房，但John似乎对当时刚刚开始发行的个人电脑更感兴趣。此后Thomas也迷上个人电脑，并在1987年买了一台苹果电脑（Mac Plus）用来帮助他写博士论文。

Thomas发现当时的苹果电脑无法显示带灰度的黑白图像，因此他自己写了一个程序Display。而他兄弟John这时在星球大战导演Lucas的电影特殊效果制作公司Industry Light Magic工作，对Thomas的程序很感兴趣。两兄弟在此后的一年多时间里把Display不断修改为功能更为强大的图像编辑程序，经过多次改名后，在一个展会上，他们接受了一位参展观众的建议，把程序改名为Photoshop。此时的Display/Photoshop已经有色阶、色彩平衡、饱和度等调整功能。

他们第一个商业成功是把Photoshop交给一家扫描仪公司搭配出售，产品名为Barneyscan XP，版本是0.87。随后他们找到了Russell Brown，Adobe的艺术总监。Russell Brown完全被这个程序所打动，并在1989年4月开始与其合作。

经过Thomas和其他Adobe工程师的努力，Photoshop版本1.0.7于1990年2月正式发行。

从Photoshop 1.0.7到现在的Photoshop CC，Photoshop其后的发展历程经历了无数次的洗礼和磨难。现如今，Photoshop已经成为设计行业最重要的也是不可或缺的软件工具。图1-2所示为Photoshop CC的启动界面和工作界面。

图1-2　Photoshop CC的启动界面和工作界面

2 PS 的功能

多数人对Photoshop的了解仅限于“一款很好的图像编辑软件”，却不知道它的诸多应用。实际上，Photoshop的应用领域相当广泛，在图像、图形、文字、视频、出版各方面都有涉及。

1）平面设计

平面设计是Photoshop应用最为广泛的领域，无论是我们正在阅读的图书封面，还是大街上看到的招贴、海报，这些具有丰富图像的平面印刷品，基本上都需要利用Photoshop软件对图像进行处理，图1-3所示为使用Photoshop设计的印刷品。

图 1-3　Photoshop 应用于平面设计

2）照片精修

当前越来越多的影楼开始使用数码相机，这也使照片的设计处理和精修成为一个新兴的行业，使用Photoshop软件可以修复人脸上的斑点、对人物磨皮美白，图1-4所示为使用Photoshop软件精修的照片。

图 1-4　使用 Photoshop 对照片精修

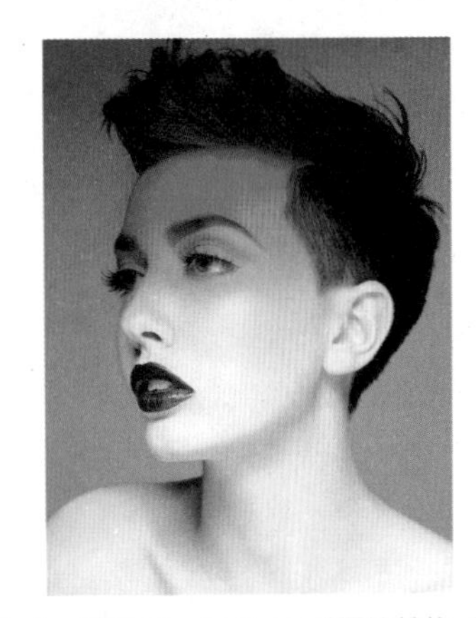

图 1-4　使用 Photoshop 对照片精修（续）

3）广告摄影

广告摄影作为一种对视觉要求非常严格的工作，其最终成品往往要经过Photoshop的修图处理才能得到满意的效果，如图1-5所示。

图 1-5　Photoshop 对商业广告摄影的处理

4）影像创意

影像创意是Photoshop的特长，通过Photoshop的处理可以将原本风马牛不相及的对象组合在一起，也可以使用移花接木的手段使图像发生面目全非的巨大变化，图1–6所示为使用Photoshop制作的影像创意。

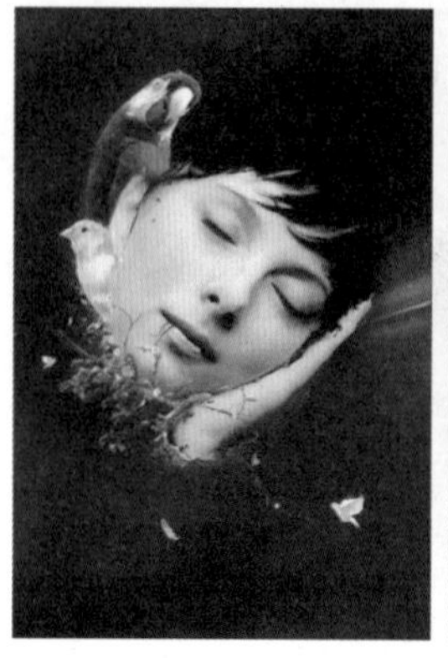

图1–6　Photoshop 制作的影像创意

5）艺术文字

当文字遇到Photoshop处理，就已经注定不再普通。利用Photoshop可以使文字发生各种各样的变化，利用这些艺术化处理后的文字可以为图像增加独特的效果，如图1–7所示。

图1–7　Photoshop 制作的艺术文字

6）网页制作

网络的普及是促使更多人需要掌握Photoshop的一个重要原因。因为Photoshop是必不可少的网页图像处理软件，使用Photoshop制作的网页界面和网页图标都非常精美，如图1–8所示。

图1–8　Photoshop 应用于网页设计

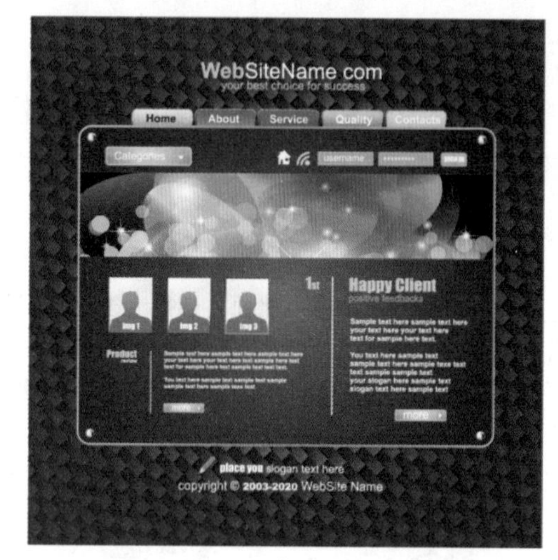

图1–8　Photoshop 应用于网页设计（续）

7）建筑效果图后期修饰

在制作建筑效果图（包括许多三维场景）时，人物与配景（包括场景的颜色）常常需要在Photoshop中增效及调整，如图1–9所示。

图1–9　Photoshop 修饰建筑效果图

8）插画

由于Photoshop具有良好的绘画与调色功能，许多插画设计制作者往往使用铅笔绘制草稿，然后用Photoshop填色的方法来绘制插画，如图1–10所示。

图1-10　Photoshop 绘制插画

9）视觉创意

视觉创意与设计是设计艺术的一个分支，越来越多的设计爱好者开始学习Photoshop，就是为创作出具有个人特色与风格的视觉创意，如图1-11所示。

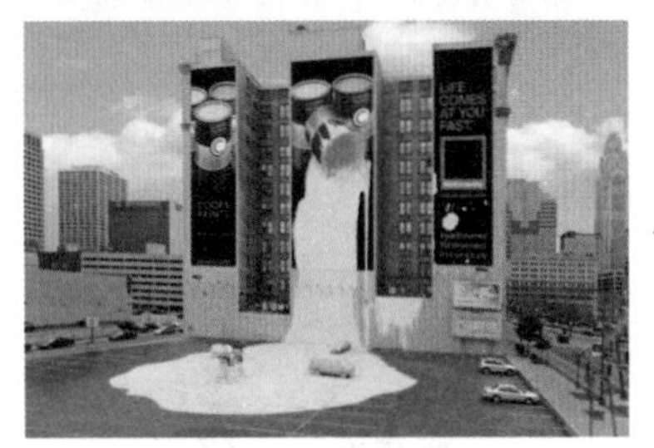

图1-11　Photoshop 视觉创意

1.2　PS设计流程图

图1-12所示为一张Photoshop的设计流程图，读者可以根据图像中的各个环节来了解设计流程。

图1-12　Photoshop 设计流程图

1.3 PS VS. 设计师

1 PS：没有我做不到，只有你想不到

没错，Photoshop功能十分强大、无所不能。只要是你能想到的创意，就使劲往里扔吧，没有它做不到的，它不仅能够使一些平凡的图像发生惊人的变化，还能把东东变成西西。其与众不同就在于有"春风又绿江南岸"这样化腐朽为神奇的力量。

2 设计师：没有我创意，你屁都不是

你的创意和你的思想最为重要，这一点毋庸置疑。

很多成功的企业家，他们甚至连普通话都说得很蹩脚，但是我们愿意去聆听他们的经验和教导，这是因为再蹩脚的中文也掩盖不了他们思想的光芒和人格的魅力。软件不过只是一个工具，如果你的脑海中无创意、无思路，软件掌握得再熟练，也设计不出精彩的作品。

CHAPTER

02

学习重点

- ◆ 像素和分辨率的定义
- ◆ 了解图像的颜色模式
- ◆ 能够存储的文件格式
- ◆ 理解Photoshop中的图层和通道
- ◆ 掌握Photoshop中的基础操作

快速掌握PS基础

本章主要讲解Photoshop的基础操作，使读者认识和了解Photoshop的工作界面，并掌握一些基础操作，如文件新建、保存、关闭、打开，文件的显示控制，颜色设置与填充，选区的建立与取消，图层的新建、复制、删除、显示、隐藏等。本章的内容虽然基础，但起到了“奠基石”的作用，充分理解并掌握本章内容，才能为进一步学习做好准备。

2.1 PS术语

1 像素

显示器上的图像是由许多点构成的，这些点就称为像素，意思就是“构成图像的元素”。图像中像素点越多，图像的细节就越清晰、色彩就越绚丽。

注意

像素作为图像的一种尺寸，只存在于电脑中，如同RGB色彩模式只存在于电脑中一样。像素是一种虚拟的单位，现实生活中是没有像素这个单位的。

实例体验1：马赛克图像

素材：光盘\第2章\素材\素材1.jpg　　视频：光盘\第2章\视频\马赛克图像.flv

STEP01 **打开文件**。执行“文件”｜“打开”命令或按快捷键Ctrl+O，打开素材文件，如图2–1所示。

STEP02 **放大图像**。使用工具箱中的缩放工具，连续单击人物的眼睛部位，将图像放大至1200%显示。这时候可以看到放大后眼睛部位出现了一个个类似马赛克的色块，每一个色块就是一个像素，如图2–2所示。位图图像就是由这一个个的像素组成。（矢量图像是另外一回事，将在后面的章节中进行讲解。）

图2–1　素材1图像

原图大小

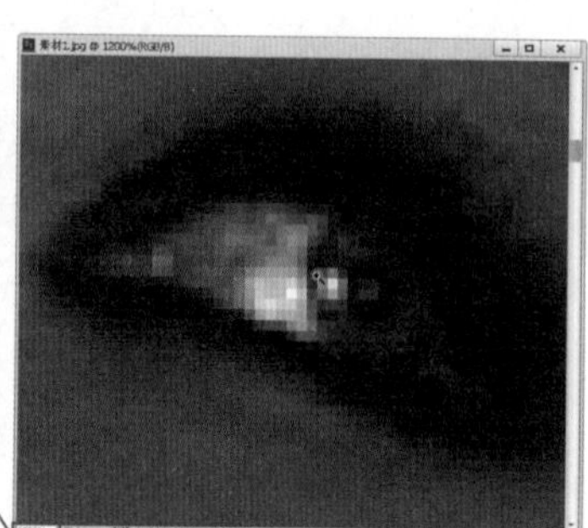

1200%显示

图2–2　马赛克图像

2 颜色模式

色彩对于一幅作品来说尤为重要，很多读者肯定都听过RGB色彩、CMYK色彩这样的基本概念，但对很多初学Photoshop的读者来说，这些专业的概念并不容易理解。这里将详尽讲述这些色彩概念。

1）RGB色彩模式

RGB色彩模式也称为显示模式，RGB为三原色光，用英文表示就是R（red）、G（green）、B（blue）。电脑屏幕上的所有颜色，都是由红、绿、蓝三种色光按照不同的比例混合而成的。一组红、绿、蓝色就是一个最小的显示单位。屏幕上的任何一个颜色都可以由一组RGB值来记录和表达。

2）CMYK色彩模式

CMYK色彩模式也称作印刷色彩模式，顾名思义就是用来印刷的。和RGB类似，CMY是三种印刷油墨名称的首字母：青色（Cyan）、洋红色（Magenta）、黄色（Yellow）。而K取的是黑色（Black）的最后一个字母，之所以不取首字母，是为了避免与蓝色（Blue）混淆。从理论上来说，只需要CMY三种油墨就足够了，它们三个加在一起就应该得到黑色。但是由于目前制造工艺还不能造出高纯度的油墨，CMY相加不能够得到纯黑，因此还需要加入一种专门的黑墨来调和。

CMYK和RGB相比有很大的不同：RGB模式是一种发光的色彩模式，在一间黑暗的房间里仍然可以看见屏幕上的内容；而CMYK是一种依靠反光的色彩模式，阅读一本书时，由阳光或灯光照射到书上，再反射到我们眼中，才看到内容，它需要有外界光源，在黑暗房间里是无法阅读的。

只要在屏幕上显示的图像，就是RGB模式表现的（因为显示屏幕色彩就是用色光组成的，但文件自身的色彩模式不一定是RGB模式）；只要是在印刷品上看到的图像，就是CMYK模式表现的，例如：期刊、杂志、报纸、宣传画等。

3）灰度模式

灰度模式就是指纯白、纯黑以及两者之间的若干灰度，通过256种颜色来表现图像。我们平常所说的黑白照片、黑白电视，实际上都应该称为灰度照片、灰度电视才确切。灰度模式中不包含任何色相、饱和度信息，所以也就不存在任何颜色信息，而只包含明度的黑白图像，因此灰度模式可以更精确地表现图像。

4）双色调模式

双色调模式就是指在单色图像（即灰度模式图像）中添加一种或一种以上颜色来表现图像的颜色模式。如果要在Photoshop中将一般彩色图像转换成双色调模式，必须首先将图像转换为灰度模式，然后再转换为双色调模式。

双色调模式最主要的用途是使用尽量少的颜色来表现尽量多的颜色层次，这对减少印刷成本是很重要的，因为在印刷时，双色印刷比CMYK四色印刷成本更低。

5）Lab模式

Lab颜色模式由一个发光率(Luminance)和两个颜色(a，b)轴组成，是国际照明委员会（CIE）为了弥补显示器、打印机和扫描仪等各种机器设备之间的颜色差异而开发的一种色彩体系。RGB模式转换成CMYK模式时，如果中间经过Lab颜色模式，则可以将颜色变化降低到最小程度。Lab颜色模式与显示器、打印机等机器设备无关，它通过独立的方式来表现颜色，是一种包含RGB和CMYK颜色的色彩体系。

6）位图模式

位图模式指的是仅通过白色和黑色两种颜色来表现图像的颜色模式，因此位图模式的图像也叫黑白图像。我们知道，灰度模式通过白色和黑色之间的256级颜色来表现图像，因此可以创建像黑白照片一样生动的图像。与之相反，位图模式只通过白色和黑色两种颜色来表现图像，因此在将图像转换为位图模式时会丢失大量细节，图像的容量也会相应地缩小。如果要在Photoshop中将一般彩色图像转换成位图模式，首先要将图像转换为灰度模式，然后再转换为位图模式。

7）索引颜色模式

索引颜色模式指的是利用256种颜色来表现图像的模式。与RGB模式一样，索引颜色模式也可以用于计算机显示器。但由于索引颜色模式可以表现的颜色范围比较窄，图像容量比较小，因此常用于插入网页中的图像文件或者动画（GIF）文件。也就是说，索引颜色模式适用于将容量较大的RGB图像转换为容量较小的图像。索引颜色模式精选RGB图像中所使用的颜色，然后再构建新的调色板，从而可以在不降低图像质量的同时缩小图像容量。

8）多通道模式

图像转换为多通道模式后，Photoshop将根据原图像生成相同数目的新通道。在多通道模式下，每个通道都使用256级灰度。

9）8位、16位、32位/通道模式

“位”（ bit ）是计算机存储器里的最小单元，用来记录每一个像素颜色的值。图形的色彩越丰

富，“位”的值就会越大。每一个像素在计算机中所使用的这种位数就是“位深度”。在记录数字图形的颜色时，计算机实际上是用每个像素需要的位深度来表示的。

8位/通道：位深度为8位，每个通道可支持256种颜色。

16位/通道：位深度为16位，每个通道可支持65000种颜色。在16位模式下工作可得到更精确的编辑结果。

高动态范围（HDR）图像的位深度为32位，每个颜色通道包含的颜色要比8位/通道多很多，能够存储100000：1的对比度。

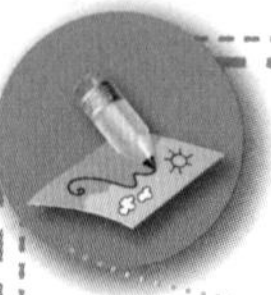

设计师经验谈

在以上的多种模式中，运用最多的是RGB和CMYK模式。理论上RGB颜色与CMYK颜色的互转都会损失一些颜色，不过CMYK颜色转成RGB颜色时损失的颜色较少，在视觉上不容易看出区别；而RGB颜色转成CMYK颜色时，颜色损失较多，视觉变化效果较为明显。因此，在做设计时，新建文档的时候就要确定好色彩模式。如果我们进行网页设计制作，由于网页一般只是显示在屏幕上，我们可放心地选用RGB模式；如果我们做的设计需要打印或者印刷，就必须使用CMYK模式，尽可能确保印刷品的颜色与设计时一致。如果用RGB模式的图像进行打印或者印刷，最终出来的图像颜色和设计时的颜色就会有较大偏差。

索引颜色模式可以在保持多媒体演示文稿、Web页面等视觉品质的同时，减少文件大小。但在该模式下只能进行有限的编辑，渐变和滤镜都不能使用。因此，在编辑该模式的图像时，可暂时转换为RGB模式，编辑完毕后再恢复为索引模式。

在RGB、CMYK和Lab颜色模式的图像中，如果删除了某个颜色通道，图像会自动转换为多通道模式。进行特殊打印时，会用到多通道图像。

实例体验2：RGB、CMYK、灰度的模样

素材：光盘\第 2 章\素材\素材 2.jpg　　视频：光盘\第 2 章\视频\RGB、CMYK、灰度的模样 .flv

STEP 01 打开文件。执行“文件”｜“打开”命令或按快捷键Ctrl+O，打开素材文件，所观察到的图像为RGB模式，如图2–3所示。

STEP 02 转换为CMYK模式。执行“图像”｜“模式”｜“CMYK颜色”命令，这时会弹出一个警示窗，提示RGB模式按指定的配置文件转换为CMYK模式，单击“确定”按钮，图像转换为CMYK模式，如图2–4所示。

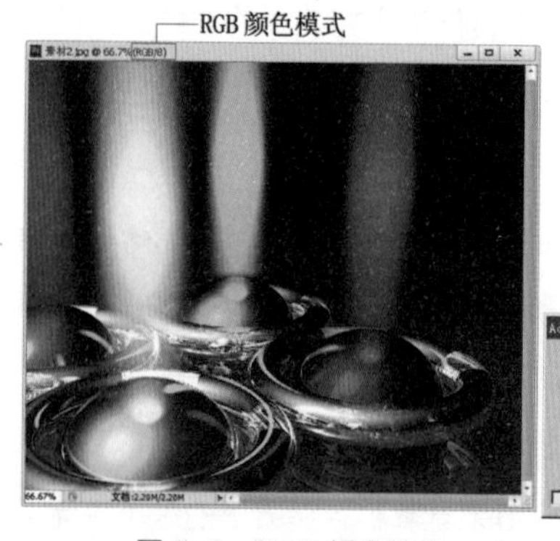

图 2–3　RGB 颜色模式

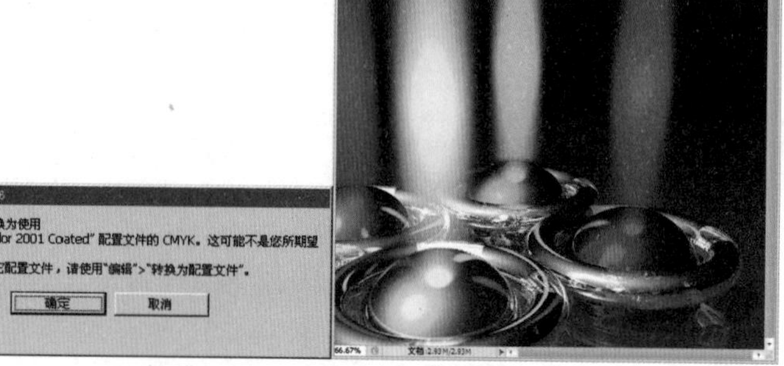

图 2–4　转换为 CMYK 模式

STEP03 **转换为灰度模式**。执行"图像"|"模式"|"灰度"命令，这时会弹出一个提示框，提示是否要扔掉颜色信息，单击"确定"按钮即可，图像转换为灰度模式，如图2-5所示。

图2-5 转换为灰度模式

3 图层

图层是Photoshop的灵魂，在Photoshop中，系统对图层的管理主要依靠"图层"面板和"图层"菜单来完成。对图层进行操作可以说是Photoshop中使用最为频繁的一项工作。通过建立图层，然后在各个图层中分别编辑图像中的各项元素，可以产生既富有层次，又彼此关联的整体图像效果。

每一个图层都是由许多像素组成的，而图层又通过上下叠加的方式来组成整个图像。它的原理就像是一张张堆叠在一起的透明纸，每一张上都承载着不同的图像内容，上面纸张的透明区域会显示出下面纸张的内容，查看到的图像便是这些纸张堆叠在一起时的效果，如图2-6所示。

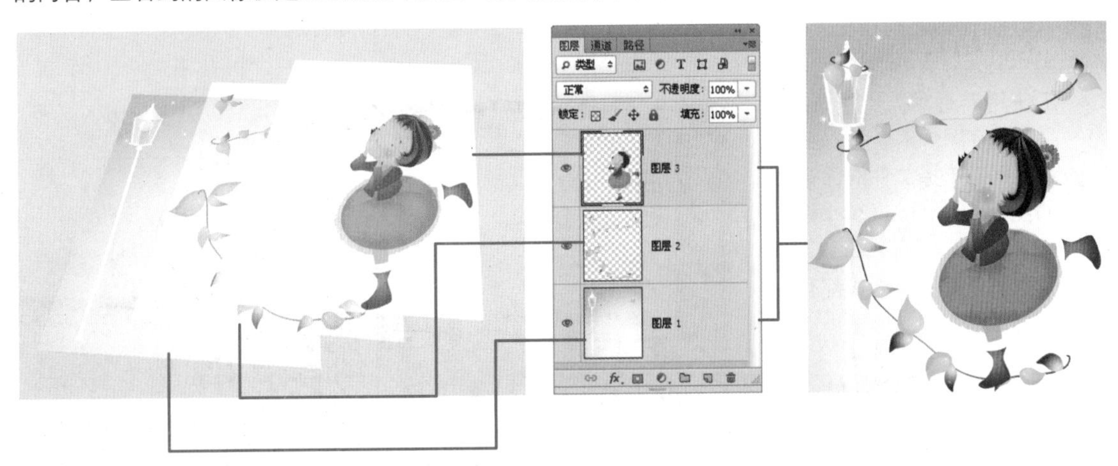

图2-6 图层演示分层效果图

实例体验3：在图层上乱涂乱画

素材：光盘\第2章\素材\素材3.jpg　　视频：光盘\第2章\视频\在图层上乱涂乱画.flv

STEP01 **打开文件**。执行"文件"|"打开"命令或按快捷键Ctrl+O，打开素材文件，如图2-7所示。

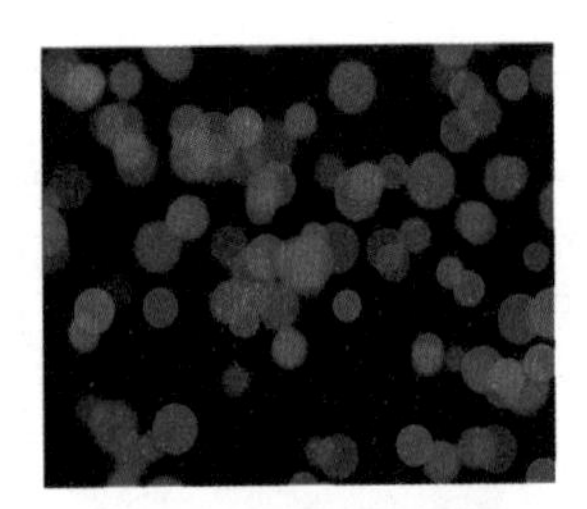

图2-7 "素材3"图像

STEP02 **新建图层，分别在不同图层内绘制**。单击"图层"面板中的"创建新图层"按钮，单击三次创建三个透明图层，在工具箱中单击"前景色"图标，在弹出的"拾色器"对话框中任意选择不同的颜色。使用工具箱中的画笔工具分别在"图层1"、"图层2"、"图层3"中进行绘制，得到如图2-8所示的效果。如果感觉画得不好，可以选中绘画所在的图层，单击"图层"面板下方的"删除图层"按钮即可将该图层删除。

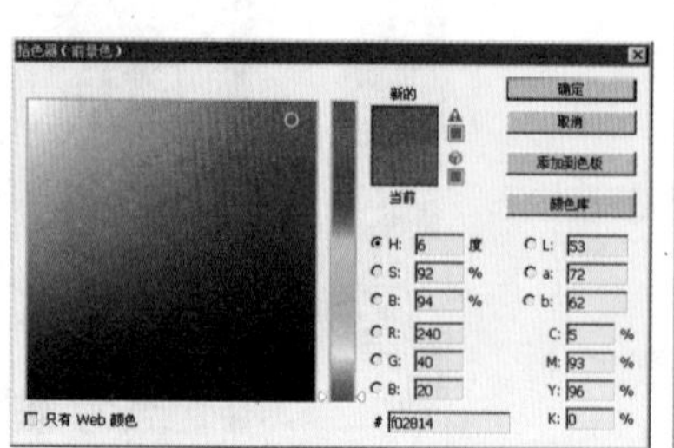

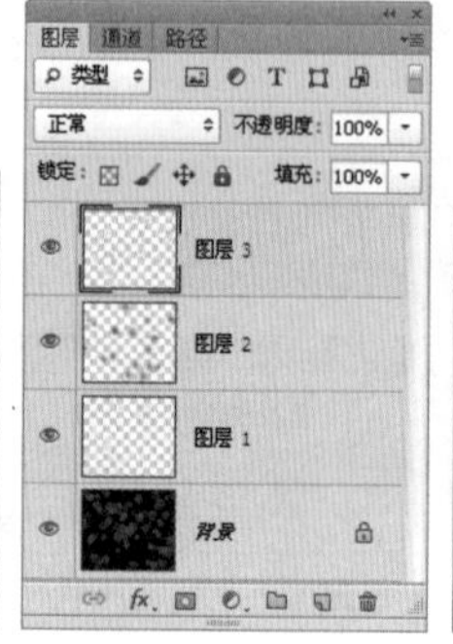

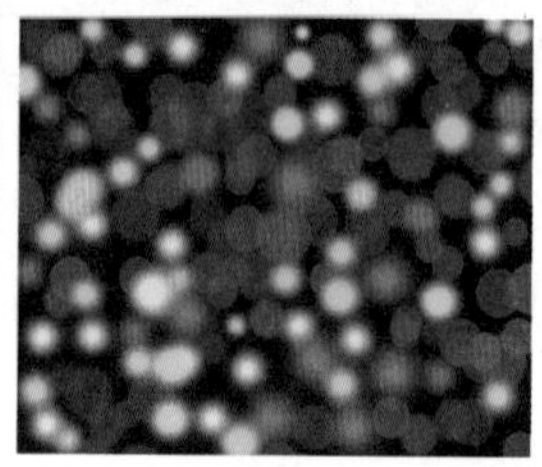

图 2–8　在图层上绘画

STEP 03 **移动图层**。单击“图层”面板中的“图层3”图层，使用工具箱中的移动工具将其移动，如图2–9所示。可以观察到，移动该图层不会影响其他图层的位置，每一个图层都是独立的。

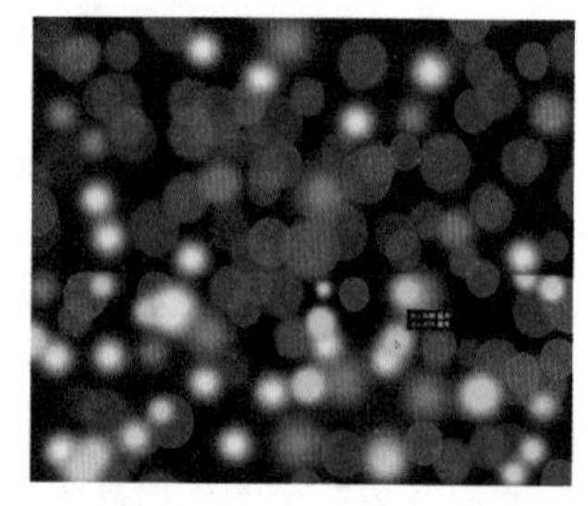

图 2–9　移动“图层 3”

4 文件格式

在使用“存储”或“存储为”命令保存图像时，可以在打开的对话框中选择文件的保存格式，如图2–10所示。Photoshop支持PSD、JPEG、TIFF、GIF、EPS等多种格式，每一种格式都有各自的特点。

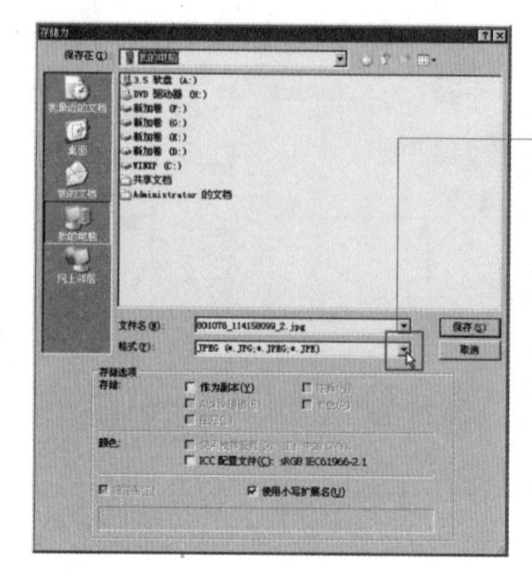

图 2–10　存储为不同的文件格式

1）PSD格式

PSD格式是Photoshop默认的文件格式，是除大型文档格式（PSB）之外支持大多数Photoshop功能的唯一格式。PSD格式可以保存图层、路径、蒙版和通道等内容，并支持所有的颜色模式，由于保存的信息较多，所以生成的文件也比较大，将文件保存为PSD格式，可以方便以后进行修改。

2）BMP格式

BMP格式是微软公司开发的一种文件格式，它是Windows操作系统的标准位图文件格式，Windows操作系统在保存位图图像时不进行任何压缩。BMP格式的文件容量很大，因此不适合于高分辨率或较大的图片。BMP格式支持RGB模式和索引颜色模式。

3）GIF格式

GIF格式是基于网络上传输图像而创建的文件格式，它支持透明背景和动画，被广泛应用于网络文档中。该格式文件容量较小，图像的对比度较高。由于GIF格式使用8位颜色，只支持256种颜色，24位图像优化为8位的GIF格式后，会损失掉一部分颜色信息，因此GIF格式通常用于一般的图形图像，几乎不用于照片。

4）JPEG格式

JPEG格式是一种专门为照片图像开发的图像格式，也是图像存储格式中使用最频繁的格式。该格式采用的是有损压缩的方式，具有较好的压缩效果。但将压缩数值设置得较大时，会损失掉图像的某些细节，图像的质量也会明显降低。JPEG格式支持RGB、CMYK和灰度模式。

5）PDF格式

PDF格式即便携文档格式是一种通用文件格式，它还支持矢量数据和位图数据，具有电子文档收缩和导航功能，是Adobe Acrobat的主要格式。PDF格式具有良好的文件信息保存功能和传输能力，已成为网络传输的重要文件格式。PDF格式支持RGB、CMYK、索引、灰度、位图和Lab模式，但不支持Alpha通道。

6）PNG格式

PNG格式能够像JPEG模式一样支持1667万种颜色，还可以像GIF一样支持透明度，并且包含所有的Alpha通道。该格式采用无损压缩方式，不会破坏图像的质量，但不支持动画和早期的浏览器。

7）TIFF格式

TIFF格式是一种通用的文件格式，所有的绘画、图像编辑和页面排版应用程序都支持该格式。而且，几乎所有的桌面扫描仪都可以产生TIFF图像。TIFF格式支持具有Alpha通道的CMYK、RGB、Lab、索引颜色和灰度图像，以及没有Alpha通道的位图模式图像。Photoshop可以在TIFF文件中存储图层，但是如果在另一个应用程序中打开该文件，图层会自动合并。

8)PSB文件

PSB文件是Photoshop的大型文档格式，可以支持超大像素的图像文件，它支持Photoshop所有的功能，可保持图像中的通道、图层样式和滤镜效果不变，但PSB格式的文件只能在Photoshop中打开。

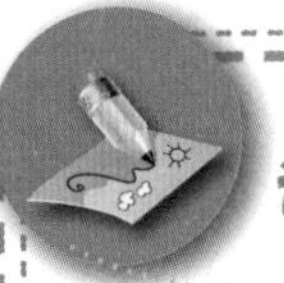

设计师经验谈

读者可根据文件的使用目的，选择合适的存储格式。具体选用如表2-1所示。

表2-1 存储格式的选用

格式类型	适用情况
PSD 格式	保存 PSD 分层格式，可以方便以后进行修改
BMP 格式	Windows 系统内部各图像绘制操作都是以 BMP 为基础
JPEG 格式	常用的图片预览格式
GIF 格式	用于网络上传输图像、网络动画
TIF 格式	用于印刷，所有的绘画、图像编辑和页面排版应用程序都支持该格式
PNG 格式	像 GIF 一样支持透明度，可保存透明背景的图像
PDF 格式	可导出小文件格式传送给客户；可导出印刷质量用于出片
PSB 格式	Photoshop 的大型文档格式，支持超大像素的图像文件；PSB 格式的文件只能在 Photoshop 中打开

实例体验4：总有限制的文件、格式

素材：光盘\第 2 章\素材\素材 4.psd　　视频：光盘\第 2 章\视频\总有限制的文件格式 .flv

STEP 01 **将PSD格式文件存储为JPG图像。** 执行“文件”|“打开”命令或按快捷键Ctrl+O，打开素材文件，如图2-11所示。执行“文件”|“存储为”命令，将其存储为一张JPG图像，如图2-12所示。

图 2–11　打开的 PSD 格式文件

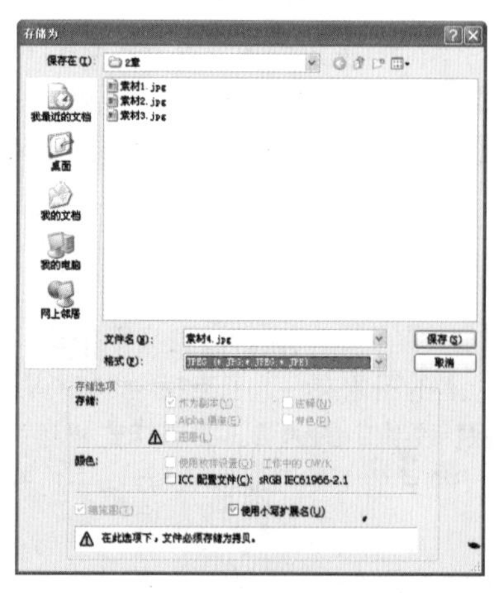

图 2–12　存储为 JPG 图像

STEP02 **启动InDesign**。PSD格式是Photoshop默认的文件格式，并不是任何软件都可以打开。启动Adobe InDesign软件，执行“文件” | “打开”命令，在“打开文件”对话框中，选择“素材4.psd”文件，如图2–13所示。

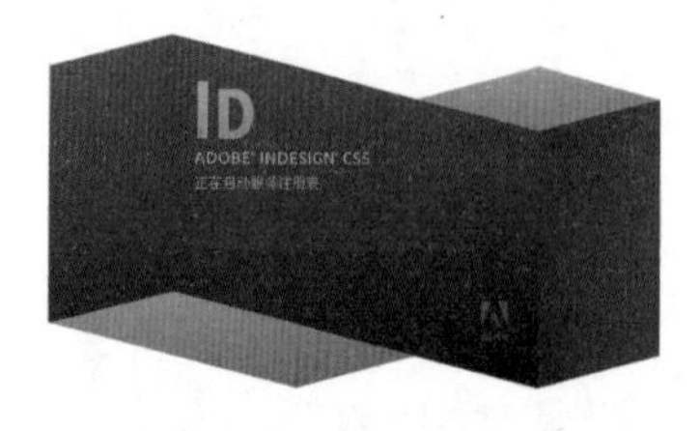

图 2–13　启动 InDesign 软件执行“打开”命令

STEP03 **无法打开PSD格式的文件**。单击“打开”按钮，这时会弹出一个提示框，提示无法打开文件，如图2–14所示。

图 2–14　InDesign 无法打开 PSD 格式文件

STEP04 **在InDesign软件中新建文档**。执行“文件” | “新建”命令或按快捷键Ctrl+N，在弹出的“新建文档”对话框中单击“边距和分栏”按钮即可创建一个新的文档，如图2–15所示。

图 2–15　创建新文档

STEP05 **置入PSD文件和JPG文件**。执行“文件” | “置入”命令，同时置入“光盘\第2章\素材\素材4.psd”文件和“素材4.jps”文件，单击“打开”按钮，如图2–16所示。这时连续单击页面，两个素材图像就会显示在页面中，如图2–17所示。

图 2–16　同时置入图像

图 2–17　两次单击页面置入 PSD 和 JPG 图像

STEP 06 **PSD图像不显示分层。**按住鼠标左键移动置入的两幅素材图像，可以发现两个图像都是以图片显示的，PSD格式的图像置入到InDesign软件中无法显示分层效果，如图2–18所示。

STEP 07 **PSD格式的文件无法上传到网络。**在更改QQ头像时，选择“光盘\第2章\素材”目录，可以观察到该路径不显示PSD文件，在“打开”对话框中只显示JPG图像，因为JPG是通用的格式，所有软件都可以预览，如图2–19所示。

图2–18　置入到InDesign中的PSD素材无法显示分层效果

图2–19　PSD格式的文件无法上传到网络

STEP 08 **JPG格式要想修改非常麻烦。**如图2–20所示，要想将JPG格式的图像中的小女孩缩小，需要将小女孩图像生成选区再进行变换，操作起来非常麻烦，而在PSD格式中修改时，只需选中小女孩所在的图层将其缩小即可。

图2–20　PSD格式文件方便修改

5 分辨率

分辨率是指位图图像上每英寸包含的像素的数量，单位为ppi（像素/英寸）。

实例体验5：不同分辨率效果

素材：光盘\第2章\素材\图像1.jpg、图像2.jpg、图像3.jpg
视频：光盘\第2章\视频\不同分辨率效果.flv

STEP 01 **打开“图像1”文件。**执行“文件”|“打开”命令，打开素材“图像1.jpg”文件，如图2–21所示。执行“图像”|“图像大小”命令，弹出“图像大小”对话框。观察对话框和图像，我们可以发现“图像1”的宽、高均为8.5厘米，像素大小为1004，分辨率为300ppi，且图像比较清晰，如图2–22所示。

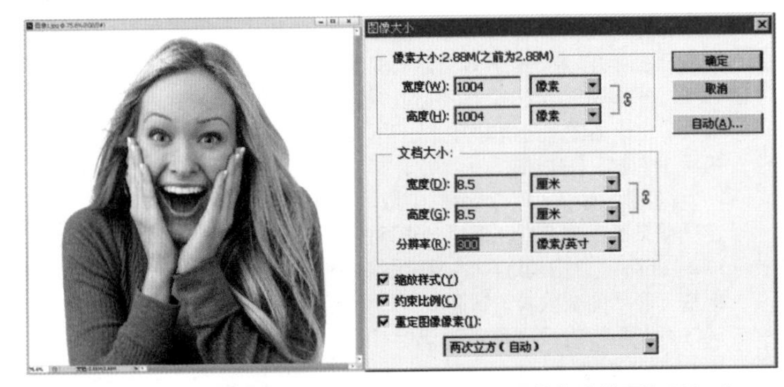

图2–21　打开图像1　　图2–22　图像的分辨率为300ppi

STEP 02 打开"图像2"文件。 执行"文件"|"打开"命令，打开素材"图像2.jpg"文件。执行"图像"|"图像大小"命令，弹出"图像大小"对话框。观察对话框和图像，我们可以发现"图像2"的宽、高均为8.5厘米，像素大小均为241，分辨率为72ppi，图像有些模糊，如图2-23所示。

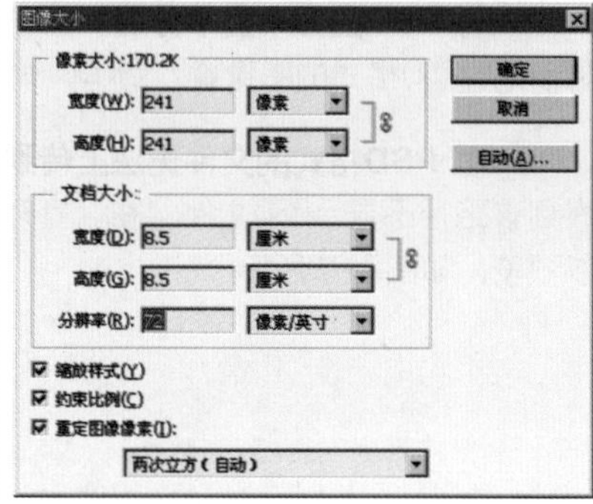

图 2-23 "图像 2"的分辨率为 72ppi

STEP 03 打开"图像3"文件。 执行"文件"|"打开"命令，打开素材"图像3.jpg"文件。执行"图像"|"图像大小"命令，弹出"图像大小"对话框。观察对话框和图像，我们可以发现"图像3"的宽、高均为8.47厘米，像素大小均为100，分辨率为30ppi，图像出现马赛克，如图2-24所示。

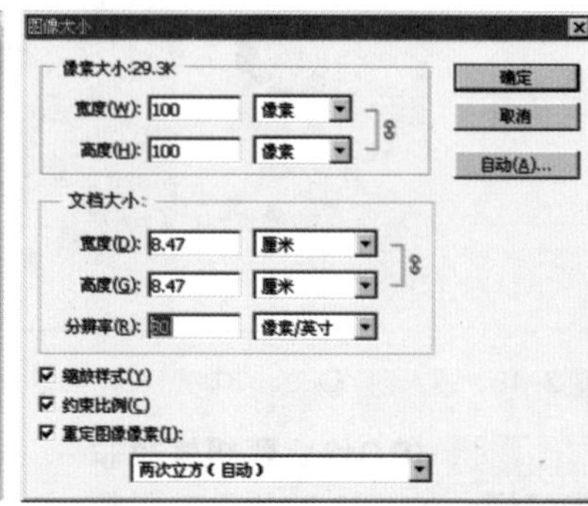

图 2-24 "图像 3"的分辨率为 30ppi

注意

工作中我们常常听到有人说，某幅图像分辨率高，画面质量非常好；某幅图像分辨率很低，画面粗糙，不能被正常印刷。其实这种说法是不恰当的，应注意的是，这里所讲的分辨率高、画面质量好，分辨率低、画面质量差是有前提条件的，是在两幅图的图像尺寸大小相同状态下得出的结论。

设计师经验谈

1.设计之初就应该确定好分辨率

在设计一个印刷品的时候，要明确该印刷品所需的分辨率应该是多少，然后在设计软件中设定好正确的分辨率，避免之后反复修改。若出现在开始新建文档时分辨率就建错的情况，那么只能将分辨率由大改小，而不可以将分辨率由小改大。更改图像的分辨率可以在Photoshop中执行"图像"|"图像大小"命令。

在"图像大小"对话框中取消选中"重定图像像素"复选框，进行分辨率的更改，如图2-25所示。取消选中"重定图像像素"复选框，表示图像像素不做调整，将分辨率调成300ppi，可自动计算出此照片满足打印清晰的条件时可打印的最大尺寸。

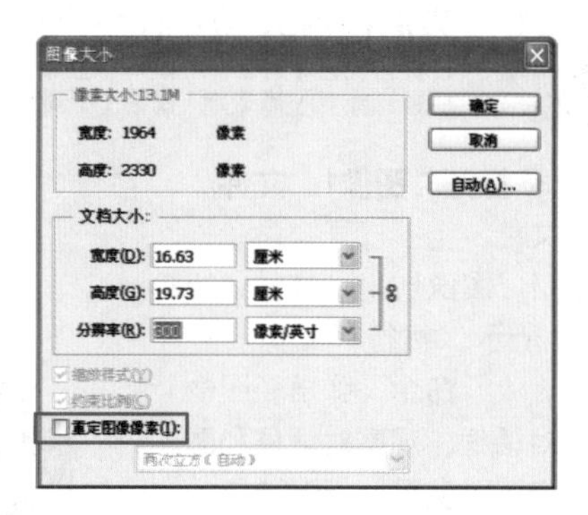

图 2-25 取消选中"重定图像像素"复选框

2. 不同作品的分辨率设置参考

分辨率过低，图像容易模糊；分辨率过高，文件过大，会降低系统效率和速度。因此，设计师应当灵活设置分辨率。

一般的四色印刷，杂志、书刊等分辨率设置为300ppi；精美的画册、日历，分辨率设置为350~400ppi；报纸印刷，分辨率设置为150~200ppi。喷绘设计的分辨率设置，主要取决于喷绘尺寸以及作品与受众的距离，一般为25~72ppi。室内写真，幅面较小，人近距离观看，分辨率可以按72ppi设置；如果是大尺寸的户外广告，如面积达到几十平方米，则设置为25ppi就足够了。

3. 72ppi的图像是否可以用于印刷

关键要看图像的细节损失高低或者说图像的精度高不高，也就是总像素量高不高。很多网上下载的图像虽然分辨率只有72ppi，但是其宽度和高度的像素值很大，细节损失很小，印刷效果也是不错的。使用这样的图，只需在PS中将分辨率改成300ppi即可。

4.判断图像精度的简易方法

查看图像的精度高不高，最简单的分辨方法是把图像置入到Illustrator或CorelDRAW软件中，将图像尺寸放大2~3倍，观察图像的颜色、层次感和画质，如果质量可以接受，可以转成300ppi进行印刷使用。

6 通道

什么是通道？如果说有图像的图层是照片，那么有图像的通道就是分色底片，一张底片记录一种颜色。在Photoshop中，通道的作用非常重要，通道用于保存和管理图像中的颜色信息，每幅图像都有自己单独的一套颜色通道，在打开新图像时会自动进行创建。图像的颜色模式决定了创建颜色通道的数目。

实例体验6：通道的实质

素材：光盘\第 2 章\素材\素材 5.jpg　　视频：光盘\第 2 章\视频\通道的实质 .flv

STEP01 **打开素材。**启动Photoshop，执行“文件”|“打开”命令，打开素材文件，如图2-26所示。

STEP02 **打开“通道”面板。**执行“窗口”|“通道”命令，打开“通道”面板。可以观察到在“通道”面板中共有4个颜色通道，并且以颜色显示，如图2-27所示。

图 2-26　“素材 5”图像

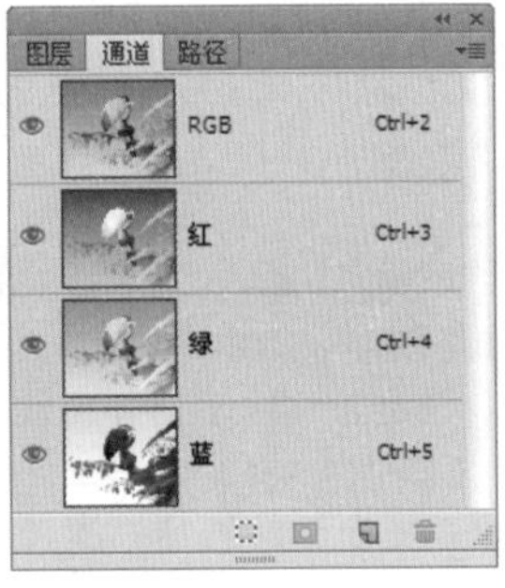

图 2-27　“通道”面板

STEP03 **观察“照片”与“底片”。**鼠标依次单击“红”“绿”“蓝”通道，并与RGB通道图像进行比较，如图2-28所示。

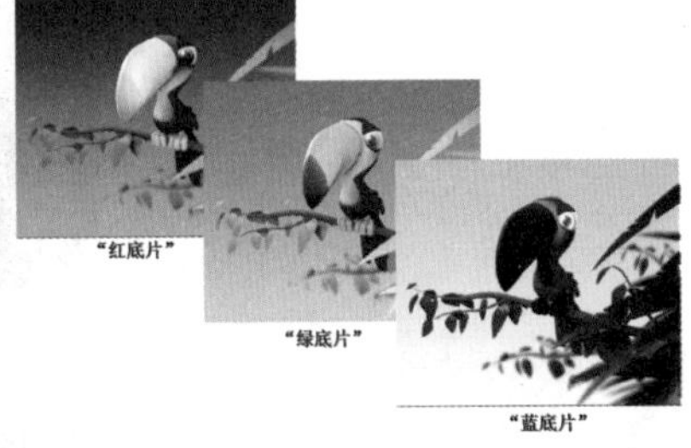

图 2-28　照片与分色底片

STEP04 **设置铅笔和前景色。**单击RGB通道，显示为照片。在工具箱中选择铅笔工具，设置笔刷大小为

50像素，如图2–29所示。单击“前景色”图标，在弹出的“拾色器”对话框中设置颜色为R 255、G 0、B 0，如图2–30所示。单击“确定”按钮关闭“拾色器”对话框。

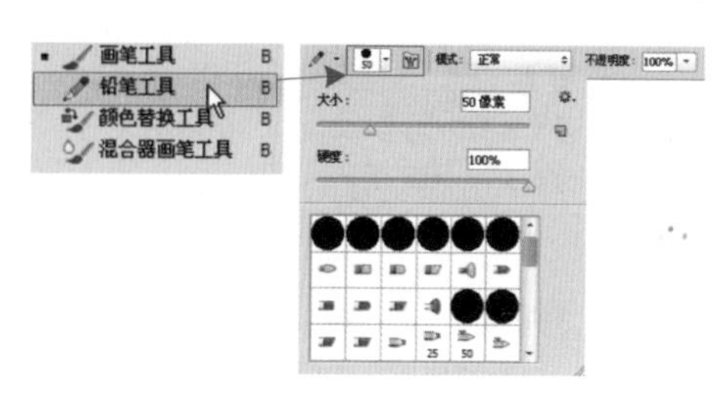

图2–29 设置铅笔

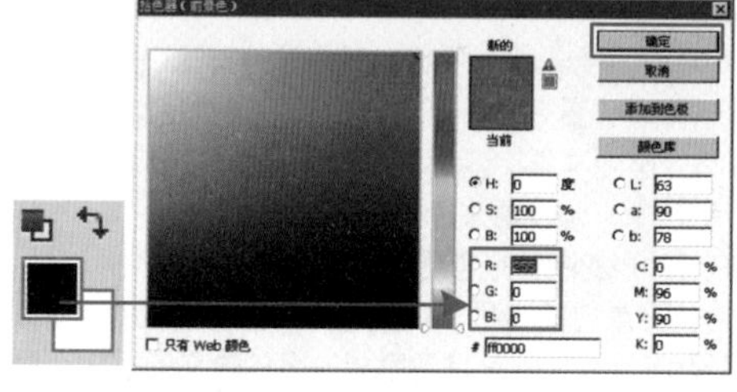

图2–30 设置前景色

STEP 05 **用铅笔写字。**回到图像中，用铅笔随意写出一个文字来，如Bird，如图2–31所示。

STEP 06 **“照片”颜色与“底片”颜色的对应关系。**再次分别单击“通道”面板中的“红”“绿”“蓝”通道，观察通道的变化。可以看出文字的红色（R 255），在“红”通道中用白色进行了记录；文字的绿色（G 0），在“绿”通道中用黑色进行了记录；文字的蓝色（B 0），在“蓝”通道中也用黑色进行了记录，如图2–32所示。

图2–31 手写文字

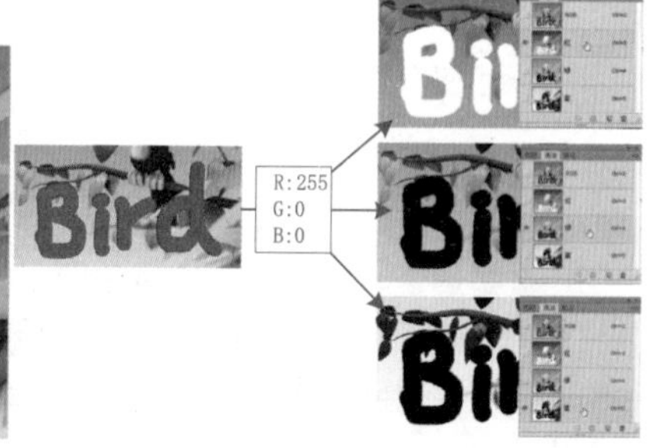

图2–32 对应关系

设计师经验谈

通过上面的实例体验，我们明白了图层与通道的关系，明白了通道是如何记录色彩的。在RGB模式下，通道用黑色到白色的不同灰度来对应记录某种颜色的多少。白色记录颜色达到最大，为255；黑色记录颜色最低，为0。利用这一点，我们可以通过改变通道的明暗来调整图像的颜色。

比如，我们想减少上面素材图像中的蓝色，让其偏黄。单击“通道”面板中的“蓝”通道，显示“蓝”通道图像，然后按快捷键Ctrl+M，弹出“曲线”对话框。将曲线右上角的点往下拖，图像变暗，如图2–33所示。单击“确定”按钮关闭“曲线”对话框，然后在“通道”面板中单击RGB通道，查看照片效果，如图2–34所示。可以看出图像偏黄了（“曲线”命令将在第5章中重点讲解）。

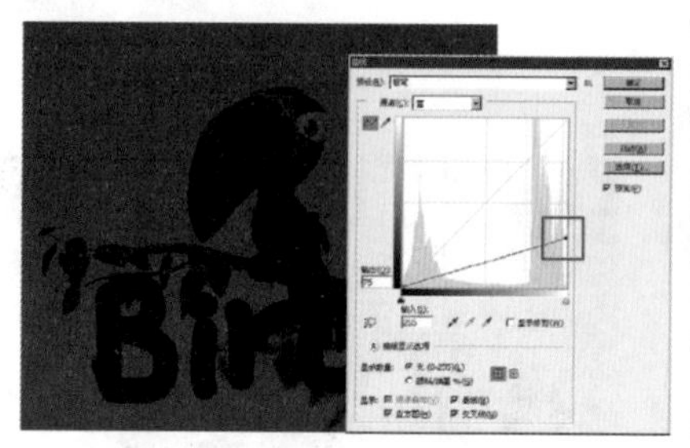

图2–33 调暗蓝通道

图2–34 图像偏黄

另外，RGB模式与CMYK模式对图像颜色的记录是相反的。如果在RGB图像内要增加某个通道的颜色，可以通过“色阶”或“曲线”命令加亮该通道，如果要减少该颜色，可以加暗该通道；如果在CMYK图像内要增加某个通道的颜色，就要加暗该通道，如果要减少该颜色，可以加亮该通道。

7 选区

Photoshop的选区是指选中并且可以进行操作的区域，选区的直接表现形式是流动的虚线，也称为蚂蚁线，如图2–35所示。创建选区后只能对选区内的图像进行编辑而不能对选区以外的区域进行编辑。

图2–35 选区

注意

选区是封闭的区域，可以是任何形状，但一定是封闭的，不存在开放的选区。选区一旦建立，就只能对选区范围内的图像进行编辑，如果要针对全图操作，必须先取消选区。并不是所有的选区都有蚂蚁线，例如，羽化值较大的选区不显示蚂蚁线（羽化知识点将在第6章中讲解）。

实例体验7：选区的作用

素材：光盘\第2章\素材\素材6.jpg　　视频：光盘\第2章\视频\选区的作用.flv

STEP 01 将背景图层变成普通图层。打开素材文件，按F7键显示“图层”面板。在面板的背景图层上双击鼠标，弹出“新建图层”对话框，直接单击“确定”按钮，将背景图层转变为普通图层，如图2–36所示。

STEP 02 移动小牛。选择工具箱中的移动工具，如果直接在图像上拖动鼠标，可以看到两个小牛都被移动了，如图2–37所示。

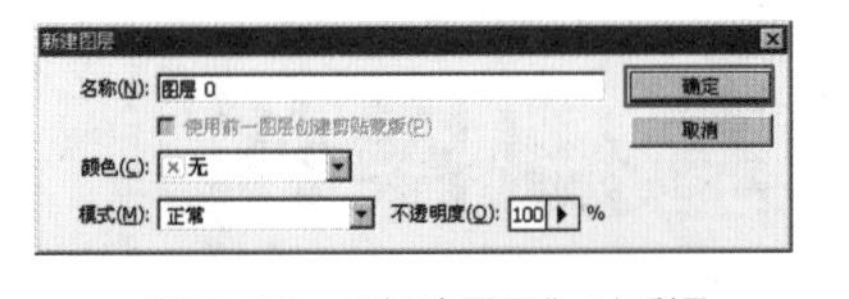

图2–36 “新建图层”对话框

图2–37 移动小牛

STEP 03 只移动右侧小牛。按快捷键Ctrl+Z，回到移动前。选择矩形选框工具，在图像中拖动出一块矩形选区将右侧小牛框住。选择移动工具，将鼠标置于选区中进行拖动，可以看到右侧小牛可以单独移动了，如图2–38所示。

图2–38 移动选区内图像

STEP 04 调整小牛的颜色。按快捷键Ctrl+Z撤销移动，再按快捷键Ctrl+D取消选区。接着按快捷键Ctrl+U，弹出“色相/饱和度”对话框。拖动色相滑块，可以看到整个图像的颜色都在改变，如图2–39所示。

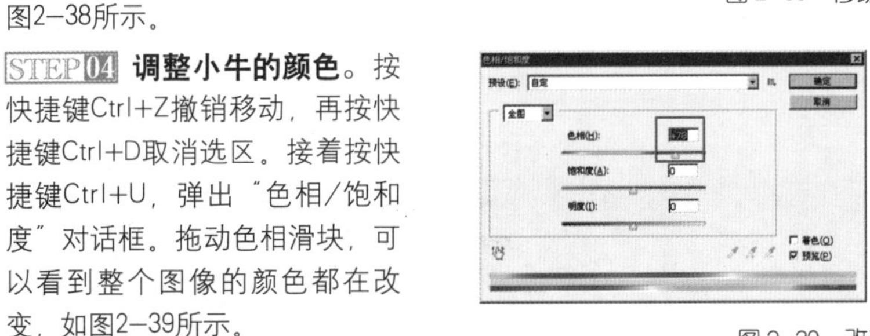

图2–39 改变小牛颜色

STEP05 **只调整右侧小牛的颜色。**单击"取消"按钮，关闭对话框。选择矩形选框工具，在图像中拖动出一块矩形选区将右侧小牛框住。按快捷键Ctrl+U进行色相调整，可以看到只有右侧小牛颜色发生变化，如图2-40所示。

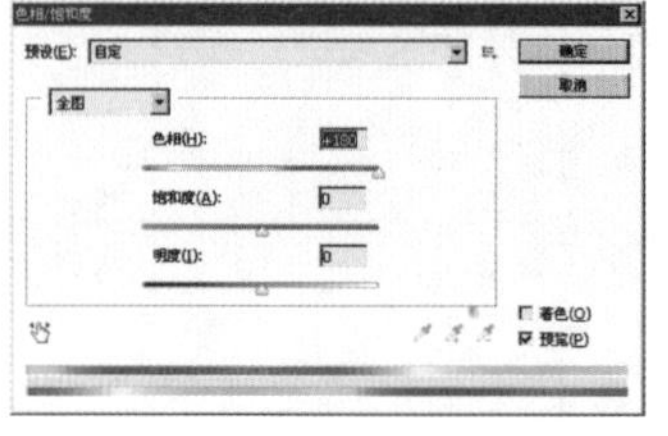

图2-40　改变右侧小熊颜色

STEP06 **抠取右侧小牛。**按快捷键Ctrl+J，生成"图层1"图层，然后单击"图层0"前面的眼睛图标隐藏背景图层，可以看到调色后的图像被抠取，生成在独立的图层上，如图2-41所示。

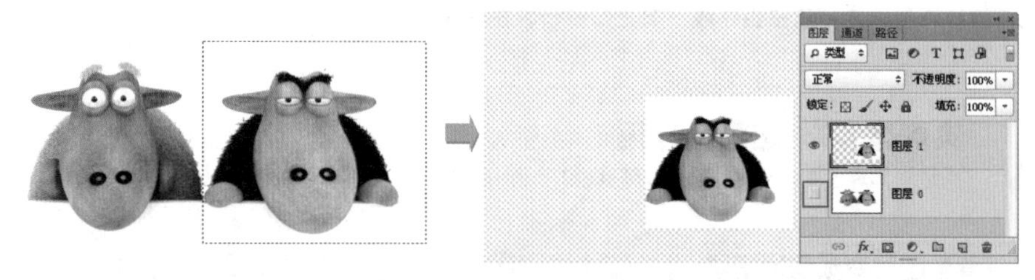

图2-41　抠取调色后的图像

2.2 基础操作

1 文件新建、保存、关闭、打开

1）新建文件

执行"文件"｜"新建"命令，或按快捷键Ctrl+N，可以设置新建文件的名称、预设、宽度、高度、分辨率、颜色模式、背景内容等基本参数，如图2-42所示。

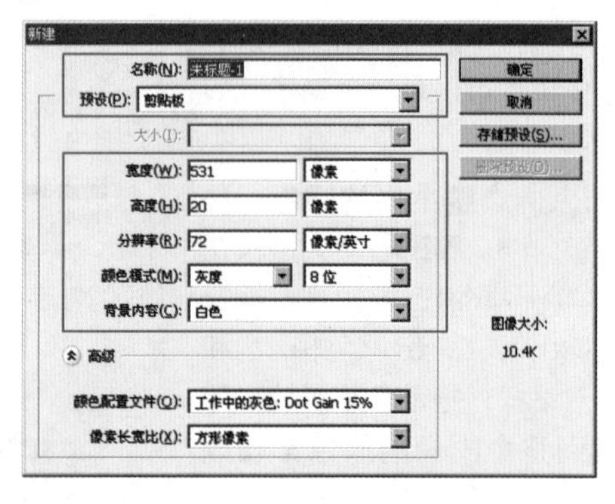

图2-42　"新建"对话框

2）保存文件

执行“文件”|“存储”命令，或按快捷键Ctrl+S保存图像文件。执行“文件”|“存储为”命令或按快捷键Ctrl+Shift+S，在选择路径、文件名及文件格式后保存当前图像文件，如图2–43所示。PS默认以PSD文件格式存盘。处理完图像后需及时保存文件，随时存盘是一个非常必要的操作习惯。

图 2–43 “存储为”对话框

3）关闭文件

执行“文件”|“关闭”命令，或按快捷键Ctrl+W，关闭当前图像文件。执行“文件”|“关闭全部”命令，或按快捷键Ctrl+Alt+W，关闭已打开的全部图像文件。执行“文件”|“关闭并转换到Bridge”命令，或按快捷键Ctrl+Shift+W，转换到Bridge界面。

4）打开文件

执行“文件”|“打开”命令，或按快捷键Ctrl+O，或双击工作区，都可以从弹出的“打开”对话框中选择文件进行打开，如图2–44所示。

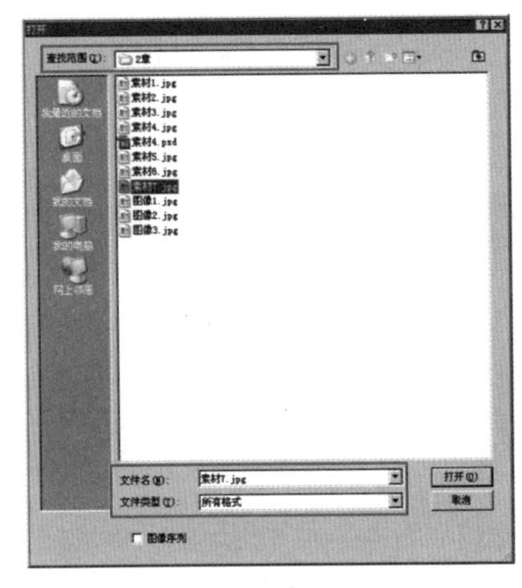

图 2–44 “打开”对话框

实例体验8：新建16开宣传单页和486像素×60像素的网络广告

素材：无　　视频：光盘\第 2 章\视频\新建 16 开宣传单页和 486 像素 ×60 像素的网络广告 .flv

STEP 01 **新建16开宣传页。**按快捷键Ctrl+N弹出“新建”对话框，16开的标准尺寸为210mm×285mm，因为宣传单页需要印刷，所以四边预留3mm的出血，因此设宽×高为 216mm×291mm，印刷分辨率为300ppi，颜色模式为CMYK，设置完成后单击“确定”按钮即可完成新建，如图2–45所示。

STEP 02 **新建486像素×60像素大小横幅广告。**按快捷键Ctrl+N，弹出“新建”对话框，因为网络广告不需要印刷，所以不需要预留出血，因此设宽×高为486像素×60像素，分辨率为72ppi即可，颜色模式为RGB，设置完成后单击“确定”按钮即可完成新建，如图2–46所示。

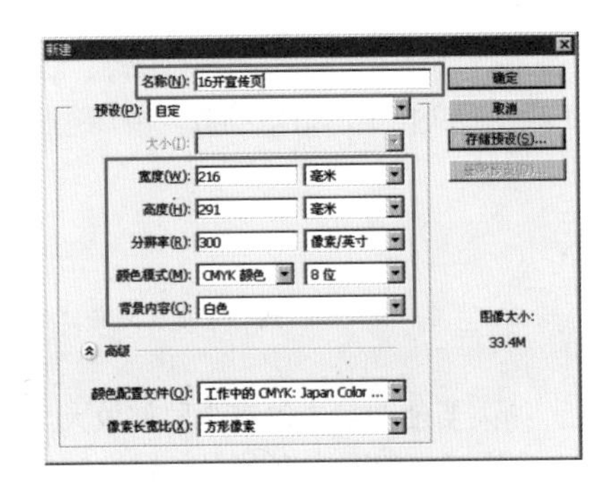

图 2–45 “新建”对话框（1）

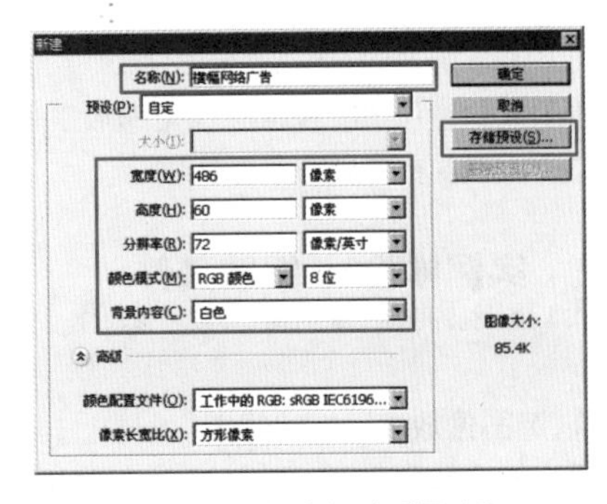

图 2–46 “新建”对话框（2）

设计师经验谈

做设计，必须对常见的一些作品规格熟记于心，才能与客户建立良好沟通。

1. 常见的印刷品成品尺寸

名片：横版有90mm × 55mm、85mm × 54mm，竖版有50mm × 90mm、54mm × 85mm。

IC卡：85mm ×54mm。

三折页广告：(A4)210mm × 285mm。

普通宣传册：(A4)210mm × 285mm。

文件封套：220mm × 305mm。

招贴画：540mm × 380mm。

挂旗：8开 376mm × 265mm，4开540mm × 380mm。

手提袋：大度对开430mm × 320mm × 105mm，正度对开400mm × 290mm × 80mm；大度丁三开 300mm × 270mm × 80mm，正度丁三开 250mm × 250mm × 70mm；大度四开 320mm × 210mm × 70mm，正度四开 280mm × 195mm × 60mm；大度八开 200mm × 160mm × 50mm，正度八开 185mm × 130mm × 50mm。

信封：3号176mm × 125mm ，5号220mm × 110mm，6号230mm × 120mm，7号230mm × 160mm，9号324mm × 229mm。

2. 常见的网络广告尺寸

横幅广告：486像素×60像素，233像素×30像素。

通栏广告：466像素×138像素，760像素×90像素，971像素×130像素，965像素×252像素。

3. 建立预设

在做平面设计时，可将常用的尺寸类型存储为预设，便于提高工作效率。单击“存储预设”按钮，在“新建文档预设”对话框的“预设名称”文本框中输入“486像素×60像素（网络广告）”，如图2-47所示。当下次再设计该尺寸的网络广告时，可在“新建”对话框的“预设”下拉列表框中选择存储的预设尺寸，如图2-48所示。

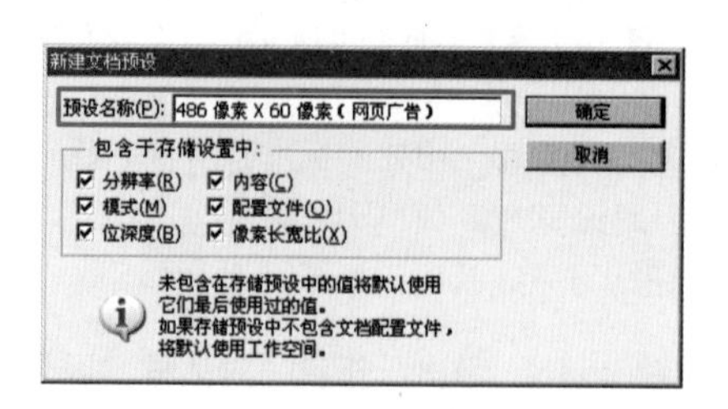

图2-47 “新建文档预设”对话框

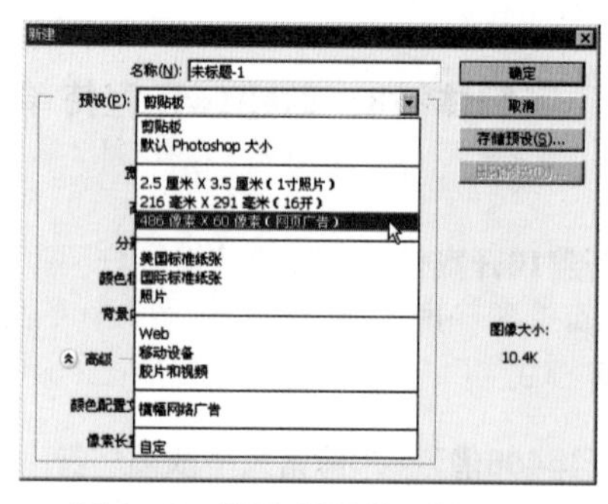

图2-48 设置“预设”下拉列表框

2 文件显示控制

在编辑图像的过程中，经常会使用缩放工具、抓手工具对文档窗口进行缩放，或调整图像在窗口中的显示位置，以便更好地观察图像细节。

实例体验9：缩放文件

素材：光盘\第 2 章\素材\素材 7.jpg　　视频：光盘\第 2 章\视频\缩放文件 .flv

STEP01 **框选图像放大**。按快捷键Ctrl+O，打开素材文件。如果要使图像中的某个局部放大显示，可以选择工具箱中的缩放工具，按住鼠标左键在图像中框选一个区域，如图2-49所示，框选完成后松开鼠标，框选的区域被放大，如图2-50所示。

图 2-49　框选一个局部

图 2-50　局部放大后的效果

STEP 02 **定点放大缩小图像。**按快捷键Ctrl+0可将图像恢复到原来状态。然后使用缩放工具连续单击图像的一个部位，这样单击的部位会逐步放大，如图2-51所示；逐步缩小图像则是按住Alt键连续单击。

图 2-51　定点缩放图像

STEP 03 **放大移动图像。**按快捷键Ctrl+0可将图像恢复到原来状态。连续按快捷键Ctrl++可使图像按中心点逐步放大，如图2-52所示；放大图像后可选择工具箱中的抓手工具，按住鼠标左键移动画面，查看图像的不同区域，如图2-53所示。按快捷键Ctrl+-，则可使图像按中心点缩小，图像窗口的标题栏以及状态栏都会显示缩放倍数。

图 2-52　放大图像

图 2-53　移动图像

STEP 04 **将窗口与图像同时缩小。**按快捷键Ctrl+0将图像恢复到原来状态。把光标移至标题栏，按住鼠标进行拖动，将文件窗口浮动在窗口中，然后连续按快捷键Ctrl+Alt+-，窗口与图像同时缩小，如图2-54所示；如果想将窗口与图像同时放大，则按快捷键Ctrl+Alt++。

图 2-54　窗口与图像同时缩放

除开上述的显示缩放和平移，Photoshop还有三种屏幕显示模式，打开文件后可通过按F键循环切换。如图2-55所示，从上到下分别为标准屏幕模式、带有菜单栏的全屏模式、全屏模式。按住空格键，鼠标显示为抓手工具，移动可改变图像显示的位置。

图 2-55　三种屏幕显示模式

3 界面

Photoshop CC的工作界面中包含菜单栏、属性栏、工作区、标题栏、工具箱、状态栏和文件显示区等组件，如图2-56所示。

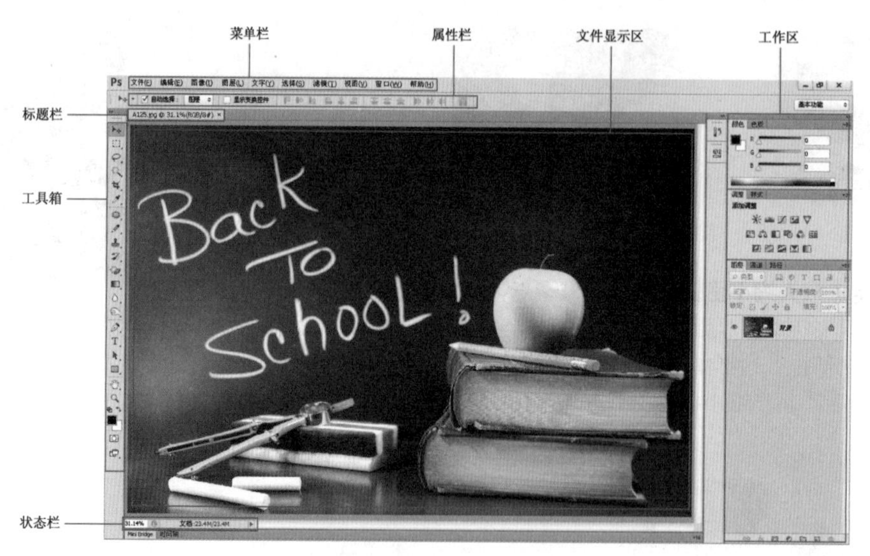

图 2-56　Photoshop CC 界面

菜单栏：熟练掌握菜单栏中的各种命令，可以快速正确地找到所需要的工作命令。

属性栏：主要用来显示工具箱中所选工具的属性设置，选择不同的工具时出现的属性内容也不同。

工作区：用来放置工作需要的各种常用的面板，因此也可以称为面板区。PS预设了多种工作区，选择不同的工作区，会出现不同的面板组合。在“窗口”｜“工作区”菜单中，可以选择要显示的工作区，如图2-57所示。

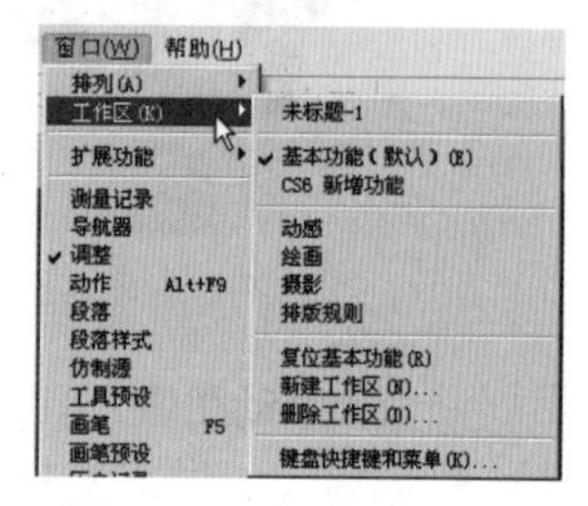

图 2-57　“工作区”菜单

工作区中的面板可以组合、拆分，打开、折叠。图2-58所示为面板的展开与折叠。

标题栏：显示了文档名称、文件格式、窗口缩放比例和颜色模式等信息。如果文档中包含多个图层，则标题栏中还会显示选定的当前图层名称。

工具箱：左侧与工作区对应的区域称为工具栏，也称为工具箱。对图像的修饰以及绘图等工具，都从这里选择，几乎每种工具都有相应的键盘快捷键。

状态栏：单击▶按钮可显示文档大小、文档配置文件、文档尺寸、当前工具等信息，如图2-59所示。在状态栏上单击并按住左键会弹出当前图像的像素数量等信息，如图2-60所示。

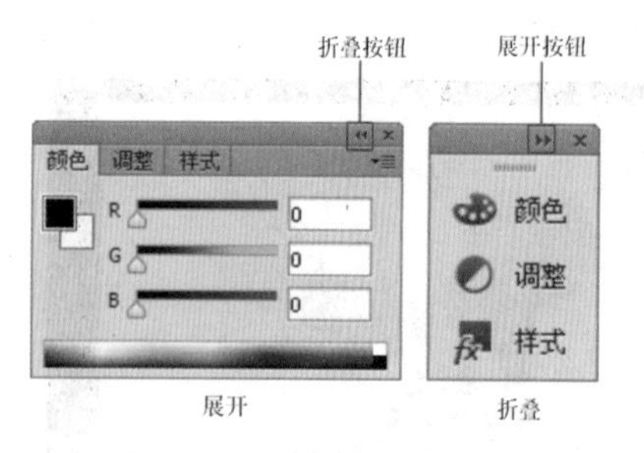

图 2-58　面板的展开与折叠

Adobe Drive
✔ 文档大小
文档配置文件
文档尺寸
测量比例
暂存盘大小
效率
计时
当前工具
32 位曝光
存储进度

图 2-59　状态栏显示设置

宽度：3504 像素(29.67 厘米)
高度：2336 像素(19.78 厘米)
通道：3(RGB 颜色，8bpc)
分辨率：300 像素/英寸
文档:23.4M/23.4M
时间轴

图 2-60　图像信息

文件显示区：中间打开的图像区域是编辑文档的区域，称为文件显示区，也称绘图区。

注意

可以通过按快捷键Shift+Tab来隐藏或显示所有使用中的面板，这种方式有一个很实用的好处，就是可以获得较大的视觉感知。

如果按Tab键，则工具箱会显示或隐藏。

实例体验10：面板的组合与分离

素材：无　　　　视频：光盘\第2章\视频\面板的组合与分离.flv

STEP 01 **从工作区中拆分面板。**PS默认的基本功能工作区中，各面板成组上下并列排列。下面我们将"图层"、"通道"、"路径"面板拆分出来。将鼠标分别移至图层、通道、路径图标上，按住鼠标左键拖动面板组到文件显示区，然后释放鼠标，则实现了分离，图层、通道、路径面板浮动在窗口中，如图2–61所示。

STEP 02 **将"通道"面板组合到"图层"面板中。**按住鼠标左键将"通道"面板拖至"图层"面板右侧的位置后释放鼠标左键，完成面板的组合，如图2–62所示。

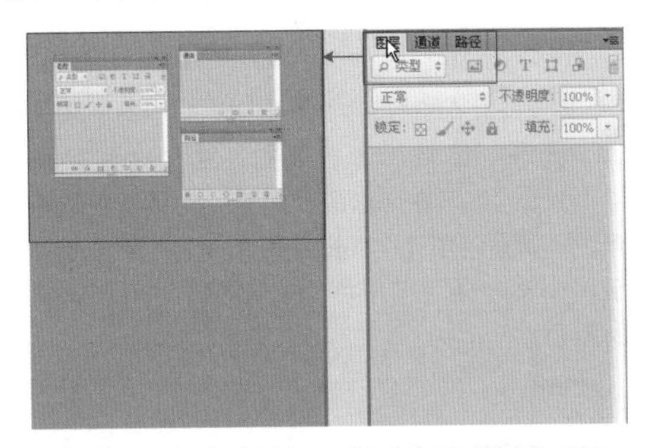

图2–61　分离"图层"、"通道"和"路径"面板

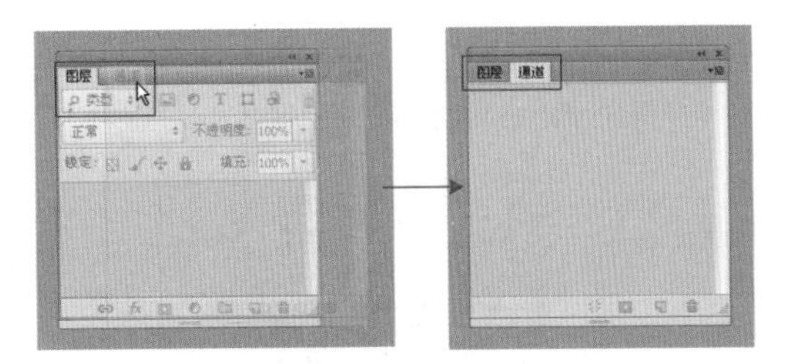

图2–62　组合面板

STEP 03 **将"路径"面板与"图层"、"通道"面板上下并列。**按住鼠标左键将"路径"面板拖至图层、通道组合面板的底部，当"图层"面板底部出现一条蓝线时释放鼠标左键，如图2–63所示。

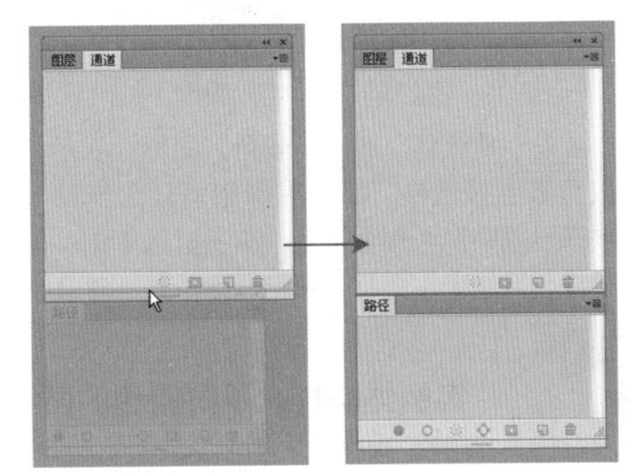

图2–63　组合面板

技巧提示

F5——"画笔"面板　F6——"颜色"面板　F7——"图层"面板

F8——"信息"面板　F9——"动作"面板

4 颜色设置与填充

1）通过前景色和背景色设置颜色

在Photoshop中设置颜色，主要通过设置工具箱中的前景色与背景色来完成。前景色与背景色显示在工具箱的下侧，如图2–64所示。默认情况下，前景色为黑色，背景色为白色，按D键恢复默认状态，按X键切换前景色与背景色。

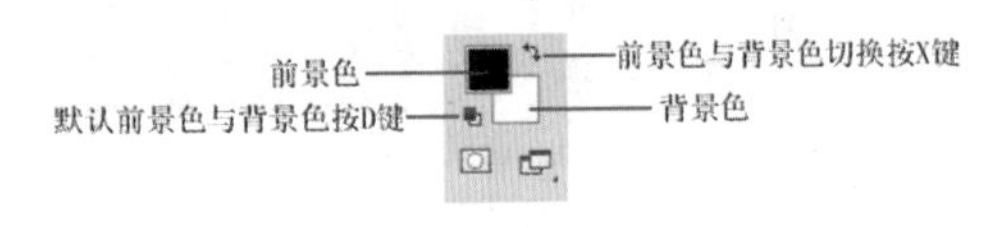

图2–64　前景色与背景色

前景色：用于显示和设置当前所选绘图工具（画笔、铅笔、油漆桶）所使用的颜色。

背景色：设置背景色后，并不会立刻改变图像的背景色，只有在使用了与背景色有关的工具（橡皮擦、改变画布大小）后，才会按背景色的设定来执行。

在Photoshop中，可以通过单击“前景色”和“背景色”图标，在弹出的“拾色器”对话框中对颜色进行设置，如图2–65所示。

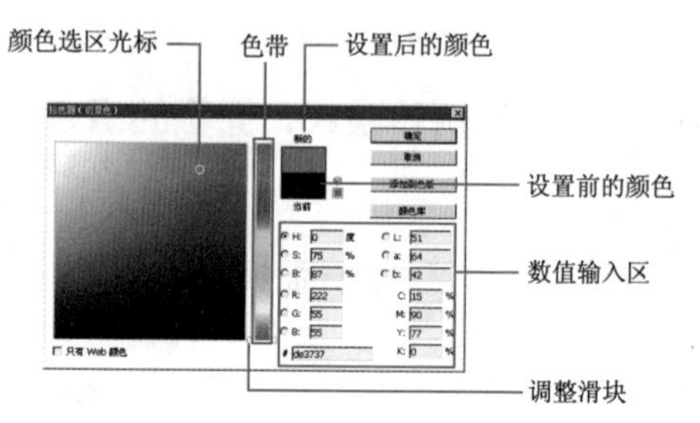

图 2–65 “拾色器”对话框

2）通过颜色面板设置颜色

通过颜色面板设置颜色与在“拾色器”对话框中选择颜色是一样的，都可方便、快速地设置前景色或背景色，并且可以选择不同的颜色模式进行选色。执行“窗口”|“颜色”命令，可打开“颜色”面板，如图2–66所示。

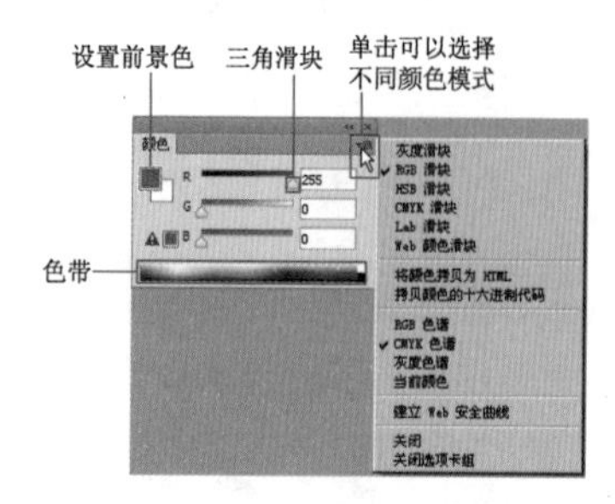

图 2–66 “颜色”面板

单击“前景色”或“背景色”图标，表示前景色或背景色被选中，然后在颜色滑杆上拖动三角滑块来设置前景色或背景色。单击被选中的“前景色”或“背景色”图标，弹出“拾色器”对话框。色带位于颜色面板的最下侧，默认情况下，色带上显示着色谱中的所有颜色。在色带上单击一个区域，即可选择此区域的颜色。

3）前景色与背景色填充

执行“编辑”|“填充”命令或按快捷键Shift+F5，可以在弹出的“填充”对话框中选择前景色、背景色填充，如图2–67所示；也可以按快捷键Alt+Delete填充前景色，按快捷键Ctrl+Delete填充背景色。

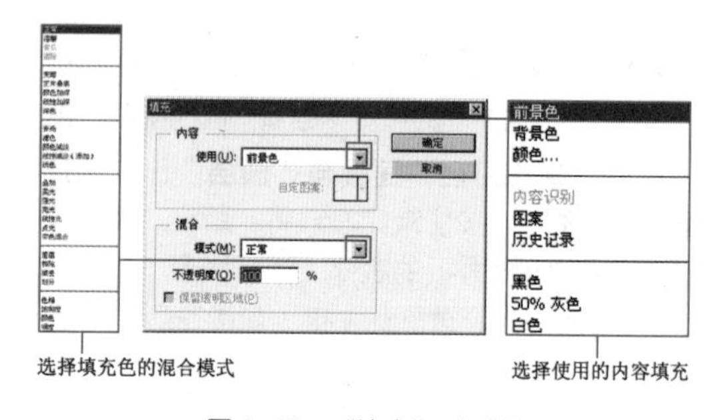

图 2–67 “填充”对话框

实例体验11：不同颜色的画布

素材：光盘\第 2 章\视频\素材 8.jpg　　视频：光盘\第 2 章\视频\不同颜色的画布 .flv

STEP01 **打开文件。**执行“文件”|“打开”命令或按快捷键Ctrl+O，打开文件，如图2–68所示。

STEP02 **利用前景色填充背景。**选择工具箱中的魔棒工具，单击背景最顶层的浅色条，将该区域载入选区，然后单击“前景色”图标，选择一种颜色，按快捷键Alt+Delete填充，得到图2–69所示的效果。

图 2–68 “素材 8”图像

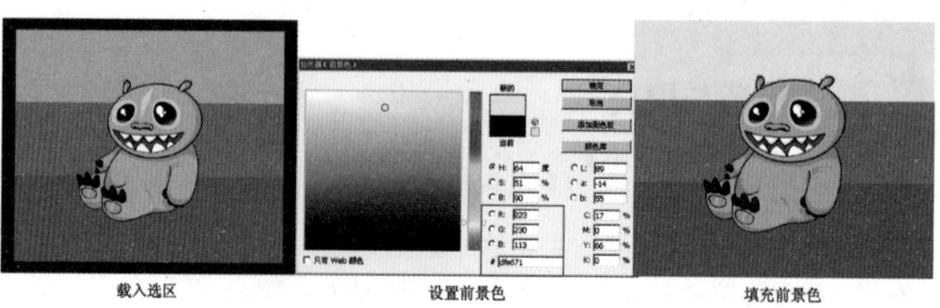

图 2–69 利用前景色填充背景

STEP03 **用相同的方法填充背景**。选择工具箱中的魔棒工具，将其他色条载入选区后，分别选择不同的前景色，填充背景，得到图2-70所示的最终效果。

图2-70 填充背景

5 简单选区操作

在Photoshop中可以通过选区工具创建选区，还可用多边形套索工具创建选区。创建后的选区还可以进行移动、取消选区等操作。

实例体验12：选区的建立与取消

素材：光盘\第2章\视频\素材9.jpg　　视频：光盘\第2章\视频\选区的建立与取消.flv

STEP01 **打开文件**。执行"文件"|"打开"命令或按快捷键Ctrl+O，打开素材文件，如图2-71所示。

图2-71 原图

STEP02 **建立选区**。选择工具箱中的多边形套索工具，沿着金字塔附近的一点套选一周，回到起点，这时多边形套索工具会出现一个小圆圈，单击鼠标即可生成金字塔的选区，如图2-72所示。

起点套选

套选金字塔后回到起点

金字塔生成选区

图2-72 建立金字塔选区

STEP03 **移动选区**。将鼠标移至选区内部，多边形套索工具会呈现白色，这时按下鼠标左键进行拖动可移动选区，如图2-73所示。

多边形套索工具

移动鼠标贴近选区

移动选区

图2-73 移动选区

STEP04 **取消选区。**在使用多边形套索工具 创建选区时，如果操作失误，可以双击鼠标左键，这时生成了错误的选区，按快捷键Ctrl+D取消选区重新创建即可，如图2–74所示。

图 2–74 取消选区

6 图层新建、复制、删除、显示、隐藏

在Photoshop的“图层”面板中，可以进行创建、复制、删除、显示和隐藏图层，调整图层顺序等操作。图2–75所示为“图层”面板。

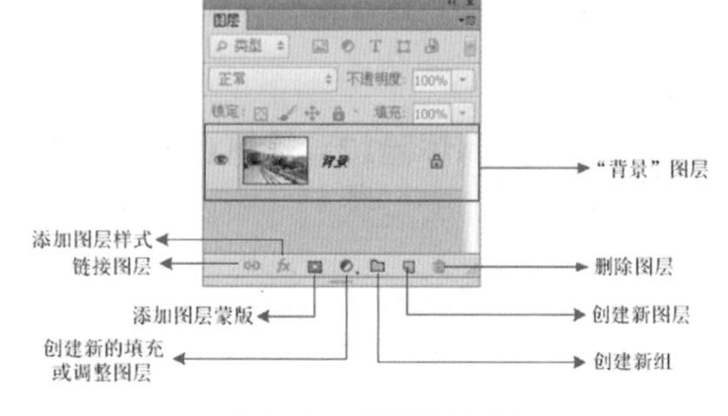

图 2–75 “图层”面板

实例体验13：图层基础操作

素材：光盘\第 2 章\视频\素材 10.jpg、素材 11.psd
视频：光盘\第 2 章\视频\图层基础操作 .flv

STEP01 **打开文件并创建新图层。**打开“素材10.jpg”文件，单击“图层”面板中的“创建新图层”按钮 ，可创建一个透明图层。执行“图层”|“新建”|“图层”命令或按快捷键Shift+Ctrl+N，也可创建新图层，如图2–76所示。

图 2–76 创建新图层

STEP02 **复制图层。**按快捷键Ctrl+Z撤销上一步操作，将“背景”图层拖动至“创建新图层”按钮 上或按快捷键Ctrl+J，可复制一个“背景”图层，如图2–77所示。

STEP03 **删除图层。**将“背景 副本”图层拖动至“删除图层”按钮 上或单击该图层按Delete键，可删除图层，如图2–78所示。

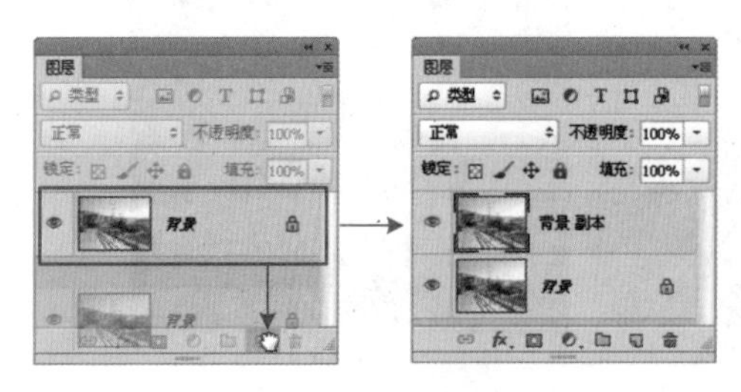

图 2–77 复制图层

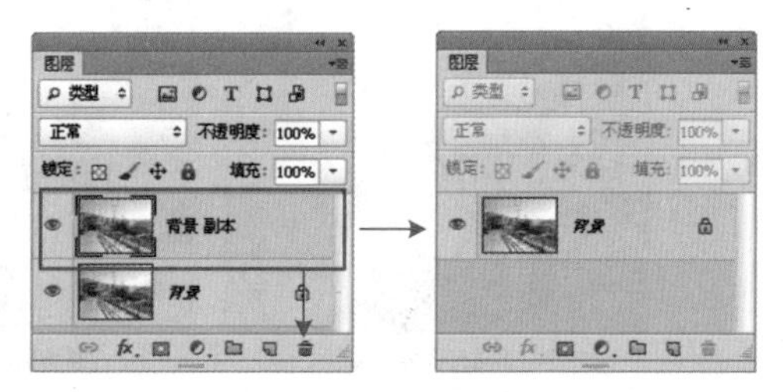

图 2–78 删除图层

STEP 04 **调整图层顺序**。在设计过程中要特别注意图层的层次问题，因为层次会引起遮挡。通过调整图层的叠放次序，可以获得不同的图像效果。打开“素材11.psd”文件，选择“小狗”图层，按住鼠标左键将其拖动至“草地”图层的上边缘线位置后释放鼠标，得到如图2–79所示的效果。

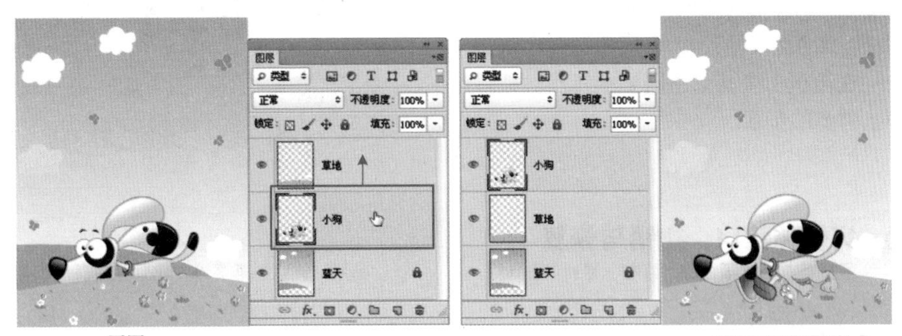

图 2–79　调整图层的叠放次序

STEP 05 **显示和隐藏图层**。如果想隐藏某个图层，只需在该图层的左边单击眼睛图标即可；如果需要显示该图层，再次单击眼睛图标即可，如图2–80所示。

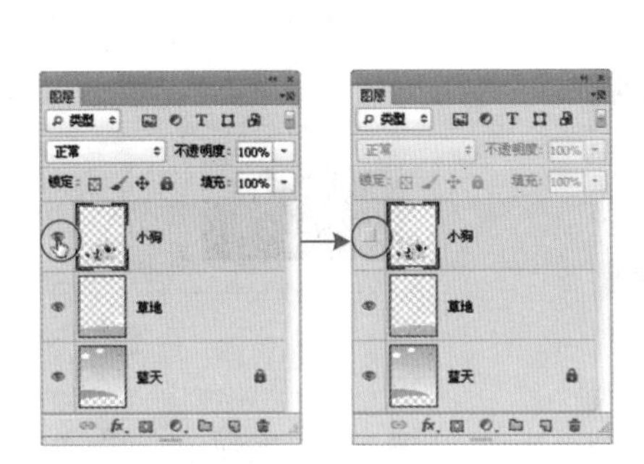

图 2–80　将小狗图层隐藏

STEP 06 **移动背景图层**。背景图层永远都在最下层，其层中不能包含透明区，不能添加图层样式和图层蒙版。在背景图层上可用画笔、铅笔、图章、渐变、油漆桶等绘画和修饰工具进行绘画。要将背景图层转换为普通图层，只需双击背景图层，在弹出的对话框中设置相关属性，单击“确定”按钮即可，如图2–81所示。

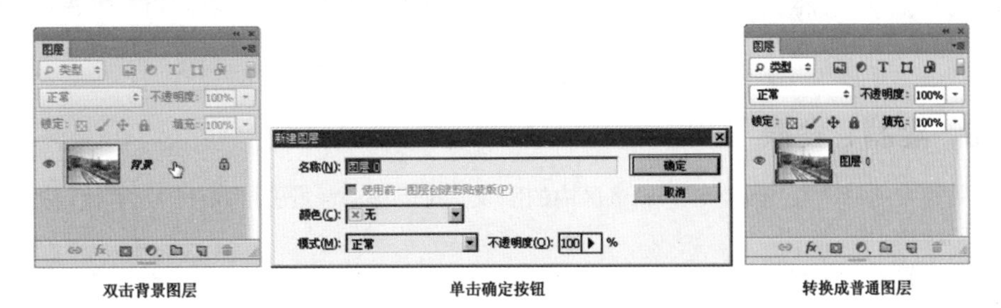

图 2–81　将背景图层转换为普通图层

7 撤销与恢复

使用Photoshop时，如果操作出现了失误，可以进行撤销；撤销后也可以恢复。

方法一：利用快捷键撤销/恢复操作。

Ctrl+Z——撤销/恢复一步操作。

Ctrl+Alt+Z——每按一次可以撤销一步操作。

Ctrl+Shift+Z——每按一次可以恢复一步操作。

F12———一次性恢复到文件最初状态。

方法二：利用"历史记录"面板撤销/恢复操作。

执行"窗口"|"历史记录"命令，显示"历史记录"面板，如图2-82所示。面板中记录了最近的20步操作。在面板上直接单击需要的步骤，即可撤销或恢复到需要的步骤。

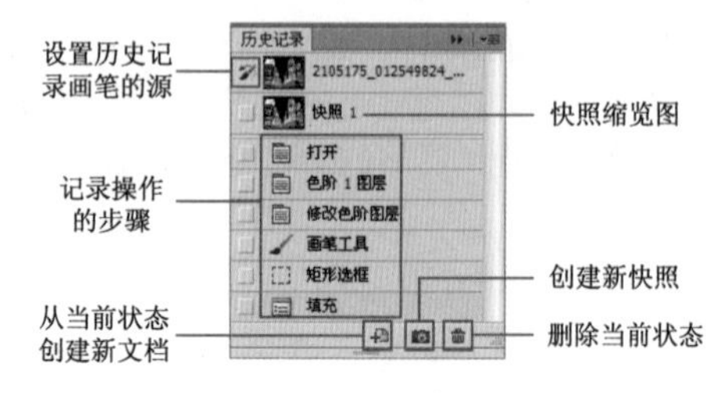

图 2-82 "历史记录"面板

实例体验14：撤销与恢复

素材：光盘\第2章\素材\素材12.jpg　　视频：光盘\第2章\视频\撤销与恢复.flv

STEP01 **打开文件**。执行"文件"|"打开"命令或按快捷键Ctrl+O，打开素材文件，如图2-83所示。

STEP02 **使用画笔工具给眼睛上色**。单击"前景色"图标设定一种颜色，然后选择工具箱中的画笔工具，在卡通人物眼睛位置进行上色，如图2-84所示。

图 2-83 "素材12"图像

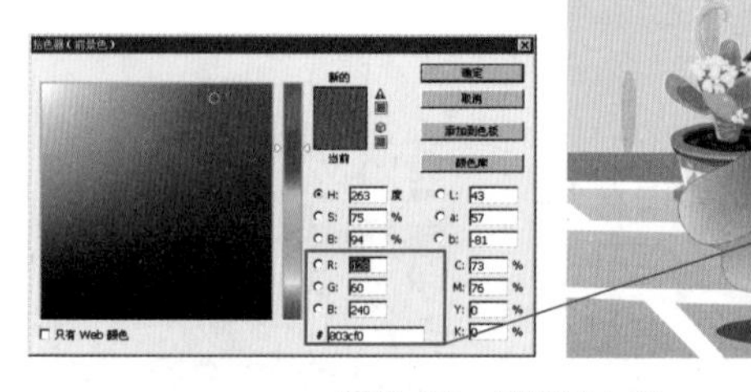

图 2-84 给眼睛上色

STEP03 **撤销与恢复**。上色后如果感觉不满意，可执行"编辑"|"还原"命令或按快捷键Ctrl+Z，还原到原始状态重新上色；如果绘制了多步可按快捷键Ctrl+Alt+Z再次向前还原，恢复到想要的步骤，如图2-85所示。

上色后

撤销上色恢复到原始状态

图 2-85 撤销与恢复

8 移动、复制、变换

利用工具箱中的移动工具可以移动选区内的图像，可以移动背景图层以外的没有锁定的图层上的图像、文字或形状。

也可以复制需要的图像、形状、文字等。简易的方法有两种：一种是选择移动工具，然后按下Alt键用鼠标拖动，即可完成复制；一种是复制图像所在图层。

也可以将图像进行变换，比如拉大、缩小、旋转、透视等。执行"编辑"|"自由变换"命令或按快捷键Ctrl+T，能够自由变换图像。

实例体验15：图像的移动和复制

素材：光盘\第2章\素材\素材13.jpg　　视频：光盘\第2章\视频\图像的移动和复制.flv

STEP01 **打开素材，移动复制整个图像**。打开素材文件，选择移动工具，然后按住Alt键移动图像，这时整个图像被移动并复制为一个新的"背景 副本"图层，如图2–86和图2–87所示。

图 2–86 原图

图 2–87 移动图层的同时自动复制一个新图层

STEP02 移动图像内的某个部位。按快捷键Ctrl+Z撤销前一步操作。选择工具箱中的矩形选框工具框选出一个斑马图像，然后再选择移动工具向左移动选区，选区内的斑马图像被移动到左侧，如图2–88所示。

STEP03 复制移动图像内的某个部位。按快捷键Ctrl+Z撤销前一步操作，然后按快捷键Ctrl+J复制选区内的图像，生成新的"图层1"，同时选区自动取消，然后再向左移动图像，如图2–89所示。

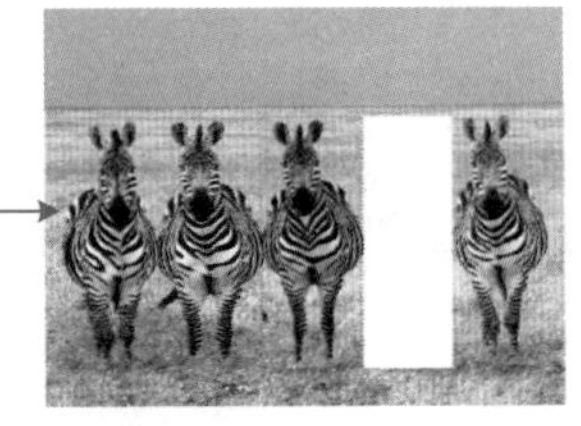

图 2–88 移动图像内某个部位

图 2–89 复制移动图像内的某个部位

注意

利用移动工具移动图像，有以下两个限制。

其一，背景图层上的图像无法移动，除非移动的是选区中的图像。要移动背景图层上的图像，有两个解决办法：一个是双击背景图层将其变为普通图层；另一个是建立选区选中要移动的图像。

其二，图层被锁定位置后无法移动，如图2-90所示，如果单击"锁定位置"按钮或者"锁定全部"按钮，则无法移动图层上的图像。

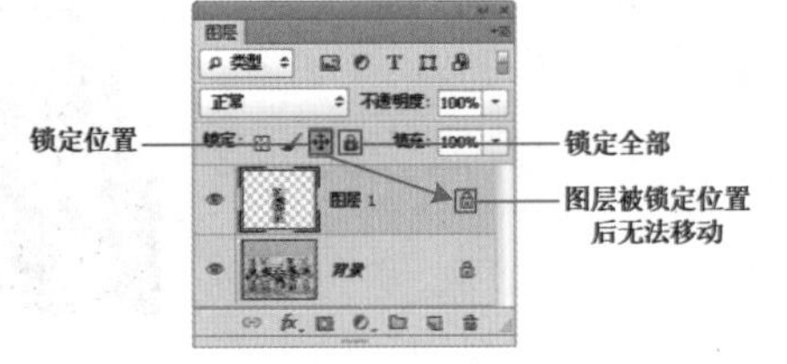

图 2–90 图层锁定

实例体验16：文件之间的复制★

素材：光盘\第 2 章\素材\蝴蝶 .jpg、酒杯 .jpg　　视频：光盘\第 2 章\视频\文件之间的复制 .flv

本实例中的酒杯素材图片原本只有一个图层，复制蝴蝶图像后就增加了一个图层，就像在日常生活中我们用剪刀裁剪一张图片放到另一张图片上面一样，如图2–91所示。

图 2–91 文件之间的复制

实例体验17：神奇的变换★

素材：光盘\第 2 章\素材\辣椒 .jpg　　视频：光盘\第 2 章\视频\神奇的变换 .flv

本实例主要学习“变换”命令组中的缩放、旋转、斜切、扭曲、透视、变形等操作，如图2–92所示。

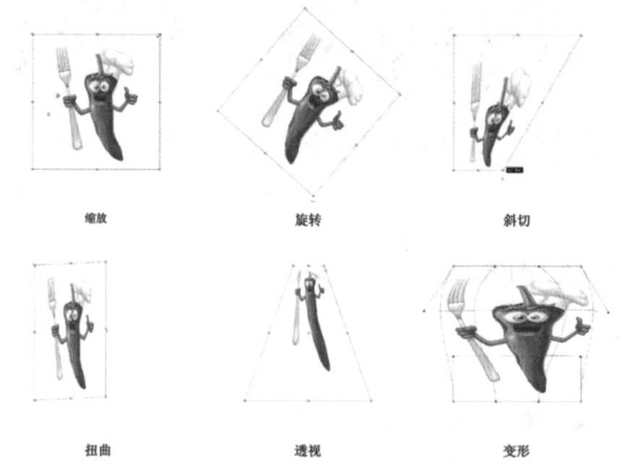

图 2–92　使用“变换”命令组

9 标尺、网格、参考线

标尺、网格和参考线都是用于辅助图像处理操作的，如对齐操作、对称操作等，使用它们将大大提高工作效率。

1）标尺

标尺显示了当前正在应用中的测量系统，它可以帮助我们确定任何窗口中对象的大小和位置。

显示与隐藏标尺：执行“视图”|“标尺”命令或按快捷键Ctrl+R，可以显示或隐藏标尺。在显示状态下，标尺显示在窗口的顶部和左侧，如图2–93所示。

隐藏标尺

显示标尺

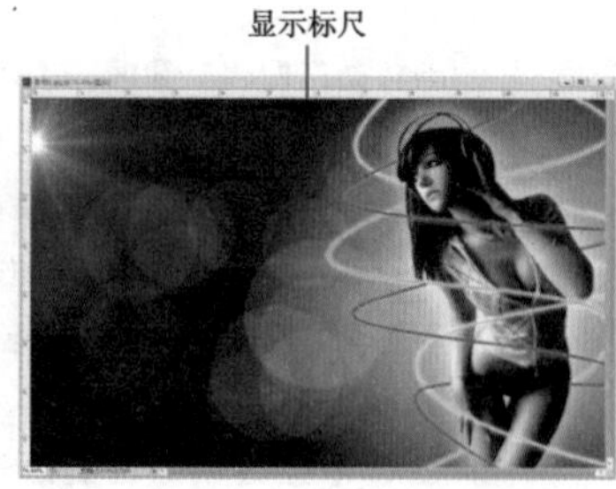

图 2–93　显示与隐藏标尺

定位标尺原点（0,0）：默认状态下，标尺以窗口内图像的左顶角作为标尺的原点（0,0）。

将光标置于标尺的（0,0）点，拖曳鼠标到所需位置，松开鼠标，光标处就会变为（0,0）点位置，如图2–94所示；双击左上角标尺相交的方块，可以重新将标尺的（0,0）点设置为默认状态。

选择原点

移动原点

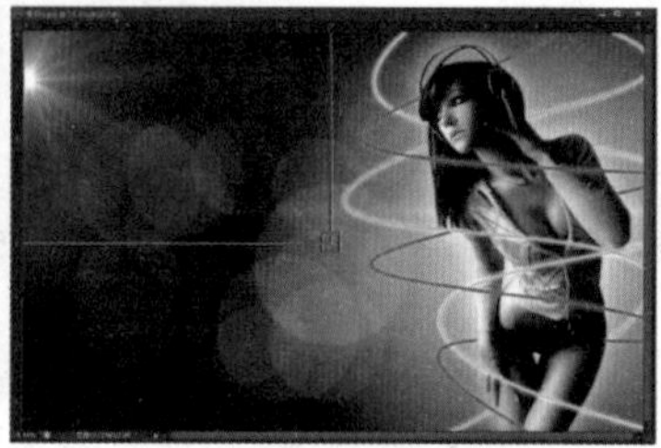

改变后的原点位置

图 2–94　定位（0,0）点

注意

如果要使标尺原点对齐标尺上的刻度，只要在拖曳时按住Shift键即可。

标尺设置：执行“编辑”|“首选项”|“单位与标尺”命令或在标尺处双击鼠标，弹出“首选项”对话框，在该对话框中可以对标尺进行自定义设置，如图2-95所示。

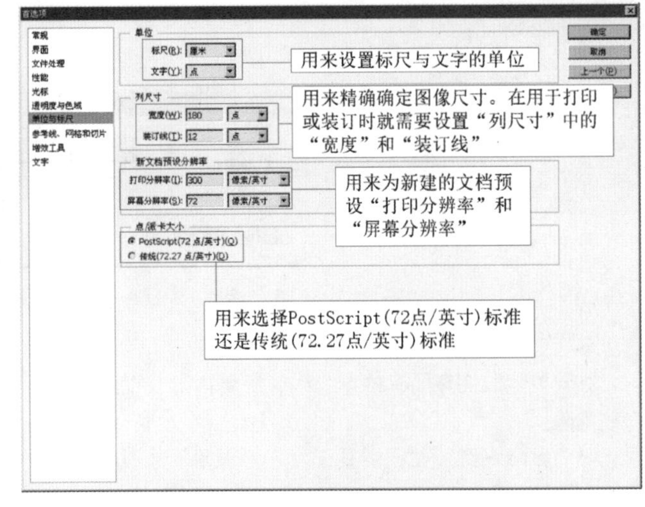

图2-95 “首选项”对话框（1）

2）网格

网格由一连串的水平和垂直点所组成，经常被用来协助绘制图像和对齐窗口中的任意对象。

显示与隐藏网格：默认状态下网格是不可见的。执行“视图”|“显示”|“网格”命令或按快捷键Ctrl+'，可以显示或隐藏非打印的网格，如图2-96所示。

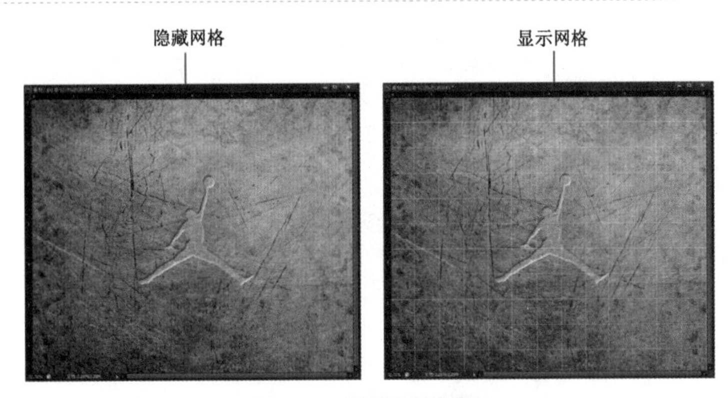

图2-96 显示与隐藏网格

网格设置：执行“编辑”|“首选项”|“参考线、网格和切片”命令，打开“首选项”对话框，如图2-97所示。

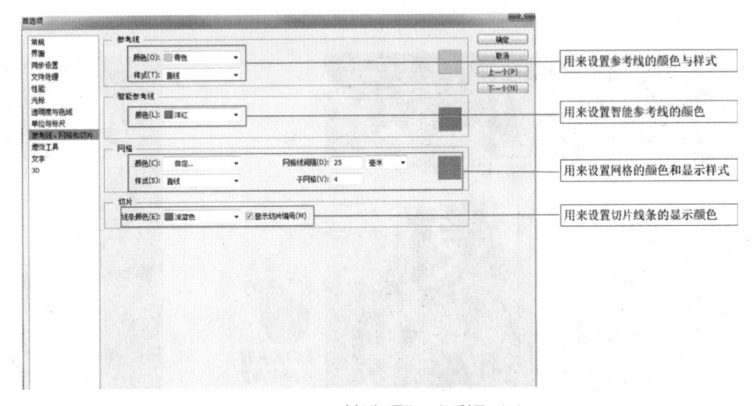

图2-97 “首选项”对话框（2）

3）参考线

参考线是浮在整个图像上但不能被打印的直线，主要用来协助对齐和定位对象；可以移动、删除或锁定参考线。

创建参考线有两种方法。一种是命令法，执行“视图”|“新建参考线”命令，可以新建参考线。在

弹出的“新建参考线”对话框中，可以设置创建水平或垂直参考线，以及参考线的位置，如图2-98所示。方法二较为简单，直接在标尺上按住鼠标左键并向文件中拖动即可创建参考线，如图2-99所示。

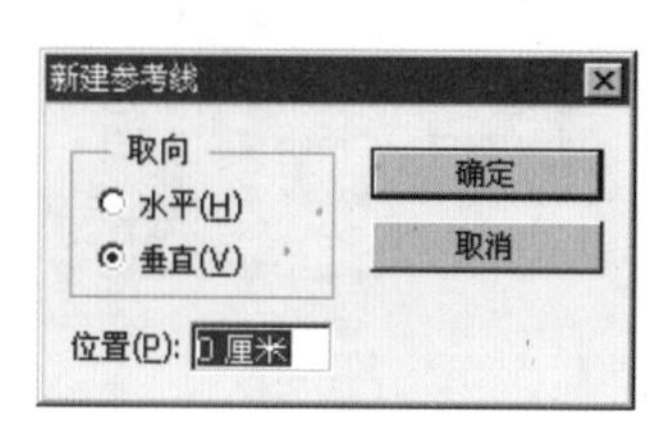

图2-98 “新建参考线”对话框

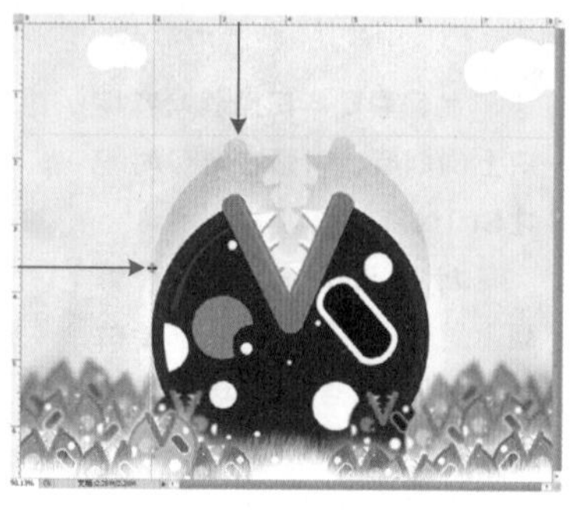

图2-99 拖动鼠标创建参考线

删除参考线：如果要删除一条或几条参考线，只要使用移动工具拖动要删除的参考线到文件窗口外即可；如果要删除图像所有的参考线，只要执行“视图”|“清除参考线”命令，就可以将图像中的所有参考线删除。

显示与隐藏参考线：执行“视图”|“显示”|“参考线”命令或按快捷键Ctrl+;，可以显示或隐藏参考线。

锁定与解锁参考线：执行“视图”|“锁定参考线”命令或按快捷键Alt+Ctrl+;，可以锁定或解锁参考线。

显示智能参考线：执行“视图”|“显示”|“智能参考线”命令，可以在文档中显示智能参考线。智能参考线可以在两个图像的边缘或中点相交时显示作为参考的辅助线。

实例体验18：准确定位

素材：光盘\第2章\素材\素材14.jpg、素材15.png　　视频：光盘\第2章\视频\准确定位.flv

要求将篮球图标准确定位在海报的左上角位置，分别距离上边缘和左边缘1厘米，大小适中即可。

STEP 01 **打开文件**。执行“文件”|“打开”命令或按快捷键Ctrl+O，打开素材文件，如图2-100所示。

图2-100 打开素材

STEP 02 **移动图标**。选择工具箱中的移动工具，选择篮球图标，按住鼠标左键，将篮球图标移动到人物海报中，如图2-101所示。

图2-101 移动图标

STEP 03 **显示标尺并创建辅助线**。按快捷键Ctrl+R显示标尺，然后执行“视图”|“新建参考线”命令，弹出“新建参考线”对话框。设置“取向”中“水平”位置为1厘米，单击“确定”按钮后创建完成水平方向的参考线；再次执行“视图”|“新建参考线”命令，设置“取向”中“垂直”位置为1厘米，单击“确定”按钮后创建完成垂直方向的参考线，如图2-102所示。

图 2–102　创建水平和垂直方向的参考线

STEP 04 **移动图像**。选择工具箱中的移动工具，选择篮球图标，将其移动至贴近辅助线的位置，准确定位，然后按快捷键Ctrl+;隐藏参考线，得到如图2–103所示的效果。

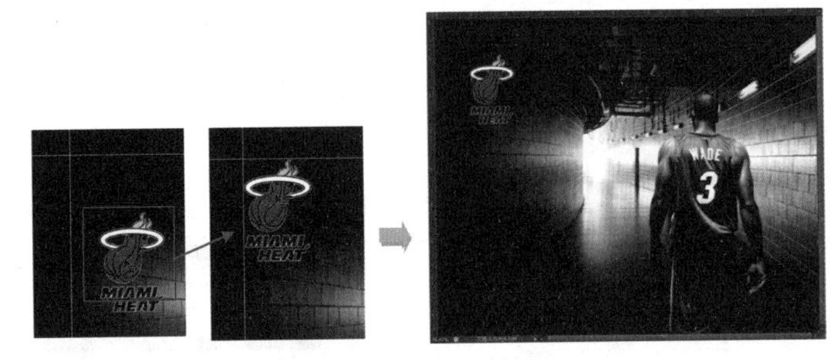

图 2–103　准确定位图标

2.3 环境参数设置

为了便于图像编辑操作，提高工作效率，用户可以预先设置好Photoshop的操作环境，如进行鼠标形状设置、暂存盘设置。

1 鼠标形状设置

用户可以设置Photoshop工具的光标形状，以便于辨识当前所选择的工具，或者在绘图时更精确地绘制图形。执行“编辑”｜“首选项”｜“光标”命令，弹出“首选项”对话框，如图2–104所示。

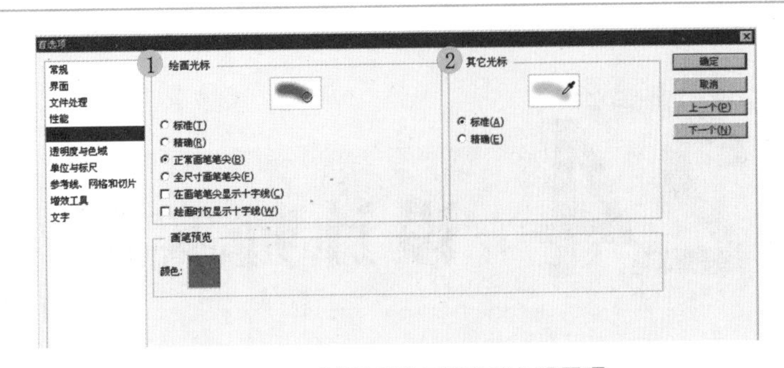

图 2–104　“首选项”对话框光标设置项

（1）在“绘画光标”选项组中设置绘图工具的光标显示方式，有如图2–105所示的6个选项可以设置。

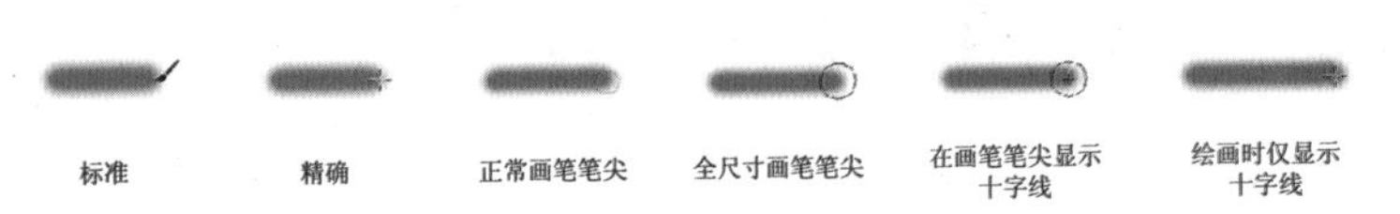

图 2–105　“绘画光标”显示方式

标准：这是标准模式，即用各种工具的形状来作为指针。

精确：可以切换为十字形的指针形状，其中心点为工具作用时的中心点。该形状的鼠标指针可用于精密绘图和编辑。

正常画笔笔尖：鼠标指针切换为画笔的大小显示。鼠标指针的圆圈大小即是当前选择的画笔大小，这样可以精确地看到画笔所覆盖的范围。

全尺寸画笔笔尖：使用全尺寸画笔显示光标，光标的形状比“正常画笔笔尖”选项显示得更大。

在画笔笔尖显示十字线：显示笔尖光标时，在圆圈中心增添一个“十”字光标，以利于精确绘图。

绘画时仅显示十字线：在显示笔尖光标时，仅显示一个“十”字光标，不显示画笔圆圈。

(2) 在“其他光标”选项组中设置绘图工具以外的工具的光标。

标准：选中此单选按钮时，光标显示工具按钮图标模样。

精确：选中此单选按钮时，则显示“十”字形的鼠标指针。

2 暂存盘设置

无论文件大小，Photoshop都需要暂存盘作为运行保障。暂存盘是指具有空闲存储空间的任何驱动器或驱动器的一个分区。默认情况下，Photoshop使用安装操作系统的硬盘作为主暂存盘。

执行“编辑”|“首选项”|“性能”命令，弹出“选项”对话框，如图2-106所示。在“暂存盘”选项组中可以设置多个可作为虚拟内存的磁盘，但它们之间有优先顺序，只有当下拉列表框中位于前列的磁盘的空间不足时，才会使用其后的磁盘，以此类推。

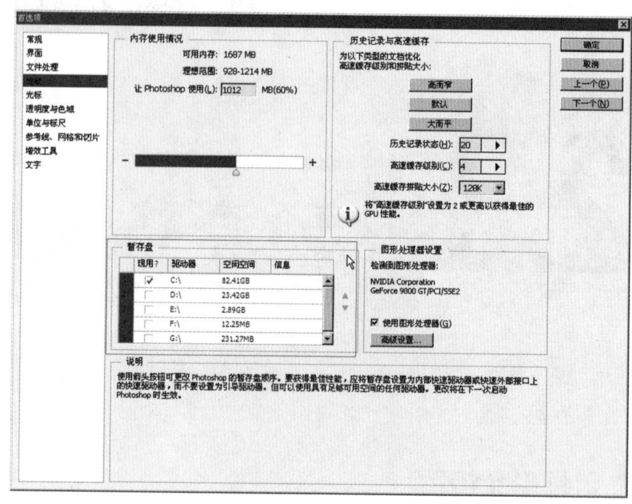

图 2-106 “首选项”对话框性能设置项

2.4 设计师实战

实战1：照片拼图

素材：光盘\第 2 章\素材\照片 1.jpg、照片 2.jpg、照片 3.jpg
视频：光盘\第 2 章\视频\照片拼图 .flv

通过本书前面内容的学习，我们已经学会怎样将图层或图层的选区变换选择角度。下面我们利用“变换”命令将多幅图像拼到一个立体空间内，如图2–107所示。

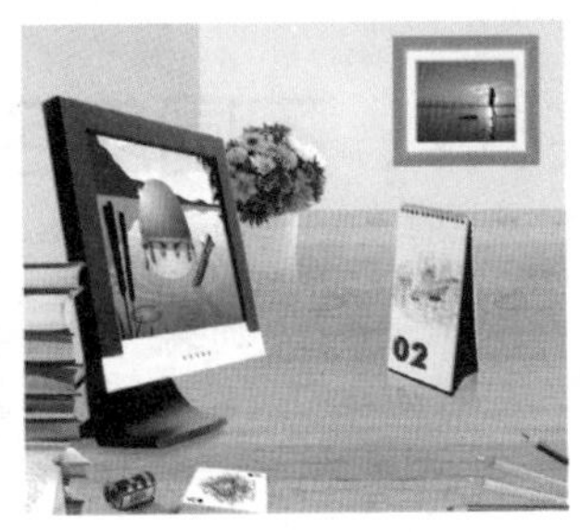

图 2–107 拼图

STEP 01 **打开文件**。执行“文件”|“打开”命令或按快捷键Ctrl+O，打开三张素材图像，如图2–108所示。

照片1

照片2

照片3

图 2–108 打开素材图像

STEP 02 **移动图像**。选择“照片2”图像，使用工具箱中的移动工具将“照片2”拖入到“照片1”图像中，如图2–109所示。

STEP 03 **扭曲图像**。执行“编辑”|“变换”|“扭曲”命令，“照片2”图层出现变换调节框，使用鼠标拖动调节框四角的调节点，改变“照片2”图像的形状，如图2–110所示。

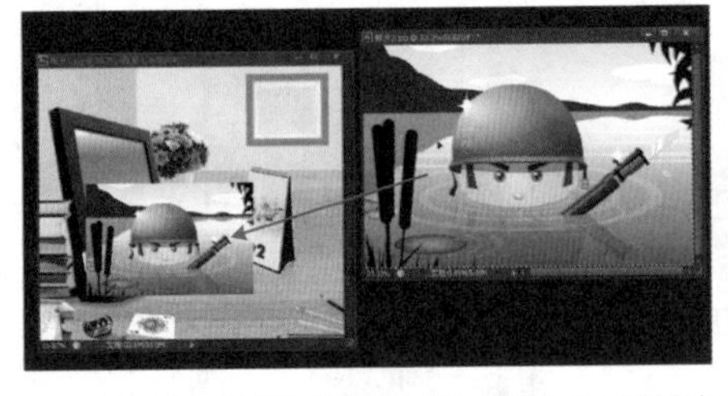

图 2–109 将“照片 2”拖入到“照片 1”图像中

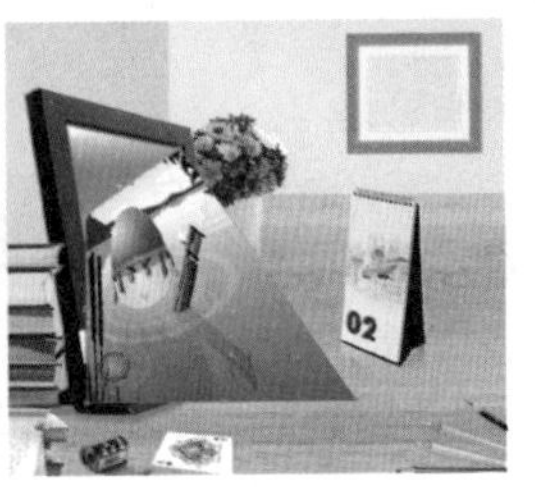

图 2–110 拖动调节点

STEP 04 **调整图像位置**。分别将“照片2”图层的4个调节点拖动到“照片1”图像中显示器4个角的位置后按Enter键结束编辑，这样“照片2”就很合适地贴在了屏幕上，如图2–111所示。

STEP 05 **移动图像**。再选择“照片3”图像，然后使用工具箱中的移动工具将“照片3”拖入到“照片1”图像中，如图2–112所示。

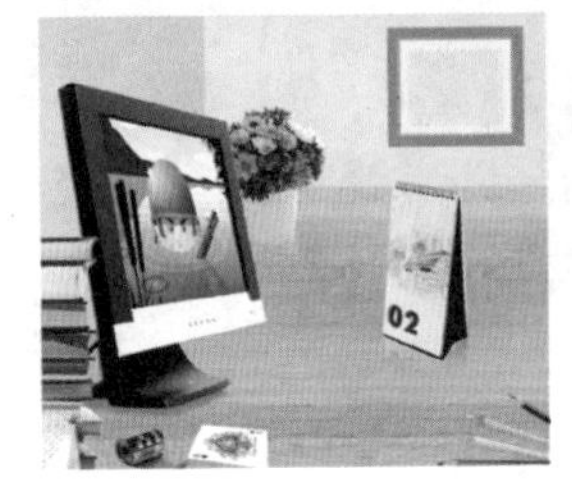

图 2–111 拖动“照片 2”的4 个调节点到合适的位置

图 2–112 将“照片 3”拖入到“照片 1”图像中

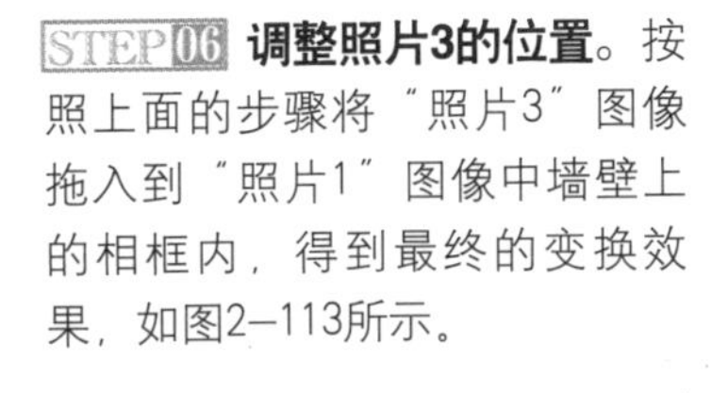

STEP 06 **调整照片3的位置**。按照上面的步骤将“照片3”图像拖入到“照片1”图像中墙壁上的相框内，得到最终的变换效果，如图2–113所示。

图 2–113 最终效果

实战2：不同颜色的枫叶★

素材：光盘\第 2 章\素材\枫叶 .psd
视频：光盘\第 2 章\视频\不同颜色的枫叶 .flv

本实例会将一片树叶复制多层，然后调整不同的颜色，如图2–114、图2–115所示。

图 2–114　原图

图 2–115　调整后

制作思路

通过复制、自由变换大小、旋转角度等操作变换多片枫叶，然后利用“色相/饱和度”命令调整叶子颜色，如图2–116所示。

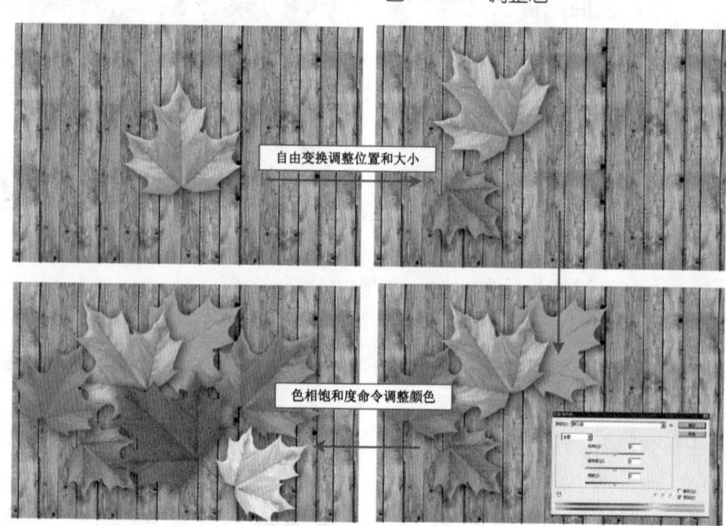

图 2–116　制作过程示意

CHAPTER

03

学习重点

- 位图与矢量图的区别
- 获取素材的途径
- 扫描不同素材的方法
- 了解版权问题

获取设计素材

本章主要介绍获取素材的方法以及应注意的问题，同时还穿插讲解拍摄素材时的一些简单的拍摄技巧。

3.1 素材类型

设计素材主要分为实物资料（书籍、画稿、照片等）、位图文件和矢量图文件。客户在提出设计要求的同时，一般会提供部分素材，可能是实物素材，也可能是电子文件。除了客户提供的素材外，设计师会根据设计需要来创作出更多的设计元素。

1 实物素材

实物素材包括产品、题词、画稿、照片、底片或者杂志、书籍等。设计师需要通过拍摄、扫描等方式将实物资料转化成可供印刷用的电子图文信息。设计师在利用实物素材时，需要注意以下内容。

（1）保管好客户提供的所有资料，尤其是贵重的题词、画稿、照片等，不能损坏和遗失。

（2）尽量挑选干净、完整、没有破损的实物进行扫描或拍摄。

（3）尽量避免使用印刷品作为设计素材。印刷品图像在扫描后存在难以处理的印刷网纹，并且细节损失较大。

2 图像素材——位图文件

图像素材，也就是位图（也称为点阵图）文件，是由一个个不同色彩的像素点组成的。位图的优点是可以逼真地表现自然界的景物，缺点是放大位图会呈现出锯齿状效果，如图3–1所示。

图3–1　位图图像——放大出现锯齿

设计师在挑选或准备位图素材时，要注意以下内容。

（1）图像清晰，尺寸和分辨率足够。分辨率是个重要的衡量参数，通常只要一张图的分辨率不低于设计作品的分辨率（设计作品分辨率参见2.1节“分辨率”部分）即可作为素材使用。但是尺寸和分辨率互相关联，虽然分辨率很重要，也不能只根据分辨率的大小来选择素材。选择适合设计需要的素材最稳妥的方法是看像素总量。比如：在一张彩色印刷设计作品中需要一个长10cm、宽8cm的图像，也就是需要的图像像素是长＝10cm×300ppi÷2.54＝1181像素，宽＝8cm×300ppi÷2.54＝945像素。只要一张图像清晰，长宽像素大于1181×945或者只比1181×945低少许，就都可以使用。

（2）采用适宜的色彩模式和文件格式。为了便于素材得到广泛使用，而不仅仅是针对本次设计，则素材的色彩模式可以首选RGB模式。RGB模式色域宽，得到的文件也比较小。至于格式，如果可能的话，建议将自己制作的素材保存为PSD分层格式，便于以后灵活使用。

（3）不要侵犯版权。位图更容易从网上得到，因此也容易获得没有使用授权的图。采用没有使用授权的图制作商业作品谋取盈利，就是侵权。

3 图形素材——矢量图文件

图形素材，也就是矢量图（也称为向量图）文件，是计算机用点、直线或者多边形等基于数学方程的几何图元表示的图像，如图3-2所示。其优点是无论放大、缩小或旋转等都不会失真；缺点是难以表现色彩层次丰富的逼真图像效果。

图3-2　矢量图像——放大依然清晰无锯齿

设计师在选择或准备矢量图素材时，要注意以下内容。

（1）注意文件的版本号，矢量文件对版本很敏感，通常低版本软件打不开或者无法置入高版本的矢量文件。因此，设计师自己制作的矢量素材，保存时最好选择低版本的格式。比如：在版本为CS6的AI软件中绘制了某素材，在保存的时候，可以选择版本为CS、CS2的格式。这样，当把素材拷贝到其他计算机上使用时，就能避免因为计算机中软件版本低而无法使用的麻烦。

（2）Photoshop能直接打开EPS、AI等矢量格式的文件，但是打开后的文件是栅格化的图像，全部图像合并成一个图层。如果需要在Photoshop中使用分层的矢量文件，则需要在Illustrator软件中将图像导出为Photoshop默认的PSD格式的文件。

注意

在Photoshop中可以使用钢笔工具或者自定形状工具创建矢量图形。

3.2 拍摄素材

1 常用的拍摄设备

常用的拍摄设备主要有数码相机、单反数码相机和手机。它们都是无胶片的照相机，是利用电子传感器把光学影像转换成电子数据的照相机，集成了影像信息的转换、存储、传输等部件，具有数字化存取功能，能够与计算机进行数字信息的交互处理。

由于数码照片不是胶卷，拍摄后便可直接预览图像，从而可以删除不满意的作品重新拍摄，方便、快捷，减少了诸多遗憾。

1）数码相机

数码相机是利用CCD（电荷耦合元件）或CMOS图像传感器将光信号转换为电信号记录在存储器里，再通过串口或并口连接到计算机上，将电信号转换为数字信号传输到计算机中的。

普通的数码相机也叫卡片机，在业界没有明确的概念，小巧的外形、相对较轻的机身以及超薄时尚的设计是衡量此类数码相机的主要标准。图3–3所示为一款SONY数码相机。

图 3–3　SONY 数码相机

2）单反数码相机

单反数码相机就是指单镜头反光数码相机，即Digital（数码）、Single（单独）、Lens（镜头）、Reflex（反光）的英文缩写DSLR。常见的单反数码相机的代表机型有佳能、尼康、宾得等。图3–4和图3–5所示为尼康D300S单反数码相机和单反镜头。此类相机一般体积较大，比较重。单反数码相机的一个很大的特点就是可以交换不同规格的镜头，这是单反数码相机天生的优点，也是普通卡片机不能比拟的。单反数码相机可拍摄各种不同效果的照片，多用于专业摄影、婚纱摄影、专业广告拍摄、记录采访等。

图 3–4　尼康 D300S 单反数码相机

图 3–5　不同型号的单反镜头

3）手机

现在的手机拍摄像素在800万以上已经十分平常，基本的曝光补偿功能都是标准配置，控制好曝光，再配合色彩、清晰度、对比度等选项，可以使用手机拍摄出很多漂亮的照片，足够满足一般印刷品的需要。

2　素材实拍

1）要求不高，预算不高的拍摄

设计师本人就可以完成拍摄这项工作。将客户提供的实物放在光线充足、背景单一的地方即可拍摄。如果光线不充足，就必须使用三脚架进行拍摄，或者设法把相机固定起来拍摄。如果需要某个人像动作或者夸张的表情，可以聘用专业模特（也可以优先选择身边的朋友或同事，这样能够降低拍摄成本）进行拍摄。设计师可以根据设计需要，指导模特摆动作和表情。网上有很多简单的摆姿、表情拍摄资料。图3–6所示就是某国外摄影师做的拍摄参考图之一。

图 3–6　摆姿参考

条件允许的话，设计师也可以在公司专门的摄影棚里拍摄。

设计师自拍素材，主要注意以下几点。

(1) 不要过曝也不要欠曝太多。

(2) 聚焦准确，照片清晰。

(3) 背景单一并与拍摄物有较大的区别，便于素材抠图。

2）要求高，预算高的拍摄

要求高，并且预算高，则可以找专业摄影师进行拍摄。比如：要为某某产品做一组广告，可以根据创意设想，聘请摄影师专门拍摄产品、活动、场景、人像等照片。一张好的素材照片可能已经完成了设计的主要活动。这个时候，设计师需要制作一张拍摄表，并与摄影师多沟通，明确自己的创意和需要，同时可以听从摄影师的建议调整。经验丰富的摄影师可以提出很多更有利创作表达的建议。图3-7所示为专业广告拍摄现场。表3-1所示为某汽车广告的拍摄计划表。

图 3-7　专业广告拍摄现场

表3-1　某汽车广告拍摄计划表

拍摄计划表			
拍摄描述： 这是一组汽车广告的拍摄，汽车是个庞然大物，所以摄影棚必须足够大，一般来说，高应该有 10m，长宽不得低于 40m。其拍摄重点是用光表现、细腻、写意，用简单的光勾勒，拍出车的内涵。 灯光的要求瓦数高，输出恒定，还要达到一定的色温。灯的数量为二十盏，功率 500kW 到 3000kW，是连续光的电影影视灯。			
拍摄时间	拍摄地点	拍摄所需题材	拍摄效果
5 月 6 号	影棚	主体汽车	光感要足，尽可能地表现细节
5 月 7 号	楼顶	城市	城市夜景
5 月 8 号	影棚	女模	趴姿，光感要细腻

3 导入计算机

数码相机采用专用的数据存储设备以数字信息的形式存储图像，如DCIM卡、CF卡、SD卡、MMC卡和XD卡等，如图3-8所示。通过专用的数据线直接连接相机和计算机，可以将图像传送到计算机中进行处理。也可以取出存储卡，通过读卡器将数据输入计算机。图3-9所示为相机的数据输出接口及数据线。

图 3-8　数码相机中的存储卡

图 3-9　数据接口与数据线

实例体验1：导入计算机

素材：无　　视频：无

STEP 01 **连接相机与计算机。**关闭相机电源，将数码相机USB数据线的两个端口分别连接到相机与计算机。连接好后，打开相机电源，这时数码相机就好比一个U盘，打开电脑中新增的可移动磁盘，里面存储着我们拍摄的照片，如图3–10所示。

图3–10　PC机上打开数码相机

STEP 02 **复制照片**。选择拍摄的照片，将其复制到电脑的任意硬盘位置。如将其复制到计算机D盘的“图库”目录中，如图3–11所示。

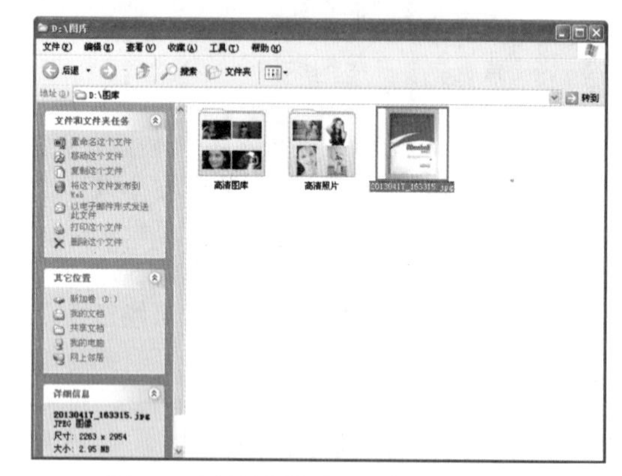

图3–11　将拍摄的图片复制到计算机中

4 RAW文件格式

1）数字底片——RAW格式

一般数码相机拍摄的照片为默认的JPEG格式，而单反数码相机可以拍摄RAW格式的文件。RAW格式是单反数码相机特有的文件格式，是对记录原始数据的文件格式的通称。各个厂商使用的RAW格式的名称和后缀并不相同。例如：尼康单反相机拍摄出的RAW文件格式后缀为NEF，佳能单反相机拍摄出的RAW文件后缀为CR2，而奥林巴斯的RAW文件后缀为ORF，这些文件都属于RAW文件。

RAW文件是一种记录了数码相机传感器的原始信息，同时记录了相机拍摄时的一些原数据（如ISO的设置、快门速度、光圈值、白平衡等）的文件。严格地说，RAW格式不是图像文件，而是一个数据包，其中的信息未经任何处理和压缩，可以把RAW概念化为“原始图像编码数据”或更形象地称为数字底片。

图3–12所示为使用尼康单反相机拍摄的NEF（RAW）格式图像，每一个NEF格式的文件都有一张相对应的JPG图像。

图3–12　NEF（RAW）文件格式

2）RAW文件格式的特征

（1）丰富细腻的原始信息

RAW文件是无损压缩的，当数码单反相机进行曝光时，感光元件会以电平的高低来记录每个像素点的光量，然后数码单反相机再将这些电信号转化为相应的数字信号，一般被记录为12位或14位数据。这就意味着每个像素点有4096（2^{12}）或16384（2^{14}）种亮度级别。

RAW文件格式可以保存为16位的TIFF或PSD格式进行输出，图3–13所示为16位色彩深度的RAW文件格式，画面层次和细节更丰富。数码单反相机所记录的12位或14位数据也可以扩展到16位色彩深度。而JPG格式的文件，相机中的软件会将其转化为8位模式，也就是说只能记录256种亮度级别。因此，RAW文件能够提供丰富细腻的图像层次和细节。

图3–13　16位色彩深度的RAW文件格式

（2）不影响照片质量的曝光调整

在拍摄数码照片时，经常会出现曝光不足或曝光过度的情况，使画面偏暗或偏亮。如果直接调整JPG格式的图像，会严重影响照片的质量，而使用RAW格式的图像调整曝光值，能够轻易地让照片曝光正常，因为在保存RAW格式文件时，相机会创建一个包含锐度、饱和度、对比度、色温等信息的文件，RAW文件将同这些有关设置及其他技术信息一起保存在存储卡中，在使用Photoshop或其他专用图像编辑软件处理RAW文件时，可以把包含锐度、饱和度、对比度、色温等信息文件的数据包转化成照片。在软件中调整参数与拍摄照片时在相机上调整参数的效果相同，不会影响照片的质量，如图3–14所示。

图3–14　用RAW格式调整曝光量

（3）更自由地调整白平衡

RAW格式可以通过后期调整自由改变图像的白平衡，这样，在任何环境中拍摄都不必费心考虑应该使用什么样的白平衡，可以回家慢慢比较哪种白平衡效果更满意，如图3–15所示。

图3–15　将白平衡设置为“阴天”模式

注意

RAW文件无法直接用于设计，因此需要进行处理并转存成常用的位图格式。RAW文件的处理必须使用数码单反相机随厂商提供的专用软件，例如：佳能使用Digital Photo Professional，尼康使用Capture NX2。PS CC内置有Camera Raw 7.0插件，也可以处理RAW文件，它的能力优于大多数相机厂家随相机赠送的RAW处理软件，功能更齐全。

实例体验2：RAW文件处理

素材：光盘\第3章\素材\素材1.NEF　　视频：光盘\第3章\视频\RAW文件处理.flv

STEP01 **使用Photoshop打开NEF文件。**由于色域空间大、层次丰富，RAW格式在没有经过处理时，看上去画面显得平淡而昏暗。观察图像右侧，可调整的信息非常丰富，如包括基本、细节、HSL/灰度、分离色调、镜头校正、效果、相机校准等信息，还可更改图像的分辨率大小，如图3–16所示。

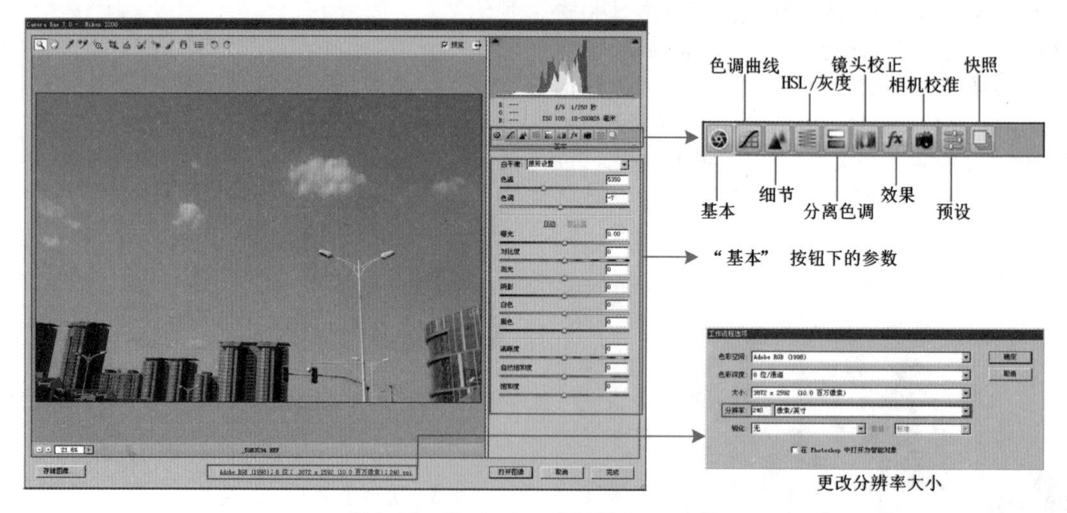

图3–16 Photoshop打开的RAW文件

STEP 02 **调整"基本"参数**。对RAW文件"基本"中的各项参数进行调整，调整时可观察图像的变化，调整后得到图3–17所示的效果。

图3–17 RAW文件调整后的效果

STEP 03 **输出图像**。若想将调整后的图像输出为JPEG图片，则单击窗口左下方的"存储图像"按钮，在弹出的"存储选项"对话框中可以设置存储路径、存储文件格式和图像品质等参数，设置完成后单击"存储"按钮即可，如图3–18所示。

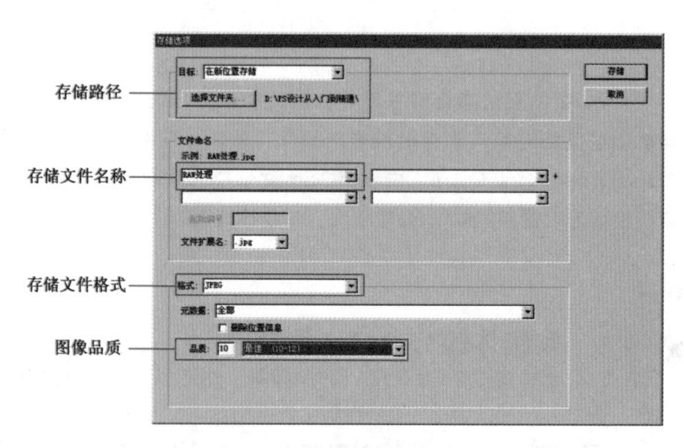

图3–18 存储选项设置

3.3 扫描素材

1 扫描仪类型

扫描仪的种类繁多，根据扫描仪扫描介质和用途的不同，目前市面上的扫描仪大体上分为平板式扫描仪、名片扫描仪、胶片扫描仪、滚筒式扫描仪、文件扫描仪、笔式扫描仪和3D扫描仪。

◆ 平板式扫描仪，是目前办公最为常用的扫描仪，扫描幅面一般为A4或者A3，扫描分辨率能够达到1200dpi，如图3-19所示。

图 3–19　平板式扫描仪

◆ 名片扫描仪，顾名思义就是能够扫描名片的扫描仪，其基本构成是：一个高速的便携式扫描仪（一般为A4以下的幅面）和一个高识别率的OCR（光学字符识别系统）识别软件，如图3-20所示。

◆ 胶片扫描仪，又称底片扫描仪，能够扫描各种透明胶片，如图3-21所示。

图 3–20　名片扫描仪

图 3–21　胶片扫描仪

◆ 滚筒式扫描仪，也叫作电子分色机，是高精密度彩色印刷的最佳选择。它的工作过程是，将正片或原稿用分色机扫描存入电脑，因为“分色”后的图档是以CMYK或RGB的形式记录正片或原稿的色彩信息，这个过程就被叫作电分，如图3-22所示。

图 3–22　滚筒式扫描仪

◆ 文件扫描仪，一般会配有自动进纸器，可以处理多页文件扫描，具有高速度、高质量、多功能等优点，广泛用于各类型工作站及计算机平台，并能与两百多种图像处理软件兼容，如图3-23所示。

图 3–23　文件扫描仪

◆ 笔式扫描仪，又称为扫描笔，其外形与一支笔相似，扫描宽度大约只有四号汉字那么大，可贴在纸上一行一行地扫描，主要用于文字识别，如图3-24所示。

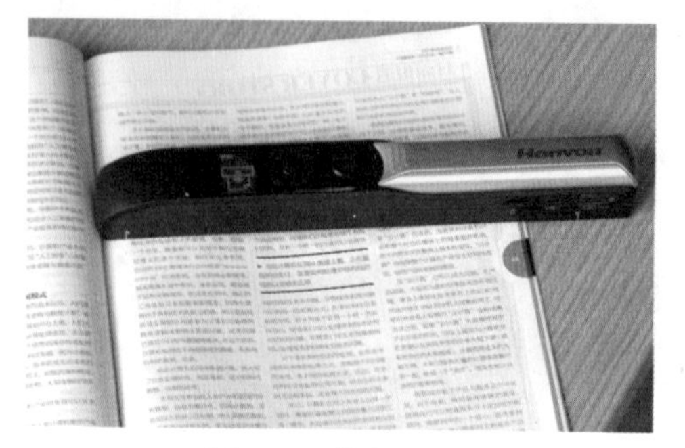
图 3-24　笔式扫描仪

◆ 3D扫描仪，其结构原理与传统的扫描仪完全不同，生成的文件不是图像文件，而是能够精确描述物体三维结构的一系列坐标数据，输入到3ds MAX中，即可完整地还原物体的3D模型，如图3-25所示。由于只记录物体的外形，因此无彩色和黑白之分，扫描速度较慢，视物体大小和精度高低，扫描时间从几十分钟到几十个小时不等。

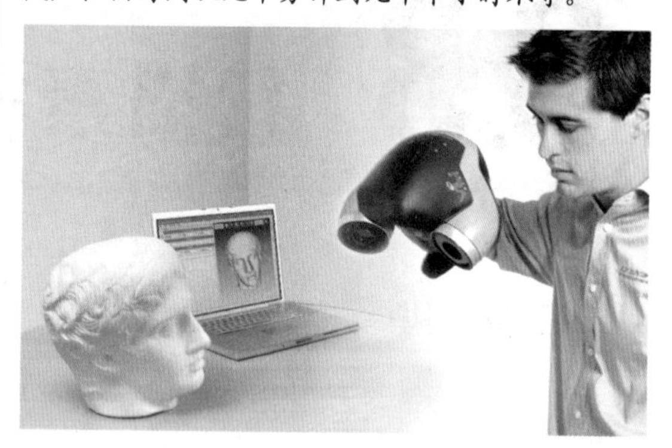
图 3-25　3D 扫描仪

2 扫描

要使用扫描仪扫描图像，只有先保证扫描仪与计算机正常连接，并安装了扫描仪驱动程序，才可以在Photoshop的“导入”菜单中找到与之相关的命令，进行扫描输入。也可用扫描仪自带的软件扫描。

不同的实物介质，扫描时需要选择不同的扫描模式或类型。下面以一款办公用Epson扫描仪为例介绍具体的扫描过程。

注意

扫描仪的安装比较简单，首先是将扫描仪的USB插口连接到计算机，然后连接电源，最后安装扫描仪驱动程序。在此不再详细介绍安装扫描仪的具体过程。如果需要了解更详细的安装过程，可参阅购买扫描仪时厂商提供的使用说明书。

实例体验3：扫描照片

素材：无　　视频：无

STEP01 用眼镜布擦拭照片。将需要扫描的人物照片平放在桌面上，然后用眼镜布轻轻擦拭照片上的灰尘，如图3–26所示。

图 3–26　擦拭照片上的灰尘

STEP02 擦拭扫描仪并将照片放置在扫描区域。翻开扫描仪的盖子，用眼镜布擦拭扫描区域，便于获得更清晰的扫描效果，然后将照片正面朝下放置在扫描仪扫描区域的中间位置，如图3–27所示。

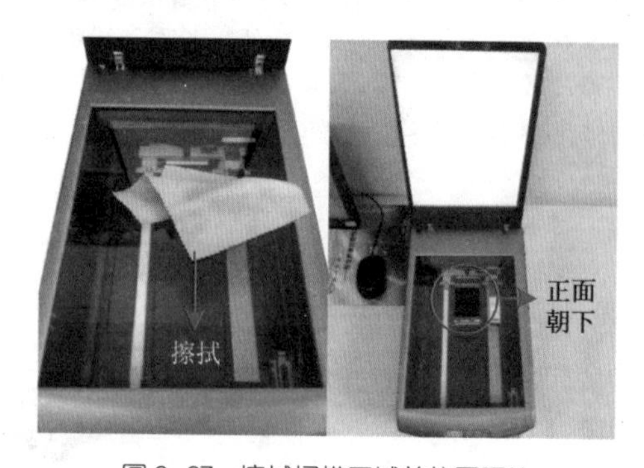

图 3–27　擦拭扫描区域并放置照片

STEP03 启动Photoshop并进行扫描设置。启动Photoshop并执行“文件”|“导入”|“EPSON TWAIN 5…”命令，这时听到扫描仪发出“嗡嗡”的声音后显示出爱普生扫描界面，如图3–28所示。设置分辨率为300dpi，单击“图像类型”按钮，在弹出的“图像类型”对话框中选择扫描图像的类

型。由于我们扫描的是照片，所以这里选择“彩色照片”。扫描照片无须去除网纹，所以在“去除网纹”下拉列表框中选择“关”，设置完成后单击“确定”按钮即可，如图3–29所示。

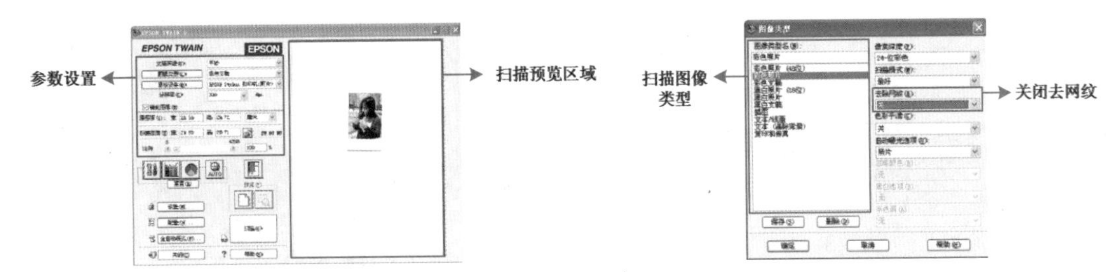

图 3–28　扫描界面　　　　图 3–29　图像类型设置

STEP04 **选定扫描范围**。在扫描界面的预览区域中，鼠标呈十字标显示，按住鼠标左键并拖动鼠标，框选出需要扫描的区域，然后释放鼠标左键，这时选定的扫描区域出现流动的虚线，如图3–30所示。

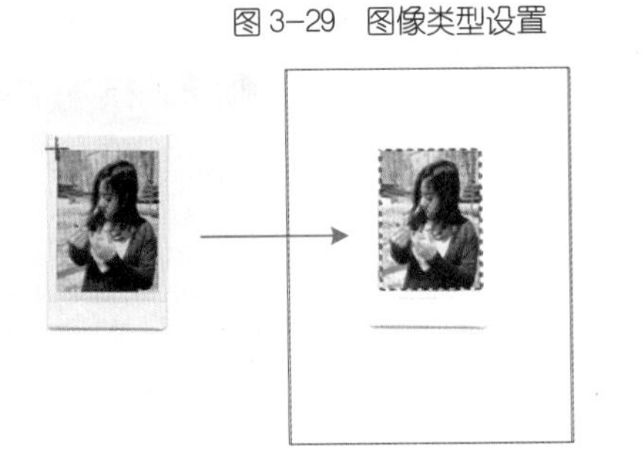

图 3–30　框选出扫描范围

STEP05 **扫描图像**。设置好参数、选定好扫描范围后，单击“扫描”按钮，这时能够听到扫描仪运行发出的声音，等待十秒左右扫描完成，得到扫描图，如图3–31所示。

图 3–31　扫描完成后的效果

实例体验4：扫描线稿

素材：无　　　　视频：无

STEP01 **放置扫描稿**。将需要扫描的线稿正面朝下放置在扫描仪的扫描区域，如图3–32所示。

图 3–32　放置扫描稿

STEP 02 设置扫描参数。使用与实例体验3相同的方法，执行“文件”|“导入”|“EPSON TWAIN 5…”命令，单击“图像类型”按钮，在弹出的“图像类型”对话框中选择扫描图像的类型。由于我们扫描的是线条稿，所以这里选择“文本/线画”，分辨率设置为600dpi，如图3-33所示。

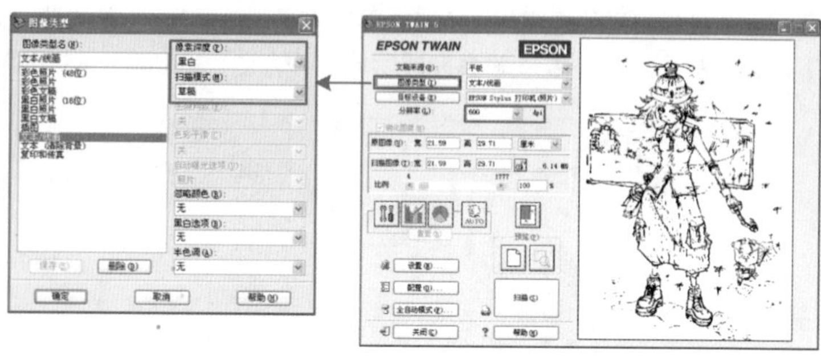

图 3-33　设置扫描参数

STEP 03 扫描图像。设置完成后单击“扫描”按钮，得到扫描图片，如图3-34所示。

图 3-34　扫描完成

实例体验5：扫描印刷品

素材：无　　视频：无

1）打开“去除网纹”扫描

STEP 01 放置印刷品。将需要扫描的图像部分正面朝下放置在扫描区域，由于这里只需扫描书刊中的人物图像，书刊比较厚，不太好放置，所以扫描时可以不盖扫描仪的盖子。在确保不把扫描仪压坏的前提下，任意拿一重物将书刊压稳即可，如图3-35所示。

图 3-35　放置扫描印刷品

STEP 02 选定扫描范围。执行“文件”|“导入”|“EPSON TWAIN 5…”命令，在扫描界面的预览区域中，鼠标呈十字标显示，按住鼠标左键框选出需要扫描的区域，然后释放鼠标左键，选区呈流动的虚线显示；将鼠标移至虚线左边缘，这时鼠标变为左右方向的箭头。向左或向右移可调整选区框的宽度。将鼠

标移至虚线下边缘，这时鼠标变为抓手工具，可移动虚线框，如图3–36所示。

图 3–36　调整扫描区域范围

STEP03 **设置扫描参数**。单击"图像类型"按钮，在弹出的"图像类型"对话框中选择扫描图像的类型，这里选择"彩色照片"。由于扫描的是印刷品，需要去除网纹，所以在"去除网纹"下拉列表框中选择"开"，设置完成后单击"确定"按钮即可，分辨率设置为300dpi，如图3–37所示。

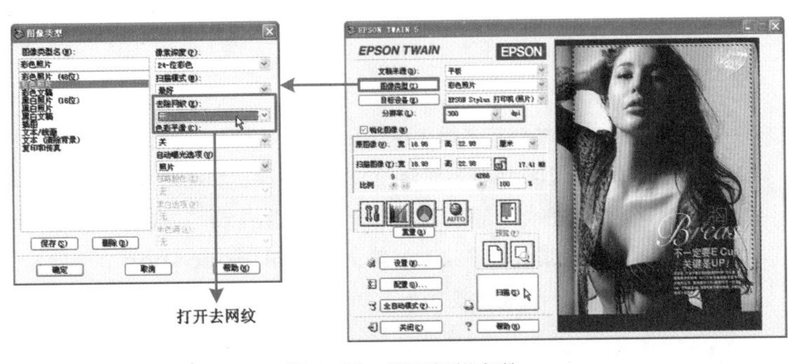

图 3–37　设置扫描参数

STEP04 **扫描图像**。设置完成后单击"扫描"按钮，然后使用工具箱中的缩放工具将扫描后的人物局部进行放大，可以观察到扫描得到的图像非常清晰，如图3–38所示。

图 3–38　扫描完成后的效果

2）关闭"去除网纹"扫描

STEP01 **设置扫描参数**。在"去除网纹"下拉列表框中选择"关"，分辨率设置为600dpi，如图3–39所示。

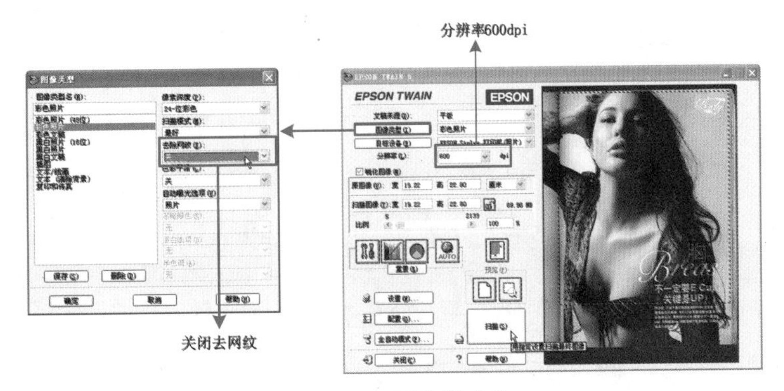

图 3–39　设置扫描参数

STEP 02 **扫描图像。**设置完成后单击"扫描"按钮，然后再次使用工具箱中的缩放工具将扫描后的人物局部进行放大，可以观察到扫描得到的图像出现网纹，如图3–40所示。

图3–40　扫描完成后的效果

注意

该印刷品扫描成电子稿后用于印刷，所以设置扫描分辨率至少为300dpi。打开扫描仪设置中的"去除网纹"选项，设置扫描分辨率为300dpi即可，扫描后的图像虽然网纹消失了，但是稍有不足，因为扫描仪自带去网纹的程序略为简单。关闭扫描仪设置中的"去除网纹"选项，则设置扫描分辨率为600dpi，扫描出的图像细节更清晰但网纹未处理，需要用Photoshop消除网纹。消除网纹后再将图像分辨率更改为300dpi，去网纹的效果会更理想。Photoshop去网纹的方法将在第4章中讲解。

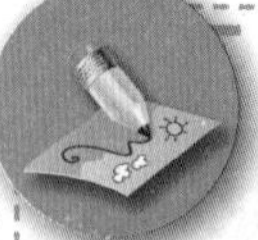

设计师经验谈

目前，扫描仪已经是很普及的电脑外设，可能有些用户在使用扫描仪时会发现扫描出来的图片品质并不理想，为什么会出现这种情况？事实上，这与用户使用扫描仪的技巧有很大的关系，下面我们就来谈谈扫描的一些必要技巧。

1．扫描前的准备工作

扫描的前期准备工作非常重要，在扫描过程中，必须保证光线能够平稳地照射到待扫描的稿件上，在扫描之前可以先打开扫描仪预热5~10分钟（依具体环境而定），使机器内的扫描灯管达到均匀发光的状态，这样就可以确保光线平均照射到稿件的每一处。

要避免扫描仪倾斜或抖动而影响扫描的品质，应该将扫描仪放置在比较平坦、稳定的地方。

在扫描之前仔细检查扫描仪的玻璃片是否有污渍，灰尘或其他微小杂质会改变反射光线的强弱，从而影响扫描图像的效果，因此一定要用软布擦拭干净。

2．预扫

在正式扫描之前，进行预扫是非常必要的，这一过程是保证扫描效果的第一道关卡。通常情况下，有些用户常常忽略了预扫步骤。预扫有两方面的好处：一是通过预扫图像我们可以确定需要扫描的区域，以减少扫描后对图像的处理工序；二是可以通过观察预扫图像，大致看到图像的色彩、效果等，如果不满意可对扫描参数重新设定、调整，然后再进行扫描，从而提高扫描质量。

3.原稿的要求

原始稿件的品质会对最后扫描出来的图像品质起决定性的影响。扫描仪的工作原理是接收反射光，在扫描的过程中多少会出现扫描失真或者变形，因此，好的原稿对得到高品质的扫描效果是非常重要的。品质不佳的原稿，即使通过软件处理可以改善扫描效果，终究也是亡羊补牢，因为其处理只是通过插值计算来实现的。至于一些污损严重的图像，无论如何处理也无法得到期待的效果。因此，一定要尽量使用品质出色的原稿来进行扫描。对于一些尺寸较小的稿件，应尽量放置在扫描仪中心位置，这样可以减少变形的产生。

4.分辨率的设置

分辨率的设置可以说在扫描的自始至终都起着相当重要的作用。扫描仪有很多种不同的分辨率可以选择，应该选择怎样的分辨率呢？很多用户在使用扫描仪的时候，都会产生这样的疑问。其实，这取决于用户的实际应用需要。我们知道，扫描使用的分辨率越高意味着可以获得更多的图像细节和更清晰的图像效果，同时，扫描出来的图像文件也会增大。一般情况下，如果扫描的目的仅仅是为了在屏幕上观看，图片分辨率一般在75dpi左右，使用100dpi分辨率进行扫描绰绰有余；而用于印刷品的图片的分辨率一般为300~600dpi，要想将作品通过扫描印刷出版的话，至少需要用300dpi的分辨率，当然若能使用600dpi则效果更佳。

5.扫描大件文件的技巧

有时我们需要扫描的文件很大，超出了扫描区域，比如扫描一张报纸，如何将整张报纸扫描进去呢？这里有一些小诀窍，可以将报纸分两到三次进行扫描，然后在Photoshop中对这些分别扫描的图进行无缝拼接。需要注意的是，扫描的两三张图片要有足够多的重叠区域，而且曝光量要尽可能相同，以便拼接后看不出连接的细缝。

6.利用文字识别OCR

有很多用户购买扫描仪是用于文字识别（OCR），提取扫描文件上的文字，减少文字输入的工作量，提高工作效率。因此，文字识别（OCR）就成了扫描仪经常被使用的功能之一。通过扫描软件识别扫描文档上的汉字、英文等都非常方便而且有效。因此，除了掌握正确的扫描方法之外，选择适合的OCR软件也是极为重要的。目前最常用的OCR软件大多是与扫描仪捆绑销售的，比如佳能扫描仪的RosettaStone、Omnipage等。

尽管OCR软件可以自动识别出汉字，但是要达到非常高效、准确也需要众多的应用技巧。扫描文档时需要使用纯黑白模式；通过文字大小来决定分辨率，一般情况下，200或300dpi的分辨率已经可以得到相当不错的效果，如果待扫描的文字很小的话，可以将分辨率提高，然后将扫描文档放大，这样就可以提升识别率了；当需要扫描较厚的杂志时，如果直接扫描，难免会发生杂志内文因无法完全摊开而导致一些文字不清晰或者扭曲失真的情况，这样的结果使OCR软件无法得到正确的识别，因此，不妨在扫描之前，将图书拆解成一页一页的单张，然后再拿来进行扫描。

3）扫描图像的处理

扫描后可以通过Photoshop的“色阶”、“曲线”、“色相/饱和度”和“色彩平衡”等命令对图像进行明暗、色彩的调整，还可以通过Photoshop工具箱中的工具对图像进行裁剪、消除杂点以及模糊照片的清晰化处理。具体方法将在本书第4章中详细讲解。

3.4 网络下载素材

网络下载素材是一种方便、快捷的方法。国外Getty Images华盖创意网站是目前图片品质最高、种类较多的图片供应商，但高昂的图片价格不是每个用户都能承担得起的。国内也有许多不错的素材网站，可能有些素材网站需要付费或需要积分，但绝大多数还是免费的，如“站酷网”“昵图网”“素材中国”“图钻”“三联素材”等网站，可供大家下载免费的高清图片资源，也可下载PSD、AI、3D素材的文件。

注意

一般网站只需要注册成为其用户后，登录网站即可下载。

1 当心版权

图片是具有版权的，也就是著作权。未经著作权人同意将下载的图片用于商业推广获取盈利是侵犯他人著作权的行为。

当我们通过网络下载素材的时候，一定要注意素材所在网站的版权申明。比如昵图网的版权申明：昵图网站内所有素材图片均由网友上传而来，昵图网不拥有此类素材图片的版权。昵图网作品详细页面上标明"方式：共享""方式：昵友原创，转载必究""版权：非商业用途授权"等图片素材均由网友上传用于学习交流之用，勿作他用；若需商业使用，需获得版权拥有者授权，并遵循国家相关法律、法规之规定，如因非法使用引起纠纷，一切后果由使用者承担。

上述声明明确提出：要商业运用，必须获得授权。因此虽然可以通过网站免费下载素材，但素材不能免费用于商业用途。当然，用于个人学习、欣赏是完全免费的。

2 网络图像的处理

一般网页上的图片仅仅是作为浏览网页使用，因为网络带宽的局限性，网页上的图片都是经过压缩处理的，像素和分辨率都比较低，不适用于印刷。印刷用的图像需要到专门的素材网站下载，并向版权人支付费用，获得使用许可。

3.5 素材光盘

设计公司往往都会有自己的素材图库，供设计师翻阅。一套完整的素材包括素材目录和光盘，如图3–41所示。素材目录像书一样，里面有大量的图片，每张图片下面有相对应的编码，当设计师找到自己想要的素材图片后，按照编码打开随书配套的光盘文件，将其复制到电脑中，就可以按照自己的思路进行设计处理了。

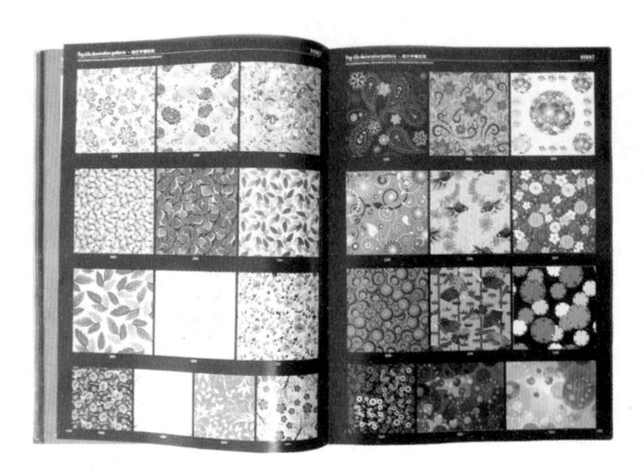

图 3–41　素材目录和光盘

CHAPTER

04

学习重点

- ◆ 掌握修补素材所用的工具
- ◆ 熟悉高斯模糊和USM锐化等常用滤镜
- ◆ 设计师修补素材的常用招数
- ◆ 掌握印刷品扫描图像的处理
- ◆ 学会将模糊照片变清晰

素材修补

本章主要介绍修补素材时常用的裁切、仿制图章、污点修复画笔、修复画笔等工具，以及设计师修补素材的常用招数。若能熟练掌握这些工具和招数，处理素材时就可以得心应手、游刃有余了。

第一部分　需要的工具和命令

本部分主要介绍使用Photoshop修补素材所用到的裁剪工具、“图像大小”命令、仿制图章工具、污点画笔修复工具、修复画笔工具、修补工具、模糊工具、锐化工具以及模糊滤镜组、锐化滤镜组、杂色滤镜组和高反差保留滤镜等相关知识，掌握这些工具和命令你将获得意想不到的收获。

4.1 裁剪工具

使用裁剪工具能够整齐地裁切掉选择区域以外的图像、调整图像的透视角度和指定对象的裁切尺寸进行裁切。在工具箱上单击按钮，或者按C键即可选择裁剪工具。选中裁剪工具后，其属性栏如图4–1所示。

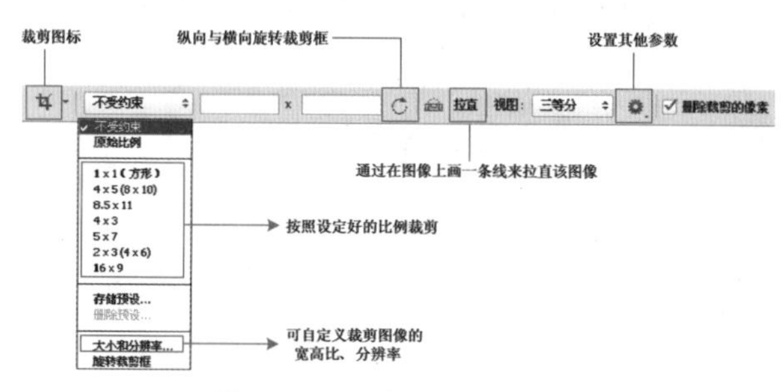

图 4–1　“裁剪工具”属性栏

实例体验1：裁切多余

素材：光盘\第 4 章\素材\素材 1.JPG　　视频：光盘\第 4 章\视频\裁切多余 .flv

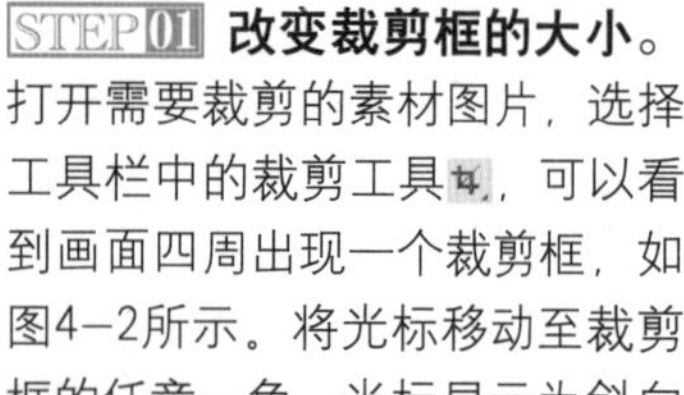

STEP 01 改变裁剪框的大小。 打开需要裁剪的素材图片，选择工具栏中的裁剪工具，可以看到画面四周出现一个裁剪框，如图4–2所示。将光标移动至裁剪框的任意一角，光标显示为斜向的双箭头，可以将其拖动，任意调整裁剪框的大小，如图4–3所示。

图 4–2　裁剪框

图 4–3　拖动角点改变裁剪框大小

STEP 02 改变裁剪框的宽高和旋转角度。 将光标置于裁剪框的边线中点上，光标显示为水平或垂直向的双箭头，这时拖动鼠标，可以单独改变宽度或高度，如图4–4所示。将光标置于裁剪框角点的外侧，光标显示为圆弧状的双箭头，这时拖动鼠标，可以旋转裁剪框，如图4–5所示。

图 4–4　拖动边线中点改变裁剪框宽度

图 4–5　旋转角点改变图像角度

STEP 03 **完成裁剪**。通过调整，框选需要保留的部分，如图4–6所示。调整到合适的裁剪位置后按Enter键，完成裁剪，得到图4–7所示的最终效果。

图 4–6　框选需要保留的部分

图 4–7　裁剪的最终效果

实例体验2：调整角度★

素材：光盘 \ 第 4 章 \ 素材 \ 素材 2.JPG　　　视频：光盘 \ 第 4 章 \ 视频 \ 调整角度 .flv

Photoshop CC的透视裁切工具，可以对具有透视的影像进行裁切，同时把画面拉直并纠正成正确的视角。例如：一本书我们看到的只有立体效果，而我们又需要一张该书籍的正面图片应用于产品宣传，使用透视裁切工具就可以轻松搞定，如图4–8所示。

素材　　　效果

图 4–8　调整角度

实例体验3：调整大小★

素材：光盘 \ 第 4 章 \ 素材 \ 素材 3.JPG　　　视频：光盘 \ 第 4 章 \ 视频 \ 调整大小 .flv

在裁剪工具的属性栏中可以设置我们需要指定的比例大小，如图4–9所示。另外，也可以自定义裁剪图像的长宽比例和图像的分辨率。

图 4–9　裁剪不同的比例大小

常用参数介绍

拉直：拍摄的照片中的图像出现倾斜时，可单击“拉直”按钮，然后在画面中单击并拖出一条线，让它与地平线或其他参照物对齐，这样便会将倾斜的画面校正过来，如图4-10所示。

沿倾斜角度拉直一条水平线

拉直后效果

图 4–10　校正倾斜的画面

大小和分辨率：可自定义裁剪图像的宽高比、分辨率。

4.2 “图像大小”命令

在Photoshop 中打开一个现有的图像文档后，可以执行“图像大小”命令，改变图像文档的大小，打开的“图像大小”对话框如图4–11所示。

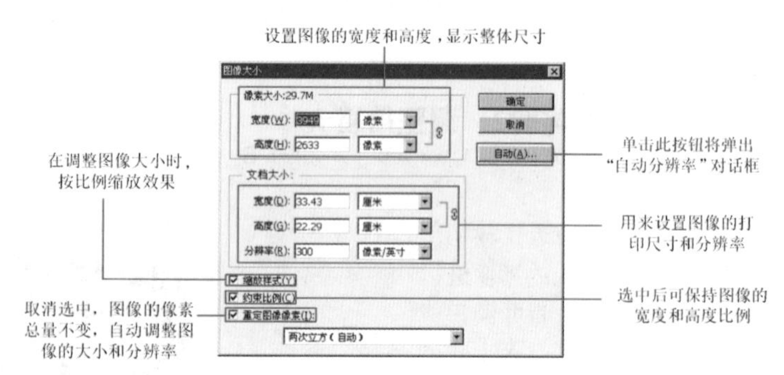

图 4–11　“图像大小”对话框

实例体验4：修改图像大小

素材：光盘\第 4 章\素材\素材 4.JPG　　视频：光盘\第 4 章\视频\修改图像大小 .flv

STEP 01 执行图像大小命令。打开素材图片，然后执行“图像”|“图像大小”命令，弹出“图像大小”对话框，如图4–12所示。

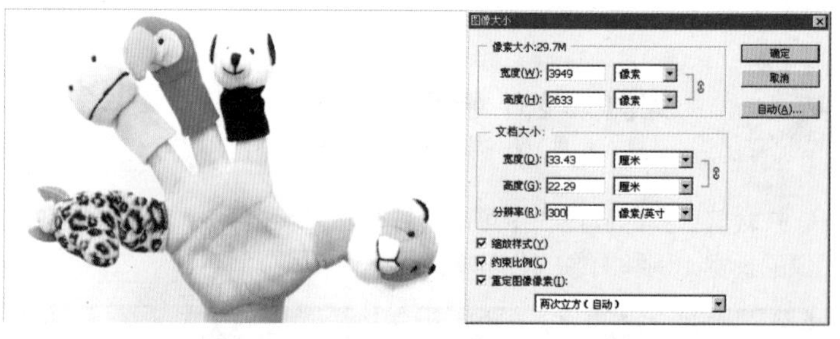

图 4–12　素材图片与“图像大小”对话框

STEP 02 放大和缩小图像不改变像素。在对话框中取消选中“重定图像像素”复选框，不对图像像素进行更改。增大宽度为60厘米，此时可以观察到图像的高度和分辨率随着宽度的变化而改变，高度增加了，分辨率降低了，但是不会影响图像的像素大小，如图4–13所示。缩小宽度为6厘米，此时可以看到高度缩小了，分辨率却增大了，图像像素仍然保持不变，如图4–14所示。

图 4–13　放大图像

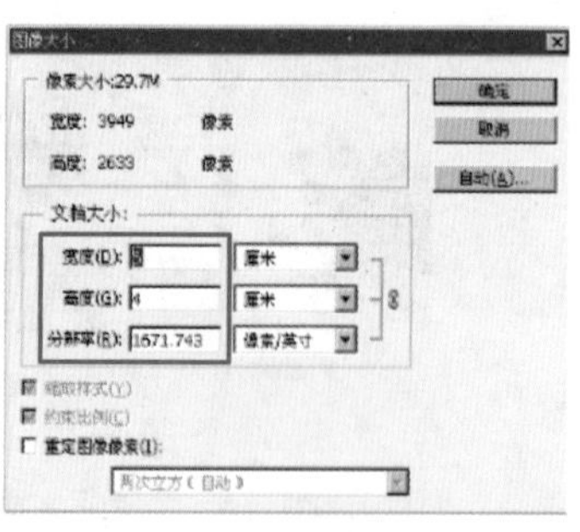

图 4–14　缩小图像

在对话框中也可以通过更改“高度”和“分辨率”，对图像的大小进行缩放。

STEP 03 **观察打印尺寸。**将宽度改为6厘米，单击“确定”按钮，然后选择工具栏中的缩放工具，在图像中单击鼠标右键，在弹出的快捷菜单中执行“打印尺寸”命令，此时可以观察到图像的打印尺寸，如图4–15所示。

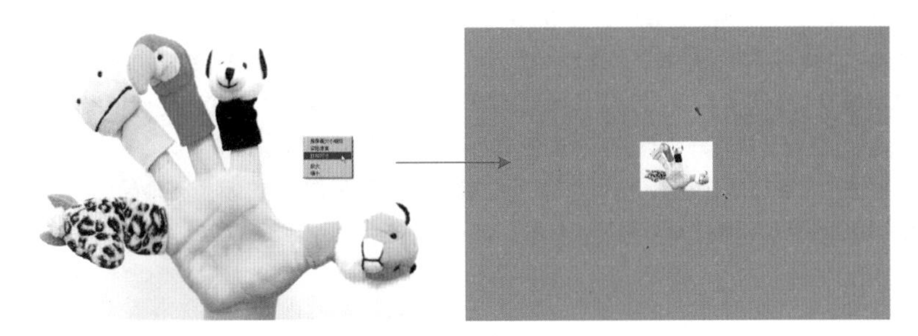

图 4–15　显示 6 厘米的打印尺寸

注意

使用上述方法更改照片大小后，在计算机中可能观察不到多大的变化，因为更改照片大小后，图像的像素大小并没有发生变化，所以更改后的图像照片是无损伤的。在打印图像时却可以观察到更改的变化，例如更改图像宽度为6厘米，则打印出来的图像照片宽度将是6厘米，而像素不变；更改图像宽度为60厘米，则打印出的图像照片宽度将是60厘米，同样像素不变。

STEP 04 **缩小图像降低像素。**按快捷键Ctrl+Z，将上步操作还原。再次打开“图像大小”对话框，将“图像大小”对话框中的“重定图像像素”“缩放样式”“约束比例”复选框全部选中，然后更改图像的宽度为10、分辨率为100，图像的像素大小也会相应改变，从原来的3949像素×2633像素变成394像素×263像素，如图4–16所示。

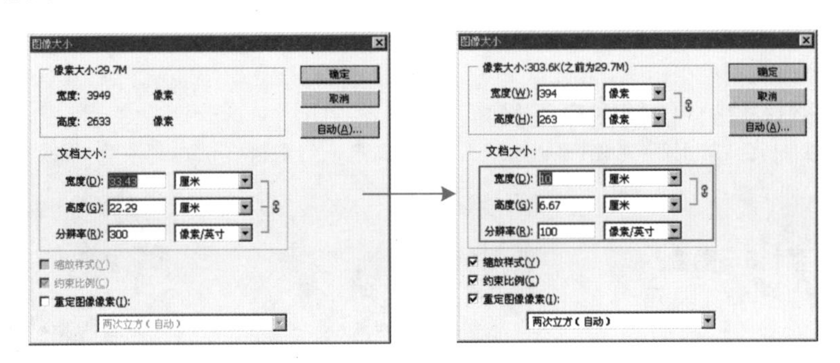

图 4–16　重定像素

STEP 05 **更改图像大小。**设置好参数后，单击“确定”按钮，完成对图像像素的更改。更改后的图像像素和分辨率都比较低，模糊、有马赛克，图4–17所示为图像更改前后的效果。

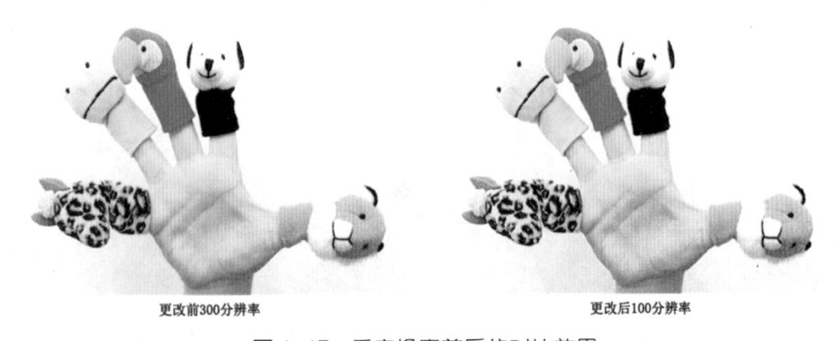

图 4–17　重定像素前后的对比效果

常用参数介绍

缩放样式：如果图像中包含添加了样式的图层，则选中该项后，可以在修改图像大小的同时缩放样式效果。只有选中“约束比例”时才能使用此选项。

约束比例：选中该项后，在改变“像素大小”和“文档大小”时，可保持宽度和高度的比例。

重定图像像素：如果只更改打印尺寸或只更改分辨率，并且要按比例调整图像的像素总量，可选中该项。如果要更改打印尺寸和分辨率而不更改图像的像素总量，则取消选中该选项。

自动：单击该按钮可以打开“自动分辨率”对话框。如果要使用半调网屏打印图像，则合适的图像分辨率范围取决于输出设备的网频。输入挂网的线数，Photoshop可以根据输出设备的网频来确定建议使用的图像分辨率。

4.3 仿制图章工具

使用仿制图章工具可以从图像中取样，然后将样本应用到其他图像或同一图像的其他部位。当第一次使用时，需要按下Alt键定义取样点。在工具箱上单击按钮，或者按S键即可选择仿制图章工具。选中仿制图章工具后，其属性栏如图4–18所示。

模式：正常 不透明度：100% 流量：100% 对齐 样本：当前图层

图 4–18 “仿制图章工具”属性栏

实例体验5：仿制图章工具

素材：光盘\第 4 章\素材\素材 5.JPG、素材 6.JPG 视频：光盘\第 4 章\视频\仿制图章工具 .flv

STEP 01 打开“素材5”图像。 打开素材图片后，选择工具箱中的仿制图章工具，按住Alt键单击进行取样，如图4–19和图4–20所示。

图 4–19 打开图像

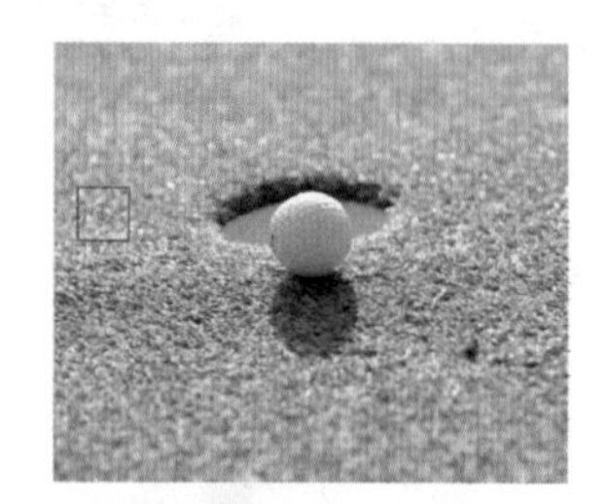

图 4–20 按住 Alt 键单击进行取样

STEP 02 涂抹仿制。 将光标向右移进行涂抹，这时可以看到在光标不断移动的同时，一个+字点也在取样点不断移动进行取样，这样涂抹的区域就被取样的区域替换了。继续涂抹，整个小球就神奇地消失了，如图4–21和图4–22所示。

图 4–21 取样后进行涂抹

图 4–22 完全涂抹后小球消失

STEP 03 **不同图像间的取样仿制**。仿制图章工具还可以从一张图像中取样，然后涂抹仿制到另一张图像中。按F12键恢复到最初，打开“素材6”图像，选择“素材5”图像，使用工具箱中的仿制图章工具，按住Alt键单击进行取样，如图4—23和图4—24所示。

图 4–23　取样

图 4–24　“素材 6”图像

STEP 04 **涂抹仿制**。选择“素材6”图像，在图像左下方区域进行涂抹，如图4—25所示。进一步涂抹，将左下方的绿树全部替换，得到图4—26所示的最终效果。

图 4–25　从一张图像中取样，涂抹仿制到另一张图像中

图 4–26　涂抹完成后的效果

采样点即为复制的起始点，选择不同的笔刷直径会影响涂抹绘制的范围，而不同的笔刷硬度会影响绘制区域的边缘融合的效果。

常用参数介绍

对齐：选中该项，会对像素进行连续取样，不会丢失当前的取样点，即使松开鼠标再进行涂抹仿制也是如此；如果取消选中，则会在每次松开鼠标后开始新的取样，所以每次单击都被认为是另一次复制。

样本：用来设置取样范围。选择“当前图层”只能从当前的图层中取样；选择“当前和下方图层”可以从当前或下方的可见图层中取样；选择“所有图层”则可以在所有可见图层中取样。要从调整图层以外的所有可见图层中取样，应选择“所有图层”项，然后单击选项右侧的“忽略调整图层”按钮。

4.4 污点修复画笔工具

使用污点修复画笔工具可以快速去除照片中的污点，它使用图像或图案中的样本像素进行绘画，并自动从所修饰区域的周围取样，将取样像素的纹理、光照、透明度和阴影与所修复的像素相匹配，达到自然修复的效果。在工具箱上单击污点修复画笔工具，或者按J键即可选择污点修复画笔工具。选中污点修复画笔工具后，其属性栏如图4—27所示。

图 4–27　“污点修复画笔工具”属性栏

实例体验6：污点修复画笔工具

素材：光盘\第4章\素材\素材7.JPG　　视频：光盘\第4章\视频\污点修复画笔工具.flv

STEP01 **打开“素材7”图像**。打开素材图像后，选择工具箱中的污点修复画笔工具，在工具属性栏中选择一个50像素的柔角，将类型设置为“近似匹配”，然后将光标移至图像的斑点上，如图4–28和图4–29所示。

STEP02 **修复斑点**。将光标移至图像的斑点上单击鼠标左键即可修复图像中的斑点，如图4–30所示。采用同样的方法修复眉毛上方和下巴上的其他斑点，如图4–31所示。

图4–28　打开图像

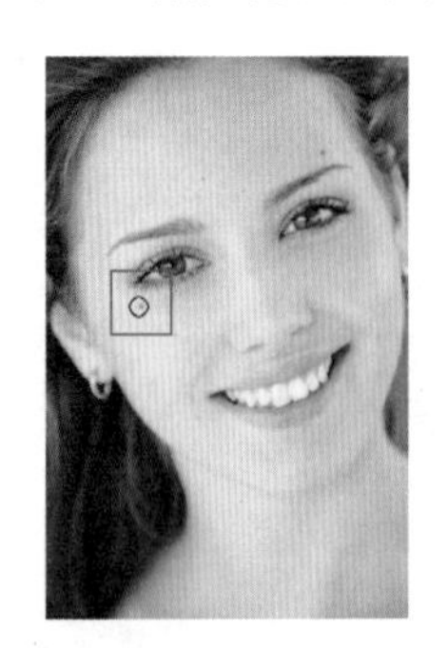

图4–29　将光标移至斑点上

图4–30　单击修复斑点

图4–31　修复完成后

常用参数介绍

画笔：在该选项的下拉调板里设置画笔参数值，如同4-32所示。

模式：用来设置修复图像时使用的混合模式。包括“正常”“正片叠底”“滤色”“变暗”“变亮”“颜色”和“明度”。该工具中还有一个“替换”模式，选择该模式，能够保留画笔描边的边缘处的杂色、胶片颗粒和纹理。

近似匹配：利用需要修复区域周围的像素修补该区域。

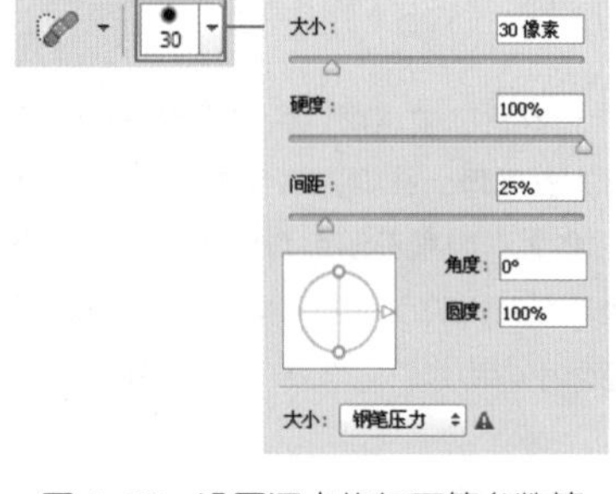

图4–32　设置污点修复画笔参数值

创建纹理：利用选区内的所有像素重新计算后创建一个用于修复该区域的纹理。

内容识别：利用需要修复区域周围的像素内容，重新查找计算修补该区域。

对所有图层取样：如果当前文件中包含多个图层，选中该项后，可以从所有可见图层中对数据进行取样；取消选中，则只从当前图层中取样。

4.5 修复画笔工具

使用修复画笔工具可以快速去除照片中的污点、划痕和其他不理想的部分。和污点修复画笔工具类似，修复画笔工具也是使用图像或图案中的样本像素进行绘画，并将取样像素的纹理、光照、透明度和阴影与所修复的像素相匹配，达到自然修复的效果。但与污点修复画笔工具不同的是修复画笔工具必须按住Alt键单击鼠标左键从图像中取样。在工具箱的修复工具组中可以选择修复画笔工具。其属性栏如图4–33所示。

图 4–33 “修复画笔工具”属性栏

实例体验7：修复画笔工具用法

素材：光盘\第 4 章\素材\素材 8.JPG　　视频：光盘\第 4 章\视频\修复画笔工具用法 .flv

STEP01 **打开图像后取样**。打开素材图像后，选择工具箱中的修复画笔工具，选择合适的画笔大小，并设置硬度为0%，“模式”为“正常”，“源”为“取样”。将光标移至图像的黑眼袋下方，按住Alt键单击鼠标左键从图像中取样，如图4–34和图4–35所示。

图 4–34 打开素材

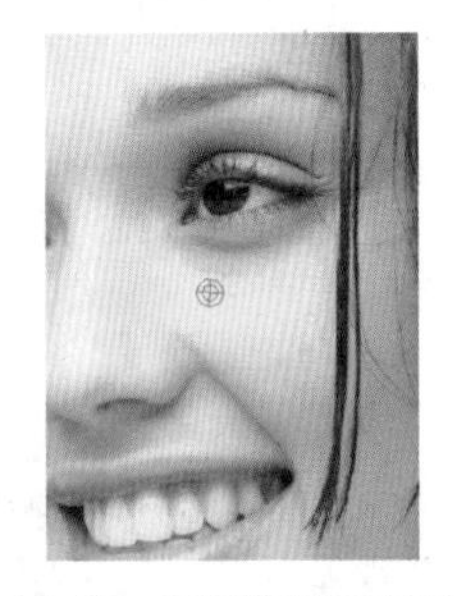

图 4–35 在黑眼袋下方取样

STEP02 **修复黑眼袋**。取样后顺着黑眼袋的走向细心地反复进行涂抹修复，如图4–36所示。

STEP03 **修复另一只眼睛下方的黑眼袋**。修复另一只眼睛的黑眼袋时，设置“模式”为“变亮”，图4–37所示为修复完成后的效果。

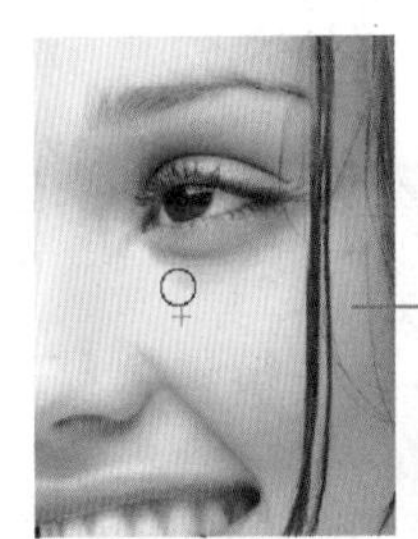

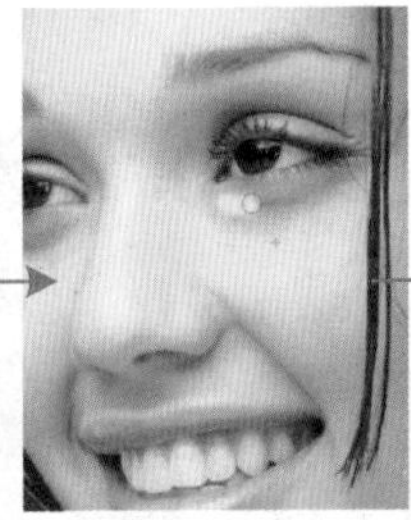

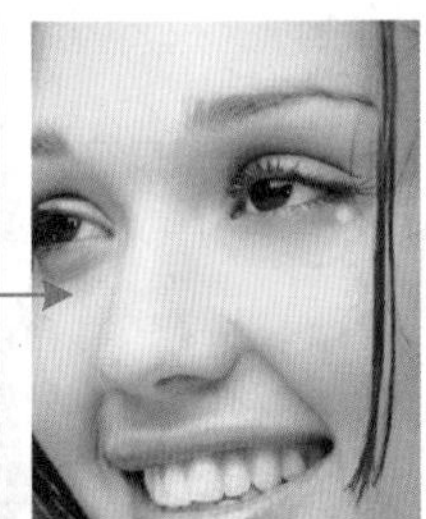

图 4–36 修复黑眼袋

图 4–37 修复完成后

常用参数介绍

源：可选择用于修复像素的“源”。选择“取样”，可以从图像的像素上取样；选择“图案”，可以在图案的下拉列表中选择一个图案作为取样。

4.6 修补工具

使用修补工具可以用其他区域或图案中的像素来修复选区中的区域。和修复画笔工具类似，修补工具也是使用图像或图案中的样本像素进行绘画，并将取样像素的纹理、光照、透明度和阴影与所修复的像素相匹配，达到自然修复的效果。修补工具的特别之处是，需要选区来定位修补范围。在工具箱的修复工具组中可以选择修补工具。选中修补工具后，其属性栏如图4-38所示。

图 4-38 “修补工具”属性栏

实例体验8：修补工具用法

素材：光盘\第 4 章\素材\素材 9.JPG　　视频：光盘\第 4 章\视频\修补工具用法 .flv

STEP01 **创建选区**。打开素材图像后，选择工具箱中的修补工具，在工具属性栏中将“修补”设置为“源”。将光标移至图像中间的白马区域，单击并拖动鼠标选中白马，如图4-39～图4-41所示。

图 4-39 打开图像

图 4-40 单击拖动鼠标

图 4-41 选中白马

STEP02 **移动选区图像**。将光标移动至选区内部，出现向右的黑箭头，如图4-42所示。按下鼠标向右拖动至图4-43所示的位置后松开鼠标，按快捷键Ctrl+D取消选区，得到图4-44所示的效果。

图 4-42 光标移动至选区边缘

图 4-43 向右拖动鼠标

图 4-44 修补完成后的效果

选区创建方式：单击“新选区”按钮，可创建一个新选区，如果原图中包含选区，则原选区将被新选区替代；单击“添加到选区”按钮，可在当前选区的基础上添加新的选区；单击“从选区减去”按钮，可在原选区中减去当前绘制的选区；单击“与选区交叉”按钮，可得到原选区与当前创建的选区相交的部分。

源/目标：选中“源”项时，将选区拖至目标区域，松开鼠标后，用目标区域内的图像替换原来选区内的图像；选中“目标”项时，拖动选区至目标区域，可复制原区域内的图像至目标区域。

透明：选中后可以使修补的图像与原图像产生透明叠加的效果。

使用图案：在图案下拉调板中选择一个图案后，单击该按钮可以使用图案修补选区内的图像。

4.7 模糊工具、锐化工具

使用模糊工具可以对光标拖动区域的图像进行模糊处理，柔化图像的边缘，减少图像中的细节；而使用锐化工具则与模糊工具得到的效果完全相反，锐化工具能够提高图像的清晰度，增加图像相邻像素之间的对比。在工具箱中分别选择模糊工具和锐化工具，其属性栏分别如图4–45和图4–46显示。

模式：正常　强度：50%　对所有图层取样

图 4–45　“模糊工具”属性栏

模式：正常　强度：50%　对所有图层取样　保护细节

图 4–46　“锐化工具”属性栏

实例体验9：模糊工具和锐化工具用法

素材：光盘\第 4 章\素材\素材 10.JPG　　视频：光盘\第 4 章\视频\模糊工具和锐化工具用法 .flv

STEP01 **模糊工具效果**。打开“素材10”图像，如图4–47所示，选择工具箱中的模糊工具，在工具属性栏中选择一个300像素的柔角画笔，设置“强度”为100%。将光标移至塔的钟表处按住鼠标左键进行涂抹，如图4–48所示，再进一步涂抹得到，图4–49所示的效果。

图 4–47　原图

图 4–48　模糊工具涂抹

图 4–49　反复涂抹后的效果

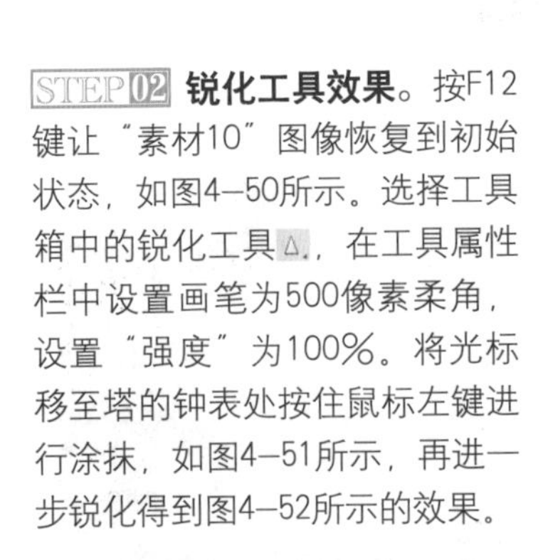

STEP02 **锐化工具效果**。按F12键让“素材10”图像恢复到初始状态，如图4–50所示。选择工具箱中的锐化工具，在工具属性栏中设置画笔为500像素柔角，设置“强度”为100%。将光标移至塔的钟表处按住鼠标左键进行涂抹，如图4–51所示，再进一步锐化得到图4–52所示的效果。

图 4–50　原图

图 4–51　锐化效果

图 4–52　进一步锐化的效果

注意 

在使用模糊工具时，如果重复涂抹图像的同一区域，会使图像变得更加模糊；在使用锐化工具时，如果重复涂抹图像的同一区域，会造成图像的失真。

常用参数介绍

画笔：可选择一个画笔样式，模糊和锐化区域的大小取决于画笔的大小。

模式：不同模式，涂抹后产生的效果不同。一般用“正常”模式。

强度：用来设置工具的强度。

对所有图层取样：如果当前图像中包含多个图层，选中该项，可使用所有可见图层中的数据进行处理；取消选中该项，则只使用当前图层中的数据。

4.8 高斯模糊滤镜

高斯模糊滤镜可以使图像产生一种朦胧的效果，通过调整“高斯模糊”对话框中的“半径”值可以设置模糊的范围，它以像素为单位，数值越高，则模糊效果越强烈。

实例体验10：高斯模糊滤镜效果

素材：光盘\第 4 章\素材\素材 11.JPG　　视频：光盘\第 4 章\视频\高斯模糊滤镜效果 .flv

STEP01 **执行“高斯模糊”命令**。打开素材图像，如图4–53所示。执行“滤镜”|“模糊”|“高斯模糊”命令，弹出图4–54所示的对话框。

图 4–53　原图

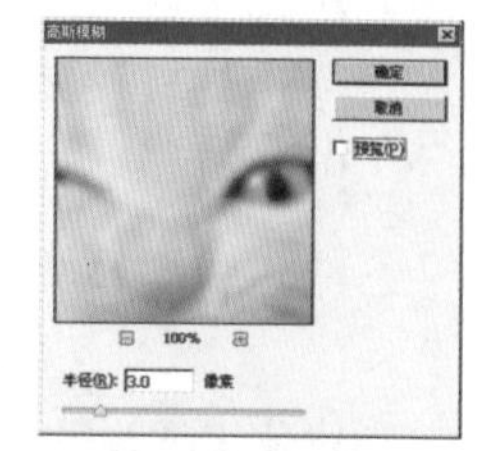

图 4–54　“高斯模糊”对话框

STEP02 **模糊效果**。选中“预览”复选框，然后拖动滑块更改模糊半径，可以看到随着半径的增大，模糊越来越强烈，如图4–55和图4–56所示。

图 4–55　模糊半径为 5 的效果

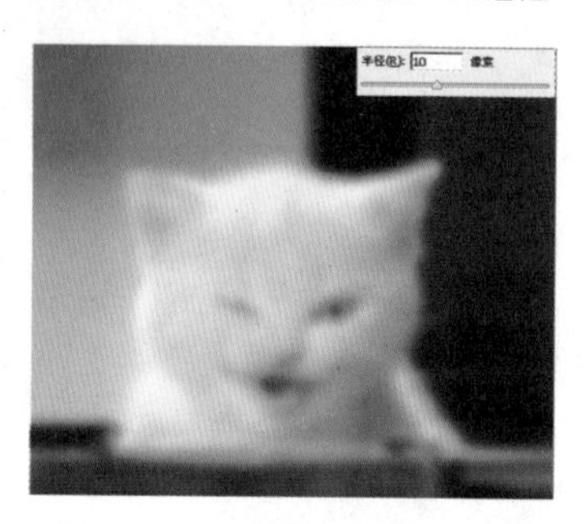

图 4–56　模糊半径为 10 的效果

4.9 USM锐化滤镜

USM锐化滤镜能够查找图像中颜色发生显著变化的区域，并在图像边缘的两侧分别制作一条明线或暗线来调整边缘细节的对比度，使图像边缘轮廓锐化。

实例体验11：USM锐化滤镜效果

素材：光盘\第 4 章\素材\素材 12.JPG　　视频：光盘\第 4 章\视频\USM 锐化滤镜效果 .flv

STEP01 **执行“USM锐化滤镜”命令。**打开素材图像，如图4–57所示。执行“滤镜”｜“锐化”｜“USM锐化滤镜”命令，弹出图4–58所示的对话框。

图 4–57　原图

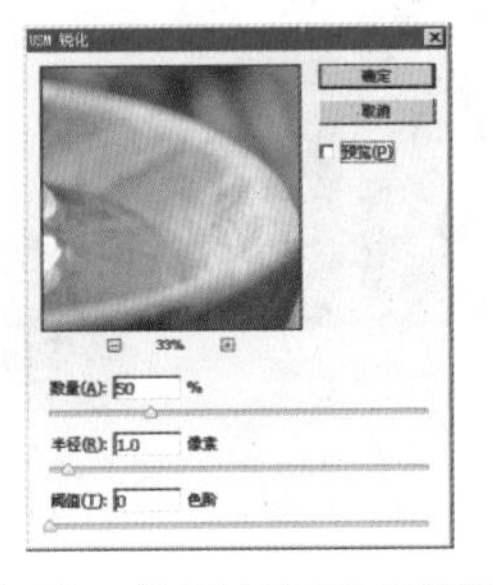

图 4–58　“USM 锐化”对话框

STEP02 **USM锐化滤镜效果。**在“USM锐化”对话框中设置不同的参数，锐化图像的效果也会不同，如图4–59和图4–60所示。

图 4–59　调整锐化参数（1）

图 4–60　调整锐化参数（2）

常用参数介绍

数量：用来设置锐化效果的强度。该值越高，锐化效果越明显。

半径：用来设置锐化的范围。

阈值：只有相邻像素间的差值达到该值所设定的范围时才会被锐化，因此，该值越高，被锐化的像素就越少。

注意

USM锐化起源于一种将底片做模糊处理的暗室技术。数码照片可以从某种程度的锐化中获益，但是当锐化完成后会增加图片的对比度，丢失阴影和高亮等细节，降低图像品质，再想润饰、更改色阶或作其他调整将会增加难度。

4.10 蒙尘与划痕滤镜

蒙尘与划痕滤镜可将图像相异像素的颜色涂抹开，再进行局部的模糊并将其融入周围像素中以减少杂色，使颜色层次处理更真实，能够有效地去除扫描图像中的杂点和痕迹。

实例体验12：蒙尘与划痕滤镜效果

素材：光盘\第4章\素材\素材13.JPG　　视频：光盘\第4章\视频\蒙尘与划痕滤镜效果.flv

STEP01 **执行"蒙尘与划痕"命令**。打开素材图像，如图4-61所示。执行"滤镜"|"杂色"|"蒙尘与划痕"命令，弹出图4-62所示的对话框。

图4-61　原图

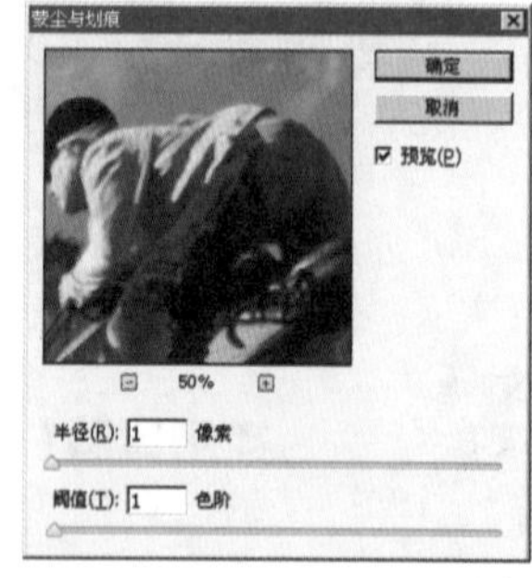

图4-62　"蒙尘与划痕"对话框

STEP02 **蒙尘与划痕滤镜效果**。在"蒙尘与划痕"对话框中设置不同的参数，其效果也会不同，如图4-63和图4-64所示。

图4-63　设置参数（1）

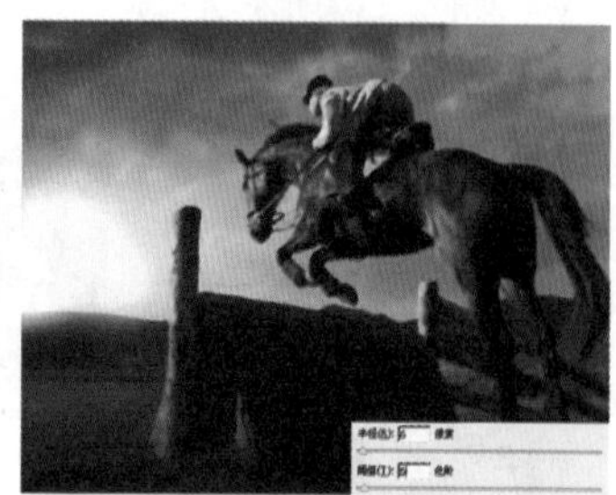

图4-64　设置参数（2）

常用参数介绍

半径：用来设置以多大半径为范围搜索像素间的差异，该值越高，模糊程度越强。

阈值：用来设置像素的差异有多大才能被视为杂点，该值越高，去除杂点的效果就越弱。

4.11 高反差保留滤镜

高反差保留滤镜是将图像中颜色、明暗反差较大的两个部分的边缘细节保留下来，并且不显示图像的其余部分。通过"半径"值可以调整原图像保留的程度，半径值越高，所保留的原图像素越多，当半径值为0时，整个图像将变为灰色。

实例体验13：高反差保留滤镜效果

素材：光盘\第4章\素材\素材14.JPG　　视频：光盘\第4章\视频\高反差保留滤镜效果.flv

STEP01 **高反差保留滤镜效果一**。打开素材图像，如图4-65所示。执行"滤镜"|"其他"|"高反差保留"命令，在弹出的"高反差保留"对话框中设置"半径"为2，单击"确定"按钮后观察图像的变

化，如图4–66和图4–67所示。

图 4–65　原图

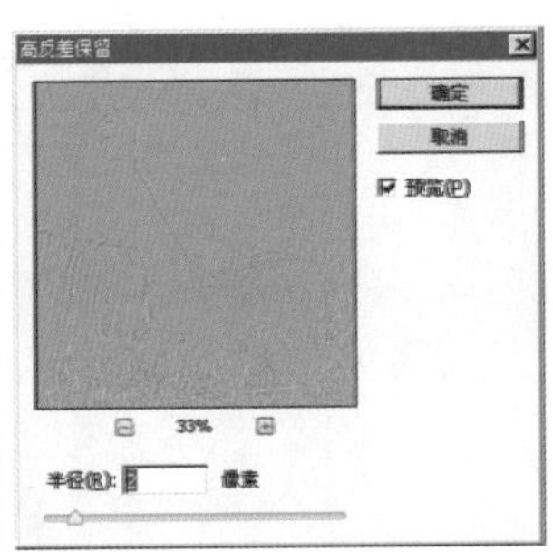

图 4–66　设置高反差保留参数

图 4–67　半径为 2 的效果

STEP02 **高反差保留滤镜效果二**。按快捷键Ctrl+Z撤销上一步，再次执行"滤镜"｜"其他"｜"高反差保留"命令，然后分别设置高反差保留半径为10和30，得到图4–68和图4–69所示的效果。

图 4–68　半径为 10 的效果

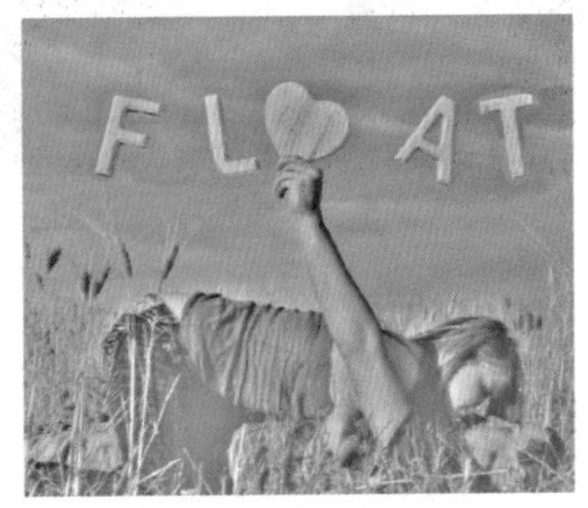

图 4–69　半径为 30 的效果

4.12 色调均化

"色调均化"命令可以重新分布图像中像素的亮度值，使它们更均匀地呈现所有范围的亮度级别。此命令是Photoshop尝试对图像进行直方图均衡化，即在整个灰度范围中均匀分布每个色阶的灰度值。

实例体验14：色调均化效果

素材：光盘\第 4 章\素材\素材 15.JPG　　视频：光盘\第 4 章\视频\色调均化效果 .flv

STEP01 **色调均化效果**。打开素材图像，如图4–70所示。执行"图像"｜"调整"｜"色调均化"命令，观察图像的变化，如图4–71所示。

图 4–70　原图

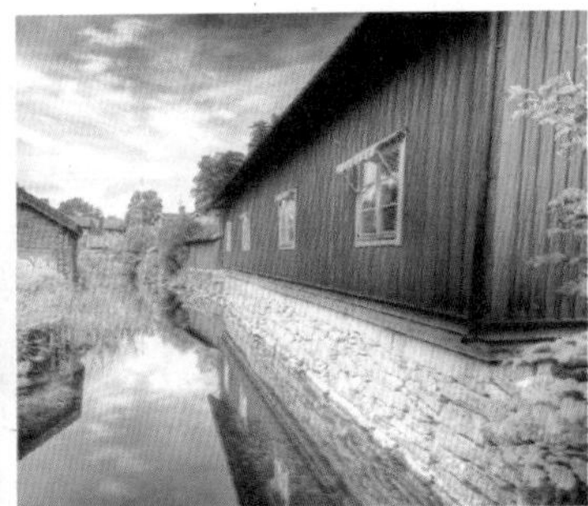

图 4–71　"色调均化"效果

STEP 02 所选区域色调均化。按快捷键Ctrl+Z返回到上一步，然后选择工具箱中的矩形选框工具，在图中绘制一个选区，如图4–72所示。再次执行“图像”|“调整”|“色调均化”命令，这时会弹出一个对话框，如图4–73所示。选中“仅色调均化所选区域”单选按钮，只均化选区的内容；选中“基于所选区域色调均化整个图像”单选按钮，则基于选区中的像素均匀分布所有图像的像素。此处选中“仅色调均化所选区域”单选按钮，单击“确定”按钮，得到图4–74所示的效果。

图 4–72　绘制矩形选区

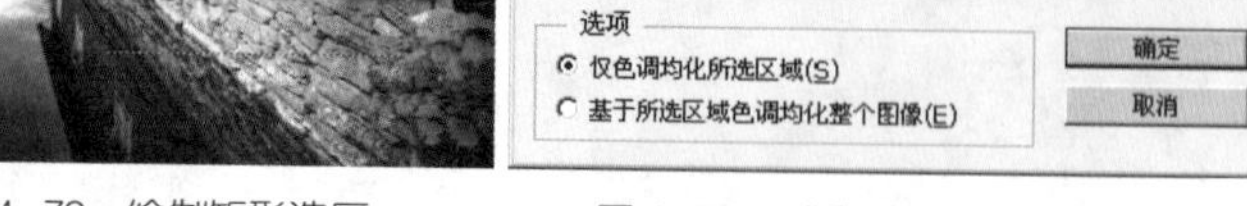

图 4–73　“色调均化”对话框

图 4–74　均化选区内图像效果

注意

扫描后的图像有时会显得比原稿暗，若想要平衡这些值以产生较亮的图像，可以使用“色调均化”命令。

第二部分　设计师的素材修补工作

4.13 设计师的修图招数

在第一部分里，我们学到了很多命令和工具，它们都可以用于素材的修补。曾经碰到刚做设计不久的一位朋友，他处理什么素材都使用仿制图章和修复画笔两个工具，结果即使一张很简单的图他也要处理很久。其实，根据不同的图，有不同的处理方法，灵活运用这些方法，可以快速处理好素材。

1 利用变换命令掩盖缺陷

在Photoshop中利用“编辑”|“自由变换”命令可以通过延伸某个区域的线条或色块，来掩盖另一区域，快速地获得我们想要的效果。

实例体验15：变换命令用于修补

素材：光盘\第 4 章\素材\素材 16.JPG　　视频：光盘\第 4 章\视频\变换命令用于修补 .flv

利用“自由变换”命令掩盖多余的区域，获取一张纯色素材图片。

STEP01 **绘制矩形选框**。打开素材图片，如图4–75所示。选择工具箱中的矩形选框工具，在素材图片中框选出一个区域，此区域将掩盖下面红色插板的区域，如图4–76所示。

图 4–75　原图

图 4–76　绘制选区

STEP02 **执行“自由变换”命令**。执行“编辑”|“自由变换”命令或按快捷键Ctrl+T，这时选区出现了一个红色的编辑框，如图4–77所示。将光标移至边框的下边线中点上，光标显示为垂直方向的双箭头，如图4–78所示。

图 4–77　自由变换框

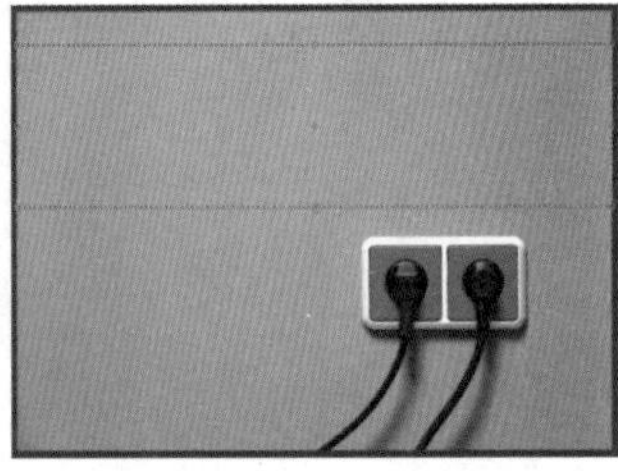
图 4–78　边框下边缘的双箭头

STEP03 **掩盖插线**。向下拖动光标可以改变边框宽度，同时将插线区域掩盖住，如图4–79所示。一直向下拖动光标至图片的底边缘，将插线区域全部掩盖，然后按Enter键取消边框，再按快捷键Ctrl+D取消选区，得到我们需要的最终效果，如图4–80所示。

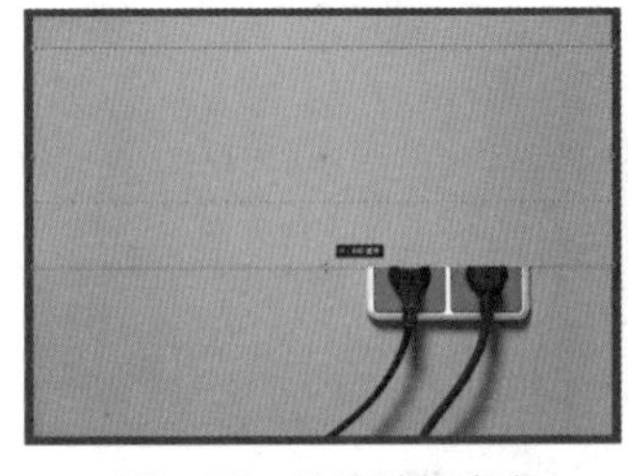
图 4–79　改变边框宽度

图 4–80　修补后的最终图片效果

2 利用填充掩盖缺陷

修复单色背景图或者背景纹理简单的图时，可以使用填充命令快速修复背景上的缺陷。

1）单色背景图的修复

单色背景图修复很简单，可以直接进行颜色填充。

实例体验16：单色背景修复

素材：光盘\第 4 章\素材\素材 17.JPG　　视频：光盘\第 4 章\视频\单色背景修复 .flv

STEP01 **打开文件素材**。按快捷键Ctrl+O，打开素材文件“素材17.JPG”，如图4–81所示。这是直接利用数码相机翻拍的一张素材。因为原照边缘变形，所以本来是白色的背景，现在四周出现了灰色。

图 4–81　素材图像

STEP 02 选择灰色区域。因为背景单一，所以可以直接利用吸管吸取颜色，填充四周的灰色区域即可。选择套索工具，在属性栏中单击"添加到选区"按钮，设置羽化值为0，按下鼠标拖动，快速地将四周有灰色的区域选中，如图4–82所示。

STEP 03 填充选区。设置前景色为白色，按快捷键Alt+Delete填充选区，然后再按快捷键Ctrl+D取消选区，完成修复，如图4–83、图4–84所示。

图 4–82　选中灰色区域

图 4–83　填充白色

图 4–84　最后效果

2）有纹理图像的背景图的修复

有纹理的图的修复，无法用颜色填充，也不适合用变换（变换会改变纹理大小）。这类图，我们可以直接用填充搞定，只不过不是颜色填充而是内容识别填充。

实例体验17：纹理背景修复

素材：光盘\第 4 章\素材\素材 18.JPG　　视频：光盘\第 4 章\视频\纹理背景修复 .flv

STEP 01 打开素材。打开"素材18.JPG"，如图4–85所示。现在我们需要一张天空白云的素材图，所以要把图像中的人物去掉，若使用仿制图章工具或修复画笔工具涂抹起来会非常麻烦。

图 4–85　原图

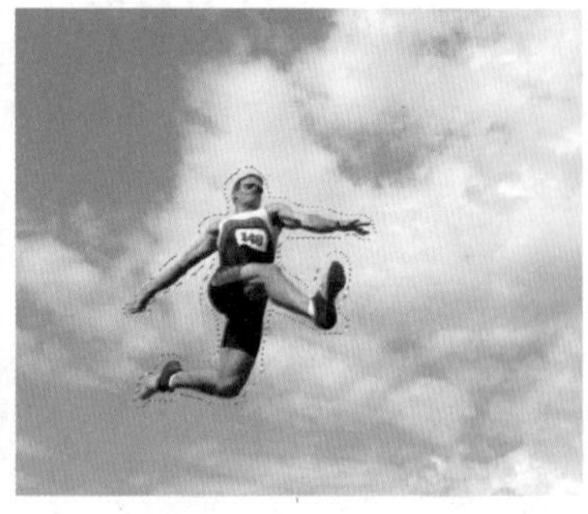

图 4–86　人物生成选区

STEP 02 绘制选区。选择工具箱中的套索工具，在图中拖动光标沿着人物绘制，将人物生成选区，如图4–86所示。

STEP 03 填充选区。按快捷键Shift+F5，弹出"填充"对话框。设置填充内容为"内容识别"，其他保持默认，如图4–87所示。单击"确定"按钮，并按快捷键Ctrl+D取消选区，效果如图4–88所示。

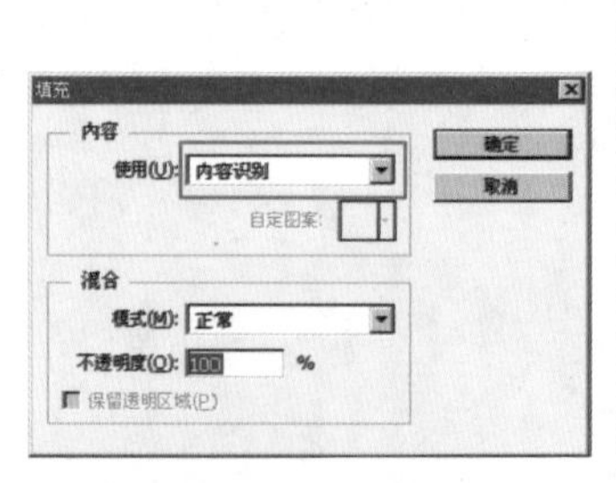

图 4–87　填充设置

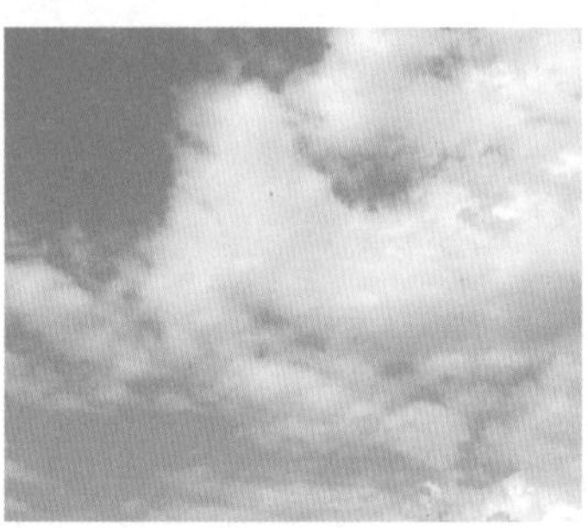

图 4–88　填充后的效果

3 利用模糊加调色快速抹除大范围内的小杂点

运用高斯模糊滤镜和色阶、曲线、亮度/对比度等命令可以将大范围的小杂点或污点消除，快速修复背景上面的缺陷。

实例体验18：快速消除小杂点

素材：光盘\第 4 章\素材\素材 19.JPG　　视频：光盘\第 4 章\视频\快速消除小杂点 .flv

STEP 01 **使用污点修复画笔工具修复。**打开素材图片，可以观察到图像的灰色背景发灰并且有许多小杂点，如图4–89所示。选择工具箱中的污点修复画笔工具，将背景中的污点去除，如图4–90和图4–91所示。

图 4–89　原图

图 4–90　污点修复画笔工具修复污点

图 4–91　修复污点后

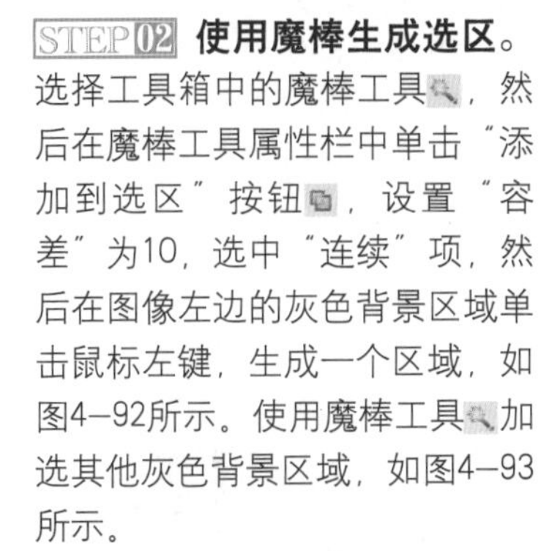

STEP 02 **使用魔棒生成选区。**选择工具箱中的魔棒工具，然后在魔棒工具属性栏中单击“添加到选区”按钮，设置“容差”为10，选中“连续”项，然后在图像左边的灰色背景区域单击鼠标左键，生成一个区域，如图4–92所示。使用魔棒工具加选其他灰色背景区域，如图4–93所示。

图 4–92　设置魔棒参数然后生成选区

图 4–93　加选灰色背景

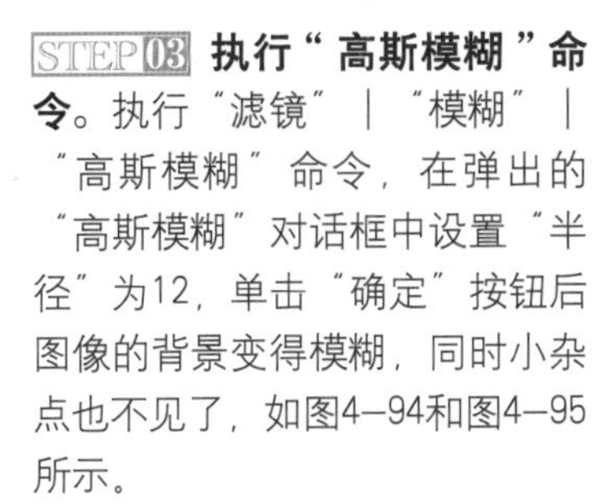

STEP 03 **执行“高斯模糊”命令。**执行“滤镜”|“模糊”|“高斯模糊”命令，在弹出的“高斯模糊”对话框中设置“半径”为12，单击“确定”按钮后图像的背景变得模糊，同时小杂点也不见了，如图4–94和图4–95所示。

图 4–94　设置高斯模糊半径

图 4–95　高斯模糊背景后的效果

STEP 04 **执行“亮度/对比度”命令。**执行“图像”|“调整”|“亮度/对比度”命令，弹出“亮度/对比度”对话框，拖动“亮度”滑块到37处时图像背景亮度刚好，单击“确定”按钮，图像背景中小杂点完全消失，按快捷键Ctrl+D取消选区，如图4–96和图4–97所示。

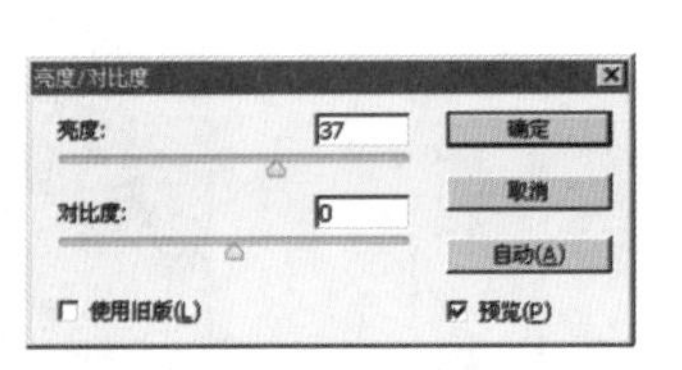

图 4–96　“亮度 / 对比度”对话框

图 4–97　消除杂点后的效果

4 利用"高反差保留"和"色调均化"命令快速消除噪点

Photoshop中的"高反差保留"命令，可以保留明暗之间的轮廓线，而"色调均化"命令可以重新分布图像中像素的亮度值，使它们更均匀地呈现所有范围的亮度级别。使用这两个命令可以快速消除噪点。

实例体验19：消除噪点

素材：光盘\第4章\素材\素材20.JPG　　视频：光盘\第4章\视频\消除噪点.flv

STEP01 **复制背景图层。**打开素材图片，如图4-98所示。将其放大可以看出图像中有许多噪点，如图4-99所示。将"背景"图层拖至面板下方的"创建新图层"按钮上，得到"背景 副本"图层，如图4-100所示。

图4-98　原图

图4-99　放大效果

图4-100　复制背景图层

STEP02 **复制"绿"通道。**打开"通道"面板，第2章中讲解过通道是记录图像色彩信息的，通常人物皮肤的色泽是偏红的，这就导致在人物图像中红色通道会偏亮，意味着红色通道里保留的细节成分较少，相比绿色通道和蓝色通道，可以发现蓝色通道中的明暗反差相对适中，保留了更多的细节。复制一个"绿"通道，将"绿"通道拖至面板下方的"新建通道"按钮上，得到"绿 副本"通道，如图4-101和图4-102所示。

STEP03 **执行"高反差保留"命令。**执行"滤镜"|"其他"|"高反差保留"命令，在弹出的"高反差保留"对话框中设置"半径"为8.6，单击"确定"按钮后观察图像的变化，如图4-103和图4-104所示。

图4-101　"通道"面板

图4-102　"绿"通道

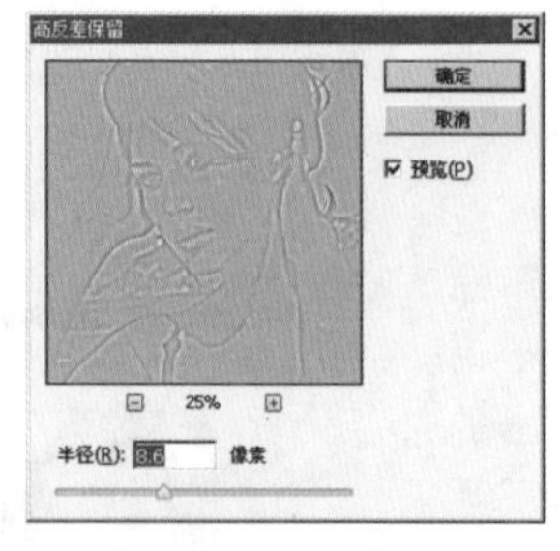

图4-103　高反差保留设置窗口

图4-104　高反差保留效果

STEP04 **执行"色调均化"命令。**执行"图像"|"调整"|"色调均化"命令，观察图像的变化，如图4-105所示。单击"通道"面板下方的"将通道作为选区载入"按钮，如图4-106所示，这时图像中的亮部被载入选区，如图4-107所示。按快捷键Shift+F7反选，载入暗部选区，如图4-108所示。

图4-105　色调均化命令效果

图4-106　将通道作为选区载入

图4-107　载入亮部选区

图4-108　载入暗部选区

STEP 05 **返回图层**。回到“图层”面板，单击“背景 副本”图层，如图4–109和图4–110所示。然后按快捷键Ctrl+H将选区暂时隐藏，如图4–111所示。

图 4–109　选择“背景 副本”图层

图 4–100　“背景 副本”图层

图 4–111　隐藏选区

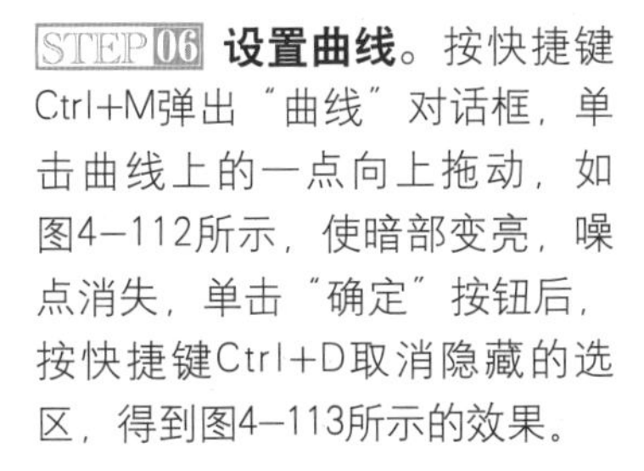

STEP 06 **设置曲线**。按快捷键Ctrl+M弹出“曲线”对话框，单击曲线上的一点向上拖动，如图4–112所示，使暗部变亮，噪点消失，单击“确定”按钮后，按快捷键Ctrl+D取消隐藏的选区，得到图4–113所示的效果。

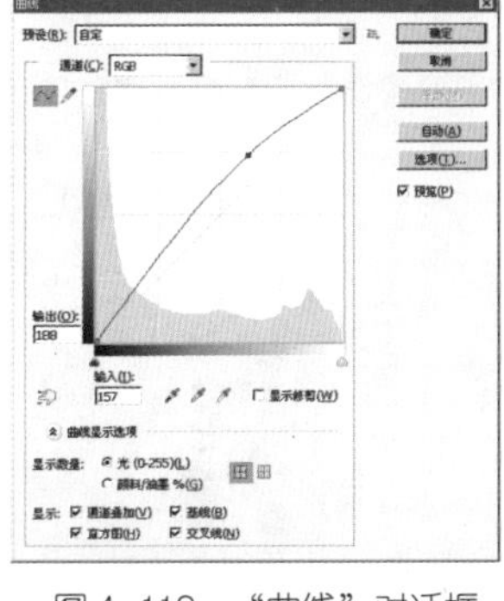
图 4–112　“曲线”对话框

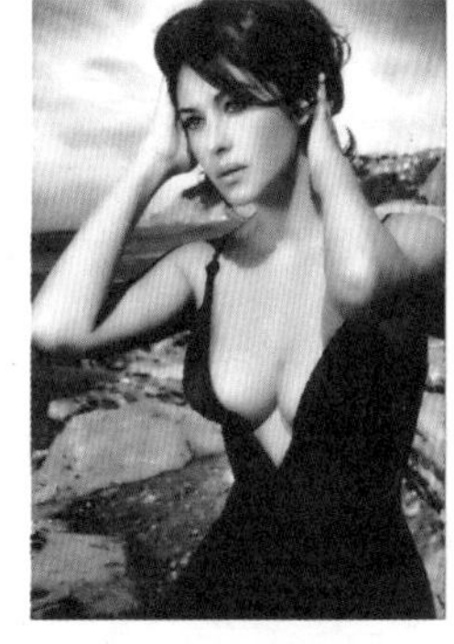
图 4–113　消除噪点后的效果

5 利用高反差加锐化让图像清晰

Photoshop中的“高反差保留”命令，可以保留明暗之间的轮廓线，配合锐化滤镜，能够让模糊图像变得清晰。

实例体验20：模糊较重图像的清晰化

素材：光盘\第 4 章\素材\素材 21.JPG　　视频：光盘\第 4 章\视频\模糊较重图像的清晰化 .flv

STEP 01 **复制背景图层**。打开素材图片，然后拖动“背景”图层到“创建新图层”按钮上，复制出一个新的“背景 副本”图层，如图4–114和图4–115所示。

图 4–114　原图

图 4–115　复制“背景”图层

图 4–116　去色后的效果

STEP 02 **去色**。执行“图像”|“调整”|“去色”命令，将“背景 副本”图层去色，得到图4–116所示的效果。

STEP 03 **设置图层混合模式**。将“背景 副本”的图层混合模式设为“叠加”，拉大图像的反差，如图4–117和图4–118所示。

图 4–117　选择“叠加”样式

图 4–118　“叠加”效果

STEP04 **设置高反差保留**。执行“滤镜”|“其他”|“高反差保留”命令，在弹出的“高反差保留”对话框中设置半径为2像素，从灰色图中可以看到图像的反差边缘呈现出来，如图4-119所示。设置完成后单击“确定”按钮，得到图4-120所示的效果。

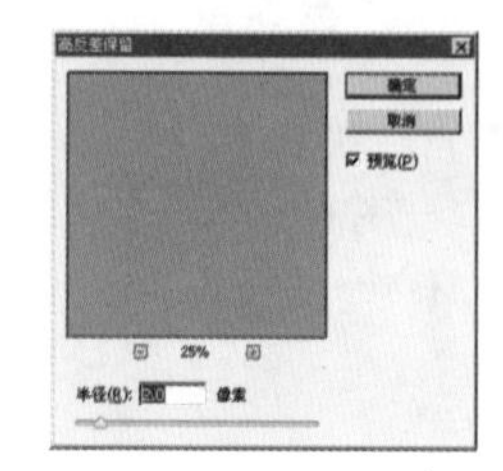

图 4-119　设置高反差保留

图 4-120　设置高反差保留后的效果

注意

控制“半径”在1.0~2.0之间，只要能够看到反差痕迹即可，不然将适得其反。

STEP05 **重复高反差保留命令**。设置完高反差保留参数后，图像还是不够清晰，连续复制3~7次“背景 副本”图层，以增强清晰度，如图4-121和图4-122所示。

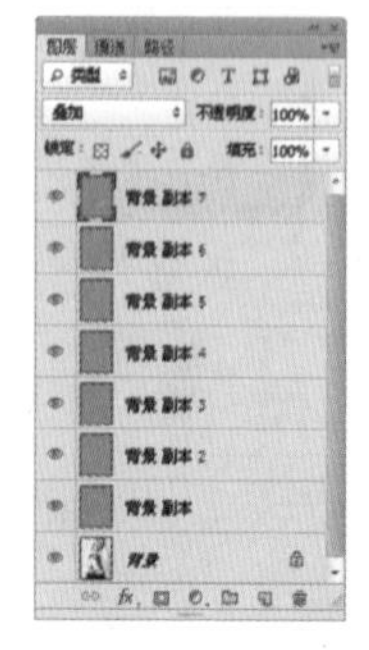

图 4-121　连续复制“背景 副本”图层

图 4-122　复制多层“背景 副本”图层后的效果

说明

在复制设置完高反差保留的图层时，注意观察图像变化的效果，根据图像的变化情况，控制所需要复制的图层数。

STEP06 **盖印图层**。为了整体调整图像，先盖印出一个图层，以便下一步调整。按快捷键Ctrl+Alt+Shift+E，执行“盖印图层”命令，得到“图层1”图层，如图4-123和图4-124所示。

图 4-123　盖印图层后的图像

图 4-124　盖印图层得到“图层1”

STEP07 **USM锐化**。执行“滤镜”|“锐化”|“USM锐化”命令，在弹出的“USM锐化”对话框中设置“数量”为200%、“半径”为1.0像素、“阈值”为0，单击“确定”按钮后图像变得更清晰了，如图4-125和图4-126所示。

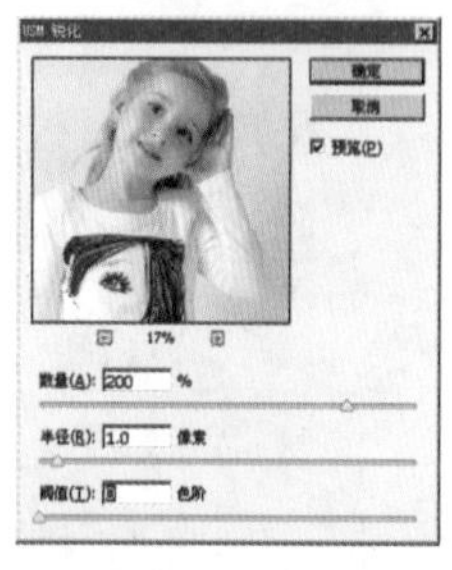

图 4-125　“USM 锐化”对话框

图 4-126　最终效果

实战1：修补扫描的印刷品★

素材：光盘\第4章\素材\素材22.JPG
视频：光盘\第4章\视频\修补扫描的印刷品.flv

了解印刷即可知道，印刷利用网点来模拟连续调图像。因此，如果扫描印刷图像作为素材的话，则必须处理扫描后看到的网点，如图4–127所示。这个网点的去除，并不容易。处理效果如图4–128所示。其次，如果印刷品是双面印，而纸又薄的话，则更加麻烦——除开网点，你还得处理透过来的背景图像。

图4–127　原图

图4–128　调整后

制作思路

处理扫描的印刷品，最关键的是尽可能保留细节同时消除缺陷。为了达到这个目的，下面的措施是必要的。

（1）当去网纹的时候，在通道中分别对不同通道进行处理比直接在图层上处理好。

（2）利用选区，分别对亮调和暗调进行处理。

（3）去掉网点后，如果皮肤质感损失较大，可以利用杂点再造皮肤，并进行适当锐化。

处理流程如图4–129所示。

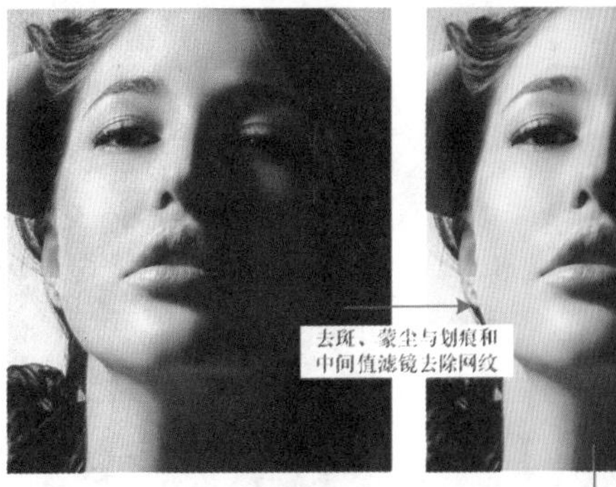

图4–129　处理流程示意

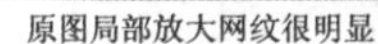

原图局部放大网纹很明显　　调整后局部放大网纹消失了

图 4-129　处理流程示意（续）

实战2：模糊数码照片的清晰化处理★

素材：光盘\第 4 章\素材\素材 23.JPG
视频：光盘\第 4 章\视频\模糊数码照片的清晰化处理 .flv

图 4-130　原图

图 4-131　调整后

随着数码相机的普及，客户提供或者我们能找到的数码照片素材越来越多。这些素材中难免会有因为手抖动、聚焦不准等造成的图像模糊。只要模糊不强烈，没有明显的重影，我们就可以对其进行清晰化处理。图4-130和图4-131分别为数码照片处理前后的效果。

制作思路

人物照片有些模糊主要是因为拍照时对焦不准造成的，如果直接用USM滤镜锐化，不能识别图像的真正轮廓，而只是靠识别像素间的反差来辨别，所以需要在锐化前使用高反差保留滤镜来保留图像的边缘细节。大致步骤如下。

（1）高反差保留命令保留图像边缘细节。

（2）可以利用表面模糊滤镜让皮肤更细腻，然后再进行锐化。

（3）用USM锐化让照片清晰化。

（4）使用“色相/饱和度”命令适当调整偏色。

照片处理过程如图4-132所示。

图 4-132　处理流程示意

CHAPTER

05

学习重点

- 掌握调色的工具和命令
- 理解一次调色和二次调色
- 标定黑场、白场、灰场的方法
- 理解调色的依据
- 掌握设计师调色的方法

调整素材颜色

颜色最能体现人的视觉感受，它与我们生活息息相关。调整素材时赋予其不同的颜色，欢快或忧伤，直接影响人们的心理感受。本章重点介绍Photoshop中的色阶、曲线、色相/饱和度、色彩平衡、可选颜色等调色命令。为了能更好地在后期调色中控制颜色，掌握一定的调色原理是非常有必要的，这样才能在调色前对结果有一定的预知。

第一部分　需要的工具和命令

本部分主要介绍使用Photoshop修补素材所用到的红眼工具、减淡工具、加深工具、海绵工具和主要的调色命令，包括：色阶、曲线、色相/饱和度、色彩平衡、可选颜色、黑白、替换颜色、去色等命令。另外，还讲解了调整图层和图层混合模式。

5.1 红眼工具

使用红眼工具可以去除拍摄人物照片时由于闪光灯造成人物红眼的现象。在工具箱的修复工具组中选择红眼工具，选中红眼工具后，其上方属性栏如图5–1所示。

瞳孔大小：50%　变暗量：50%

图5–1　“红眼工具”属性栏

实例体验1：消除红眼

素材：光盘\第5章\素材\素材1.JPG　　视频：光盘\第5章\视频\消除红眼.flv

STEP 01 **打开素材**。打开素材图像，如图5–2所示。选择工具箱中的红眼工具，按快捷键Ctrl++放大图像，然后将光标移至红眼部位，如图5–3所示。

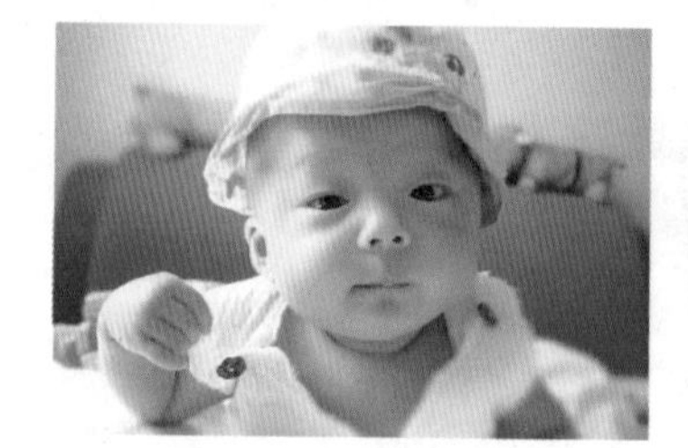

图5–2　原图

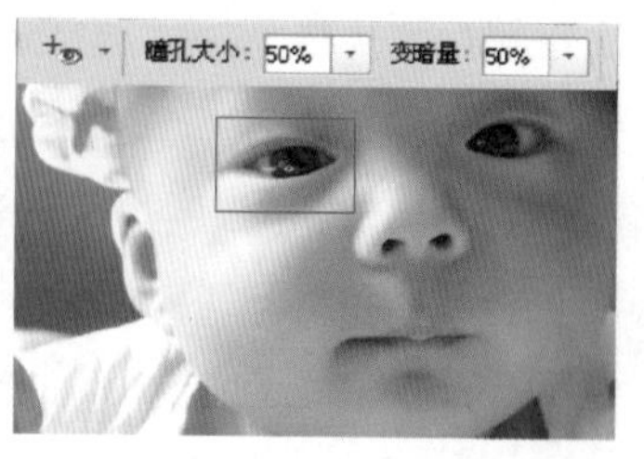

图5–3　观察红眼区域

STEP 02 **消除红眼**。单击鼠标即可消除红眼，然后将光标移至另一只红眼部位单击，如图5–4所示。消除红眼后，按快捷键Ctrl+0原图像大小显示，如图5–5所示。

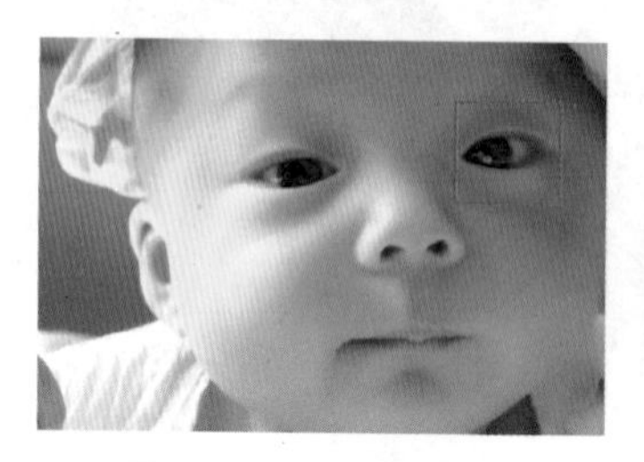

图5–4　单击消除红眼

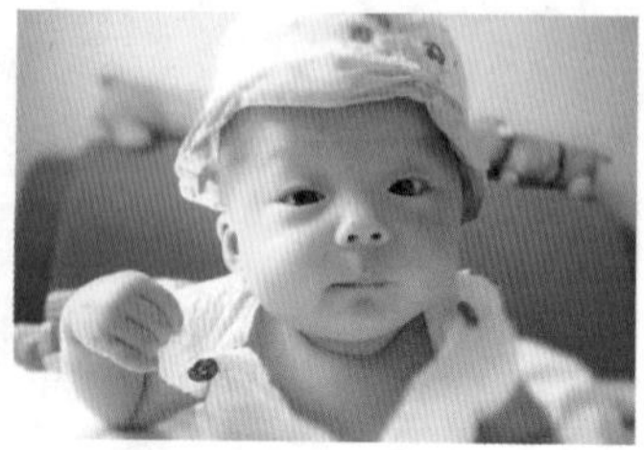

图5–5　消除红眼后的效果

瞳孔大小：用来设置眼睛暗色中心的大小。

变暗量：用来设置瞳孔的暗度。

5.2 减淡、加深及海绵工具

使用减淡工具和加深工具可以使图像某个特定的区域变亮或变暗。选择工具箱中的减淡工具和加深工具，其上方属性栏如图5–6和图5–7所示。

图 5–6 “减淡工具”属性栏

图 5–7 “加深工具”属性栏

使用海绵工具可以增加或降低图像的饱和度。选择工具箱中的海绵工具，其上方属性栏如图5–8所示。

图 5–8 “海绵工具”属性栏

实例体验2：减淡工具用法

素材：光盘 \ 第 5 章 \ 素材 \ 素材 2.JPG　　视频：光盘 \ 第 5 章 \ 视频 \ 减淡工具用法 .flv

STEP01 **打开素材。**打开的素材图像，如图5–9所示。

STEP02 **减淡“阴影”效果。**选择工具箱中的减淡工具，在工具属性栏中选择700像素的柔角笔刷，设置“曝光度”为50%，范围为“阴影”，然后按住鼠标左键在整个图像中反复进行涂抹，效果如图5–10所示。

图 5–9 原图

图 5–10 减淡工具处理“阴影”效果

STEP03 **减淡“中间调”和“高光”效果。**将范围分别设置为“中间调”和“高光”，使用相同的方法，得到图5–11和图5–12所示的效果。

图 5–11 减淡工具处理“中间调”效果

图 5–12 减淡工具处理“高光”效果

实例体验3：加深工具用法★

素材：光盘\第5章\素材\素材2.JPG　　视频：光盘\第5章\视频\加深工具用法.flv

加深工具和减淡工具的用法相同，可以使图像“阴影”“中间调”“高光”区域变暗，处理效果如图5-13～图5-15所示。

图5-13　处理“阴影”效果图

图5-14　处理“中间调”效果

图5-15　处理“高光”效果

实例体验4：海绵工具用法★

素材：光盘\第5章\素材\素材3.JPG　　视频：光盘\第5章\视频\海绵工具用法.flv

海绵工具可以增加或降低图像的饱和度，选择其属性栏“模式”中的“降低饱和度”，可降低图像的饱和度；选择“饱和”，可增强图像的饱和度。素材及处理效果分别如图5-16～图5-18所示。

图5-16　原图

图5-17　降低饱和度

图5-18　饱和

常用参数介绍

画笔：选择一个画笔大小，处理区域的大小取决于该画笔的大小。

范围：选择“阴影”，可以处理图像的暗部色调；选择“中间值”，可以处理图像的中间调（灰色中间范围的色调）；选择“高光”，可以处理图像的亮部色调。

曝光度：可以为减淡工具或加深工具指定曝光，该值越高，则作用效果越明显。

喷枪：单击该按钮，使画笔启用喷枪样式来建立效果。

保护色调：防止颜色发生色相偏移，保护色调不受影响。

自然饱和度：在进行增加饱和度时，避免颜色过于饱和而出现溢色。

5.3 主要调色命令

1 色阶

使用“色阶”命令可以调整图像的阴影、中间调和高光的强度级别。其中黑色箭头亮度最低代表阴影，白色箭头亮度最高代表高光，而灰色的箭头就是中间调，如图5–19所示。可通过执行“图像”|“调整”|“色阶”命令或按快捷键Ctrl+L打开“色阶”对话框。

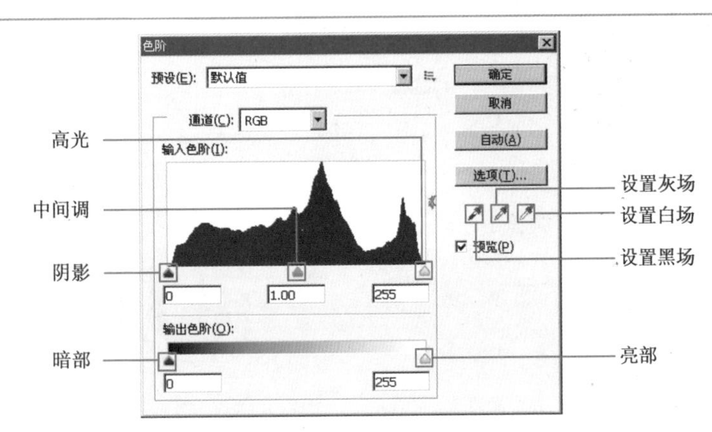

图 5–19 “色阶”对话框

实例体验5：色阶用法

素材：光盘\第 5 章\素材\素材 4.JPG　　视频：光盘\第 5 章\视频\色阶用法 .flv

“色阶”命令，不仅可以用来调整图像的暗调、中间调和高光的亮度级别，增强图像的反差、明暗和图像层次，还可在“色阶”对话框的“通道”下拉列表中选择不同的通道，校正图像中的色彩，使图像色彩协调统一。

STEP01 **打开素材**。执行“图像”|“调整”|“色阶”命令或按快捷键Ctrl+L打开“色阶”对话框，如图5–20所示。

STEP02 **暗调调整**。将暗调滑块向右拖动，可以看到图像暗调区域增大，图像变暗，如图5–21所示。

图 5–20　打开“色阶”对话框

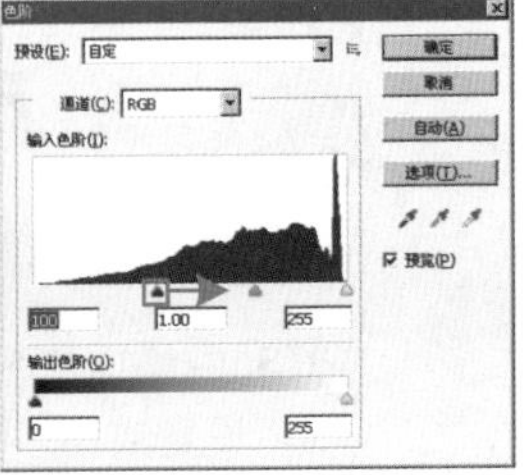

图 5–21　拖动暗调滑块

STEP03 **中间调调整**。按住Alt键，对话框中的“取消”按钮将变成“复位”按钮，单击“复位”按钮，复位滑块到初始设置，然后向右拖动中间调滑块，图像变暗，如图5-22所示。向左拖动中间调滑块，图像变亮，如图5-23所示。

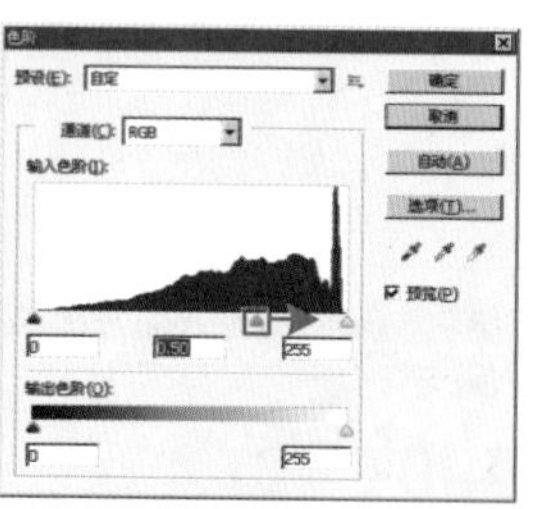

图 5-22　向右拖动中间调滑块

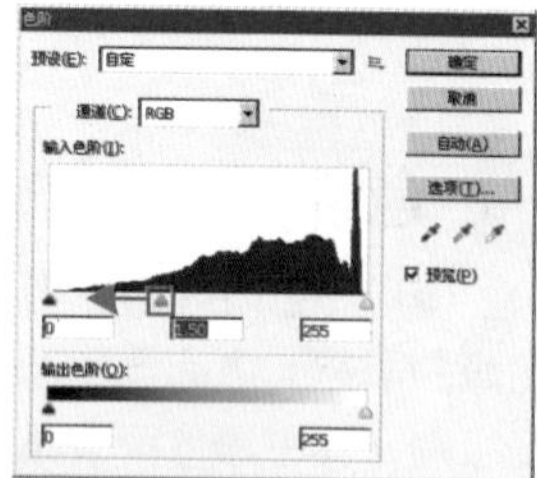

图 5-23　向左拖动中间调滑块

STEP04 **高光调整**。按住Alt键，单击“复位”按钮，向左拖动高光滑块，图像变亮，如图5-24所示。

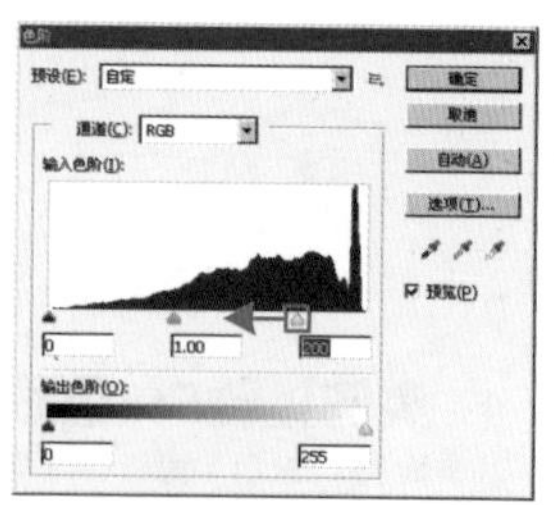

图 5-24　拖动高光滑块

STEP05 **利用通道调整颜色**。按住Alt键，单击“复位”按钮，在“通道”下拉列表框中选择“红”通道，然后向左拖动中间调滑块，图像逐渐偏红，如图5-25所示；向右拖动中间调滑块，图像逐渐偏绿，如图5-26所示。

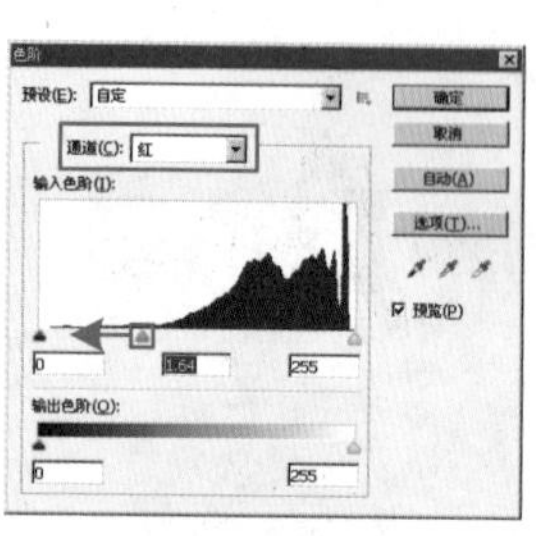

图 5-25　向左拖动中间调滑块

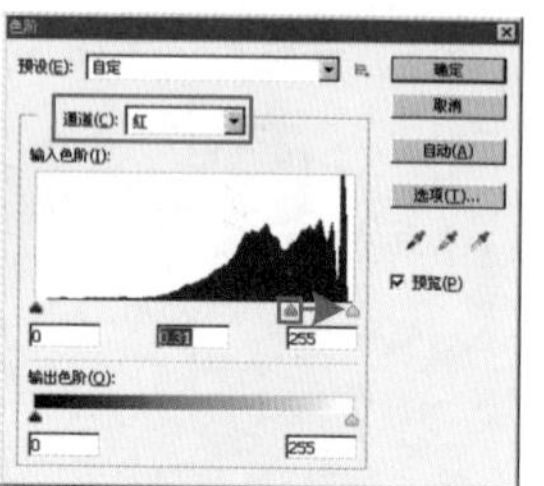

图 5-26　向左拖动中间调滑块

STEP06 **灰场和白场调整图像**。按住Alt键，单击“复位”按钮。选择“设置黑场”吸管，在人物头顶处单击；选择“设置灰场”吸管，在人物脚部稍偏右的灰色地砖处单击；选择“设置白场”吸管，在人物白衬衫处单击，调整效果如图5-27所示。

图 5–27　设置黑场、灰场和白场效果

通道：在该选项的下拉列表中不仅可以调整单个颜色通道，还可以同时调整多个颜色通道，在执行“色阶”命令前，首先在“通道”面板中选择要调整的通道，如图5-28所示。这时“色阶”对话框中的“通道”会显示通道缩写，如RG表示红色通道和绿色通道，如图5-29所示。

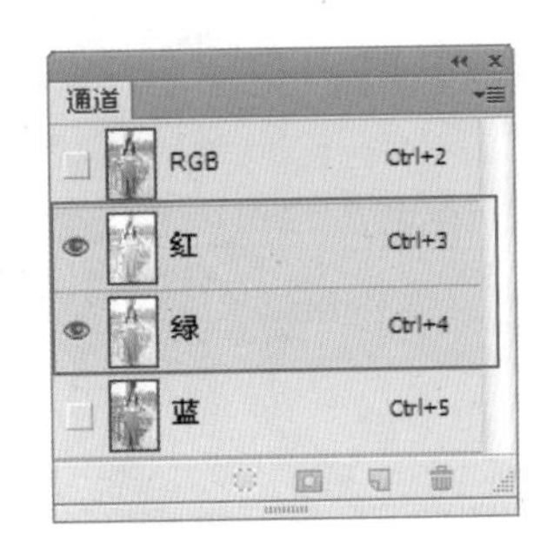

图 5–28　按住 Shift 键单击红通道和绿通道

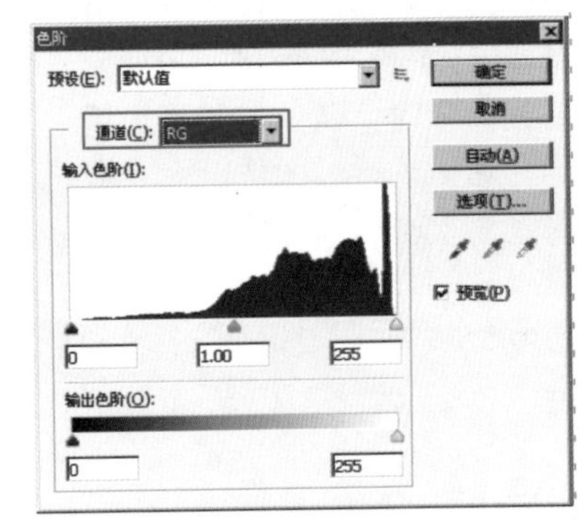

图 5–29　RG 缩写

输入色阶：可以在滑块下方的数值栏里输入数值进行调整图像的阴影、中间值和高光区域。

输出色阶：拖动滑块或在滑块下方的数值栏里输入数值，可以限定图像的亮度范围，降低图像的对比度，如图5-30和图5-31所示。

图 5–30　向右拖动暗调滑块

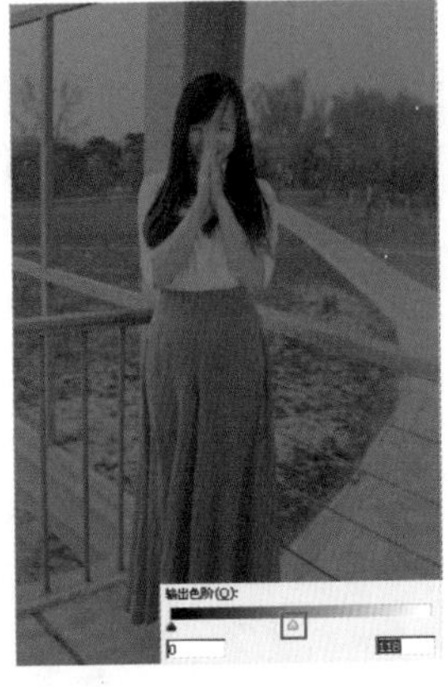

图 5–31　向左拖动高光滑块

设置黑场：使用该工具在图像中单击，可将单击点的像素变为黑色，原图像中比该点暗的像素也变为黑色。

设置灰场：使用该工具在图像中单击，可根据单击点的像素亮度来调整其他中间色调的平均亮度。

设置白场：使用该工具在图像中单击，可将单击点的像素变为白色，原图像中比该点亮的像素也都变为白色。

自动：单击该按钮，将以0.5%的比例自动进行颜色校正，使图像的亮度分布更加均匀。

选项：单击该按钮，可以打开“自动颜色校正选项”对话框，如图5-32所示，在对话框中可以设置自动色阶调整的算法，还可以设置黑色像素和白色像素的修剪比例。

预览：选中该复选框，可预览画面中调整的效果。

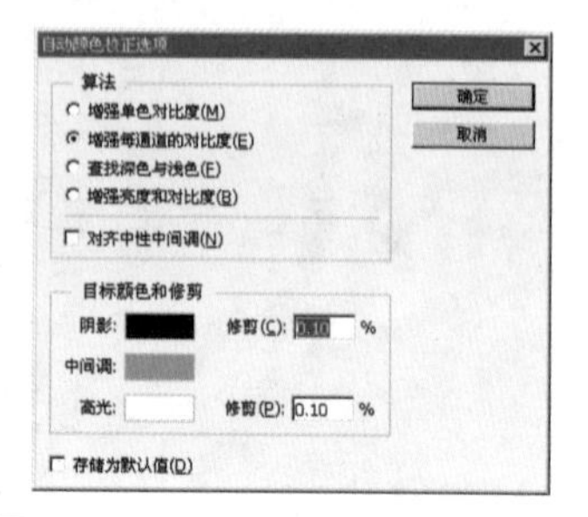

图 5-32 “自动颜色校正选项”对话框

2 曲线

使用“曲线”命令可以调整图像的色彩与色调。色阶只能调整图像的黑场、白场和灰场，而“曲线”命令则能够在图像的整个色调范围（从阴影到高光）内最多调整16个不同的点。因此，曲线命令对色调的控制更加精确。通过执行“图像”|“调整”|“曲线”命令或按快捷键Ctrl+M，打开“曲线”对话框，如图5-33所示。

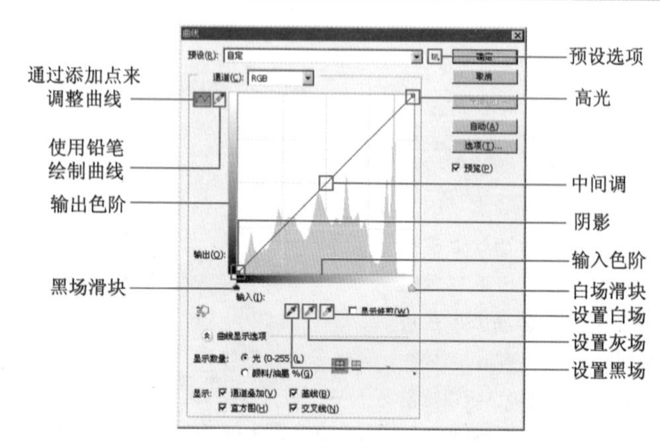

图 5-33 “曲线”对话框

实例体验6：曲线用法

素材：光盘\第5章\素材\素材5.JPG　　视频：光盘\第5章\视频\曲线用法.flv

在曲线上单击可以添加控制点，拖动曲线上不同位置的控制点，图像中输出色阶和输入色阶的像素强度值会相应地变化，从而改变图像相应的亮度和颜色信息。单击控制点，可以将其选择，按住Shift键单击可以选择多个控制点。选择控制点后，按下Delete键可将其删除。

STEP01 **执行曲线命令。** 打开素材文件，执行“图像”|“调整”|“曲线”命令或按快捷键Ctrl+M，打开“曲线”对话框，如图5-34所示。

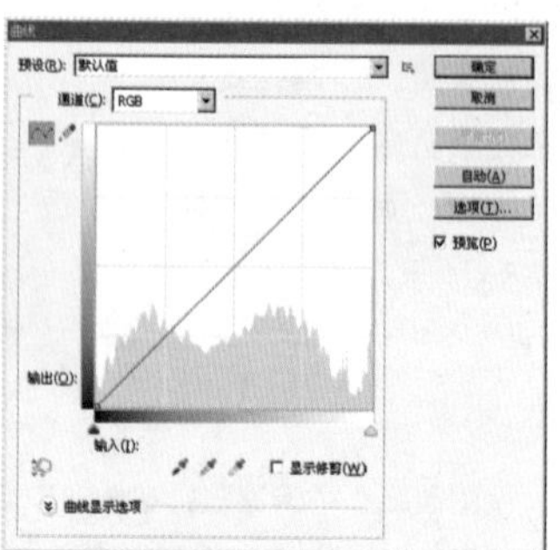

图 5-34 打开“曲线”对话框

STEP02 **上下拖动曲线上的控制点。** 在曲线中单击添加一个控制点，拖动控制点会改变曲线的形状。向上拖动是加强这个位置上的亮度和颜色信息，如图5-35所示；向下拖动则是减弱这个位置上的亮度和颜色信息，如图5-36所示。

图 5–35　向上拖动图像变亮

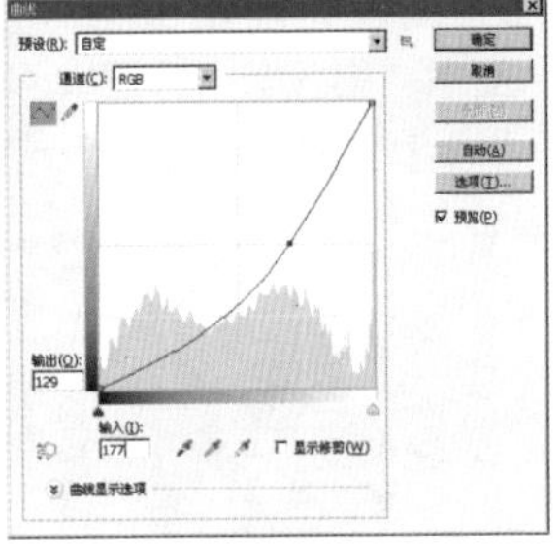

图 5–36　向下拖动图像变暗

STEP 03 **调整为S形曲线**。S形曲线可以使图像的高光区域更亮、阴影区域更暗，从而增强图像的对比度，如图5–37所示；反S形曲线则会降低图像的对比度，如图5–38所示。

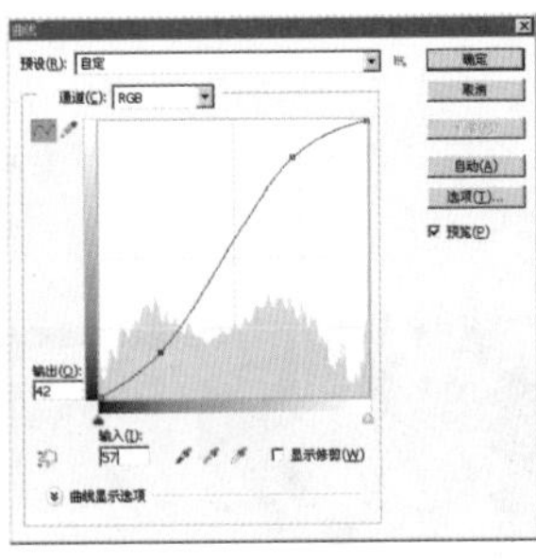

图 5–37　S 曲线增强对比度

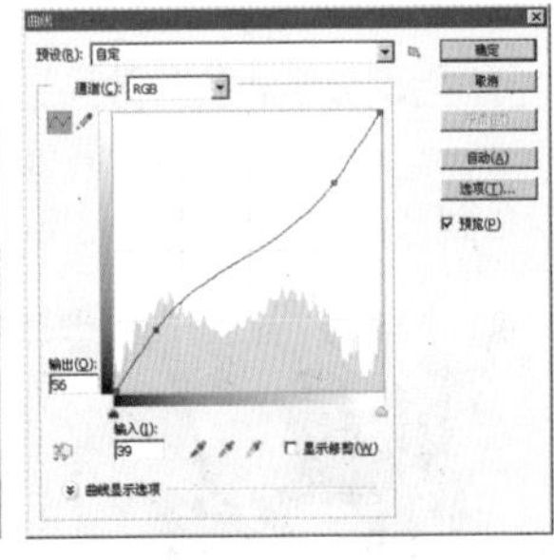

图 5–38　反 S 曲线降低对比度

STEP 04 **移动阴影点**。按住Alt键，单击“复位”按钮。向上移动曲线底部的阴影控制点，图像的阴影区域会变亮，如图5–39所示；向右移动底部的阴影控制点，图像阴影区域会变暗，容易丢失细节，如图5–40所示。

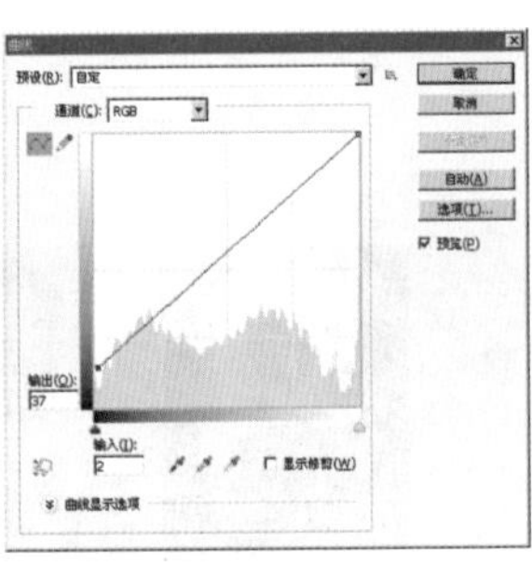

图 5–39　阴影区域变亮

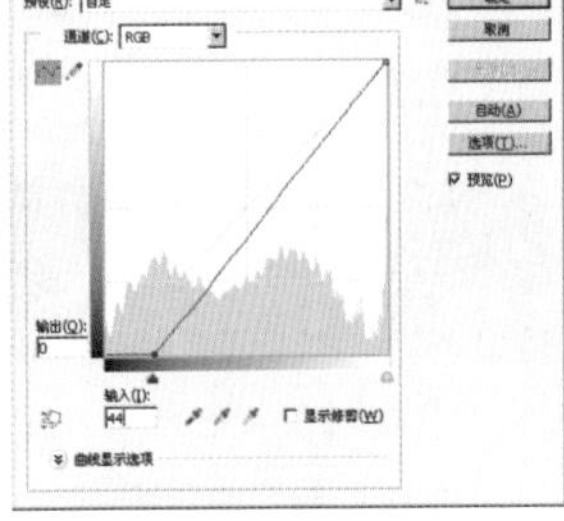

图 5–40　阴影区域变暗

STEP 05 **移动高光点**。按住Alt键，单击“复位”按钮。向下移动曲线的高光点，图像的高光区域会变暗，如图5–41所示；向左移动曲线顶部的高光点，图像的高光区域会变亮，如图5–42所示。

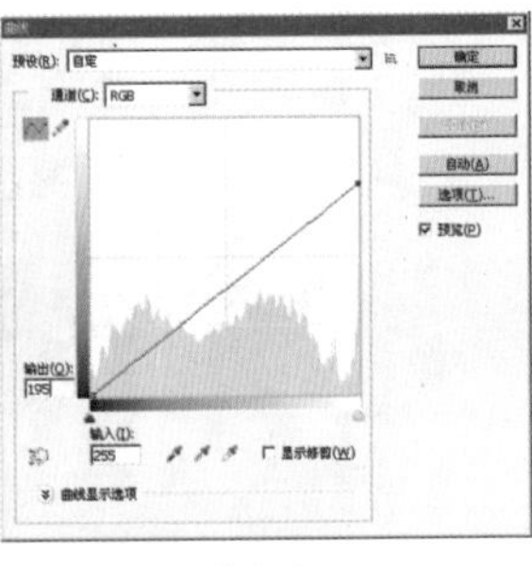

图 5–41　高光区域变暗

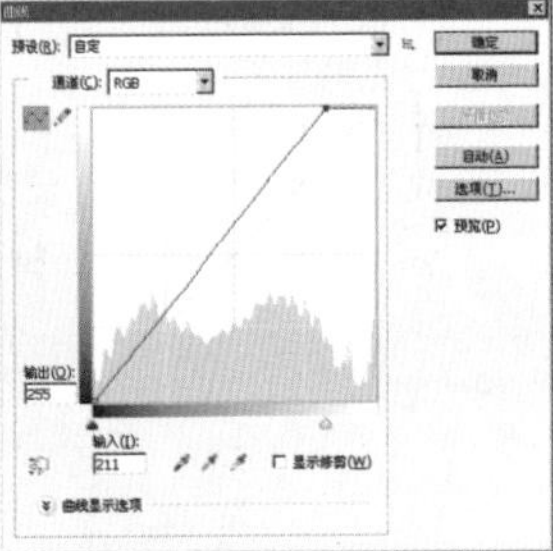

图 5–42　高光区域变亮

STEP 06 拉平高光和阴影点。按住Alt键，单击"复位"按钮。将曲线的两个端点向中间移动，色调反差变小，图像变得灰暗，如图5–43所示。如果将两个点调整为水平直线，则所有像素变为灰色，如图5–44所示，水平直线越高，则灰色越亮。

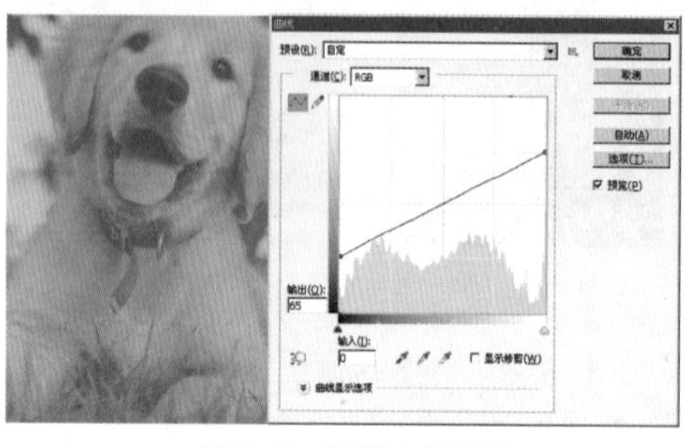

图 5–43　图像变得灰暗

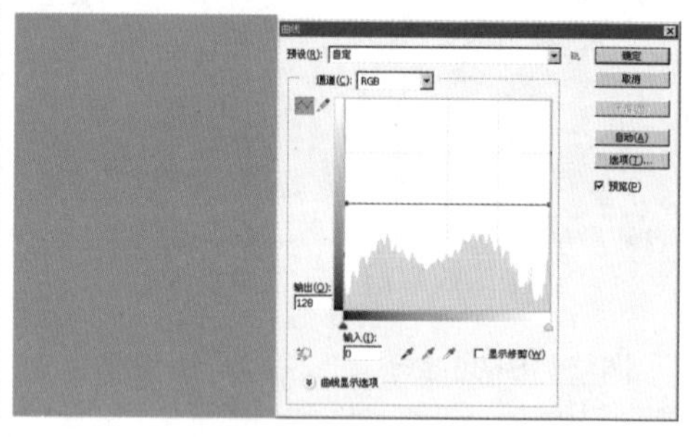

图 5–44　图像变为灰色

STEP 07 色调分离和负片效果。按住Alt键，单击"复位"按钮。将曲线高光和阴影控制点分别向左和向右移动到正中间，可以创建色调分离的效果，如图5–45所示；将曲线高光和阴影控制点分别向下和向上移动到另一端，可以得到负片效果，与"图像"｜"调整"｜"反相"命令的效果相同，如图5–46所示。

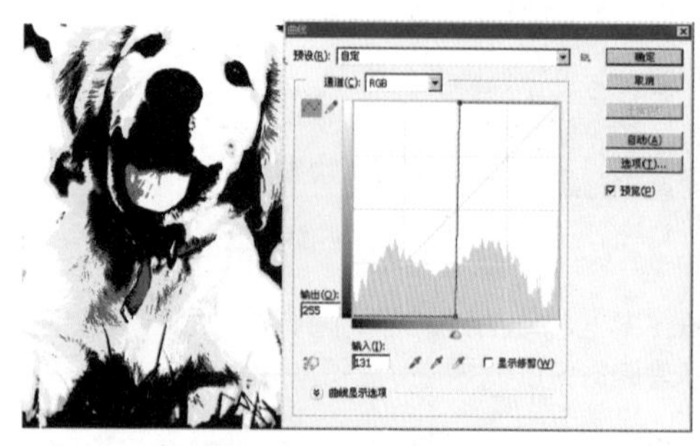

图 5–45　色调分离效果

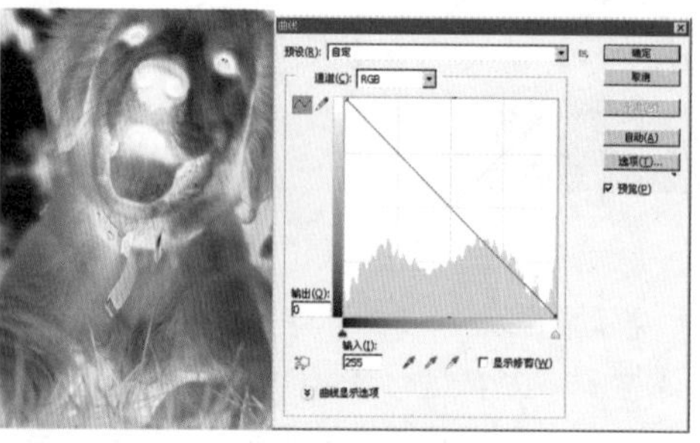

图 5–46　负片效果

常用参数介绍

预设：单击该栏右侧的下拉三角按钮，可以打开一个下拉列表，如图5-47所示。选择"默认值"，在调整曲线时，该选项会自动变为"自定"。选择其他选项时，会出现不同预设选项的调整结果，如图5-48所示。

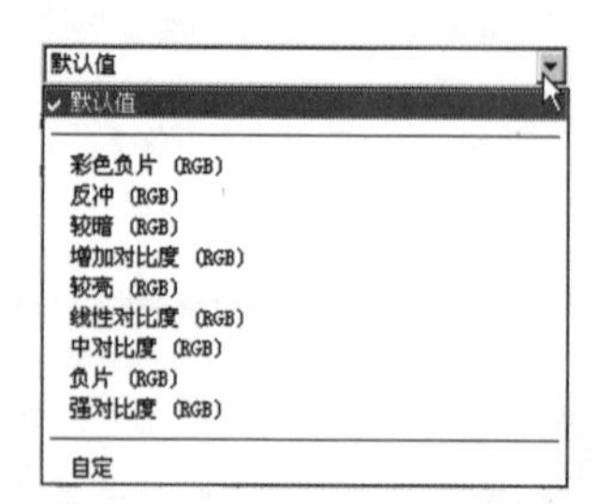

图 5–47　"预设"下拉列表选项

图 5–48　不同"预设"调整结果

预设选项：单击该按钮，打开一个下拉列表，如图5-49所示。选择“存储预设”，可以存储颜色调整设置，以便将它们应用于其他图像；选择“载入预设”，可以载入一个预设文件；如果有载入的预设，则可以选择“删除当前预设”，即可把载入的预设删除。

图 5-49 “预设”选项的下拉列表

通道：单击该选项的下拉列表，可以选择需要调整的通道。RGB模式的图像可以调整RGB复合通道和红、绿、蓝通道，如图5-50所示。

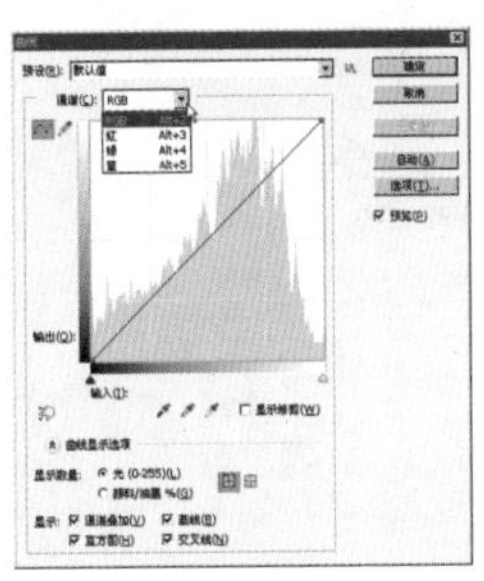

RGB复合通道

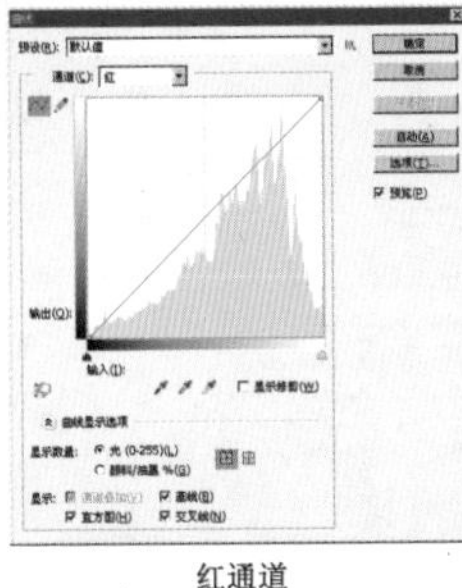

红通道

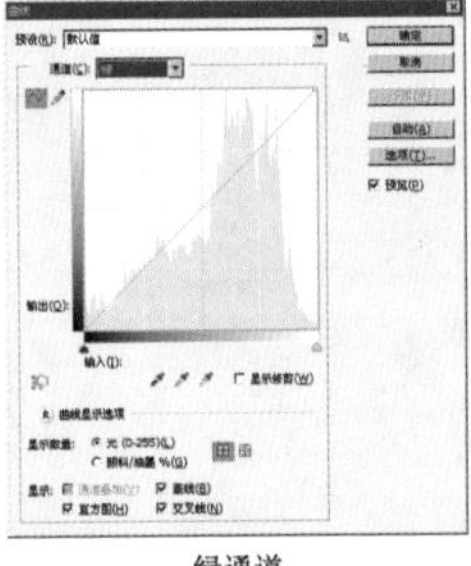

绿通道

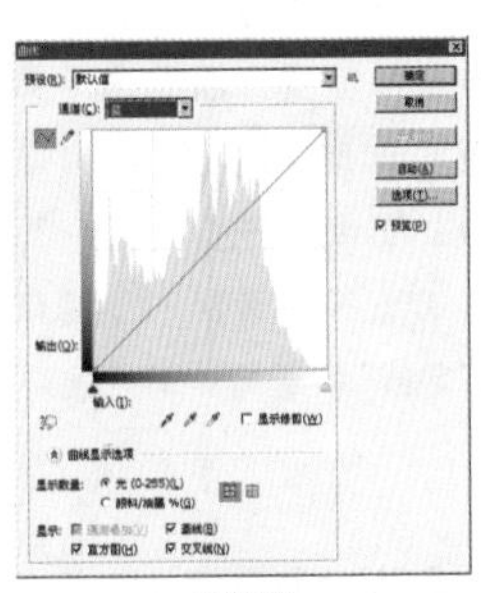

蓝通道

图 5-50 曲线通道

编辑点以修改曲线：在“曲线”对话框中该按钮为默认的选择状态，在曲线上单击可添加控制点，拖动控制点可改变曲线的形状，调整图像的色调与色彩。当图像为RGB模式时，曲线向上弯曲，可以将图像调亮，如果是CMYK模式，则图像会变暗。

利用铅笔绘制修改曲线：单击铅笔绘制修改曲线按钮，可以在对话框中绘制任意形状的曲线，如图5-51所示，绘制完成后，单击编辑点以修改曲线按钮，可在曲线上显示控制点，如图5-52所示。

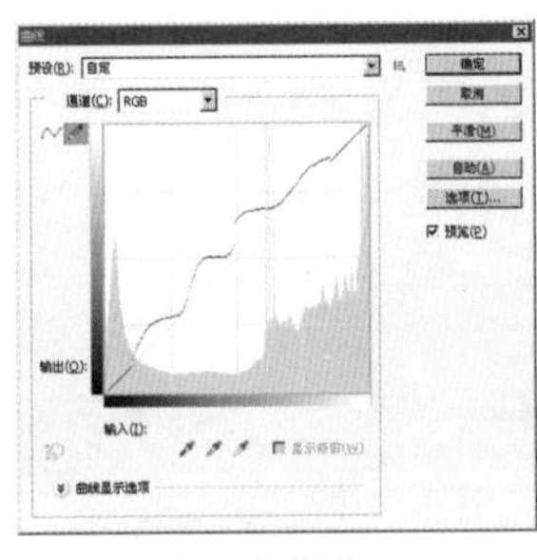

图 5-51 铅笔绘制任意曲线

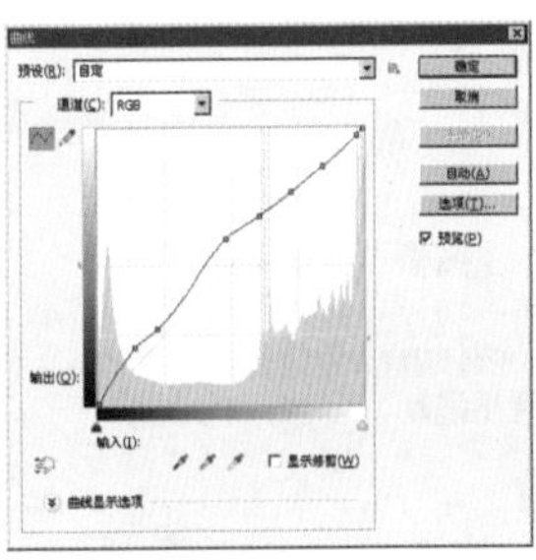

图 5-52 显示控制点

调整工具：选择该按钮后，将光标移至图像中会变为吸管图标，同时曲线上会出现一个空心圆，表示吸管处的色调，如图5-53所示。按下鼠标左键并拖动，空心圆会变成实心的控制点并调整相应的色调，如图5-54所示。

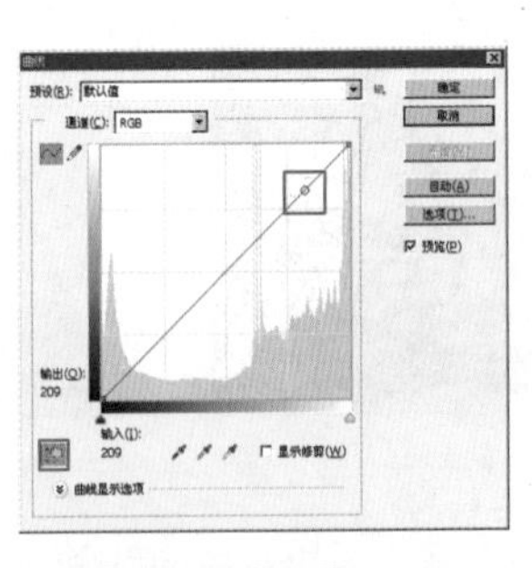

图 5-53 空心圆指示当前色调

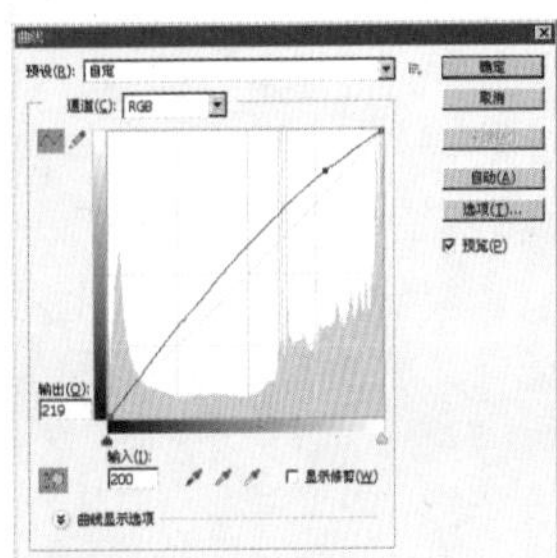

图 5-54 空心圆显示为控制点

输入色阶和输出色阶：输入色阶显示调整前的像素值，输出色阶显示调整后的像素值。

自动：单击该按钮，可自动校正图像颜色。

选项：单击该按钮，可弹出“自动颜色校正选项”对话框，如图5-55所示。其设置同“色阶”命令中的该选项一致。

曲线显示选项：单击该按钮，可显示“曲线”对话框中更多的选项，如图5-56所示。可以勾选不同的显示，观察“曲线”对话框中的变化。

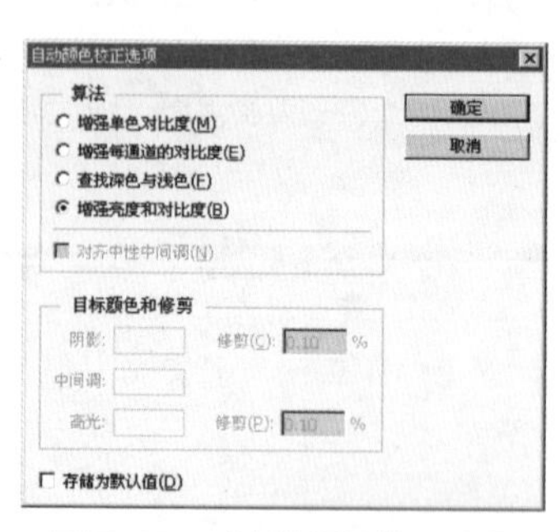

图 5–55 “自动颜色校正选项”对话框

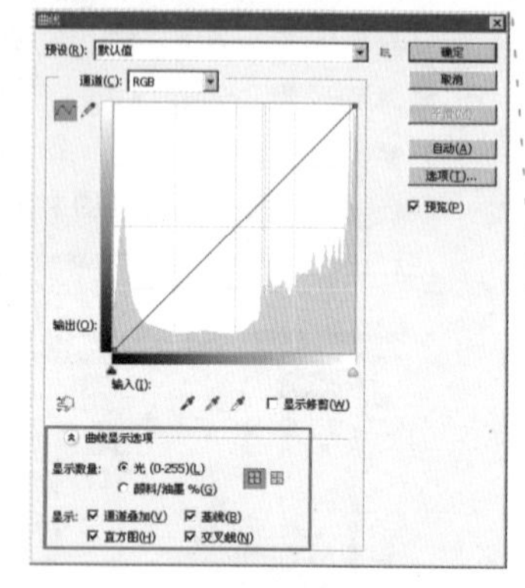

图 5–56 “曲线”对话框中的曲线显示选项

3 色相/饱和度

使用“色相/饱和度”命令可以调整图像中特定颜色的色相、饱和度和亮度，也可以同时调整图像中的所有颜色。通过执行“图像”|“调整”|“色相/饱和度”命令或按快捷键Ctrl+U，打开“色相/饱和度”对话框，如图5–57所示。

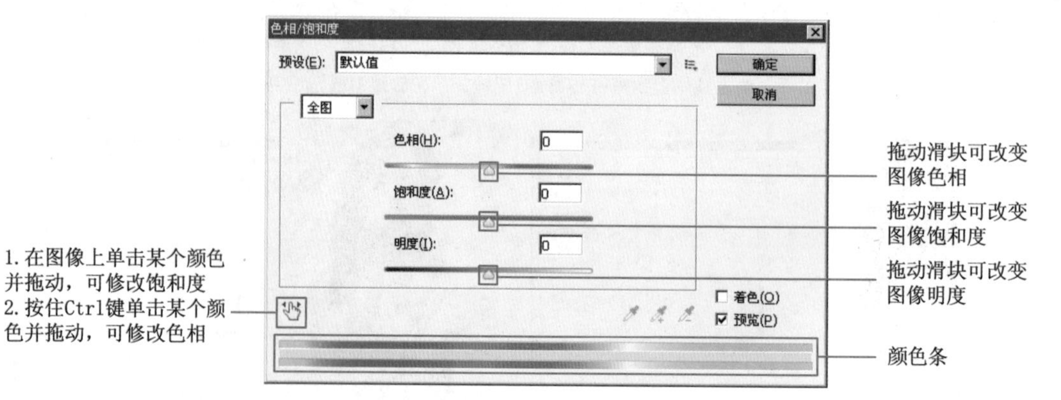

图 5–57 “色相/饱和度”对话框

实例体验7：色相/饱和度用法

素材：光盘\第5章\素材\素材6.JPG　　视频：光盘\第5章\视频\色相/饱和度用法.flv

STEP01 **执行“色相、饱和度”命令。**打开素材图像，执行“图像”|“调整”|“色相/饱和度”命令或按快捷键Ctrl+U，可打开“色相/饱和度”对话框，如图5–58和图5–59所示。

图 5–58 原图

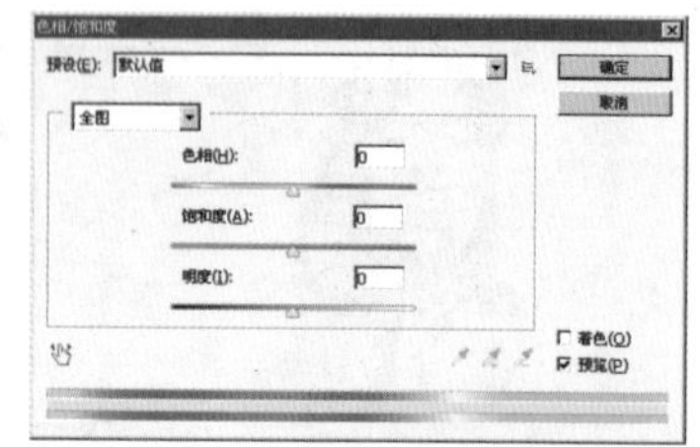

图 5–59 “色相/饱和度”对话框

STEP02 **调整色相。**拖动色相滑块，图像整体色相将会偏向滑块对应的颜色。将色相滑块分别向左和向右拖动，观察图像的整体色相变化，如图5–60和图5–61所示。

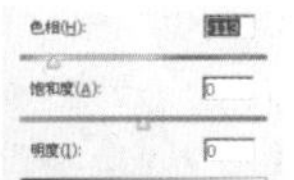

图 5–60　向左拖动改变色相

图 5–61　向右拖动改变色相

STEP 03 **调整饱和度**。按住Alt键，单击“复位”按钮。向左拖动饱和度滑块，会降低图像的饱和度，向右拖动饱和度滑块，会增加图像的饱和度，如图5–62和图5–63所示。

图 5–62　降低饱和度

图 5–63　增加饱和度

STEP 04 **调整明度**。按住Alt键，单击“复位”按钮。向左拖动明度滑块，会降低图像的明度，向右拖动明度滑块，会增加图像的明度，如图5–64和图5–65所示。如果将明度滑块拖动到最左侧，图像将变成黑色；如果将明度滑块拖动到最右侧，图像将变成白色。

图 5–64　降低明度

图 5–65　增加明度

常用参数介绍

“全图”下拉三角：该处可以选择调整的颜色，“全图”表示可以调整图像中所有的颜色。选择下拉列表中的其他颜色，可调整红色、黄色、绿色、青色、蓝色和洋红色。

着色：勾选该项，可以将图像转换为只有一种颜色的单色图像。变为单色图像后，拖动“色相”滑块可调整图像的颜色，如图5-66所示。

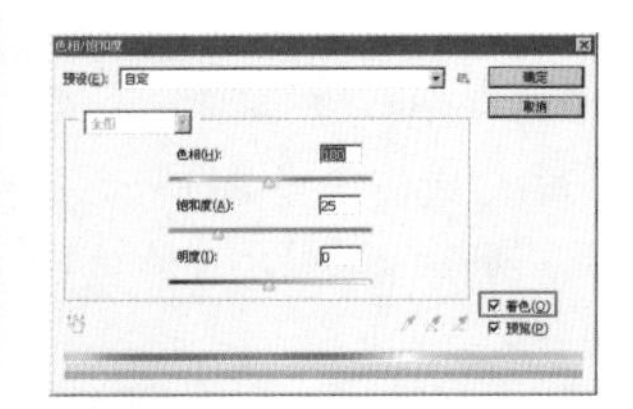

图 5–66　“着色”改变色相

调整工具：选择该工具，将光标移至要调整的颜色上，单击并拖动鼠标即可修改该颜色的饱和度。如果按住Ctrl键拖动鼠标，则可以调整色相，如图5-67所示。

吸管工具：在“全图”下拉三角内选择一种颜色后，可使用吸管工具在图像中该颜色的区域单击，拾取颜色范围；使用“添加到取样吸管”在图像中单击，可以增加颜色范围；使用从“取样中减去吸管”在图像中单击，可以减少颜色范围。设置完需要调整的颜色范围后，拖动色相、饱和度和明度的滑块来调整颜色。

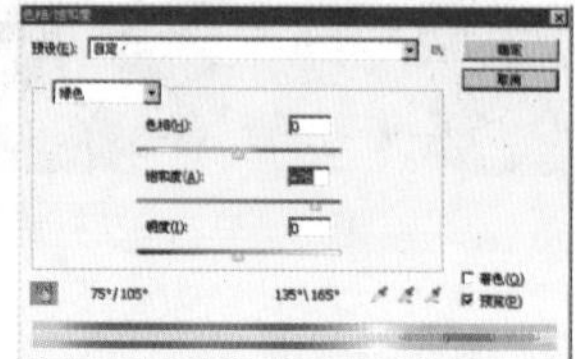

图 5-67　单击拖动改变绿色区域的饱和度

颜色条：在“色相/饱和度”对话框底部有两个颜色条，它们并不完全相同，但都表示色轮中的颜色，上面的色条显示为调整前的颜色，下面的色条显示为调整后的颜色。在“全图”下拉三角内选择一种颜色，对话框中会出现用度数表示的4个色值，如图5-68所示，它们与颜色条上的滑块相对应，两个内部的垂直滑块定义了颜色调整的主要范围，两个外部的三角滑块明确了会受到颜色调整影响的次要范围。

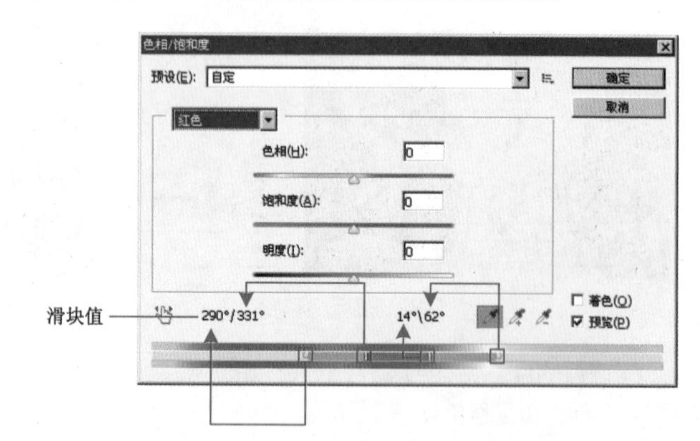

图 5-68　“色相 / 饱和度”对话框中的颜色条

注意

色相即色彩呈现出的面貌，根据光波波长的长短不同而呈现不同的色相差异，其中基本的色相有：红、黄、绿、青、蓝、紫。

饱和度是指色彩的鲜艳度或纯净饱和的程度。其中以红、黄、绿、青、蓝、紫等基本色相的纯度最高，而黑、白、灰的纯度几乎是零。

明度指色彩的明暗程度。色彩明度可以从两个方面分析：一种是不同色相之间的明度就有差别，同样的纯度，黄色明度最高，蓝色最低，红绿色居中；另外一种情况是同一色相的明度，因光量的强弱而产生不同的明度变化。

4 色彩平衡

使用“色彩平衡”命令可以通过增加或减少图像中阴影、中间调和高光的颜色来调整图像的整体颜色。通过执行“图像”|“调整”|“色彩平衡”命令或按快捷键Ctrl+B，打开“色彩平衡”对话框，如图5-69所示。

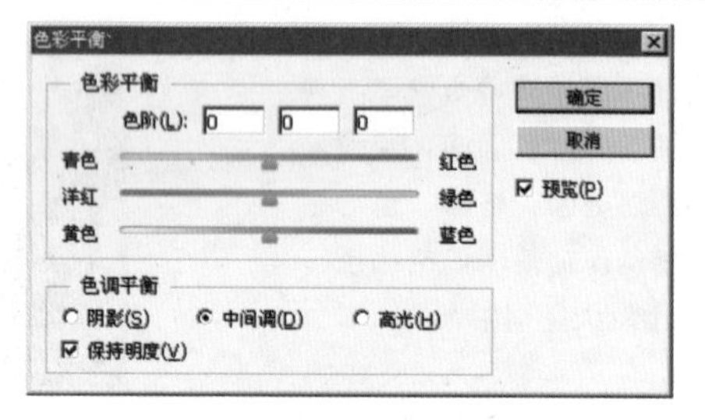

图 5-69　“色彩平衡”对话框

实例体验8：色彩平衡用法

素材：光盘\第 5 章\素材\素材 7.JPG　　视频：光盘\第 5 章\视频\色彩平衡用法 .flv

STEP 01 **色彩平衡命令**。打开素材图像，执行“图像”｜“调整”｜“色彩平衡”命令或按快捷键Ctrl+B，可打开“色彩平衡”对话框，如图5-70和图5-71所示。

图 5-70　原图

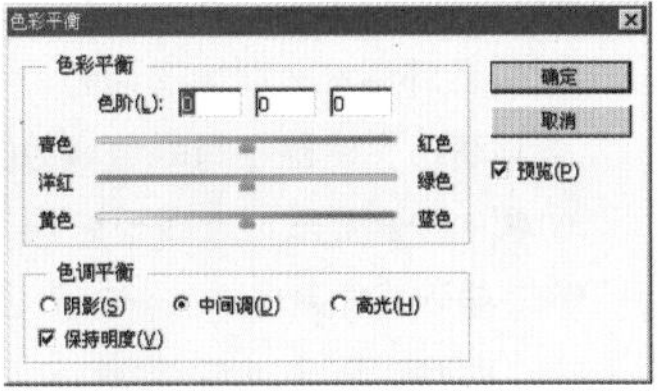

图 5-71　“色彩平衡”对话框

STEP 02 **调整最上面的滑块**。拖动最上面的滑块向“青色”移动，可在图像中增加青色，同时减少红色；将滑块向“红色”移动，则增加红色，同时减少青色，如图5-72和图5-73所示。

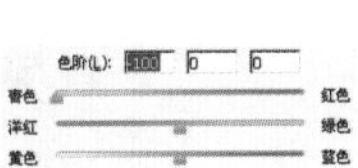

图 5-72　增加青色

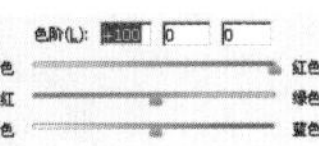

图 5-73　增加红色

STEP 03 **调整中间的滑块**。按住Alt键，单击“复位”按钮。拖动中间的滑块向“洋红”移动，可在图像中增加洋红，同时减少绿色；将滑块向“绿色”移动，则增加绿色，同时减少洋红，如图5-74和图5-75所示。

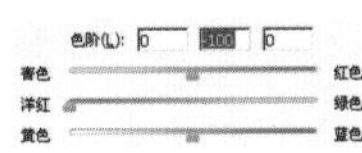

图 5-74　增加洋红

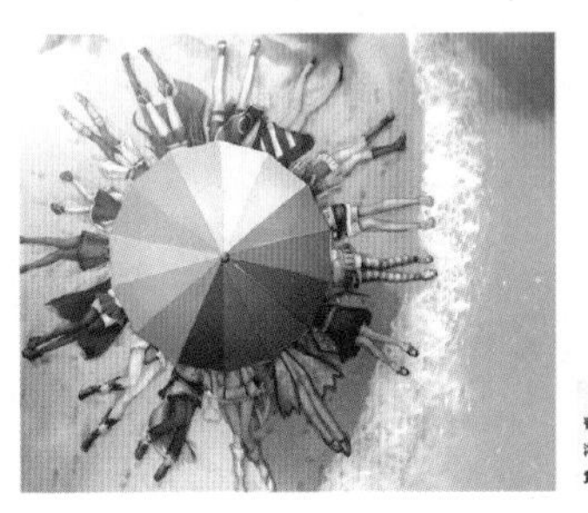

图 5-75　增加绿色

STEP 04 **调整最下面的滑块**。按住Alt键，单击“复位”按钮。拖动最下面的滑块向“黄色”移动，可在图像中增加黄色，同时减少蓝色；将滑块向“蓝色”移动，则增加蓝色，同时减少黄色，如图5-76和图5-77所示。

图 5-76　增加黄色

图 5-77　增加蓝色

常用参数介绍

色彩平衡：在"色彩平衡"对话框中的"色阶"数值栏里输入数值，或拖动滑块来增加或减少颜色，调整不同颜色的滑块对图像的影响也不同。

色调平衡：可选择阴影、中间调和高光，调整不同的色调范围。如图5-78所示，对同一张图的阴影、中间调和高光分别增加黄色。

保持明度：勾选该选项可防止图像的亮度随图像颜色的变化而改变，保持图像的色调稳定。

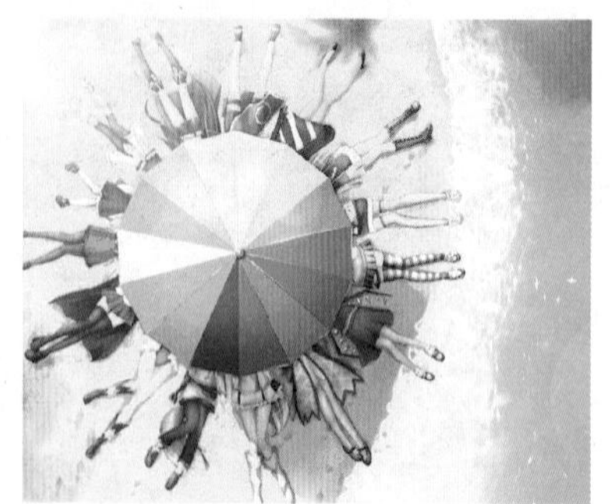

图 5-78　对阴影、中间调和高光分别增加黄色

5 可选颜色

可选颜色是通过调整印刷油墨的含量来控制颜色，用于更改图像中每个主要原色成分中印刷色的数量来校正图像。可以有选择地修改任何主要颜色中印刷色的数量而不影响其他主要颜色。例如，可以使用可选颜色显著减少图像绿色图素中的青色，同时保留蓝色图素中的青色不变。通过执行"图像"｜"调整"｜"可选颜色"命令，打开"可选颜色"对话框，如图5-79所示。

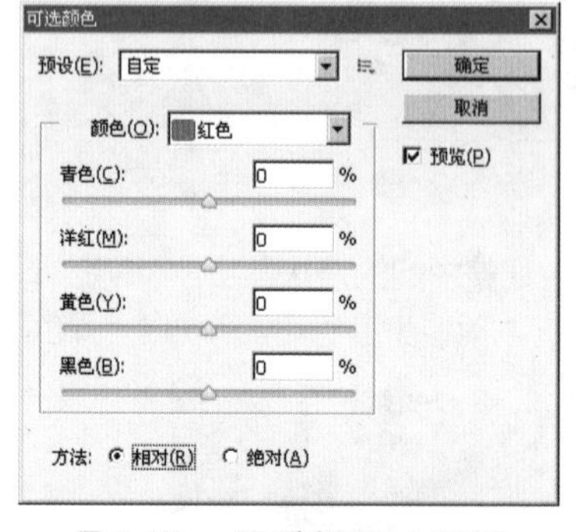

图 5-79　"可选颜色"对话框

实例体验9：可选颜色用法

素材：光盘\第 5 章\素材\素材 8.JPG　　视频：光盘\第 5 章\视频\可选颜色用法 .flv

STEP01 **可选颜色命令**。打开素材图像，执行"图像"｜"调整"｜"可选颜色"命令，打开"可选颜色"对话框，如图5-80和图5-81所示。

图 5-80　原图

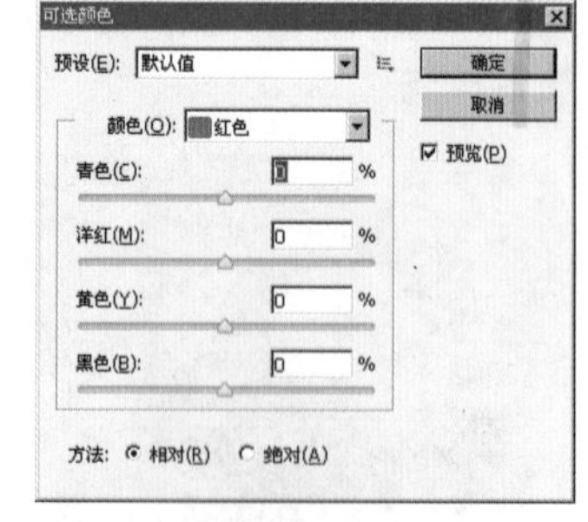

图 5-81　"可选颜色"对话框

STEP02 **调整青色滑块**。向左拖动青色滑块，可减少红色中的青色，由此红色变得更亮；向右拖动青色滑块，可增加红色中的青色，由此红色变得更暗，如图5-82和图5-83所示。

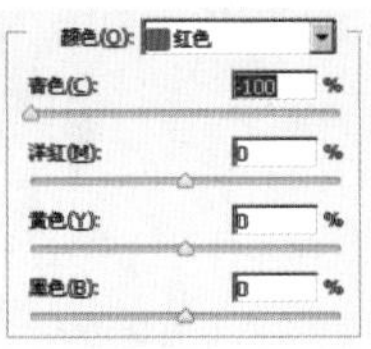

图 5–82　减少红色中的青色

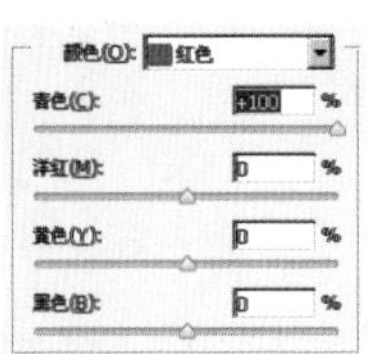

图 5–83　增加红色中的青色

STEP 03 **调整洋红滑块**。按住Alt键，单击“复位”按钮。向左拖动洋红滑块，可减少红色中的洋红，由此红色变为黄色；向右拖动洋红滑块，可增加红色中的洋红，由此红色变得更红，如图5–84和图5–85所示。

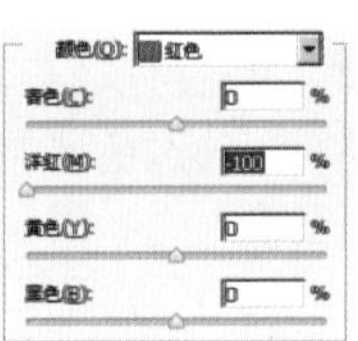

图 5–84　减少红色中的洋红

图 5–85　增加红色中的洋红

STEP 04 **调整黄色滑块**。按住Alt键，单击“复位”按钮。向左拖动黄色滑块，可减少红色中的黄色，由此红色变为紫色；向右拖动黄色滑块，可增加红色中的黄色，由此红色偏向橙色，如图5–86和图5–87所示。

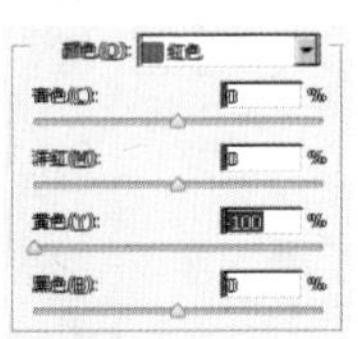

图 5–86　减少红色中的黄色

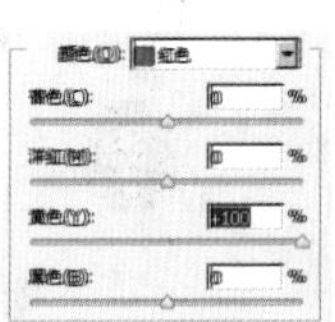

图 5–87　增加红色中的黄色

STEP 05 **调整黑色滑块**。按住Alt键，单击“复位”按钮。向左拖动黑色滑块，可减少红色中的黑色，由此红色变为淡粉色；向右拖动黑色滑块，可增加红色中的黑色，由此红色中的黑色成分更重，如图5–88和图5–89所示。

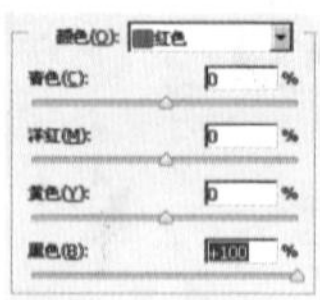

图 5-88　减少红色中的黑色　　图 5-89　增加红色中的黑色

常用参数介绍

颜色：在“颜色”栏右侧下拉三角内可以选择所需要调整的颜色。选择颜色后，拖动“青色”“洋红”“黄色”“黑色”滑块来调整四种印刷色的数量。

方法：用来设置色值的调整方式。选择“相对”时，是按照总量的百分比来修改现有的颜色量。例如，如果从50%的洋红开始增加10%，其实洋红只相对增加了5%（50%×10%=5%），也就是增加后为55%的洋红；选择“绝对”时，则采用绝对值调整，例如：从50%的洋红开始增加10%，洋红油墨为60%。

6 黑白

使用“黑白”命令可以将彩色图像转换为灰度图像，并且可以控制图像中各个颜色在转换为灰度图像后的明暗比例。还可以通过色调为灰度图像着色，呈现出不同的单色效果。通过执行“图像”｜“调整”｜“黑白”命令或按快捷键Ctrl+Shift+Alt+B，打开“黑白”对话框，如图5-90所示。

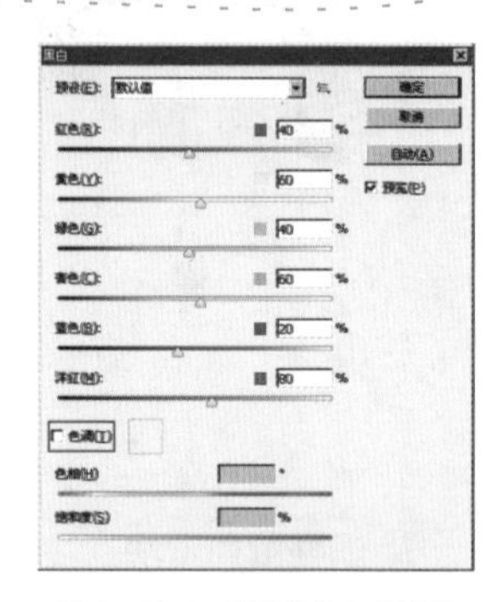

图 5-90　“黑白”对话框

实例体验10：黑白用法

素材：光盘\第 5 章\素材\素材 9.JPG　　视频：光盘\第 5 章\视频\黑白用法 .flv

STEP01 **黑白命令**。打开素材图像，如图5-91所示。执行“图像”｜“调整”｜“黑白”命令，打开“黑白”对话框，原图像自动转换为黑白图像，如图5-92和图5-93所示。

图 5-91　原图

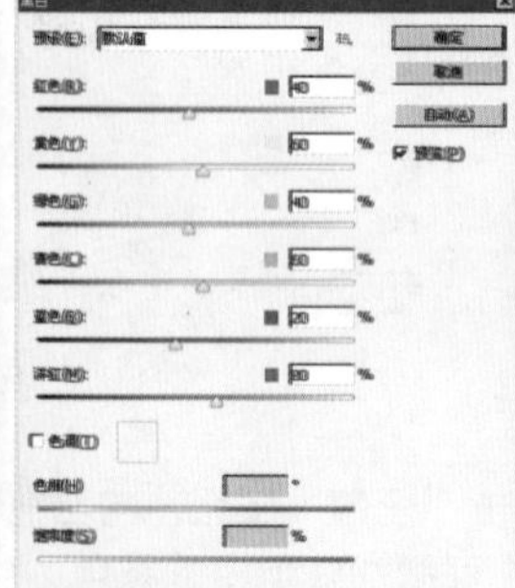

图 5-92　“黑白”对话框

图 5-93　黑白命令后图像转为黑白

STEP 02 **调整图像中的黄色**。除了拖动黄色滑块调整外，还有一种方法是将光标移至图像中的黄色区域，然后按下鼠标左键，这时光标变为状态，如图5–94所示。向右拖动，图像中的黄色增加，图像变亮，同时“黑白”对话框中的黄色滑块也会自动位移，如图5–95和图5–96所示。向左拖动，则黄色成分减少，图像变暗。

图 5–94　状图标

图 5–95　向右拖动图像变亮

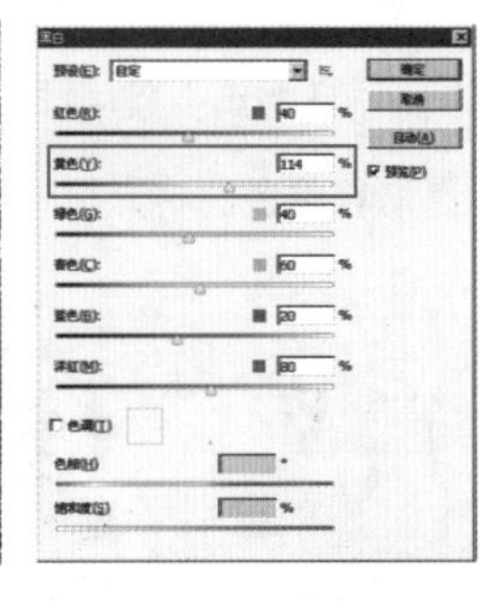

图 5–96　黄色成分增加

注意

按住Alt键单击“黑白”对话框中的某个颜色方块，可将该颜色对应的滑块复位到其初始设置。

常用参数介绍

自动：单击该按钮，可自动设置基于图像颜色值的灰度值分布，使灰度图像产生极佳的效果。

色调：勾选“色调”选项，黑白变为单色调效果，如图5-97所示；拖动“色相”和“饱和度”滑块，可更改单色调的颜色和饱和度，如图5-98所示。

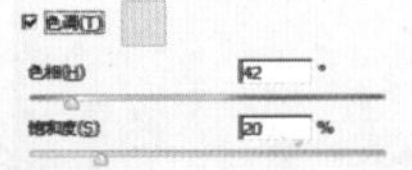

图 5–97　着色效果

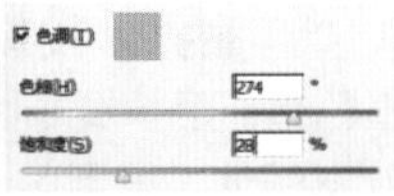

图 5–98　更改颜色和饱和度的效果

7 替换颜色

使用“替换颜色”命令可以在图像中选择某个颜色，然后将其替换为另一种颜色。通过执行“图像”｜“调整”｜“替换颜色”命令，打开“替换颜色”对话框，如图5–99所示。

图 5–99　“替换颜色”对话框

实例体验11：替换颜色用法

素材：光盘\第5章\素材\素材10.JPG　　视频：光盘\第5章\视频\替换颜色的用法.flv

STEP 01 **替换颜色命令**。打开素材图像，如图5-100所示。执行"图像"｜"调整"｜"替换颜色"命令，打开"替换颜色"对话框，如图5-101所示。

STEP 02 **取样颜色**。将光标移至图像的沙发上单击鼠标左键进行取样，如图5-102所示。

图5-100　原图

图5-101　"替换颜色"对话框

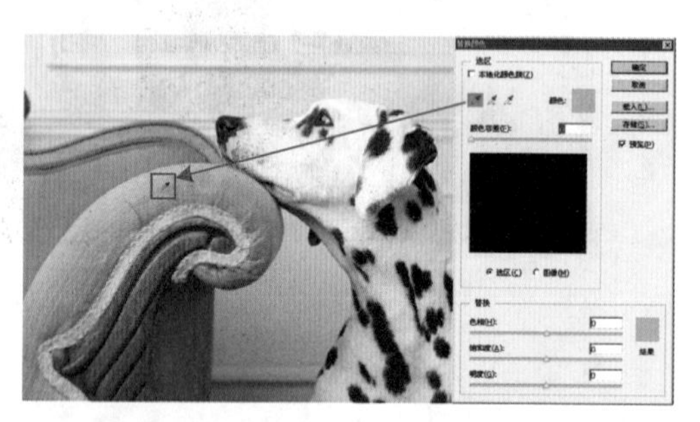

图5-102　取样

STEP 03 **调整容差**。将"颜色容差"滑块向右拖动，图像需要替换的区域渐渐显示出来，如图5-103所示。选择添加到取样工具将沙发下方的区域添加到取样，如图5-104所示

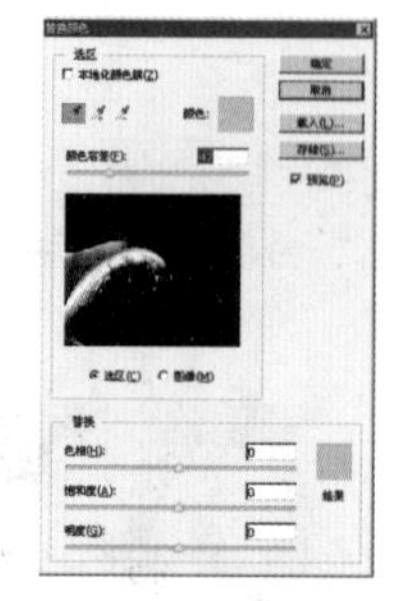

图5-103　拖动颜色容差滑块

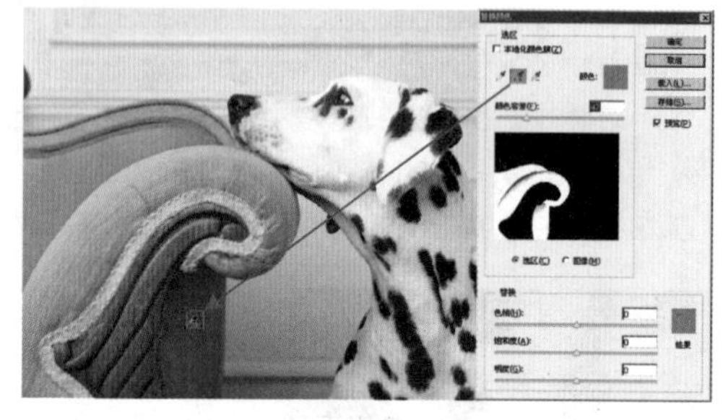

图5-104　添加到取样区域

STEP 04 **替换沙发颜色**。分别调整色相、饱和度和明度滑块替换沙发颜色，得到图5-105所示的效果。

图5-105　替换颜色后的效果

常用参数介绍

本地化颜色簇：当图像中选择添加了多个颜色范围时，勾选此项，可以创建更加精确的蒙版。

吸管工具：使用吸管工具在图像中单击，可选择由蒙版显示的范围，也就是需要替换的颜色区域；使用添加到取样吸管工具在图像中单击，可以增加颜色范围；使用从取样中减去吸管工具在图像中单击，可以减少需要替换的颜色范围。

颜色容差：可调整蒙版的容差，控制颜色的选择精度，该值越高，替换的颜色范围越大。

选区/图像：勾选"选区"，可预览显示的蒙版，其中白色表示选择的范围，黑色表示未被选择的范围，灰色表示未被完全选择的范围；勾选"图像"，可预览显示的图像。

替换：用来设置替换颜色的色相、饱和度和明度。

8 去色

使用“去色”命令可以去除图像的颜色，将彩色图像变为黑白图像。通过执行“图像”|“调整”|“去色”命令或按快捷键Shift+Ctrl+U，可对图像去色。

实例体验12：去色效果
素材：光盘\第5章\素材\素材11.JPG　　视频：光盘\第5章\视频\去色效果.flv

打开素材图像，如图5–106所示。执行“图像”|“调整”|“去色”命令，如图5–107所示。

图5–106　原图

图5–107　去色效果

注意

去色只是简单地去掉所有颜色，仅保留单纯的黑白灰。如果要将一张彩色照片处理成高质量的黑白照片，执行去色命令会丢失很多细节，远远不足。如果执行黑白命令，可以调节图像中各个颜色在转换为黑白图像后的明暗度，照片的各处细节可以处理到最佳效果，这是单纯的去色命令无可比拟的。

5.4 调整图层

通过执行“图像”|“调整”下拉菜单中的命令，色阶、曲线、色相/饱和度、色彩平衡、可选颜色、黑白、替换颜色和去色等，可以调整图像的颜色。除此之外，还有一种调整图像颜色的方式，就是使用调整图层进行调整。

1 什么是调整图层

在Photoshop中调整图层是一种特殊的图层，它能够调整图像的色调、颜色，而不会改变原图像的像素，所以也不会对图像产生实质性的破坏。例如，在执行“图像”|“调整”|“色彩平衡”命令调整图像的颜色时，图像中的像素会被修改。如果通过图层面板下方的“创建新的填充或调整图层”按钮来创建色彩平衡调整图层，则不会改变图像的像素。

2 调整图层的建立、删除和使用

实例体验13：建立、删除调整图层
素材：光盘\第5章\素材\素材12.JPG　　视频：光盘\第5章\视频\建立、删除调整图层.flv

STEP01 新建色彩平衡调整图层。打开素材图像，如图5-108所示。单击图层面板下方的“创建新的填充或调整图层”按钮，在弹出的下拉列表中选择“色彩平衡”，如图5-109所示。

图 5-108 原图

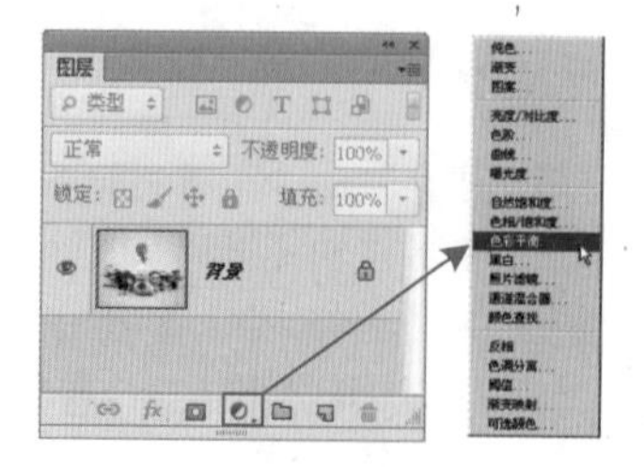

图 5-109 选择色彩平衡

STEP02 使用调整图层调整颜色。选择“色彩平衡”命令后，弹出“属性”面板，显示出“色彩平衡”参数，同时生成独立的“色彩平衡1”调整图层。拖动最上方的滑块，如图5-110所示，增加红色，效果如图5-111所示。

图 5-110 增加红色

图 5-111 效果

STEP03 删除调整图层。将“色彩平衡1”调整图层拖至“删除图层”按钮上，将其删除，此时图像又恢复到调整前的状态，原图像的像素没有任何损伤，如图5-112和图5-113所示。

图 5-112 删除调整图层

图 5-113 图像恢复原来状态

实例体验14：指定调整图层的影响范围

素材：光盘\第 5 章\素材\素材 12.JPG　　视频：光盘\第 5 章\视频\指定调整图层影响范围 .flv

STEP01 调整颜色。打开素材图像，单击“图层”面板下方的“创建新的填充或调整图层”按钮，在下拉列表中选择“色彩平衡”，然后在弹出的“色彩平衡”属性面板中拖动中间滑块，增加绿色，如图5-114所示。

图 5-114 增加绿色

STEP02 指定影响范围。选择工具箱中的画笔工具，设置笔刷为125像素柔角，不透明度为100%，确定前景色为黑色，涂抹画面中的卡通形象，绿色消除，显现出原图像的色彩，涂抹区域将不受色彩平衡命令的影响。观察“色彩平衡1”图层蒙版的变化（蒙版的知识请参考第6章），如图5-115所示。

图 5-115 涂抹的区域将不被影响

5.5 图层的混合模式

Photoshop的图层、图层样式、画笔、填充、描边、应用图像和计算命令对话框中都能找到混合模式的设置选项，如图5-116所示。混合模式决定了当前图像（包括调整图层、填充层和图层组）中的像素如何与底层图像中的像素混合。用好混合模式可以轻松实现很多特殊效果。

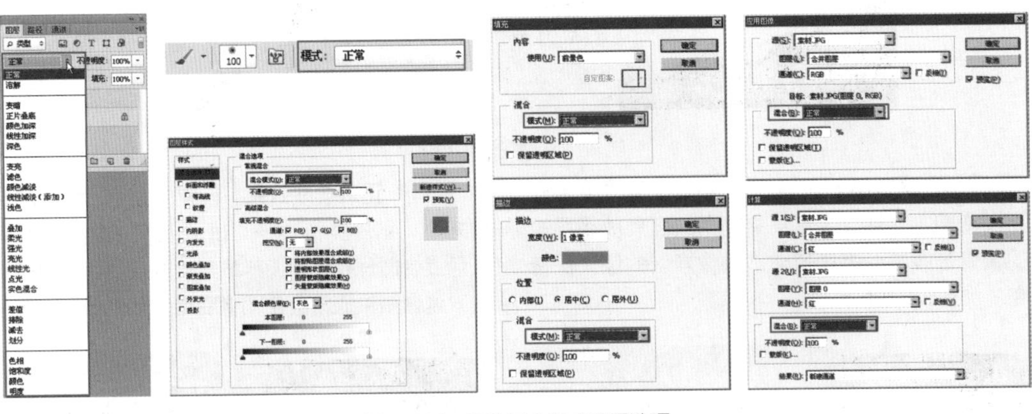

图 5-116 各种混合模式设置选项

1 图层的混合模式简介表

Photoshop的混合模式分为6类，每一类彼此之间都有着相近的通性。选择“图层”面板顶端的≑按钮，打开混合模式下拉列表，如图5-117所示，默认的混合模式为“正常”模式。

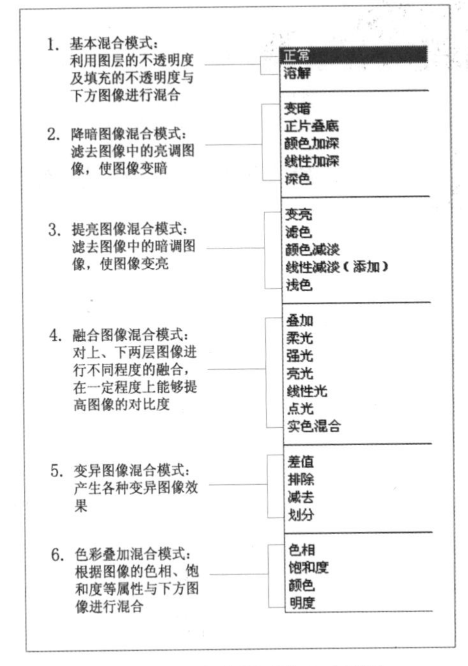

图 5-117 混合模式的 6 大类型

2 调色常用的几个图层混合模式

实例体验15：变暗、正片叠底模式效果

素材：光盘\第5章\素材\素材13.PSD　　视频：光盘\第5章\视频\变暗、正片叠底效果.flv

STEP01 **打开文件。**打开素材文件，文件包含了两个不同图像的图层，如图5-118所示。

图5-118　PSD分层文件

STEP02 **变暗效果。**设置"金色"图层的混合模式为"变暗"，则当前图层中较亮的像素被底层较暗的像素替换，而亮度值比底层像素低的像素保持不变，如图5-119所示。

图5-119　变暗效果

STEP03 **正片叠底效果。**设置"金色"图层的混合模式为"正片叠底"，则当前图层中的像素与底层的白色混合时保持不变，与底层的黑色混合时则被其替换，混合结果通常会使图像变暗，如图5-120所示。

图5-120　正片叠底效果

实例体验16：变亮、滤色模式效果 ★

素材：光盘\第5章\素材\素材13.PSD　　视频：光盘\第5章\视频\变亮、滤色模式效果.flv

变亮与变暗模式效果相反，当前图层中较亮的像素会替换底层较暗的像素，而较暗的像素则被底层较亮的像素替换；滤色与正片叠底模式得到的效果相反，它可使图像变为亮白的效果，如图5-121所示。

变亮效果

滤色效果

图5-121　变量及滤色效果

实例体验17：叠加、柔光、强光模式效果★

素材：光盘\第5章\素材\素材13.PSD　　视频：光盘\第5章\视频\叠加、柔光、强光效果.flv

叠加可增强图像的颜色，同时保持底层图像的高光和暗调；柔光能够使当前图像中的颜色变亮或变暗，如果当前图像中的像素比50%的灰色亮，则图像会变亮，反之则变暗。强光对颜色进行过滤，当前图像中比50%的灰色亮的像素会使图像变亮，比50%的灰色暗的像素会使图像变暗，产生的效果类似于被聚光灯照耀，如图5-122所示。

叠加效果

柔光效果

强光效果

图5-122　叠加、柔光与强光效果

第二部分　设计师的调色工作

5.6 一次调色和二次调色

设计师的调色工作，有一次调色和二次调色之分。之所以有这样的两次调色存在，是因为模式的转换。从RGB模式转换为CMYK模式，图像颜色会有变化。

1 何谓一次调色

在RGB颜色模式下，对图像颜色进行较大幅度的调整比较容易，色彩不易失真，如果调整后的图像需要印刷，那么需要将图像的颜色模式转化CMYK模式。人们将图像转换为印刷模式之前的调色，称之为一次调色。

2 何谓二次调色

在将RGB颜色模式转化为印刷的CMYK颜色模式时，由于色域空间的改变，转化后的图像会有些发灰，这就需要作适当的调整，人们称之为二次调色。

如图5-123所示，是通过执行“图像”｜“调整”｜“可选颜色”命令，对CMYK颜色模式图像进行精确调整的前后对比效果。调整时尽量不放过每一个细节，控制好油墨比例，但有一个前提条件是屏幕必须是经过校准的。

图 5-123　二次调色前后的对比效果

设计师经验谈

做印刷品设计为何不直接在CMYK模式下调色呢？那样做不是只可以调整一次，更省事吗？如果我们只是调色，那在CMYK模式下调色完全可以，仅有自然饱和度、黑白、曝光度、HDR色调、匹配颜色等几个调色命令，无法在CMYK模式下使用。不过，很多时候，我们往往既进行调色，又添加滤镜效果，CMYK模式图像在滤镜使用方面受到很大限制。

5.7 黑场、白场、中性灰

1 黑场、白场、中性灰的应用

黑场就是照片上的最暗点，白场就是照片上最亮点。这两个词是印刷人员常用语。

通过控制黑场、白场可以快速调整图像的阶调层次。标定白场，可以避免因为图像缺少足够的亮调而发闷；标定黑场，可以让暗调较少、虚浮的图像变得精神。如图5-124所示，可以看到标定后人物更突出。

标定前

标定后

图 5-124　标定黑白场前后对比

黑场和白场也被用来控制印刷再现范围。印刷受工艺和纸张的约束，图像高光部位网点小于3%的部分会丢失显示出纸张颜色，暗调部分网点大于90%的部分会变成黑色，从而丢失细节。因此，为了防止高光和暗调细节丢失，我们可以分别利用白场和黑场将图像控制在可印刷范围内。如图5-125所示，如果你在这里看不到手臂上的水珠，那就是因为高光网点太小，细节丢失造成的。为了防止出现这种问题，我们利用色阶或者曲线对话框中的白场吸管将此处标定为C4　M5　Y6　K0，如果你在图5-126中看到了水珠，那就是标定白场发挥的作用。

网点值低于1%，手臂上的水珠细节肯定会丢失

图 5-125　标定白场前效果

标定白场为C4 M5 Y6 K0后的效果

图 5-126　标定白场后的效果

中性灰是指照片的灰色中间调，也就是灰场，处于黑场和白场之间，反差小，层次丰富。灰场设置常用于纠正轻微的偏色，但不是所有的图都有中性灰。

2 黑场及白场标定

黑白场的标定有两个关键：位置和色值。

白场：选择图像中最亮同时有层次的点进行标定。不能选择纯白色（R255 G255 B255，或者C0 M0 Y0 K0）作为印刷品的白场标定。大多数图像的白场值可以设置为C5 M3 Y3 K0，对于需要特定偏色的照片，白场值需要按偏色趋势设置，比如图5-126，白场值为了反映手臂肤色，就被设置为了C4 M5 Y6 K0。

黑场：选择图像中最暗同时有细节的点进行标定。黑场值一般为C95 M85 Y85 K80。

3 必须用黑场白场吸管进行标定吗

并非如此。黑场吸管和白场吸管标定黑白场，只是一种快速调整方法。当我们利用色阶、曲线调整的时候，注意检查亮调和暗调的色值，确保色值在印刷再现范围内即可实现黑场和白场的控制。

实例体验18：黑白场标定欠曝图像

素材：光盘\第 5 章\素材\素材 14.JPG　　视频：光盘\第 5 章\视频\标定黑白场 .flv

STEP 01 **标定黑场**。打开素材图像，如图5-127所示。按快捷键Ctrl+L打开“色阶”对话框，双击“设置黑场吸管”，在弹出的拾色器中设置阴影值为C95 M85 Y85 K80，如图5-128所示。单击“确定”按钮，在图像中男士头发区域单击，因为该区域应当是最暗同时又有细节的点，效果如图5-129所示。

图 5-127　原图

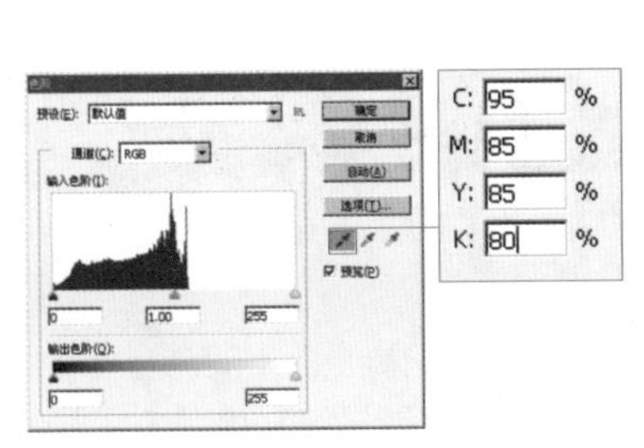

图 5-128　设置阴影值

图 5-129　标定黑场效果

STEP 02 **标定白场。**双击“设置白场吸管”，在弹出的拾色器中设置高光值C5 M3 Y3 K0，如图5-130所示，单击“确定”按钮，在图像中小女孩的衣服区域单击，因为该区域应当是最亮同时又有细节的点，效果如图5-131所示。

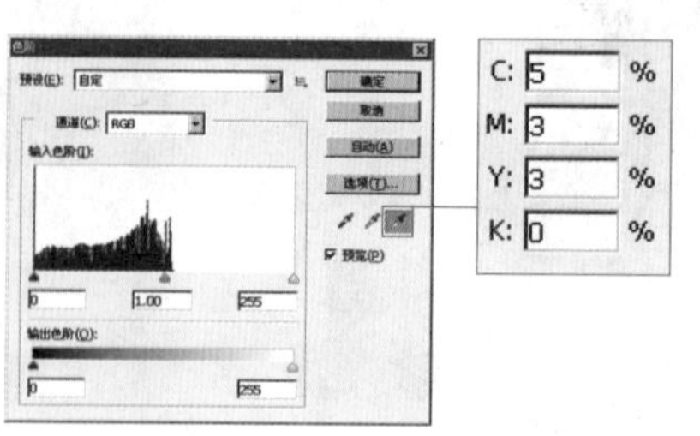

图 5-130　设置高光值

图 5-131　标定白场效果

实例体验19：中性灰调色★

素材：光盘\第 5 章\素材\素材 15.JPG　　视频：光盘\第 5 章\视频\中性灰调色 .flv

通过“阈值”命令标定中性灰，通过中性灰调色可以准确无误地校正偏色，如图5-132所示。

调整前

调整后

图 5-132　中性灰调色

标定中性灰的步骤如下。

打开图像，然后按快捷键Ctrl+M打开“曲线”对话框，单击“自动”按钮，自动曲线命令后，按快捷键Ctrl+J复制一个背景图层，并按快捷键Shift+F5将其填充为50%的灰，并设置图层混合模式为“差值”；通过“图层”面板下方的“创建新的填充或调整图层”按钮来创建阈值，把阈值滑块拖动到最左边，画面变成白色。再将阈值滑块由左向右慢慢滑动，当白色画面中出现第一个黑色点时候，即可停止。当然也可能同时出现许多黑点，这些最早出现的点就是标准的中性灰。选择工具箱中的颜色取样器工具在黑点中取样，取样时尽量间隔距离远一些，最多可以取4个样。取样完成后，删除“图层1”和“阈值”图层，只保留背景图层。再按Ctrl+M打开“曲线”对话框，选择“设置灰场”吸管，对准图像中不同的取样点单击，并观察图像的变化。可以发现单击的取样点不同，颜色也会有细微的变化，依据具体实物找到最准确的颜色即可。

5.8 调色的依据

色彩既是客观世界的反映，又是主观世界的感受。不同色彩性格的人调出来的颜色也不尽相同，正所谓“萝卜青菜，各有所爱”。这主要反映了色彩既是客观存在又是主观感受这个事实。

调色主要有以下两层含义。

一是校色。校色是对图像的色相、色彩饱和度和色差的调整，也可以说是修色。校色依据人类的记忆颜色，使图像还原真实，贴近生活。校色并不是随意的，依照客观存在有一定的规律可循，例如蓝色的天空，绿色的草坪等。

二是调影调。对图像影调的调整，包括画面的明暗层次、虚实对比和色彩的色相明暗等之间的关系。影调的调整是依据主观的情感意象和对色彩的感知度，更像是一种艺术创作行为，源于生活而高于生活。例如将一张颜色平淡的普通数码照片调成色彩鲜艳的LOMO照片效果，浓烈的色彩和暗角，给人一种随意、自由的感受。

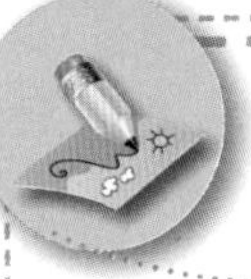

设计师经验谈

调色虽然纷繁复杂，但从哲学上讲，任何事物都有规律性，关键是我们如何认识和掌握这种规律。建议有三点。

（1）学习掌握基本的色彩理论知识。主要包括色彩构成理论、颜色模式转换理论、通道理论等，培养个人的色彩感觉，去理解色彩。

（2）熟练掌握Photoshop的基本调色工具。主要包括色阶、曲线、色相/饱和度、色彩平衡、可选颜色、通道混合器、渐变映射、信息面板和拾色器等。

（3）多多练习调色，实践出真知。调色是个细活，一张感觉好的照片是由整体色调决定的，控制好整体色调的色相、明度、纯度和面积等细节关系才是关键，这也是细节的魅力。

1 不焦、不曝、不闷，明暗适度

在对照片调色时就要对其色彩、影像等进行分析，判断照片主要问题出在哪里，避免盲目调整。调整时应先调整照片的明暗层次，再调整色彩层次，做到不焦、不曝、不闷，明暗适度。调色后的照片应该具有丰富的层次，协调的色彩，能更好地突出主题，表现出照片所要表达的某种情感。

实例体验20：感受焦、过曝、发闷的效果

素材：光盘\第5章\素材\素材16.JPG　　视频：光盘\第5章\视频\感受焦、过曝、发闷效果.flv

STEP01 **发闷的图像**。打开素材图像，这是使用单反数码相机拍摄的一张风景照片，由于白平衡的设置不当，可以看到图像有些发闷、无精打采。图5-133所示为原图像和“图层”面板。

图5-133　发闷的图像

STEP02 **亮度/对比度命令**。单击“图层”面板下方的“创建新的填充或调整图层”按钮，在弹出的下拉列表中选择“亮度/对比度”命令，同时得到“亮度/对比度1”图层。设置亮度值为100，图像被提亮，但是天空有些过曝，如图5-134所示。

图5-134　天空有些过曝

STEP03 **调整过曝区域**。确定前景色为黑色，背景色为白色，然后选择工具箱中的渐变工具，在属性栏中选择"从前景色到背景色渐变"，在图像的天空区域由上到下拖动，使天空恢复原貌，效果如图5–135和图5–136所示。

图 5–135　渐变工具拖动

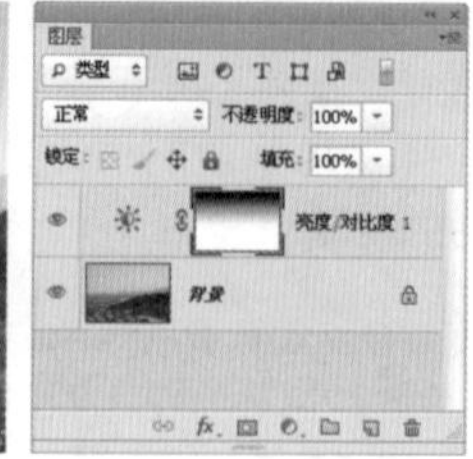

图 5–136　过曝区域被修复

STEP04 **色相/饱和度命令**。单击"图层"面板下方的"创建新的填充或调整图层"按钮，在弹出的下拉列表中选择"色相/饱和度"命令，同时得到"色相/饱和度1"图层。设置饱和度为90，图像饱和度增强，但是画面过焦，有些失真，如图5–137所示。

图 5–137　过焦的图像

STEP05 **适当调整色相/饱和度**。调整全图饱和度后再降低红色的饱和度，观察图像的细微变化，将其调整到合适的位置，让画面看起来更真实为止，如图5–138所示。

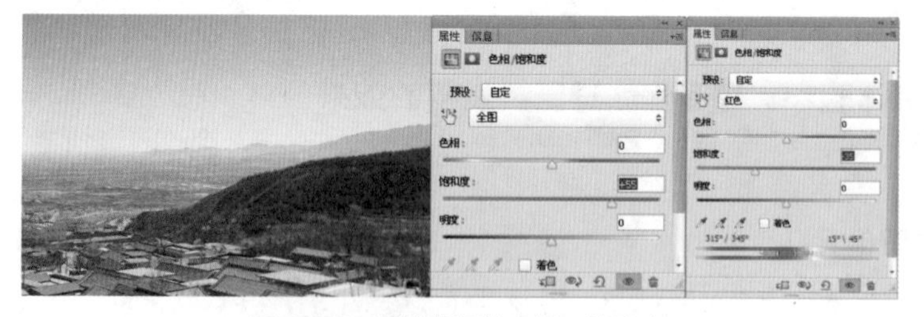

图 5–138　适当的调整色相 / 饱和度

2 记忆颜色

人们在长期生活实践中对某些颜色的认识形成了深刻的记忆，比如：蓝天、白云、木屋、小溪和绿草以及人类的不同肤色，这些颜色是深深印在脑海中的，因此对这些颜色的认识有一定的规律并形成固有的印象，这类颜色称为记忆色。

依据记忆色可以理性认知还原偏色照片，还原后的颜色与记忆色相匹配，图片才会赏心悦目。

3 直方图信息

通过Photoshop中的"直方图"面板，可以科学直观地观察和分析图像中的色彩，直方图以图形的形式显示了图像像素在各个色调区的分布情况。在"直方图"调板中，左侧代表图像的暗调，中间代表中间调，右侧代表了高光区域。

在Photoshop中，执行“窗口”｜“直方图”命令，可打开“直方图”面板，如图5-139所示。通过“直方图”面板右上角的下拉三角按钮，可以选择不同的预览效果，如图5-140～图5-142所示。

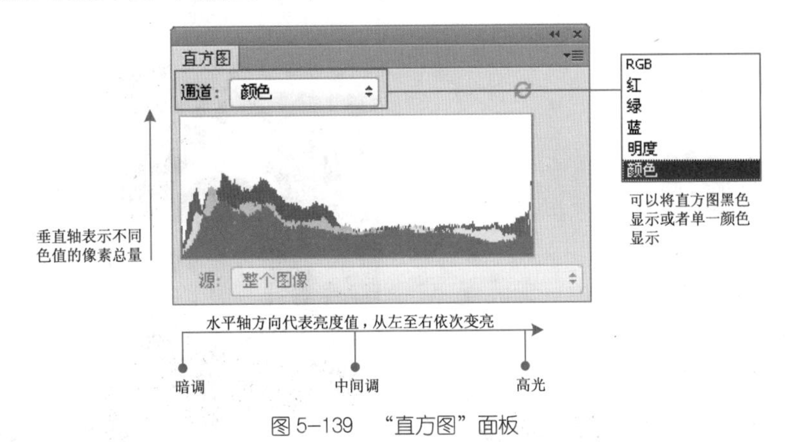

图 5-139　“直方图”面板

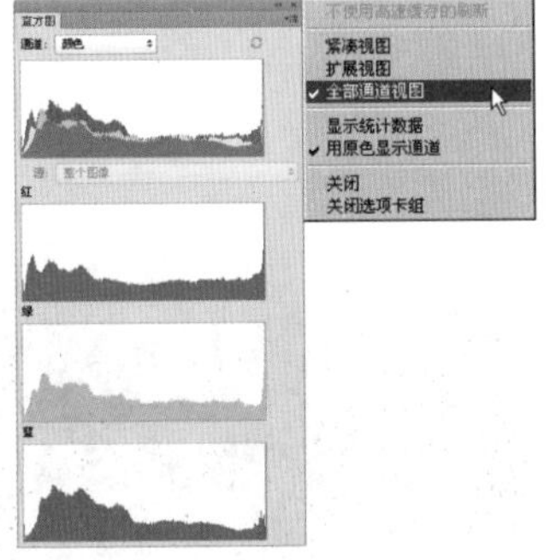
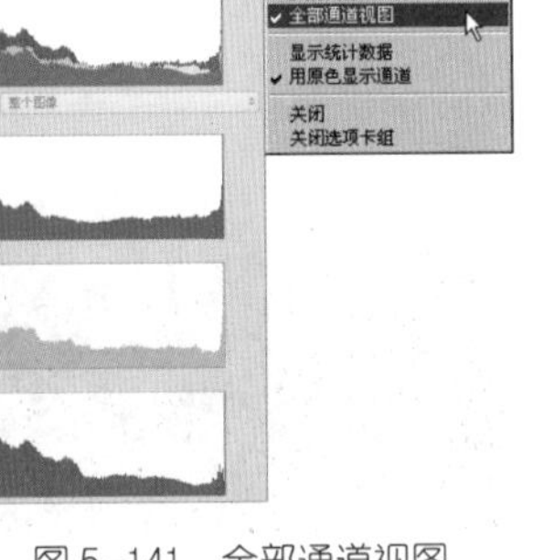

图 5-140　紧凑视图　　图 5-141　全部通道视图　　图 5-142　全部通道视图显示统计数据

实例体验21：利用直方图查看图像颜色问题

素材：光盘\第5章\素材\素材17－素材21.JPG　　视频：光盘\第5章\视频\直方图查看颜色.flv

STEP 01 **山峰分布在左侧和右侧**。直方图中山峰较高的区域代表该区域的像素越多，而山峰较低的区域表示像素数量越少。当山峰分布在直方图的左侧时，说明图像中的暗部区域包含较多的细节，如图5-143所示。当山峰分布在直方图的右侧时，说明图像中的亮部区域包含较多的细节，如图5-144所示。

图 5-143　暗部的细节丰富

图 5-144　亮部的细节丰富

STEP 02 **山峰分布在中间和起伏较小。**当山峰分布在直方图的中间区域时，说明图像的细节集中在中间调处，一般来说，这表示图像的调整效果较好，如图5-145所示。当山峰起伏较小时，说明图像的细节在暗部、中间调和高光区域分布较为均匀，色彩之间的过渡较为平缓，如图5-146所示。

图 5-145　中间调细节丰富

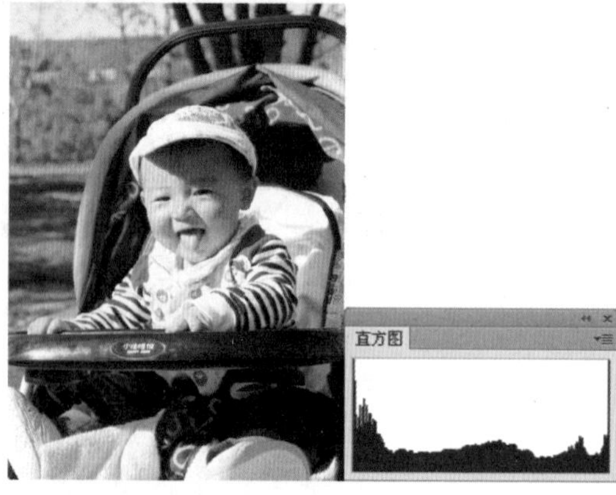

图 5-146　暗部、中间调和亮调分布均匀

STEP 03 **山峰分布在两侧。**当山峰分布在直方图的两侧时，说明图像的细节集中在暗部和高光区域，中间调的细节较少，如图5-147所示。

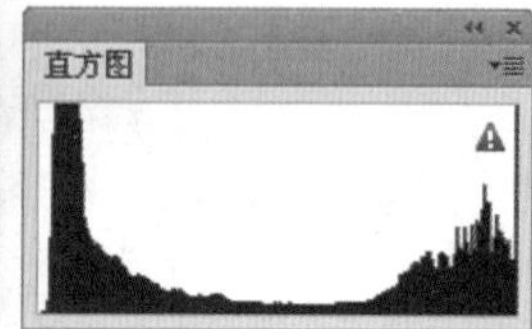

图 5-147　暗部和亮部细节丰富，中间调较少

注意

直方图是判断照片曝光是否准确的最佳方式，但也不是绝对准确，因为有些影调的照片明暗关系对比强烈，更能够烘托气氛、表达感情，而不能单纯地将它们定义为曝光不足或曝光过度，因此，在应用“直方图”时应结合照片影调具体分析。

常用参数介绍

通道：在该选项的下拉列表中选择一个通道（包括RGB、红、绿、蓝、明度和颜色），直方图调板可以单独显示该通道的直方图，如图5-148所示。如果选择“明度”，可以显示复合通道的亮度值和强度值，如图5-149所示，如果选择“颜色”，则可以显示颜色中单个颜色通道的复合直方图，如图5-150所示。

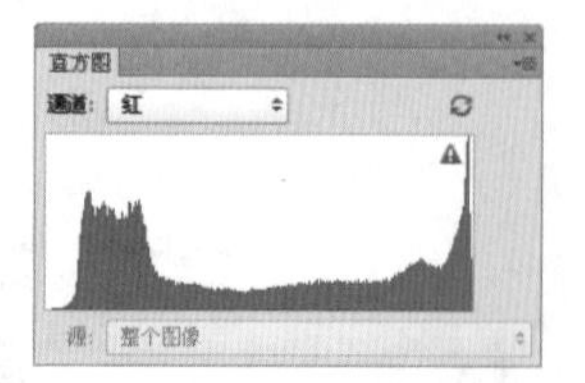

图 5-148　直方图“红”通道

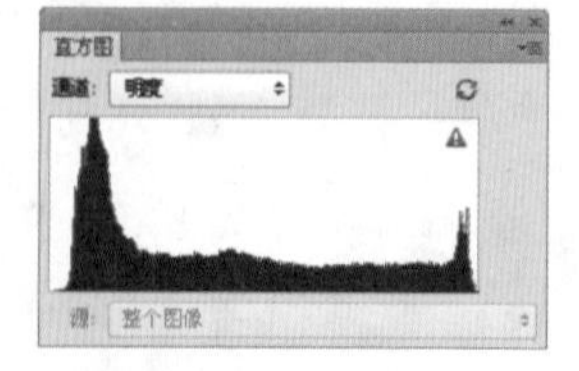

图 5-149　直方图“明度”通道

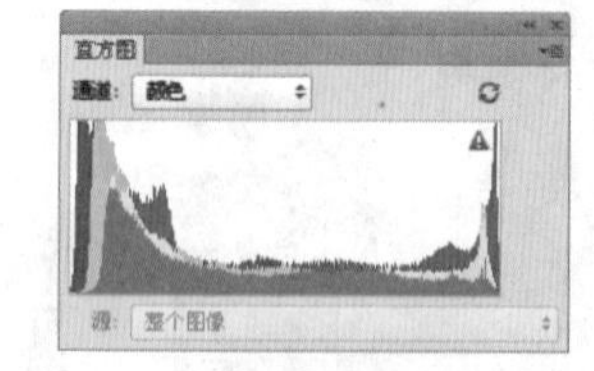

图 5-150　直方图“颜色”通道

高速缓存数据警告标志▲：从高速缓存而非文档的当前状态中读取直方图，是通过对图像中的像素进行典型性取样而生成的，此时直方图的显示速度较快，并不能及时显示统计结果。单击该按钮可刷新直方图，

显示当前状态下最新的统计结果。图5-151、图5-152所示分别为刷新前和刷新后的结果。

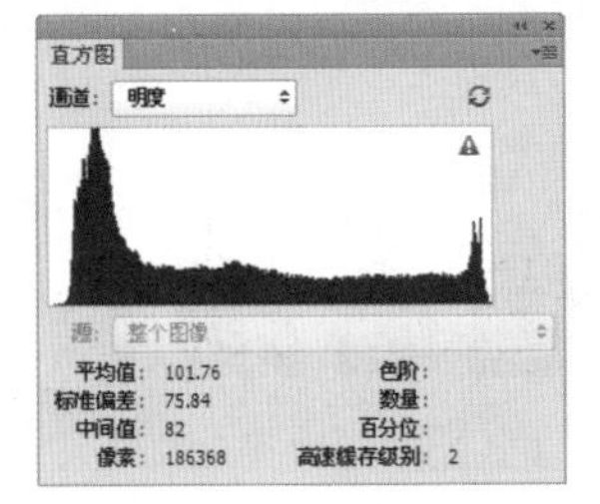

图 5–151　快速显示结果

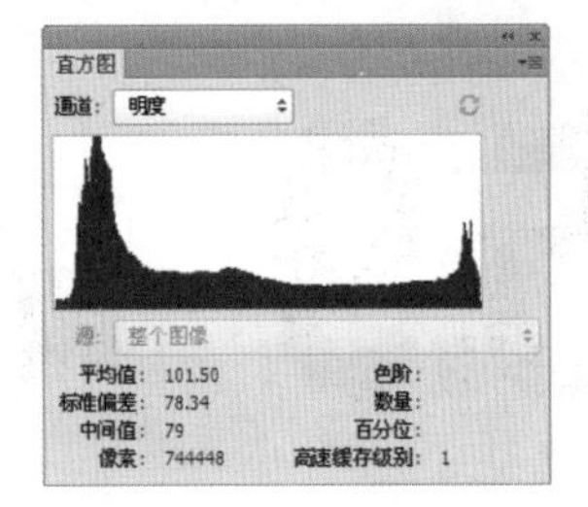

图 5–152　最新显示结果

4 观察细节损失

在前面色阶命令的介绍中，我们知道拖动暗调滑块会产生这样的效果：将暗调滑块拖到色阶值13处，则所有色阶值低于R13 G13 B13的像素都变成黑色，失去细节。拖动高光滑块也有类似效果：将高光滑块拖动到色阶值245处，则所有色阶值高于R245 G245 B245的像素都变成白色，失去细节。利用曲线命令调整，拖动其暗调、高光滑块会产生与色阶命令一样的效果，丢失细节。

因此，为了控制细节丢失，我们可以在调整时按下Alt建拖动暗调或者高光滑块，观察细节的损失情况。

实例体验22：观察调整中的细节变化

素材：光盘\第 5 章\素材\素材 22.JPG　　视频：光盘\第 5 章\视频\观察调整中的细节变化 .flv

STEP01 **观察暗部细节**。按快捷键Ctrl+O打开素材文件，如图5–153所示。按快捷键Ctrl+L打开“色阶”对话框，按住Alt键并向右拖动“黑场”滑块，观察图像变化，图像中的黑色区域表示细节丢失，图5–154所示。

图 5–153　原图

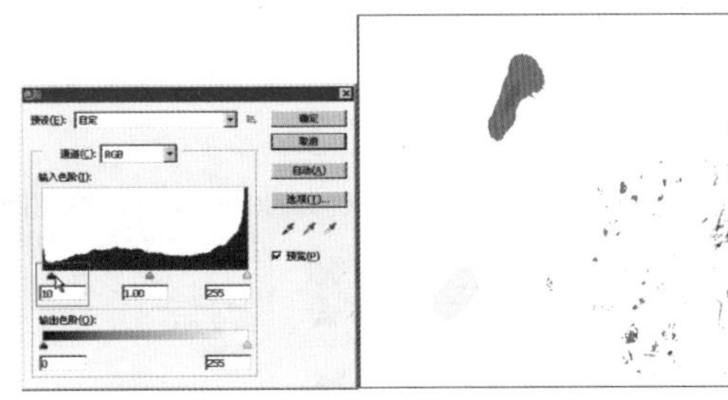

图 5–154　黑色区域表示细节丢失

STEP02 **观察亮部细节**。松开鼠标左键，单击“复位”按钮，按住Alt键并向左拖动“白场”滑块，观察图像变化，图像中的白色区域表示细节丢失，图5–155所示。

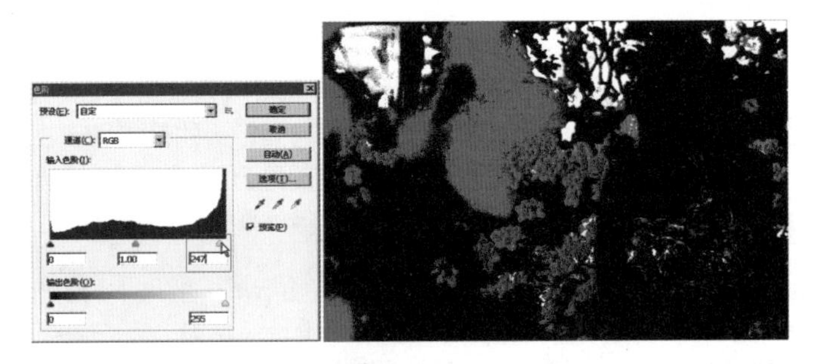

图 5–155　白色区域表示细节丢失

5.9 调色必须：校正显示器

因为显示器不同于我们看到的印刷品或者实物，它显示的颜色会因为不同的操作系统、不同品牌的显示器和显卡、不同的亮度、对比度，甚至不同的使用环境而产生偏差。所以在做调色之前，我们首先要调整显示器。

让显示器在稳定而标准的环境下工作。所谓稳定的环境主要是指周围有柔和、稳定的光源，光源不要有明显的色彩，不要直射屏幕。挂在屋顶的普通日光灯管或节能灯都可以作为标准光源使用。

利用Adobe Gamma软件校准显示器。该软件也是Adobe公司开发的，安装后可以在系统控制面板中找到它，如图5-156所示。如果你的电脑中没有该程序，可从网络上下载安装。

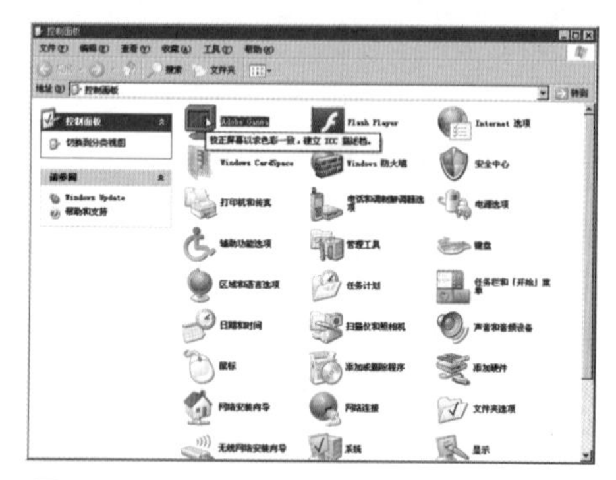

图5-156 “控制面板”中的Adobe Gamma

实例体验23：利用Camma校正显示器

素材：无　　视频：光盘\第5章\视频\利用Camma校正显示器

STEP 01 **启动Adobe Gamma**。在控制面板中双击Adobe Gamma图标启动程序，启动后的界面如图5-157所示。

STEP 02 **指定色彩档案名称**。选择“逐步（精灵）”选项并单击“下一步”按钮，弹出如图5-158所示的对话框，要求指定色彩档案名称。这里的名称很重要，它将出现在显示器属性色值的颜色管理中，出现在Photoshop颜色设置RGB工作空间下。

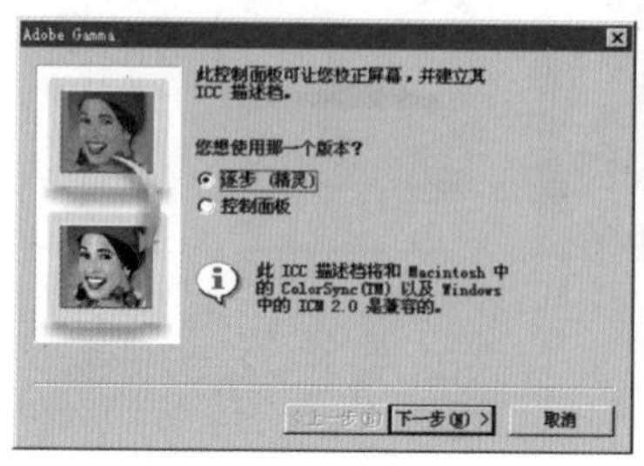

图5-157 Adobe Gamma窗口

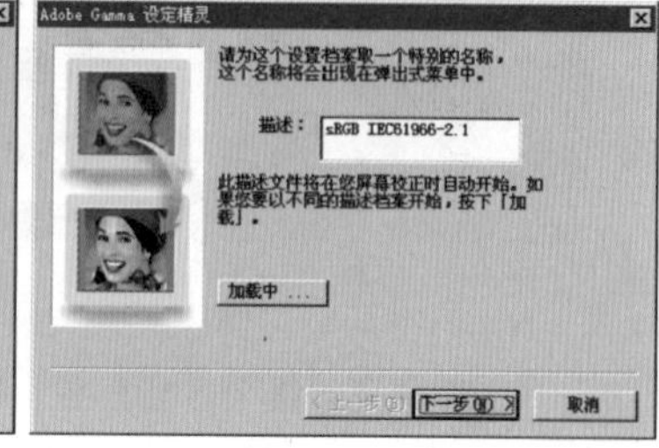

图5-158 设置名称

STEP 03 **调节显示器的亮度和对比度**。每种显示器都有自己的对比度和亮度调整按钮，按照说明，先调整显示器的对比度，对比度不能太刺眼，这里设置为55。再按要求调整亮度，这里设置为100，不一定完全按照这两个数值调整，仅是一个参考值。调整时以目测自己显示器的最佳显示效果为准。调整对比度是为了让显示器在它的能力范围内显示的颜色更真实；调整亮度是为了让黑场足够黑，而深灰色不至于显示成黑色。调整时，以能够隐约看到黑色块中的小方块，同时最外侧的白框要足够白，如图5-159所示。

STEP 04 **调节Gamma值**。单击“下一步”按钮，取消“仅检示单一伽玛”的勾选，如图5-160所示，出现RGB三色块与下面的滑块。按照提示拖动红、绿、蓝三个滑块，例如，当它偏红时，就稍微向左拖动红色下方的滑块，直到没有偏色为止。调整时，眯着眼睛平视色块，距离大约1.2m。Windows系统下默认伽玛值为2.2，可以不用变动。

STEP 05 **调整最亮点色温**。印刷品最亮点就是纸色，它并不是纯白色，而是略有点黄。大多数显示器的出场设置是9300K，最亮点颜色偏冷。设置最亮点为6500K，如图5-161所示。虽然色温6500K或5000K会有点儿黄，但它更接近印刷品的实际颜色。

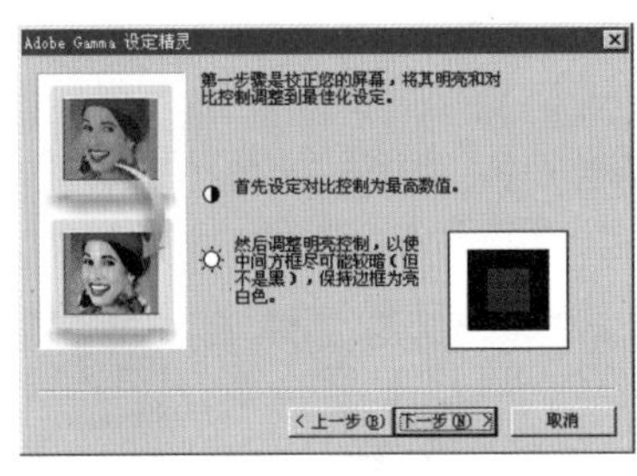

图 5-159 调节黑白场

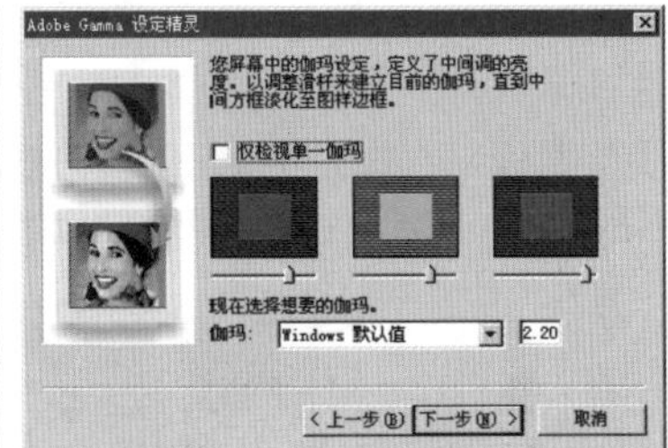

图 5-160 调节 Gamma 值

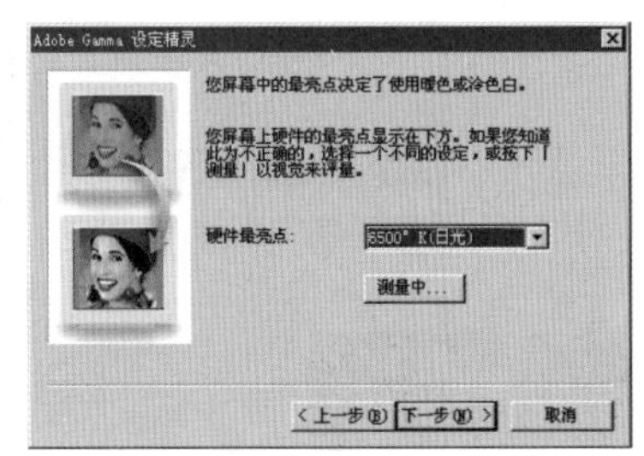

图 5-161 白场色温

STEP 06 **存储**。刚才所做的一切都是在制作一个ICC文件，现在应该存储它了，单击“下一步”按钮后再单击“完成”按钮，如图5-162所示。弹出“存储为”对话框，为自己制作的ICC取一个名字，可以用与前方色彩档案一样的名字，如图5-163所示。

STEP 07 **设置Photoshop的RGB图像显示**。重新启动Photoshop，然后执行“编辑”|“颜色设置”命令，在弹出的“颜色设置”对话框中，单击RGB工作空间设置下拉按钮，选择显示器RGB即可。可以看到刚才设置的色彩档案名称出现在此，如图5-164所示。

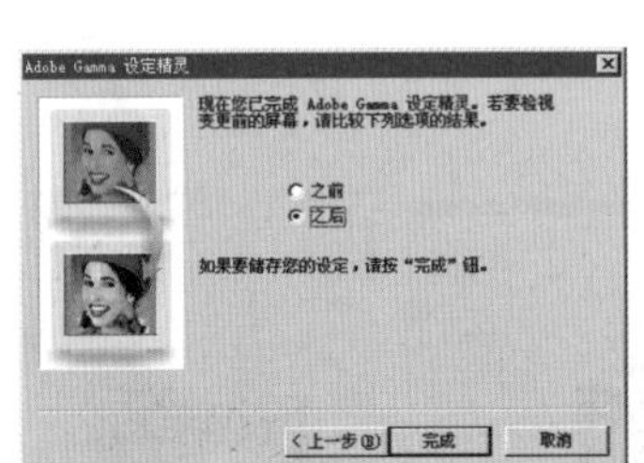

图 5-162 单击“完成”

图 5-163 存储 ICC 文件

图 5-164 Photoshop 中 RGB 图像显示设置

5.10 设计师的调色法

1 不伤原图调色法

通过“图层”面板下方的“创建新的填充或调整图层”按钮，来创建调整图层，在不改变图像像素的情况下，能够调整图像的色调、颜色等，也不会对图像产生实质性的破坏。

实例体验24：不伤原图调色法

素材：光盘\第5章\素材\素材23.JPG　　视频：光盘\第5章\视频\不伤原图调色法.flv

STEP01 **复制背景图层**。打开素材文件，按Ctrl+J复制一个背景图层，得到“图层1”。这样可以始终保留背景图层，便于调整图像时反复对比观察，如图5–165所示。

STEP02 **新建曲线调整图层**。单击图层面板下方的“创建新的填充或调整图层”图标，在列表中选择“曲线”项，并在弹出的“曲线”对话框中单击曲线上的一点并向上拖动，图像变亮，如图5–166所示。

图5–165　复制背景图层

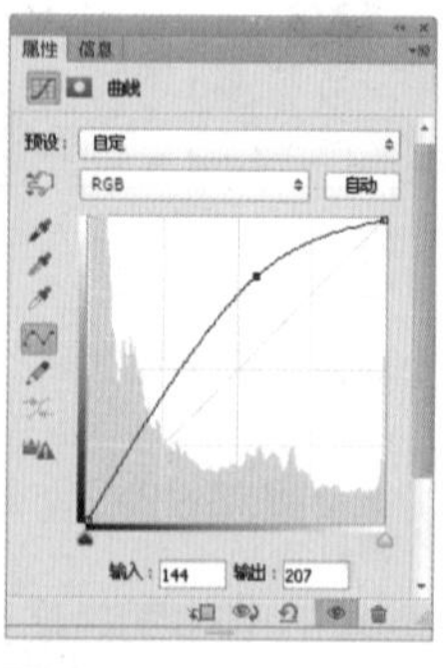

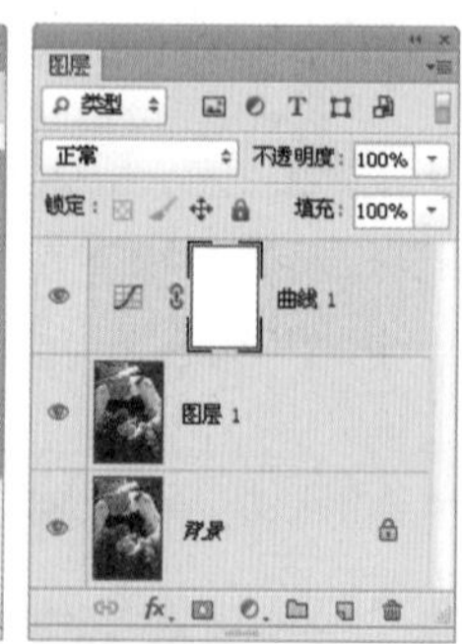

图5–166　曲线提亮图像

STEP03 **盖印图层**。图像提亮后，可以观察到图像中人物的肩膀和手心部位过曝导致细节损伤，需要修复。首先按快捷键Ctrl+Shift+Alt+E盖印图层，得到“图层2”，如图5–167所示。

STEP04 **色彩范围命令**。执行“选择”|“色彩范围”命令，在弹出的“色彩范围”对话框中，单击取样颜色按钮，在人物肩膀的亮区单击，如图5–168所示。单击“确定”按钮后，图像的亮部被载入选区，如图5–169所示。

图5–167　盖印图层图

图5–168　色彩范围取样

图5–169　载入选区

STEP05 **正片叠底模式**。按快捷键Ctrl+J，复制选区内容，得到“图层3”，然后将“图层3”的图层混合模式设置为“正片叠底”，图像中亮部过曝的区域得到了修复，如图5–170所示。

图5–170　最终效果

2 快速颜色模式调色法

图层混合模式调色，可以将两个图层的色彩值紧密结合在一起，创造出不同的效果。混合模式在Photoshop调色中应用非常广泛，正确、灵活使用各种混合模式，可以为图像的效果锦上添花。

实例体验25：颜色模式调色

素材：光盘\第5章\素材\素材24.JPG　　视频：光盘\第5章\视频\快速颜色模式调色法.flv

STEP01 **打开文件**。打开素材文件，可以观察到图像整体有些偏暗。按快捷键Ctrl+J复制一个背景图层，得到"图层1"，如图5-171所示。

图5-171　复制背景图层

STEP02 **滤色模式**。将"图层1"的图层混合模式设置为"滤色"，图像变亮，如图5-172所示。

图5-172　滤色使图像变亮

3 利用颜色模式与空白调整图层结合法调色

调整图层与普通图层一样，具有不透明度和混合模式的属性，通过调整这些属性内容可以使图像产生更多特殊的图像调整效果。

实例体验26：结合法调色

素材：光盘\第5章\素材\素材25.JPG　　视频：光盘\第5章\视频\结合法调色.flv

STEP01 **打开文件**。打开素材文件，可以观察到图像整体有些偏暗，如图5-173所示。

图5-173　原图

STEP02 **色相/饱和度命令**。单击“图层”面板下方的“创建新的填充或调整图层”图标，在列表中选择“色相/饱和度”，并在弹出的“色相/饱和度”对话框中设置饱和度值为54，得到“色相/饱和度1”图层，如图5–174所示。

图 5–174　色相 / 饱和度命令

STEP03 **设置曲线为滤色模式**。单击“图层”面板下方的“创建新的填充或调整图层”图标，在列表中选择“曲线”，得到“曲线1”图层，将“曲线1”图层的混合模式设置为“滤色”，图像被提亮，效果如图5–175所示。

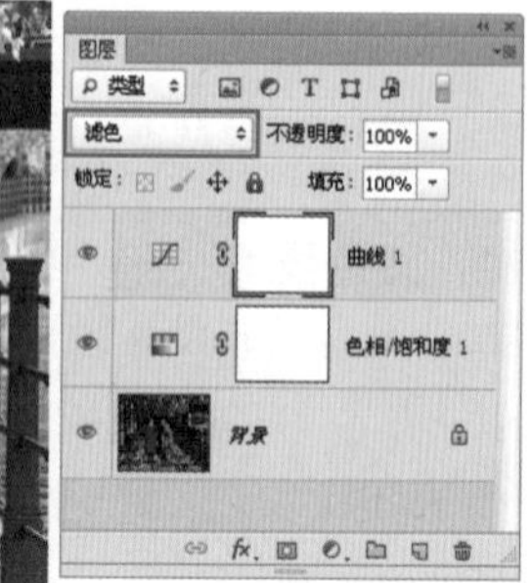

图 5–175　提亮图像

4 利用通道图像做选区调色法

首先加载通道选区，然后将选区内容生成图层，再设置图层模式调整图像的明暗色彩。

实例体验27：通道做选区调色

素材：光盘\第 5 章\素材\素材 26.JPG　　视频：光盘\第 5 章\视频\通道做选区调色 .flv

STEP01 **打开文件**。打开素材文件，可以观察到图像整体有些偏暗，尤其是暗部细节不明显，如图5–176所示。

STEP02 **载入红色通道暗部选区**。选择“通道”面板，按住Ctrl键单击红通道的缩览图，红通道亮部被载入选区，如图5–177所示。按快捷键Shift+F7反选，将红通道的暗部载入选区，如图5–178所示。

图 5–176　原图

图 5–177　载入红色通道亮部选区

图 5–178　反选载入红通道暗部选区

STEP03 **将红通道暗部生成图层**。选择"图层"面板，按快捷键Ctrl+J，得到"图层1"图层，关闭"背景"图层前的眼睛图标，可观察"图层1"图像，如图5–179所示。

STEP04 **滤色命令**。将"图层1"图层的混合模式设置为"滤色"，图像被提亮，但是暗部细节仍然不够明显，如图5–180所示。

图 5–179 观察"图层 1"图像

图 5–180 滤色命令

STEP05 **将绿通道暗部和蓝通道暗部生成图层**。使用相同的方法，将绿通道暗部生成图层2，蓝通道暗部生成图层3。载入绿通道和蓝通道选区，回到"图层"面板时，应先单击背景图层，再按快捷键Ctrl+J进行复制。分别将"图层2"和"图层3"的混合模式设置为"滤色"和"柔光"，可以观察到整个图像的暗部细节比较清晰，如图5–181所示。

图 5–181 最终效果

提示

也可以在通道中按住Ctrl键单击RGB通道的缩览图，直接加载通道选区，然后创建图层，通过设置图层模式为滤色或正片叠底等改变图像的明暗。

5 涂涂抹抹修改局部颜色法

实例体验28：涂抹修改颜色

素材：光盘\第 5 章\素材\素材 27.JPG 视频：光盘\第 5 章\视频\涂抹修改颜色 .flv

STEP01 **打开文件**。打开素材图像，如图5–182所示。按快捷键Ctrl+J复制"背景"图层，得到"图层1"，如图5–183所示。

图 5–182 原图

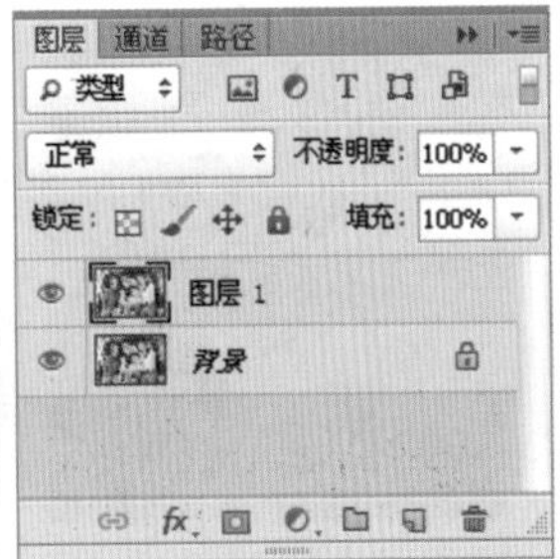

图 5–183 复制"背景"图层

STEP 02 **减淡工具修复肤色**。选择工具箱中的减淡工具，并在属性栏中设置一个600的柔角，范围为“阴影”，曝光度为50%。涂抹左侧人物的面部和手臂区域，去除过重的红色，如图5-184所示。在属性栏中设置一个300的柔角，范围为“中间调”，曝光度为50%。涂抹小男孩的面部，继续修复过重的红色，如图5-185所示。

STEP 03 **用加深工具修复亮部**。选择工具箱中的加深工具，并在属性栏中设置一个400的柔角，范围为“中间调”，曝光度为50%。涂抹图像中过亮的区域，如图5-186所示。在属性栏中设置一个200的柔角，范围为“中间调”，曝光度为30%。修复整体图像，直至整个画面和谐为止，最终效果如图5-187所示。

图 5-184　修复面部和手臂颜色

图 5-185　修复面部和手臂颜色

图 5-186　修复图像中过亮的区域

图 5-187　最终效果

5.11 设计师实战

实战1：欠曝图像的调整

素材：光盘\第 5 章\素材\素材 28.JPG
视频：光盘\第 5 章\视频\欠曝图像的调整 .flv

欠曝图像是照片在拍摄过程中，曝光不足导致照片整体偏暗，细节不明显。本案例通过在“通道”中选取图的暗部，然后应用“滤色”混合模式，提亮暗部，再应用“曲线”“亮度/对比度”“色相/饱和度”命令做出调整。

STEP 01 **复制背景层**。打开素材图像，按快捷键Ctrl+J复制一个背景图层，得到“图层1”，如图5-188、图5-189所示。

调整前

调整后

图 5-188　调整亮度

图 5-189　复制背景图层

STEP 02 **载入RGB通道暗部选区**。打开“通道”面板，按住Ctrl键单击RGB的通道缩览图，图像中的亮部被载入选区，如图5–190所示。按快捷键Shift+F7将选区反选，图像的暗部被载入选区，如图5–191所示。

图 5–190　载入亮部选区

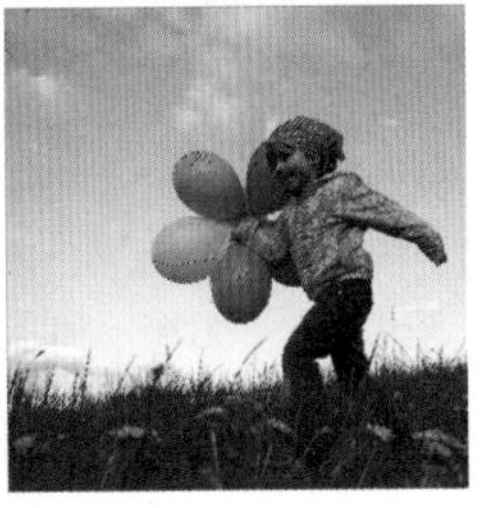

图 5–191　载入暗部选区

STEP 03 **生成图像暗部图层**。回到“图层”面板，单击“图层1”后，按快捷键Ctrl+J复制选区内的暗部区域，得到“图层2”。将“背景”层和“图层1”隐藏，如图5–192所示。

STEP 04 **滤色混合模式**。取消“背景”层和“图层1”的隐藏，将“图层2”的图层混合模式设置为“滤色”，暗部被提亮了，如图5–193所示。

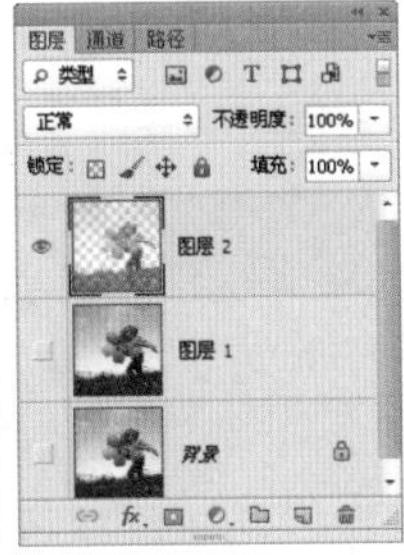

图 5–192　图像的暗部区域图层

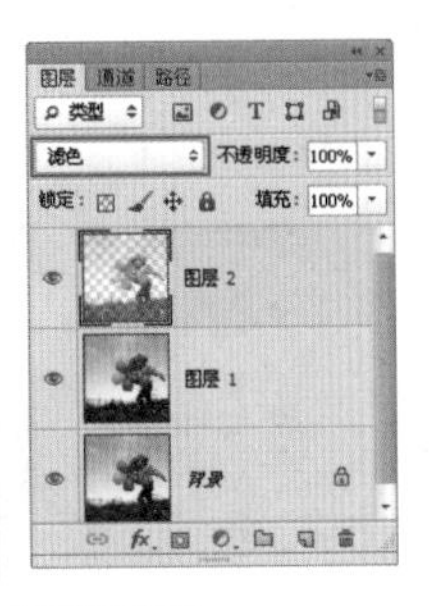

图 5–193　提亮图像暗部

STEP 05 **进一步提亮暗部**。选择“图层2”，按快捷键Ctrl+J复制“图层2”，得到“图层 2副本”图层，图像的暗部变得更明亮，细节更丰富了，如图5–194所示。

STEP 06 **调整曲线命令**。单击图层面板下方的“创建新的填充或调整图层”图标，在列表中选择“曲线”，得到“曲线1”调整图层，并设置曲线上的两点，调整图像的对比度，如图5–195所示。

图 5–194　进一步提亮图像的暗部区域

图 5–195　曲线调整图像明暗的对比度

STEP 07 **亮度对比度命令**。单击图层面板下方的“创建新的填充或调整图层”图标，在列表中选择“亮度/对比度”，得到“亮度/对比度1”图层，降低图像的对比度，如图5–196所示。

图 5–196　降低对比度

STEP 08 **最终效果。**单击图层面板下方的"创建新的填充或调整图层"图标◐，在列表中选择"色相/饱和度"，得到"色相/饱和度1"图层，增强图像整体饱和度，如图5-197所示。

图 5-197 增强饱和度后的最终效果

实战2：过曝图像的调整★

素材：光盘\第 5 章\素材\素材 29.JPG
视频：光盘\第 5 章\视频\过曝图像的调整 .flv

本实例调整前后的效果如图5-198所示。

调整前 调整后
图 5-198 前后对比

制作思路

本案例通过应用"曲线"、"亮度/对比度"等命令做出调整，然后选取照片中较亮的区域，应用"正片叠底"混合模式，恢复亮部细节，调整过程如图5-199所示。

图 5-199 制作过程示意

实战3：灰闷图像的调整★

素材：光盘\第 5 章\素材\素材 30.JPG
视频：光盘\第 5 章\视频\灰闷图像的调整 .flv

本实例调整前后的图像如图5-200所示。

调整前 调整后
图 5-200 前后对比

制作思路

通过曲线和亮度/对比度命令使灰闷的图像细节变得清晰可见，调整过程如图5-201所示。在图层蒙版中涂抹虚化背景，使图像富有生机，不会显得那么闷。盖印图层后复制新图层，并设置柔光混合模式，调整图像亮度。

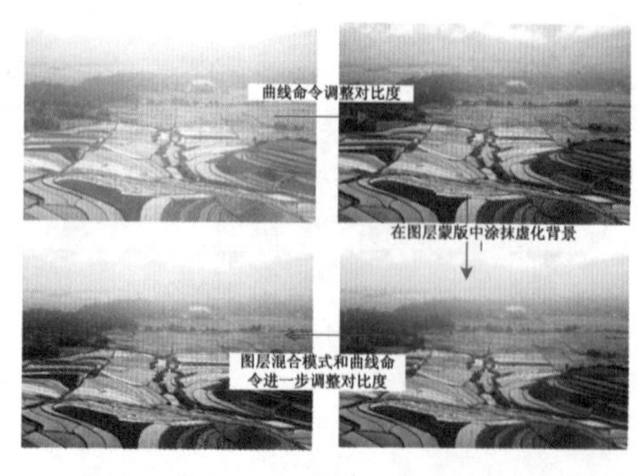

图 5-201 调整过程示意

实战4：一张偏蓝图像的调整★

素材：光盘\第5章\素材\素材31.JPG
视频：光盘\第5章\视频\偏蓝图像的调整.flv

制作思路

调整曲线中的红、绿、蓝和RGB通道，改变照片的色调，降低蓝色。调用可选颜色命令，降低画面中过多的红色和蓝色。调用色相饱和度命令和亮度/对比度命令，增强细节对比。盖印图层后，在通道中选取图像亮部区域并生成图层，运用混合模式增加亮部细节。利用调整图层中的“照片滤镜”渲染出一种优雅、盛大的晚宴气氛。

本案例调整前后以及调整过程分别如图5-202和图5-203所示。

调整前

调整后

图5-202　前后对比

图5-203　调整过程示意

实战5：增加亮调层次★

素材：光盘\第5章\素材\素材32.JPG
视频：光盘\第5章\视频\增加亮调层次.flv

本案例调整前后以及调整过程分别如图5-204所示。

调整前

调整后

图5-204　调整前后

制作思路

利用色相/饱和度命令中的明度项和可选颜色命令的颜色中的黑色和白色项，找回亮部层次。使用色阶命令增强图像的对比度，用色相/饱和度命令调整人物肤色。运用图层混合模式中的"正片叠底"命令，进一步增加层次感，其调整过程如图5-205所示。

图 5-205　调整过程示意

实战6：增加暗调层次★

素材：光盘\第 5 章\素材\素材 33.JPG
视频：光盘\第 5 章\视频\增加暗调层次 .flv

制作思路

调整色相、饱和度命令和可选颜色命令，找回暗部层次。盖印图层后，设置图层混合模式为"柔光"，增加清晰度和层次感。使用曲线等命调整背景的亮度，同时运用图层蒙版保持人物的清晰度不变；最后调整亮度对比度命令，增强图像的对比度。

本案例的原图、效果图，以及调整过程分别如图5-206、图5-207所示。

调整前

调整后

图 5-206　前后对比

图 5-207　调整过程示意

CHAPTER

06

抠取素材

学习重点

- 掌握抠图的常用工具和命令
- 理解并掌握图层蒙版的用法
- 明白抠图的原则
- 掌握设计师抠图技法

抠取素材就是把一幅图像中需要的部分从画面中精确地提取出来，这又称为抠图。抠图是图像处理中最常见的操作之一，也是图像合成中的重要环节。本章重点讲解Photoshop中简便、高效的抠图方法和相关技巧。

第一部分　需要的工具和命令

本部分主要介绍使用Photoshop抠取素材时所用到的选区工具、套索工具、魔棒工具、橡皮擦工具、钢笔工具以及图层蒙版、“色彩范围”等命令。要灵活抠取不同的图像，需要熟练掌握这些抠图工具和命令。

6.1 选区操作命令

第2章对选区进行了初步的介绍，本节将对选区进行更深入的说明，包括选区的添加、减去和相交的运算，选区的移动和变换，羽化选区的效果。

1 选区运算

在工具箱中选择矩形选区工具并在绘图区创建选区后，其属性栏如图6-1所示。设置不同的选区创建方式，可以对选区进行加、减、相交等运算。

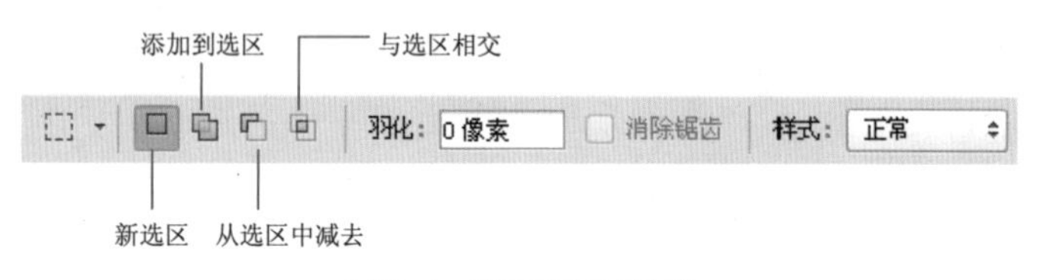

图6-1　选区工具属性栏

实例体验1：选区的加、减、交

素材：无　　　　视频：光盘\第6章\视频\选区的加、减、交.flv

STEP01 **新选区**。按快捷键Ctrl+N建立一个A4大小的页面，单击“确定”按钮，如图6-2所示。选择工具箱中的矩形选框工具，在绘图区任意画一个矩形选区，如图6-3所示。

STEP02 **添加到选区**。单击属性栏中的“添加到选区”按钮，光标变为+，这时在创建的选区之上再添加一个选区，将得到两个选区的和，如图6-4所示。

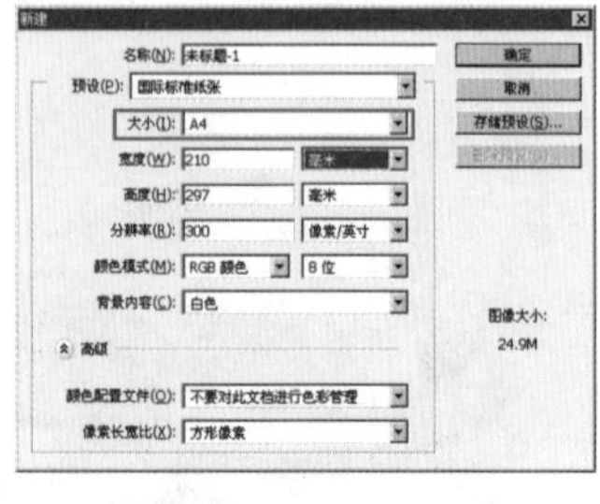

图6-2　新建命令

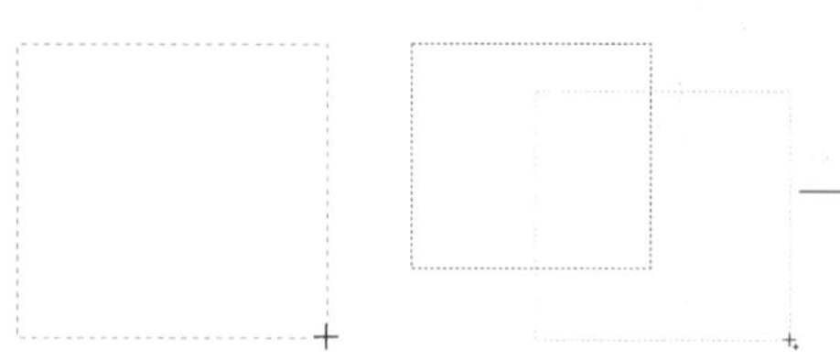

图6-3　任意绘制矩形

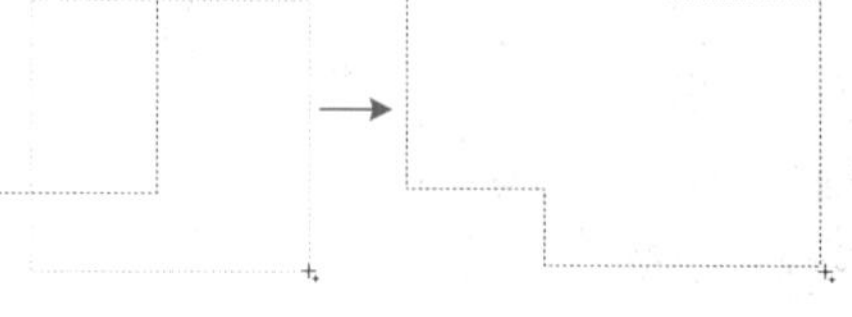

图6-4　添加到选区

STEP03 **从选区中减去**。按快捷键Ctrl+Z返回到上一步。单击属性栏中的“从选区中减去”按钮，光标变为+₋，这时在创建的选区之上再绘制一个新选区，得到减去相交部分的选区，如图6-5所示。

STEP04 **与选区相交**。按快捷键Ctrl+Z返回到上一步。单击属性栏中的“与选区相交”按钮，光标变为，这时在创建的选区之上再绘制一个新选区，得到两个选区相交的部分，如图6-6所示。

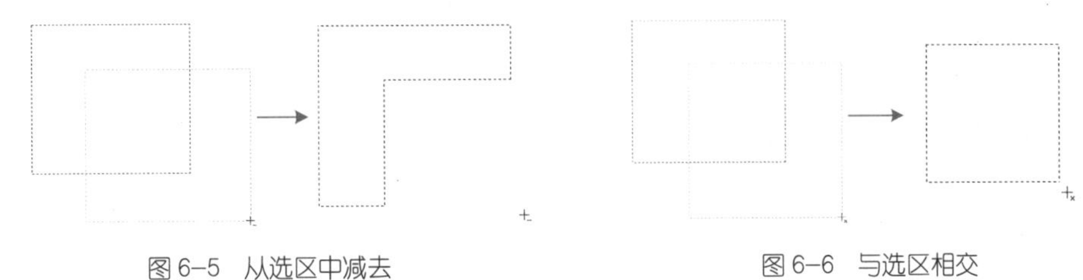

图 6-5　从选区中减去　　图 6-6　与选区相交

注意

套索工具和魔棒工具等任何选区工具都具有这3种运算方式。运算不局限于某一种工具，可以用套索工具减去魔棒工具创建的选区，也可以用矩形选框工具加上椭圆选框工具创建的选区。

提示

添加到选区的快捷键是Shift。从选区减去的快捷键是Alt。与选区交叉的快捷键是Shift+Alt。与矩形选框工具和椭圆选框工具组合在一起的还有单行选框工具和单列选框工具，这两个工具没有设快捷键，它们的作用是选取图像中1像素高的横条或1像素宽的竖条。选区的添加、减去、相交运算对它们也都有效。

2 选区的移动和变换

实例体验2：选区的移动和变换

素材：光盘\第 6 章\素材\素材 1.JPG　　视频：光盘\第 6 章\视频\选区的移动和变换 .flv

STEP01 **打开文件**。按快捷键Ctrl+O，打开素材文件，如图6-7所示，选择工具箱中的椭圆选框工具，在画面中绘制一个选区，如图6-8所示。

STEP02 **移动选区**。将光上标靠近选区或移至选区内部，椭圆选区工具会呈现白色图标，这时按下鼠标左键进行拖动可移动选区，如图6-9所示。

图 6-7　原图

图 6-8　绘制椭圆选区

图 6-9　移动选区

STEP03 **变换选区**。执行“选择”｜“变换选区”命令，选区出现一个变换框，按住Shift+Alt快捷键拖动选框的一角，等比例缩小选区后，对选区框进行旋转，变换选区后按Enter键结束编辑，如图6-10所示。

图 6-10　变换选区

3 羽化

羽化是针对选区进行操作的，普通选区选出的图像有明确的边界，而羽化的选区选出的图像，其边界会呈现出模糊逐渐透明的效果。

实例体验3：羽化效果

素材：光盘\第6章\素材\素材2.JPG　　视频：光盘\第6章\视频\羽化效果.flv

STEP01 绘制羽化选区。按快捷键Ctrl+O，打开素材文件，然后按快捷键Ctrl+J复制一个"背景"图层，得到"图层1"，将"背景"图层隐藏，如图6-11所示。选择工具箱中的椭圆选框工具，在属性栏中设置羽化值为200，在画面中绘制一个选区，如图6-12所示。

图6-11　复制图层并隐藏"背景"图层

图6-12　绘制羽化选区

提示

还可以在绘制完选区后设置羽化值。绘制完选区后，按快捷键Shift+F6，会弹出"羽化选区"对话框，输入羽化半径值即可，如图6-13所示。

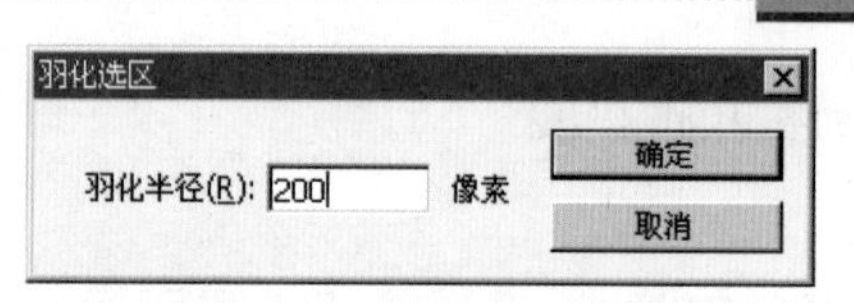

图6-13　"羽化选区"对话框

STEP02 删除选区外的图像。按快捷键Shift+F7将选区反选，如图6-14所示，然后按Delete键删除背景图像。按快捷键Ctrl+D取消选区，如图6-15所示。

图6-14　反选

图6-15　羽化效果

注意

当羽化值设置较大而羽化选区较小时，就会弹出一个警告框，如图6-16所示。单击"确定"按钮后，表示确认当前的羽化半径，这时羽化选区在图像中看不到，但选区仍然存在。

Adobe Photoshop CS6

警告：任何像素都不大于50% 选择。选区边将不可见。

确定

图6-16　羽化警告框

4 显示和隐藏选区

在创建完选区后，执行"视图"|"显示"|"选区边缘"命令或按快捷键Ctrl+H，可显示和隐藏选区。隐藏选区后选区虽然在图像中看不到了，但它仍然是存在的，并且限制了选区内的图像。

6.2 套索工具组

套索工具组主要包括：套索工具、多边形套索工具和磁性套索工具。按住Alt键单击工具箱中的套索工具可循环切换选择这三种套索工具。

1 套索工具

使用套索工具，拖动鼠标左键进行绘制，当光标移至起点时，松开鼠标后可以建立封闭的选区。选择套索工具后，其属性栏如图6–17所示。

图 6–17 "套索工具"属性栏

实例体验4：套索工具用法

素材：光盘\第 6 章\素材\素材 3.JPG　　视频：光盘\第 6 章\视频\套索工具用法 .flv

STEP 01 **绘制人物选区。**按快捷键Ctrl+O，打开素材文件，然后选择工具箱中的套索工具，按下鼠标左键绕人物及图像一周后，回到起点松开鼠标，可生成一个选区，如图6–18所示。

STEP 02 **绘制时未回到起点创建的选区。**按快捷键Ctrl+D取消选区，重新绘制。如果在拖动鼠标的过程中松开鼠标，则会在该点与起点间创建一条直线来封闭选区，如图6–19所示。

STEP 03 **切换工具创建的选区。**按快捷键Ctrl+D取消选区，重新绘制。在绘制过程中按Alt键，然后松开鼠标左键可切换为多边形套索工具，此时在图像中单击可以绘制出直线，如图6–20所示；放开Alt键可恢复为套索工具，此时拖动鼠标可继续绘制选区，如图6–21所示。

图 6–18 套索工具绘制选区

图 6–19 未回到起点松开鼠标时创建的选区

图 6–20 切换多边形套索工具

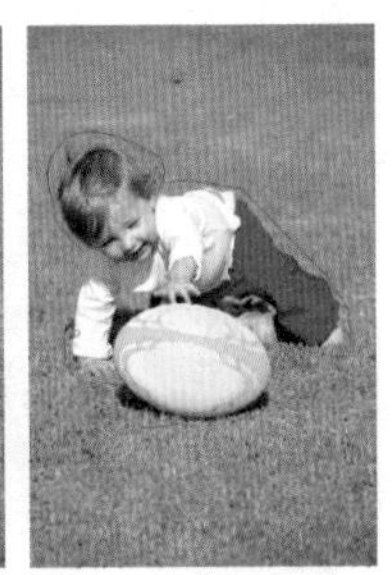

图 6–21 恢复套索工具

2 多边形套索工具

使用多边形套索工具创建选区时，可以在转折点单击鼠标，回到起点时光标变为，单击可封闭选区。选择多边形套索工具后，其属性栏如图6-22所示。

图6-22 “多边形套索工具”属性栏

实例体验5：多边形套索工具用法

素材：光盘\第6章\素材\素材4.JPG　　视频：光盘\第6章\视频\多边形套索工具用法.flv

STEP01 **绘制选区**。按快捷键Ctrl+O，打开素材文件，然后选择工具箱中的多边形套索工具，在画布的左下角单击，再在转折处单击鼠标，回到起点时光标变为，单击可建立封闭的选区，如图6-23所示。

STEP02 **双击封闭选区**。按快捷键Ctrl+D取消选区，重新绘制。在绘制到一半时如果双击鼠标，则会在该点与起点间创建一条直线来封闭选区，如图6-24所示。

图6-23 建立封闭选区

图6-24 双击封闭选区

在使用多边形套索工具时，单击绘制时如果中途出现错误，可按Delete键删除错误的步骤，重新绘制。使用多边形套索工具时，按住Alt键单击并拖动鼠标，可以切换为套索工具，此时拖动鼠标可绘制选区；放开Alt键可恢复为多边形套索工具。

3 磁性套索工具

使用磁性套索工具可以对边缘较清晰的物体建立选区，应用磁性套索工具可以自动识别清晰物体的边缘。选择磁性套索工具后，其属性栏如图6-25所示。

图6-25 “磁性套索工具”属性栏

实例体验6：磁性套索工具用法

素材：光盘\第6章\素材\素材5.JPG　　视频：光盘\第6章\视频\磁性套索工具用法.flv

STEP01 **打开素材绘制**。按快捷键Ctrl+O，打开素材文件，然后选择工具箱中的磁性套索工具，在花朵的边缘单击，如图6-26所示。松开鼠标后，沿着花的边缘移动光标，经过的轨迹会由一定数量的锚点来连接，如图6–27所示。如果想在某处放置锚点，可在该处单击；如果锚点的位置不准确，可按Delete键将其删除，连续按下Delete键可依次删除前面的锚点，按Esc键将清除所有锚点。

STEP02 **建立封闭选区**。光标移至起始点时，变为，如图6–28所示。单击可建立封闭的选区，如图6–29所示。如果在绘制过程中双击，则在双击点与起始点之间连接一条直线来封闭选区。

图6–26 使用磁性套索工具单击花朵一点 图6–27 经过处由锚点连接图

图6–28 光标移至起始点状态 图6–29 建立封闭选区

提示

在使用磁性套索工具时，按住Alt键单击可切换为多边形套索工具创建直线选区；按住Alt键单击并拖动鼠标可以切换为套索工具。

6.3 选框工具组

选框工具组中包括：矩形选框工具、椭圆选框工具、单行选框工具和单列选框工具。选框工具用来创建规则的选区。选择矩形选框工具后，其属性栏如图6–30所示。

图6–30 “矩形选框工具”属性栏

实例体验7：矩形、椭圆选框工具用法

素材：光盘\第6章\素材\素材6、素材7.JPG
视频：光盘\第6章\视频\矩形、椭圆选框工具用法.flv

STEP01 **矩形选框工具用法**。按快捷键Ctrl+O，打开素材文件，选择工具箱中的矩形选框工具，在画面中绘制一个选区，如图6–31所示。按快捷键Ctrl+I，选区内的图像呈现负片效果，按快捷键Ctrl+D取消选择，如图6–32所示。

图6–31 绘制矩形选区

图6–32 反相负片效果

STEP02 **椭圆选框工具用法**。按快捷键Ctrl+O，打开素材文件，选择工具箱中的椭圆选框工具，按住Shift键在圆盘上绘制一个正圆选区，如图6–33所示。按快捷键Ctrl+J，选区内的图像被抠取出来，并生成

"图层1"。使用移动工具移动抠取的图像，如图6-34所示。

图 6-33　绘制椭圆选区

图 6-34　移动抠取的图像

提示

在使用矩形选框工具时，按住Shift键拖动鼠标，可以创建正方形选区；按住Alt键拖动鼠标，会以单击点为中心向外创建选区；按住Shift+Alt键，会从中心向外创建正方形选区。同理，椭圆选框工具也是如此。

常用参数介绍

羽化：输入羽化值，可设置选区的羽化范围。

样式：选择"正常"，拖动鼠标可创建任意大小的选区；选择"固定比例"，可在右侧的"宽度"和"高度"框中输入数值，创建固定比例的选区；选择"固定大小"，可在右侧输入选区的宽度与高度值，选择矩形选框工具后，在画面中单击即可创建固定大小的选区。单击按钮，可切换"宽度"与"高度"值。

调整边缘：绘制任意选区后，单击该按钮，可以打开"调整边缘"对话框，进而对选区进行平滑、羽化、对比度和移动边缘设置。

6.4 魔棒工具组

魔棒工具和快速选择工具是基于色调和颜色差异来构建选区的工具，它们可以快速选择色彩、色调相近的区域。

1 魔棒工具

使用魔棒工具在图像中单击，可以选中色调相近的像素生成选区。选择魔棒工具后，其属性栏如图6-35所示。

取样大小：取样点　容差：50　☑ 消除锯齿　☑ 连续　☐ 对所有图层取样

图 6-35　"魔棒工具"属性栏

实例体验8：魔棒工具用法

素材：光盘\第 6 章\素材\素材 8.JPG　　视频：光盘\第 6 章\视频\魔棒工具用法 .flv

STEP01 **容差为50的效果。**按快捷键Ctrl+O，打开素材文件。选择魔棒工具，并设置容差为50，选中“连续”，在苹果上单击并生成选区，如图6–36所示。

STEP02 **容差为120的效果。**按快捷键Ctrl+D取消选区，设置容差为120，在苹果上单击并生成选区。当容差值设置较大时，选择的颜色范围就越大，效果如图6–37所示。

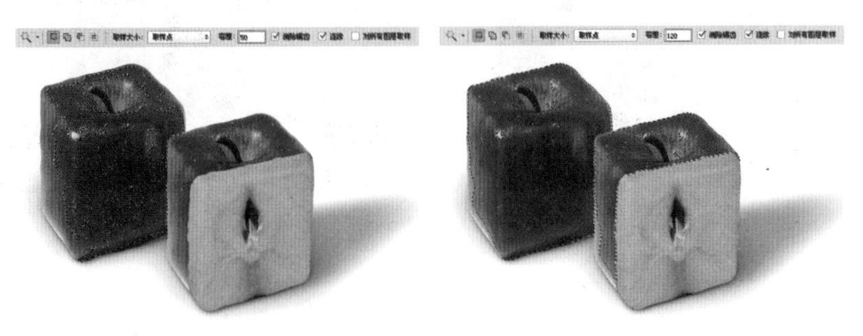

图6–36　容差为50的选择效果　　　图6–37　容差为120的选择效果

常用参数介绍

取样大小：用来设置魔棒工具的取样范围，选择“取样点”是对光标所在区域的像素进行取样；选择“3×3平均”是对光标所在3个像素区域内的平均颜色进行取样，“5×5平均”……“101×101平均”以此类推。

容差：当容差值设置较小时，只选择与单击点的像素相近的少数颜色。当容差值设置较大时，选择的颜色范围就越大，对相近像素的要求就越低。

连续：选中该项，只选择与单击点邻近的像素颜色；取消选中该项，可选择整个图像中所有相似的像素颜色，如图6-38所示。

图6–38　选中和取消选中“连续”复选框的效果

对所有图层取样：当文件有多个图层时，选中该项，可选择所有可见图层中颜色相近的区域；取消选中该项，则只选择与当前操作图层相近的区域。

2 快速选择工具

使用快速选择工具可以像绘画一样涂抹出选区。选择快速选择工具后，其属性栏如图6–39所示。

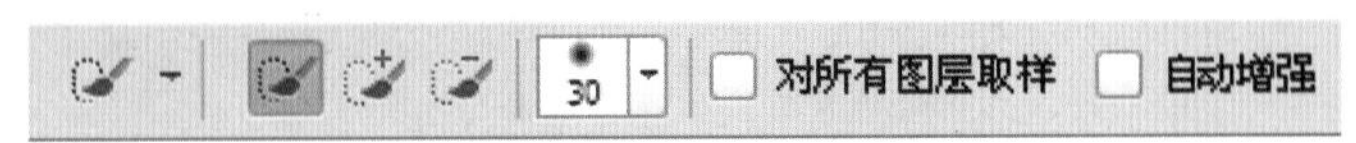

图6–39　“快速选择工具”属性栏

实例体验9：快速选择工具用法

素材：光盘\第6章\素材\素材9.JPG　　视频：光盘\第6章\视频\快速选择工具用法.flv

STEP01 **设置参数。**按快捷键Ctrl+O，打开素材文件。选择快速选择工具，并设置属性栏中的参数如图6–40所示。按下鼠标左键在鲜花左侧拖动，生成选区，如图6–41所示。

STEP 02 **加选全部花朵。**按住鼠标继续向右拖动，加选部分鲜花选区，如图6–42所示。继续拖动鼠标将整个鲜花区域生成选区，如图6–43所示。

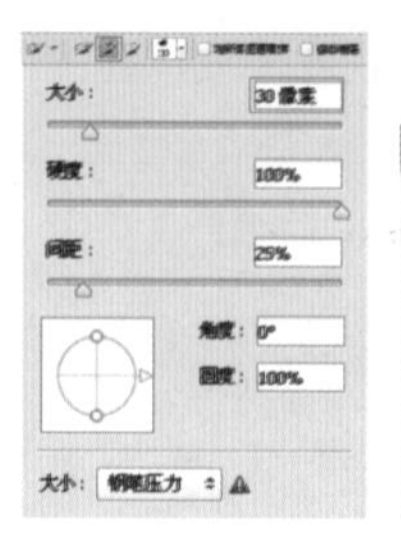
图6–40 设置参数

图6–41 鲜花区域生成选区

图6–42 加选鲜花选区

图6–43 整个鲜花区域生成选区

在绘制选区过程中，可按快捷键“[”缩小笔尖，按快捷键“]”放大笔尖。

常用参数介绍

选区运算按钮：单击“新选区”按钮，可创建新选区；单击“添加到选区”按钮，可在原选区上添加新绘制的选区；单击“从选区减去”按钮，可在原选区上减去新绘制的选区。

“画笔”选取器：单击下拉按钮，可在下拉面板中设置笔尖的大小、硬度和间距。

自动增强：选中该选项后，拖动选区时，生成的选区边缘更光滑、流畅。

6.5 “色彩范围”命令

使用“色彩范围”命令可以根据图像的颜色，在整个图像中选择指定范围内的图像。该命令与魔棒工具有相似的地方，但是比魔棒工具精确度更高。打开一个素材文件，可以通过执行“选择”|“色彩范围”命令，打开“色彩范围”对话框，如图6–44所示。白色表示被选择的区域，黑色表示未被选择的区域，灰色则表示部分被选择的区域。

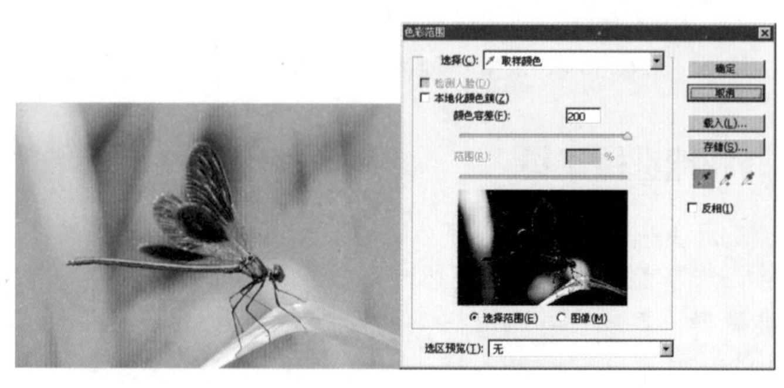
图6–44 “色彩范围”对话框

实例体验10：色彩范围命令用法

素材：光盘\第6章\素材\素材10.JPG　　视频：光盘\第6章\视频\色彩范围命令用法.flv

STEP 01 **打开文件。**按快捷键Ctrl+O，打开素材文件，如图6–45所示。

STEP 02 **执行"色彩范围"命令**。执行"选择"｜"色彩范围"命令，打开"色彩范围"对话框。选择吸管工具，在蜻蜓翅膀上进行取样，如图6-46所示。

图 6-45　原图

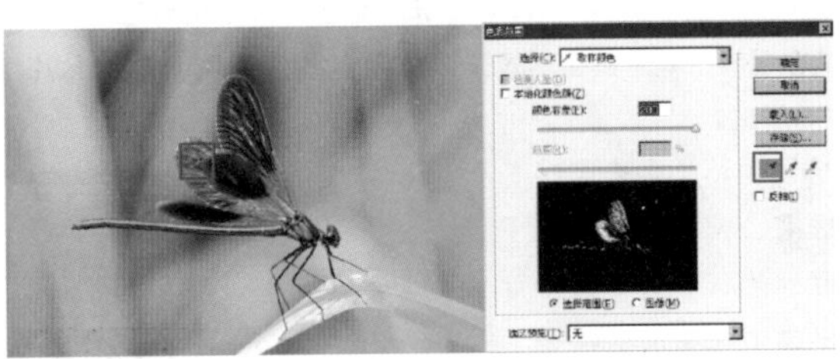

图 6-46　取样

STEP 03 **添加到取样**。选择添加到取样工具，在蜻蜓躯干上进行取样，蓝色蜻蜓被选择的区域扩大了，如图6-47所示。

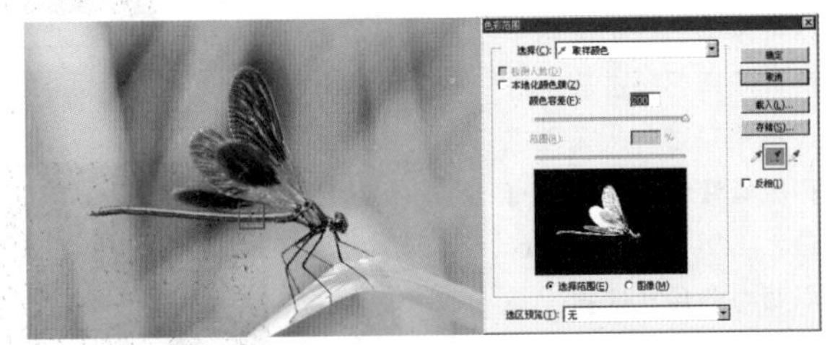

图 6-47　添加到取样

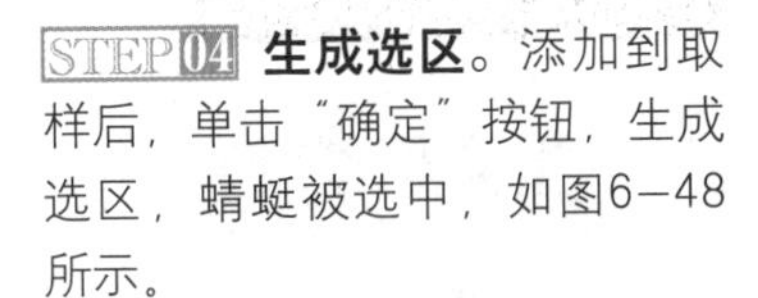

STEP 04 **生成选区**。添加到取样后，单击"确定"按钮，生成选区，蜻蜓被选中，如图6-48所示。

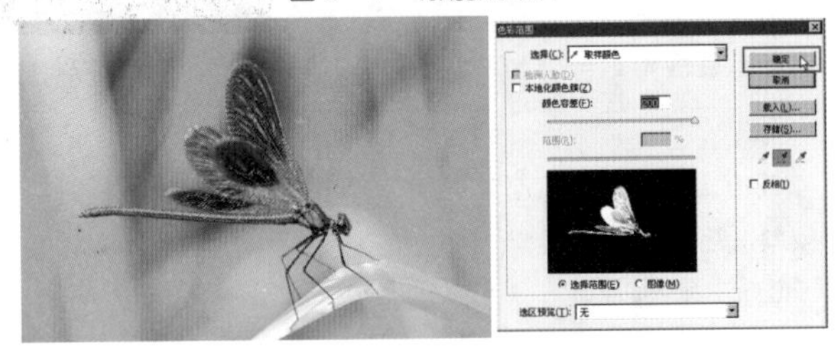

图 6-48　生成选区

STEP 05 **改变蜻蜓颜色**。按快捷键Ctrl+U，打开"色相/饱和度"对话框。设置色相值为148，单击"确定"按钮。按快捷键Ctrl+D取消选区，如图6-49所示。

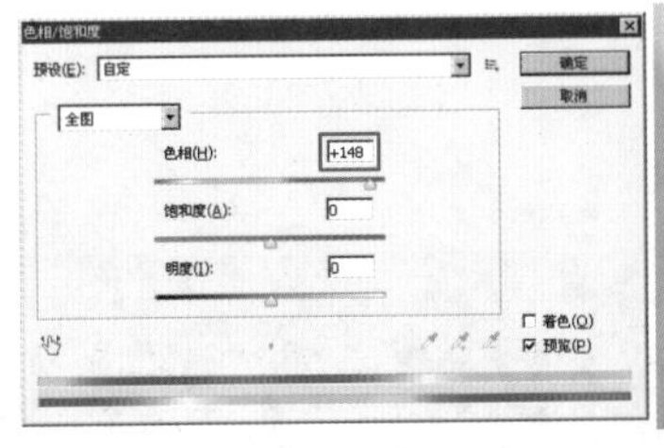

图 6-49　改变蜻蜓颜色

常用参数介绍

选择：用来设置选区的创建依据。在"色彩范围"对话框中使用吸管工具单击需要创建选区的颜色，如图6-50所示。选择"蓝色"或其他颜色时，可以选择图像中特定的某种颜色，如图6-51所示。选择"高光""中间调""阴影"时，可以选择图像中的不同色调，如图6-52所示。选择"肤色"时，可以检测人物皮肤，选择人物图像中的肤色，如图6-53所示。

图 6-50　吸管工具选取

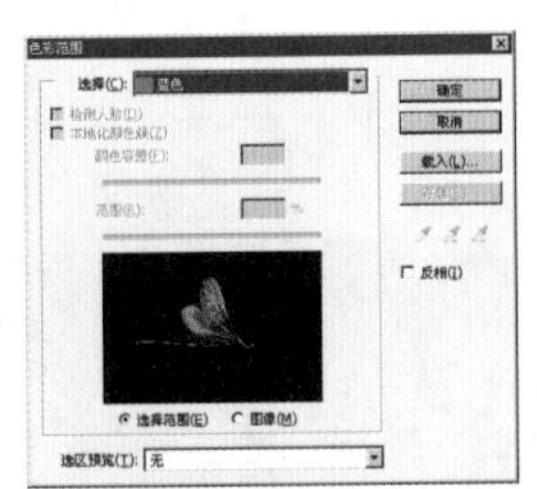

图 6-51　选择某种特定颜色

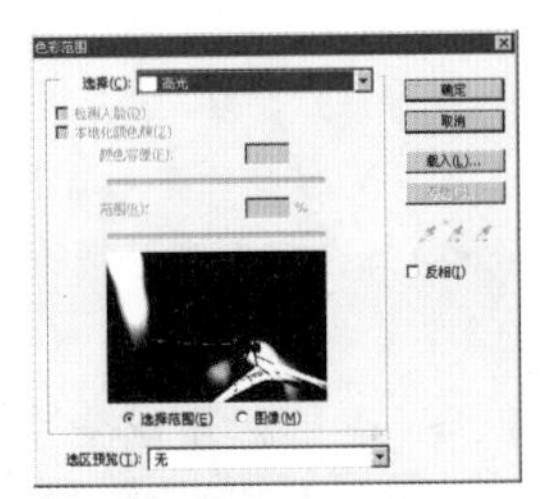

图 6-52　选择"高光"

图 6-53　选择肤色

颜色容差：用来控制颜色的选择范围，该值越高，选择的范围就越广。

检测人脸：选中该项，可以更加准确地选择肤色。

选择范围/图像：如果选中“选择范围”，在预览区的图像中可以看到，白色表示被选择的区域，黑色表示未被选择的区域，灰色则表示没有完全被选择的区域；如果选中“图像”，预览区内则显示为彩色图像，如图6-54所示。

选区预览：用来选择在图像窗口预览选区的方式。默认为“无”，表示不在窗口中显示选区的预览效果；选择“灰度”，可以按照选区在灰度通道中的外观来显示选区；选择“黑色杂边”，未被选择的区域变成黑色；选择“白色杂边”，未被选择的区域变为白色；选择“快速蒙版”，可以使用快速蒙版设置显示选区，未被选择的区域变成橙红色，如图6-55所示。

反相：选中该项，可以反向选区，相当于使用了“反向”命令。

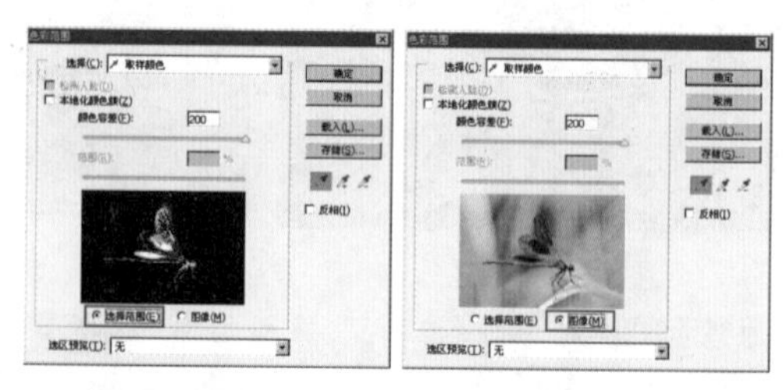

图 6-54　色彩范围 / 图像

灰度

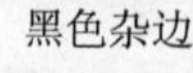

黑色杂边

白色杂边

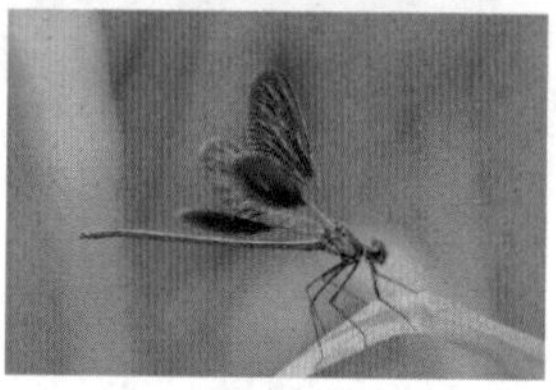

快速蒙版

图 6-55　选区预览

6.6 橡皮擦工具组

橡皮擦工具组包括：橡皮擦工具、背景橡皮擦工具和魔术橡皮擦工具。使用橡皮擦工具时，被擦除的区域将显示为工具箱中的背景色，而使用背景橡皮擦工具和魔术橡皮擦工具时，被擦除的区域将成为透明区域。

1 橡皮擦工具

使用橡皮擦工具拖动鼠标可以擦除图像中的指定区域。在“背景”图层中使用该工具，被擦除的区域将显示为工具箱中的背景色，在其他未被锁定的图层上使用该工具，那么被擦除的区域将变为透明区域，其属性栏如图6-56所示。

模式：画笔　不透明度：100%　流量：100%　抹到历史记录

图 6-56　“橡皮擦工具”属性栏

实例体验11：橡皮擦用法

素材：光盘\第6章\素材\素材11.JPG　　视频：光盘\第6章\视频\橡皮擦用法.flv

STEP01 **打开文件**。按快捷键Ctrl+O，打开素材文件，如图6–57所示。

STEP02 **设置橡皮擦属性**。选择工具箱中的橡皮擦工具，并设置其属性栏，如图6–58所示，确定默认的背景色和前景色。

STEP03 **擦除向日葵的中心**。使用橡皮擦工具在向日葵的中心区域单击，被擦除的区域显示为背景色白色，如图6–59和图6–60所示。

图6–57　原图

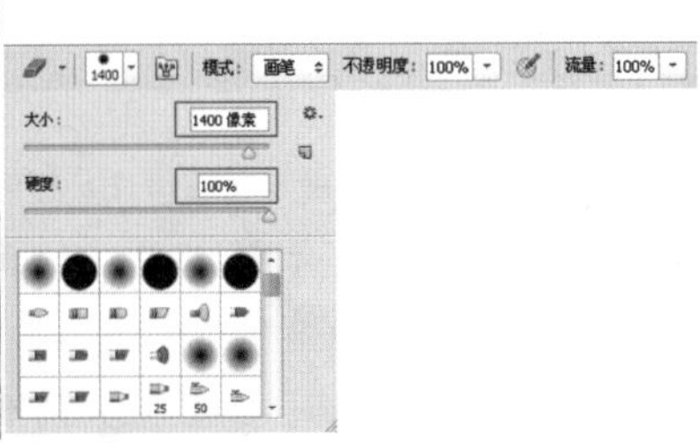

图6–58　设置橡皮擦属性栏

图6–59　橡皮擦工具擦除

图6–60　擦除后的效果

常用参数介绍

模式：选择"画笔"，擦除后呈现出柔化边缘的效果；选择"铅笔"，擦除后有硬化边缘的效果；选择"块"，擦除后呈块状，如图6-61所示。

"画笔"效果

"铅笔"效果

"块"效果

图6–61　选择模式

抹到历史记录：与历史记录画笔工具作用相同，选中该选项后，打开"历史记录"面板，选择一个状态或快照；使用橡皮擦工具擦除时，可将图像恢复为指定的状态。

2 背景橡皮擦工具

使用背景橡皮擦工具可以采集画笔中心的色样，同时识别对象的边缘，在涂抹过程中自动擦除采集到的色样，擦除后的区域变为透明区域，其属性栏如图6–62所示。

图6–62　"背景橡皮擦工具"属性栏

实例体验12：背景橡皮擦用法

素材：光盘\第6章\素材\素材12.JPG　　视频：光盘\第6章\视频\背景橡皮擦用法.flv

STEP01 **打开文件**。按快捷键Ctrl+O，打开素材文件，如图6–63所示。

STEP 02 **设置背景橡皮擦属性**。选择工具箱中的背景橡皮擦工具，并设置其属性栏如图6–64所示。

STEP 03 **擦除背景**。将背景橡皮擦工具移至图像中，圆形中心的十字线是采集颜色的位置。在擦除背景过程中注意不要让十字光标接触到手的区域，否则也会将手擦除，如图6–65和图6–66所示。

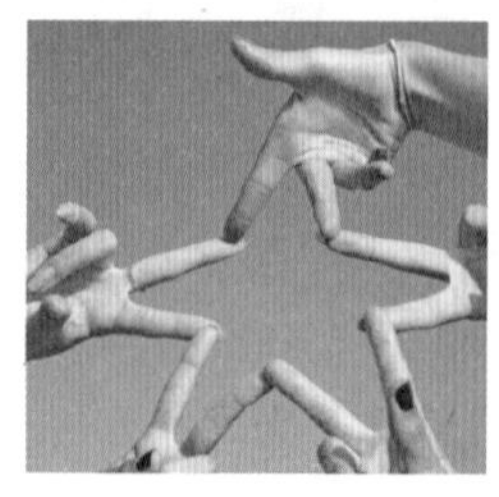

图 6–63 原图

图 6–64 设置背景橡皮擦属性栏

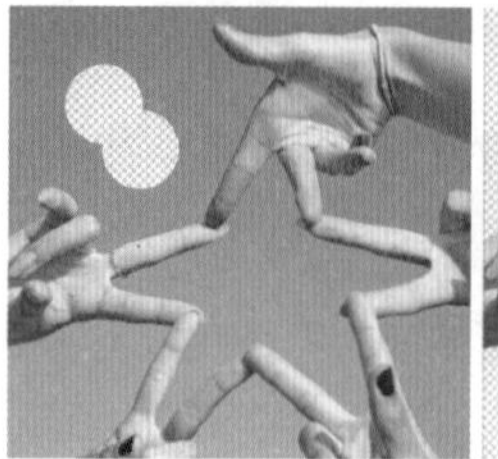

图 6–65 背景橡皮擦工具擦除

图 6–66 擦除后的效果

常用参数介绍

取样：设置取样的方式。单击“取样：连续”按钮，拖动鼠标时可连续对颜色取样，只有出现在十字光标线中心内的图像会被擦除；单击“取样：一次”按钮，只擦除包含第一次单击点颜色的图像；单击“取样：背景色板”按钮，只擦除包含背景色的图像，如图6-67所示。

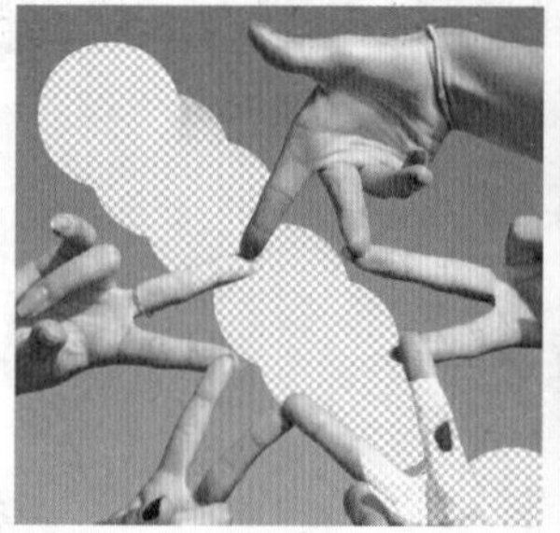

取样：连续

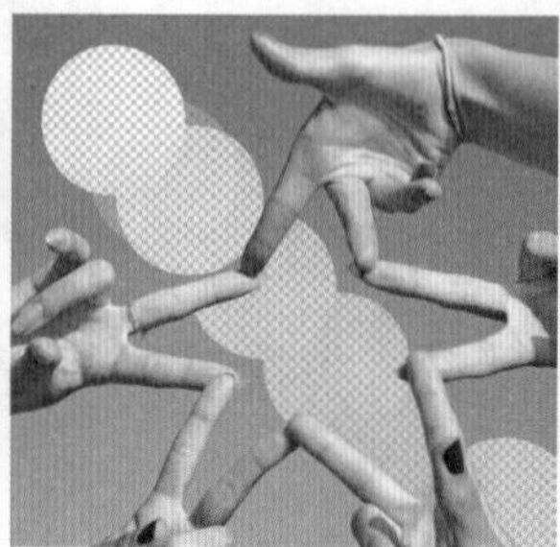

取样：一次

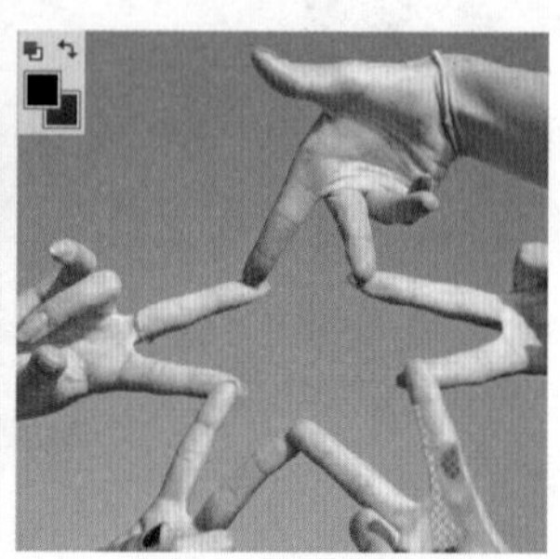

取样：背景色板

图 6–67 取样

限制：定义擦除时的限定模式，选择“不连续”，可擦除光标下任意位置的取样颜色；选择“连续”，可擦除取样颜色相互连接的区域；选择“查找边缘”，可擦除包含取样颜色的连续取样，同时很好地保留形状边缘的锐化程度。

容差：设置颜色的容差范围。容差越高，擦除的范围越广；容差较低时，只擦除与取样颜色相似的区域。

保护前景色：选中该项，可防止擦除与前景色相似的区域。

3 魔术橡皮擦工具

魔术橡皮擦工具也具有自动识别图像边缘的功能，在“背景”图层中使用该工具，被擦除的区域将显示为透明区域，锁定的背景图层将会自动转换为普通图层，在其他未被锁定的图层上使用该工具，被擦除的区域也将变为透明区域，其属性栏如图6–68所示。

容差：32 ☑ 消除锯齿 ☑ 连续 ☐ 对所有图层取样 不透明度：100%

图 6–68 “魔术橡皮擦工具”属性栏

实例体验13：魔术橡皮擦工具用法

素材：光盘 \ 第 6 章 \ 素材 \ 素材 13.JPG　　视频：光盘 \ 第 6 章 \ 视频 \ 魔术橡皮擦工具用法 .flv

STEP 01 打开文件。按快捷键Ctrl+O，打开素材文件，如图6–69所示。

STEP 02 擦除云彩。选择工具箱中的魔术橡皮擦工具，并设置其属性栏，然后在图6–70所示的区域单击。

STEP 03 擦除全部背景。使用魔术橡皮擦工具单击其他云彩区域，如图6–71所示。继续擦除全部背景，得到图6–72所示的效果。

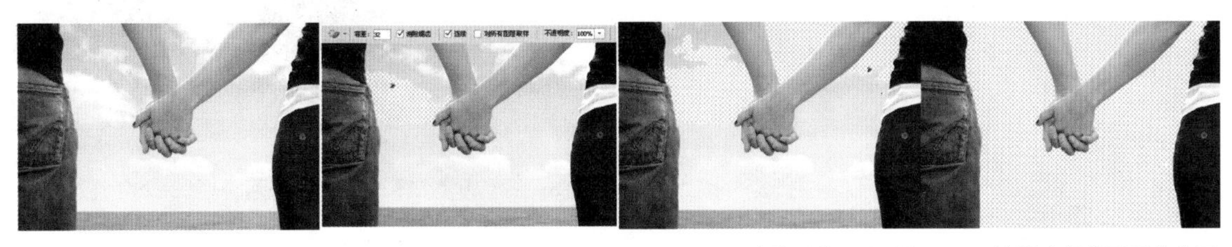

图 6–69　原图　　图 6–70　魔术橡皮擦工具单击　　图 6–71　擦除其他云彩　图 6–72　擦除全部背景后的效果

注意

在使用魔术橡皮擦工具对被锁定的透明像素图层操作时，被擦除的区域将被更改为背景色。

常用参数介绍

消除锯齿：选中该项，可使被擦除的区域边缘变得平滑。

连续：选中该项，只擦除与单击点邻近的像素；取消选中该项，可擦除整个图像中所有相似的像素。

对所有图层取样：对所有可见图层计算取样颜色。

6.7 钢笔工具组

Photoshop的钢笔工具十分强大，主要用于绘制矢量图形和选取图像。钢笔工具组包括：钢笔工具、自由钢笔工具、添加锚点工具、删除锚点工具和转换点工具。使用钢笔工具绘制时，创建的轮廓路径非常平滑，将路径转换为选区后，可以精确地抠取图像。选择钢笔工具后，任意绘制一个路径，其属性栏如图6–73所示。

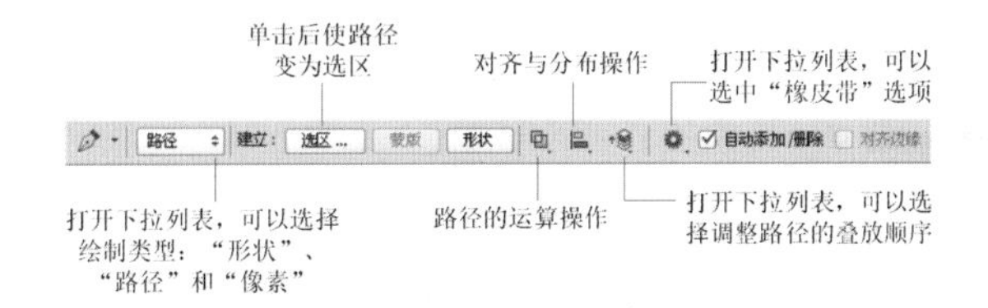

图 6–73　“钢笔工具”属性栏

1 路径的特点

（1）矢量图形。路径是单独存在且不存在于任何图层中的矢量对象，不包含像素，可以随意变换大小。没有填充或者描边处理，路径是不能够打印出来的。存储PSD、TIFF和JPEG等格式的文件可以保存路径。

（2）锚点连接路径。路径是由直线路径段和曲线路径段组成的，它们通过锚点连接。锚点分为两种：角点和平滑点。角点连接形成直线，平滑点连接可以形成平滑的曲线，如图6–74和图6–75所示。

（3）操作路径。路径也可以转换为选区或使用颜色填充和描边轮廓，如图6–76～图6–78所示。

图 6–74　直线路径段　　图 6–75　曲线路径段　　图 6–76　路径转换为选区　　图 6–77　填充路径　　图 6–78　描边轮廓路径

（4）开放路径和闭合路径。路径包括有起点和终点的开放路径以及没有起点和终点的闭合路径两种，如图6–79和图6–80所示。

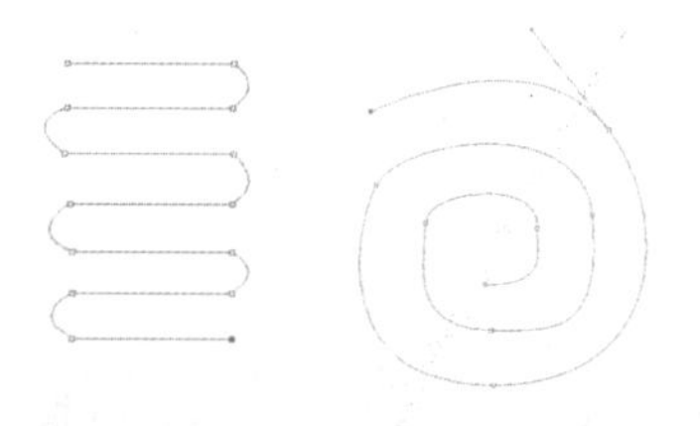

图 6–79　开放路径

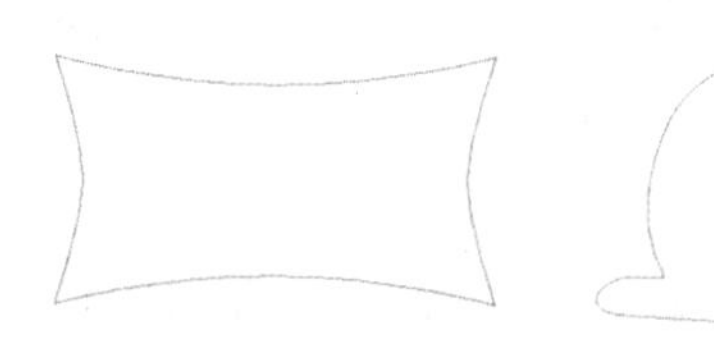

图 6–80　闭合路径

2 用钢笔建立直线和折线路径

实例体验14：建立直线和折线路径

素材：无　　　　视频：光盘\第 6 章\视频\建立直线和折线路径 .flv

STEP 01 新建文档。执行“文件”｜“新建”命令或按快捷键Ctrl+N，建一个A4页面大小的文档，单击“确定”按钮，如图6–81所示。

STEP 02 建立直线路径。选择钢笔工具，在属性栏中选择“路径”选项，将光标移至画面中，光标变为状，单击一下鼠标即可创建一个锚点。将光标向右移动，按住Shift键单击鼠标，创建第二个锚点，两点之间连成一条直线路径，如图6–82所示。

STEP 03 建立折线路径。将光标向左下方45°方向移动，并按住Shift键单击鼠标，创建第三个锚点，建立折线路径。利用相同的方法，再次建立两个锚点，如图6–83所示。

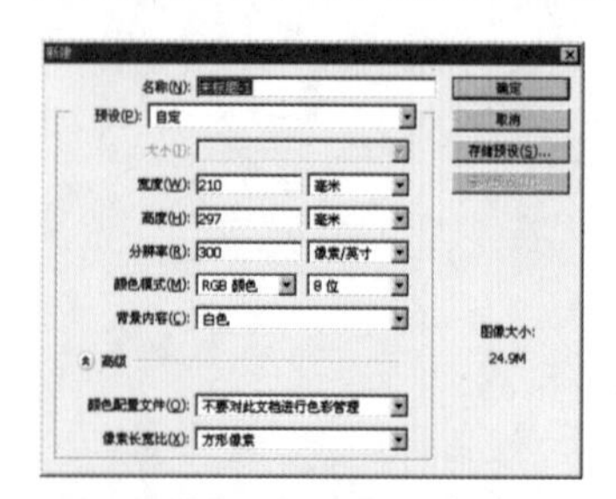

图 6–81　“新建”对话框

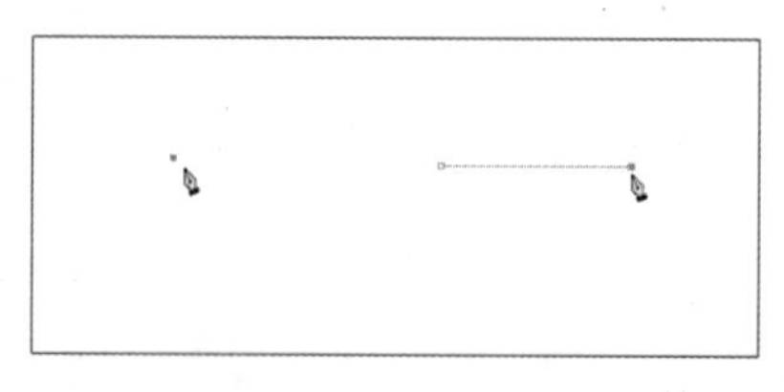

图 6–82　建立直线路径

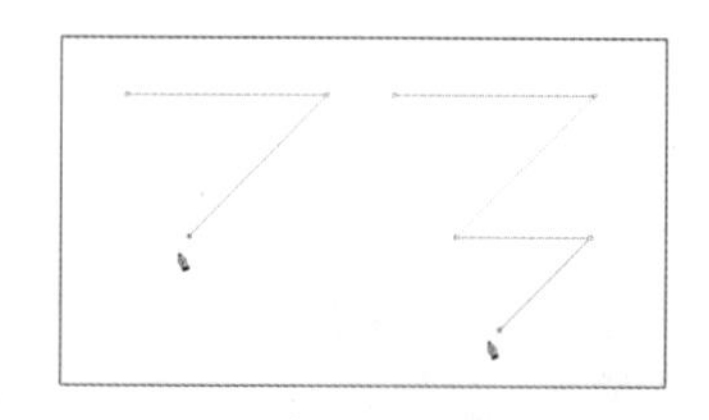

图 6–83　建立折线路径

技巧

绘制直线和折线时比较简单，单击鼠标即可，不用拖动鼠标，否则将建立曲线路径。按住Shift键可绘制水平、垂直和45°的直线。

3 用钢笔建立曲线路径

实例体验15：建立曲线路径

素材：无　　　视频：光盘\第6章\视频\建立曲线路径.flv

STEP01 **新建文档**。执行“文件”|“新建”命令或按快捷键Ctrl+N，建一个A4页面大小的文档，单击“确定”按钮。

STEP02 **创建平滑点**。选择钢笔工具，在属性栏中选择“路径”选项，按住Shift键单击一点并向下拖动，拖动过程中可以控制方向线的长度。调整到适当位置后松开鼠标和Shift键，将光标移至右侧位置，按住Shift键再单击一点并向上拖动，两个平滑点间的路径变为平滑的曲线，如图6–84所示。

STEP03 **继续创建平滑点**。继续将光标移至右侧位置。按住Shift键单击一点并向下拖动，两点间的路径变为平滑的曲线，如图6–85所示。

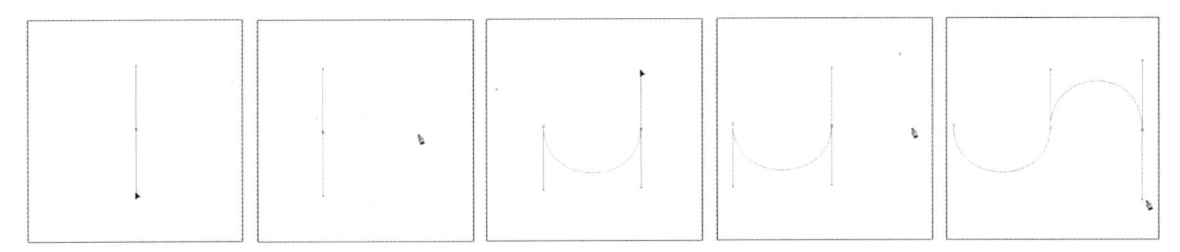

图6–84　绘制曲线路径　　　图6–85　绘制侧卧的S路径

技巧

如果想让所创建曲线的弧度朝着相同的方向，那么在完成STEP02时，需要按住Alt键，当钢笔工具变为时，单击锚点去掉一个方向点，然后在右侧单击并拖动创建锚点，通过使用直接选择工具拖动路径，出现方向线后进行调整，如图6-86所示。

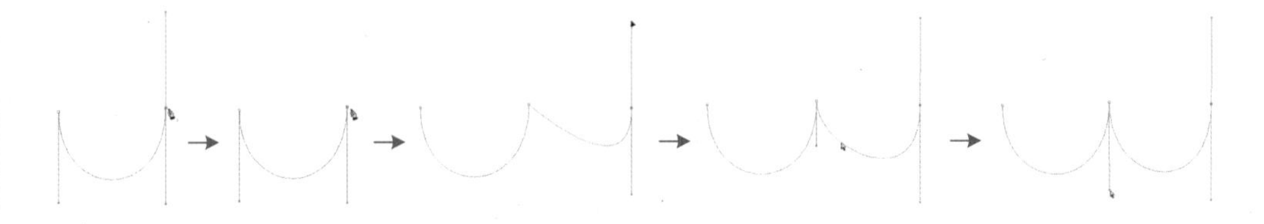

图6–86　路径调整

注意

CorelDRAW软件中绘制路径的工具叫贝塞尔工具，其实钢笔工具就是贝塞尔工具，它是法国人开发的一种锚点控制方式，具有精确、易于控制的特点，其原理是在锚点加上两个方向线，无论调整哪一端的方向线，另一端始终与它保持成直线并与曲线相切。

4 用钢笔建立复杂路径

使用钢笔工具，通过单击可以创建直线路径，单击一点并拖动可以创建平滑的曲线。如果一条路径上既有直线也有曲线，就需要在创建锚点前首先改变方向线的走向。

实例体验16：建立复杂路径

素材：无　　　　视频：光盘\第 6 章\视频\建立复杂路径 .flv

STEP 01 **新建文档**。执行“文件”｜“新建”命令或按快捷键Ctrl+N，建一个A4页面大小的文档，单击“确定”按钮，然后按快捷键Ctrl+”打开网格。

STEP 02 **创建桃心路径**。选择钢笔工具，在属性栏中选择“路径”选项，单击一点并向45°方向拖动，然后将光标移至下一个点位置，单击并向下拖动鼠标创建曲线，再将光标移至下一点单击，不用拖动鼠标，如图6–87所示。

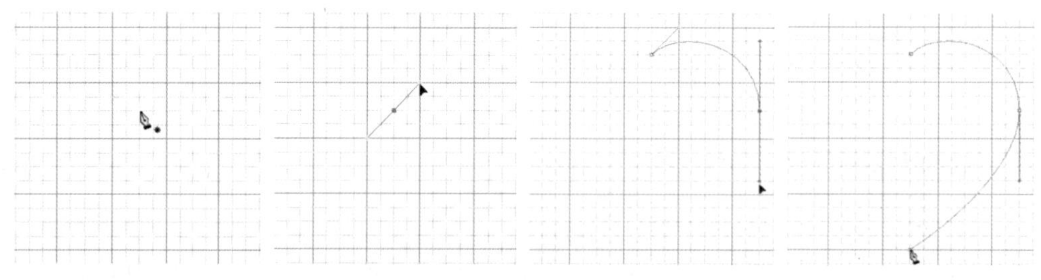

图 6–87　绘制桃心曲线路径

STEP 03 **创建完整的桃心路径**。将光标移至下一个点位置，单击并向上拖动鼠标创建曲线。将光标移至起点，钢笔工具右下角出现闭合的圆圈，单击创建闭合路径。按住Ctrl键，钢笔工具转换为直接选择工具，单击起点处的路径，锚点上出现两条控制手柄，如图6–88所示。

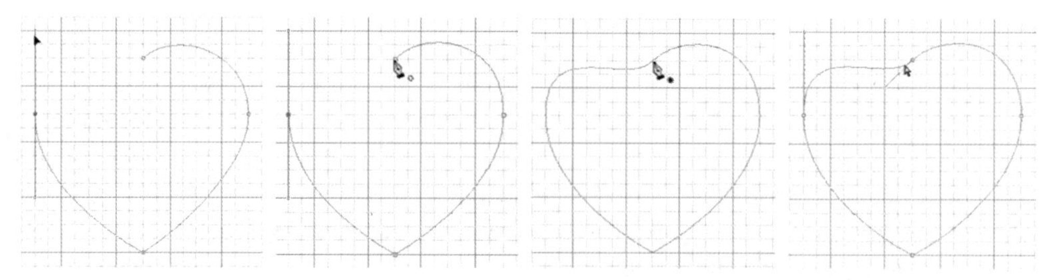

图 6–88　绘制完整的桃心路径

STEP 04 **调整桃心路径的形状**。按住Alt键，钢笔工具变为转换点工具，单击起点后将平滑的锚点转换为角点；再按住Ctrl键，钢笔工具转换为直接选择工具，将锚点向下轻微移动，按快捷键Ctrl+”，将网格隐藏，桃心路径就绘制完成了，如图6–89所示。

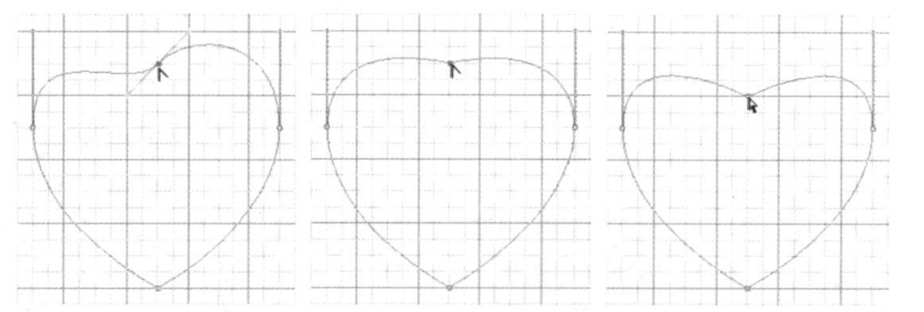

图 6–89　调整桃心路径的形状

技巧

按住Alt键单击路径，可以选择路径上的所有锚点；使用钢笔工具时，将光标移动到锚点上，按住Alt键可转换为转换点工具，单击并拖动角点可将其转换为平滑点；按住Alt键单击平滑点，则可将其转换为角点。

5 路径的显示和隐藏控制

使用钢笔工具绘制完成的路径，可以通过执行“窗口”｜“路径”命令打开“路径”面板查看。如图6-90中的“工作路径”是使用钢笔工具创建的路径，在“工作路径”下方的空白区域单击，即可隐藏路径。若要显示路径，则单击“工作路径”即可。

图 6-90 “路径”面板

6 路径转换为选区

打开“路径”面板，单击“路径”面板下方的按钮或者按快捷键Ctrl+Enter，可以将路径转换为选区，如图6-91和图6-92。

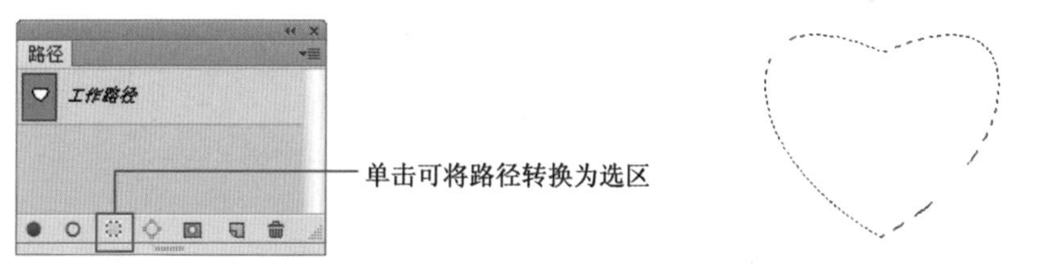

图 6-91 “路径”面板　　图 6-92 转换为选区的桃心

7 路径的调整和修改

曲线路径段上每个锚点都包含一条或者两条方向线，可以使用直接选择工具或转换点工具通过移动方向线上的方向点，调整方向线的长度和方向，从而调整和修改曲线路径的形状，如图6-93和图6-94所示。

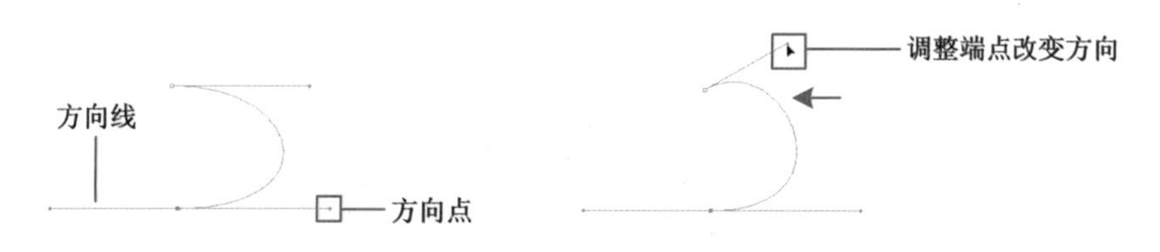

图 6-93 移动方向点　　图 6-94 调整端点

使用工具箱中的添加锚点工具在路径上单击，可增加一个锚点，单击并拖动鼠标可添加一个平滑点；使用删除锚点工具，在锚点上单击，可删除该锚点。

实例体验17：增减锚点

素材：光盘\第6章\素材\素材14.PSD　　视频：光盘\第6章\视频\增减锚点.flv

STEP01 **打开文件**。按快捷键Ctrl+O，打开素材文件，执行"窗口"｜"路径"命令打开路径面板，并单击"工作路径"将其显示，如图6-95所示。

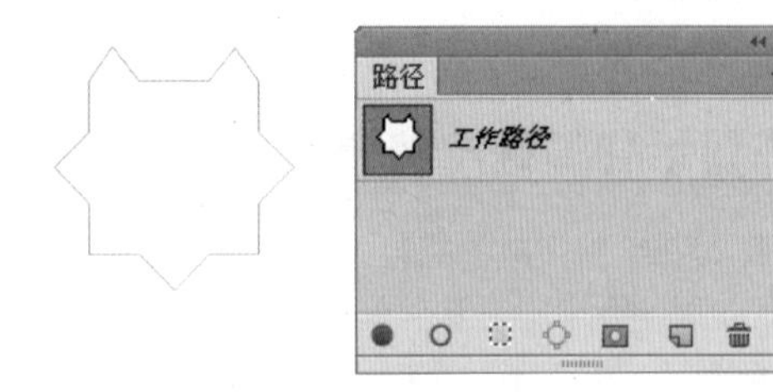

图6-95　素材文件

STEP02 **添加锚点**。选择工具箱中的直接选择工具，单击路径，路径中的所有锚点全部显示出来，如图6-96所示。选择添加锚点工具在路径上单击，可增加一个锚点，单击并拖动鼠标可添加一个平滑点，如图6-97和图6-98所示。

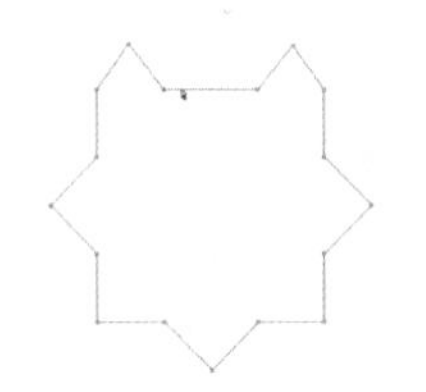

图6-96　显示锚点

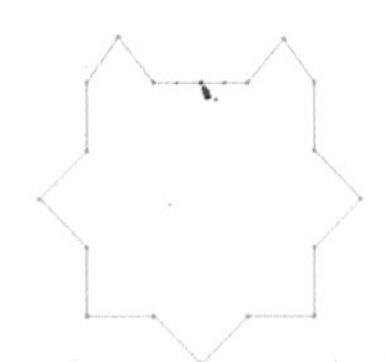

图6-97　添加锚点

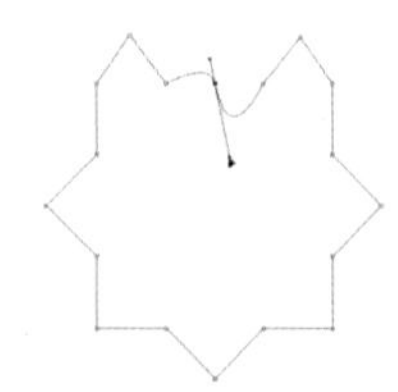

图6-98　添加平滑点

STEP03 **删除锚点**。选择删除锚点工具，单击路径上的一个锚点，可删除该锚点，如图6-99所示。使用直接选择工具，单击一个锚点后，按Delete键也可将其删除，但锚点两侧的路径段也会同时被删除，封闭的路径变为开放路径，如图6-100所示。

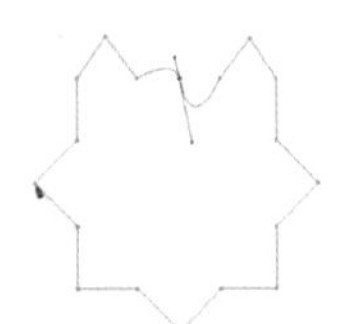
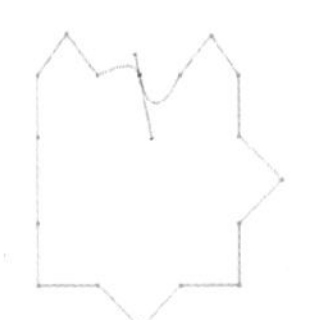

图6-99　删除锚点

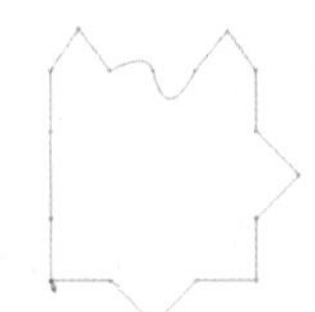
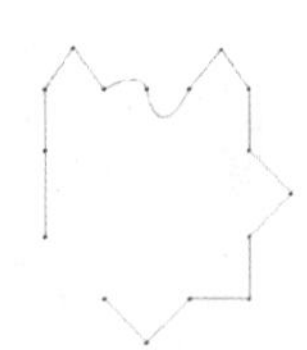

图6-100　删除锚点后路径变开放

实例体验18：曲直转换★

素材：光盘\第6章\素材\素材14.PSD　　视频：光盘\第6章\视频\曲直转换.flv

使用工具箱中的转换点工具，在角点上拖动，可以将角点转换为平滑点，从而将直线变成平滑曲线；单击平滑曲线路径上的锚点，可将平滑的曲线路径转换为直线路径，如图6-101所示。

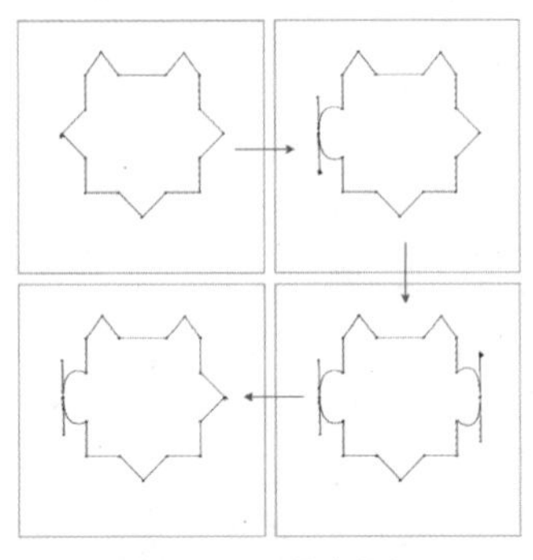

图6-101　曲直转换

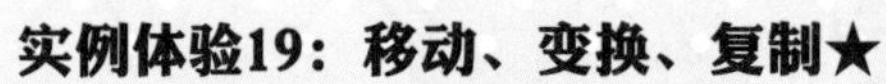

实例体验19：移动、变换、复制★

素材：光盘\第 6 章\素材\素材 14.PSD　　　　视频：光盘\第 6 章\视频\移动、变换、复制 .flv

使用直接选择工具可以选择路径上的一个或多个锚点，拖动鼠标可将其移动，也可以按方向键进行移动；使用直接选择工具框选所有路径后，拖动鼠标可对整个路径进行移动，如图6–102所示。

选择路径后，执行“编辑”｜“变换路径”命令或直接按快捷键Ctrl+T显示定界框，拖动控制点可对路径进行缩放、旋转、斜切和扭曲等操作。

路径的复制包括三种情况：一种是选中路径后，按下Alt键移动路径，可以复制出子路径；一种是选中路径，然后进行复制、粘贴，复制出子路径；最后一种类似复制图层，是将当前整个路径复制成一个新的路径，如图6–102所示。

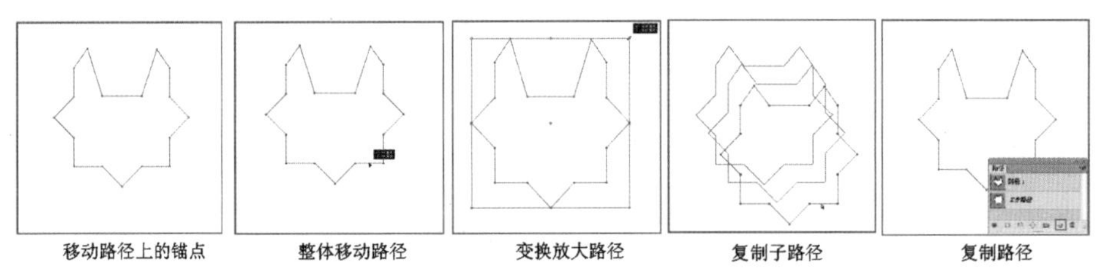

图 6–102　路径的移动、变换和复制

实例体验20：路径运算★

素材：无　　　　视频：光盘\第 6 章\视频\路径运算 .flv

使用钢笔工具时，也要对路径进行相应的运算，才能得到想要的形状路径，和选区的运算相似，都是通过相加、相减和相交等命令完成的。选择钢笔工具后，单击属性栏中的路径操作按钮，可以在打开的列表中选择路径运算方式。需要注意的是，选择一个路径运算方式后，单击路径面板下方的“用前景色填充路径”按钮，对路径填充后才可以看到运算效果，如图6–103所示。

减去顶层形状

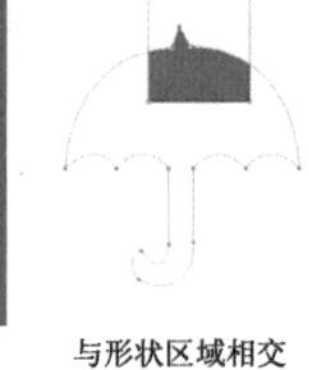

图 6–103　路径运算

常用参数介绍

形状：在钢笔工具属性栏中选择“形状”后，绘制路径时将自动创建形状图层。可以在“填充”选项和“描边”选项的下拉面板中设置即将创建的形状的填充或描边方式，如图6-104和图6-105所示。

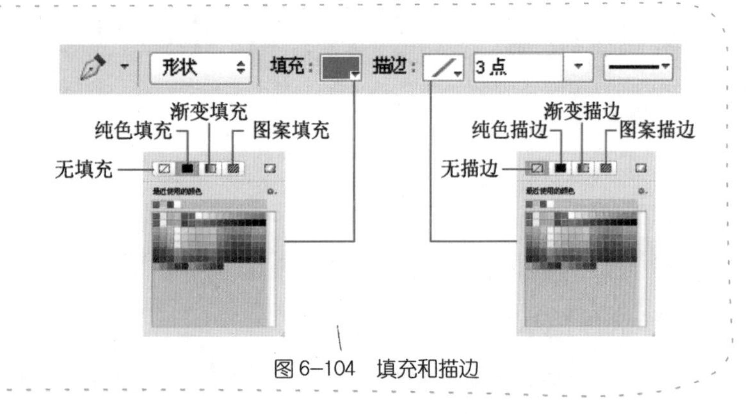

图 6–104　填充和描边

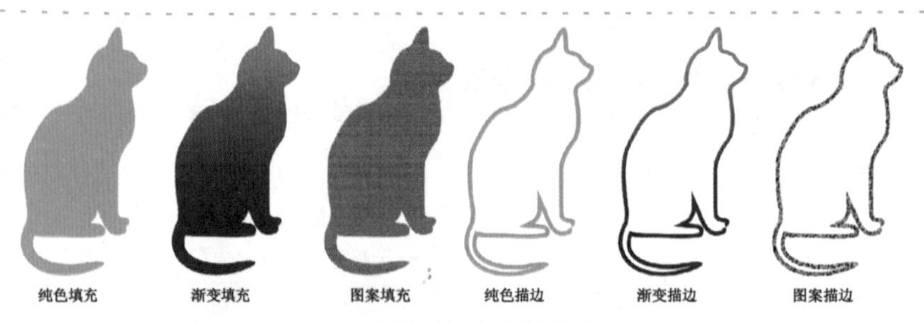

图 6–105 填充和描边方式

描边宽度：单击钢笔工具属性栏中3点的下拉按钮，在弹出的面板中拖动滑块可以设置描边的宽度，如图6-106所示。

描边类型：在钢笔工具属性栏中选择“形状”后，单击属性栏中的按钮，可以打开下拉面板，在其中可以设置描边的线条类型，如图6-107和图6-108所示。

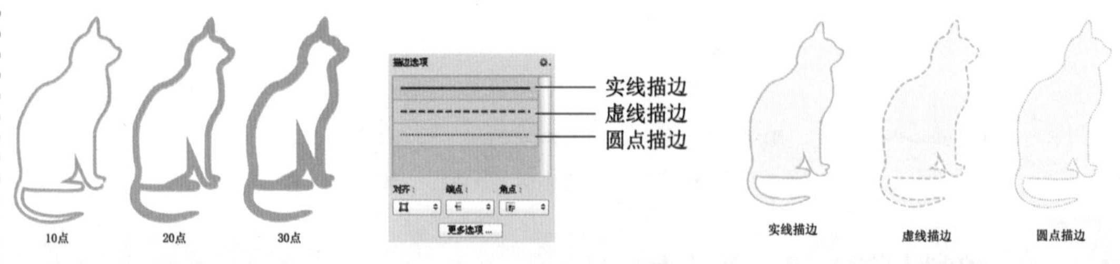

图 6–106 不同描边宽度效果　图 6–107 描边类型设置　图 6–108 不同描边类型效果

路径：在钢笔工具属性栏中选择“路径”，绘制路径后可单击“选区”“蒙版”“形状”按钮，将路径转换为选区、矢量蒙版或形状图层。

像素：该功能不能用于钢笔工具。选择其他矢量工具中的“像素”选项后，可以在当前图层上绘制出以前景色为填充颜色的栅格化图形。

路径对齐方式：使用选择工具选择多个路径后，单击路径对齐方式下拉按钮，可以选择一个对齐方式，对路径进行对齐分布操作。

路径排列方式：选择一个路径后，单击路径排列方式下拉按钮，可以选择调整路径的堆叠顺序。

橡皮带：单击钢笔工具属性栏中的按钮，在下拉列表中选中“橡皮带”选项，使用钢笔工具绘制路径时，可以预先看到将要绘制路径段的走向。

6.8 图层蒙版

图层蒙版在图层上面，起到遮盖图层的作用，其本身并不可见。图层蒙版主要用于合成图像。在创建调整图层、填充图层和应用智能滤镜时，Photoshop会自动为其添加图层蒙版，因为图层蒙版能够控制图像的颜色和滤镜范围。

1 什么是图层蒙版

图层蒙版就是对当前图层像素的显示、隐藏进行灵活控制的“魔法布”，它“附身”于图层，不能单独存在。在图层蒙版中，只有白色、黑色和灰色。蒙版上的白色使当前图层对应位置的像素显现，能被人看到；蒙版上的黑色使当前图层对应位置的像素完全透明，隐藏起来；而蒙版上的灰色使当前图层对应位置的像素具有一定程度的透明，若有若无。

所以，只要在白色蒙版上涂抹或填充纯黑色，当前图层的这部分画面便会消失，下一图层相应位置的图像便会显现出来，如图6–109所示。

图 6–109 图层蒙版效果

注意

在Photoshop中有四种蒙版：快速蒙版、图层蒙版、矢量蒙版和剪切蒙版。快速蒙版是一种选区转换工具，将选区转换为一种临时的蒙版图像后，可以用画笔、滤镜、钢笔等工具编辑蒙版，最后再将蒙版区域转换为选区，从而实现编辑选区内图像的目的；图层蒙版通过蒙版中的256级灰度信息来控制图像的显示范围和不透明度；矢量蒙版通过路径和矢量形状控制图像的显示区域；剪切蒙版则通过一个对象的形状来控制其他图层的显示区域。

2 蒙版的建立、删除和停用、启用

实例体验21：蒙版基础操作

素材：光盘\第6章\素材\素材15.JPG、素材16.JPG　　视频：光盘\第6章\视频\蒙版基础操作.flv

STEP01 **打开文件**。按快捷键Ctrl+O，打开两幅素材文件，如图6–110所示。

图 6–110 素材文件

STEP02 **移动图像**。选择工具箱中的移动工具，将土壤图片拖至水图片中并位于上方，将两张图片完全重叠，土壤图片变为“图层1”，如图6–111所示。

图 6–111 移动重叠图像

STEP03 建立图层蒙版。 单击“图层”面板下方的“添加图层蒙版”按钮，“图层1”右侧出现一个白色蒙版，而白色蒙版使当前图层显现，所以当前图像看不到变化，如图6-112所示。

图6-112 建立图层蒙版

STEP04 填充图层蒙版。 单击“图层1”的图层蒙版，确定前景色为黑色，背景色为白色，然后选择工具箱中的渐变工具，设置渐变类型为线性渐变，在图像中从左到右拖动鼠标，填充渐变，图6-113所示为图层蒙版的效果。

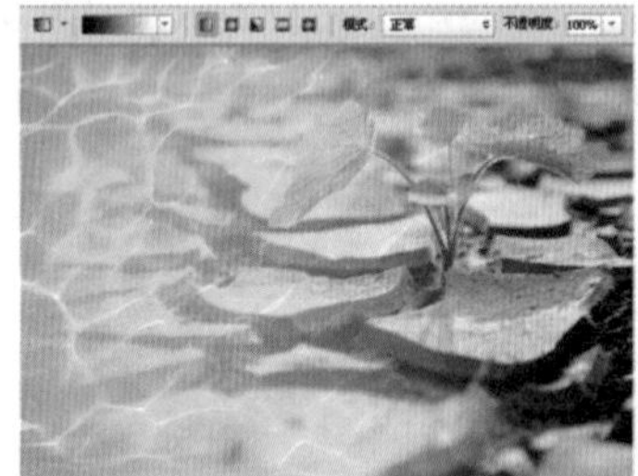

图6-113 填充渐变

STEP05 停止和启用图层蒙版。 按住Shift键单击图层蒙版缩览图，蒙版上出现一个红色的叉，可停用图层蒙版，图像中将无法显示蒙版效果。再次单击图层蒙版缩览图，将启用图层蒙版，如图6-114所示。按住Alt键单击图层蒙版缩览图，图层蒙版将在图像中放大显示，再次单击则取消在图像中放大显示，如图6-115所示。

图6-114 停止和启用图层蒙版

图6-115 图层蒙版放大显示

STEP06 删除图层蒙版。 如果要删除图层蒙版，则先单击图层蒙版缩览图，然后再单击图层面板下方的“删除图层”按钮，这时会弹出一个警示框，提示是否移去图层蒙版，单击“删除”按钮即可，如图6-116所示。

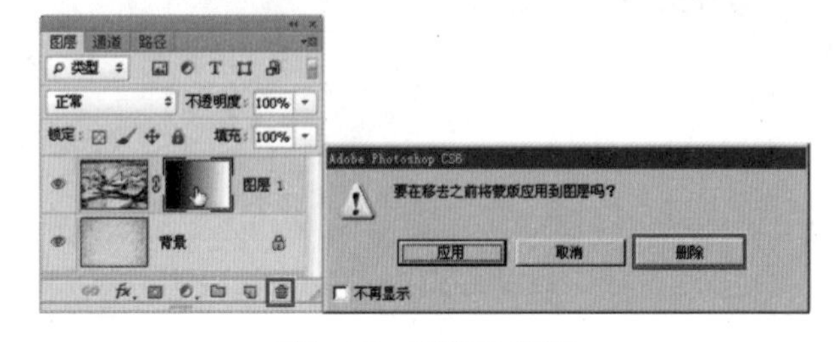

图6-116 删除图层蒙版

3 蒙版的编辑

实例体验22：用画笔编辑蒙版

素材：光盘\第6章\素材\素材17.JPG　　视频：光盘\第6章\视频\用画笔编辑蒙版.flv

STEP01 打开文件。 按快捷键Ctrl+O，打开素材文件，可以看到图像中建筑物偏暗，而天空亮度合适，如图6-117所示。

STEP 02 **调整亮度/对比度。**单击"图层"面板下方的"创建新的填充或调整图层"按钮，在弹出的下拉列表中选择"亮度/对比度"，并调整亮度滑块，将偏暗的区域调亮，调整亮度时只观察需要调亮的建筑物即可，天空过曝也暂且不管它，如图6–118所示。

图 6–117 原图

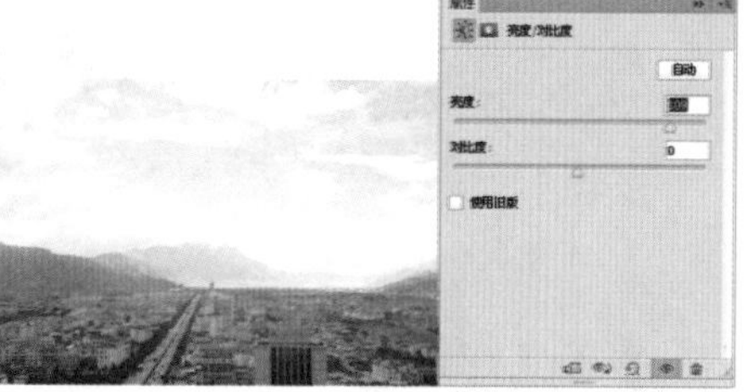

图 6–118 建筑物调亮

STEP 03 **蒙版中还原过曝区域。**调整完亮度/对比度后，得到带图层蒙版的"亮度/对比度1"图层。选择工具箱中的画笔工具，设置柔角为300，不透明度为100%，确定前景色为黑色，单击"亮度/对比度1"的图层蒙版后，在画面中涂抹过曝的天空区域，如图6–119和图6–120所示。

图 6–119 画笔涂抹过曝的天空

图 6–120 涂抹完成后的效果

实例体验23：用填充编辑蒙版★

素材：光盘\第 6 章\素材\素材 18.JPG　　视频：光盘\第 6 章\视频\用填充编辑蒙版 .flv

本实例各步骤操作效果如图6–121所示。

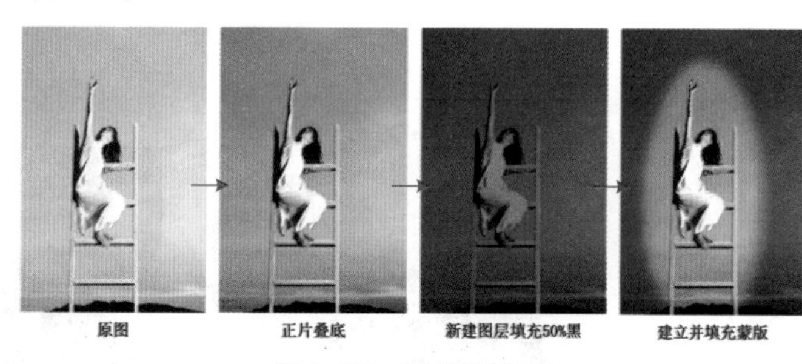

图 6–121 填充编辑蒙版

实例体验24：将图像作为蒙版★

素材：光盘\第 6 章\素材\素材 19.JPG　　视频：光盘\第 6 章\视频\将图像作为蒙版 .flv

本实例各步骤操作效果如图6–122所示。

图 6–122 图像蒙版

6.9 抠图原则

抠图方法有很多种，根据不同照片的背景选择适当的抠图方法或使用多种技巧混合抠图，是提高抠图效率的最好方式。除此之外，要抠好图，必须坚持以下原则。

1 该精确的一定要精确

抠取人物图像、半透明水杯、婚纱等一定要精确细致，具备足够的耐心，如图6-123所示。

图 6-123 精确抠图

2 该虚化的一定要虚化

抠取没有确定形状的物体或者我们不需要确定的形状时，不必做到精确无误。例如：草地、波浪、大树剪影、错乱的建筑结构等图像，就没有必要精细抠图，只要大致抠取，给一定羽化，能比较好地融合于新背景即可，如图6-124所示。

图 6-124 该虚化的要虚化

3 别妄想一点损失都没有

背景色单一、图像边界清晰的图像非常容易抠取，抠取后的图像几乎没有损失，但有些背景复杂的图像，要想一点损失都没有地将其抠取，那是妄想。比如：抠取背景复杂的毛发，抠图时尽可能保持图像的细节和完整度即可，如图6-125所示。

图 6-125 别妄想一点损失都没有

4 记得修边

抠图后，图像的边缘有时会留下一条色边，可以通过羽化边缘选区，将色边删除，使图像看起来更真实，如图6–126所示。

图 6–126　记得修边

5 抠图后要调色

抠图主要用于图像合成，从一幅图像中抠取需要的图像到另外一张图像中，由于颜色、明暗度和表现的意境等不同，生硬的两张图像合并到一起会显得不融合，可以通过执行“曲线”、“亮度/对比度”、“色相/饱和度”等命令进行调色，让照片看起来色调和谐一致，如图6–127所示。

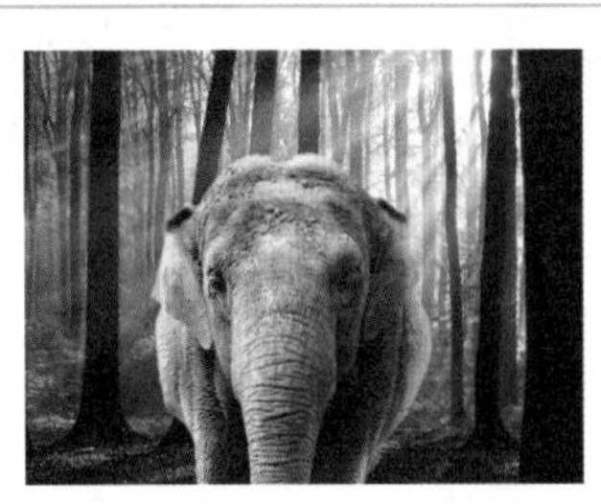

图 6–127　抠图后要调色

6.10 设计师的抠图秘法

1 直选法

直选法就是直接冲着需要的图像进行轮廓选取的方法。轮廓清晰、简单、不细碎，不具备透明属性，同时背景比较复杂的图像适合直选法。对这类图像，直接根据轮廓选用选框工具、套索工具、钢笔工具等进行选择即可。例如图6–23中的画夹和图6–41中的花朵都适合直选法。

2 反选法

反选法要求图像和背景色色差明显，背景色单一，图像边界清晰。反选法主要使用魔棒工具单击选择单色背景，然后执行反选命令，抠取图像。反选法是最直接的抠图方法。

实例体验25：反选抠图

素材：光盘 \ 第 6 章 \ 素材 \ 素材 20.JPG　　视频：光盘 \ 第 6 章 \ 视频 \ 反选抠图 .flv

STEP01 **打开文件，**按快捷键Ctrl+O，打开素材文件，如图6–128所示。

STEP02 **背景生成选区。**选择工具箱中的魔棒工具，设置属性栏中的参数，容差为30，在图像背景处单击，图像背景生成选区，如图6–129所示。

STEP 03 **反选选区**。按快捷键Shift+F7将选区反选，如图6–130所示。按快捷键Ctrl+J复制选区图像，得到"图层1"。将背景图层隐藏，可以看到抠取的图像，如图6–131所示。

图6–128　原图

图6–129　魔棒工具单击背景

图6–130　反选选区

图6–131　反选抠图效果

3 排除法

排除法主要使用橡皮擦工具组中的工具，先去除没用的背景区域，留下有用的部分。这种抠图方法简单好用，但处理效果不是很好，排除完没用的区域后，还需要进一步精细处理。

实例体验26：排除法抠图

素材：光盘\第6章\素材\素材21.JPG　　视频：光盘\第6章\视频\排除法抠图.flv

STEP 01 **打开文件**，按快捷键Ctrl+O，打开素材文件，如图6–132所示。

STEP 02 **擦除背景区域**。选择工具箱中的橡皮擦工具，设置属性栏中的参数，确定为默认背景色，然后擦除背景，如图6–133所示。

图6–132　原图

图6–133　橡皮擦工具擦除背景

STEP 03 **背景橡皮擦擦除**。使用橡皮擦工具进一步擦除后，得到图6–134所示的效果。选择工具箱中的背景橡皮擦工具，擦除人物和树干边缘的区域，全部擦除完后，再选择橡皮擦工具设置一个柔角作精细处理，如图6–135和图6–136所示。

图6–134　橡皮擦工具排除

图6–135　背景橡皮擦工具擦除背景

图6–136　最终效果

4 蒙版法

蒙版法抠图是使将要抠取的图像区域呈现白色，需要去除的区域呈现黑色。蒙版法适用于抠取有一定明暗反差的图像。

实例体验27：蒙版抠毛发

素材：光盘\第 6 章\素材\素材 22.JPG　　视频：光盘\第 6 章\视频\蒙版抠毛发 .flv

STEP01 添加图层蒙版。按快捷键Ctrl+O，打开素材文件，再按快捷键Ctrl+J复制背景图层，得到“图层1”，然后单击“图层”面板下方的“添加图层蒙版”按钮，“图层1”右侧出现一个白色蒙版，如图6–137所示。

图 6–137　复制图层后添加图层蒙版

STEP02 复制人物图像。单击“图层1”人物图像，然后按快捷键Ctrl+A全选，再按快捷键Ctrl+C复制人物图像，如图6–138所示。

图 6–138　复制人物图像

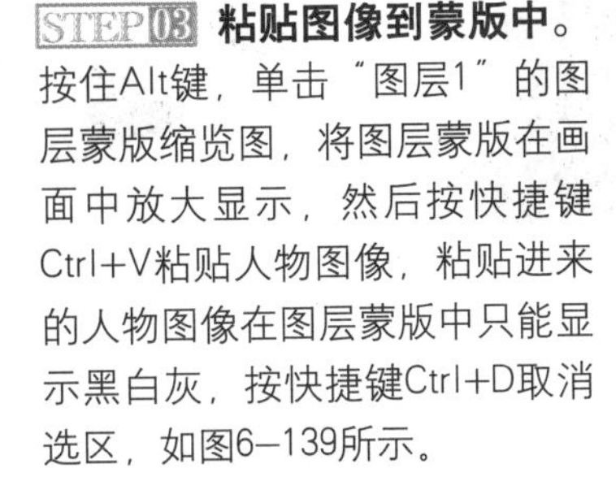

STEP03 粘贴图像到蒙版中。按住Alt键，单击“图层1”的图层蒙版缩览图，将图层蒙版在画面中放大显示，然后按快捷键Ctrl+V粘贴人物图像，粘贴进来的人物图像在图层蒙版中只能显示黑白灰，按快捷键Ctrl+D取消选区，如图6–139所示。

图 6–139　人物图像粘贴到放大的图层蒙版中

STEP04 执行反相命令。按快捷键Ctrl+I反相，图像中的明度颠倒，黑色变为白色、白色变为黑色，如图6–140所示。

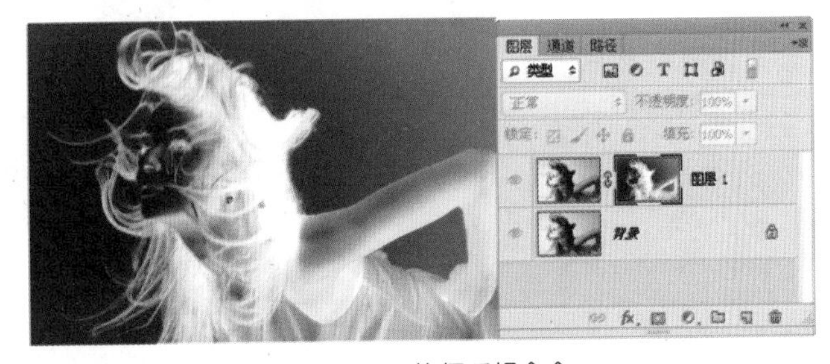

图 6–140　执行反相命令

STEP05 执行色阶命令。按快捷键Ctrl+L，弹出“色阶”对话框。观察图像并拖动黑场滑块和白场滑块，增强图像的明暗对比，调整完毕单击“确定”按钮，如图6–141所示。

STEP 06 **设置白场**。再次按快捷键Ctrl+L，打开“色阶”对话框。选择设置白场工具，在人物手臂处单击一点，比该点亮度值高的像素都将变为白色，人物图像整体变白，调整完毕单击“确定”按钮，如图6–142所示。

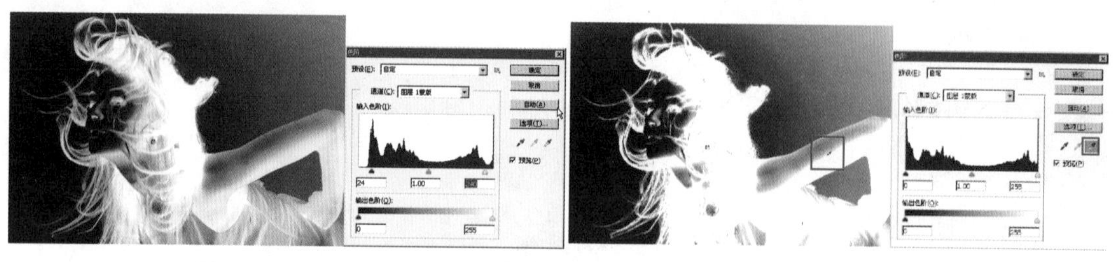

图 6–141　调整色阶　　图 6–142　设置白场

STEP 07 **画笔工具涂抹**。选择工具箱中的画笔工具，设置柔角为150，不透明度为100%，确定前景色为白色。细心涂抹人物区域，直到全部变为白色为止，效果如图6–143所示的。

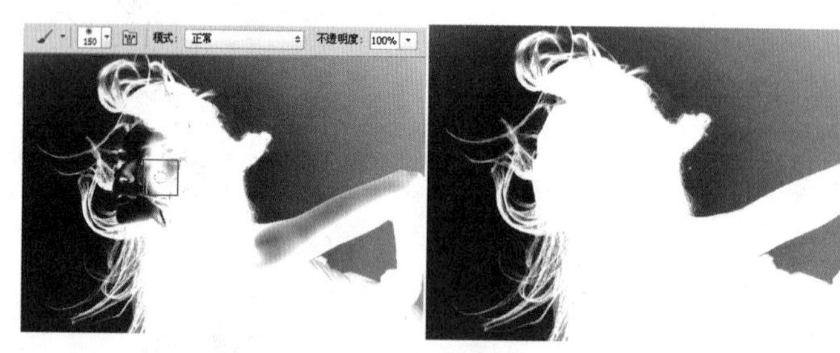

图 6–143　画笔工具将人物区域涂抹为白色

STEP 08 **加深背景**。选择工具箱中的加深工具，选择“范围”为“阴影”，在背景泛白的灰色区域加深，尽可能使人物和背景黑白划分明确，到这一步图像实际已经被抠取出来了，如图6–144所示。

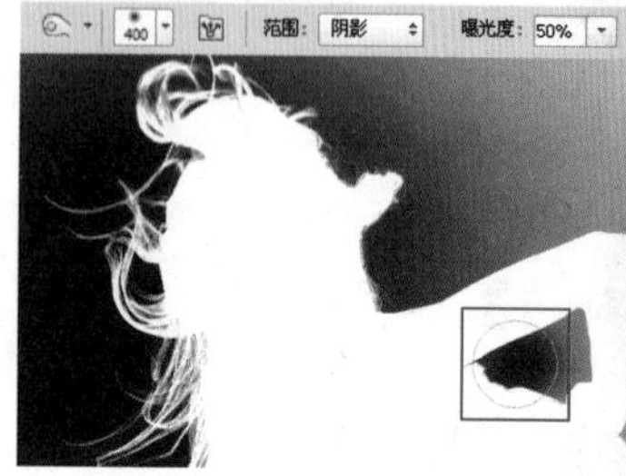

加深灰色区域

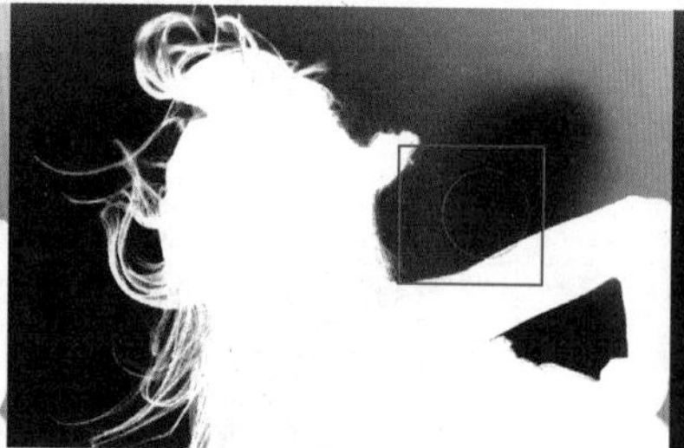

加深其他灰色区域

加深完成后效果

图 6–144　加深背景

STEP 09 **显示抠取的图像**。按住Alt键，单击“图层1”的图层蒙版缩览图，取消图层蒙版在画面中放大显示，然后隐藏“背景”图层，最终效果如图6–145所示。

图 6–145　抠取图像最终效果

实例体验28：蒙版抠婚纱★

素材：光盘\第 6 章\素材\素材 23.JPG、素材 24.JPG　　视频：光盘\第 6 章\视频\蒙版抠婚纱 .flv

实例素材及制作效果如图6–146所示。

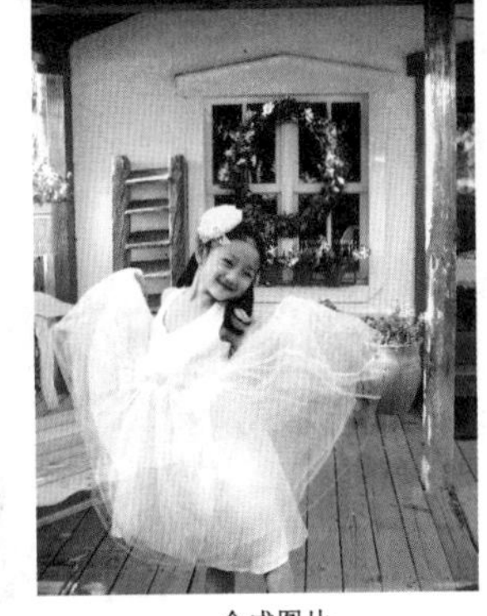

图 6–146　抠图处理

5 图层模式法

使用图层模式法抠图，主要是应用图层混合模式中的“滤色”“正片叠底”“颜色加深”“颜色减淡”。使用“正片叠底”模式留黑不留白；“滤色”与“正片叠底”正好相反，用于“留白不留黑”；使用“颜色减淡”模式抠图时，需要吸取背景中较暗的颜色；使用“颜色加深”模式抠图时，需要吸取背景中较亮的颜色。

实例体验29：图层模式抠毛发

素材：光盘\第 6 章\素材\素材 25.JPG、素材 26.JPG
视频：光盘\第 6 章\视频\图层模式抠毛发 .flv

STEP 01 复制多个背景图层。按快捷键Ctrl+O，打开素材文件，按两次快捷键Ctrl+J，复制两个背景图层，然后分别将两个背景图层重命名为“图层2”和“图层3”，如图6–147所示。

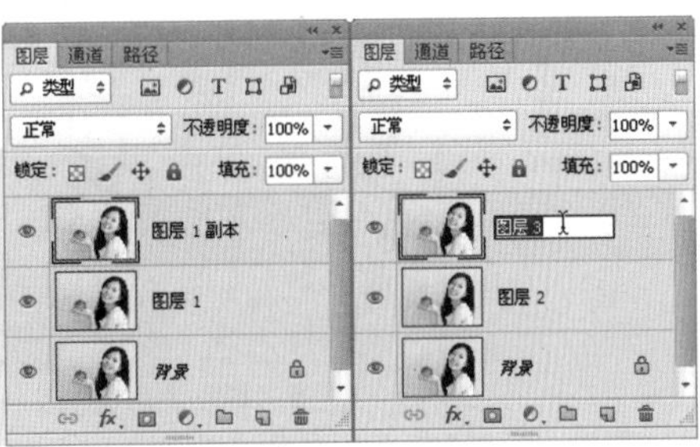

图 6–147　复制图层后重命名

STEP 02 新建图层填充渐变色。选择“背景”图层，单击“图层”面板下方的“创建新图层”按钮，得到“图层4”，然后重命名为“图层1”，如图6–148所示选择工具箱中的渐变工具，在属性栏中选择一个渐变颜色，在图像中由下到上拖动渐变，因为“图层1”被遮挡，其渐变效果在图层面板中可以观察，如图6–149所示。

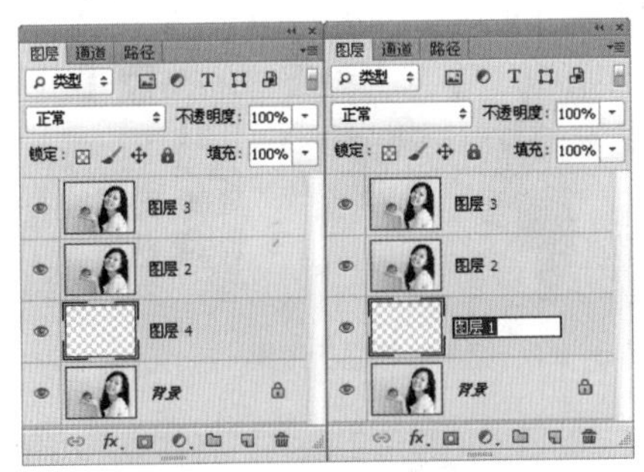

图 6–148　新建图层后重命名图层

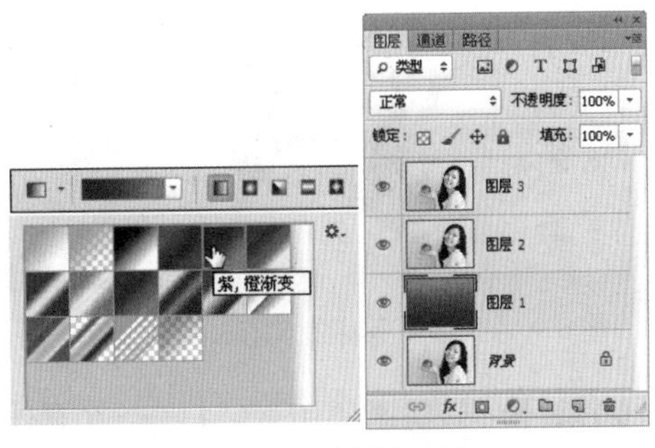

图 6–149　填充渐变图层

STEP03 **吸取背景中较暗的颜色。** 选择"图层2"，然后单击"图层"面板下方的"创建新图层"按钮，得到"图层4"，再选择工具箱中的吸管工具，在图像背景较暗的区域单击吸取颜色，如图6-150所示。

STEP04 **颜色减淡。** 隐藏"图层3"图层，然后按快捷键Alt+Delete，将"图层4"填充为前景色。按快捷键Ctrl+I反相，并将"图层4"的混合模式设为"颜色减淡"，不透明度为50%，如图6-151所示。

图 6-150 吸取背景较暗的颜色

图 6-151 颜色减淡效果

提示

吸取背景中较暗的颜色后，执行反相命令，再使用"颜色减淡"模式，可以将非白色背景变成白色背景；吸取背景中较亮的颜色后，执行反相命令，再使用"颜色加深"模式，可以将非黑色背景变成黑色背景。

STEP05 **正片叠底。** 按住Shift键选中"图层4"和"图层2"，按快捷键Ctrl+E合并图层，合并后变为"图层4"，并将其图层混合模式设为"正片叠底"，如图6-152和图6-153所示。

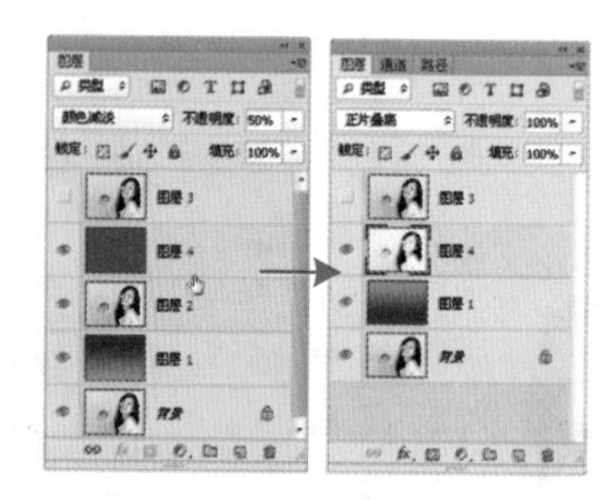

图 6-152 合并图层

图 6-153 正片叠底效果

STEP06 **画笔涂抹背景。** 选择"图层3"并取消隐藏。单击"图层"面板下方的"添加图层蒙版"按钮，然后选择工具箱中的画笔工具，设置柔角为300，不透明度为100%，在蒙版中擦除人物背景，人物被抠取出来，如图6-154和图6-155所示。

图 6-154 画笔工具擦除背景

图 6-155 完全擦除后的效果

STEP07 **更换背景。** 按快捷键Ctrl+O，打开一个素材文件，然后使用移动工具，将其拖入图像中，得到"图层5"。调整图层的顺序后，再调整图像到合适的大小，得到如图6-156和图6-157所示。

图 6–156　素材图像

图 6–157　更换背景后的效果

STEP08 **执行色彩平衡命令。** 单击“图层”面板下方的“创建新的填充或调整图层”按钮，在列表中选择“色彩平衡”，在弹出的色彩平衡面板中设置参数，得到如图6–158和图6–159所示的最终效果。

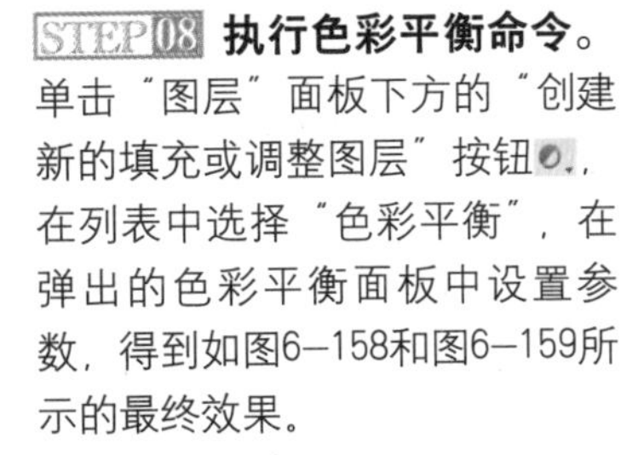

图 6–158　设置色彩平衡

图 6–159　最终效果

实例体验30：图层模式抠水杯★

素材：光盘\第 6 章\素材\素材 27.JPG　　视频：光盘\第 6 章\视频\图层模式抠水杯 .flv

根据“滤色”模式“留白不留黑”的特点，抠取透明玻璃杯，如图6–160所示。

原图

抠图效果

图 6–160　抠取玻璃水杯

6 通道法

通道法抠图是在通道中复制图像和背景明暗对比最大的那个颜色通道，然后使抠取的图像区域呈现为白色，需要去除的区域呈现黑色，使通道作为选区载入到画面中抠取图像。其实这和蒙版法抠图的原理一样。

实例体验31：通道抠图

素材：光盘\第 6 章\素材\素材 28.JPG、素材 29JPG　　视频：光盘\第 6 章\视频\通道抠图 .flv

STEP01 **观察通道。** 按快捷键Ctrl+O，打开素材文件，如图6–161所示。打开“通道”面板，分别观察

“红”“绿”“蓝”通道，可以发现“蓝”通道明暗对比最强，如图6–162所示。

STEP02 **复制“通道”面板。**将光标移至“蓝”通道，按下鼠标将其拖到复制通道按钮后，松开鼠标，得到“蓝 副本”通道，如图6–163所示。

图6–161 原图

图6–162 观察“蓝”通道

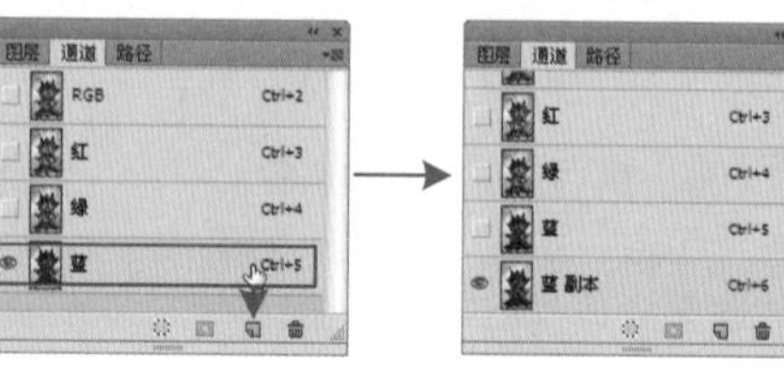

图6–163 复制“蓝”通道

STEP03 **执行色阶命令。**按快捷键Ctrl+L，打开“色阶”对话框。拖动黑场滑块和白场滑块，使图像变为较强的明暗对比，设置完毕后单击“确定”按钮，如图6–164所示。

STEP04 **执行反相命令。**按快捷键Ctrl+I反相，图像中的明度颠倒，黑色变为白色、白色变为黑色，如图6–167所示。

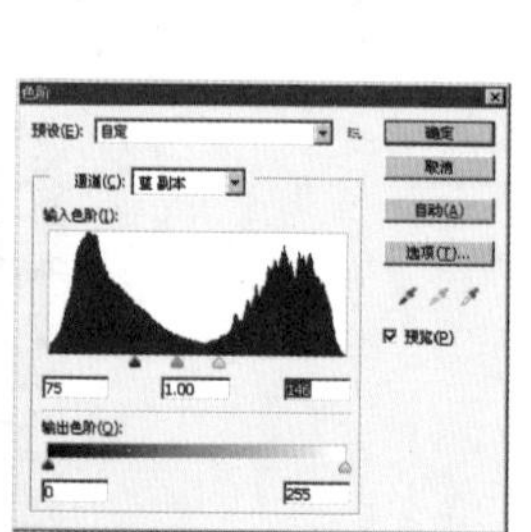

图6–164 执行色阶命令

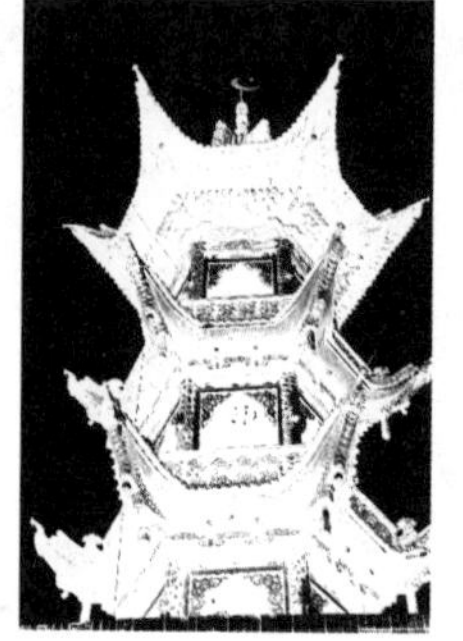

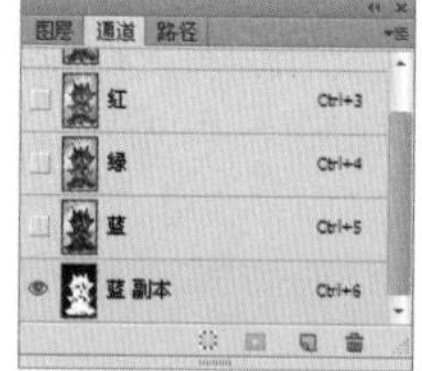

图6–165 执行反相命令

STEP05 **使用画笔工具和减淡工具。**选择工具箱中的画笔工具，设置柔角为500，不透明度为100%，确定前景色为白色，涂抹塔所在的区域；再选择工具箱中的减淡工具，选择范围为“高光”，在塔尖的位置减淡，尽可能使塔的区域变为白色，如图6–166和图6–167所示。

STEP06 **将塔载入选区。**单击“通道”面板下方的“将通道作为选区载入”按钮，在塔的区域生成选区，如图6–168所示。

图6–166 画笔工具涂抹

图6–167 工具减淡

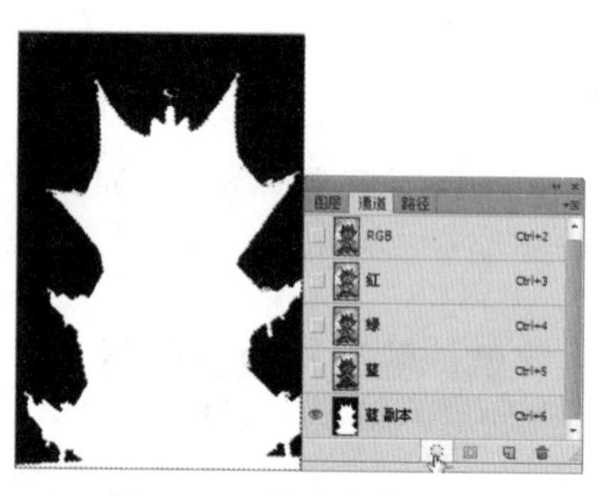

图6–168 塔生成选区

STEP 07 **选区在RGB通道图像中显示。**单击RGB通道，“蓝 副本”通道自动隐藏，选区显示在RGB通道图像中，如图6–169所示。

STEP 08 **抠取图像。**打开“图层”面板。按快捷键Ctrl+J，得到“图层1”，图像被抠取出来，如图6–170所示。

图 6–169 选区显示在 RGB 通道图像中

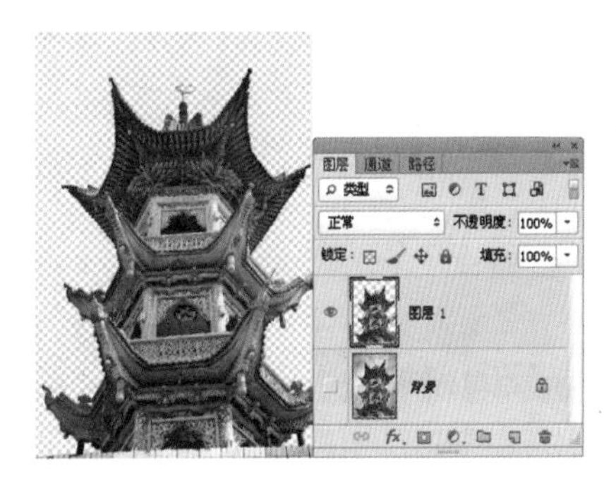
图 6–170 抠取图像

STEP 09 **更换背景。**按快捷键Ctrl+O，打开一个素材文件，然后使用移动工具，将其拖入图像中，得到“图层2”。调整图层的大小和顺序，如图6–171和图6–172所示。

STEP 10 **亮度对比度。**选择“图层1”后，单击“图层”面板下方的“创建新的填充或调整图层”按钮，在列表中选择“亮度/对比度”。按快捷键Ctrl+Alt+G创建剪切蒙版，然后设置亮度、对比度为20，得到图6–173和图6–174所示的最终效果。

图 6–171 素材图像

图 6–172 更换背景后的效果

图 6–173 设置亮度 / 对比度

图 6–174 最终效果

6.11 设计师实战

 实战1：抠汽车

素材：光盘\第 6 章\素材\素材 30.JPG、素材 31.JPG
视频：光盘\第 6 章\视频\抠汽车 .flv

STEP 01 绘制汽车选区。按快捷键Ctrl+O，打开素材文件，如图6–175所示。然后选择工具箱中的快速选择工具，在属性栏中设置一个90像素的柔角，单击“添加到选区”按钮，绘制出汽车的大概选区，如图6–176所示。

STEP 02 复制选区图像。按快捷键Ctrl+J复制选区内图像，得到“图层1”，将“背景”图层隐藏，可以观察到使用快速选择工具抠出的汽车图像不够精确，需要进一步处理，如图6–177所示。

图 6–175　原图

图 6–176　快速选择工具绘制选区

图 6–177　使用快速选择工具抠取的图像

STEP 03 使用钢笔工具删除多余部分。选择工具箱中的钢笔工具，在属性栏中选择“路径”选项，然后将汽车顶部的多余部分绘制出路径，生成选区后将其删除，如图6–178所示。

图 6–178　使用钢笔工具删除多余部分

STEP 04 删除其他的多余区域。使用钢笔工具，利用与上一步相同的方法，将其他多余的区域选择后删除，汽车图像就抠取出来了，如图6–179所示。

图 6–179　抠取后的效果

STEP 05 添加背景。按快捷键Ctrl+O，打开一个素材文件，如图6–180所示，然后使用移动工具，将抠取后的汽车拖入图像中，得到“图层1”。按快捷键Ctrl+T调用自由变换命令，调整汽车合适的大小，如图6–181所示，调整完成后按Enter键结束编辑。

图 6–180　背景图像

图 6–181　调整汽车至合适的大小和位置

STEP 06 添加图层蒙版。单击“图层”面板下方的“添加图层蒙版”按钮，为“图层1”添加图层蒙版。选择工具箱中的画笔工具，在属性栏中设置画笔笔尖为200像素的柔角。确定前景色为黑色，涂抹汽车投影区域，如图6–182所示。修饰完成后最终效果如图6–183所示。

图 6-182　画笔工具修饰汽车投影

图 6-183　最终效果

实战2：美女抠图★

素材：光盘\第 6 章\素材\素材 32.JPG、素材 33.JPG
视频：光盘\第 6 章\视频\美女抠图 .flv

本实例的原图及抠图结果分别如图6-184、图6-185所示。

图 6-184　原图

图 6-185　抠图后更换背景效果

制作思路

首先，使用背景橡皮擦工具擦除背景和手臂临界处较亮的背景，然后打开通道面板并复制"蓝"通道使用画笔工具和加深工具在通道中将人物和背景划分为黑白，最后在通道中生成人物选区，抠取人物图像。

实例操作流程如图6-186所示。

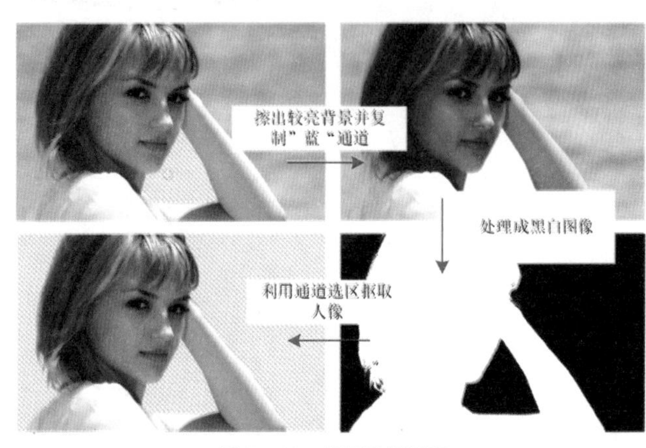

图 6-186　抠图流程示意

实战3：玻璃杯抠图★

素材：光盘\第 6 章\素材\素材 34.JPG、素材 35.JPG
视频：光盘\第 6 章\视频\玻璃杯抠图 .flv

本实例的素材及抠图结果分别如图6-187、图6-188所示。

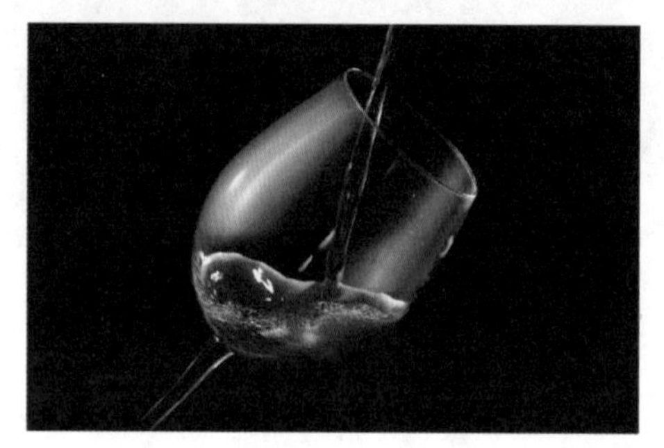
图 6-187 原图

图 6-188 抠图

制作思路

使用钢笔工具将杯子整体抠取出来，然后再抠取红酒区域；添加一个背景后，将杯子和红酒图层移动到合适的位置；最后将杯子图层的混合模式设置为滤色。

实例操作流程如图6-189所示。

图 6-189 水杯抠图流程示意

CHAPTER

07

学习重点

- 画笔工具的使用方法
- 创建和使用素材的要点
- 学会整理自己的笔刷、样式和图案
- 学会使用数位板绘画
- 掌握二方连续和四方连续图案的创建

自绘素材

在Photoshop中可以利用鼠标直接绘制素材，也可以将手绘板连接到电脑，使用手绘笔绘制素材。本章主要讲解如何借助鼠标和手绘笔运用渐变工具、油漆桶工具、画笔工具等创建素材，以及设计师创建素材的要点。

第一部分　常用的工具和命令

7.1 填充命令

使用“填充”命令可以在当前图层或选区内填充颜色或图案，填充时还可设置混合模式和不透明度。通过执行“编辑”|“填充”命令或按快捷键Shift+F5，均可打开“填充”对话框，如图7-1所示。

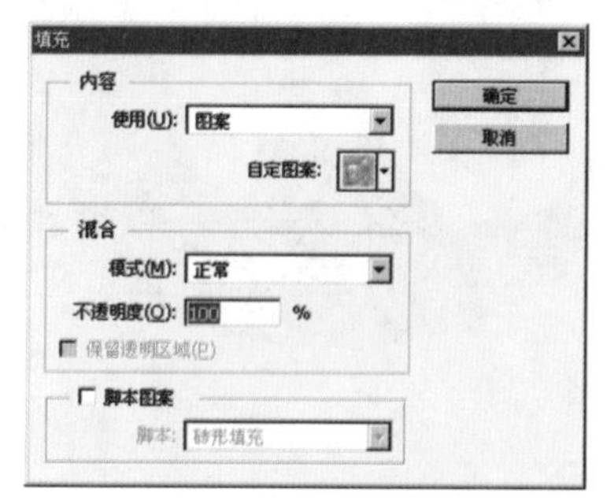

图7-1　“填充”对话框

实例体验1：图案填充

素材：光盘\第7章\素材\素材1.JPG　　视频：光盘\第7章\视频\图案填充.flv

STEP01 **魔棒工具生成选区。**按快捷键Ctrl+O，打开素材文件，如图7-2所示。选择工具箱中的魔棒工具，在属性栏中单击添加到选区按钮，设置容差为30，勾选“连续”项，在第一个人物的衣服区域多次单击，创建衣服选区，如图7-3所示。

图7-2　原图

图7-3　创建衣服选区

STEP02 **填充选区。**执行“编辑”|“填充”命令或按快捷键Shift+F5，弹出“填充”对话框。在“使用”下拉按钮中选择“图案”，单击“确定”按钮后，选区被填充，如图7-4所示。

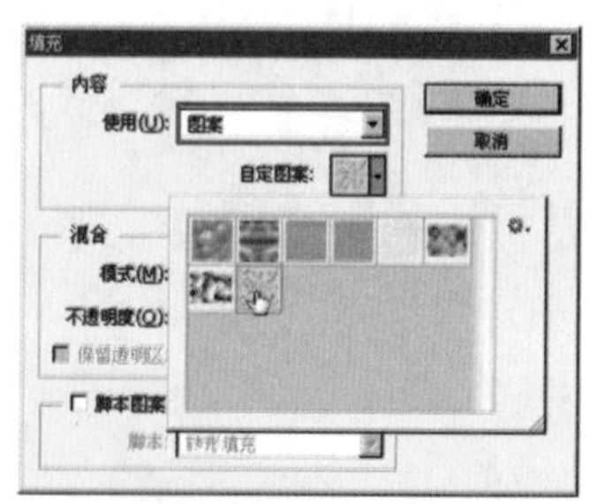

图7-4　将选区填充图案

STEP 03 **填充其他图案**。按快捷键Ctrl+D取消选区，使用魔棒工具选择另外一人的衣服。按快捷键Shift+F5，弹出"填充"对话框。单击对话框图案右上角的 ，从弹出的下拉菜单中选择添加不同风格的图案，如图7-5所示。选择一种图案，单击"确定"按钮填充衣服，如图7-6所示。

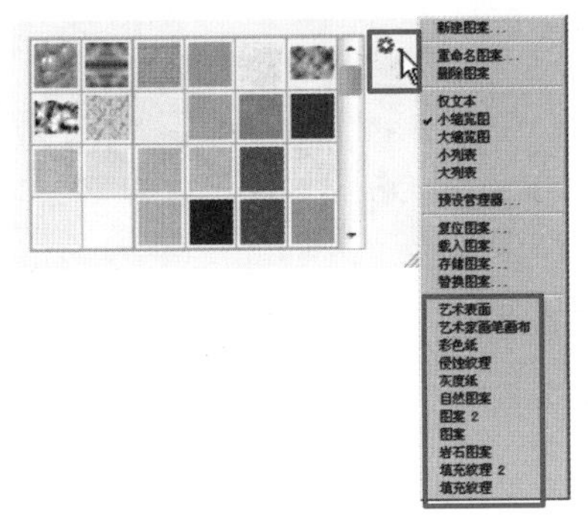

图 7-5　添加不同风格的图案

图 7-6　填充其他颜色图案

7.2 渐变工具

使用渐变工具可以在整个图层或选区内填充渐变颜色，也可以运用渐变工具填充图层蒙版、快速蒙版和通道。渐变工具在Photoshop中使用非常频繁。

1 渐变工具属性

单击工具箱中的渐变工具按钮 ，可在属性栏中设置渐变方式，渐变的颜色和混合模式等选项，如图7-7所示。

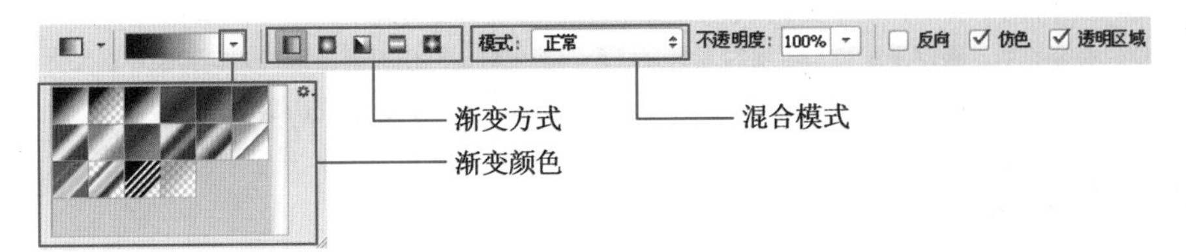

图 7-7　"渐变工具"属性栏

实例体验2：渐变工具用法

素材：无　　视频：光盘\第 6 章\视频\渐变工具用法 .flv

STEP 01 **页面中创建渐变**。按快捷键Ctrl+N，新建一个A4大小的页面，如图7-8所示。选择工具箱中的渐变工具 ，确定前景色和背景色为默认颜色，在画面中由上到下拖动出一条直线，表示渐变的起点和终点，松开鼠标后即可创建渐变，如图7-9所示。

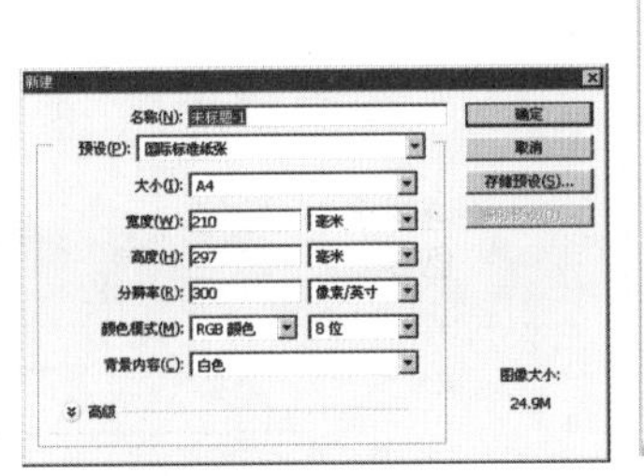

图 7-8　"新建"对话框

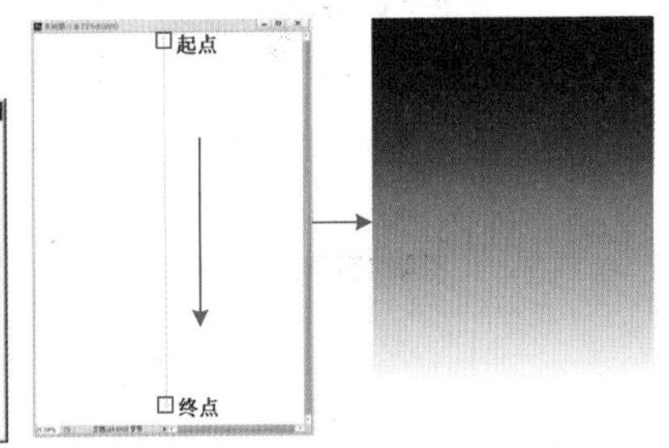

图 7-9　在整个页面中拖出渐变

STEP 02 **选区内创建渐变**。选择工具箱中的矩形选框工具，按住Shift键在页面中框选出一个正方形选区，然后选择渐变工具，单击线性渐变按钮。单击属性栏中渐变色条的下拉三角按钮，选择一种渐变色，如图7-10所示。在选区中从左上角向右下角拖出一条直线，创建渐变，如图7-11所示。

图 7-10　选择渐变颜色

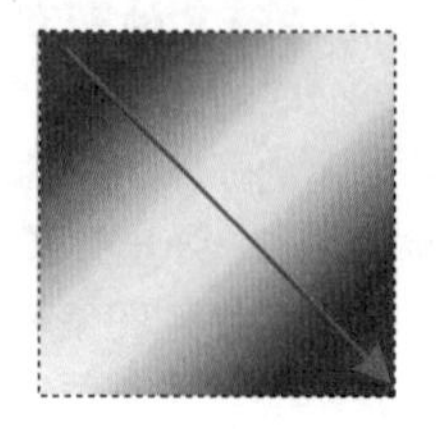

图 7-11　创建渐变色

STEP 03 **不同渐变方式效果**。在Photoshop中能够创建5种类型的渐变。选择线性渐变，可创建以直线起点到终点的渐变；选择径向渐变，可创建从起点到终点的圆形渐变图案；选择角度渐变，可创建围绕起点以逆时针旋转方式的渐变；选择对称渐变，可创建对称图案；选择菱形渐变，可创建以菱形方式从起点向外渐变。分别选择不同的渐变方式，在选区内创建渐变，如图7-12所示。

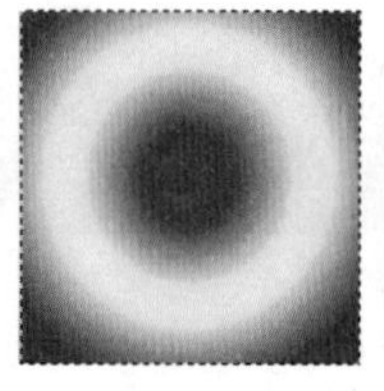

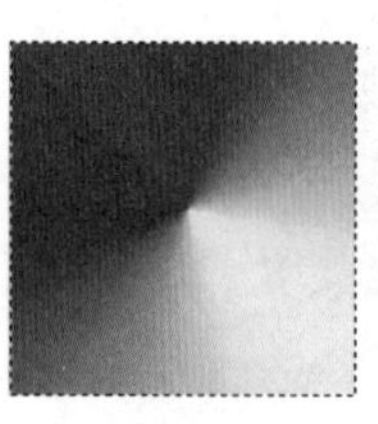

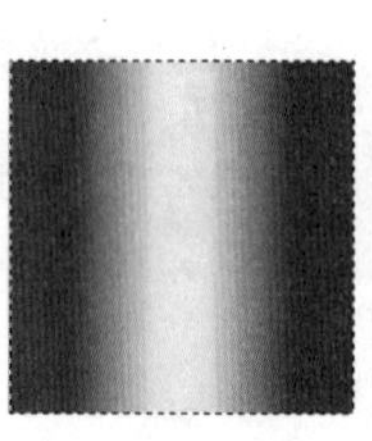

图 7-12　不同的渐变方式

常用参数介绍

不透明度：设置渐变颜色的不透明度效果。

反向：勾选该项，渐变颜色的顺序呈反方向。

仿色：勾选该项，能够创建较为平滑的混合渐变色，防止打印输出时颜色出现分色条现象。

透明区域：在填充透明渐变时，必须勾选该项，如果未勾选该项，则填充的是实色渐变。

2 渐变颜色编辑

单击渐变工具属性栏中的渐变色条，会弹出“渐变编辑器”对话框，如图7-13所示。选择一种渐变颜色后，该渐变的色标会显示在下面的渐变条上，最左边的色标表示起点颜色，最右边的色标表示终点颜色，编辑颜色就是在这个渐变条上完成的，如图7-14所示。

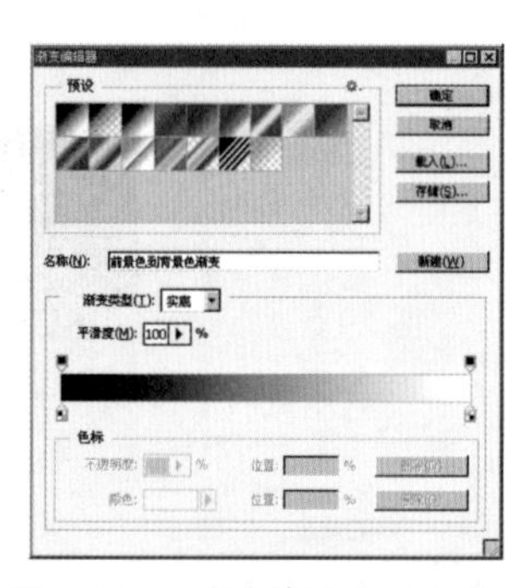

图 7-13　“渐变编辑器”对话框

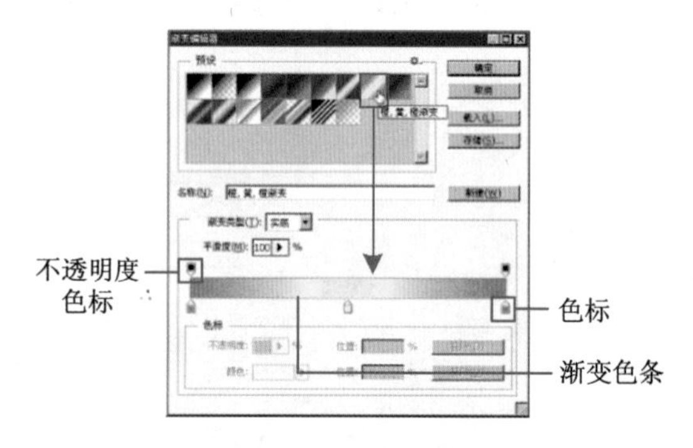

图 7-14　设置渐变颜色

实例体验3：自创渐变颜色

素材：光盘\第7章\素材\素材2.JPG　　　视频：光盘\第7章\视频\自创渐变颜色.flv

STEP01 改变渐变色的位置。按快捷键Ctrl+N，新建一个A4大小的页面，然后选择渐变工具，单击渐变色条，打开“渐变编辑器”对话框。选择橙、黄、橙渐变。选择渐变条上的一个色标，拖动色标或者在“位置”选项输入数值可移动色标，从而改变渐变色的位置，如图7–15和图7–16所示。

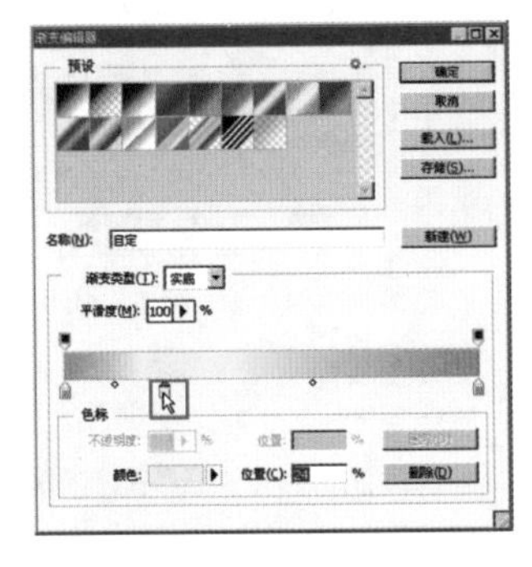

图7–15　选择渐变色系

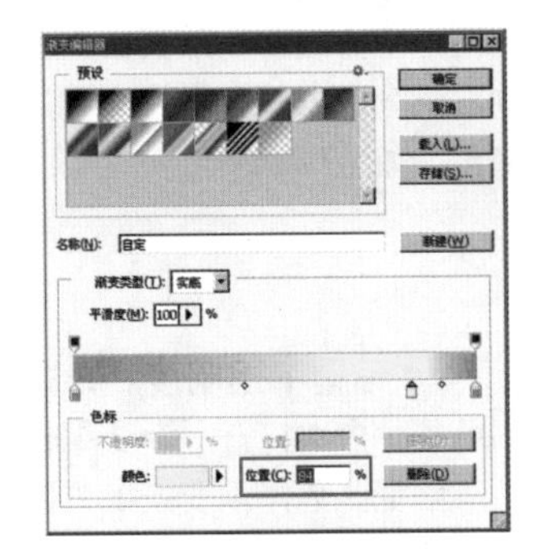

图7–16　调整渐变色位置

STEP02 更改渐变颜色。选择一个色标后，双击该色标可以打开拾色器，如图7–17所示。在拾色器中可以设置色标的颜色，从而修改渐变色，如图7–18所示。

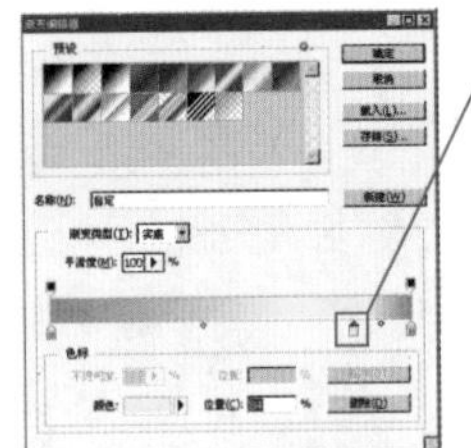

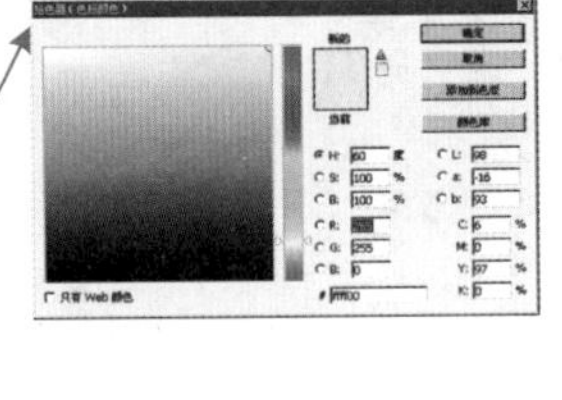

图7–17　双击色标弹出拾色器

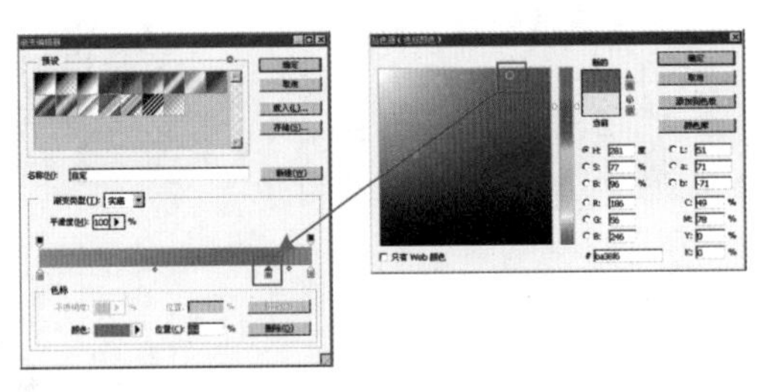

图7–18　改变渐变颜色

STEP03 调整两侧颜色的混合位置。拖动两个色标之间的菱形滑块（颜色中点），可调整两侧渐变色的混合位置，如图7–19和图7–20所示。

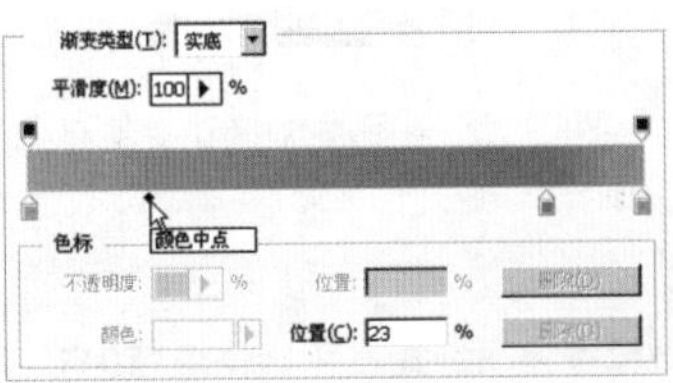

图7–19　拖动色标间的菱形滑块

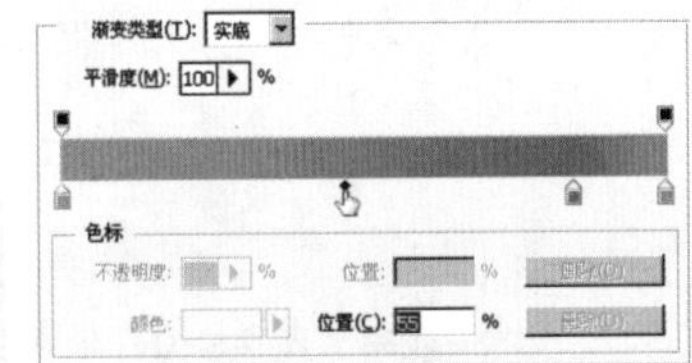

图7–20　调整渐变色混合位置

STEP04 添加色标。将光标移至渐变色条下方会出现“点按可添加色标”的提示，如图7–21所示，单击即可创建一个色标，双击该色标可更改颜色，如图7–22所示。

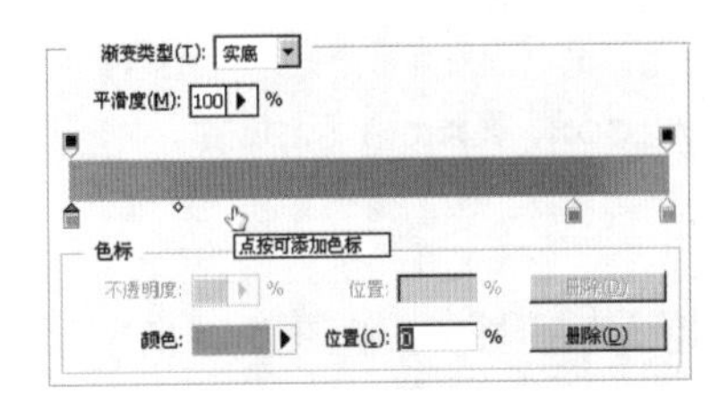

图7–21　添加色标

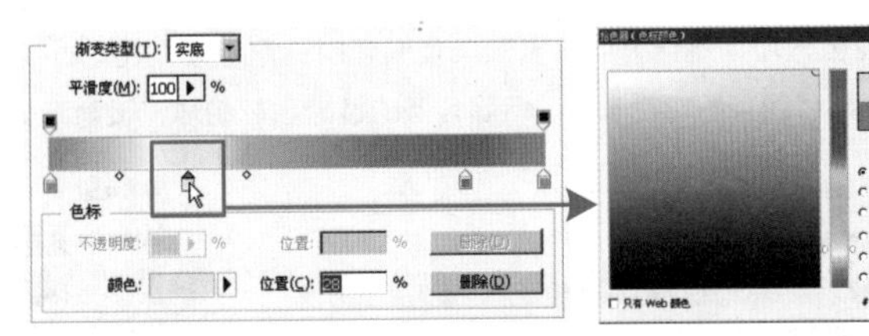

图7–22　更改色标处颜色

提示

要想删除某一个色标，选择该色标后，单击对话框中的“删除”按钮或者将其拖到“渐变编辑器”对话框外，即可删除该色标。

STEP05 添加色标创建渐变色。使用上述方法添加色标并设置颜色，然后单击“确定”按钮关闭“渐变编辑器”对话框。选择线性渐变方式，从页面左上角向右下角拖出一条直线，创建渐变色，如图7–23所示。

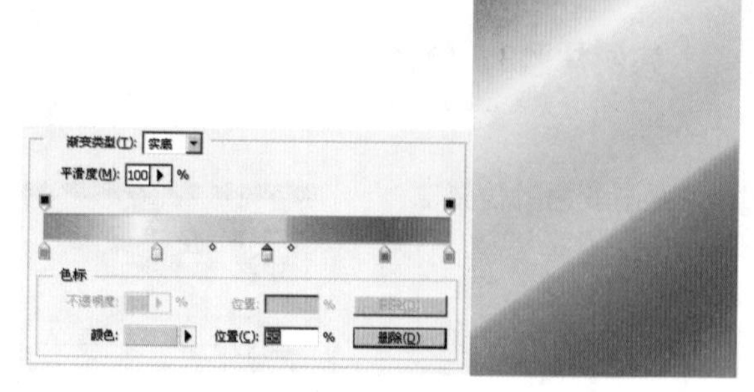

图 7–23 创建渐变

STEP06 设置不透明度。单击渐变色条，再次打开“渐变编辑器”对话框。选择渐变条上方的黑色滑块（即不透明度色标），可以改变渐变色的不透明度。设置不透明度为65%，如图7–24所示，设置完成后单击“确定”按钮。

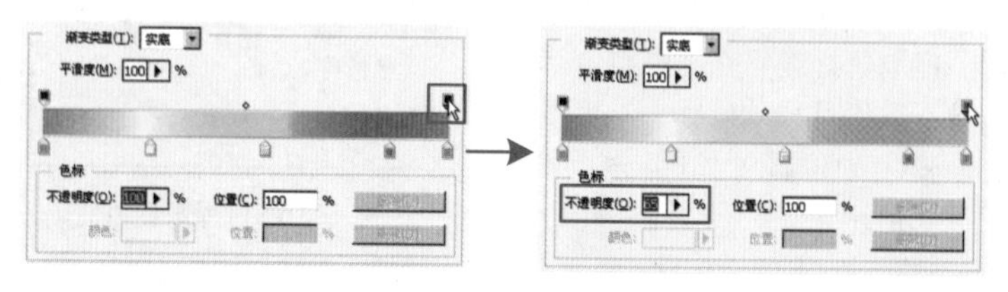

图 7–24 改变不透明度

STEP07 创建透明渐变色。按快捷键Ctrl+O打开素材文件，然后从左上向右下拖出一条直线，创建透明渐变色，如图7–25和图7–26所示。

图 7–25 在图像中拖动一条直线

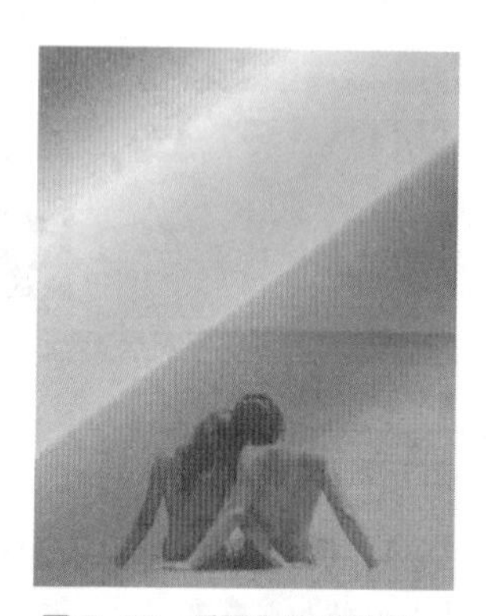

图 7–26 透明渐变色效果

提示

创建渐变时，按住Shift键拖动鼠标，可创建水平、垂直或45°角的渐变。

常用参数介绍

杂色渐变：渐变类型包括实底和杂色两种。前方列举的都是创建的实底渐变。在“渐变类型”下拉列表中选择“杂色”项，对话框中将显示杂色渐变的设置选项，如图7-27所示。粗糙度用来设置渐变的粗糙程度，该值越高，颜色层次越丰富，但颜色间的过度会越粗糙，设置粗糙度为100%，效果如图7-28所示。

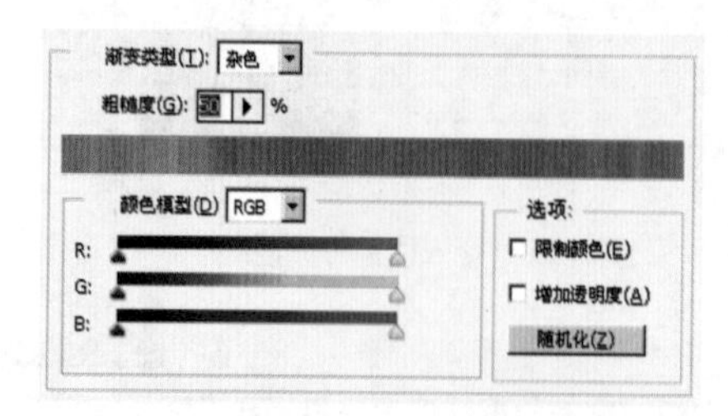

图 7–27 杂色渐变

图 7–28 设置杂色参数

7.3 油漆桶工具

油漆桶工具位于渐变工具组中，使用油漆桶工具可以填充前景色或图案，填充的是与鼠标单击点色调相近的区域。如果创建了选区，则可以填充选区内与鼠标单击点色调相近的区域。单击油漆桶工具后，其属性栏如图7-29所示。

图 7-29 “油漆桶工具”属性栏

实例体验4：油漆桶用法

素材：光盘\第 7 章\素材\素材 3.JPG　　视频：光盘\第 7 章\视频\油漆桶用法 .flv

STEP01 **填充颜色**。按快捷键Ctrl+O，打开素材文件，如图7-30所示。选择工具箱中的油漆桶工具，在属性栏中选择“前景”，容差设置为30，不勾选“连续的”项，设定一个前景色后，单击填充太阳镜，如图7-31所示。

图 7-30 原图　　图 7-31 油漆桶填充颜色

STEP02 **填充图案**。在属性栏中选择“图案”项，在下拉列表中选择一种图案，单击填充太阳镜，如图7-32所示。

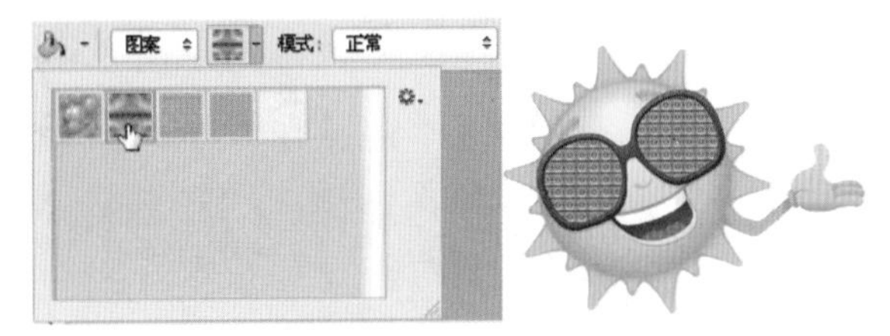

图 7-32 油漆桶填充图案

常用参数介绍

填充选项：包括“前景”和“图案”两种。选择“前景”时，油漆桶工具将使用前景色进行填充；选择“图案”时，后边的“图案”选项会被激活，在打开的“图案”选项下拉列表框中可以选择用于填充的图案。

容差：与魔棒工具的容差参数一致，数值越小，选取填充的区域就越小；输入的数值越大，选取填充的区域就越大。在选框中可输入的数值为0～255。

连续的：该选项用于设置填充时的连续性。勾选“连续的”填充的是相连的像素；不勾选“连续的”则填充的是所有与单击点像素相似的像素，如图7-33所示。

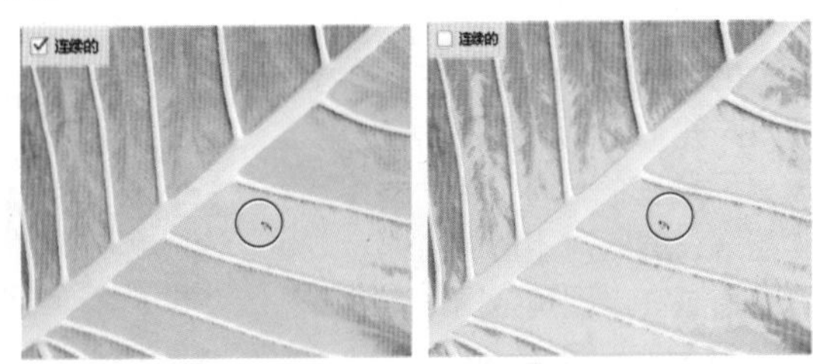

图 7-33 勾选与不勾选“连续的”填充对比

7.4 形状工具组

Photoshop包含了6种形状工具：矩形工具、圆角矩形工具、椭圆工具、多边形工具、直线工具和自定义形状工具。使用这些形状工具可以创建各种样式的图形或路径。

选择工具箱中的矩形工具后，其属性栏中有三种绘制类型：形状、路径和像素，如图7–34所示。

图 7–34 “矩形工具”属性栏

选择“形状”项，可以创建形状图层；选择“路径”项，可以创建路径；选择“像素”项，可以创建以前景色为填充的矩形。

实例体验5：形状工具组用法

素材：无　　视频：光盘\第7章\视频\形状工具组用法.flv

STEP01 **设置“矩形工具”属性栏。**按快捷键Ctrl+N，新建一个A4大小的页面，然后选择工具箱中的矩形工具，在属性栏中选择“形状”项，并设置填充为紫色，描边为黄色6点，如图7–35所示。

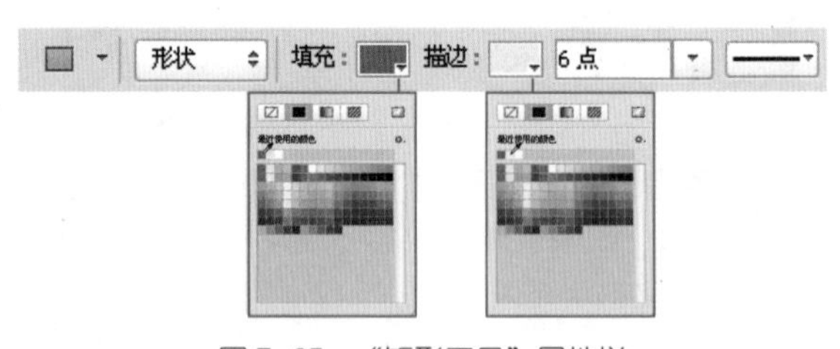

图 7–35 “矩形工具”属性栏

STEP02 **不同设置的绘制效果。**在页面中拖动鼠标可创建填充为紫色，描边为黄色的矩形图层；分别在属性栏中选择“路径”和“像素”进行绘制，可得到矩形路径和矩形像素图案，如图7–36所示。

形状　　路径　　像素

图 7–36 矩形工具绘制

STEP03 **圆角矩形工具绘制。**圆角矩形工具与矩形工具的属性栏基本相同，只是多了一个“半径”选项，用来设置圆角矩形的圆角半径，该值越高，圆角范围越大。图7–37所示为不同半径值绘制的效果。

图 7–37 圆角矩形工具绘制

STEP04 "椭圆工具"绘制。椭圆工具用来创建椭圆形和圆形，其属性和矩形工具基本相同。选择椭圆工具后，拖动鼠标即可创建椭圆形，按住Shift键拖动则可创建圆形，如图7-38所示。

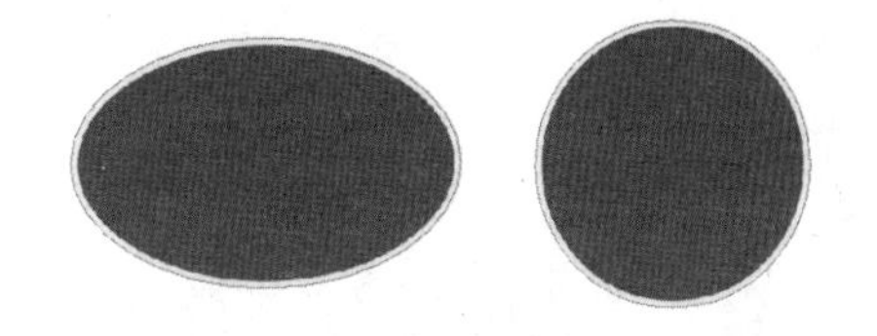

图 7-38 "椭圆工具"绘制

STEP05 多边形工具绘制。多边形工具可以创建多边形和星形。选择多边形工具，首先设置需要的边数，范围为3~100，然后单击按钮，打开下拉列表框，可以设置多边形的外观形状，如图7-39所示。

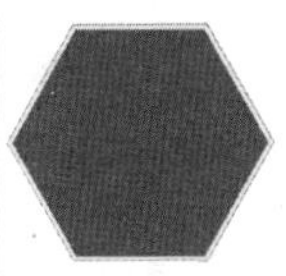

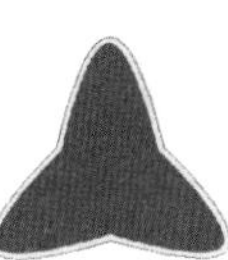

图 7-39 多边形工具绘制

注意

半径用来设置多边形或星形的大小。保持默认为空，则可以创建随意大小的图形；设置数值后，则图形的大小限制在给定半径值的圆以内。

STEP06 直线工具绘制。直线工具可以创建直线和带箭头的线段。选择直线工具，设置"粗细"为20像素，单击按钮，打开下拉列表框，可以设置箭头的外观形状，如图7-40所示。

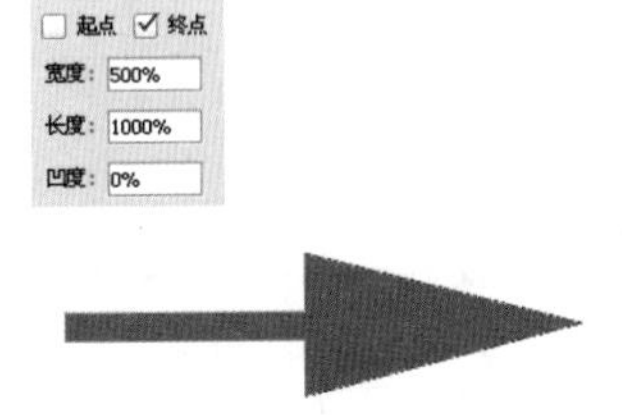

图 7-40 直线工具绘制

STEP07 自定义形状工具绘制。使用自定义形状工具可以创建Photoshop中自带的形状和自定义的形状。选择自定义形状工具，单击属性栏中的"形状"下拉列表框，在其中选择一种形状，然后在页面中拖动鼠标，即可创建该形状，如图7-41所示。

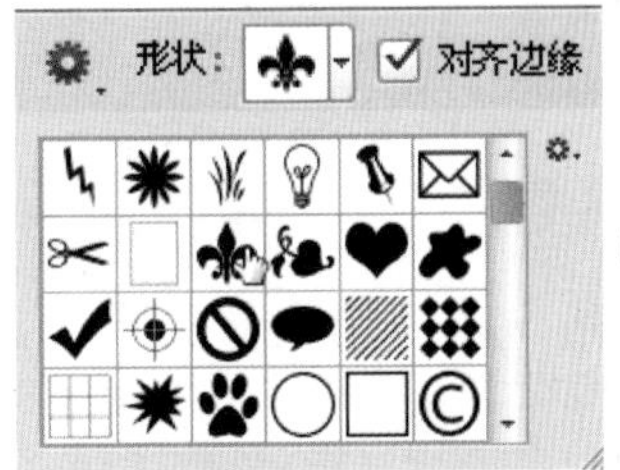

图 7-41 自定义形状工具绘制

常用参数介绍

对齐边缘：该选项只针对形状绘制有效，勾选该项，可以使绘制的形状图形边缘不会出现模糊的像素，当绘制矩形形状时效果最明显。

7.5 描边命令

使用“描边”命令可以为指定的选区或者图像描绘可见边缘。通过执行“编辑”｜“描边”命令，可打开“描边”对话框，如图7—42所示。

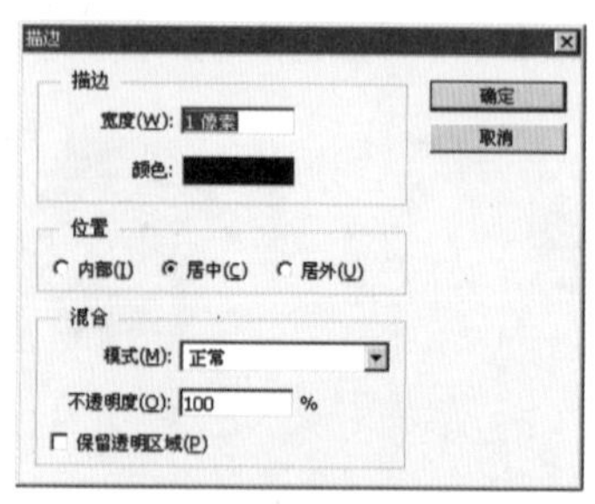

图 7—42 “描边”对话框

实例体验6：描边效果

素材：光盘\第 7 章\素材\素材 4.JPG　　视频：光盘\第 7 章\视频\描边效果 .flv

STEP01 **建立人物选区**。按快捷键Ctrl+O，打开素材文件，选择工具箱中的魔棒工具，单击人物背景区域建立选区，如图7—43所示。按快捷键Shift+F7反选选区，如图7—44所示。

STEP02 **设置描边参数**。执行菜单栏中的“编辑”｜“描边”命令，打开“描边”对话框。设置描边“宽度”为50像素，单击颜色块设置颜色为红色，如图7—45所示。

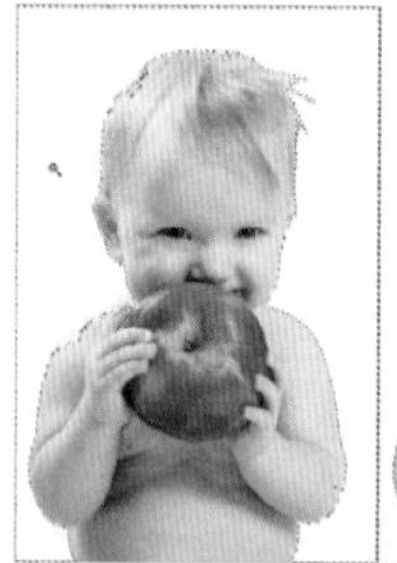

图 7—43 建立背景选区　图 7—44 反选选区

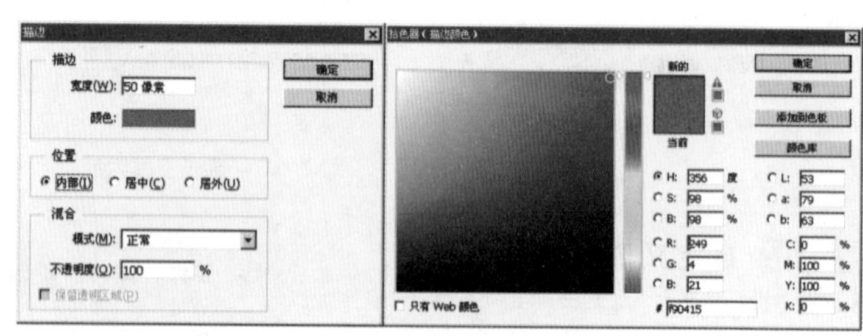

图 7—45 设置“描边”对话框

STEP03 **描边效果**。设置描边位置为“内部”，单击“确定”按钮，得到图7—46左侧效果。撤销操作，然后分别设置位置为“居中”和“居外”，得到图7—46所示的中间和右侧的效果。

图 7—46 描边效果

7.6 路径填充

通过执行菜单栏中的“窗口”｜“路径”命令，可以弹出“路径”面板，单击“路径”面板下方的“填充路径”按钮●，可以对绘制的路径填充设定的前景色。

实例体验7：路径填充效果

素材：无　　视频：光盘\第7章\视频\路径填充效果.flv

STEP 01 **绘制路径**。按快捷键Ctrl+N，新建一个A4大小的页面。选择工具箱中的自定义形状工具，设置属性栏中的参数，在“形状”下拉列表框中选择枫叶图形后，按住Shift键拖动鼠标绘制出枫叶路径，如图7–47所示。

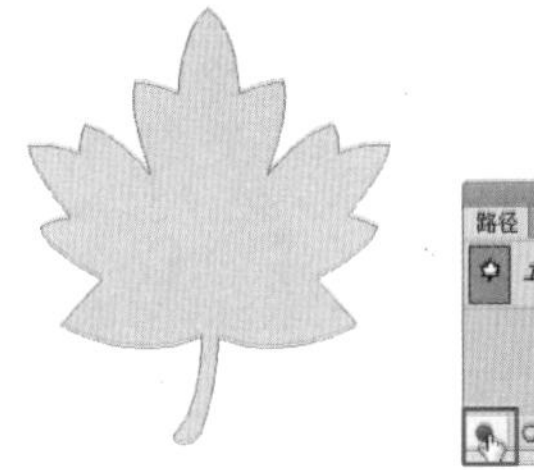

图7–47　绘制自定义形状路径

STEP 02 **路径填充**。设置前景色为黄色，执行“窗口”｜“路径”命令，弹出“路径”面板。单击“路径”面板下方的“填充路径”按钮●，填充路径，如图7–48所示。

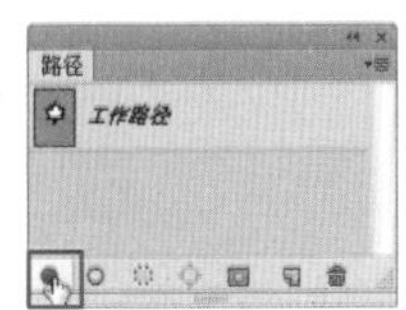

图7–48　路径填充效果

7.7 路径描边

单击“路径”面板下方的“描边路径”按钮○，可以使用设定的前景色对绘制的路径描边。

实例体验8：路径描边效果

素材：无　　视频：光盘\第7章\视频\路径描边效果.flv

STEP01 **绘制路径**。按快捷键Ctrl+N，新建一个A4大小的页面。选择工具箱中的自定义形状工具，设置属性栏中的参数，在"形状"下拉列表框中选择一个爪印图形后，按住Shift键拖动鼠标绘制出爪印路径，如图7-49所示。

图7-49　绘制自定义形状路径

STEP02 **设置画笔工具**。单击工具箱中的画笔工具，在属性栏中设置画笔大小为100像素，画笔硬度为100%，不透明度100%，如图7-50所示。

STEP03 **描边路径**。单击前景色图标，设置前景色为蓝色。执行"窗口"｜"路径"命令，弹出"路径"面板。单击"路径"面板下方的"描边路径"按钮，效果如图7-51所示。

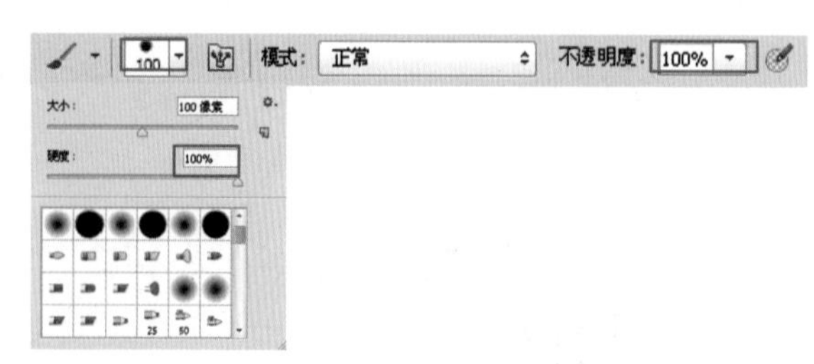

图7-50　设置画笔属性栏参数

图7-51　描边路径效果

STEP04 **模拟压力描边路径效果**。按Ctrl+Z返回到上一步。按住Alt键，单击"描边路径"按钮，弹出"描边路径"对话框。勾选"模拟压力"项，单击"确定"按钮，描边产生了粗细变化，如图7-52所示。

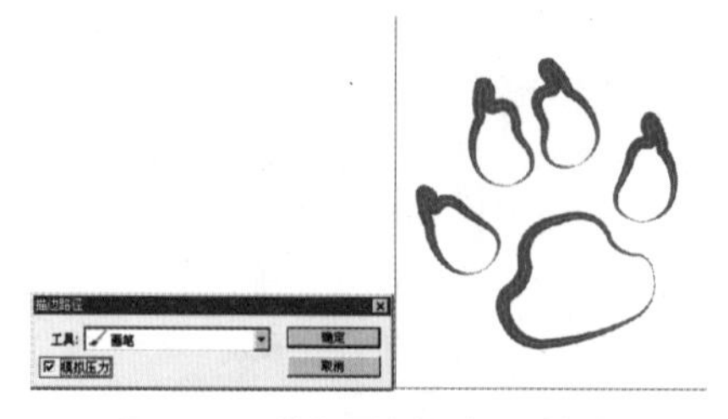

图7-52　模拟压力描边路径效果

注意

在"描边路径"对话框中，还可以选择铅笔、橡皮擦、背景橡皮擦、仿制图章等工具描边路径，如图7-53所示。但在描边路径前，首先要设置好相应工具的参数。

按[键可以将画笔调小，按]键可将画笔调大。按Shift+[和Shift+]快捷键可减小或增加实边圆、柔边圆和书法画笔的硬度。

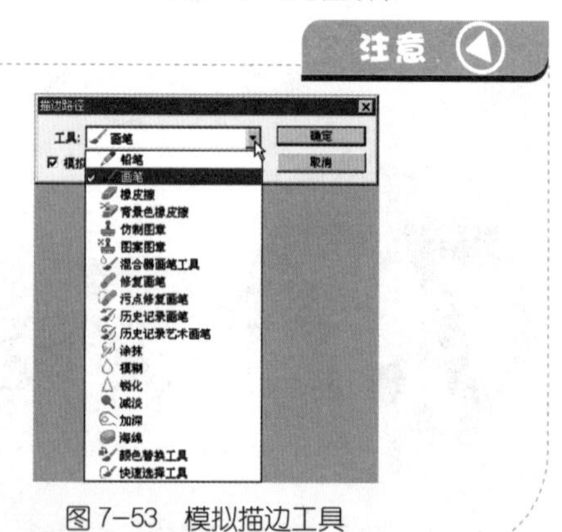

图7-53　模拟描边工具

7.8 画笔工具组

Photoshop的画笔工具组中包含了4种绘画工具：画笔工具、铅笔工具、颜色替换工具和混合器画笔工具。使用这些工具能够绘制和修改图像。

1 画笔工具

从画笔工具的图标能够看出，它类似于传统的毛笔，使用画笔工具可以用前景色绘制线条、图像，还可以修改蒙版和通道。单击工具箱中的画笔工具，其属性栏如图7–54所示。

图 7–54 “画笔工具”属性栏

实例体验9：画笔用法

素材：无 视频：光盘\第 7 章\视频\画笔用法 .flv

STEP01 **选择画笔工具**。按快捷键Ctrl+N，新建一个A4大小的页面。然后单击工具箱中的画笔工具，在属性栏画笔样式的下拉列表框中选择画笔样式，如图7–55所示。

图 7–55 选择画笔

STEP02 **绘制篮球**。单击前景色图标，在弹出的“拾色器”对话框中设置颜色，然后使用画笔工具在页面中绘制，如图7–56所示。

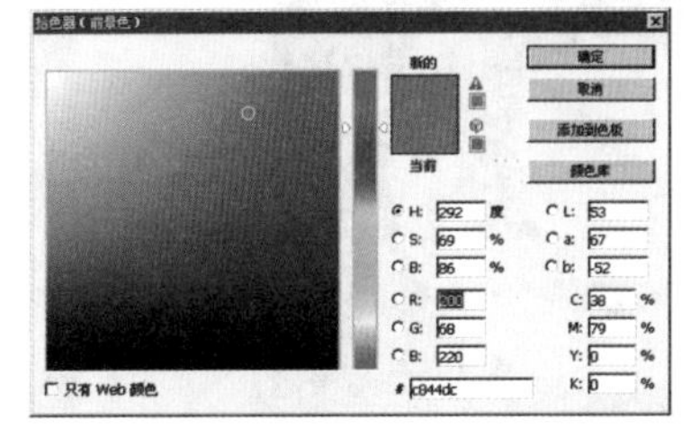

图 7–56 使用画笔工具绘制篮球

常用参数介绍

画笔下拉列表框：单击画笔属性栏的画笔下拉按钮，可以从弹出的下拉列表框中选择不同样式的画笔，设置画笔的大小和硬度参数。

喷枪：单击该按钮，可以启用喷枪样式，按住鼠标左键不放，将持续填充颜色。

2 铅笔工具

使用铅笔工具可以用前景色绘制线条，与画笔工具不同的是，铅笔工具只能绘制硬边线条，而画笔工具可以绘制带有柔边效果的线条。单击工具箱中的铅笔工具，其属性栏如图7–57所示。

图7–57 “铅笔工具”属性栏

实例体验10：铅笔用法

素材：无　　视频：光盘\第7章\视频\铅笔用法.flv

STEP 01 **选择铅笔工具。**按快捷键Ctrl+N，新建一个A4大小的页面。单击工具箱中的铅笔工具，在属性栏画笔样式的下拉列表框中选择铅笔样式，如图7–58所示。

图7–58 选择画笔样式

STEP 02 **绘制铅笔图案。**单击前景色图标，在弹出的“拾色器”对话框中设置颜色，然后使用铅笔工具在页面中绘制铅笔图案，如图7–59所示。

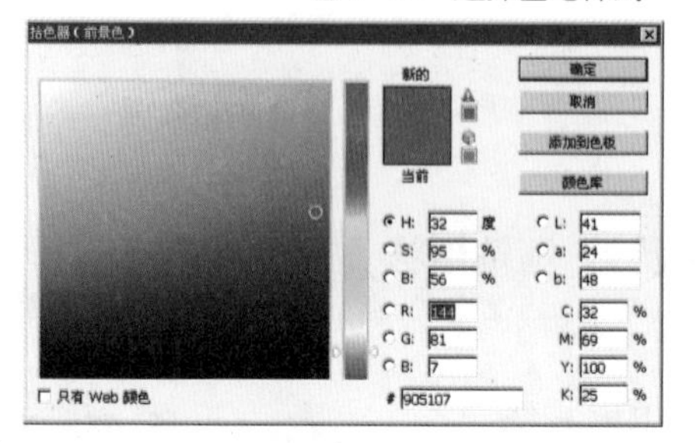

图7–59 使用铅笔工具绘制

自动涂抹：勾选该选项后，设置前景色，拖动鼠标绘制一条直线，如图7-60所示。再次拖动鼠标绘制时，如果光标的中心落在已经绘制的区域上，那么该区域将被涂抹成背景色，如图7-61所示。

图7–60 铅笔工具绘制直线

图7–61 已经绘制的区域被涂抹成背景色

3 颜色替换工具

使用颜色替换工具可以用前景色替换图像中的颜色。该工具不能用于位图、索引和多通道颜色模式的图像。单击工具箱中的颜色替换工具，其属性栏如图7–62所示。

图7–62 “颜色替换工具”属性栏

实例体验11：颜色替换工具用法

素材：光盘\第7章\素材\素材5.JPG　　视频：光盘\第7章\视频\颜色替换工具用法.flv

STEP 01 **设置前景色**。按快捷键Ctrl+O，打开素材文件，如图7–63所示。单击前景色图标，在弹出的"拾色器"对话框中设置一种颜色后，单击"确定"按钮，如图7–64所示。

图7–63　原图

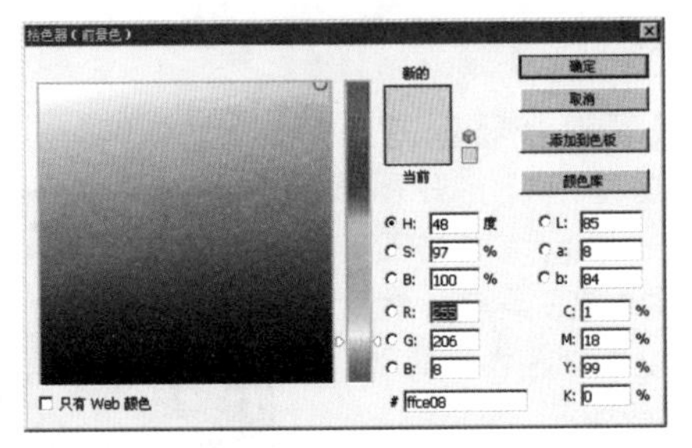

图7–64　设置前景色

STEP 02 **颜色替换工具绘制**。选择工具箱中的颜色替换工具，并设置其属性栏中的参数，选择画笔大小为90像素，硬度为30%，容差30%，如图7–65所示。在图像中人物的头发区域绘制，如图7–66所示。

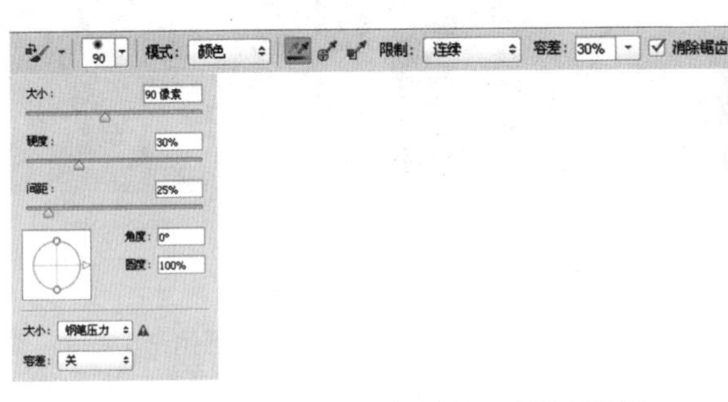

图7–65　设置"颜色替换工具"属性栏

图7–66　用替换颜色工具绘制

STEP 03 **替换全部头发**。使用替换颜色工具继续绘制头发区域，绘制时可按[键将笔尖缩小进行细致涂抹，得到图7–67所示的最终效果。

图7–67　替换颜色后的最终效果

常用参数介绍

取样：按下"连续取样"按钮，拖动鼠标时可连续对颜色取样；按下"一次取样"按钮，只替换包含图像中第一次取样的相同颜色；按下"背景色板取样"按钮，只替换包含当前背景色的区域。

限制：选择"连续"项，只替换与光标处颜色邻近的相似颜色；选择"不连续"可替换与光标处颜色相似的所有颜色；选择"查找边缘"项，可替换包含取样颜色的连续区域，同时保留形状边缘的锐化程度。

4 混合器画笔工具

使用混合器画笔工具可以混合像素，模拟真实的绘画效果，就好像用画笔在画布上涂抹，使颜色混合，同时还可以调配不同的绘画湿度，其属性栏如图7–68所示。

图 7–68　“混合器画笔工具”属性栏

实例体验12：混合器画笔用法

素材：光盘\第 7 章\素材\素材 6.JPG　　视频：光盘\第 7 章\视频\混合器画笔用法 .flv

STEP01 设置混合器画笔工具。按快捷键Ctrl+O，打开素材文件，如图7–69所示。单击工具箱中的混合器画笔工具，然后在属性栏中设置画笔大小为300像素，如图7–70所示。

图 7–69　原图

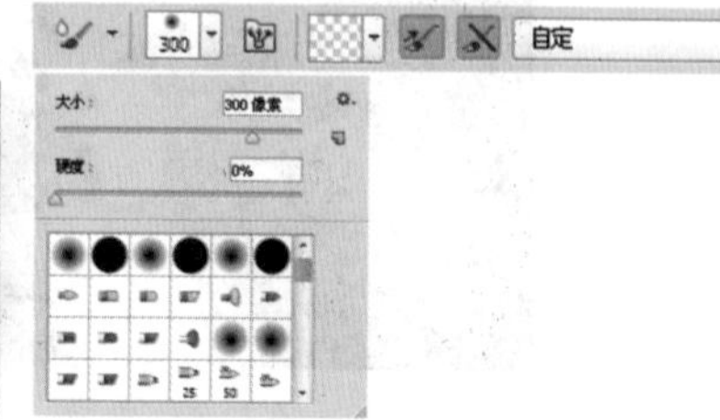

图 7–70　设置混合器画笔工具

STEP02 混合器画笔工具绘制。使用混合器画笔工具在人物手的区域从左到右拖动鼠标，观察混合效果，如图7–71所示。使用相同的方法拖动鼠标进行绘制，得到图7–72所示的效果。

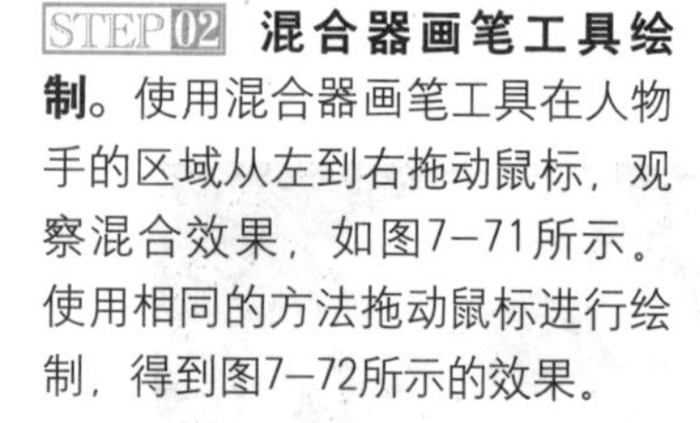

图 7–71　混合

图 7–72　混合画笔

当前画笔载入：单击混合器画笔工具属性栏中当前画笔载入的下拉按钮，如图7-73所示。单击“载入画笔”选项，属性栏中能够显示当前光标下的颜色区域，如图7-74所示。选择混合器画笔工具后，按住Alt键单击图像任意区域，也可将单击区域显示在属性栏中；如果选择“只载入纯色”项，则按住Alt键单击图像任意区域，单击的区域只以单色显示在属性栏中，如图7-75所示；如果选择“清理画笔”项，则清除画笔中的颜色。

图 7–73　笔刷

图 7–74　载入画笔

图 7–75　载入纯色

每次描边后载入画笔/清理画笔：按下按钮，可以将涂抹区域的颜色与前景色相混合；按下按钮，可清理颜色。

有用的混合画笔组合：单击属性栏中下拉按钮，弹出图7-76所示的画笔组合下拉面板，可以选择包括“干燥”“湿润”“潮湿”等不同选项的涂抹效果。

潮湿：在默认状态下（每次描边后载入画笔或者清除画笔都不按下），可以控制画笔从图像中拾取的颜色量。该值越大，绘制条也越长。

混合：可以控制图像颜色量同取样颜色量之间的比例。当该值为100%时，所有颜色将从图像中拾取；该值为0%时，所有颜色都来自属性栏处取样的颜色。

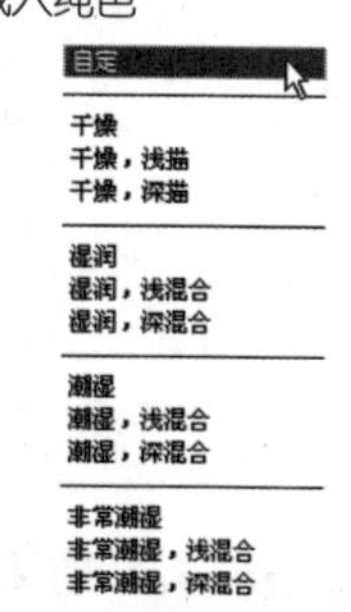

图 7–76　自定义画笔

7.9 自定义图案

使用“定义图案”命令可以将图层或选区内的图像定义为图案。定义好的图案，可以用“填充”命令填充图像或选区。打开一个素材文件后，执行“编辑”｜“定义图案”命令，可打开“图案名称”对话框，如图7–77所示。

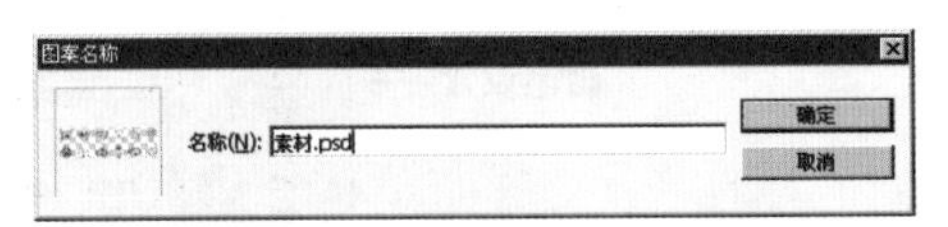

图 7–77 “图案名称”对话框

实例体验13：自定义图案

素材：光盘\第 7 章\素材\素材 7.PSD　　视频：光盘\第 7 章\视频\自定义图案 .flv

STEP01 **绘制矩形选区**。按快捷键Ctrl+O打开素材文件，然后选择工具箱中的矩形选框工具，框选图案，如图7–78所示。

STEP02 **定义图案**。执行“编辑”｜“定义图案”命令，弹出“图案名称”对话框，指定名称为“图案1”，单击“确定”按钮，如图7–79所示。按Delete键删除图案，再按Ctrl+D取消选区，如图7–80所示。

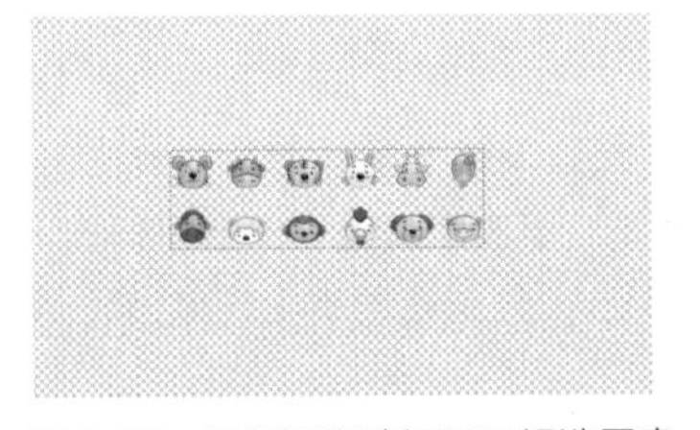

图 7–78 使用矩形选框工具框选图案

图 7–79 定义图案

图 7–80 删除图案

STEP03 **填充图案**。执行“编辑”｜“填充”命令或按快捷键Shift+F5，在弹出的“填充”对话框中选择定义好的“图案1”，如图7–81所示。单击“确定”按钮，得到图7–82所示的填充效果。

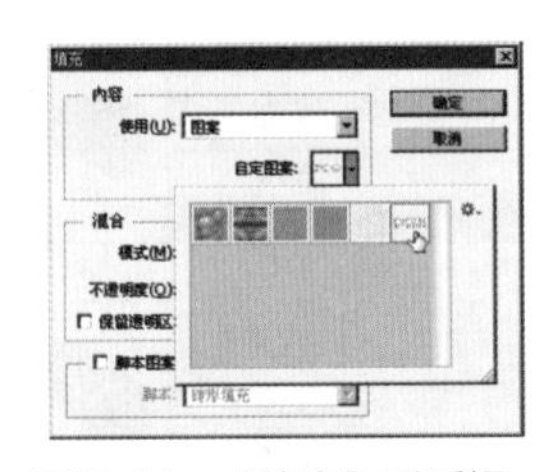

图 7–81 “填充”对话框

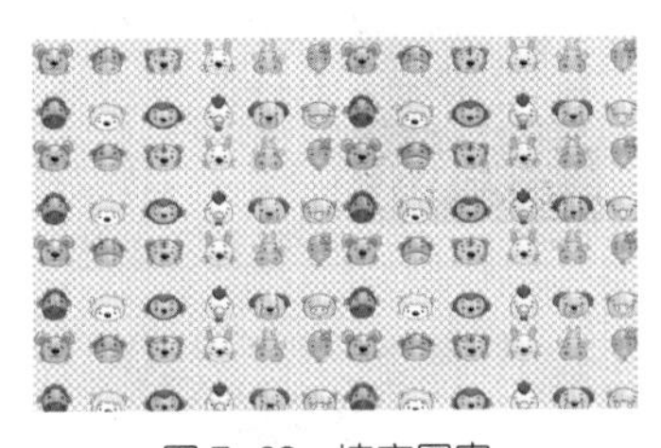

图 7–82 填充图案

提示

如果建立选区再定义图案，则有几个条件必须满足：第一，只能用矩形选框工具建立选区；第二，选区不能羽化；第三，选区不能进行加、减、交等运算。

7.10 利用“画笔”面板设置笔刷

“画笔”面板是最重要的工具面板之一，它能够设置画笔、铅笔、历史记录画笔等绘画工具，以及涂抹、加深、减淡、模糊、锐化等修饰工具的画笔笔尖大小和硬度。还可以通过“画笔”面板设置不同的笔刷和自定义笔刷。执行“窗口”|“画笔”命令或按F5可打开“画笔”面板，如图7–83所示。

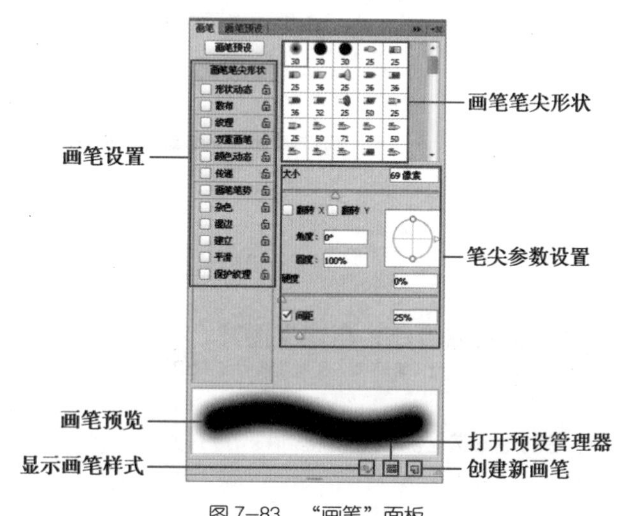

图7–83　“画笔”面板

实例体验14：不同笔刷效果

素材：无　　视频：光盘\第7章\视频\不同笔刷效果.flv

STEP 01 **笔尖硬度。**按快捷键Ctrl+N，新建一个A4大小的页面。单击工具箱中的画笔工具，按F5键打开“画笔”面板，单击“画笔笔尖形状”选项，选择一个柔角为30的画笔，更改画笔大小为300像素，硬度为0。单击前景色图标设置好前景色，然后在页面中绘制，如图7–84所示。分别设置笔尖硬度为50%和100%，再进行绘制，如图7–85所示。

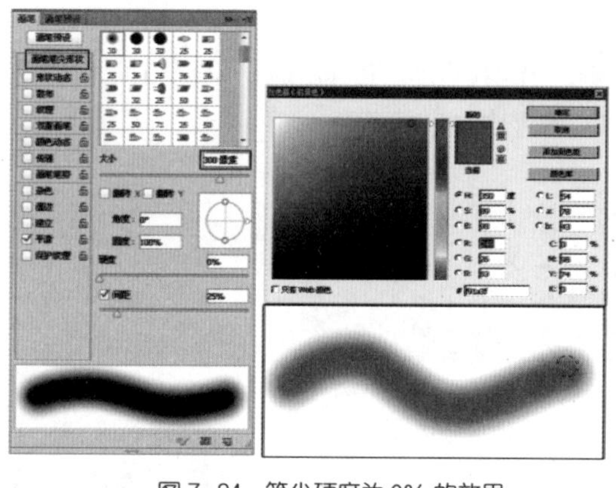
图7–84　笔尖硬度为0%的效果

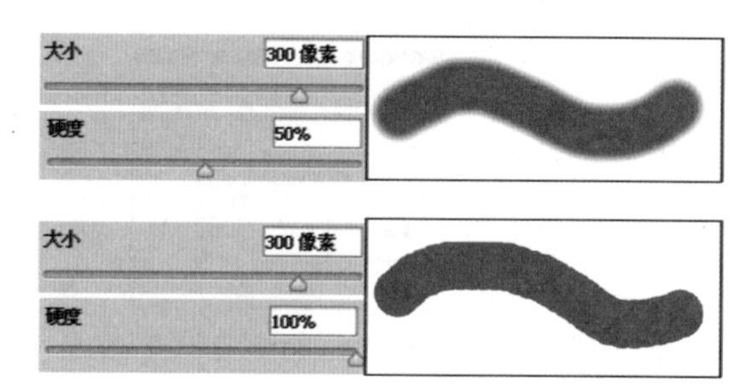

图7–85　笔尖硬度为50%和100%的效果

STEP 02 **笔尖翻转效果。**设置前景色为绿色，选择一个枫叶形状的笔尖，设置画笔大小为300像素，间距为100%，在页面中绘制，如图7–86所示。在“画笔”面板中勾选翻转，设置角度为15°，在页面中绘制，翻转效果如图7—87所示。

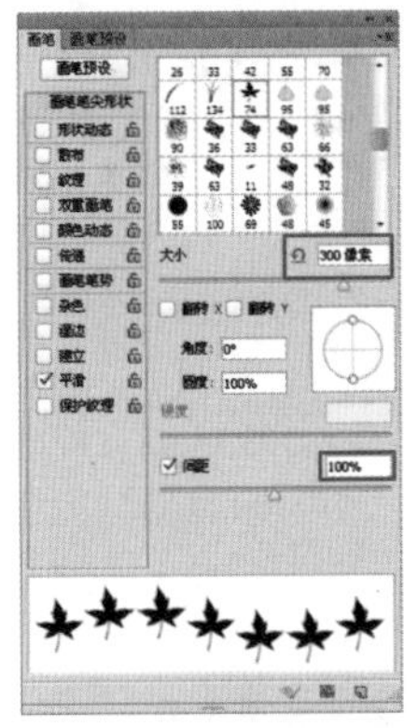

图 7—86　枫叶画笔效果

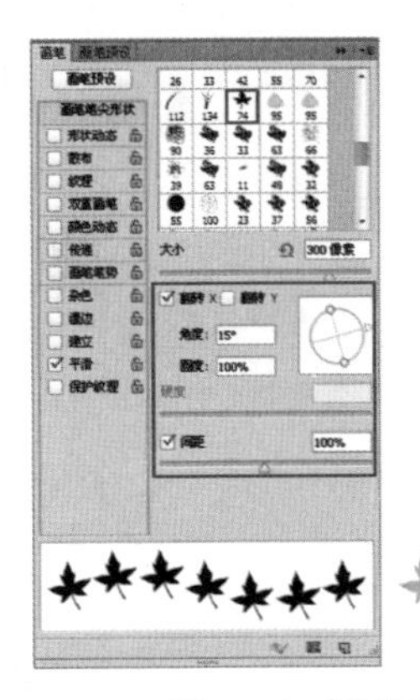

图 7—87　枫叶画笔翻转 15° 的效果

STEP 03 **颜色动态效果**。单击“画笔”面板中的“颜色动态”选项，取消勾选“应用每笔尖”选项并设置其他参数，然后在页面中拖动鼠标绘制4次，颜色发生了动态变化，效果如图7—88所示。

STEP 04 **传递画笔效果**。取消“颜色动态”的勾选，然后单击“画笔”面板中的“传递”选项，并设置其参数，在页面中拖动鼠标绘制一个心形，颜色发生了传递，效果如图7—89所示。

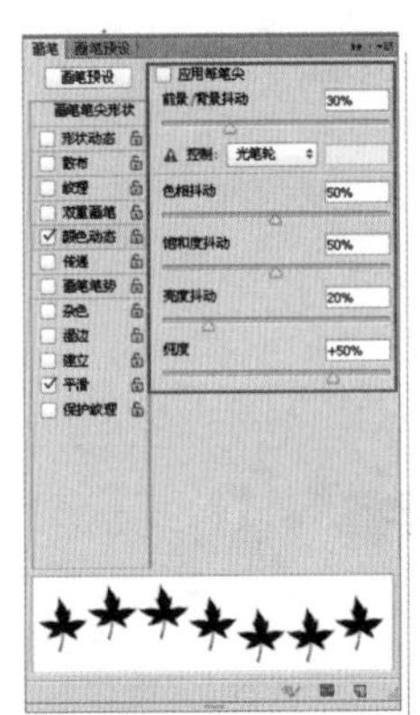

图 7—88　颜色动态效果

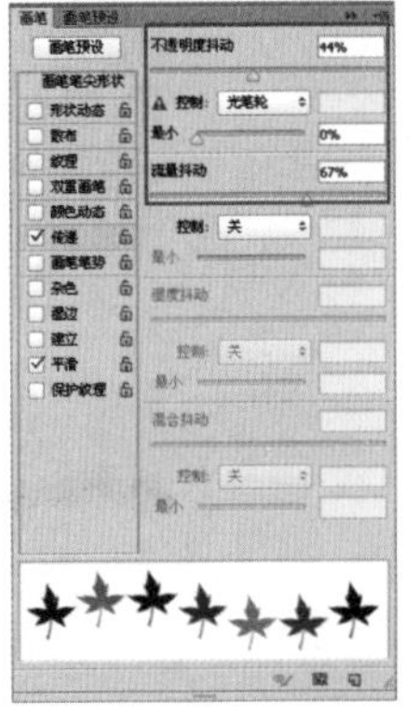

图 7—89　传递效果

7.11 自定义画笔

利用Photoshop可以将绘制的图形、整个图像或选区内的部分图像创建为自定义的画笔。通过执行“编辑”｜“定义画笔预设”命令，可以定义画笔。

实例体验15：自定义画笔

素材：无　　　　　视频：光盘 \ 第 7 章 \ 视频 \ 自定义画笔 .flv

STEP 01 绘制形状。按快捷键Ctrl+N，新建一个A4大小的页面。单击工具箱中的自定义形状工具，选择一个墨滴形状，确定前景色为黑色，在页面中拖动鼠标绘制出墨滴，同时将背景图层隐藏，如图7-90所示。

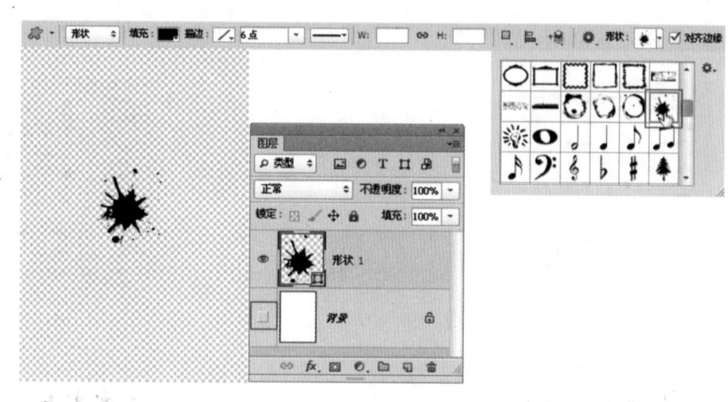

图 7-90　绘制图形

STEP 02 定义画笔。执行"编辑"｜"定义画笔预设"命令，在弹出的"画笔名称"对话框中更改名称为"墨滴"按钮，单击"确定"按钮完成定义画笔，如图7-91所示。

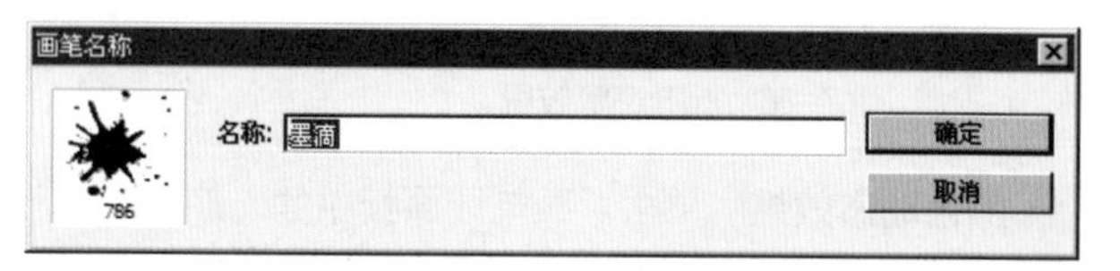

图 7-91　定义画笔

STEP 03 设置画笔面板。选择工具箱中的画笔工具，选择自定义的画笔，然后按F5键弹出"画笔"面板，并设置"画笔动态"和"散布"的参数，如图7-92和图7-93所示。

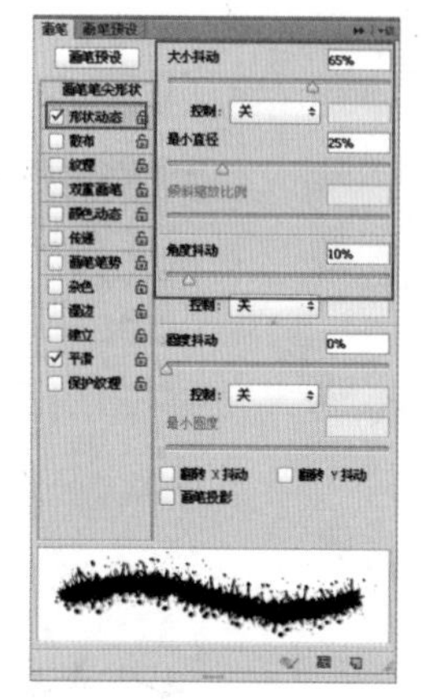

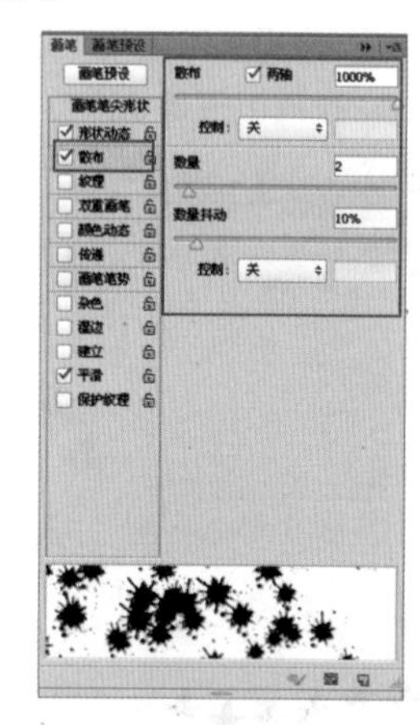

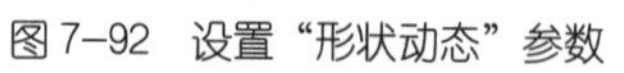

图 7-92　设置"形状动态"参数　　图 7-93　设置"散布"参数

STEP 04 自定义笔刷效果。在"图层"面板中将"形状1"图层删除，然后单击"前景色"按钮设置前景色为青色。使用画笔工具在页面中绘制，得到图7-94所示的效果。

STEP 05 绘制不同颜色的墨滴。设置不同的前景色，使用画笔工具在页面中绘制不同颜色的墨滴，如图7-95所示。

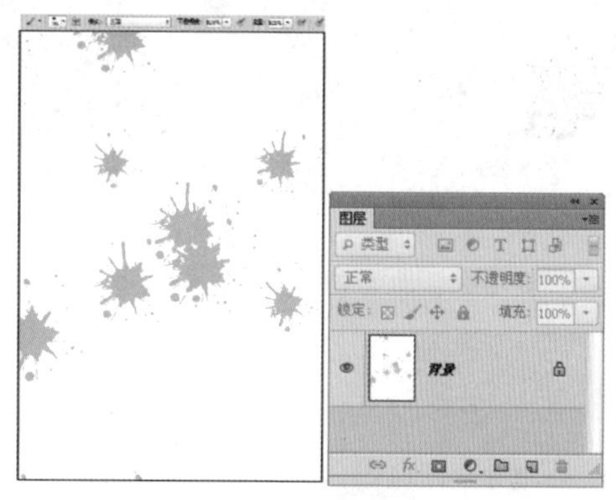

图 7-94　自定义画笔效果

图 7-95　自定义画笔绘制不同颜色的墨滴

7.12 画笔的保存、载入、替换、恢复与删除

在“画笔工具”属性栏中单击下拉按钮，可以打开画笔下拉列表框。单击列表框中的按钮，可打开菜单，在菜单中可以完成画笔的载入、替换等基础操作，如图7–96所示。

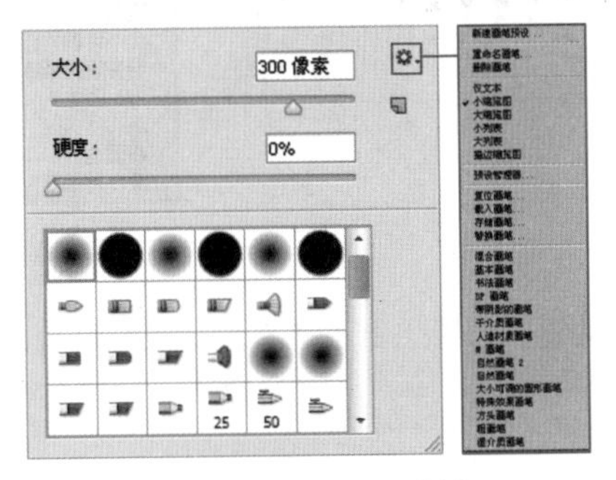

图 7–96　画笔下拉菜单

实例体验16：画笔文件的基础操作

素材：无　　视频：光盘\第 7 章\视频\画笔文件的基础操作 .flv

STEP 01 **保存画笔**。选择工具箱中的画笔工具，在属性栏中单击下拉按钮，打开画笔下拉列表框。根据需要调整画笔的大小、硬度等，单击图标，在弹出的对话框中可重命名一个画笔，并保存新的画笔预设，如图7–97所示。

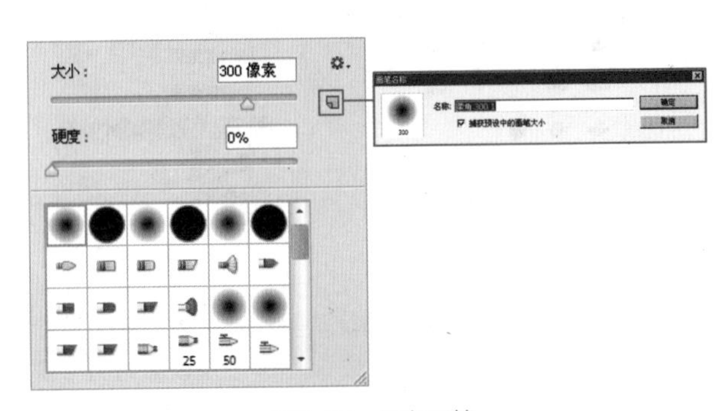

图 7–97　保存画笔

STEP 02 **载入、替换画笔**。单击画笔下拉列表框中的按钮，在弹出的菜单选择“载入画笔”命令，如图7–98所示。弹出“载入”对话框，可以选择需要载入的画笔，如图7–99所示。要想替换画笔，则在菜单选择“替换画笔”命令，选择替换的画笔即可。

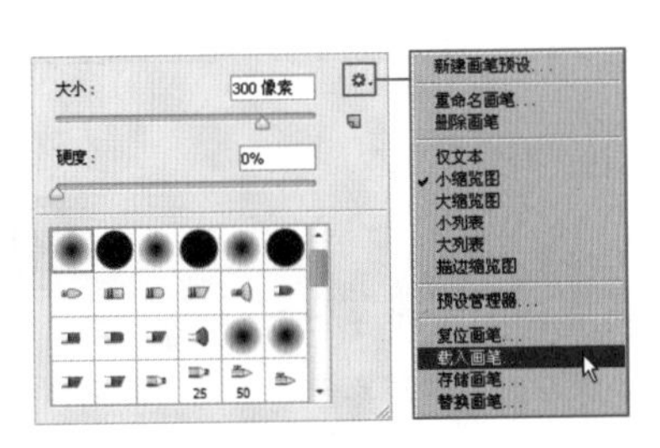

图 7–98　载入画笔

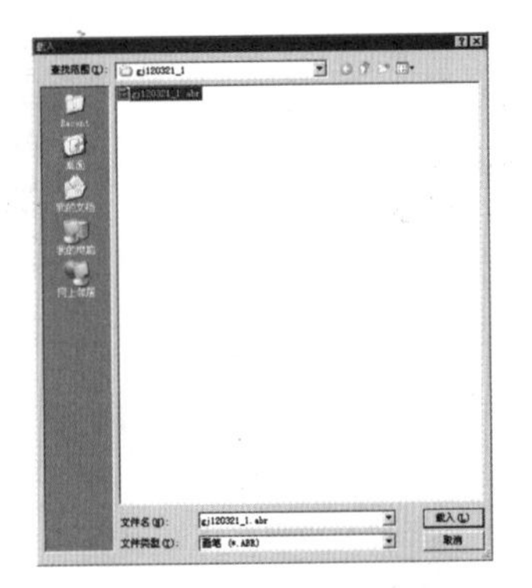

图 7–99　选择载入的画笔

STEP 03 **载入混合画笔**。单击画笔下拉列表框中的⚙.按钮，在菜单中选择“混合画笔”命令，这时会弹出一个警示窗。单击“追加”按钮，画笔下拉列表框中会追加混合画笔，如图7–100所示。

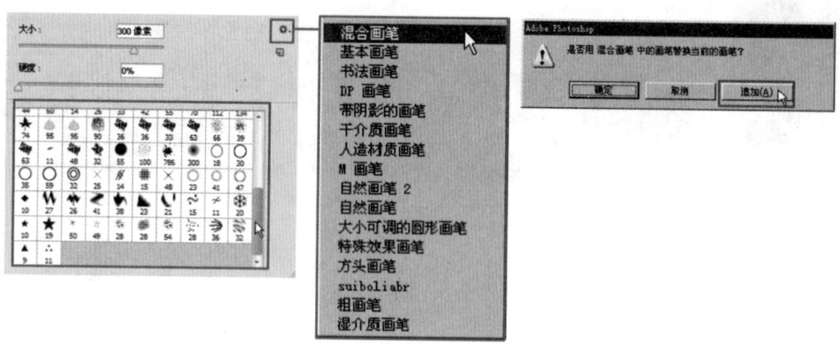

图 7–100　载入混合画笔

STEP 04 **恢复画笔**。如果想要画笔下拉列表框恢复初始状态，单击画笔下拉列表框中的⚙.按钮，在菜单中选择“复位画笔”命令，这时会弹出一个警示窗，单击“确定”按钮即可恢复画笔初始状态，如图7–101所示。

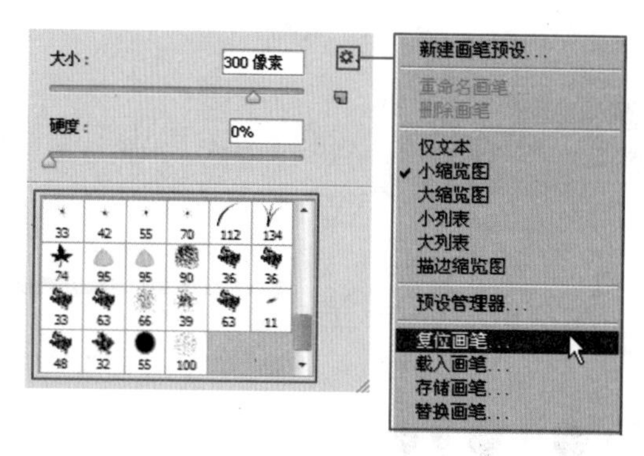

图 7–101　复位画笔

STEP 05 **删除画笔**。如果想要删除画笔下拉列表框中的某个画笔，可以单击画笔下拉列表框中的⚙.按钮，在菜单中选择“预设管理器”命令，在“预设管理器”对话框中选择想要删除的画笔后，单击“删除”按钮即可，如图7–102所示。

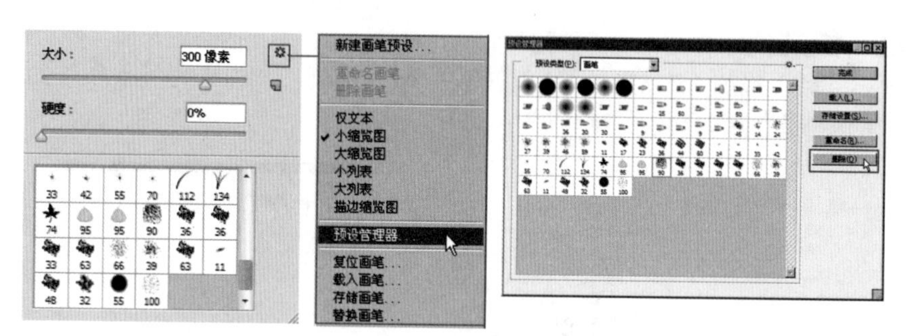

图 7–102　删除画笔

提示

按F5键弹出“画笔”面板，单击“画笔”面板下方的▦按钮，也可打开“预设管理器”对话框。

也可以按住Alt键，将光标移动到画笔下拉列表框中需要删除的画笔上，当光标显示为一把剪刀图案时，单击鼠标即可删除画笔。

7.13 图层样式

图层样式也叫图层效果，它可以为图层中的图像内容添加投影、描边、发光、斜面和浮雕等效果。使用图层样式中的诸多效果能够制作水晶、纹理、金属等特效。图层样式的使用非常灵活，应用图层样式后，能够随时对这些效果修改、隐藏或删除。单击“图层”面板下方的“添加图层样式”按钮 fx.，会弹出下拉菜单，如图7–103所示。任意选择一种效果后，弹出“图层样式”对话框，如图7–104所示。

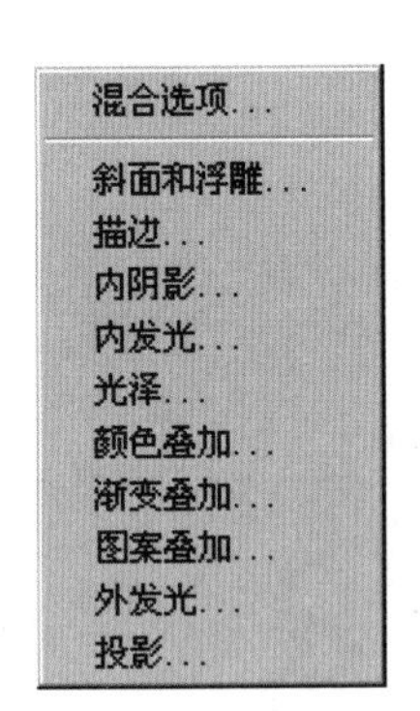

图 7–103　图层样式下拉菜单

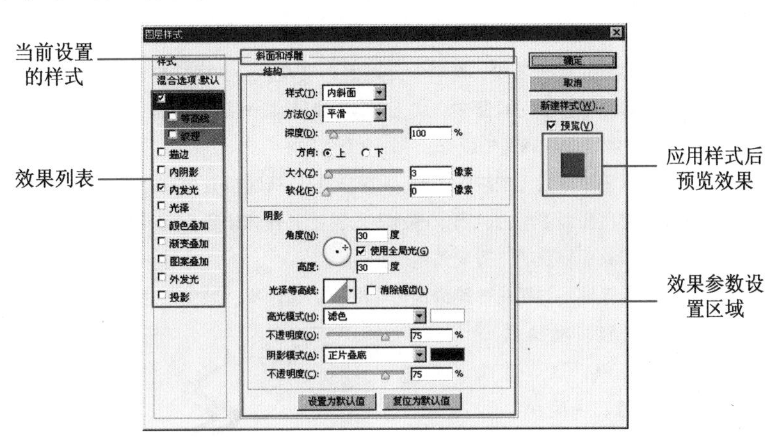

图 7–104　“图层样式”对话框

实例体验17：图层样式效果

素材：光盘\第 7 章\素材\素材 8\咖啡 .psd、卡通小人 .psd 等
视频：光盘\第 7 章\视频\图层样式效果 .flv

STEP01 **斜面与浮雕效果**。按快捷键Ctrl+O，打开素材中的咖啡.psd文件，如图7–105所示。单击“图层”面板下方“添加图层样式”按钮 fx.，在下拉菜单中选择“斜面和浮雕”命令，并在弹出的“图层样式”对话框中设置其参数，如图7–106所示设置完成后单击“确定”按钮，效果如图7–107所示。

图 7–105　原图

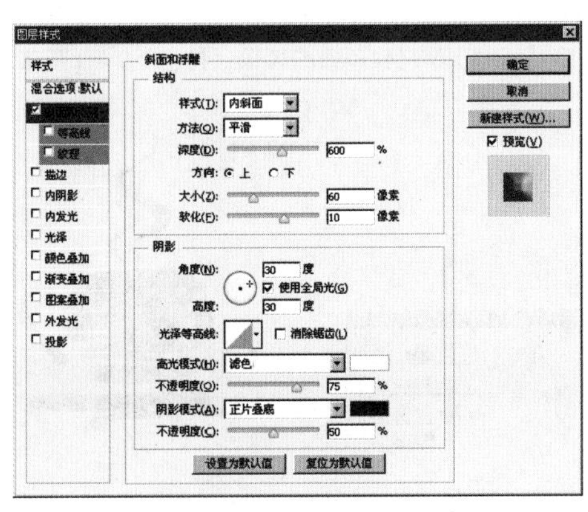

图 7–106　设置斜面与浮雕相关参数

图 7–107　内斜面浮雕效果

常用参数介绍

样式：在该下拉列表中还有外斜面、浮雕效果、枕状浮雕和描边浮雕等样式，选择描边浮雕样式首先需要对图像添加描边样式。图7-108所示为不同浮雕样式。

外斜面浮雕效果

浮雕效果

枕状浮雕

描边浮雕

图 7–108　不同浮雕效果

方法：选择“平滑”项，能够一定程度地模糊边缘，使浮雕效果变得平滑；选择“雕刻清晰”项，能够消除浮雕效果的锯齿，尤其是在文字上使用浮雕效果时最为明显；选择“雕刻柔和”项，更为精确地消除杂边，使浮雕效果变得平滑柔和。

深度：设置浮雕效果的应用深度，该值越高，浮雕的立体感越强。

方向：定位光源参数后，可以通过方向设置高光和阴影的上下位置。

大小：用来设置斜面与浮雕效果的范围。

软化：用来设置斜面与浮雕的柔和程度，该值越高，效果会越柔和。

角度/高度：拖动圆形图标内的指针，可以设置光源的角度和高度两个参数。

光泽等高线：单击下拉图标，在下拉列表中可以选择一个等高线样式，创建不同光泽感的浮雕效果，如图7-109所示。

图 7–109　不同光泽等高线效果

高光模式：用来设置高光的混合模式、颜色和不透明度。

阴影模式：用来设置阴影的混合模式、颜色和不透明度。

等高线：单击“图层样式”对话框左侧的“等高线”选项，可以切换至“等高线”设置页面，如图7-110所示；选择不同的“等高线”可以产生不同的效果，如图7-111所示。

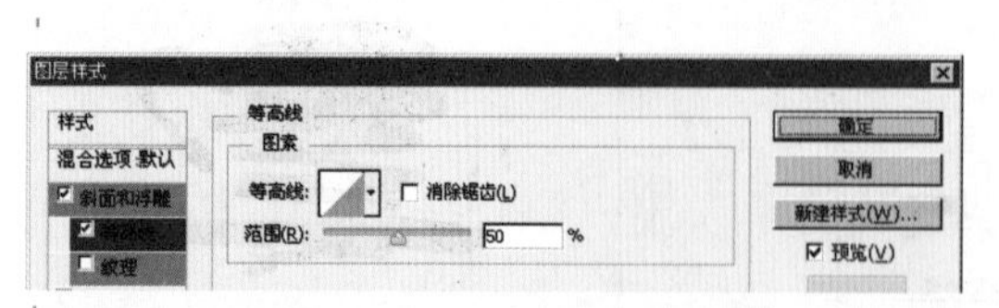

图 7–110　“等高线”设置面板

图 7–111　不同等高线生成的浮雕效果

纹理：单击“图层样式”对话框左侧的“纹理”选项，可以切换至“纹理”设置页面，如图7-112所示。拖动“缩放”和“深度”滑块可以调整图案效果，如图7-113所示。

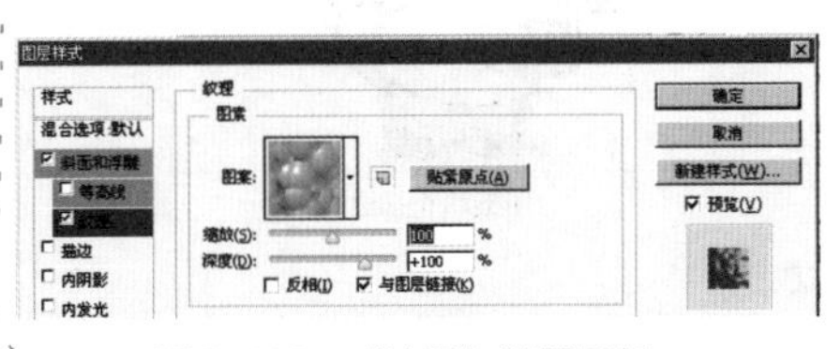

图 7–112 “纹理”设置面板

图 7–113 添加纹理浮雕效果

提示

在“纹理”设置面板中单击下拉按钮，在弹出的下拉列表框中单击右上角的按钮，会弹出下拉菜单，在菜单中可以选择添加不同的纹理图案，如图7-114所示。

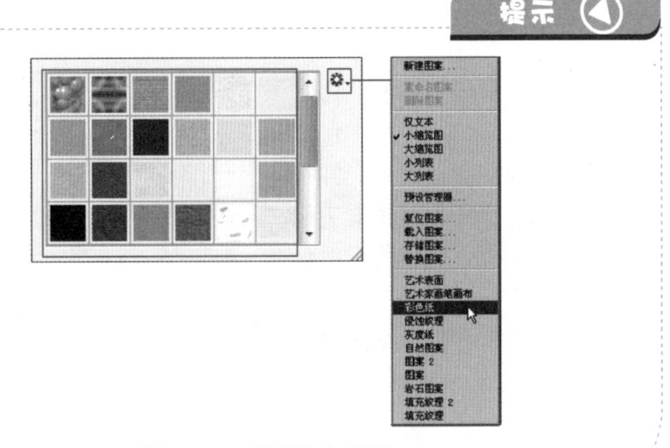

图 7–114 选择添加纹理

STEP 02 **描边效果**。按快捷键Ctrl+O，打开素材中的卡通小人.psd文件，如图7–115所示。单击“图层”面板下方的“添加图层样式”按钮 fx，在下拉菜单中选择“描边”命令，并在弹出的“图层样式”对话框中设置其参数，如图7–116所示。设置完成后单击“确定”按钮，效果如图7–117所示。

图 7–115 原图

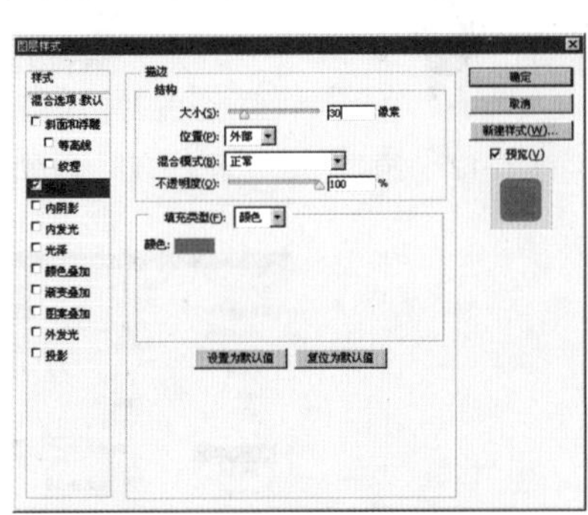

图 7–116 设置描边相关参数

图 7–117 描边效果

常用参数介绍

位置：用来设置描边的位置是外部、内部，还是居中。

填充类型：用来设置描边的填充类型。选择“颜色”项，单击颜色块，可设置一种单色填充描边；选择“渐变”项，可以设置一种渐变颜色填充描边；选择“图案”项，可以用图案填充描边，如图7-118所示。

颜色填充描边

渐变填充描边

图案填充描边

图 7-118　不同填充类型的描边效果

STEP 03 **内阴影效果**。按快捷键Ctrl+O，打开素材中的水花.psd文件，如图7-119所示。单击“图层”面板下方的“添加图层样式”按钮 fx，在下拉菜单中选择“内阴影”命令，并在弹出的“图层样式”对话框中设置其参数，如图7-120所示。设置完成后单击“确定”按钮，效果如图7-121所示，水花内部产生了阴影效果。

图 7-119　原图

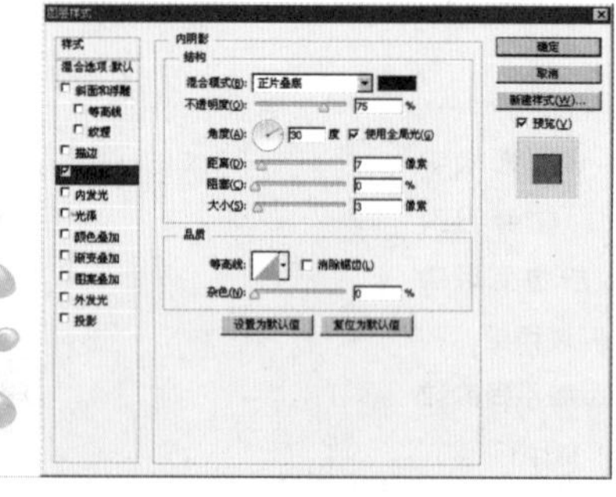

图 7-120　设置内阴影相关参数

图 7-121　内阴影效果

STEP 04 **内发光效果**。按快捷键Ctrl+O，打开素材中的音乐符.psd文件，如图7-122所示。单击“图层”面板下方“添加图层样式”按钮 fx，在下拉菜单中选择“内发光”命令，并在弹出的“图层样式”对话框中设置其参数，如图7-123所示。设置完成后单击“确定”按钮，效果如图7-124所示。

图 7-122　原图

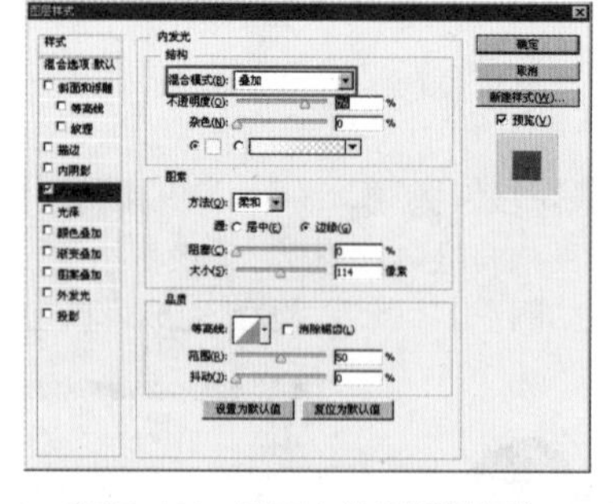

图 7-123　设置内发光相关参数

图 7-124　内发光效果

STEP 05 **光泽效果**。按快捷键Ctrl+O，打开素材中的“纸箱.psd”文件，如图7-125所示。单击“图层”面板下方的“添加图层样式”按钮 fx，在下拉菜单中选择“光泽”命令，并在弹出的“图层样式”对话框中设置其参数，如图7-126所示。设置完成后单击“确定”按钮，效果如图7-127所示。

图 7-125　原图

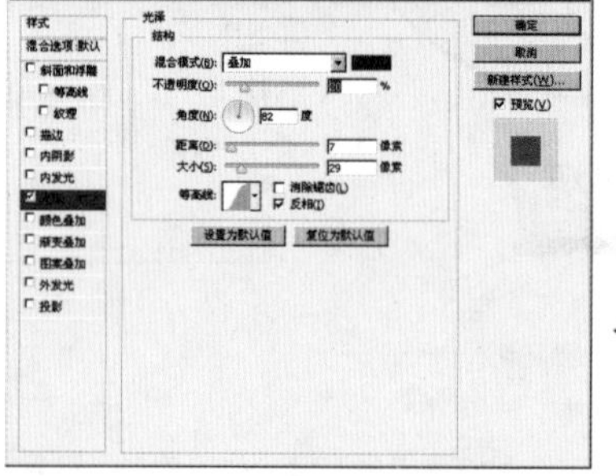

图 7-126　设置光泽相关参数

图 7-127　光泽效果

STEP 06 **颜色叠加效果**。按快捷键Ctrl+O，打开素材中的“圆柱.psd”文件，如图7-128所示。单击“图层”面板下方的“添加图层样式”按钮 fx，在下拉菜单中选择“颜色叠加”命令，并在弹出的“图层样式”对话框中设置其参数，如图7—129所示。设置完成后单击“确定”按钮，效果如图7—130所示。

图 7—128　原图

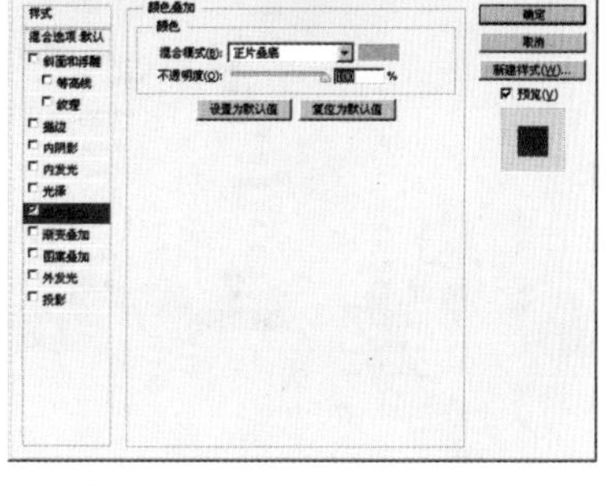
图 7—129　设置颜色叠加相关参数

图 7—130　颜色叠加效果

STEP 07 **渐变叠加效果**。按快捷键Ctrl+O，打开素材中的“鹰.psd”文件，如图7—131所示。单击“图层”面板下方的“添加图层样式”按钮 fx，在下拉菜单中选择“渐变叠加”命令，并在弹出的“图层样式”对话框中设置其参数，如图7—132所示。设置完成后单击“确定”按钮，效果如图7—133所示。

图 7—131　原图

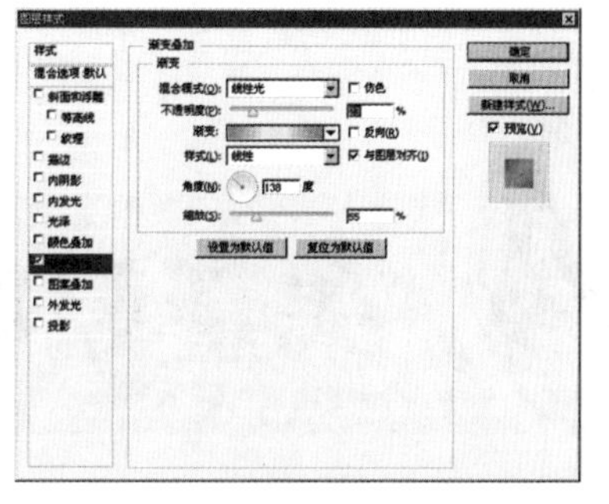
图 7—132　设置渐变叠加相关参数

图 7—133　渐变叠加效果

STEP 08 **图案叠加效果**。按快捷键Ctrl+O，打开素材中的“钥匙.psd”文件，如图7—134所示。单击“图层”面板下方的“添加图层样式”按钮 fx，在下拉菜单中选择“图案叠加”命令，并在弹出的“图层样式”对话框中设置其参数，如图7—135所示。设置完成后单击“确定”按钮，效果如图7—136所示。

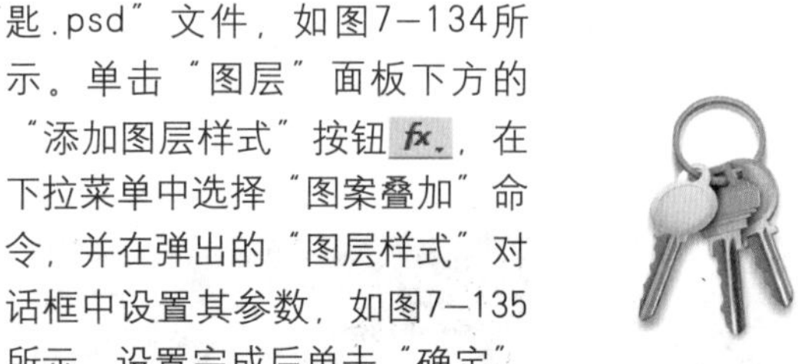
图 7—134　原图

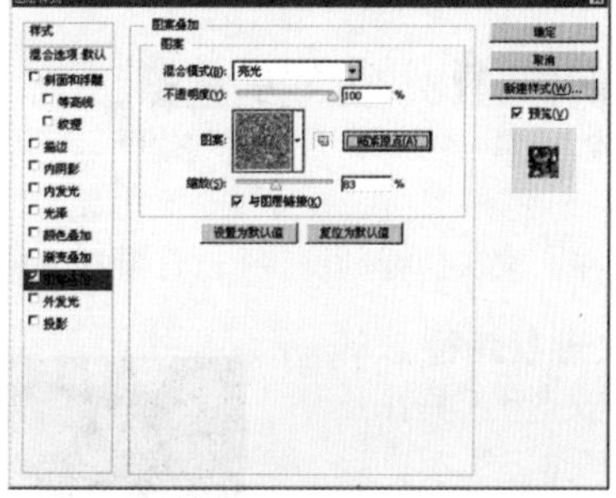
图 7—135　设置图案叠加相关参数

图 7—136　图案叠加效果

STEP 09 **外发光效果**。按快捷键Ctrl+O，打开素材中的“蝴蝶.psd”文件，如图7—137所示。单击“图层”面板下方的“添加图层样式”按钮 fx，在下拉菜单中选择“外发光”命令，并在弹出的“图层样式”对话框中设置其参数，如图7—138所示。设置完成后单击“确定”按钮，效果如图7—139所示。

图 7—137　原图

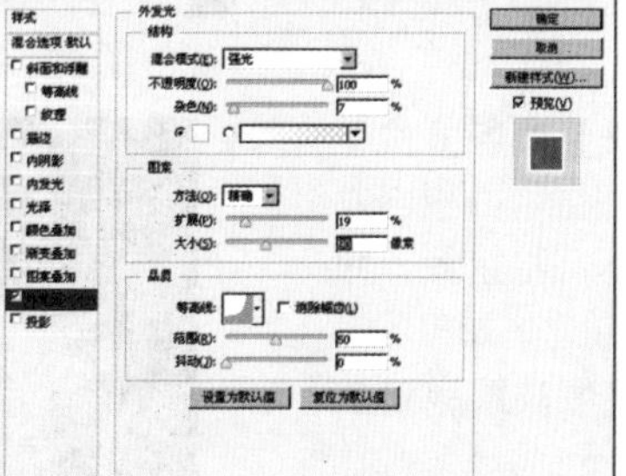
图 7—138　设置外发光相关参数

图 7—139　外发光效果

STEP 10 **投影效果**。按快捷键Ctrl+O，打开素材中的“光盘.psd”文件，如图7—140所示。单击“图层”面板下方的“添加图层样式”按钮 fx，在下拉菜单中选择“投影”命令，并在弹出的“图层样式”对话框中设置其参数，如图7—141所示。设置完成后单击“确定”按钮，效果如图7—142所示。

图 7-140　原图

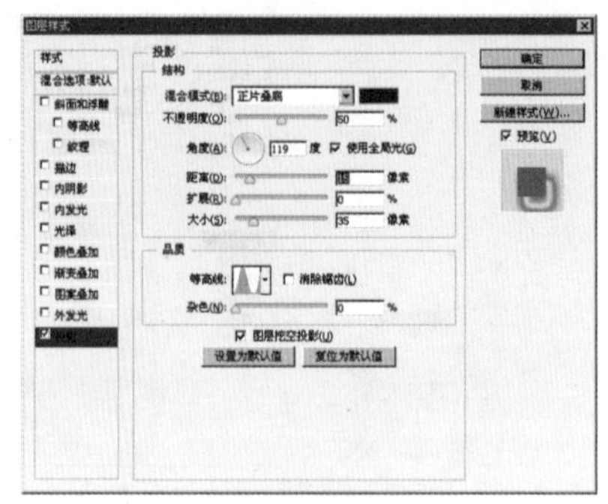

图 7-141　设置投影相关参数

图 7-142　投影效果

7.14 矢量蒙版

矢量蒙版是由钢笔工具组、矩形工具组中的矢量工具等创建的蒙版，可以在矢量状态下编辑矢量图形到矢量蒙版中。矢量图形无论怎样缩放都能保持光滑的轮廓，常用于Logo、按钮或Web设计。

实例体验18：生成矢量蒙版

素材：光盘\第 7 章\素材\素材 9.PSD　　视频：光盘\第 7 章\视频\生成矢量蒙版 .flv

STEP 01 **打开文件**。按快捷键Ctrl+O，打开素材文件，如图7-143所示。

STEP 02 **自定义形状路径**。单击工具箱中的自定义形状工具，在属性栏中选择“路径”项，然后选择一种形状，拖动鼠标绘制出路径，如图7-144所示。

图 7-143　原图

图 7-144　绘制矢量路径

STEP 03 **生成矢量蒙版**。按住Ctrl键，单击“图层”面板下方的“添加图层蒙版”按钮，即可基于当前路径创建矢量蒙版，路径区域外的图像被蒙版遮盖住，如图7-145所示。

图 7-145　创建矢量蒙版

STEP 04 **为矢量蒙版添加效果**。单击“图层”面板下方的“添加图层样式”按钮 fx，在下拉菜单中选择“描边”命令，并在弹出的“图层样式”对话框中设置描边参数，然后再单击左侧列表中的“外发光”项，并设置外发光的参数，如图7-146所示。设置完成后单击“确定”按钮，效果如图7-147所示。

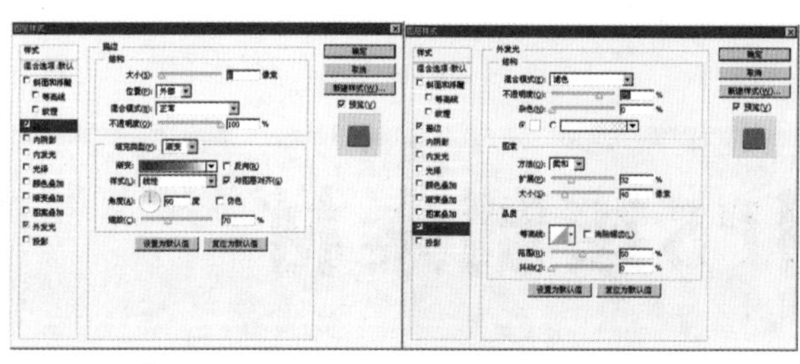

图 7-146　设置图层样式

图 7-147　添加图层样式的效果

第二部分　设计师自创素材

7.15 设计师创建素材的要点

1 根据需要选择矢量图或位图

（1）根据用处选择类型：在Photoshop中制作需要经常缩放或者按照不同打印尺寸输出的图形、图标、Logo，应该创建为矢量图，并可通过执行“编辑”｜“定义自定形状”命令，保存制作的矢量图；如果素材或作品只应用于网络传输、预览等，那么可以直接创建并保存为位图图像。

（2）根据效果选择类型：如果需要更逼真、更自然、更柔和的颜色，则适合创建为位图素材；反之则适合创建为矢量素材。

2 分辨率不要低于 300ppi

在Photoshop中创建需要印刷使用的素材时，分辨率不得低于300ppi，因为这样才能够保证印刷成品的清晰度。

3 保存格式要 PSD 或者 TIF

在Photoshop中自创素材时，最好保存为PSD或者TIF格式的文件，因为PSD和TIF格式支持分层，可以对素材进行随意修改和调整。比如想更改或删除图像中的某个元素，只需要在Photoshop中打开文件，选择想要更改的元素将其替换或删除即可。倘若自创素材后保存的是JPG格式，想要修改的话非常麻烦，甚至无法修改，只能重新绘制素材。

4 建立自己的图案、样式及画笔文件

在Photoshop中将自创的图案素材、图层样式、画笔等定义成图案、样式和画笔，在应用时，可以方便快捷地将其载入，不至于每次使用时都要重新创建，有效地提高了工作效率。

7.16 直接用PS绘制素材

在Photoshop中可以使用钢笔工具、铅笔工具、画笔工具以及填充工具制作出想要的花纹、图案等素材图像。

实例体验19：欧式风格装饰图案

素材：无　　　　视频：光盘\第7章\视频\欧式风格装饰图案.flv

STEP 01 **用钢笔工具绘制路径**。按快捷键Ctrl+N，新建一个10厘米×10厘米，分辨率为300的文件。选择工具箱中的钢笔工具，在页面中单击一点后，再单击一点并向左下拖动鼠标出现两条控制杆。按住Alt键单击节点删除一条控制杆，变为单方向的控制杆。采用相同的方法，继续绘制图案，详细步骤如图7–148所示。

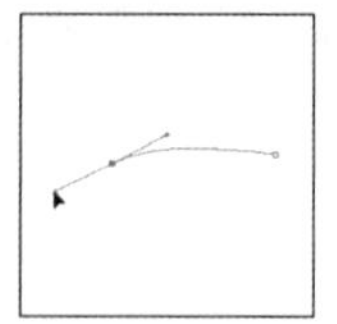
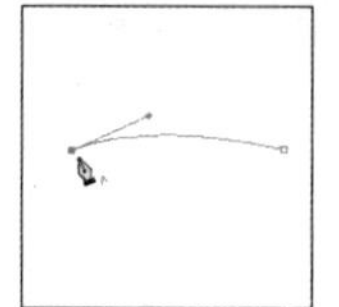
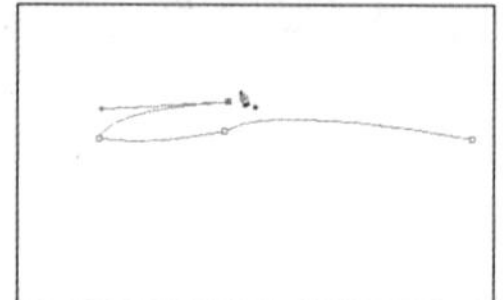
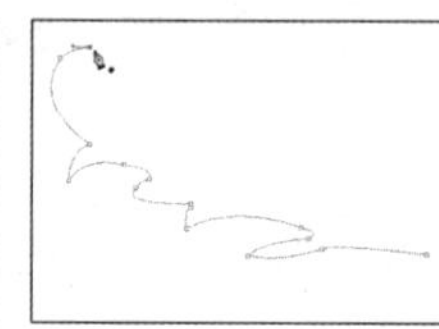
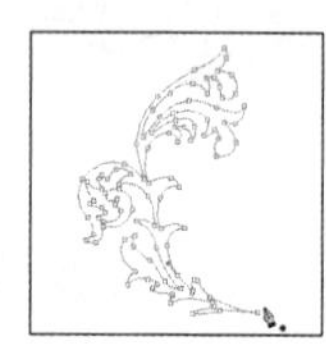

图7–148　用钢笔工具绘制花纹图案

STEP 02 **继续绘制路径**。按上面的方法，使用钢笔工具继续绘制出欧式花纹的全部路径，如图7–149所示。然后按快捷键Ctrl+Enter将路径转换为选区，如图7–150。

图7–149　绘制全部花纹路径

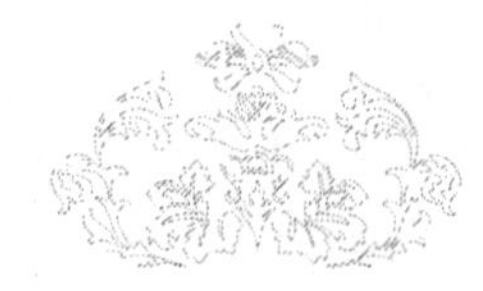

图7–150　路径转换为选区

提示

对于对称图案，可以拖出辅助线只创建一半，然后通过复制、变换翻转，合并路径得到整个路径图案。具体如下。

（1）创建一半，然后复制出另一半。

（2）变换翻转路径并对齐，然后选择整个路径，在属性栏中设置运算属性为“合并形状”，如图7-151所示。

创建一半

复制出另一半对齐路径

设置运算属性

图7–151　拼合形状

（3）在属性栏中单击"合并形状组件"进行运算，得到最终效果，如图7-152所示。

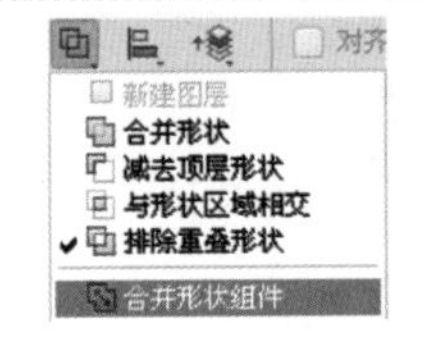

进行合并运算　　最终效果

图 7–152　合并形状

STEP 03 **填充渐变**。单击"图层"面板下方的"创建新图层"按钮，新建"图层1"图层，如图7–153所示。选择工具箱中的渐变工具，在属性栏中选择径向渐变，并在下拉列表中选择一个渐变色，在页面中由下至上拖动鼠标填充渐变色，然后按快捷键Ctrl+D取消选区，如图7–154所示。

图 7–153　新建图层

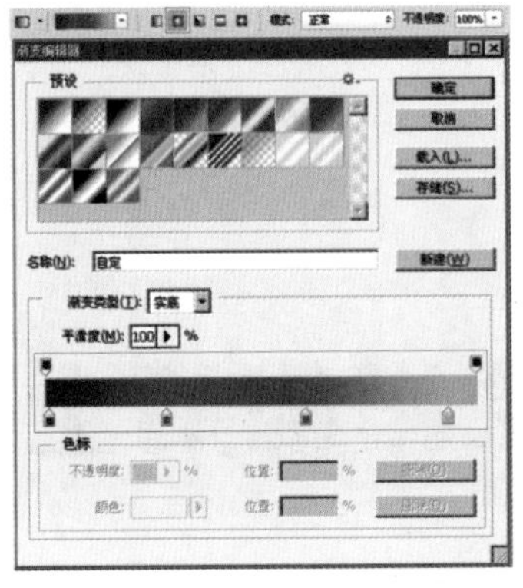

图 7–154　填充渐变

STEP 04 **变换花纹**。按快捷键Ctrl+J复制"图层1"，得到"图层1 副本"图层，然后使用移动工具将其向下移动，如图7–155所示。按快捷键Ctrl+T自由变换，单击鼠标右键，在快捷菜单中选择"垂直翻转"命令，然后进行对齐，并按Enter键结束编辑，得到最终效果，如图7–156所示。

图 7–155　复制一个花纹

图 7–156　最终效果

实例体验20：中式风格装饰图案★

素材：无　　视频：光盘\第 7 章\视频\中式风格装饰图案 .flv

本案例的最终效果如图7–157所示。

绘制路径　　填充颜色

图 7–157　装饰图案

实例体验21：卡通图案★

素材：光盘\第7章\素材\素材10.JPG　　视频：光盘\第7章\视频\卡通图案.flv

本实例的最终效果如图7–158所示，具体制作过程请观看视频。

图7–158　绘制卡通图像

7.17 手绘扫描后上色

手绘线稿扫描后可以利用“颜色”混合模式进行上色，上色工具主要使用画笔工具。

实例体验22：扫描图上色

素材：光盘\第7章\素材\素材11.JPG　　视频：光盘\第7章\视频\扫描图上色.flv

STEP01 **打开文件**。按快捷键Ctrl+O，打开素材文件，如图7–159所示。

STEP02 **建立树叶选区**。选择工具箱中的魔棒工具，在工具属性栏中单击“添加到选区”按钮，然后分别单击树叶，将树叶选中，如图7–160所示。

图7–159　手绘原图

图7–160　创建树叶选区

STEP03 **填充树叶**。单击“图层”面板下方的“创建新图层”按钮，得到“图层1”图层，然后单击“前景色”图标，在弹出的“拾色器”对话框中设置绿色后，单击“确定”按钮，如图7–161所示。按快捷键Alt+Delete填充选区，如图7–162所示。

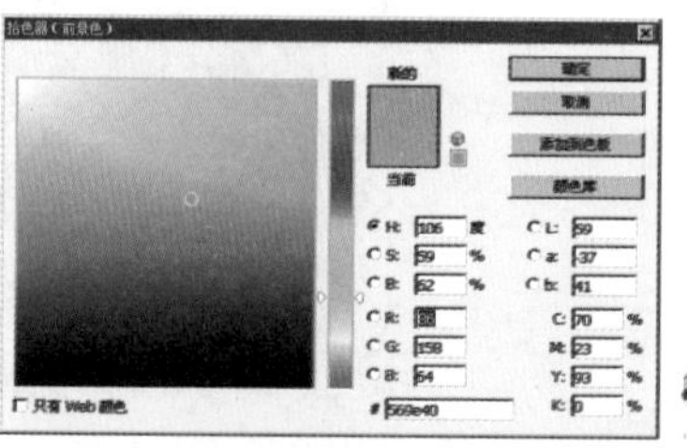

图7–161　“拾色器”对话框

图7–162　填充选区

STEP 04 填充其他树叶。按Ctrl+D取消选区，然后选择工具箱中的魔棒工具，单击剩余的树叶，将其选中，如图7–163所示。单击“前景色”图标，在弹出的“拾色器”对话框中设置颜色后，单击“确定”按钮，如图7–164所示。按快捷键Alt+Delete填充选区，再按Ctrl+D取消选区，如图7–165所示。

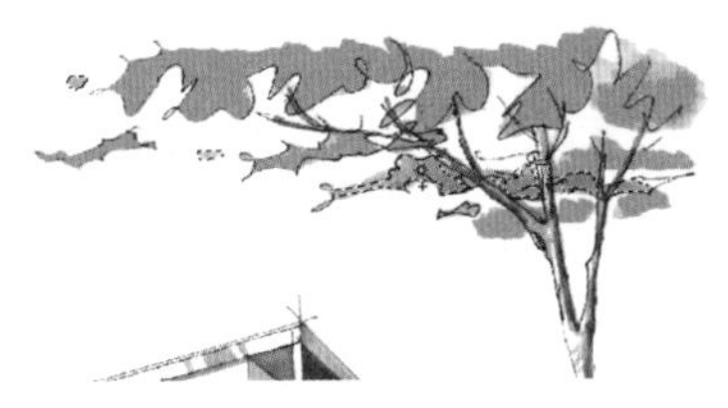

图 7–163　选中剩余树叶

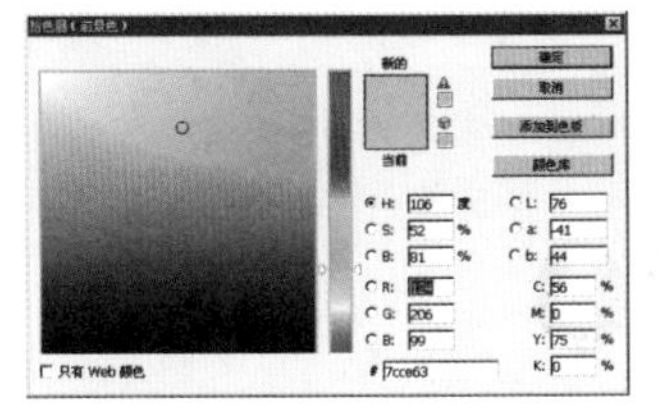

图 7–164　“拾色器”对话框

图 7–165　填充选区

STEP 05 用画笔工具绘制。选择工具箱中的画笔工具，设置画笔为60像素的柔角，分别设置不同颜色的前景色，在图层1上进行绘制，如图7–166所示。

STEP 06 设置图层的混合模式。将“图层1”图层的混合模式设置为“颜色”，得到如图7–167所示的最终效果。

图 7–166　选择不同的颜色进行绘制

图 7–167　“颜色”混合模式的效果

7.18 扫描图标转化为矢量图

扫描的标志等图案，在用于印刷设计前，通常需要将其转成矢量图使用。原因有两点：一是扫描的图有噪点；二是扫描的标志图案边缘、文字等发虚。在下面的实例体验中我们将直接看到这两种现象。

将扫描图转成矢量图，在AI、CorelDRAW等矢量软件中处理，很方便。利用Photoshop也可以处理，但相对麻烦一些。在Photoshop中，首先是沿着图案轮廓创建路径，然后将路径应用到矢量蒙版中，以生成矢量图。

有部分设计人员直接将路径转成选区后填充颜色来处理扫描的标志图案。这种做法实际是不可取的，因为路径转成选区填充后得到的就是像素图像，当利用变换命令放大使用时，同样会发虚。

实例体验23：扫描标志转化成矢量图

素材：光盘\第 7 章\素材\素材 12.JPG　　视频：光盘\第 7 章\视频\扫描标志转换成矢量图 .flv

STEP 01 打开文件。按快捷键Ctrl+O，打开素材文件，如图7–168所示。可以看到图像中有很多噪点，文字、牛头边缘也发虚。

STEP 02 **拖出参考线。**由于文字笔画在水平方向上存在对齐，所以需要拖出参考线，确保路径绘制时能够对齐，如图7–168、图7–169所示。打开“视图”菜单，确定勾选了“对齐”命令，并且在“对齐到”子菜单中勾选了“参考线”命令。

图 7–168　扫描的原图

图 7–169　创建参考线

STEP 03 **创建文字路径。**选择工具箱中的钢笔工具，沿文字轮廓绘制创建出文字路径。显示“路径”面板，双击“工作路径”名称，在弹出的“存储路径”对话框中输入路径名称“文字”，然后单击“确定”按钮，如图7–170所示。

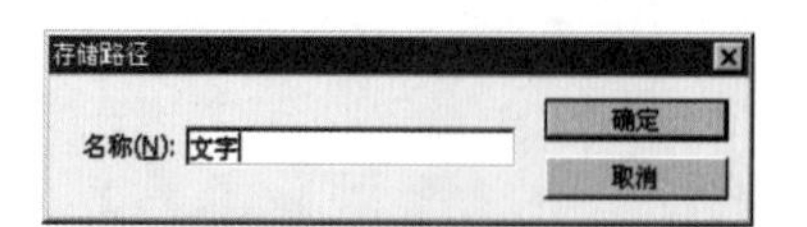

图 7–170　创建文字路径并存储路径

STEP 04 **创建牛头路径。**单击“路径”面板上的“新建”按钮新建路径1，采用钢笔工具绘制牛头路径，并重命名为“牛头”，如图7–171所示。

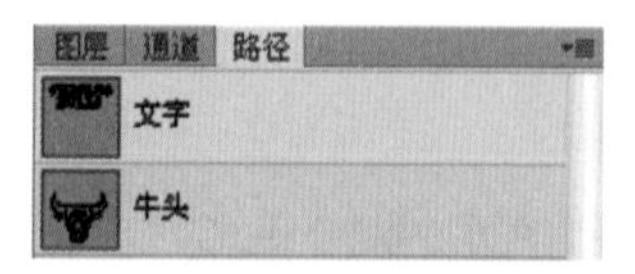

图 7–171　牛头路径

STEP 05 **生成文字图案部分。**新建图层1，填充为白色，作为背景使用。再新建图层2，填充为黑色，然后单击“路径”面板上的“文字”路径，将其激活。按下Ctrl键，单击“图层”面板中的“添加图层蒙版”按钮，得到文字图案层，如图7–172所示。

图 7–172　文字图案

STEP 06 **获取红色路径。**在“路径”面板中复制“牛头”路径。使用路径选择工具选中整个牛头路径，然后按下Shift键，分别单击牛头中对应白色区域的路径，将其从当前选择中排除，如图7–173所示。在属性栏中先设置运算属性为“合并形状”，接着单击“合并形状组件”进行运算，得到图7–174所示红色区域的路径。“路径”面板如图7–175所示。

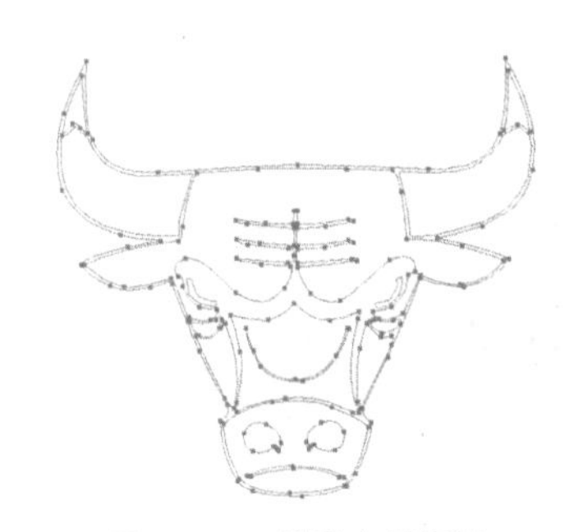

图 7–173　排除白色路径

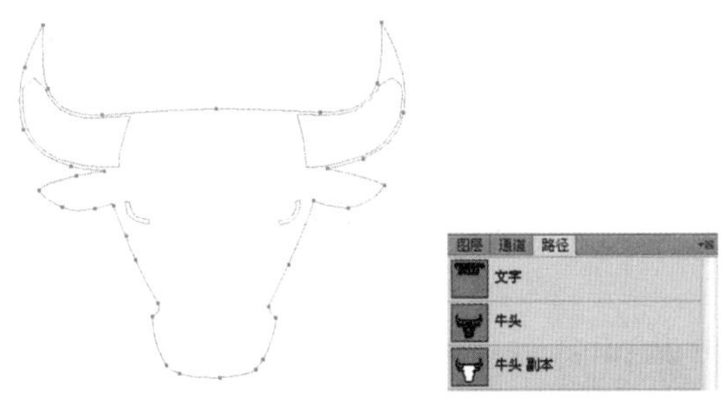

图 7–174　红色区域路径　　图 7–175　“路径”面板

STEP 07　生成牛头红色图案。新建图层3，填充为红色。按下Ctrl键，单击“图层”面板中的“添加图层蒙版”按钮，生成矢量蒙版，获得红色图案，如图7–176所示。

图 7–176　生成红色图案

STEP 08　生成黑色图案。新建图层4，填充为黑色。单击“路径”面板上的“牛头”路径将其激活，然后按下Ctrl键单击“图层”面板下方的“添加图层蒙版”按钮生成矢量蒙版，得到黑色图案，如图7–177所示。

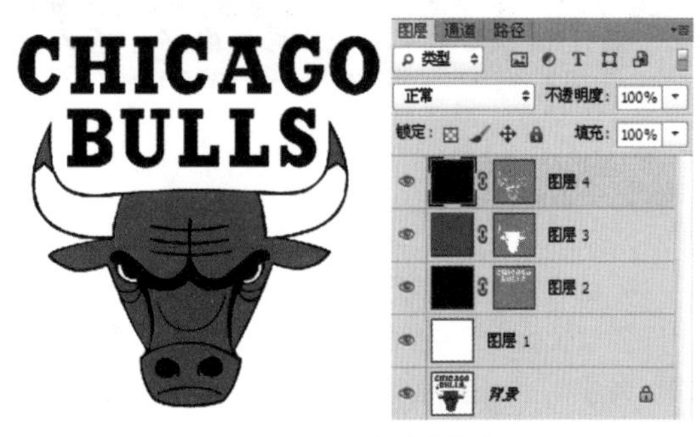

图 7–177　生成黑色图案

STEP 09　创建成组。单击“图层”面板下方的“创建新组”按钮，新建一个组并重命名为“标志”。将图层2至图层4都移动到“标志”组中，这样我们就将扫描的标志图转换成了矢量图，今后就可以直接调用，如图7–178所示。

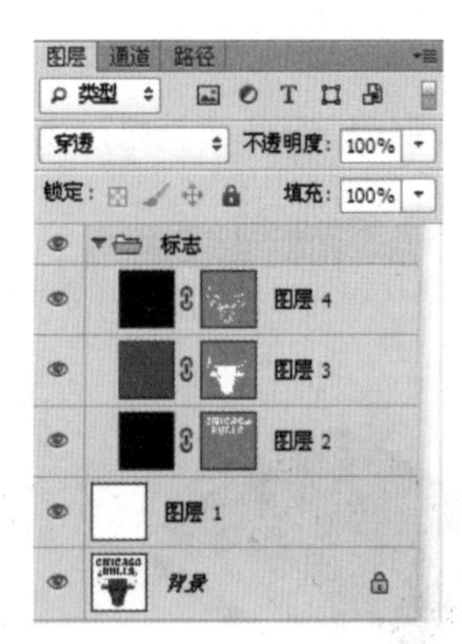

图 7–178　“标志”组

注意

在生成不同颜色矢量蒙版的时候，我们并没有简单地直接利用对应的路径，而是对部分路径进行了合并运算。这样做的原因是为了防止挖空的红色套上黑色图案出现白色杂边，如图7-179所示。

挖空叠加：

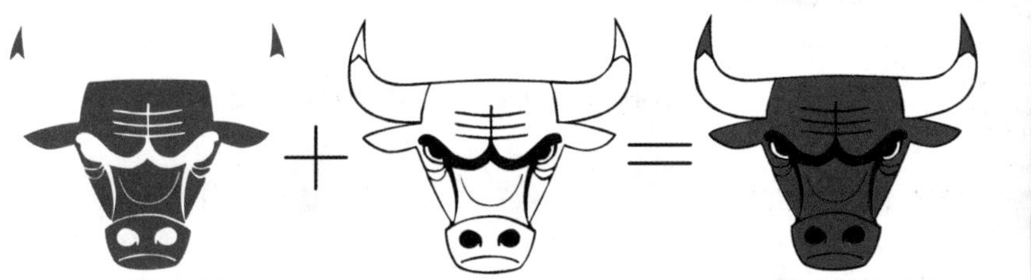

图 7–179　放大后可以看到白色杂边

7.19 用手绘板绘制

1 手绘板简介

手绘板又名绘图板、绘画板、数位板等，是计算机输入设备的一种，通常是由一块板子和一支压感笔组成。数位板主要针对设计人士，用作绘画创作方面，就像画家的画板和画笔。我们在电影中常见的逼真的画面和栩栩如生的人物，就可以通过手绘板一笔一笔画出来。

2 手绘板安装

在使用手绘板之前，首先需要安装驱动程序。买手绘板会有自带的光盘文件，打开光盘找到驱动程序即可安装。

实例体验24：手绘板安装

素材：无　　　　视频：光盘\第 7 章\视频\手绘板安装 .flv

STEP01 **连接电脑**。将手绘板数据线的USB接口插入电脑主机的USB插口里，如图7–180所示。

STEP02 **安装手绘板驱动**。找到手绘板的安装程序，双击后启动安装，如图7–181所示。

图 7–180　连接电脑

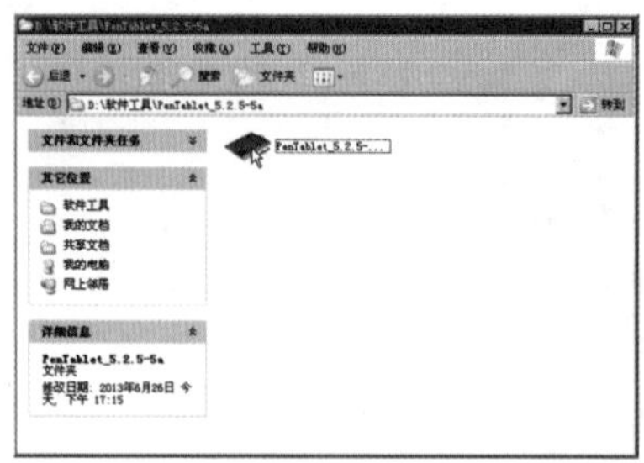

WinZip Self-Extractor - PenTablet_5.2.5-5a.exe
Wacom Driver 5.2.5-5#2
Setup
Cancel
About
Unzipping Pen_TouchService.exe

图 7–181　安装手绘板驱动

STEP03 **安装完成**。启动完成后，弹出“数位板–许可协议”对话框，单击“接受”按钮，数秒钟后弹出对话框提示“数位板驱动程序安装成功”，单击OK按钮，安装成功，如图7–182所示。

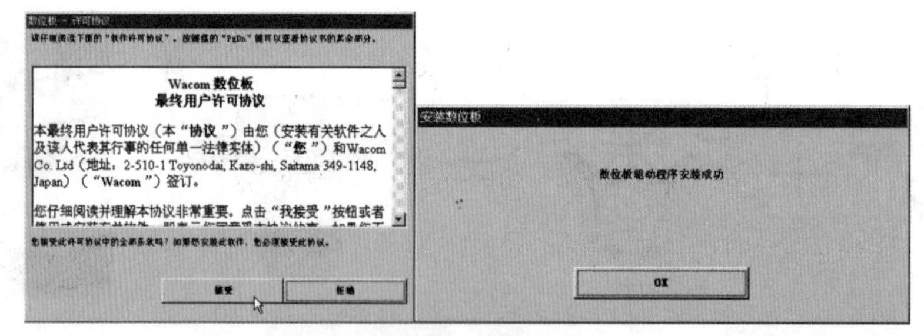

图 7–182　完成安装

3 手绘板绘画

用手绘板画画就像画家的画笔和画板，在没有手绘板的时候，我们可以用鼠标来画画，不过鼠标毕竟不是画家手里的画笔，不是很灵活。使用手绘板画画可以模拟各种各样的画笔，如毛笔。当我们用力的时候毛笔能画很粗的线条，当我们用力很轻的时候，可以画出很细很淡的线条。

实例体验25：手绘板绘制漫画人像

素材：无　　视频：光盘\第7章\视频\手绘板绘制漫画人像.flv

STEP01 **新建并填充页面。**按快捷键Ctrl+N新建文档，名称设为“漫画人像”。选择预设为A4大小的国际标准纸张，设置分辨率为300，颜色模式为RGB，如图7–183所示。单击“确定”按钮，得到一个空白页面。单击“前景色”图标，在弹出的“拾色器”对话框中设置颜色为R156 G15 B4，然后按Alt+Delete填充背景，如果7–184所示。

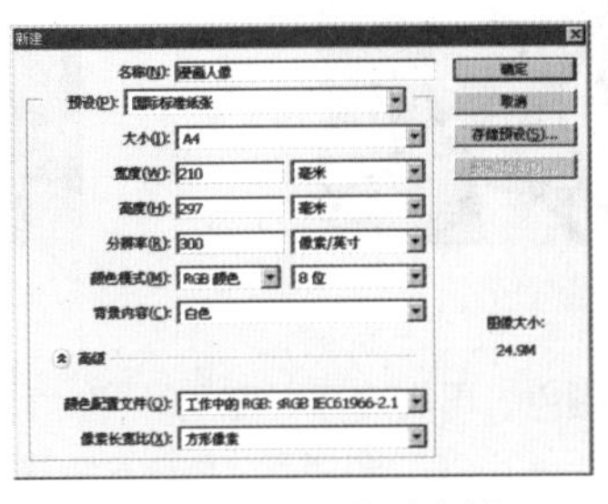

图7–183　新建文档

图7–184　填充页面

STEP02 **手绘板绘制。**新建“图层1”图层，选择画笔工具，设置画笔大小为60像素、硬度为100%，如图7–185所示。设置前景色为R31 G15 B15，开始绘制漫画人像的轮廓，如图7–186所示。

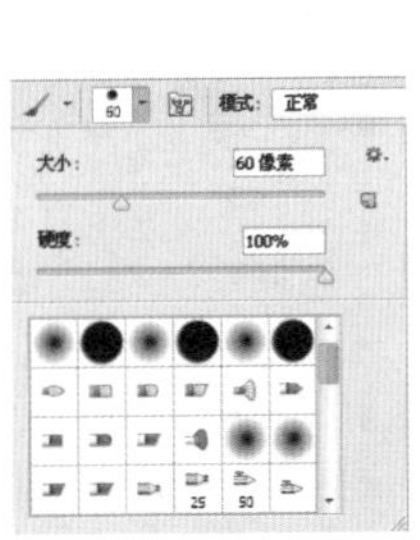

图7–185　设置画笔

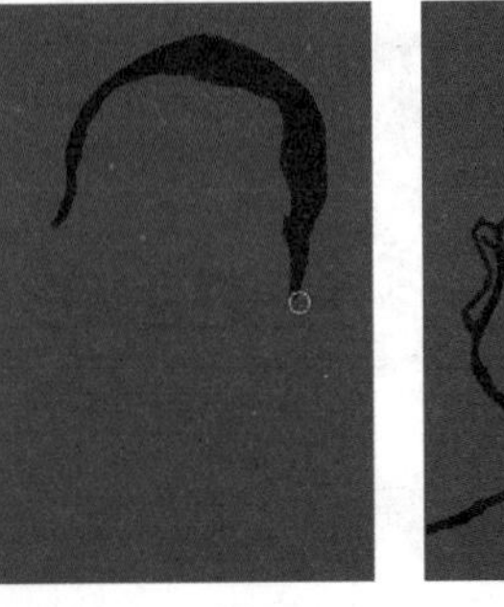

图7–186　绘制人物轮廓

STEP03 **填充面部颜色。**选择工具箱中的魔棒工具，在属性栏中单击“添加到选区”按钮，然后选择“图层1”图层，分别单击面部、颈部和肩膀区域，生成选区，如图7–187所示。新建“图层2”图层，设置前景色为R228 G147 B71，按快捷键Alt+Delete填充选区，然后按快捷键Ctrl+D取消选区，如图7–188和图7–189所示。

图7–187　建立选区

图7–188　填充选区

图7–189　“图层”面板

STEP 04 **填充耳朵和眼皮颜色**。再次选择"图层1"图层，使用魔棒工具，分别单击耳朵、眼皮区域，生成选区，如图7-190所示。在"图层2"上方，新建图层"图层3"图层，按快捷键Alt+Delete填充选区，然后按快捷键Ctrl+D取消选区，如图7-191和图7-192所示。

图 7-190 建立选区

图 7-191 填充选区

图 7-192 "图层"面板

STEP 05 **填充嘴唇颜色**。再次选择"图层1"图层，使用魔棒工具，分别单击上嘴唇和下嘴唇区域，生成选区，如图7-193所示。在"图层3"上方，新建图层"图层4"图层，设置前景色为R219 G142 B109，按快捷键Alt+Delete填充选区，然后按快捷键Ctrl+D取消选区，如图7-194和图7-195所示。

图 7-193 建立选区

图 7-194 填充选区

图 7-195 "图层"面板

STEP 06 **填充眼白颜色**。再次选择"图层1"图层，使用魔棒工具，分别单击两只眼睛眼白的区域，生成选区，如图7-196所示。在"图层4"上方，新建图层"图层5"图层，设置前景色为白色，按快捷键Alt+Delete填充选区，然后按快捷键Ctrl+D取消选区，如图7-197和图7-198所示。

图 7-196 建立选区

图 7-197 填充选区

图 7-198 "图层"面板

STEP 07 绘制嘴唇暗部区域。新建"图层6"图层，设置前景色为R191 G120 B89，然后使用画笔工具，设置适当的画笔大小，涂抹绘制嘴唇的暗部区域，如图7–199和图7–200所示。

图 7–199　绘制嘴唇暗部颜色

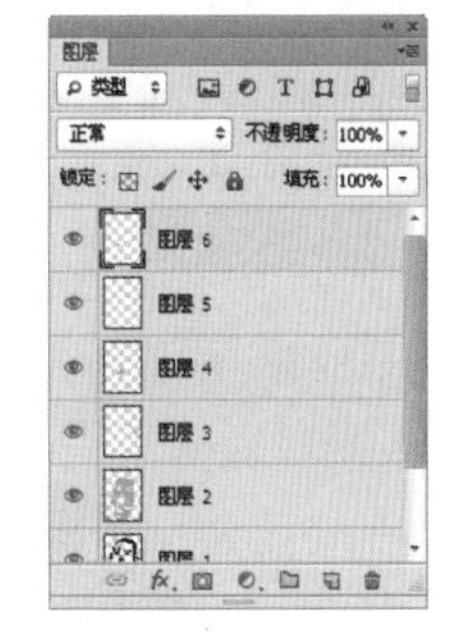

图 7–200　"图层"面板

STEP 08 绘制人物暗部区域。新建"图层7"图层，设置前景色为R179 G112 B48，设置画笔大小为90像素，如图7–201所示。依照骨骼、肌肉结构，涂抹绘制整个人物的暗部区域，如图7–202所示。

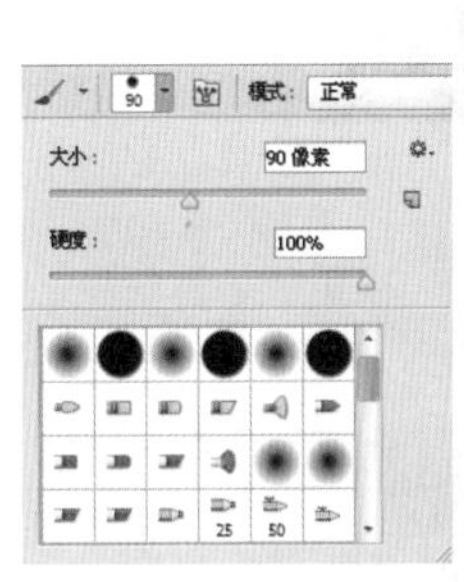

图 7–201　设置画笔

图 7–202　绘制暗部区域

STEP 09 加重暗部区域。新建"图层8"图层，设置前景色为R143 G86 B31，设置合适的画笔大小，继续加重人物的暗部区域，如图7–203到图7–204所示。

图 7–203　加重人物暗部

图 7–204　"图层"面板

STEP 10 绘制眼白暗部和嘴唇高光。新建"图层9"图层，设置前景色为R178 G168 B184，使用合适的画笔大小，绘制眼白的暗部区域，然后新建"图层10"图层，设置前景色为白色，绘制眼睛和嘴唇的高光，如图7–205所示，最终效果如图7–206和图7–207所示。

图 7–205　绘制眼睛和嘴唇细节

图 7–206　最终效果

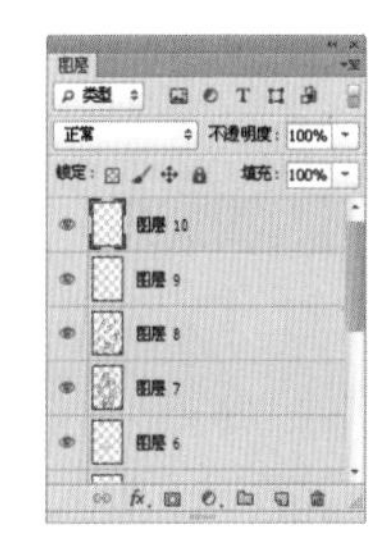

图 7–207　"图层"面板

4 精彩CG图欣赏

CG是计算机图形Computer Graphics的缩写。借助软件和手绘板，艺术人员可以创建各种数字图像和作品，如插画、动画、网页设计、界面设计等，统称为CG作品。

图7-208～图7-210分别是部分优秀插画作品欣赏。

1）Alessandro Pautasso充满艺术感的肖像插画

图7-208　Alessandro Pautasso肖像插画

2）Stephanie Laberis可爱动物插画

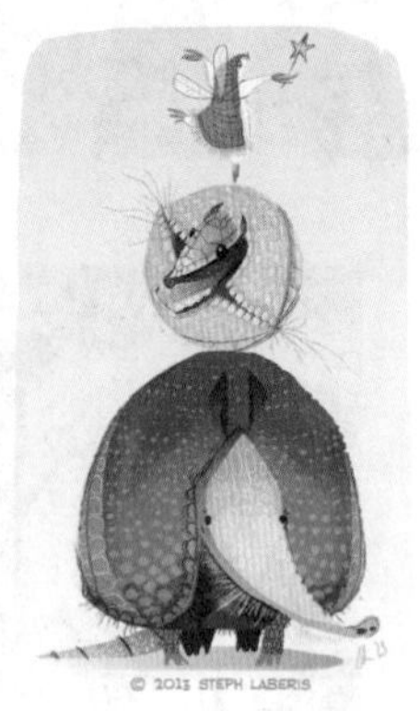

图7-209　Stephanie Laberis动物插画

3）Navid & Hedieh漂亮的肖像插画

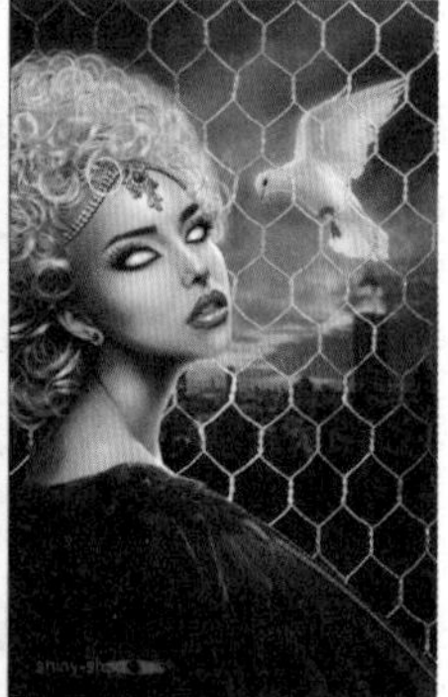

图7-210　Navid & Hedieh肖像插画

7.20 管理自己的画笔、样式及图案

在Photoshop中，将精心准备的画笔、样式、图案等定义为预设，可快速载入直接使用，为设计、绘画带来方便。因此很多设计师都喜欢收集、下载自己喜欢的画笔、样式、图案等。但是随着这些东西的增多，可能出现下面的问题：

- **载入变慢，影响操作。**
- **很难从众多画笔、样式中找出自己当前需要的。**
- **软件出故障重装后，以往的画笔、样式、图案等就丢失了。**

良好的管理可以避免上面的问题。

1 管理画笔

画笔的管理包括新建画笔文件、存储画笔文件、载入画笔以及删除画笔。

1）新建并存储画笔文件

新建画笔文件不等于自定义画笔。自定义画笔只是定义了一种画笔，而一个画笔文件可以包括多个画笔。画笔文件的后缀是.abr。

为了顺利找到需要的画笔，应当将同类画笔放在同一个画笔文件中，每个画笔都应命名，保存画笔时，应当为画笔文件起一个容易知道笔刷效果的名字。比如，创建了多个具有水墨效果的画笔，我们可以首先分别为每个画笔命名为“水墨笔触-干”“水墨笔触-湿”“水墨笔触-中”等，然后保存时将画笔文件命名为“水墨笔触”。

存储画笔时，为了防止辛苦收集、创建的画笔因为重装软件、重装系统而丢失，不要存储到Photoshop预设画笔文件夹下，而是存储到一个非系统盘下的自建画笔文件夹中，如图7-211所示。

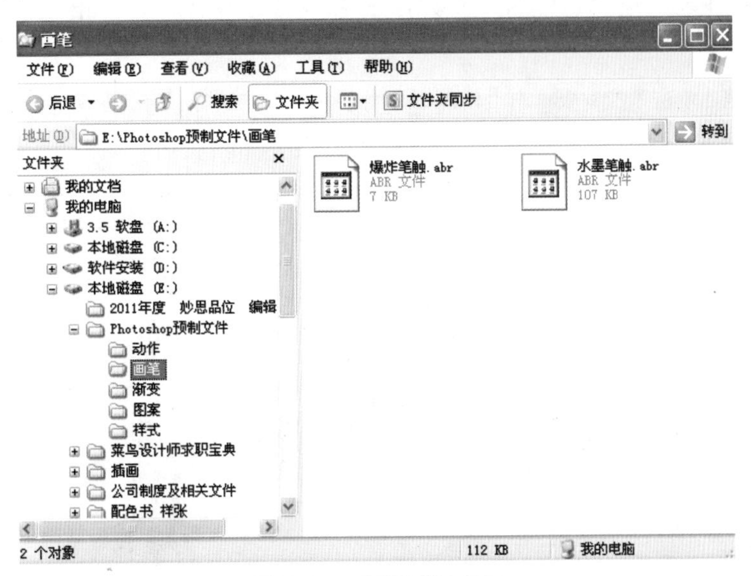

图7-211 自建画笔文件夹

实例体验26：新建并保存画笔文件

素材：光盘\第7章\素材\素材13.PNG　　视频：光盘\第7章\视频\建立并保存画笔文件.flv

STEP01 **复位画笔。**单击工具箱中的画笔工具，在属性栏中单击 300 下拉按钮，弹出“画笔”下拉列表框，单击右上角的 图标，在弹出的菜单中选择“复位画笔”命令，然后在分别弹出的提示对话框中单击“确定”和“否”按钮，如图7–212和图7–213所示。复位画笔后“画笔”下拉列表框中定义或载入过的画笔全部删除，恢复为默认的状态。

图7–212　复位画笔

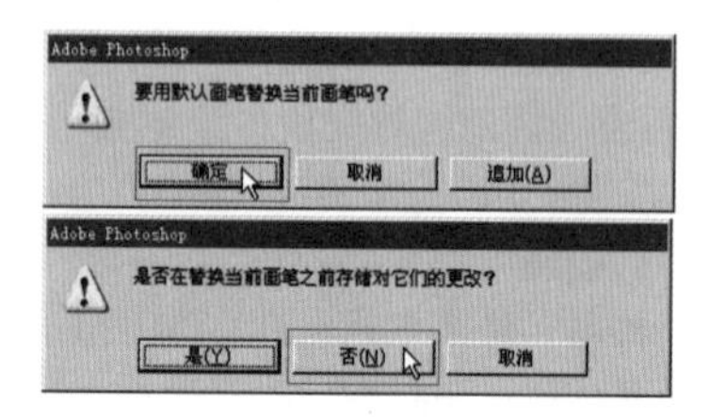

图7–213　单击“确定”和“否”按钮

STEP02 **定义画笔。**按快捷键Ctrl+O打开素材文件，如图7–214所示。执行“编辑”|“定义画笔预设”命令，打开“画笔名称”对话框，输入画笔名称，如图7–215所示。单击“确定”按钮后定义的画笔保存在调板列表的最后一个位置，如图7–216所示。

图7–214　素材图像

图7–215　输入画笔名称

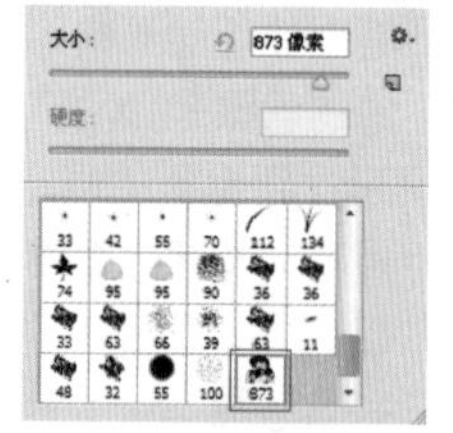

图7–216　定义画笔后的位置

STEP03 **删除多余画笔。**按住Alt键，将光标移动到画笔下拉列表框中其他画笔上，当光标显示为剪刀图案时，单击鼠标将其删除。最终画笔下拉列表框里只保留我们定义的画笔，如图7–217所以。

STEP04 **存储画笔。**单击下拉列表框右上角的 图标，在列表中选择“存储画笔”，设置文件名后，将画笔存储在自己新建的“画笔”文件夹中，单击“保存”按钮，如图7–218和图7–219所示。

图7–217　只保留定义的画笔

图7–218　存储画笔

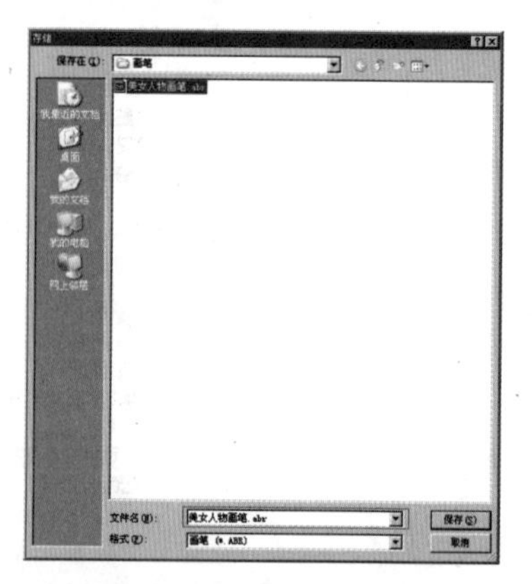

图7–219　存储画笔的名称

从网上下载的画笔、从朋友处获得的画笔都应当作好命名，放入自建的画笔文件夹中。

如果在已有画笔基础上修改了画笔笔尖形状、形状动态、颜色动态、双重画笔等参数并打算保存下来，则可以单击“画笔”面板下方“新建画笔预设”按钮，命名画笔，保存即可。

2）载入画笔

在7.12小节中，我们已经知道了载入自己需要的画笔的基础操作。现在我们的笔刷文件并不在Photoshop软件自身的预设画笔文件夹（…｜Presets｜Brushes）下，采用“载入画笔”命令载入它们时，将直接追加到当前画笔预设中，而不会出现询问是替换还是追加的警告框。

如何让自己的笔刷如同Photoshop自带笔刷那样可以从菜单中直接选择载入呢？我们可以为自己的画笔文件夹创建一个快捷图标，并将快捷图标复制到Photoshop软件自身的预设画笔文件夹中，如图7-220所示。

通过这样的方式，我们既获得了载入画笔的方便，又可保护自己的画笔不会因为软件重装而丢失。

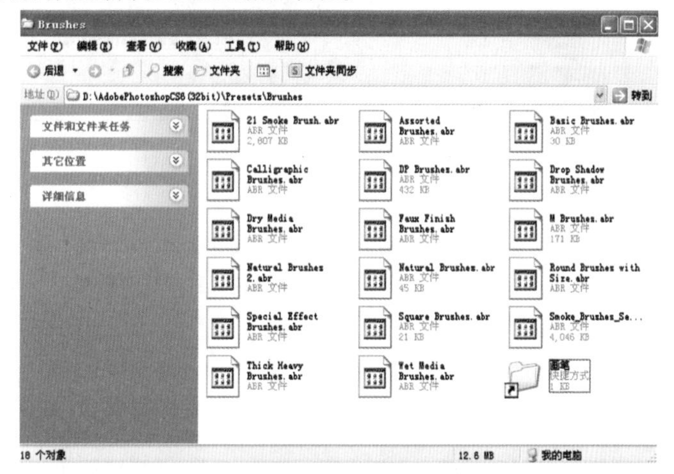

图7-220　在预设文件中的画笔快捷图标

实例体验27：载入自己的画笔

素材：无　　　　视频：光盘\第7章\视频\载入自己的画笔.flv

STEP01 **创建画笔文件夹快捷方式。**选中自己的“画笔”文件夹，单击鼠标右键，从弹出的菜单中选择“创建快捷方式”命令，然后复制新建的快捷方式图标到PS预设画笔文件夹下，如图7-221所示。

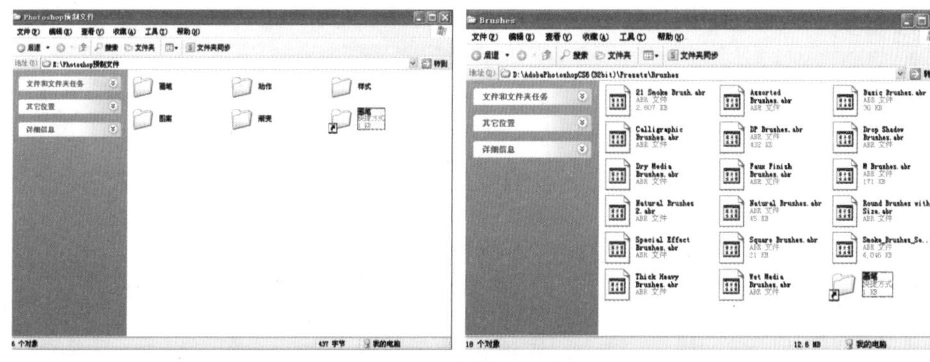

图7-221　将“画笔”文件夹快捷方式复制到画笔预设中

STEP02 **查看画笔。**关闭Photoshop，然后重新启动Photoshop，选择画笔工具，单击画笔下拉列表框右上角的图标，从弹出的菜单中可以看到我们保存的“美女人物画笔”已经在菜单的最下方了，如图7-222所示。以后，我们就可以直接从菜单中加载自己的画笔了。

STEP 03 **载入画笔**。首先从菜单中选择“复位画笔”命令，用默认画笔替换当前的画笔。从菜单中选择“美女人物画笔”命令，将弹出图7-223所示的对话框。单击“追加”按钮，我们的画笔就被载入画笔下拉列表框中了，如图7-224所示。

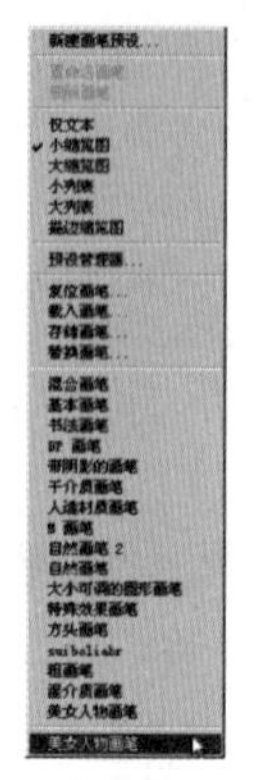

图7-222 在菜单中显示画笔

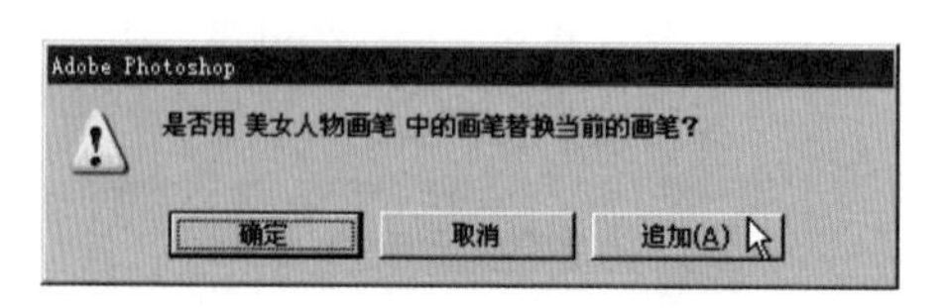

图7-223 单击“追加”按钮

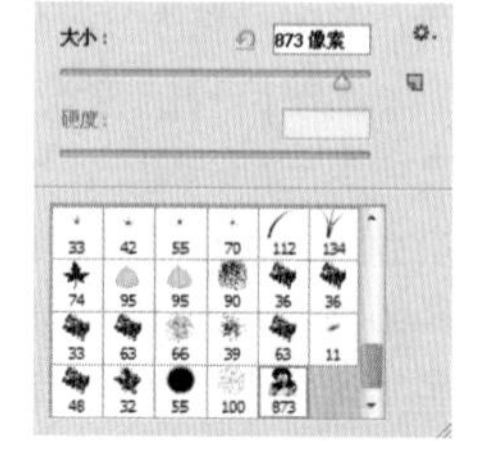

图7-224 定义后的画笔显示列表中

不要将所有画笔都追加载入当前预设中。载入过多的画笔，每次选择画笔工具时，程序载入画笔预设将变得缓慢。另外，也难以从众多的画笔中快速找到需要的画笔。

3）删除画笔

如果只是删除“画笔预设”面板或者画笔属性栏中画笔下拉列表框中的某个画笔，按下Alt键，将光标移动到需要删除的画笔上，等出现剪刀符号时，单击鼠标即可删除。

提示

这种方式删除只是从当前预设中删除，实际画笔仍然存在于画笔文件中。当我们重新载入画笔时，它又会出现。只有从当前预设中删除后并覆盖保存原来的画笔文件，画笔才真正被删除。

如果需要将某类画笔整体删除，则在画笔文件夹中找到该类画笔文件（后缀为.abr），然后删除该文件即可。

2 管理样式

样式的管理与画笔管理相似。样式文件的后缀名为.asl。将创建的样式保存到自建的样式文件夹中，然后复制文件夹的快捷图标到Photoshop的预设样式文件夹里。如此既可以快速载入需要的样式，又可以防止样式的丢失，如图7-225所示。

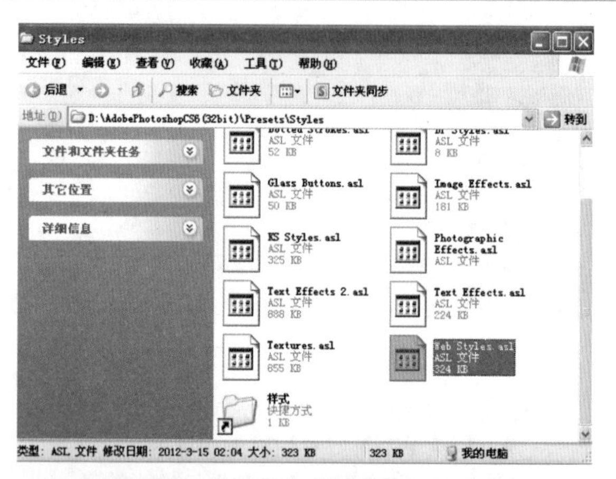

图7-225 样式管理

3 管理图案

图案的管理与画笔、样式管理一样。图案文件的后缀名为.pat。管理自己的图案，需要为定义的图案命名并保存为图案文件。下面我们通过一个实例来学习图案的管理。

实例体验28：图案管理

素材：光盘\第7章\素材\素材14.JPG　　视频：光盘\第7章\视频\图案管理.flv

STEP01 **定义图案**。按快捷键Ctrl+O，打开素材文件，如图7-226所示。执行"编辑"|"定义图案"命令，弹出"图案名称"对话框。指定名称为"桃心图案"，单击"确定"按钮，如图7-227所示。

图7-226　原图

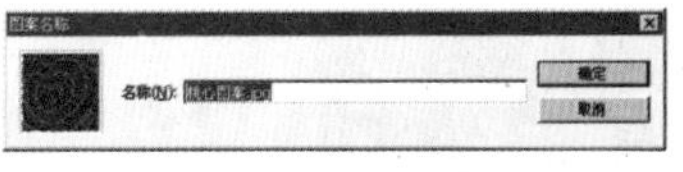

图7-227　输入定义图案的名称

STEP02 **删除其他图案**。执行"编辑"|"填充"命令或按快捷键Shift+F5，弹出"填充"对话框。单击"自定图案"的下拉列表，可以看到定义好的图案，如图7-228所示。按下Alt键，将光标移动到需要删除的图案上，等出现剪刀符号时，单击鼠标即可删除，如图7-229所示。

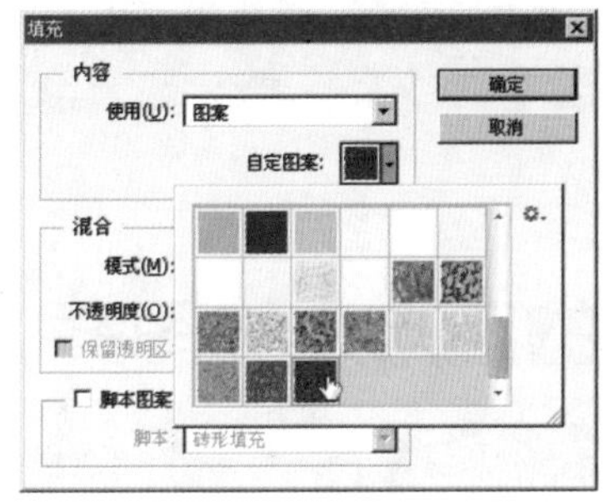

图7-228　定义好的图案

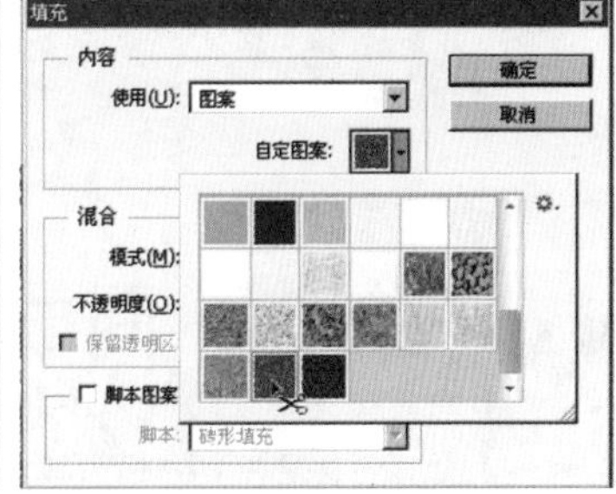

图7-229　删除图案

STEP03 **存储图案**。单击图案调板右上角的图标，从列表中选择"存储图案"，设置文件名后，将图案存储在自己新建的"图案"文件夹中，单击"保存"按钮，如图7-230和图7-231所示。

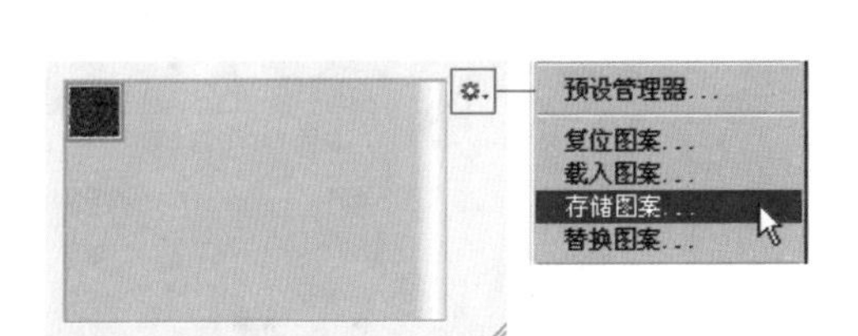

图7-230　存储图案

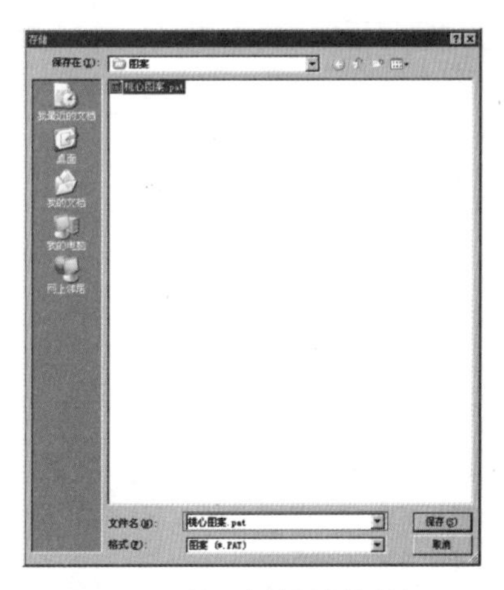

图7-231　输入存储图案的名称

STEP04 **复制图案文件夹**。单击"取消"按钮，关闭填充面板。创建图案文件夹的快捷方式并复制到Photoshop自身的预设图案文件夹（…|Presets|Patterns）下，如图7-232所示。重新启动Photoshop软件，用户定义的图案将显示在填充图案下拉菜单中，如图7-233所示。

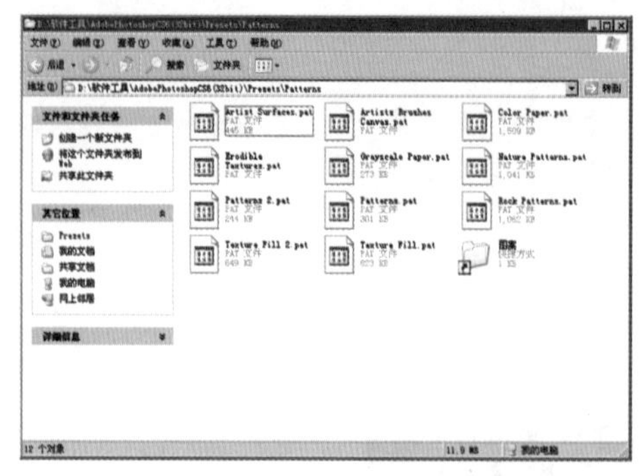

图 7-232　复制图案文件夹快捷方式到指定位置

图 7-233　在菜单中显示图案

7.21 设计师实战

实战1：简单的二方连续图案

素材：光盘\第 7 章\素材\素材 15.JPG
视频：光盘\第 7 章\视频\简单的二方连续图案 .flv

以一个或一组单位纹样向上下或左右循环、无限延长的连续纹样称为二方连续，一般二方连续纹样呈带状。

STEP 01 **裁剪图案**。按快捷键Ctrl+O打开素材文件，如图7-234所示。选择工具箱中的裁剪工具，在工具属性栏中设置自定裁剪比例为1×2，然后拖动裁剪框的一个角，控制裁剪框的大小，再拖动图像选择所需要的图案区域，如图7-235所示。

STEP 02 **复制裁剪后的图像**。框选出需要的图案后按Enter键，然后单击工具箱中的其他任意工具，取消裁剪框的显示，在弹出的警示框中单击“裁剪”按钮。按快捷键Ctrl+J复制背景图层，得到“图层1”图层，如图7-236所示。

图 7-234　原图

图 7-235　裁剪图案

图 7-236　复制背景图层

STEP03 **设置画布大小**。执行“图像”|“画布大小”命令，在弹出的“画布大小”对话框中单击向左箭头，然后将“宽度”增大一倍，如图7-237所示。

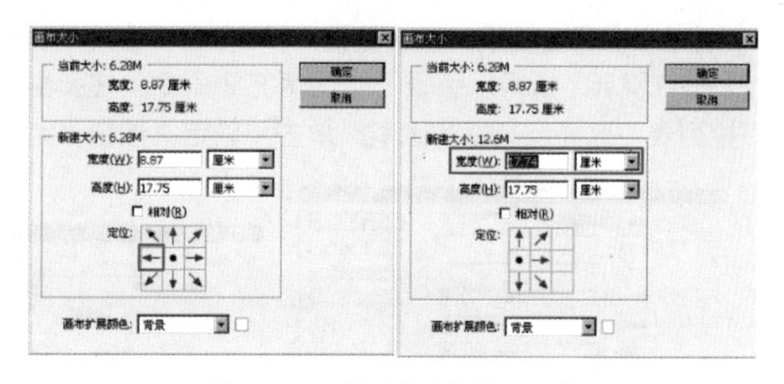

图 7-237 将“宽度”增大一倍

STEP04 **移动变换图像**。选择工具箱中的移动工具，将“图层1”图像向右移动，然后按快捷键Ctrl+T进行自由变换，“图层1”图像四周出现变换框。单击鼠标右键，从弹出的快捷菜单中选择“水平翻转”命令，按Enter键完成变换，如图7-238所示。按快捷键Ctrl+E合并图层，如图7-239所示。

图 7-238 移动并水平翻转图像

图 7-239 合并图层

STEP05 **观察是否无缝连接**。执行“滤镜”|“其他”|“位移”命令，分别拖动水平、垂直滑块，观察连接处衔接是否准确，没有问题后单击“取消”按钮，如图7-240和图7-241所示。

图 7-240 拖动水平滑块观察

图 7-241 拖动垂直滑块观察

STEP06 **重定像素后定义图案**。执行“图像”|“图像大小”命令，在弹出的“图像大小”对话框中勾选“重定图像像素”项，然后将像素大小的“宽度”和“高度”更改为800像素，如图7-242所示。单击“确定”按钮后，执行“编辑”|“定义图案”命令，在弹出的“图案名称”对话框中输入名称，单击“确定”按钮，完成定义图案，如图7-243所示。

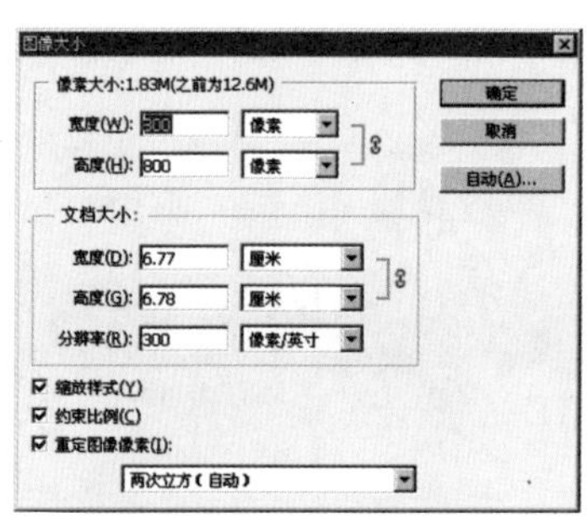

图 7-242 重定像素

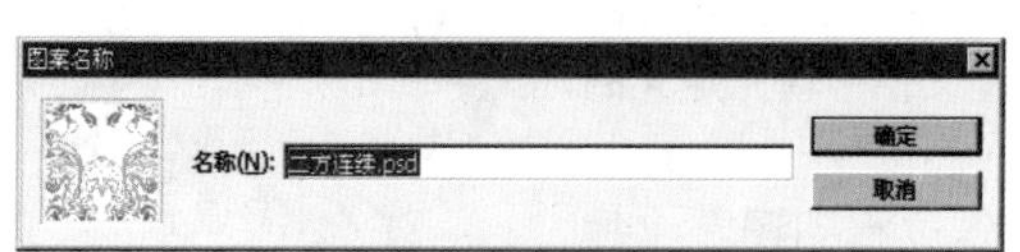

图 7-243 定义图案

STEP 07 **填充二次连方图案**。按快捷键Ctrl+N，在弹出的“新建”对话框中设置一个20厘米×20厘米的页面，如图7-244所示。执行“编辑”|“填充”命令，在弹出的“填充”面板中选择“图案”，并在自定图案的下拉列表中选择定义好的图案，单击“确定”按钮，完成填充，得到图7-245所示的效果。

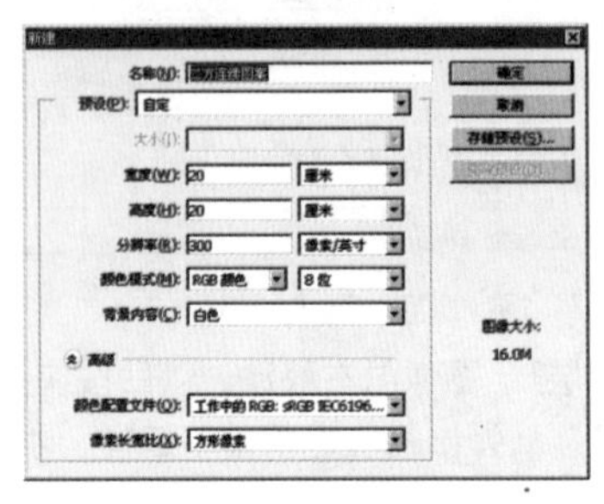

图 7-244　新建页面

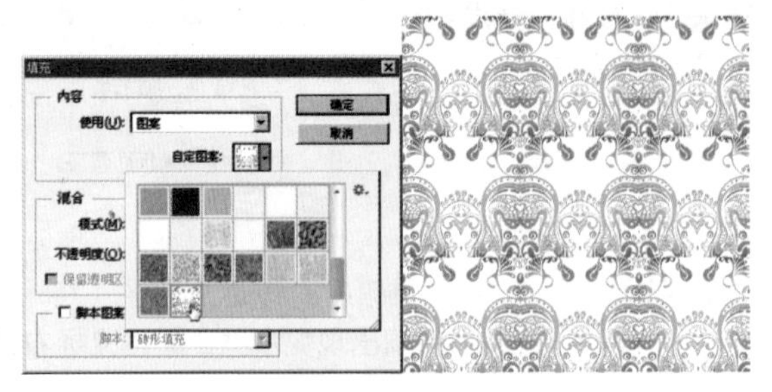

图 7-245　填充二次连方图案

实战2：简单的四方连续图案★

素材：光盘\第 7 章\素材\素材 16.PSD
视频：光盘\第 7 章\视频\简单的四方连续图案 .flv

四方连续则是上下和左右四方无限反复、扩展的纹样，如图7-246所示。连续图案的特点是，单位图案边缘处是无缝可衔接的，即图案最左侧与最右侧可以连接，上边与下边也可以连接。因此我们只要设计出单位图案，那么就能得到可以无限扩大的连续图案。

原图　　四方连续效果

图 7-246　原图及四方连续图案

制作思路

缩小图像后，复制一个图像进行水平翻转和垂直翻转；绘制一个正方形的选框，要使选框右侧外面的部分可以置入选框左侧内的空白部分，并且不会有重叠，使选框下侧外画的部分可以置入选框上侧内的空白部分，同样不会重叠；拖出辅助线，用标尺测量两条平行的辅助线的距离；复制两个图像，执行“位移”滤镜，分别将复制的新图层水平、垂直移动所测量的距离；裁切选区内图像后，定义为图案，然后新建文档，填充定义的图案。

实例制作过程如图7-247所示。

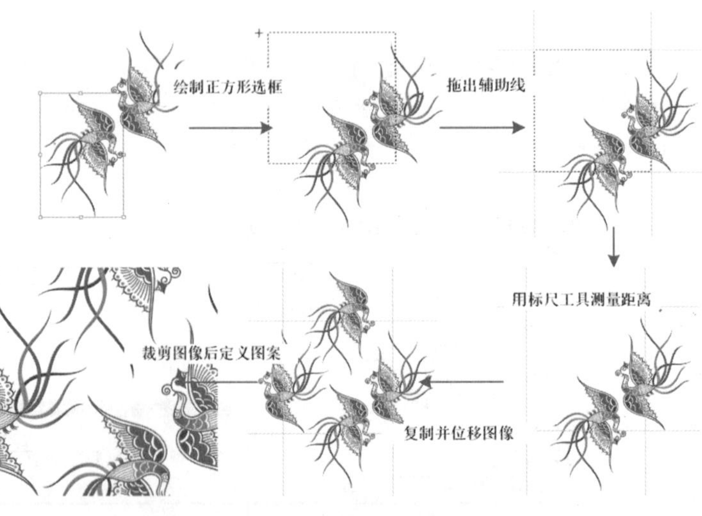

图 7-247　制作流程示意

实战3：复杂四方连续图案★

素材：光盘\第7章\素材\素材17.PNG
视频：光盘\第7章\视频\复杂四方连续图案.flv

复杂的四方图案，空白很少，难以找到类似二方图案、简单四方图案那样的单一元素，如图7-248所示。

原图

四方连续图案效果

图7-248 复杂的四方连续图案

制作思路

首先准备好一组复杂的图案，然后绘制矩形选框。这个选框的位置和大小是操作的关键。选框外围，上侧和左侧露出部分图案；选框内部，下侧和右侧要有足够的空白来容纳上侧和左侧露出的图案。最后设法将露出的图案移动到选框空白处，然后再定义图案。实例制作过程如图7-249所示。

图7-249 实例制作流程示意

实战4：漂亮界面按钮设计★

素材：光盘\第7章\素材\素材18.JPG
视频：光盘\第7章\视频\漂亮界面按钮设计.flv

本实例制作的按钮如图7-250所示。

图 7-250　漂亮界面按钮设计效果

制作思路

使用圆角矩形工具绘制一个矩形，然后添加各种图层样式，如投影、斜面与浮雕、图案叠加、光泽、描边等。实例制作流程如图7-251所示。

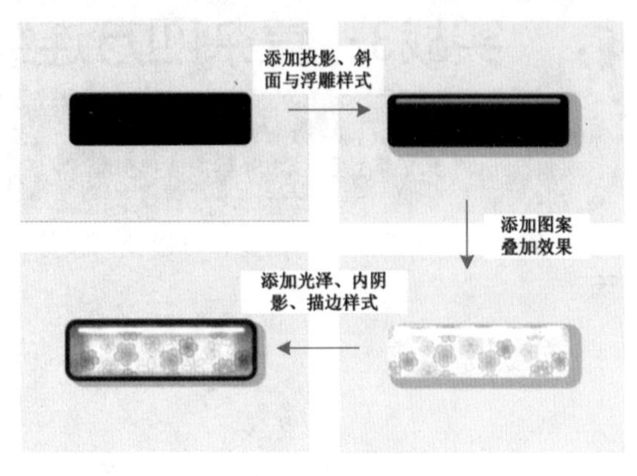

图 7-251　制作过程示意

CHAPTER

08

学习重点

- 文字工具组的使用方法
- Photoshop中的文字工作要点
- 简单的特效文字制作方法
- 学会创建和编辑矢量文字
- 字体设计的基本原则

文字处理

文字是设计作品中的重要组成部分，是集传播功能和情感意象于一体的视觉表现符号，是设计作品中最清晰、明了的信息载体。运用一款合适的字体，就如同选择一条与着装十分搭配的领带，令人悦目娱心。本章主要讲解Photoshop中文字的创建与编辑，以及如何在Photoshop中设计字体特效。

第一部分　需要的工具和命令

8.1 文字工具组命令

Photoshop的文字工具组包括4种工具：横排文字工具T、直排文字工具IT、横排文字蒙版工具T和直排文字蒙版工具IT，如图8-1所示。

- T 横排文字工具　T
- IT 直排文字工具　T
- T 横排文字蒙版工具　T
- IT 直排文字蒙版工具　T

图 8-1　文字工具

横排文字工具和直排文字工具用于文字创建，根据创建方式的不同，可以获得点文字（在屏幕上直接输入）、段落文字（在拖出的文本框中输入）及路径文字（沿路径输入）。

横排文字蒙版工具和直排文字蒙版工具用于文字选区的创建。

1 横排和竖排文字工具

横排文字工具T用于创建水平走向的文字，直排文字工具IT用于创建垂直走向的文字。选择横排文字工具，其属性栏如图8-2所示。

图 8-2　“横排文字工具”属性栏

实例体验1：输入横排和竖排文字

素材：光盘\第 8 章\素材\素材 1.JPG　　视频：光盘\第 8 章\视频\输入横排和竖排文字 .flv

STEP 01　输入横排文字。 按快捷键Ctrl+O打开素材文件，选择工具箱中的横排文字工具T，在需要输入文字的位置单击，画面中出现一个闪烁的光标，如图8-3所示。在属性栏中设置字体和大小后输入文字。将光标放在字符外，拖动鼠标，将文字移动至木牌中央，如图8-4所示。

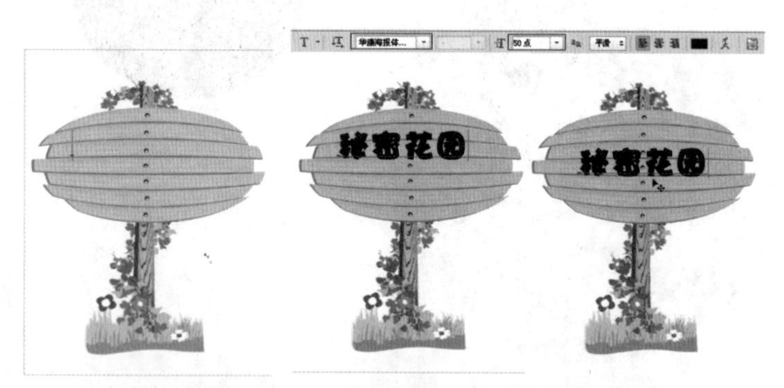

图 8-3　确定输入点　　图 8-4　输入文字并移动文字

STEP 02 **输入竖排文字**。单击工具属性栏中的✓按钮结束文字的输入操作。选择工具箱中的直排文字工具IT，在需要输入文字的位置单击并输入文字，然后在属性栏中设置字体和大小，完成后单击✓按钮。用同样的方法输入另一列文字，效果如图8–5所示。

STEP 03 **选中文本**。使用横排文字工具T在已输入的横排文字首字前单击，然后拖动鼠标可以选中需要的文本，如图8–6和图8–7所示。

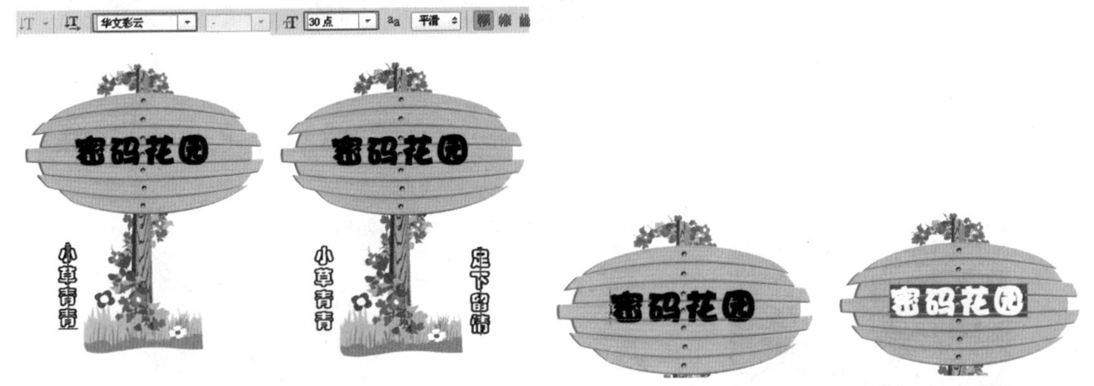

图 8–5　输入竖排文字　　图 8–6　用横排文字工具单击　　图 8–7　拖动鼠标选中文本

STEP 04 **填充颜色**。单击"前景色"图标，在弹出的"拾色器"对话框中设置红色，然后单击"确定"按钮，如图8–8所示。按快捷键Alt+Delete填充文字，再按✓按钮结束编辑，效果如图8–9所示。使用相同的方法，设置一种颜色后填充其余文字，如图8–10所示。

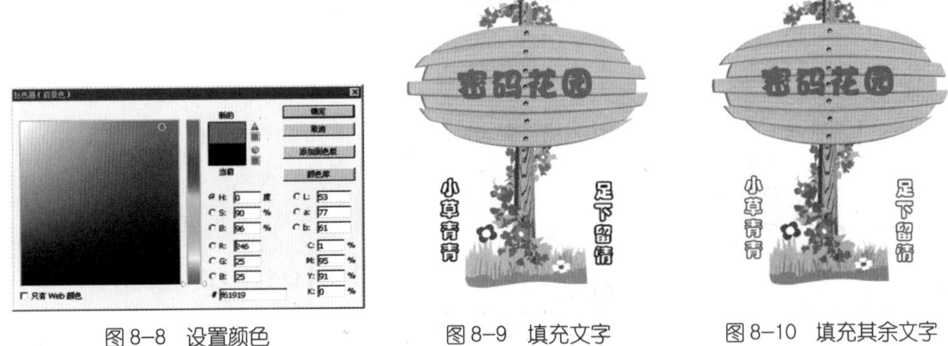

图 8–8　设置颜色　　图 8–9　填充文字　　图 8–10　填充其余文字

提示

放弃输入：在输入文字时，如果想要放弃输入，可以单击属性栏中的⊘按钮或按Esc键。

结束输入：除开单击属性栏中✓按钮外，单击工具箱中其他工具、按数字键盘中的Enter键、按快捷键Ctrl+Enter均可以结束当前文字的输入。

2 横排和竖排文字蒙版工具

横排文字蒙版工具T和直排文字蒙版工具IT用来创建文字选区。

实例体验2：创建文字蒙版

素材：光盘\第 8 章\素材\素材 2.JPG　　视频：光盘\第 8 章\视频\创建文字蒙版 .flv

STEP 01 **输入文字**。按快捷键Ctrl+O，打开素材文件，如图8-11所示。选择工具箱中的横排文字蒙版工具，在属性栏中设置字体和大小，然后在画面中单击并输入一排文字，如图8-12所示。

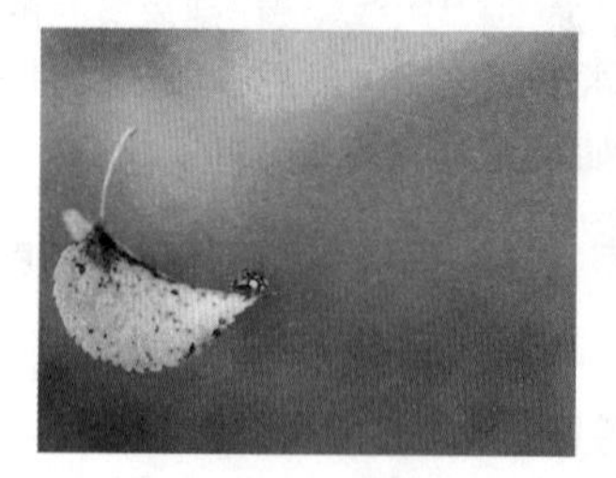

图 8-11　原图

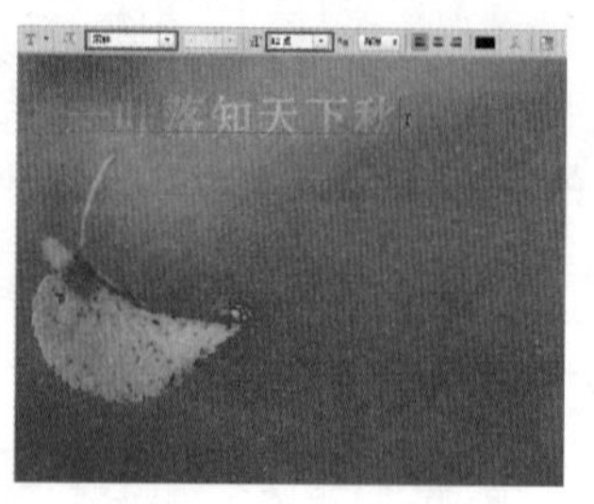

图 8-12　用横排文字蒙版工具输入文字

STEP 02 **描边文字**。单击工具属性栏中的按钮，文字变为选区，如图8-13所示。执行“编辑”｜“描边”命令，在弹出的“描边”对话框中设置参数，单击“确定”按钮后，按快捷键Ctrl+D取消选区，如图8-14所示。

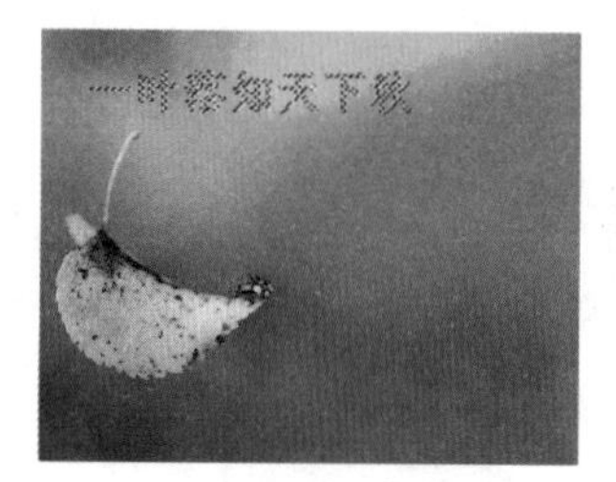

图 8-13　文字选区

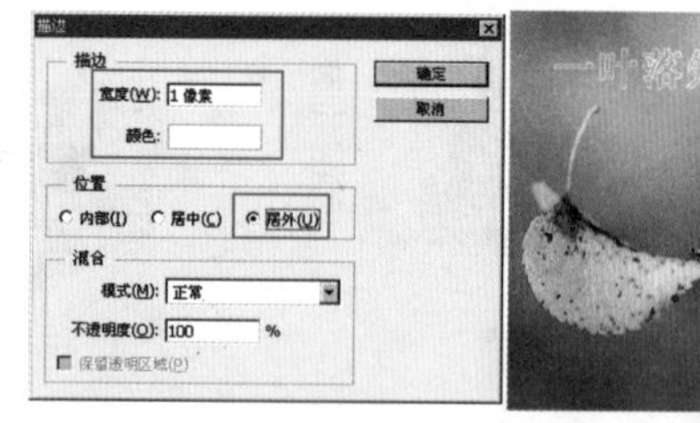

图 8-14　描边文字效果

提示

直排文字蒙版工具和横排文字蒙版工具的使用方法相同。单击并拖出一个矩形文本框，在文本框中输入文字后可创建整段文字的选区。文字选区可以像其他选区一样进行填充、描边等。

常用参数介绍

切换文本方向：单击该按钮可以切换横排文字为直排文字，直排文字为横排文字。也可以通过使用“文字”｜“取向”菜单中的命令来进行切换。

设置字体样式：可以将一个字体变化为不同的样式，包括Regular(规则的)、Italic(斜体)、Bold(粗体)和Bold Italic(粗斜体)，如图8-15所示。该选项只对部分英文字体有效。

图 8-15　不同字体样式

消除锯齿：选择一种消除锯齿的方法后，Photoshop会使文字边缘的像素混合到背景中，使我们看不到锯齿。选择“无”，表示不进行消除锯齿；选择“锐利”“犀利”“浑厚”“平滑”都可以消除锯齿，如图8-16所示。也可以执行“文字”｜“消除锯齿”命令，选择消除锯齿的方法。

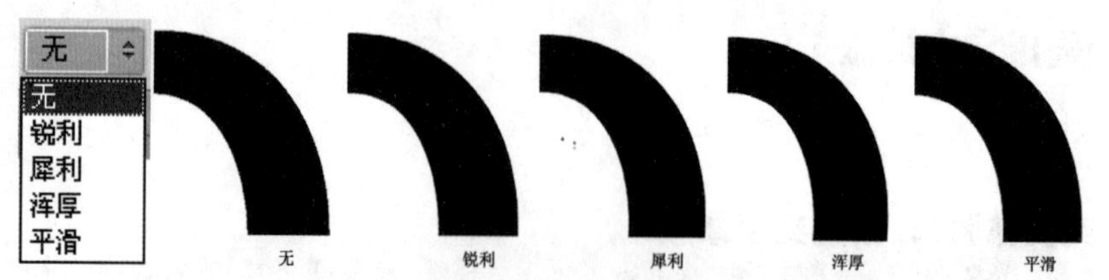

图 8-16　消除文字锯齿效果

构成图像的最小单位是像素，像素是正方形的。所以，任何看起来圆滑的图像，理论上都不可能做到真正的圆滑，放大来看都是有锯齿的，因为它是由像素构成的。Photoshop采用了扩散边缘像素颜色的方式让文字与背景有一定过渡，减轻锯齿，如图8-17所示。

图 8–17　削弱锯齿

鉴于Photoshop的消除锯齿原理，将文字大的时候，设置锐利等消除锯齿方式，可以获得更圆滑的效果；将文字小的时候，我们就不能消除锯齿了，否则文字会变模糊。

8.2 “字符”面板

“字符”面板用来修改字符的属性，拥有比工具选项栏更多的选项。执行“窗口”|“字符”命令，可打开“字符”面板，如图8–18所示。

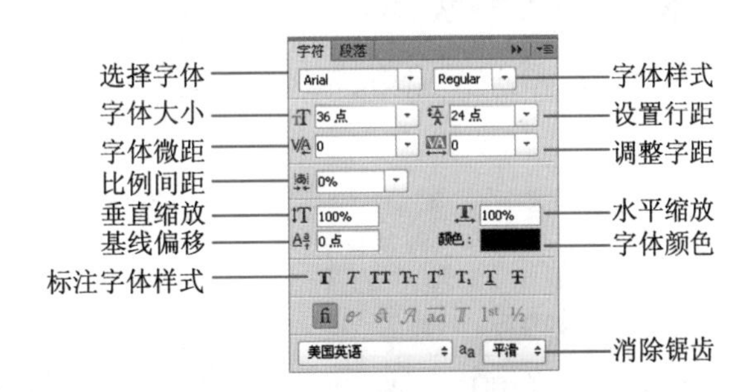

图 8–18　“字符”面板

实例体验3：文字基本调整

素材：光盘\第 8 章\素材\素材 3.JPG　　视频：光盘\第 8 章\视频\文字基本调整 .flv

STEP01 输入文字。按快捷键Ctrl+O,打开素材文件，如图8–19所示。选择工具箱中的横排文字工具T，在属性栏中设置字体和大小后输入文字，如图8–20所示。

图 8–19　原图

图 8–20　输入两行文字

STEP02 设置行距。单击文字区域，按快捷键Ctrl+A全选文字，如图8–21所示。单击工具属性栏的“切换字符和段落面板”按钮，在弹出的“字符”面板中设置行距为30点，使行距增大，如图8-22所示。

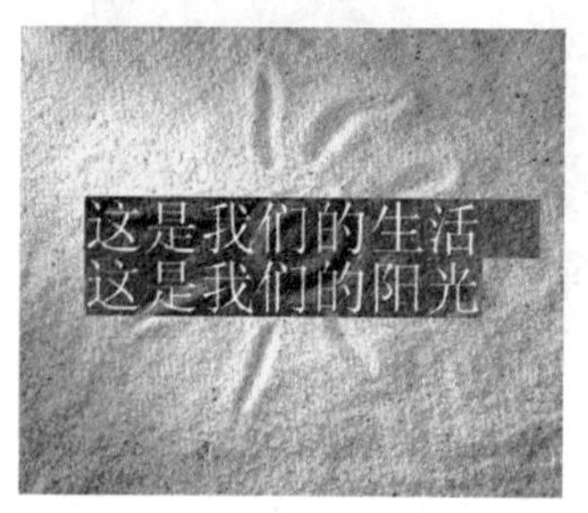

图 8-21　选中文字

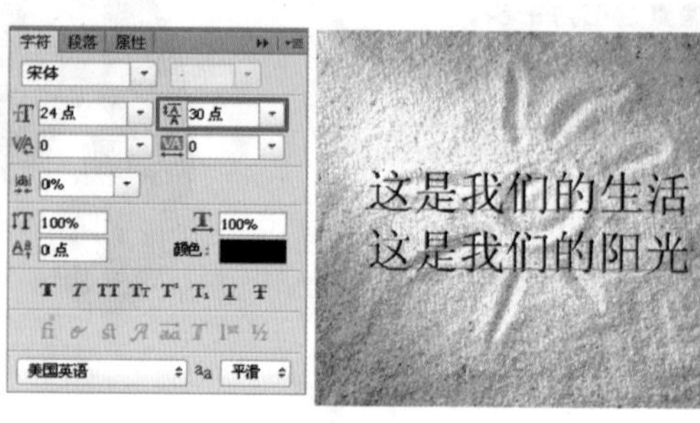

图 8-22　增大文字行距

STEP 03 **垂直缩放文字**。拖动鼠标选中要缩放的文字，如图8-23所示。在“字符”面板中设置垂直缩放为60%，垂直缩小文字，如图8-24所示。

图 8-23　选中要缩放的文字

图 8-24　垂直缩放文字效果

STEP 04 **调整字距**。拖动鼠标选中要调整的文字，如图8-25所示。在“字符”面板中设置字距为200，增大文字间距，如图8-26所示。

图 8-25　选中要设置的文字

图 8-26　增大文字间距效果

STEP 05 **设置基线偏移**。拖动鼠标选中要设置的文字，如图8-27所示。在“字符”面板中设置基线偏移为-6点，使文字向下移动，如图8-28所示。

图 8-27　选中要设置的文字

图 8-28　文字基线偏移效果

8.3 “段落”面板

“段落”面板用来设置文字的段落属性。执行“窗口”|“段落”命令，可打开“段落”面板，如图8–29所示。

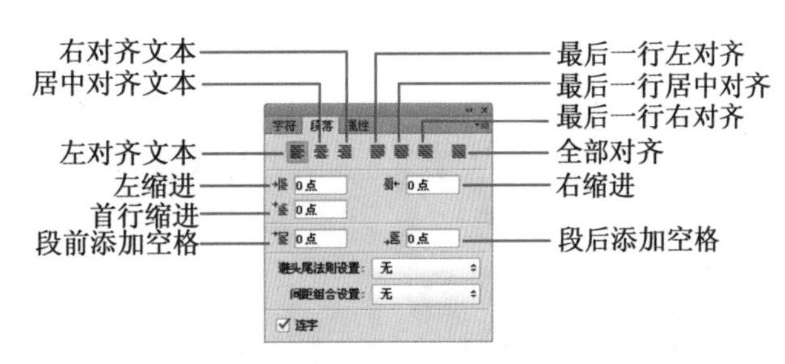

图 8–29 “段落”面板

实例体验4：段落基本调整

素材：光盘\第8章\素材\素材4.JPG 视频：光盘\第8章\视频\段落基本调整.flv

STEP 01 **输入文字**。按快捷键Ctrl+O，打开素材文件，如图8–30所示，选择工具箱中的横排文字工具T，在属性栏中设置好字体和大小，然后在图像中拖出一个文本框，任意输入两段文字，如图8–31所示。

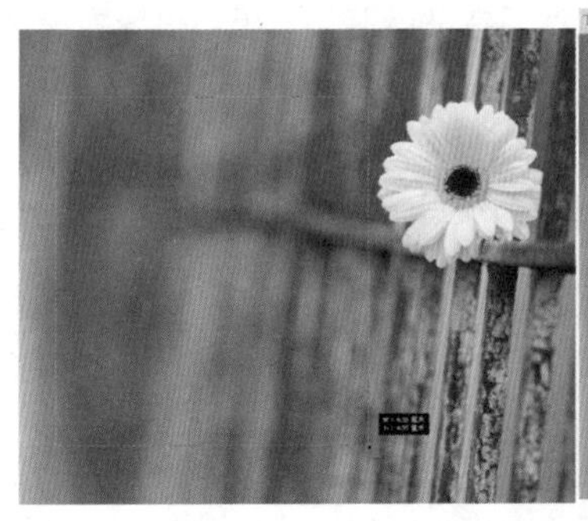

图 8–30 拖动出文本框 图 8–31 输入两段文字

提示

如果先按住Alt键，再拖动鼠标，则会弹出“段落文字大小”对话框，可精确定义文本框的“宽度”和“高度”值，如图8-32所示。

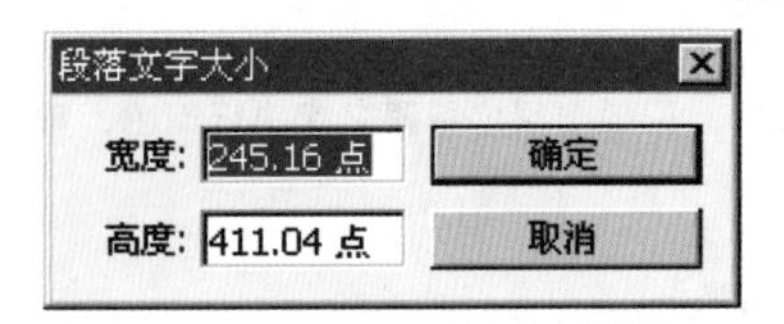

图 8–32 “段落文字大小”对话框

如果在文本框内不能显示全部文字，文本框的右下角的控制点会变为⊞状，将光标移至该控制点拖动文本框可以增大其尺寸，即可显示文字。

STEP 02 **设置段落对齐方式**。单击文字区域，按快捷键Ctrl+A全选文字，如图8–33所示。单击工具属性栏的“切换字符和段落面板”按钮，在弹出的面板中切换至“段落”面板，单击“居中对齐文本”按钮，效果如图8–34所示。分别单击右对齐文本、最后一行左对齐和全部对齐按钮，效果如图8–35～图8–37所示。

图 8-33　全选文字

图 8-34　居中对齐文本

图 8-35　右对齐文本

图 8-36　最后一行左对齐文本

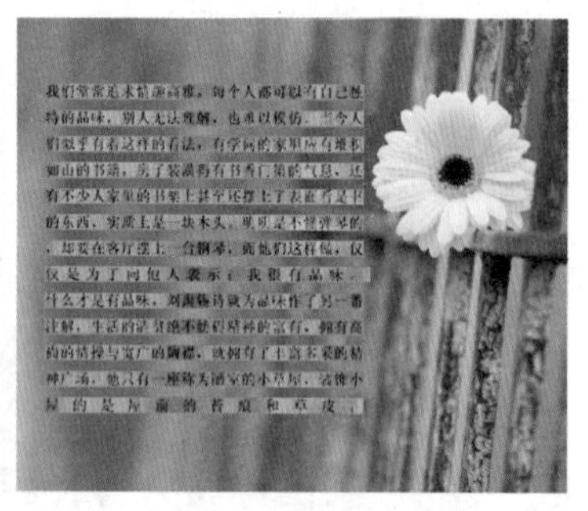

图 8-37　全部对齐文本

STEP 03 **设置段落缩进方式。**选择最后一行左对齐后，设置左缩进为3点，然后单击文字区域，如图8–38所示。按快捷键Ctrl+A全选文字，然后在"段落"面板中设置右缩进为3点，首行缩进为13点，再次单击文字区域，效果如图8–39所示。

图 8-38　左缩进

图 8-39　右缩进和首行缩进

提示

如果不全选，只单击某个段落文字进行缩进，那么缩进只影响单击的段落。因此，可以为各个段落设置不同的缩进值。

STEP 04 **设置段落间距。**单击首段文字结尾处，然后设置段后．添加空格为10点，得到图8–40所示的效果。

图 8-40　设置段落间距效果

提示

Photoshop CC中的“字符样式”和“段落样式”面板，可以将设置好的文字样式保存，快速应用于其他点文字或段落文字。

执行“窗口”|“字符样式”命令，弹出“字符样式”面板，单击面板下方的“创建新的字符样式”按钮，得到“字符样式1”，双击“字符样式1”，在弹出的“字符样式选项”对话框中设置字符属性，如图8-41所示。对其他文本应用字符样式时，选中文字图层，再单击“字符样式”面板中的字符样式即可。

段落样式的建立与应用方法与字符样式一致，如图8-42所示。

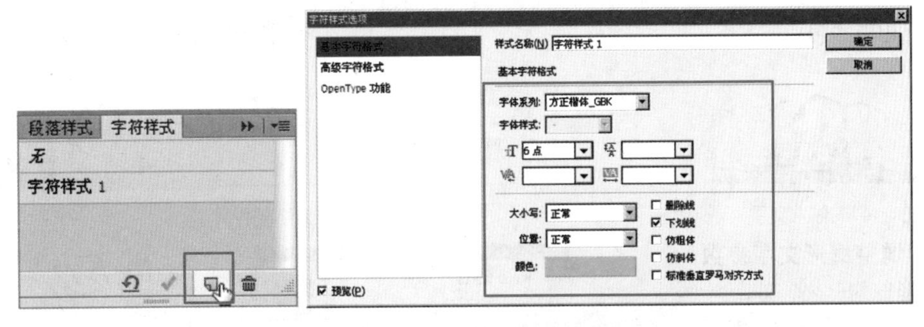

图 8–41　新建字符样式并设置字符样式属性

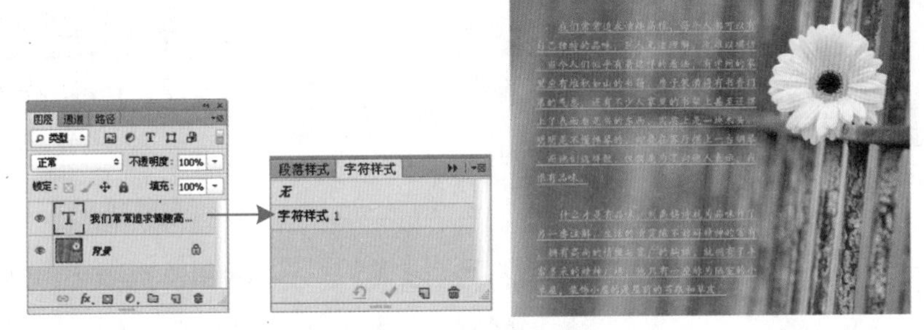

图 8–42　文字应用字符样式效果

8.4 变形文字

通过“变形文字”对话框可以创建变形文字，例如将文字变为扇形、拱形、旗形和鱼眼等效果。执行“文字”|“文字变形”命令，可打开“变形文字”对话框，如图8–43所示。

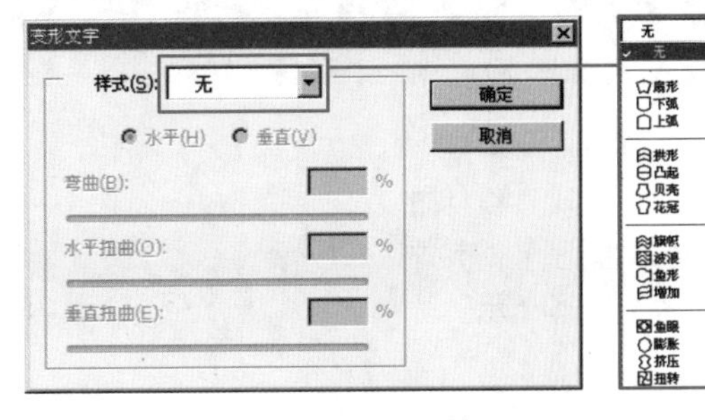

图 8–43　“变形文字”对话框

实例体验5：文字变形

素材：光盘\第 8 章\素材\素材 5.JPG、素材 6.PSD　　视频：光盘\第 8 章\视频\文字变形 .flv

STEP 01 **创建扇形文字。**按快捷键Ctrl+O打开素材文件，选择工具箱中的横排文字工具 T，在属性栏中设置字体和大小后，在图像中输入文字，如图8–44所示。单击属性栏中的“创建文字变形”按钮，在“变形文字”对话框选择“扇形”样式，如图8–45所示。

图 8–44　输入文字

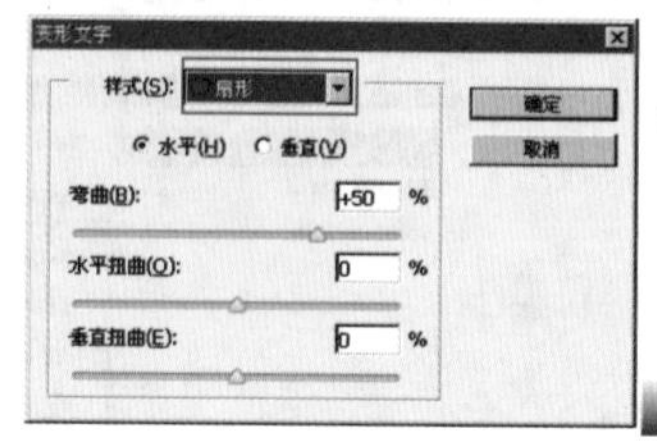

图 8–45　扇形效果

STEP 02 **调整扇形文字参数。**设置水平弯曲为48%，如图8–46所示，然后单击“确定”按钮。单击工具属性栏中的✓按钮，效果如图8–47所示。

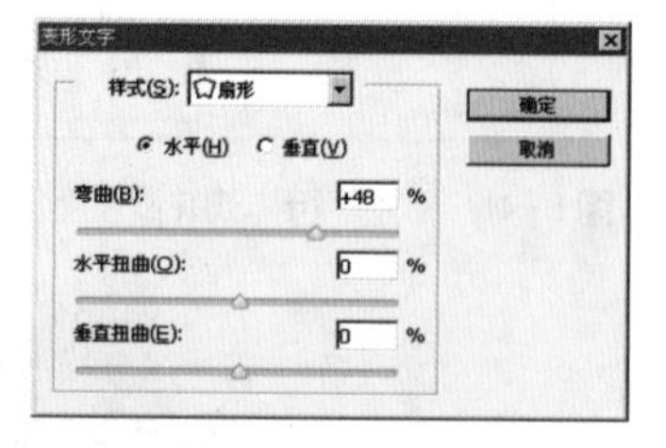

图 8–46　输入文字

图 8–47　调整后的扇形效果

STEP 03 **其他变形文字效果。**按快捷键Ctrl+O，打开素材文件。执行“文字”|“文字变形”命令，打开“变形文字”对话框，设置不同的变形文字效果，如图8–48所示。

变形文字　下弧　上弧　拱形　凸起
贝壳　花冠　旗帜　波浪　鱼形
增加　鱼眼　膨胀　挤压　扭转

图 8–48　不同变形文字的效果

8.5 路径文字

路径文字有两种。一种是文字沿着路径排列，一种是将封闭的路径作为文本框进行文字排列。如图8–49和图8–50所示。

沿着路径排列的文字效果

图 8–49　文字沿路径排列

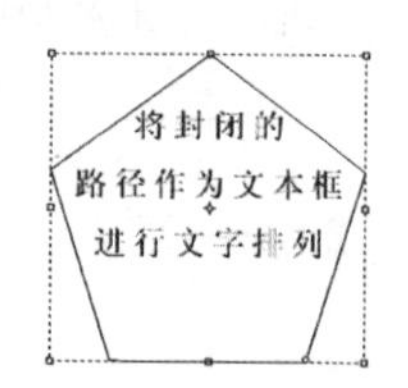

图 8–50　作为文本框排列

1 输入路径文字

实例体验6：输入路径文字

素材：光盘\第8章\素材\素材7.JPG、素材8.JPG　　视频：光盘\第8章\视频\输入路径文字.flv

STEP01 **绘制路径**。按快捷键Ctrl+O，打开素材文件，如图8-51所示。选择工具箱中的钢笔工具，并在属性栏中选择“路径”选项，沿着“青椒”上边缘绘制一条路径，如图8-52所示。

图8-51　原图

图8-52　绘制路径

STEP02 **输入路径文字**。选择工具箱中的横排文字工具，并在属性栏中设置字体、大小和颜色，如图8-53所示。将光标移至路径上，光标会变为状，如图8-54所示。单击鼠标并输入文字，如图8-55所示。按快捷键Ctrl+Enter结束编辑，得到图8-56所示的效果。

T　Adobe 黑体 ...　R　12点　aa　锐利

图8-53　“文字工具”属性栏

图8-54　出现输入路径文字光标

图8-55　输入文字

图8-56　隐藏路径效果

STEP03 **绘制形状路径**。按快捷键Ctrl+O打开素材文件，然后选择工具箱中的自定形状工具，在属性栏中选择“路径”，然后选择一个“鸟”的形状路径，按住Shift键，拖动鼠标绘制出路径，如图8-57所示。选择工具箱中的横排文字工具，并在属性栏中设置字体、大小和颜色，将光标移至路径内部，光标会变为状，如图8-58所示。

STEP04 **在路径内输入文字**。单击鼠标后，路径变为文本框，任意输入一段文字，如图8-59所示。按快捷键Ctrl+Enter结束编辑，得到图8-60所示的效果。

图8-57　绘制鸟的形状路径

图8-58　光标移至路径内部

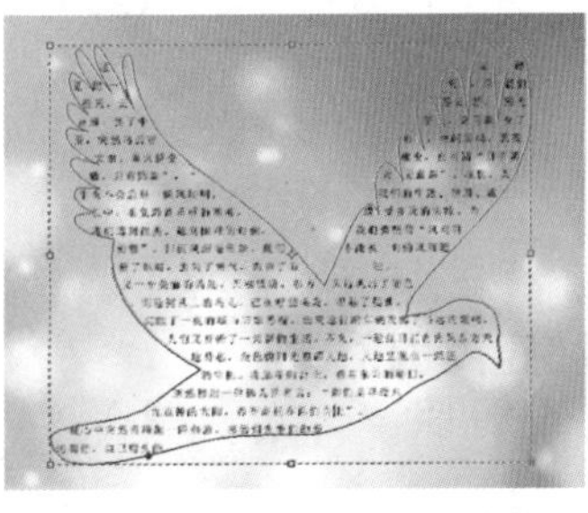

图8-59　在路径内输入文字

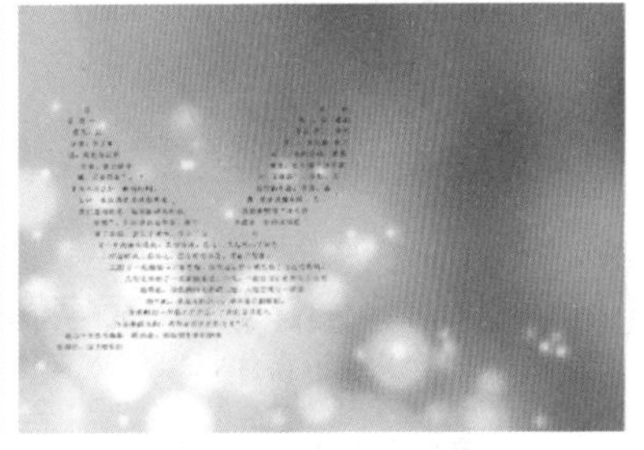

图8-60　结束编辑后的效果

2 路径上文字的调整

封闭路径内的文字排列调整与普通段落文字调整类似，而沿路径排列的文字的调整则有很大不同，可以调整文字相对路径的位置、方向。

实例体验7：文字的方向调整

素材：光盘\第 8 章\素材\素材 9.JPG　　视频：光盘\第 8 章\视频\文字的方向调整 .flv

STEP01 **绘制路径**。按快捷键Ctrl+O，打开素材文件，如图8–61所示。选择工具箱中的椭圆工具，并在属性栏中选择“路径”选项，将光标移至杯子中间位置，按住组合键Alt+Shift绘制一个正圆路径，如图8–62所示。

图 8–61　原图

图 8–62　绘制正圆路径

STEP02 **输入路径文字**。选择工具箱中的横排文字工具，并在属性栏中设置字体、大小和颜色，如图8–63所示。将光标移至路径上，光标变为状，单击鼠标并输入文字，如图8–64所示。

T　Adobe 黑体 ...　R　8点　aa　锐利

图 8–63　“文字工具”属性栏

图 8–64　输入路径文字

STEP03 **调整路径文字方向**。选择工具箱中的路径选择工具，在路径面板中单击文字路径，然后移动光标至文字上，光标变为状，如图8–65所示。按下鼠标沿着路径拖动可以移动文字，如图8–66所示。朝路径内侧拖动文字，可以翻转文字使文字位于路径内部，拖动调整位置后，得到图8–67所示的效果。

图 8–65　出现移动路径光标

图 8–66　移动路径文字

图 8–67　翻转文字效果

实例体验8：文字偏移距离调整★

素材：光盘\第 8 章\素材\素材 10.PSD　　视频：光盘\第 8 章\视频\文字偏移距离调整 .flv

在“字符”面板中设置文字的基线偏移值，可以调整文字距离路径的间距，如图8–68所示。

基线偏移为 17 点

基线偏移为 -17 点

图 8-68　设置文字偏移量

提示

选择工具箱中的直接选择工具，单击路径，显示出锚点。通过移动锚点或调整方向线可修改路径的形状，文字会沿修改后的路径重新排列，如图8-69所示。

图 8-69　文字沿路径重新排列

8.6 栅格化文字

执行“文字”|“栅格化文字图层”命令，可以将选中的文字图层栅格化，栅格化后的文字将变为图像，无法再用文字工具、“字符”面板和“段落”面板进行编辑。

实例体验9：栅格化文字

素材：光盘\第 8 章\素材\素材 11.JPG　　视频：光盘\第 8 章\视频\栅格化文字 .flv

STEP01 **输入文字**。按快捷键Ctrl+O，打开素材文件，如图8-70所示。选择工具箱中的横排文字工具，并在属性栏中设置字体、字号大小和颜色，在图像中输入文字，如图8-71所示。

图 8-70　原图

图 8-71　输入文字

STEP02 **栅格化文字**。单击按钮结束编辑，然后选择“图层”面板中的文字图层，单击鼠标右键，从弹出的快捷菜单中选择“栅格化文字”命令。栅格化后的文字变为图像，可以和普通图层一样进行编辑，如图8-72所示。

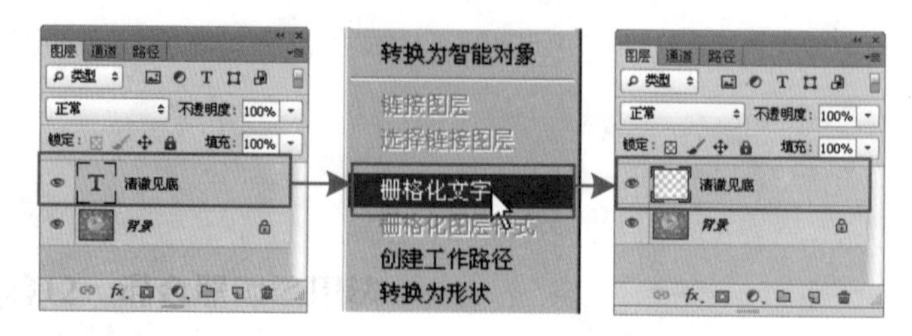

图 8–72 栅格化文字

STEP03 **水波滤镜**。执行"滤镜"|"扭曲"|"水波"命令，在弹出的"水波"对话框中设置参数后，单击"确定"按钮，如图8–73和图8–74所示。在"图层"面板中将"清澈见底"图层的不透明度设置为50%，得到图8–75所示的效果。

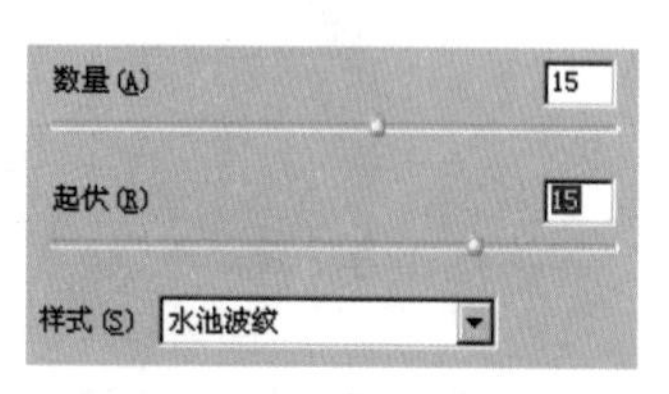

图 8–73 水波滤镜参数

图 8–74 水波滤镜效果

图 8–75 设置不透明度

8.7 文字转换为形状

执行"文字"|"转换为形状"命令，可以将文字转换为带有矢量蒙版的形状图层，原文字图层将不会保留。

实例体验10：文字转换为形状

素材：光盘\第 8 章\素材\素材 12.JPG　　视频：光盘\第 8 章\视频\文字转换为形状 .flv

STEP01 **输入文字**。按快捷键Ctrl+O，打开素材文件，如图8–76所示，选择工具箱中的横排文字工具T，并在属性栏中设置字体、字号大小和颜色，在图像中输入文字，如图8–77所示。

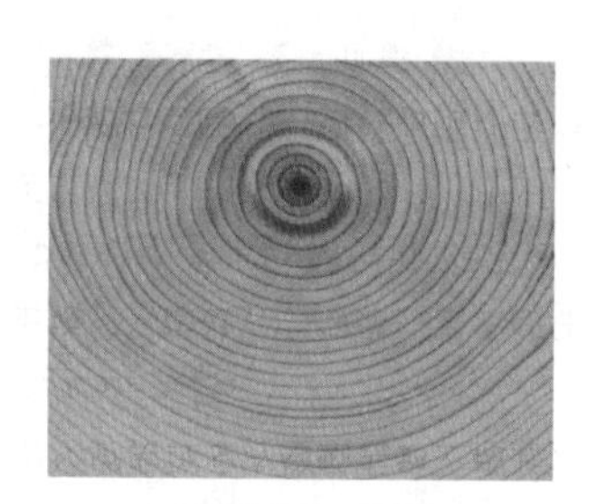

图 8–76 原图

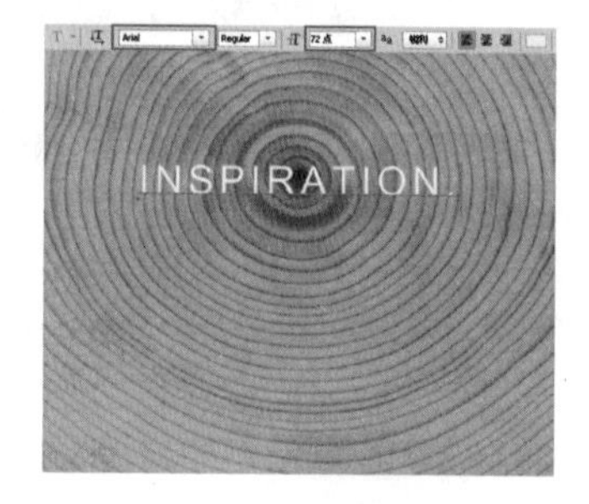

图 8–77 输入文字

STEP02 **转换为形状**。单击✓按钮结束编辑，然后选择"图层"面板中的文字图层，单击鼠标右键，在弹出的快捷菜单中选择"转换为形状"命令，如图8–78所示。转换为形状后的文字自动生成文字路径。

选择直接选择工具框选文字，可以显示出路径锚点，如图8–79所示。这时可以对字形进行编辑、变换等，具体内容将会在后面的内容中讲解。

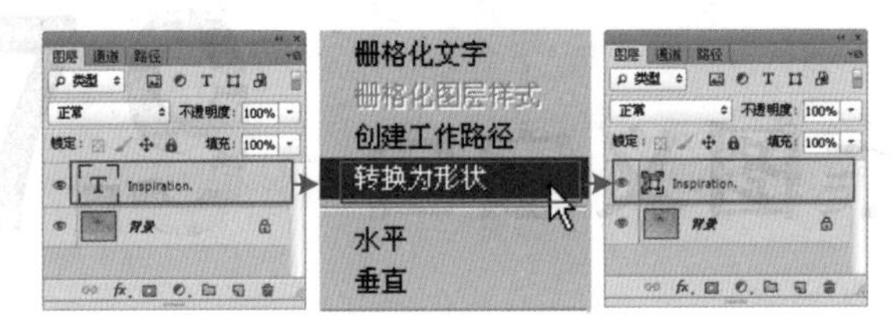

图 8–78　转换为形状

图 8–79　文字路径

第二部分　设计师的文字工作

8.8 设计师的文字工作要点

在前面介绍消除文字锯齿的时候，可以感受到在Photoshop中做设计，文字会受到限制。那么设计师在Photoshop中设计的时候，文字编辑有哪些应注意的要点呢？

1 只适合做大个文字的设计

Photoshop中的文字，因为属于位图性质，所以容易出现锯齿，采用消除锯齿技术，则文字又会有轻微的发虚。即使分辨率设置为300ppi，印刷出来的文字，轮廓仍然会有轻微的发虚，而应用Illustrator、CorelDRAW等软件设计的作品，无论文字多大多小，都不会发虚，不会有锯齿。

既然Photoshop中设计的文字会发虚，所以不适合用来做细小的文字，因为细小的文字发虚后印刷出来难以辨认。比如需要设计一张DM单，我们只是在Photoshop中处理需要的图像，剩下的工作都在Illustrator、CorelDRAW等软件中完成。

不过，如果文字足够大，笔画足够粗，则完全可以用Photoshop做，这个时候，轻微的发虚完全可以接受。因此，诸如公交站台上的喷绘广告等，大多采用Photoshop进行设计，如图8–80所示。

图 8–80　喷绘广告设计

提示

用Photoshop做网页设计，细小字体一般使用宋体，字号最低12点，消除锯齿位置为“无”。超过12点的文字，需要设置为“锐利”“平滑”等进行消除锯齿。

2 做设计样稿时不受文字大小限制

虽然Photoshop只适合做文字大的设计，但如果我们只是做设计样稿，就可以不理会这点。设计样稿不会用来印刷，只是用来沟通设计大致的效果，所以可以不受文字大小限制。借助Photoshop强大的图像处理能力，我们可以任意发挥自己的想象，做出各种创意和效果，有利于在样稿阶段与客户快速沟通。

与客户确定了样稿后，我们在Photoshop中将需要的图片处理好，然后转入Illustrator、CorelDRAW、Indesign等软件中比照着样稿做完稿设计。

3 黑色文字图层模式改为正片叠底

如果用Photoshop做印刷稿设计，除开文字大小、字体粗细有要求外，为了防止露白，需要将黑色（单色的黑k=100）文字图层设置为正片叠底模式。这是为何呢？原因是在CMYK模式下，Photoshop中的黑色文字并不是叠印的，而是挖空背景进行套印的。这就容易因为套印不准而出现露白。在本书第11章11.4节中对这个问题有详细的介绍。

提示

做封面、画册或杂志设计，如果用到大面积的黑底，需要加一点青来补充黑色的不足。也就是这个时候不能用单黑K100来做黑底，而应当用C40 K100的黑。但这一点不适用文字，文字仍用单黑更好。

8.9 简单装饰一下文字

1 阴影字

为文字添加阴影可以增加文字层次，更好地突出文字。在Photoshop中为文字添加阴影非常方便。

最简单的方法就是利用图层效果中的“投影”效果生成阴影。或者直接复制一个文字图层，填充为灰色或黑色，然后与原来文字错开一点距离即可，如图8-81和图8-82所示。

图8-81 投影效果

图8-82 复制后填充灰色

复杂一点的就是让阴影具有一定透视效果。下面我们通过一个小实例来学习透视阴影文字的制作。

实例体验11：阴影文字

素材：光盘\第8章\素材\素材13.JPG　　视频：光盘\第8章\视频\阴影文字.flv

STEP01 **输入文字**。按快捷键Ctrl+O打开素材文件，如图8-83所示。选择工具箱中的横排文字工具T，并在属性栏中设置字体、字号大小和颜色后，在图像中输入文字，如图8–84所示。

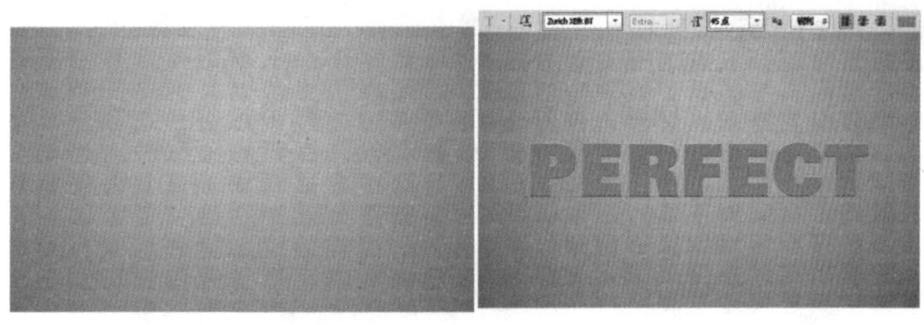

图 8–83　原图　　　图 8–84　输入文字

STEP 02 **栅格化文字**。按快捷键Ctrl+J复制一个文字图层，然后在“perfect副本”图层上单击鼠标右键，在弹出的快捷菜单中选择“栅格化文字”命令，如图8–85所示。将“perfect副本”图层移至背景图层上方，如图8–86所示。

图 8–85　栅格化文字图层

图 8–86　移动图层

STEP 03 **倾斜文字**。按快捷键Ctrl+T自由变换，然后单击鼠标右键，选择“斜切”命令，如图8–87所示。将光标移至变换框上边界的中点，当变为▷状时，水平向右拖动，变换为投影的形状，如图8–88所示。完成后单击属性栏中的✓按钮，结束编辑。

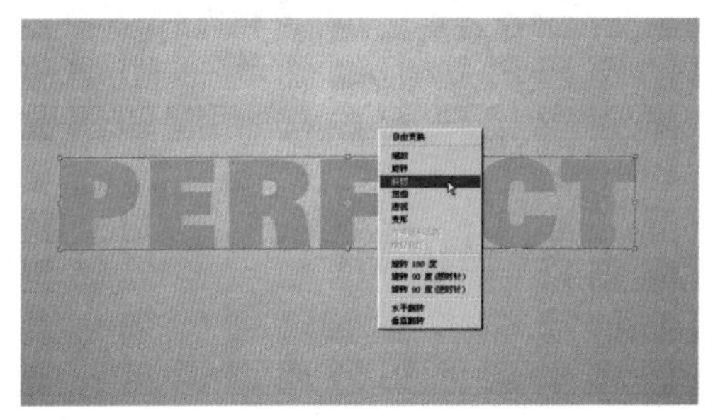

图 8–87　选择“斜切”命令

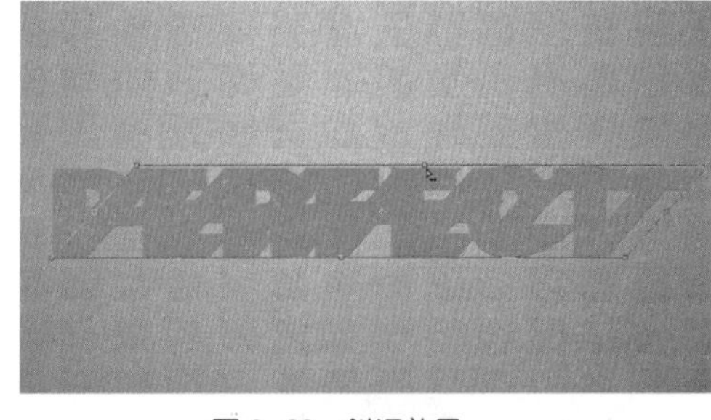

图 8–88　斜切效果

STEP 04 **渐变填充**。按住Ctrl键，单击“perfect副本”图层，生成选区，如图8–89所示。选择工具箱中的渐变工具▣，然后在图像选区中由下到上拖动鼠标，填充黑白渐变，效果如图8–90所示。

图 8–89　生成选区

图 8–90　填充渐变

STEP 05 **正片叠底**。按快捷键Ctrl+D取消选区，然后将“perfect副本”图层混合模式设置为“正片叠底”，如图8–91和图8–92所示。

图 8–91　正片叠底

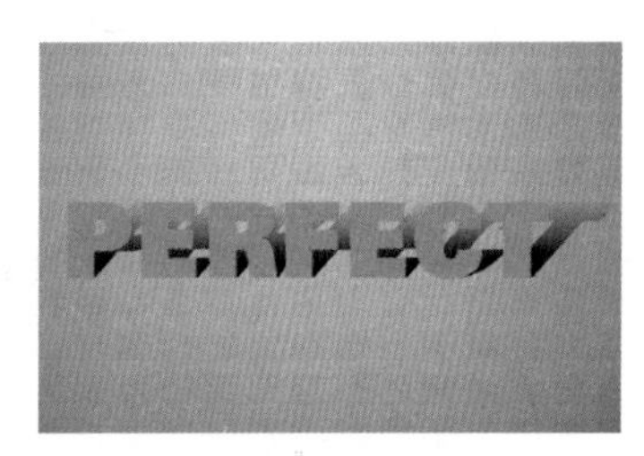

图 8–92　最终效果

2 立体字

为文字添加厚度增加立体感可以使文字更加突出。最简单的做法就是类似阴影文字，复制一个图层出来，改变颜色即可，如图8–93所示。

如果要做得更逼真有力，常用的方法就是轻移复制。选择移动工具，按下Alt键，然后多次按键盘上的箭头键，就可以以1像素的间距复制出多个图像。将复制出的图像合并后，修改颜色就能做出厚度感。

图8–93 简单立体字

实例体验12：立体字★

素材：光盘\第8章\素材\素材14.JPG　　视频：光盘\第8章\视频\立体字.flv

变换文字后，应用斜面与浮雕效果和图案叠加效果，使文字稍微有些立体效果，然后按住Ctrl+Alt键盘同时按↑方向键，复制多层文字，相互叠加就会产生立体字效果，如图8–94所示。

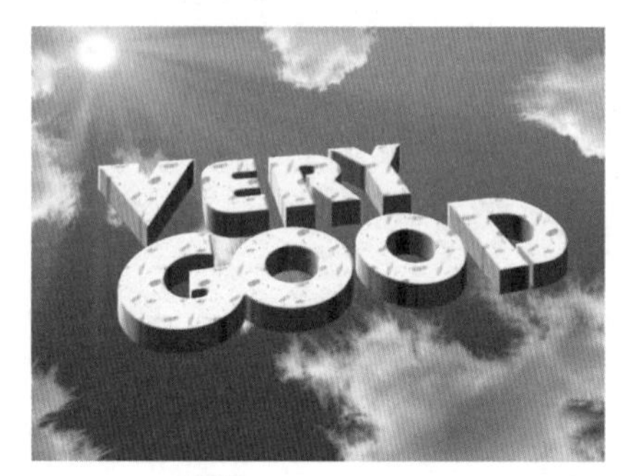

图8–94 立体字效果

3 空心轮廓字

空心轮廓字就是指能看到文字的轮廓线，内部则是空的。轮廓线可以用"描边"效果制作，将图层"填充"参数设置为0，即可获得"内部空的"效果。

实例体验13：空心轮廓字

素材：无　　视频：光盘\第8章\视频\空心轮廓字.flv

STEP01 **绘制渐变背景。**按快捷键Ctrl+N新建一个宽×高为10厘米×6厘米，分辨率为300文件，如图8–95所示。确定前景色为黑色，选择工具箱中的横排文字工具T，在属性栏中设置字体为Cheri，大小为60点，输入大写字母APPLE，如图8–96所示。

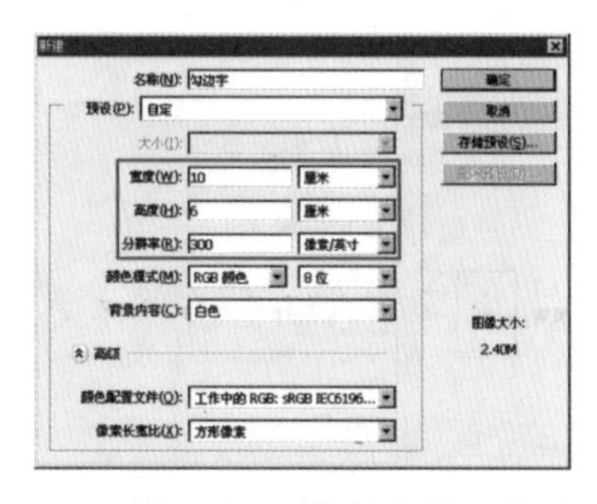

图8–95 新建文档

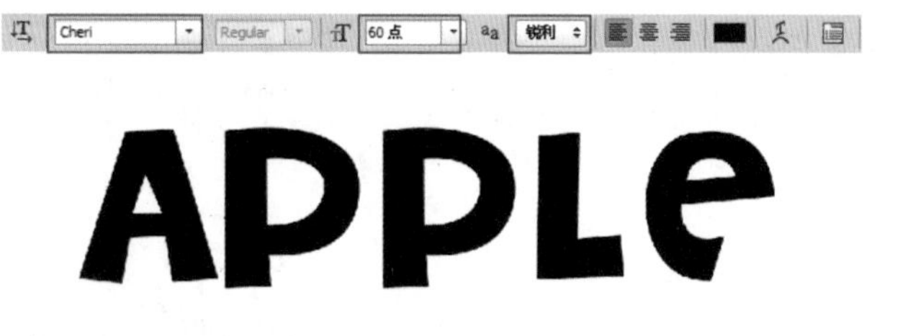

图8–96 输入文字

STEP 02 设置图层样式。单击“图层”面板下方的“添加图层样式”按钮 fx.，在列表中选择“描边”项，选择填充类型为“渐变”并设置其参数，如图8-97所示。在“图层”面板中，将“填充”设置为0%，效果如图8-98所示。

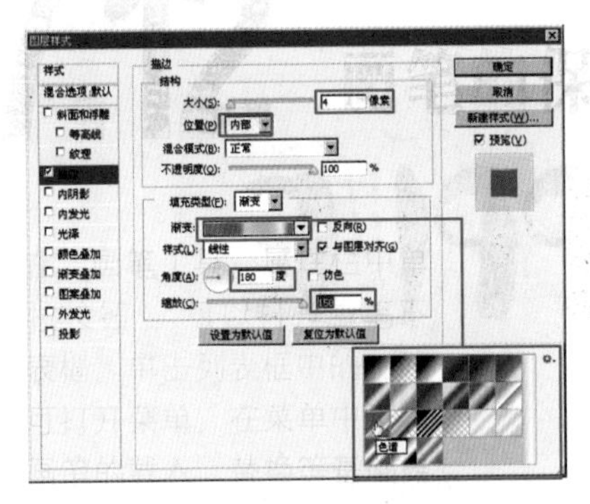

图 8-97　设置描边参数

图 8-98　填充为 0 的效果

STEP 03 添加内阴影。选择apple图层，添加“内阴影”效果，参数和效果如图8-99和图8-100所示。

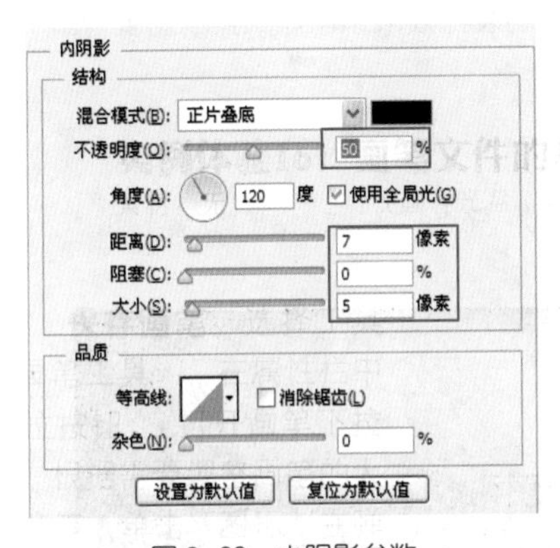

图 8-99　内阴影参数

图 8-100　内阴影效果

STEP 04 添加投影。选择apple图层，添加“投影”效果，参数和最终效果如图8-101和图8-102所示。

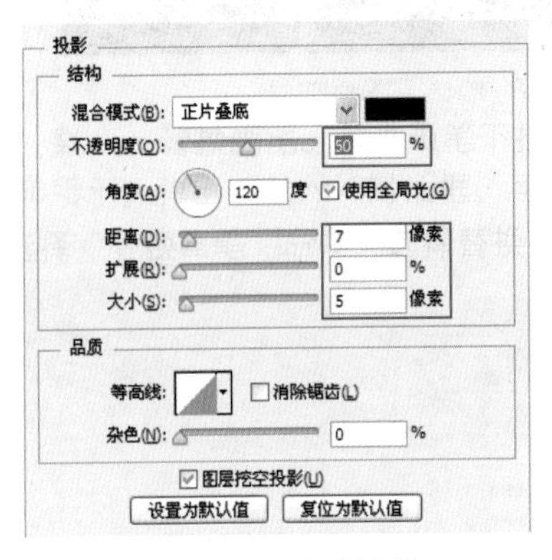

图 8-101　投影参数

图 8-102　投影效果

4 外框字

外框字常用来加强标题，就是在标题文字的外围增加一条边线。这条线可以直接用画笔绘制，也可以借助文字自身选区获得。

实例体验14：外框字★
素材：无　　　视频：光盘\第8章\视频\外框字.flv

载入文字选区，扩展选区获得外框选区，然后进行描边即可，如图8-103所示。

图8-103　外框字效果

5 图案字

图案字在平面设计、网页设计中应用非常广泛，具有极强的装饰效果。制作图案字主要通过"图层样式"对话框为字体添加不同的图层效果。

实例体验15：图案字★
素材：光盘\第8章\素材\素材15.JPG　　　视频：光盘\第8章\视频\图案字.flv

为文字叠加不同图案，并设置图层样式中不同的发光效果，会产生不同图案的文字效果，如图8-104所示。

图8-104　图案字效果

8.10 文字设计

如果用Photoshop做文字设计，通常有两种做法。一种是输入文字并转换为路径，然后对路径进行修改；另一种是用笔直接勾勒出大致效果，扫描入电脑，再利用钢笔工具勾勒出来并做精细调整。

1 文字转路径然后修改

文字转换为路径后，可以通过调整路径上的锚点来改变文字的原有形状，重新设计成具有艺术美感的字体效果。

实例体验16：文字设计

素材：光盘\第8章\素材\素材16.JPG　　视频：光盘\第8章\视频\文字设计.flv

STEP01 输入文字。 按快捷键Ctrl+O，打开素材文件，如图8–105所示。选择工具箱中的横排文字工具T，并在属性栏中设置字体为"华康简综艺"，单击输入文字，如图8–106所示。

图8–105　原图

图8–106　输入文字

STEP02 垂直缩放文字。 将文字全部选中，单击属性栏中的"切换字符和段落面板"按钮，在弹出的"字符"面板中设置垂直缩放为126%，文字被垂直缩放，如图8–107所示。

图8–107　垂直缩放文字

STEP03 将文字转换为形状。 选择"图层"面板中的文字图层，单击鼠标右键，在弹出的快捷菜单中选择"转换为形状"命令，如图8–108所示。

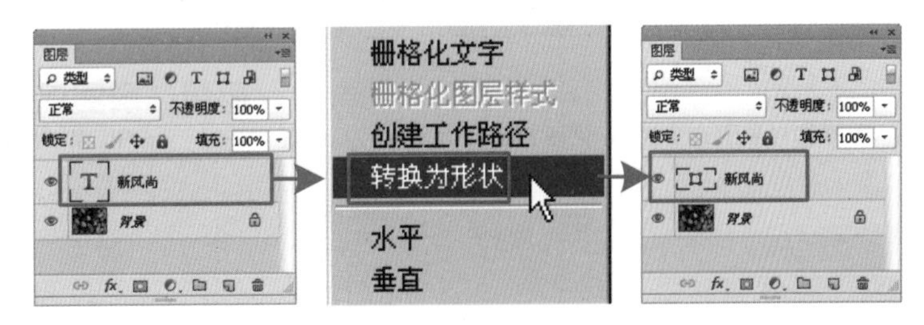

图8–108　文字转换为形状

STEP04 取消文字填充色。 选择工具箱中的直接选择工具，在属性栏中的填充下拉列表框中单击"无颜色"按钮，如图8–109所示。单击"创建新图层"按钮，得到"图层1"，并将其填充为白色，放置在文字图层下方，如图8–110所示。单击文字图层显示文字路径，然后单击路径，可以显示出文字路径上的锚点，如图8–111所示。

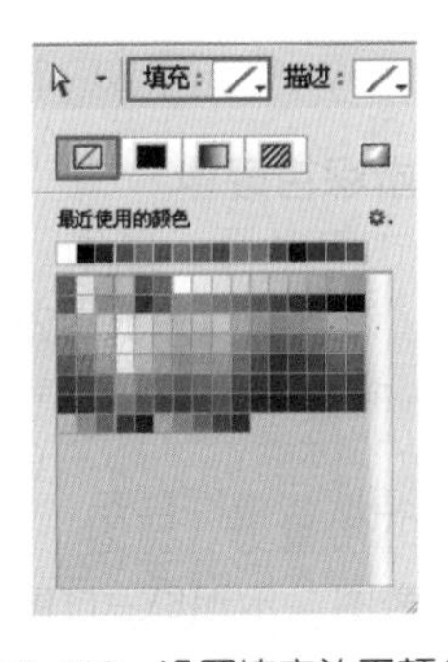

图8–109　设置填充为无颜色

图8–110　移动图层

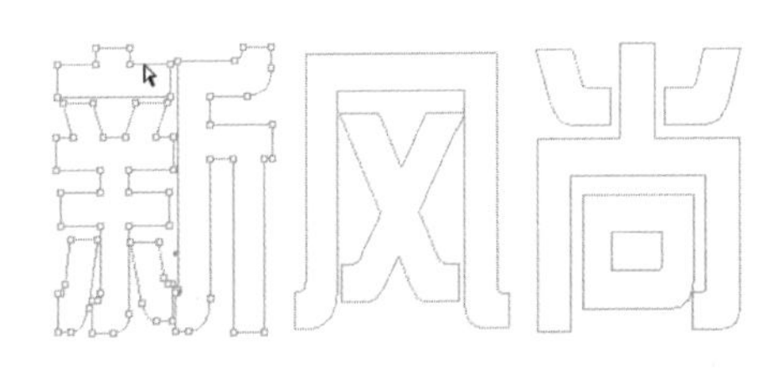

图8–111　单击文字路径显示出锚点

STEP 05 新建参考线。按快捷键Ctrl+R显示出标尺，然后在标尺上按下鼠标左键拖动出参考线，对齐“新”字左下方路径的上边缘，如图8–112所示。目的是辅助调整“新”字左半部分最后的一撇、一捺笔画路径。再拖动出三条参考线，如图8–113所示。

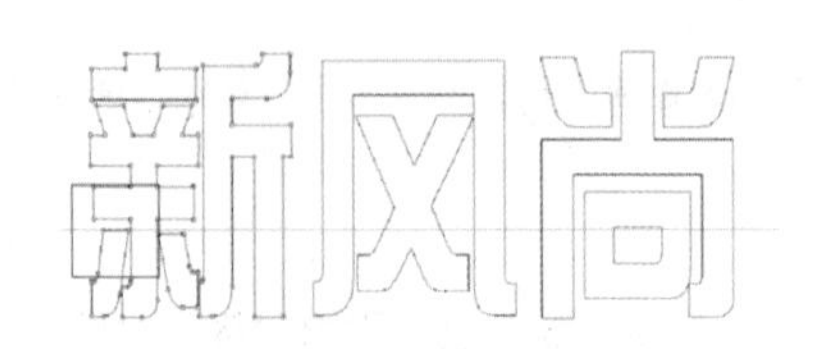

图 8–112　新建一条参考线

图 8–113　再新建三条参考线

STEP 06 调整路径锚点。在如图8–114所示的位置按住鼠标左键向左上方拖动框选出路径上方的两个锚点，或按住Shift键分别单击两个锚点将其选中，按键盘上的↑方向键移动，使锚点与参考线吻合，如图8–115所示。

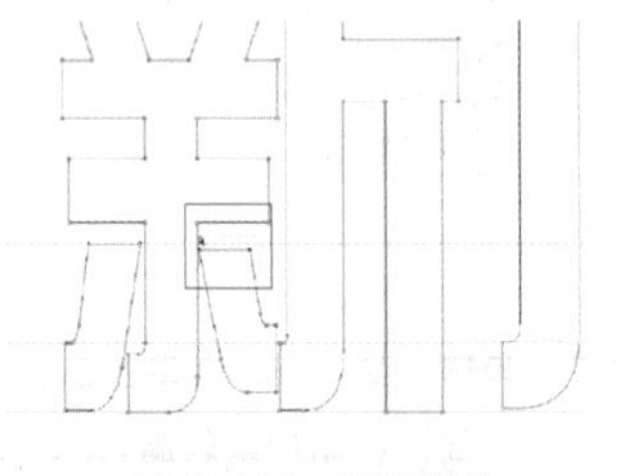

图 8–114　框选锚点

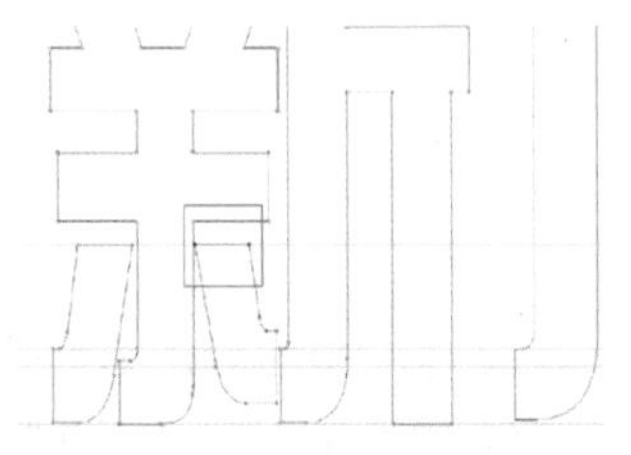

图 8–115　锚点与参考线吻合

提示

在移动锚点时，如果不能准确地和参考线吻合，可执行“编辑”｜“首选项”｜“常规”命令，在弹出的“首选项”对话框中，把最后一项“将矢量工具与变换与像素网格对齐”取消勾选即可。

STEP 07 精确调整锚点。单击图8–116所示框中的一个锚点，按键盘上的→方向键微调；如图8–117所示框中的下边缘的锚点，分别选中后，按键盘上的↓方向线进行调整，精确对齐参考线；采用相同的方法移动锚点，并调整方向杆，使“一撇”“一捺”路径左右对称，并使“一捺”路径向右延伸相交，效果如图8–118所示。

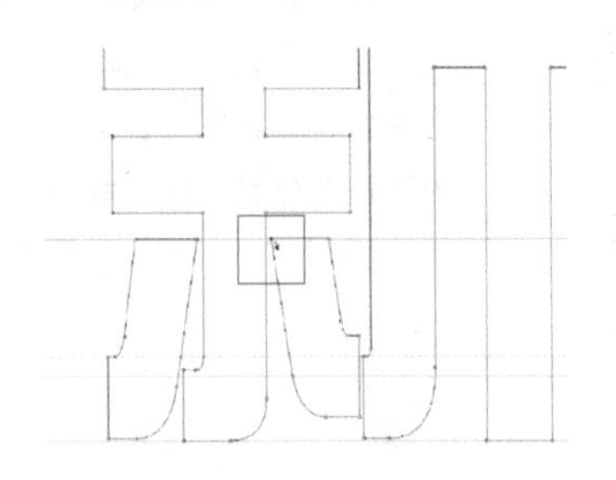

图 8–116　精确调整锚点

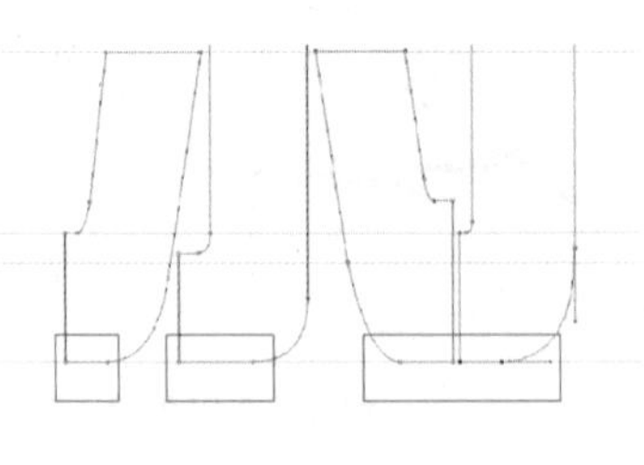

图 8–117　精确调整下边缘锚点

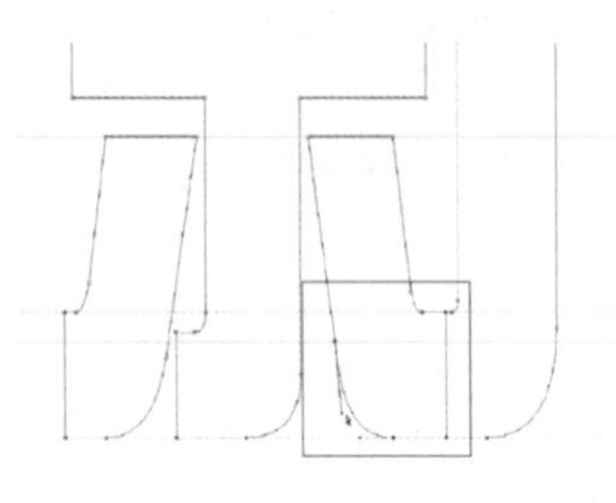

图 8–118　调整路径并向右延伸

STEP 08 延伸相交路径。在如图8–119所示的位置，调整下方的两个锚点与辅助线精确对齐后，框选出“风”字左边路径的两个锚点，然后按键盘上的←方向键移动，使其延伸并与“新”字相交，如图8–120所示。

图 8–119　框选锚点

图 8–120　相交路径

STEP 09 调整路径对齐参考线。使用上面相同的方法，调整“风”字右侧锚点与辅助线精确对齐，然后将“风”字右侧与“尚”字路径相交，如图8–121所示。调整“尚”字路径下边缘的锚点对齐参考线，使其看起来整齐一致，如图8–122所示。

STEP 10 “尚”字锚点对齐参考线。在标尺上按下鼠标左键拖动出参考线，对齐“新”字的上边缘，如图8–123所示。调整“尚”字顶端的所有锚点与参考线吻合，如图8–124所示。

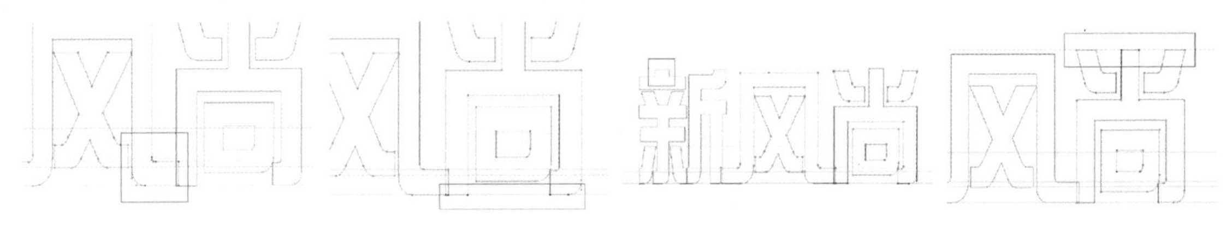

图 8–121　相交路径　　图 8–122　调整“尚”字下边缘锚点　　图 8–123　创建参考线　　图 8–124　尚字顶端锚点对齐参考线

STEP 11 “风”字锚点对齐参考线。在图8–125所示的位置按住鼠标左键向右下方拖动框选出“风”字上方的锚点，然后按键盘上的↑方向键移动，使锚点与参考线吻合，如图8–126所示。

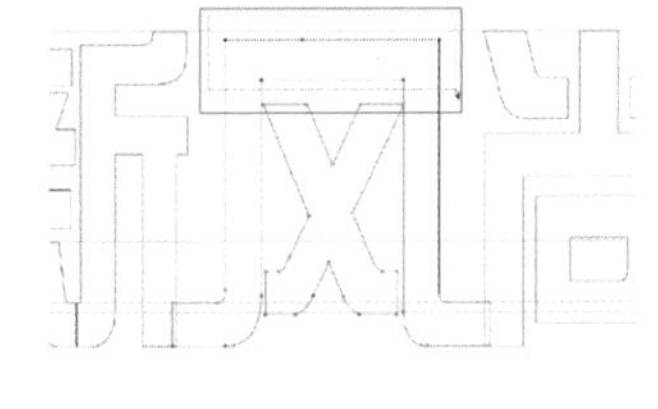

图 8–125　框选锚点

图 8–126　风字顶端锚点对齐参考线

STEP 12 调整“尚”字部分锚点与第二条参考线对齐。以图8–127所示红框中位置为基准，拖出两条参考线；在图8–128所示的位置按住鼠标左键向右下方拖动框选出“尚”字的部分锚点，然后按键盘上的↑方向键移动，使“尚”字的一横与第二条参考线吻合，如图8–129所示。

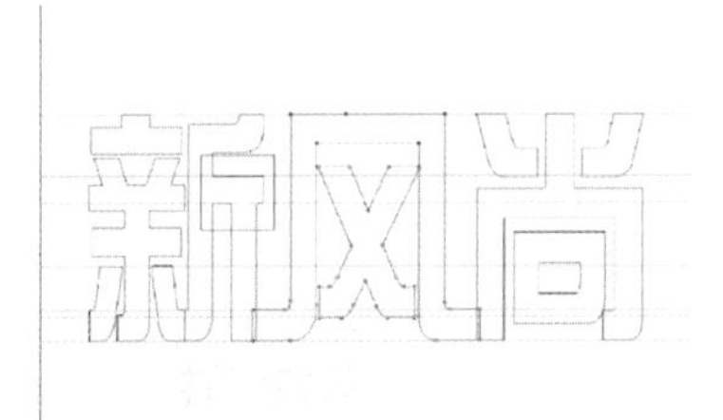

图 8–127　创建参考线

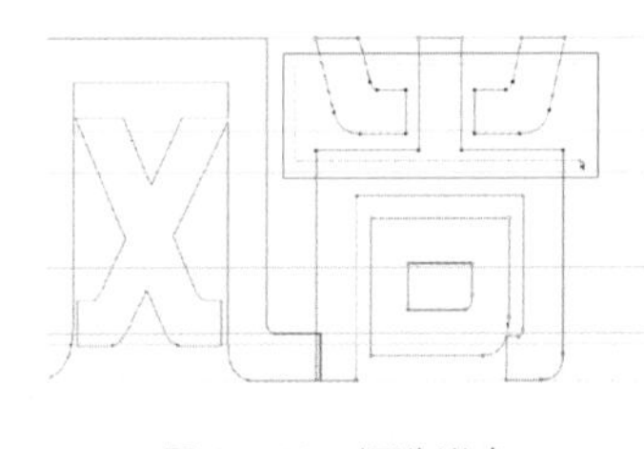

图 8–128　框选锚点

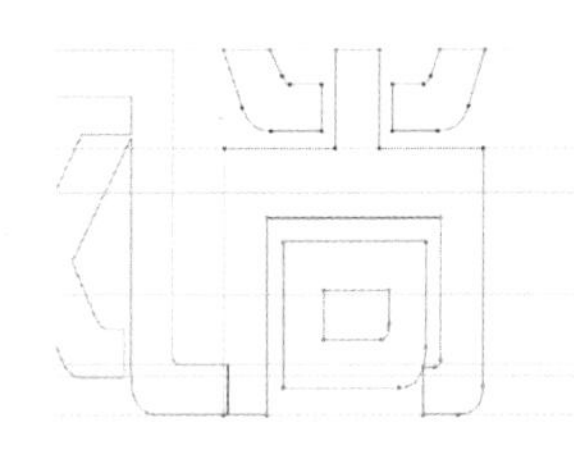

图 8–129　对齐参考线

STEP 13 调整“尚”字部分锚点与第三条参考线对齐。在如图8–130所示的位置按住鼠标左键向右下方拖动框选出“尚”字的部分锚点，然后按键盘上的↑方向键移动，使锚点与第三条参考线吻合，如图8–131所示。

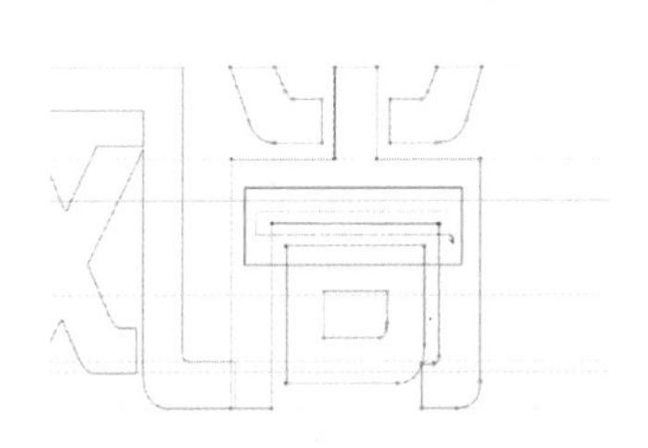

图 8–130　框选锚点

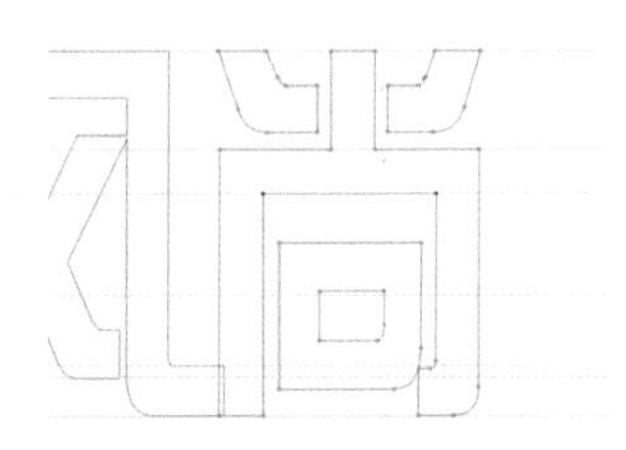

图 8–131　锚点与参考线吻合

STEP 14 上移“尚”字中“口”的路径。按住Shift键选中“尚”字中间“口”的所有锚点，如图8–132所示。按键盘上的↑方向键移动，使其底边缘与倒数第三条参考线吻合，如图8–133所示。

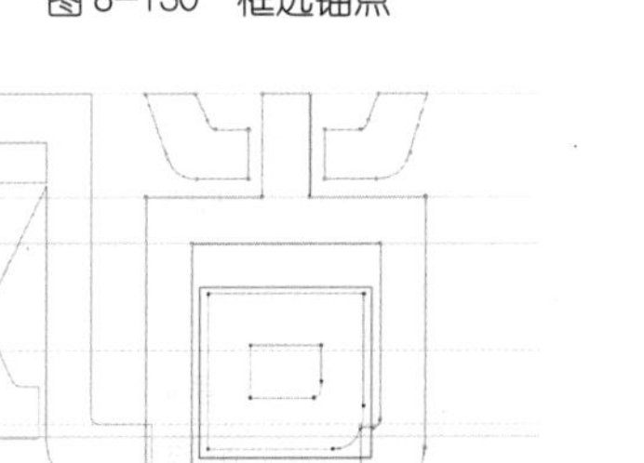

图 8–132　选择锚点

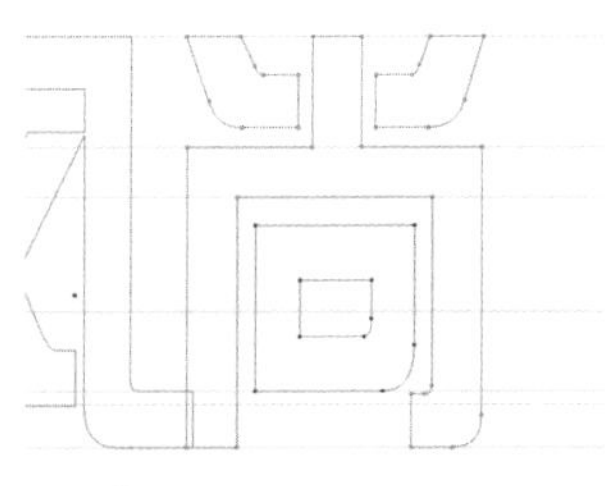

图 8–133　锚点与参考线吻合

STEP 15 **钢笔绘制路径**。选择工具箱中的钢笔工具，沿着“尚”字右下方的路径绘制一周，将“尚”字右下方的路径绘制出来，如图8-134所示。选择工具箱中的直接选择工具，按住Shift键选择新绘制的路径上的所有锚点，然后将其向右拖动动，如图8-135所示。

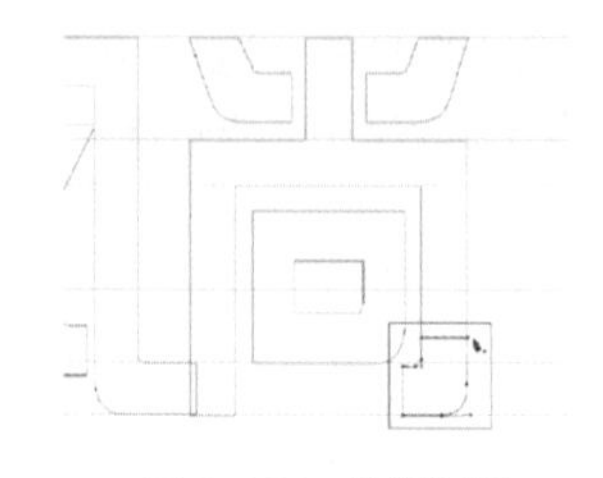

图 8-134 绘制路径

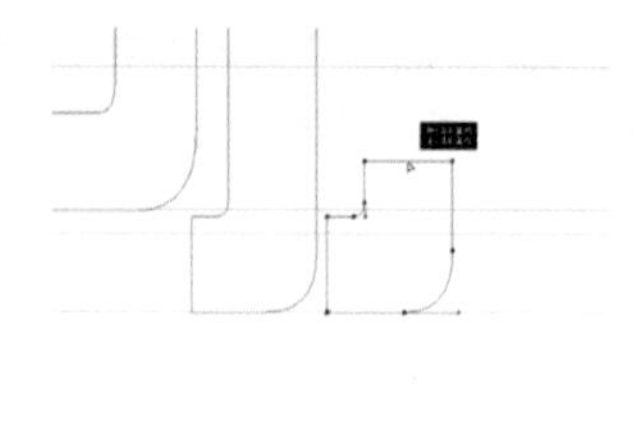

图 8-135 移动路径

STEP 16 **水平翻转路径**。按快捷键Ctrl+T自由变换，新绘制的路径四周出现变换框，单击鼠标右键，在快捷菜单中选择“水平翻转”命令，如图8-136所示。水平翻转后，按Enter键结束变换，如图8-137所示。

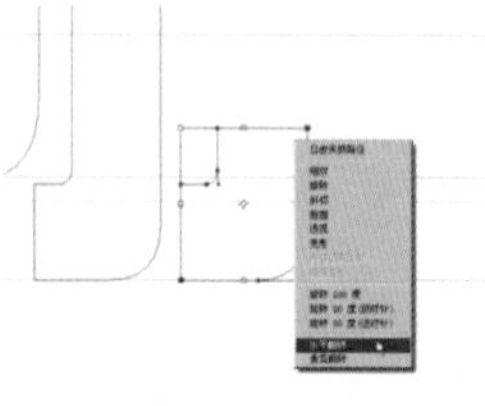

图 8-136 选择“自由变换”命令

图 8-137 水平翻转路径

STEP 17 **删除锚点**。使用直接选择工具，单击图8-138所示的路径，显示出锚点后，选择工具箱中的删除锚点工具，分别单击删除4个锚点，得到图8-139所示的效果。

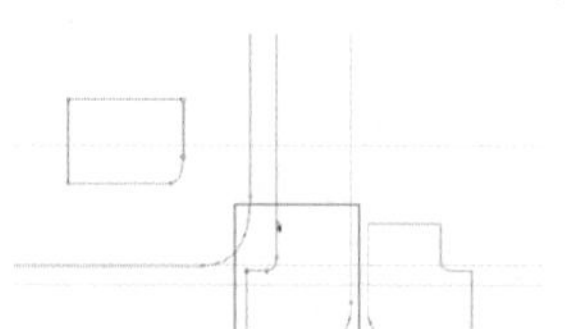

图 8-138 显示锚点

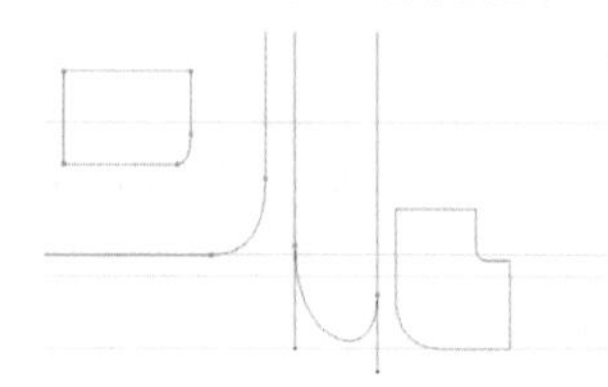

图 8-139 删除锚点

STEP 18 **移动路径**。选择工具箱中的直接选择工具，框选中新绘制的路径，如图8-140所示。将其向左移动到图8-141所示的位置。

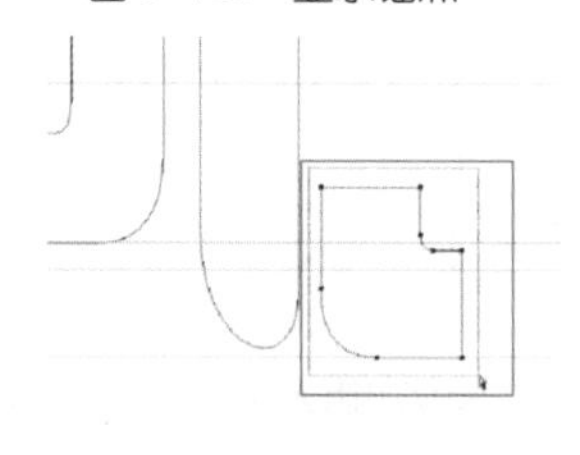

图 8-140 框选路径

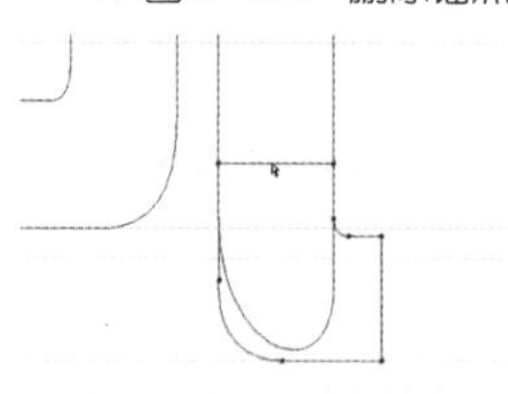

图 8-141 移动路径

STEP 19 **延伸路径**。框选出“新”字左下边的锚点，然后按键盘上的←方向键移动，使其延伸，如图8-142所示。调整“尚”字右下边的锚点与参考线吻合，然后向右延伸，如图8-143所示。

图 8-142 延伸路径

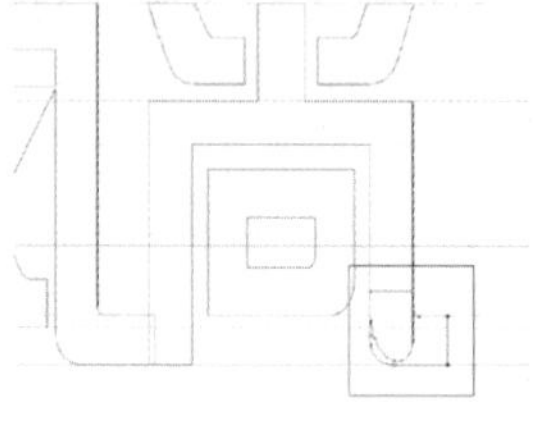

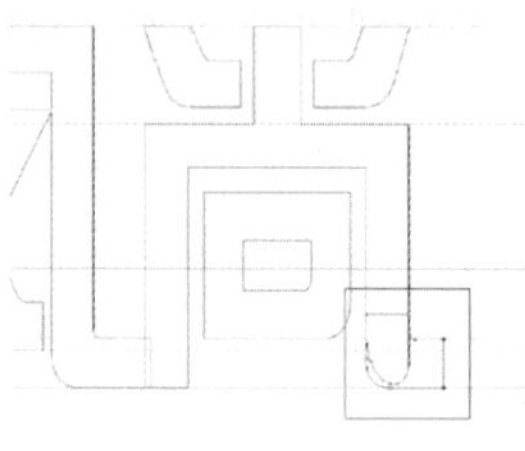

图 8-143 调整锚点延伸路径

STEP 20 **填充颜色**。单击属性栏的“路径操作”按钮，在下拉列表中首先选择“合并形状”命令，再选择“合并形状组件”将路径相交部分合并，如图8-144和图8-145所示。

图 8-144 合并形状组件

图 8-145 合并路径后的效果

STEP 21 **更改填充颜色**。在"填充"下拉列表中单击白色，然后隐藏"图层1"，如图8–146和图8–147所示。按快捷键Ctrl+H隐藏额外内容，得到图8–148所示的最终效果。

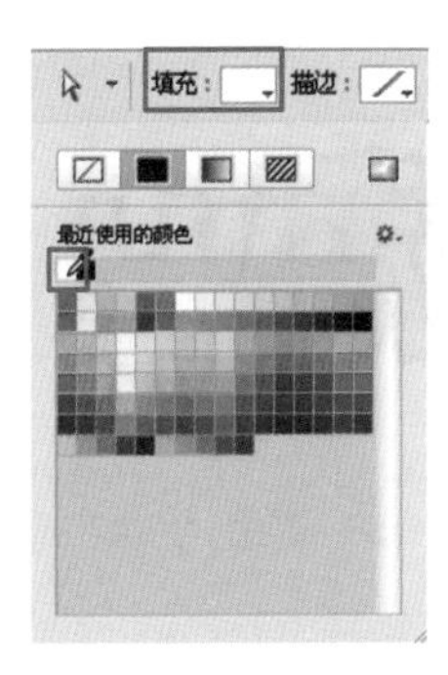

图 8–146 填充颜色

图 8–147 隐藏图层

图 8–148 最终效果

STEP 22 **设计不同的字体效果**。利用制作完成的矢量字体，可以设计制作出不同的字体效果，如图8–149～图8–151所示。

图 8–149 金属字效果

图 8–150 炫彩效果

图 8–151 复古风文字效果

2 先手绘然后扫描用钢笔勾画

手绘后的文字，可以通过扫描仪将其转存为电子版格式，然后使用Photoshop中的钢笔工具勾勒文字，将其转换为矢量文字。

实例体验17：手绘文字

素材：光盘\第 8 章\素材\素材 17.JPG　　视频：光盘\第 8 章\视频\手绘文字 .flv

STEP 01 **打开文件**。按快捷键Ctrl+O打开扫描完成的手绘文字素材文件，如图8–152所示。选择工具箱中的钢笔工具，在"阳"字红色区域左侧单击，勾出"阳"字左偏旁的轮廓，如图8–153所示。

STEP 02 **钢笔工具勾"阳"字**。勾出"阳"字左偏旁的外轮廓后，再沿着内部轮廓进行勾勒，如图8–154所示。使用相同的方法，勾出"阳"字右偏旁"日"的轮廓，使用直接选择工具框选所有路径，可以明显地观察到路径，如图8–155所示。

图 8–152 手绘文字原图

图 8–153 钢笔勾文字

图 8–154 勾出内部轮廓 图 8–155 勾出"日"的轮廓

STEP 03 新建路径。继续使用钢笔工具勾出“光”字，如图8–156所示。单击“路径”面板下方的“创建新路径”按钮，得到“路径1”，如图8–157所示。使用相同的方法勾出“海岸”两个字的轮廓，如图8–158所示。

图 8–156　勾出“光”字轮廓

图 8–157　创建新路径

图 8–158　勾出“海岸”轮廓

STEP 04 填充“阳光”文字选区。按住Ctrl键，单击“路径”面板中“工作路径”，将“阳光”载入选区，如图8–159所示。回到“图层”面板中，新建“图层1”图层，然后设置前景色为红色，按快捷键Alt+Delete填充选区，如图8–160所示。

图 8–159　载入“阳光”选区

图 8–160　填充文字选区

STEP 05 填充“海岸”文字选区。按住Ctrl键，单击“路径”面板中“路径1”，将“海岸”载入选区，如图8–161所示。回到“图层”面板中，新建“图层2”图层，然后设置前景色为蓝色，按快捷键Alt+Delete填充选区，如图8–162所示。

图 8–161　载入“海岸”选区

图 8–162　填充文字选区

STEP 06 观察填充文字效果。按快捷键Ctrl+D取消选区，然后隐藏“背景”图层，如图8–163所示，填充效果如图8–164所示。

图 8–163　隐藏“背景”图层

图 8–164　填充文字效果

STEP 07 描边文字。双击“图层1”图层，在弹出的“图层样式”对话框中选择“描边”，并设置大小为“10像素”，颜色为黑色，如图8–165所示。设置完成后单击“确定”按钮，再使用相同的方法设置“图层2”的描边样式，最终效果如图8–166所示。

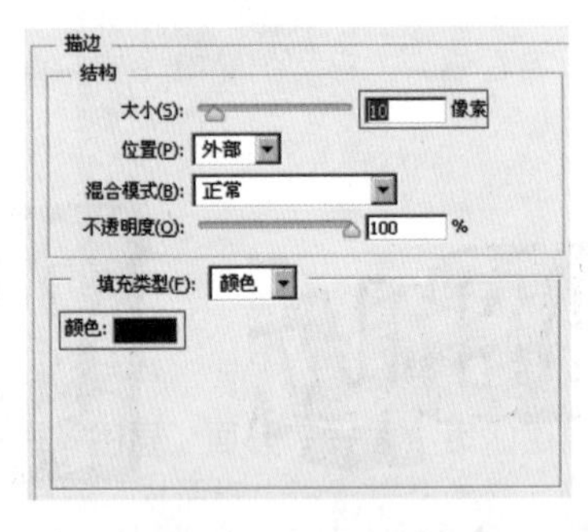

图 8–165　设置描边参数

图 8–166　最终效果

3 精彩文字设计欣赏

字体设计应该遵循三个基本原则：表达内容的准确性、视觉上的可识性和表现形式的艺术性。

在进行文字设计时，首先要对文字表达的内容进行准确的理解，用最恰当的形式进行创意设计；字体创意设计的目的是为了更快捷、准确地传达信息，不易阅读，令人费解的创意文字无疑是失败的；字体设计在易读的前提下，追求的是形式美感，把握住字与字间的节奏与韵律，才能让人过目不忘。

设计字体时常以字体外形、笔画结构等为突破口进行创意设计。图8–167、图8–168分别为从外形和笔画方面做精心设计的作品。

1）突破外形变化

图 8–167　突破外形

2）笔画结构变化

图 8–168　笔画变化

设计师实战

实战1：文字创意排列

素材：光盘\第 8 章\素材\素材 18.PSD
视频：光盘\第 8 章\视频\文字创意排列 .flv

本案例的制作重点是利用文字自身的选区删除图像，主要运用了钢笔工具、磁性套索工具、图层混合模式等，所用素材和设计效果分别如图8–169、图8–170所示。

图 8–169　原图

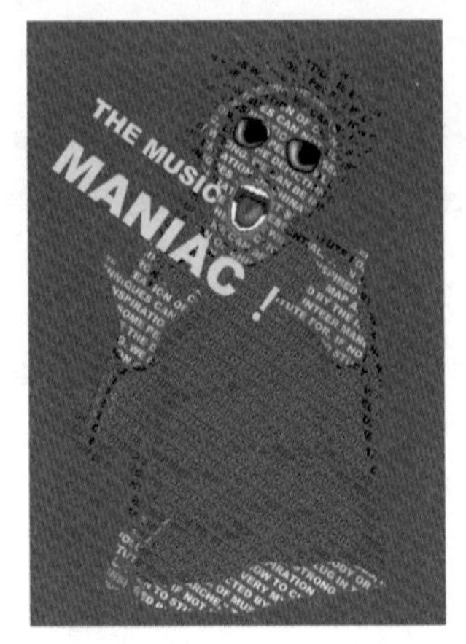

图 8–170　文字创意排列

STEP 01 **复制图层**。按快捷键Ctrl+O，打开素材文件，如图8–171所示。按快捷键Ctrl+J复制图层，得到"图层0 副本"图层，如图8–172所示。

图 8–171　原图

图 8–172　复制图层

STEP 02 **新建图层并填充颜色**。单击"图层"面板下方的"创建新图层"按钮，得到"图层1"图层，并将"图层1"移至"图层"面板的最下方，然后单击"前景色"图标，在弹出的"拾色器"面板中设置色值R88、G60、B148，单击"确定"按钮。按快捷键Alt+Delete填充选区，如图8–173和图8–174所示。

图 8–173　添加背景

图 8–174　填充图层

STEP 03 **输入文字**。按Ctrl+–缩小页面，然后选择工具箱中的横排文字工具T，拖出一个较大的文本框，便于后面旋转文本框操作，如图8–175所示。在属性栏中设置字体为Arial，6点，设置色值为R169、G104、B168，输入一段英文字体，填满文本框，如图8–176所示。

图 8–175　拖出文本框

图 8–176　输入文字

STEP 04 旋转文本框。选择文字图层，按快捷键Ctrl+T自由变换。在属性栏中设置旋转角度为45°，如图8–177所示。单击Enter键结束编辑，按快捷键Ctrl+O满页面显示，如图8–178所示。

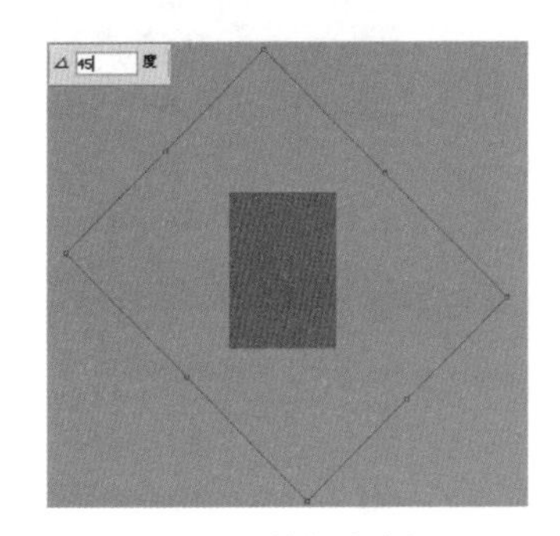

图 8–177　旋转文字框

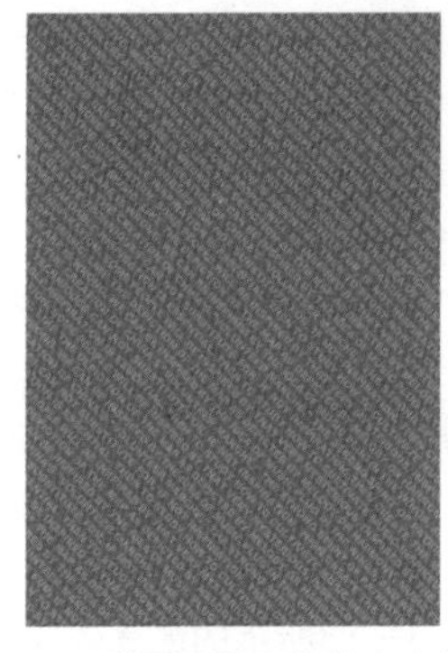

图 8–178　满页面显示旋转文字效果

STEP 05 抠取墨镜和嘴的区域。选择工具箱中的磁性套索工具，并单击属性栏中的"添加到选区"按钮，然后选择"图层0"图层，选取墨镜和嘴的区域，如图8–179所示。按快捷键Shift+F7将选区反选，如图8–180所示。按Delete键删除反选后的内容，再按快捷键Ctrl+D取消选区，如图8–181所示。

图 8–179　选取墨镜和嘴的区域

图 8–180　反选选区　图 8–181　删除选区内容

STEP 06 制作文字图像。将"图层0"移至"图层"面板的最上方，然后选择"图层0 副本"图层，如图8–182所示。按住Ctrl键在"图层"面板中单击文字图层缩览图，生成文字选区，然后按快捷键Shift+F7将选区反选，如图8–183所示。确定当前图层为"图层0 副本"图层后，按Delete键删除反选后的内容，按快捷键Ctrl+D取消选区，效果如图8–184所示。

图 8–182　调整图层顺序

图 8–183　生成文字选区后反选

图 8–184　删除反选后的选区内容

STEP 07 正片叠底。选择文字图层，然后设置图层混合模式为"正片叠底"，不透明为50%，如图8–185和图8–186所示。

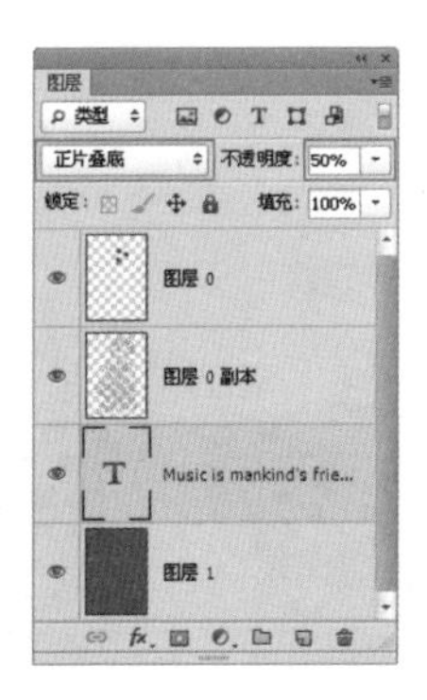

图 8–185　设置正片叠底

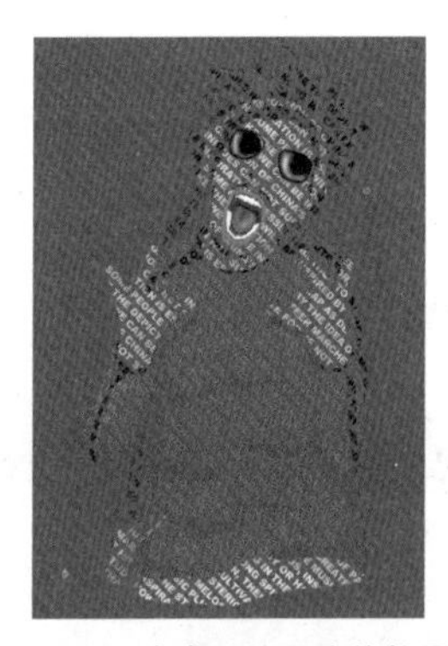

图 8–186　文字正片叠底的效果

STEP08 **输入文字。**首先隐藏文字图层，然后选择"图层0"图层，再选择工具箱中的横排文字工具T，并在属性栏中设置字体为Arial，18点，设置色值为R216、G222、B48，输入文字，如图8-187所示。调整字体大小后，按快捷键Ctrl+T调整文字方向，并显示隐藏的文字图层，得到图8-188所示的最终效果。

图 8-187　输入文字

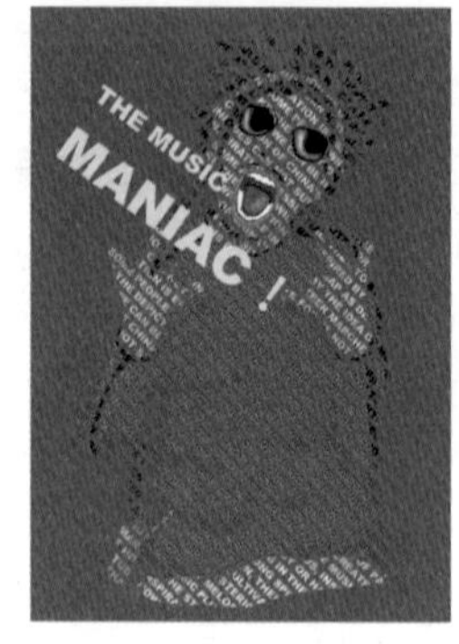

图 8-188　最终效果

实战2：封面文字设计★

素材：光盘\第 8 章\素材\素材 19.JPG
视频：光盘\第 8 章\视频\封面文字设计 .flv

本实例制作的画册封面如图8-189所示。

图 8-189　封面文字设计

制作思路

设计出封面书名的标题字体，然后输入其他文字，注意调整字体的大小、字间距和颜色。最后放置条形码实例制作过程如图8-190所示。

图 8-190　制作流程示意

CHAPTER

09

学习重点

- 掌握图层混合模式
- 熟练掌握剪贴蒙版的操作
- 了解应用图像和计算命令的区别
- 理解合成图像的要点
- 学会合成图像的招数

图像合成

图像合成是平面设计师处理图片常见的技能。图像合成并非简单地拼凑和堆砌，而是运用图层混合模式、图层蒙版等技术，鬼斧神工地使素材浑然天成，看不出丝毫拼合痕迹，这样合成的图像才具有真实的存在感。

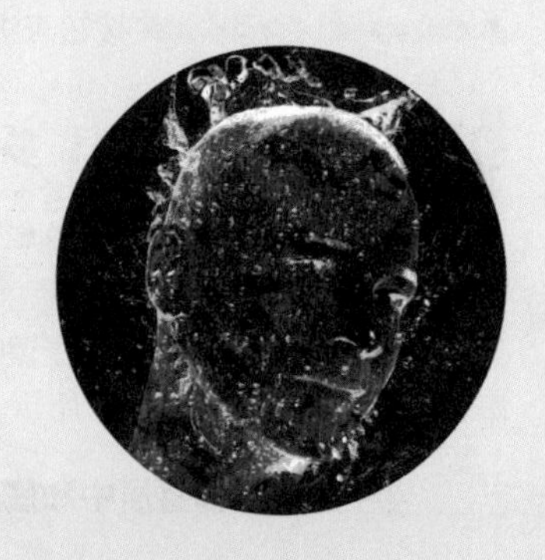

第一部分　需要的工具和命令

9.1 “图层”面板

创建图层、编辑图层、管理图层，以及添加图层样式和创建调整图层等都是在“图层”面板中操作。打开一个PSD文件，执行“窗口”|“图层”命令或按F7键均可打开“图层”面板，如图9–1所示。

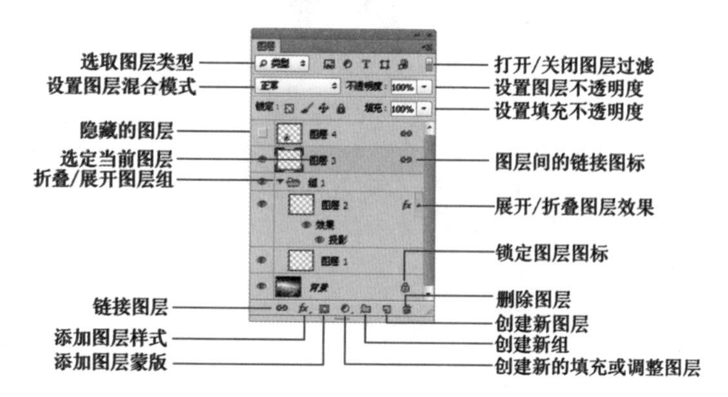

图9–1　“图层”面板

1 不透明度调整

用来设置当前图层的不透明度，使其呈现出透明的效果，同时，能够使下面图层中的图像内容显示出来。

2 图层的链接

链接后的多个图层可以一起移动或进行变换操作。按住Ctrl键分别单击选择需要链接的图层后，单击“图层”面板下方的“链接图层”按钮即可链接图层，链接后的图层会显示该按钮图标。

3 图像的对齐与分布

图像的对齐与分布可以将多个图层中的图像内容进行对齐与分布操作。对齐与分布有六种方式：顶边、垂直居中、底边、左边、水平居中和右边。选择移动工具后，也可单击工具属性栏中的按钮来进行对齐与分布图层。

实例体验1：多个图像的对齐与分布

素材：光盘\第9章\素材\球.PSD、彩球.PSD
视频：光盘\第9章\视频\多个图层的对齐与分布.flv

STEP01 **选择图层。**按快捷键Ctrl+O打开素材文件，按住Ctrl键分别单击“排球”“篮球”“足球”图层，将它们选中，如图9–2所示。

STEP02 **顶边、垂直居中和底边对齐。**执行“图层”|“对齐”|“顶边”命令，三个球以最顶边对

齐，如图9–3所示；按快捷键Ctrl+Z返回一步，然后执行“图层”|“对齐”|“垂直居中”命令，三个球垂直居中对齐，如图9–4所示；按快捷键Ctrl+Z返回一步，然后执行“图层”|“对齐”|“底边”命令，三个球以最底边对齐，如图9–5所示。

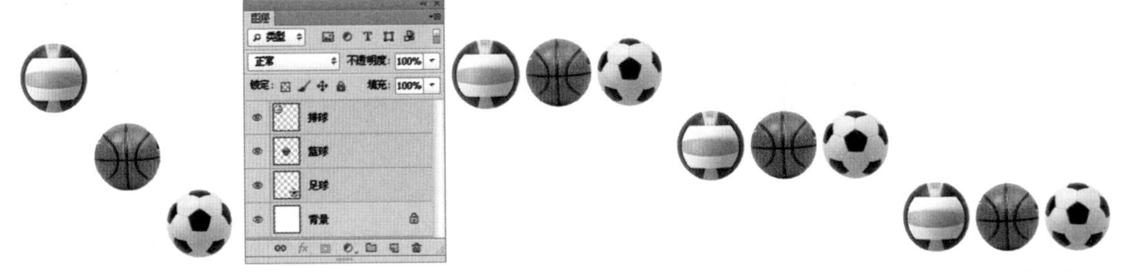

图9–2 选择图层　图9–3 顶边对齐　图9–4 垂直居中对齐　图9–5 底边对齐

STEP03 **左边、水平居中和右边对齐。**按快捷键Ctrl+Z返回一步，执行“图层”|“对齐”|“左边”命令，三个球以最左边对齐，如图9–6所示；按快捷键Ctrl+Z返回一步，然后执行“图层”|“对齐”|“水平居中”命令，三个球水平居中对齐，如图9–7所示；按快捷键Ctrl+Z返回一步，然后执行“图层”|“对齐”|“右边”命令，三个球以最右边对齐，如图9–8所示。

图9–6 左边对齐　图9–7 水平居中对齐　图9–8 右边对齐

STEP04 **链接图层后对齐。**按快捷键Ctrl+Z返回一步，单击“图层”面板下方的“链接图层”按钮，将三个图层链接，如图9–9所示。单击选中其中一个“篮球”图层，如图9–10所示。执行“图层”|“对齐”|“底边”命令，三个球则以篮球为基准底边对齐，如图9–11所示。

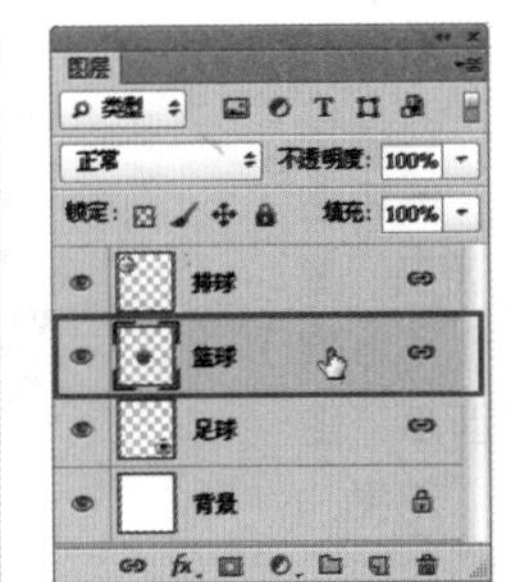

图9–9 链接图层　图9–10 选择“篮球”图层　图9–11 以篮球图层为基准底边对齐

STEP05 **选择图层。**按快捷键Ctrl+O，打开“彩球.PSD”素材，按住Shift键分别单击图层6和图层1，选中图层1至图层6的全部图层，如图9–12所示。

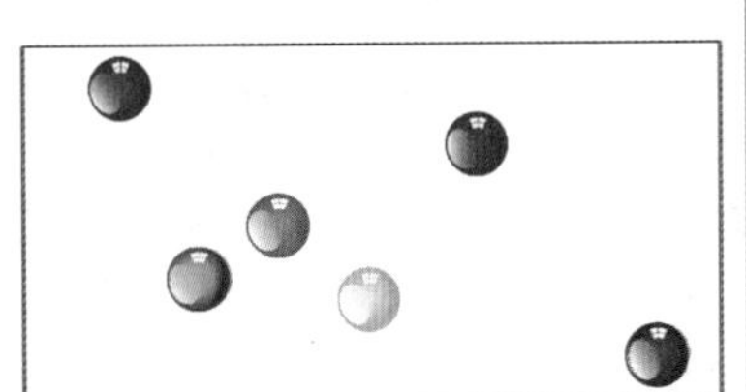

图9–12 选择图层

STEP 06 分布命令。执行“图层”|“分布”|“顶边”命令，以每个圆球的顶端开始间隔均匀地分布，如图9–13所示。按快捷键Ctrl+Z返回一步，执行“水平居中”分布命令，以每个球的水平中心开始间隔均匀地分布，如图9–14所示。

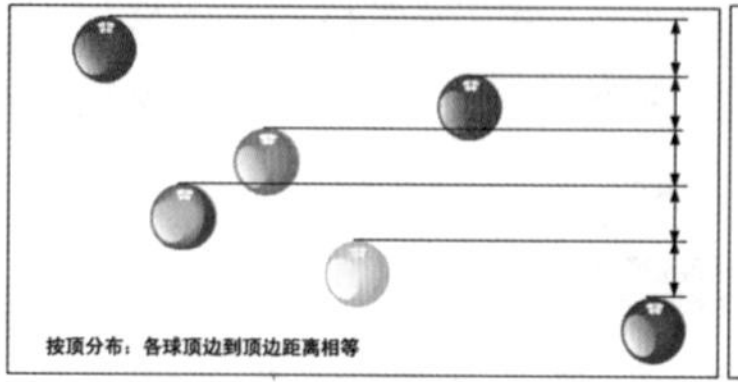

图9–13 顶边分布

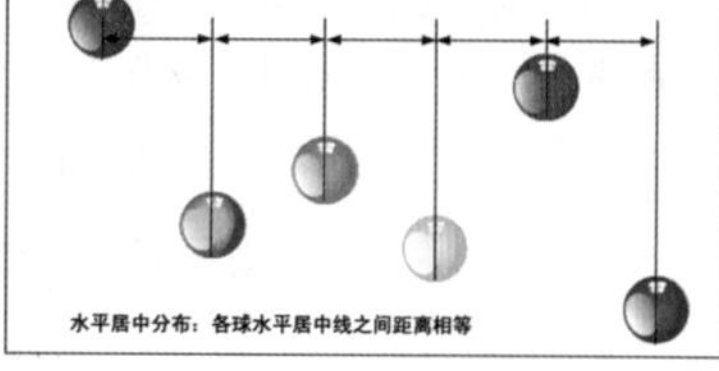

图9–14 水平居中分布

提示

在页面内创建选区后，选择一个图层，可通过执行“图层”|“将图层与选区对齐”子菜单中的命令，基于选区对齐所选图层。

4 图层合并

在“图层”面板选中的两个或多个图层，可通过执行“图层”|“合并图层”命令或按快捷键Ctrl+E将它们合并为一个图层，合并后的图层名称使用上层名称命名（包含背景图层的合并，都采用“背景”命名）。

5 盖印图层

盖印图层是一种特殊的合并图层方法，该命令能够将多个图层中的图像内容合并到一个新的图层中，同时保持原图层完整无损。

实例体验2：盖印图层

素材：光盘\第9章\素材\水果.PSD　　视频：光盘\第9章\视频\盖印图层.flv

STEP 01 向下盖印。按快捷键Ctrl+O打开素材文件，然后在“图层”面板中选择“西瓜”图层，如图9–15所示。按快捷键Ctrl+Alt+E，可以将“西瓜”图层的图像盖印到下面的“苹果”图层中，原图层内容不会改变，如图9–16所示。

图9–15 选择“西瓜”图层

图9–16 向下盖印图层

STEP 02 盖印多个图层。按快捷键Ctrl+Z返回一步，然后按住Ctrl键同时单击“苹果”图层，将它们选中，如图9–17所示。按组合键Ctrl+Alt+E，可以将选中的多个图层中的图像盖印到新生成的图层中，原图层内容也不会改变，如图9–18所示。

图9–17 选择两个图层

图9–18 盖印多个图层

STEP 03 盖印可见图层。按快捷键Ctrl+Z返回一步，按组合键Ctrl+Alt+Shift+E，可以将所有可见图层的图像盖印到新生成的图层1中，原图层内容不会改变，如图9–19所示。

图 9-19　盖印可见图层

STEP04 **盖印图层组**。按快捷键Ctrl+Z返回一步，选择所有水果图层，按快捷键Ctrl+G创建图层组，水果图层被放进“组1”中，然后按组合键Ctrl+Alt+E盖印图层组，组中的内容被盖印到新生成的图层中，如图9-20所示。

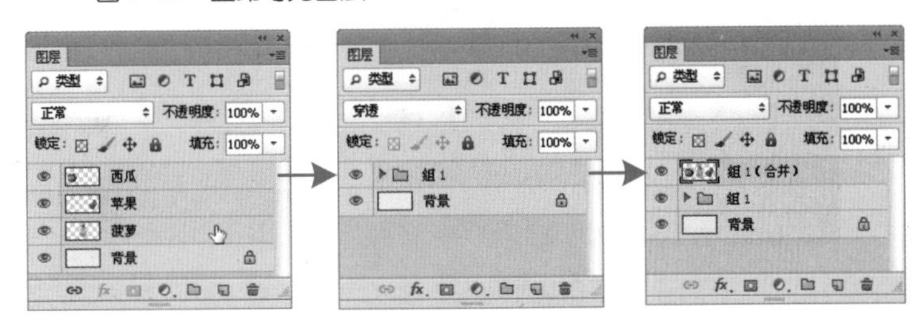

图 9-20　盖印图层组

9.2 图层混合选项

混合选项在“图层样式”对话框中，“混合选项”最下方的“混合颜色带”可以隐藏当前图层的图像，也可以让下面图层中的图像穿透当前图层显示出来，或者同时显示当前图层和下方图层的部分图像，这是蒙版无法实现的。图层混合选项可以用来抠图，如火焰、闪电、透明玻璃杯等，还可以用来合成图像。

任意打开一幅图像后，在“图层”面板中双击“背景”图层，将其转换为普通图层（因为图层样式只能应用于普通图层）后，再次双击图层，可打开“混合选项”对话框，如图9-21所示。或者单击“图层”面板下方的“添加图层样式”按钮fx.，在列表中选择“混合选项”命令。

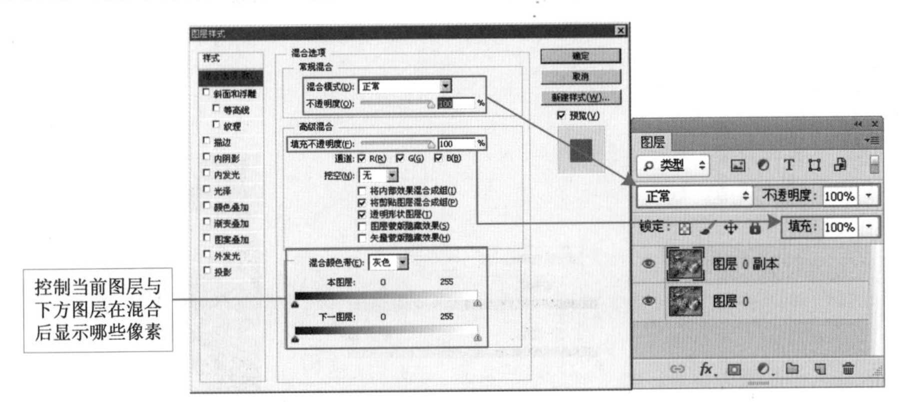

图 9-21　混合选项

实例体验3：混合选项的用法

素材：光盘\第9章\素材\心心相印.PSD　　视频：光盘\第9章\视频\混合选项的用法.flv

STEP01 **打开文件**。按快捷键Ctrl+O打开素材文件，如图9–22所示。双击“图层1”，打开“图层样式”对话框，对话框的最底部有一个“混合颜色带”选项，它包含“本图层”和“下一图层”两组滑块，如图9–23所示。

图9–22　素材文件

混合颜色带(E): 灰色
本图层: 0 255
下一图层: 0 255

图9–23　混合颜色带

STEP02 **拖动本图层滑块**。本图层就是当前操作图层，拖动本图层滑块，可以隐藏当前图层的像素，显示出下面图层的像素。将左侧滑块向右侧拖动，当前图层中所有比该滑块所在位置暗的像素全部被隐藏，如图9–24所示。按住Alt键单击“复位”按钮，将右侧滑块向左侧拖动，当前图层中所有比该滑块所在位置亮的像素全部被隐藏，如图9–25所示。

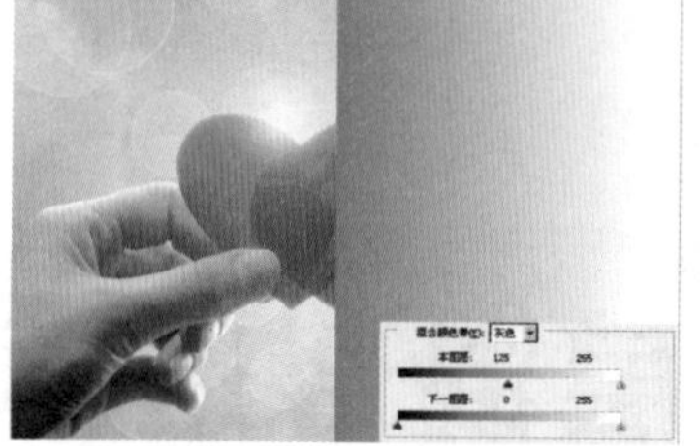

图9–24　拖动当前图层左侧滑块

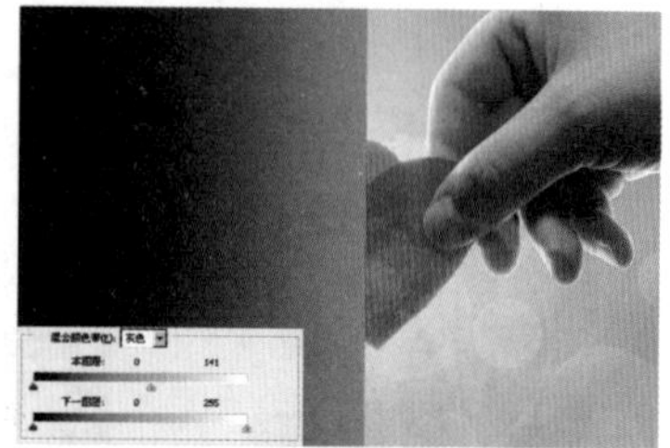

图9–25　拖动当前图层右侧滑块

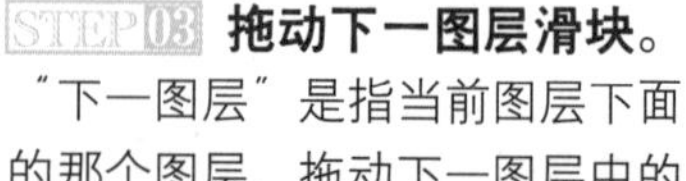

STEP03 **拖动下一图层滑块**。“下一图层”是指当前图层下面的那个图层，拖动下一图层中的滑块，可以使下面图层中的像素穿透当前图层显示出来。将左侧滑块向右侧拖动，可以显示下面图层中较暗的像素，如图9–26所示。将右侧滑块向左拖动，可以显示下面图层中较亮的像素，如图9–27所示。

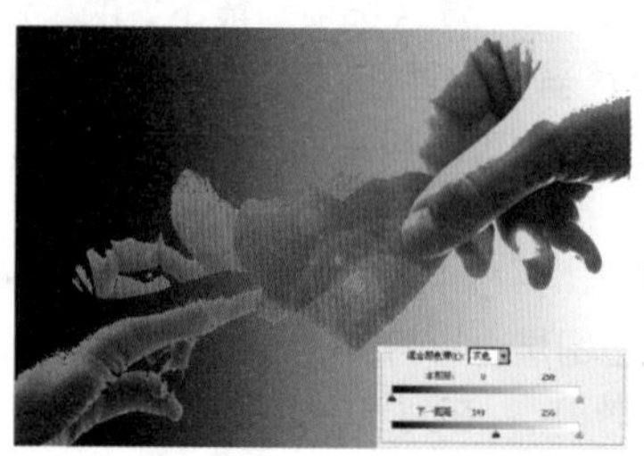

图9–26　拖动下一图层左侧滑块

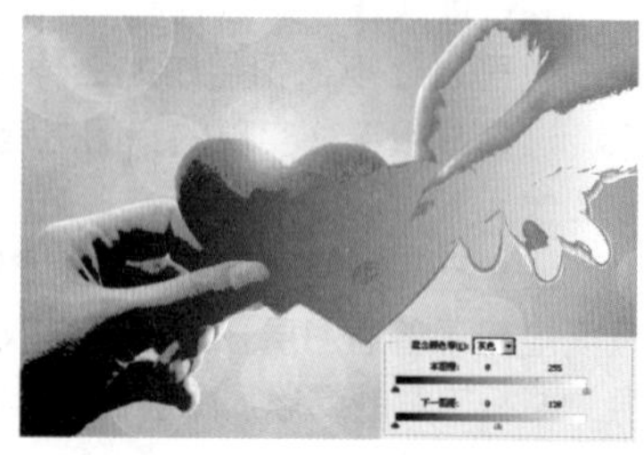

图9–27　拖动下一图层右侧滑块

STEP04 **混合颜色通道**。“混合颜色带”中的“灰色”表示使用全部颜色通道控制混合效果。在下拉列表中选择“红”通道，表示用红色通道来控制混合。按住Alt键，拖动“下一图层”中右侧的白色滑块，可以将它分开，然后向左拖动左边的滑块，可创建一个半透明区域，使图像较好地融合，如图9–28和图9–29所示。

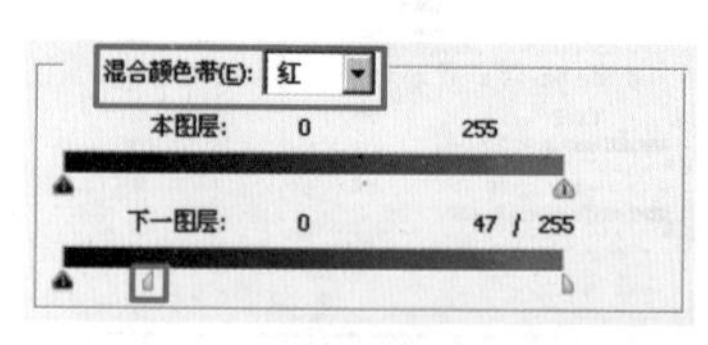

图9–28　向左拖动左半边滑块

图9–29　融合效果

常用参数介绍

常规混合与高级混合：常规混合与“图层”面板中的“混合模式”和“不透明度”对应；高级混合中的“填充不透明度”与“图层”面板中的“填充”对应。

通道：通道选项与“通道”面板中的各个通道相对应。RGB图像包含三个颜色通道，如果是CMYK图像模式，则对应4个颜色通道。如果取消一个通道的勾选，那么看到的只有剩下的两个通道混合产生的效果，如图9-30所示。

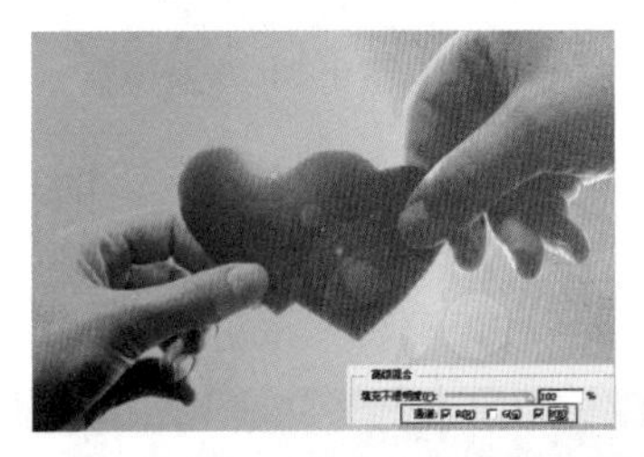

图 9–30　取消 G 勾选

挖空：挖空是指下面的图像穿透上面的图层显示出来，要挖空的图层必须放在被穿透的图层之上，然后将需要显示出来的图层设置为“背景”图层，如图9-31所示。双击图层2后，填充不透明度为30%，挖空选择“浅”，效果如图9-31和图9-32所示。

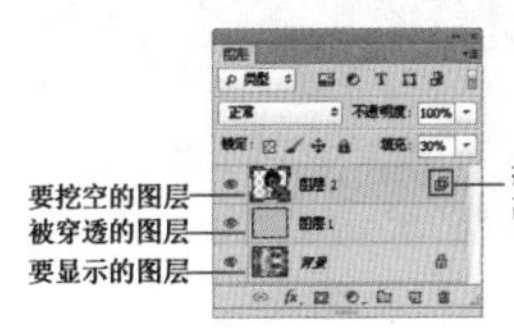

图 9–31　挖空图像“图层”面板

图 9–32　挖空图像效果

9.3 剪贴蒙版

剪贴蒙版是通过一个形状或像素图形来控制它上面图层的显示区域。与图层蒙版和矢量蒙版不同的是，它可以通过一个图层来控制多个图层的显示区域，而图层蒙版和矢量蒙版只能控制一个图层。

1 剪贴蒙版的建立与取消

通过执行“图层”｜“创建剪贴蒙版”命令或按组合键Ctrl+Alt+G，可建立剪贴蒙版；执行“图层”｜“释放剪贴蒙版”命令，可取消全部剪贴蒙版。选择一个创建的剪贴蒙版图层，按组合键Ctrl+Alt+G可单独取消一个剪贴蒙版。

2 剪贴蒙版效果

实例体验4：剪贴蒙版效果

素材：光盘\第 9 章\素材\宝贝 .JPG、宝贝 2.JPG　　视频：光盘\第 9 章\视频\剪贴蒙版效果 .flv

STEP01 **打开文件新建图层。**按快捷键Ctrl+O打开素材文件，如图9–33所示。单击“图层”面板下方的“创建新图层”按钮，新建一个“图层1”空白图层，如图9–34所示。

图 9–33　原图

图 9–34　新建图层

STEP02 **绘制像素图形。**选择工具箱中的自定义形状工具，在属性栏中选择“像素”，并在“形状”下拉列表中选择“花1”图形，如图9–35所示。按住Shift键拖动鼠标，绘制一个花像素图形，如图9–36所示。

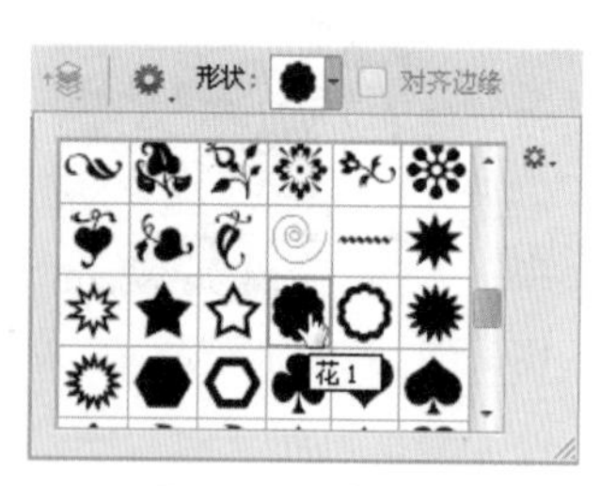

图 9–35　选择图形

图 9–36　绘制花图形

STEP03 **移动新图像。**按快捷键Ctrl+O打开“宝贝2.JPG”素材，如图9–37所示。选择移动工具，按住鼠标左键将新打开的素材图像拖动到文件中，如图9–38所示。

图 9–37　原图

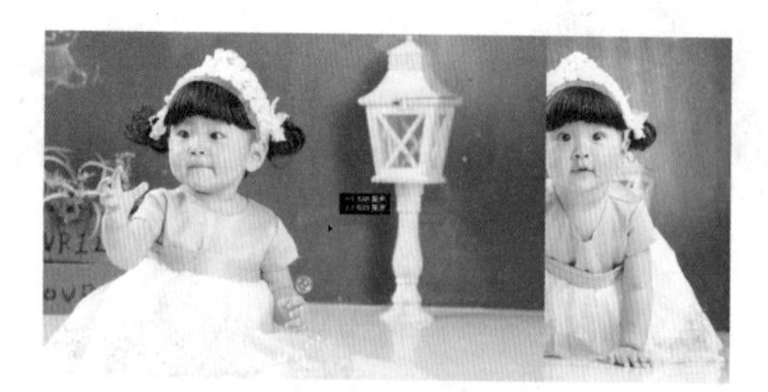

图 9–38　拖动图像

STEP04 **创建剪贴蒙版。**按组合键Ctrl+Alt+G创建剪贴蒙版，如图9–39所示。按快捷键Ctrl+T进行自由变换，在编辑框中单击鼠标右键，在弹出的快捷菜单中选择“水平翻转”命令，如图9–40所示。

图 9–39　选择“西瓜”图层

图 9–40　水平翻转图像

STEP 05 **调整图像位置**。按住Shift键，等比例缩小图像，调整其合适位置后按Enter键结束编辑，得到图9-41和图9-42所示的最终效果。

图 9-41　剪贴蒙版的最终效果

图 9-42　最终“图层”面板

9.4 应用图像

“应用图像”命令可以将一个文件或该文件的某个通道、某个图层混合到另一个文件中产生新的效果，也可以将一个文件中的某个通道、某个图层与自身图像混合产生新的效果。“应用图像”效果类似于“图层”面板中的混合模式，不同的是“应用图像”命令包含“图层”面板中没有的两个混合模式：相加和减去。打开一幅图像后，执行“图像”|“应用图像”命令，打开“应用图像”对话框，如图9-43所示。

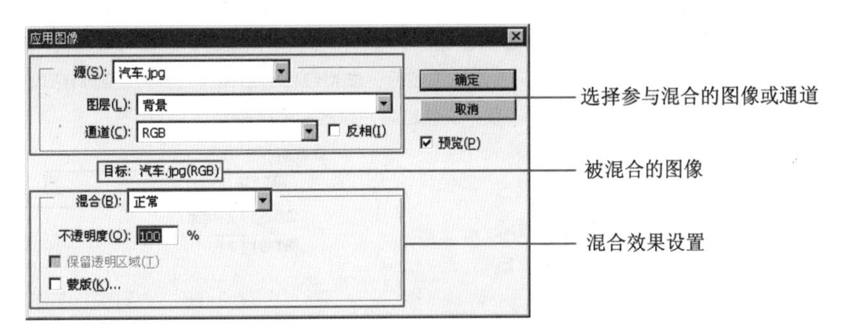

图 9-43　“应用图像”对话框

实例体验5：“应用图像”命令的用法

素材：光盘\第 9 章\素材\甜美女孩 .JPG、西瓜 .JPG
视频：光盘\第 9 章\视频\“应用图像”命令的用法 .flv

STEP 01 **同一图像混合**。按快捷键Ctrl+O打开素材文件，然后在“通道”面板中选择“蓝”通道，再单击RGB通道前的图标全部显示，如图9-44所示。执行“图像”|“应用图像”命令，在“应用图像”对话框中设置混合为“滤色”，不透明度为100%，如图9-45所示。单击“确定”按钮后，得到图9-46所示的效果。

图 9-44　选择“蓝”通道

图 9-45　设置应用图像参数

图 9-46　混合后的效果

STEP 02 **不同图像的混合**。按快捷键Ctrl+O再打开一幅“西瓜.JPG”素材，如图9-47所示。执行“图像”｜“应用图像”命令，在“应用图像”对话框“源”下拉列表中选择“甜美女孩”，如图9-48所示。单击“确定”按钮后，得到图9-49所示的效果。

图 9-47　原图

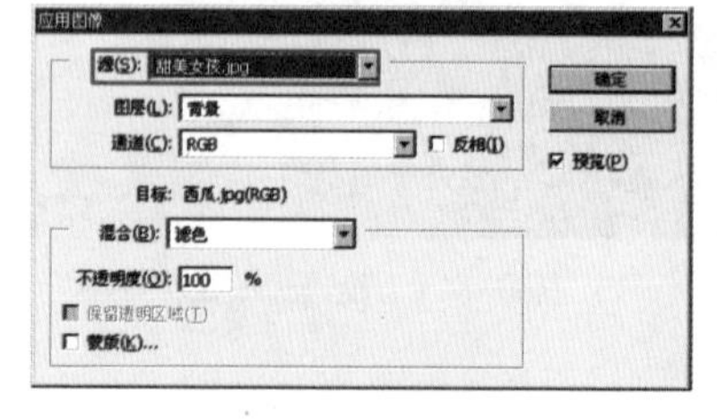

图 9-48　设置应用图像参数

图 9-49　混合后的效果

注意

在混合不同的图像文件时，要求相互混合的两幅图像文件的宽度和高度（像素值）必须相等，否则无法进行混合。借助“图像大小”命令可以修改文件的宽高像素值。

常用参数介绍

源：默认为当前图像，可以选择其他图像来与当前图像混合，所选的图像必须是打开的且与当前图像有相同的宽高像素。

图层：如果源文件是分层的图像，可以选择源图像中的一个图层来混合。

通道：用来选择源文件中进行混合的通道，勾选“反相”，可将选择的通道反相后再进行混合。

目标：就是执行“应用图像”命令时的当前图像，它作为混合色参加混合。一旦打开“应用图像”对话框，目标就不能更改。当源图片选定并单击“确定”按钮后，作为目标的当前图像就被更改为结果色。

不透明度：用来控制通道或图层的混合强度，该值越高，混合的强度越大。

蒙版：可以控制混合范围，勾选“蒙版”能够显示出隐藏的选项，在隐藏的选项中可以选择哪个图像的哪个图层、哪个通道作为蒙版使用，如图9-50所示。勾选“反相”，可以反转通道的蒙版区域和非蒙版区域。

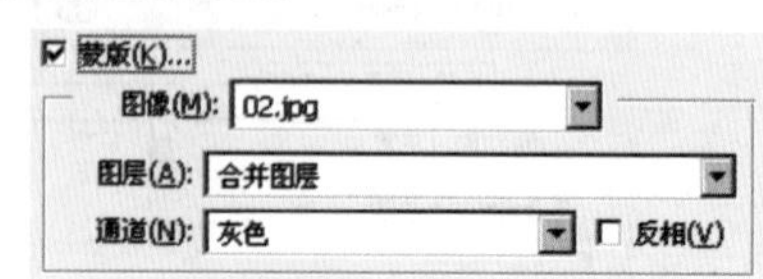

图 9-50　“蒙版”选项

9.5 计算

“计算”命令可以混合两个来自同一个或多个源图像的单个通道，混合后可以创建新的文档、通道和

选区，常用于抠图。“计算”命令与“应用图像”命令的应用原理有着异曲同工之处。“应用图像”命令有一个“源”，“计算”命令有两个“源”。“应用图像”命令的结果可以是彩色的，“计算”命令得到的图像只能是灰度的。打开一幅图像后，执行“图像”|“计算”命令，打开“计算”对话框，如图9–51所示。

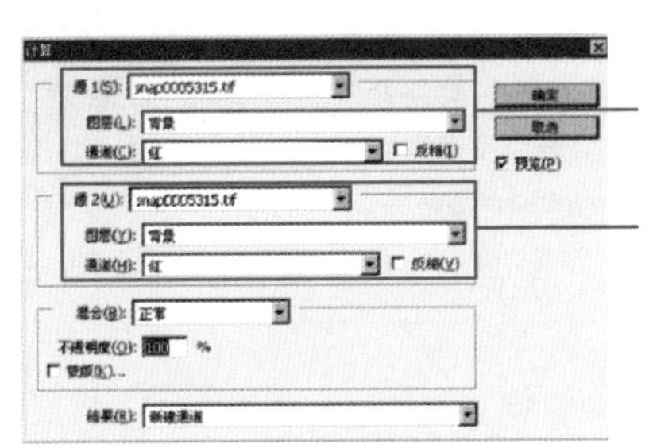

图9–51 “计算”对话框

实例体验6：“计算”命令的用法

素材：光盘\第9章\素材\书.JPG、栈桥.JPG 视频：光盘\第9章\视频\“计算”命令的用法.flv

STEP01 **打开文件。**按快捷键Ctrl+O打开两幅素材文件，如图9–52和图9–53所示。

图9–52 原图“书”

图9–53 原图“栈桥”

STEP02 **运用“计算”命令。**执行“图像”|“计算”命令，在“计算”对话框中“源1”下拉列表框中选择“书”，源1通道选择“蓝”通道；源2选择“栈桥”，源2通道选择“蓝”通道；混合选择“强光”，不透明度为100%，结果处为默认的“新建通道”，如图9–54所示。单击“确定”按钮后，生成新的Alpha1通道，效果如图9–55和图9–56所示。

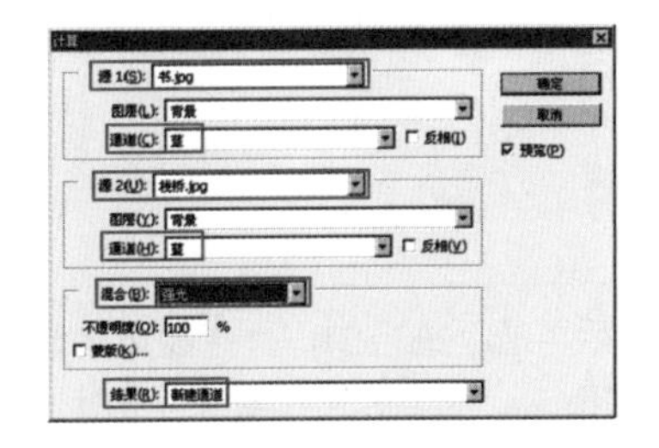

图9–54 参数设置

图9–55 计算效果

图9–56 “通道”面板

“计算”在通道中运算形成新的Alpha专用通道，通道就是选区，Alpha通道是用来储存选区的通道。实际上，“计算”是生成选区的一个工具而已。

常用参数介绍

源1：用来选择第一个源图像的图层和通道。

源2：用来选择与源1混合的第二个图像的图层和通道。

结果：用来选择“计算”命令结束后的生成方式。选择“新建文档”，可以得到一个新的黑白图像；选择“新建通道”，可以将计算结果应用到新生成的Alpha通道中，参与混合的通道不会受到任何影响；选择“选区”，可以得到一个新的选区，如图9-57所示。

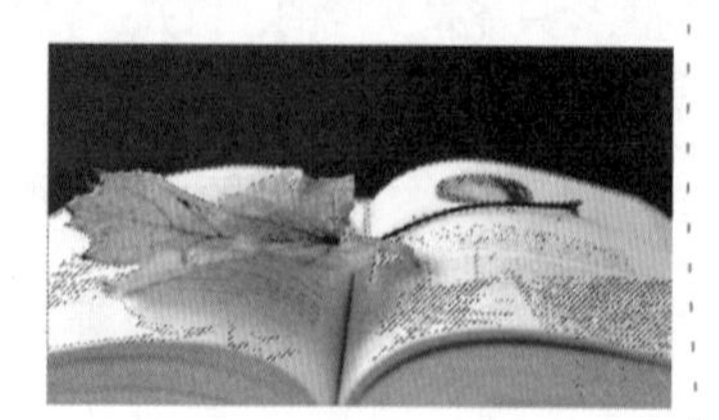

图 9–57　生成新的选区

提示

“计算”命令对话框中的“图层”“通道”“混合”“不透明度”“蒙版”等选项的用法与“应用图像”命令相同，但这两个命令在使用中还是有很大区别的。

“应用图像”直接作用于本图层，是不可逆的，而“计算”是在通道中形成新的待选区域，是待选或备用的。

“应用图像”参与混合的通道包括RGB通道、单色通道和Alpha通道，而“计算”参与混合的通道只有单色通道和Alpha。因此，“应用图像”的结果可以是彩色的图像，而“计算”的结果只能是灰色图像或者选区。

“应用图像”命令首先要选择被混合的目标通道，之后再打开“应用图像”对话框指定参与混合的通道。而“计算”命令不会受到这种限制，在“计算”对话框中可以任意指定目标通道。如果要对一个通道进行多次混合，“应用图像”命令更加方便，应用该命令不会生成新通道。

第二部分　设计师的图像合成工作

9.6 设计师合成图像的要点

1 整体构思与设计

数码合成创作时不要急于动手，首先要确定一个主题和风格，然后再着手进行制作。主题风格是现代、古典，还是简约、繁复都会一目了然地呈现出作品所要表达的某种情感。构图形式在创作合成时是很重要的表现手法，合成图像的各元素之间应是相互呼应、相互影响，渲染出画面的整体氛围。合成图像的整体色调是统一画面的关键因素。

2 别忘了各个素材图的分辨率要足够

图像合成时所选择的素材应是高质量的照片图像，各个素材的分辨率要足够，尤其是合成图像的主体素材一定要清晰，主体图像作为一幅图像的视觉中心，足够清晰才能很好地表现出细节。

3 动手创造素材比寻找素材好

在图像合成时，对于一个有经验的创作高手，会根据自己的创意构思，对所需要的素材元素进行仔细分析并进行针对性的拍摄或者绘制，获取包括场景、人物、物件等素材图像，如图9-58和图9-59所示。一些有规律的素材图像也可以通过Photoshop中的滤镜功能绘制，如砖墙、木板等背景图案，绘制起来也比较容易。

素材库能提供一些常用素材，为设计提供很大方便。但是素材库中的素材往往受制于拍摄角度、既定场景和情节，无法与创意合拍。如果设计师总是寄希望予从素材库获得满意的素材，那花在寻找素材上的时间可能远远比动手创造素材还多。

图 9-58　拍摄所需素材

图 9-59　合成效果

4 最最最关键的是细节

细节，微小而细致，细微之处见精神。合成图像的细节一定要逼真，只有细节逼真，作品才能虚实相生，有无相成，令人可信、可思、可品，这也是细节的魅力所在。合成图像之所以让人看起来真实，就是应为细节的逼真，场景、光线、透视等合理的设置，使其具有真实的存在感，把人们带入一个逼真的世界，引起共鸣，图9-60所示为创意合成效果。

图 9-60　创意合成效果

9.7 设计师创意合成的招数

1 重复变异

在平面设计中一个完整、独立的形象被称为单形，单形若同时出现两次以上，这就构成了重复的形式，重复能够加深印象、形成节奏感和统一感。在重复的有规律的图像中，如果对某个局部进行变异，打破原有的一般规律结构，就会增强视觉的兴奋点和趣味性。

实例体验7：重复变异

素材：光盘\第 9 章\素材\向日葵 .JPG、小狗 .JPG　　视频：光盘\第 9 章\视频\重复变异 .flv

STEP 01 **打开文件**。按快捷键Ctrl+O，打开两幅素材文件，如图9–61和图9–62所示。

图 9–61　向日葵

图 9–62　小狗

STEP 02 **绘制正圆选区**。选择“向日葵”图像，然后单击“图层”面板下方的“创建新图层”按钮，新建一个“图层1”空白图层，如图9–63所示。选择工具箱中的椭圆选框工具，并在属性栏中设置羽化值为“5像素”，然后按住Shift键拖动出一个正圆选区，并将选区移至向日葵的中间区域，如图9–64所示。

图 9–63　新建图层

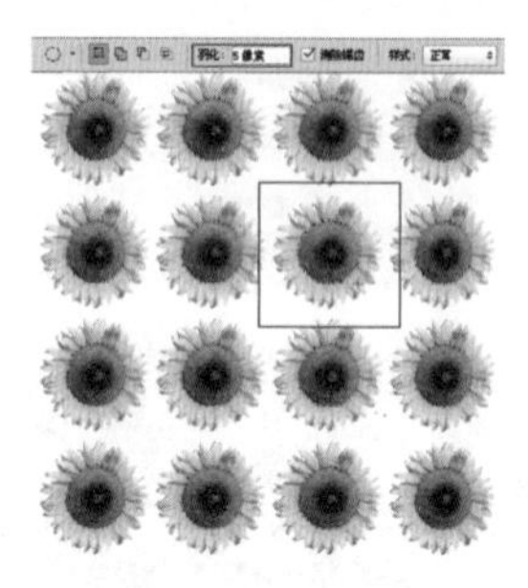

图 9–64　绘制并移动选区

STEP 03 **填充选区**。按快捷键Alt+Delete键将选区填充为白色，再按快捷键Ctrl+D取消选区，如图9–65所示。选择“小狗”图像，并使用移动工具将其移动到“向日葵”文件中，如图9–66所示。

图 9–65　填充选区

图 9–66　移动图像

STEP04 创建剪贴蒙版。 按快捷键Ctrl+Alt+G创建剪贴蒙版，然后按快捷键Ctrl+T自由变换，调整其合适位置后按Enter键结束编辑，得到图9–67和图9–68所示的最终效果。

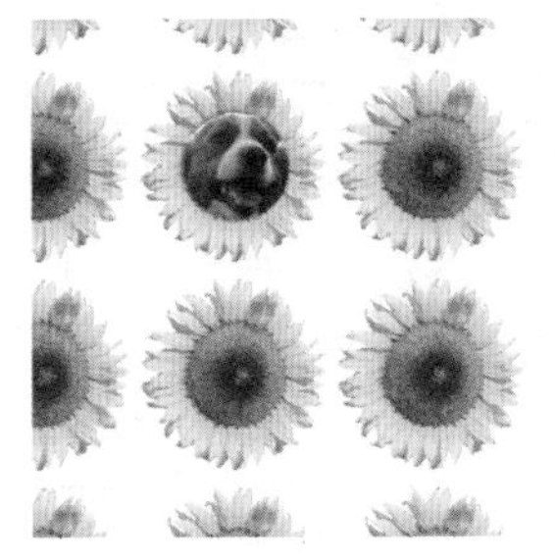

图 9–67　最终效果

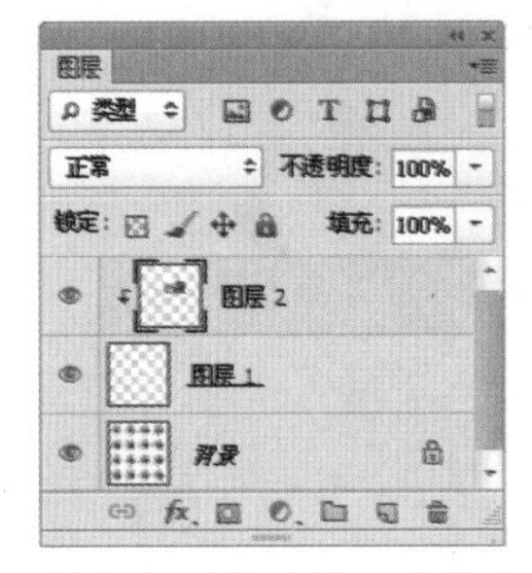

图 9–68　剪切蒙版图层效果

2 嵌套、搭接

将常规的图像嵌套入一个新的形状或另一物件中，形成新的图像；将两个不同的图像，甚至是看来毫无关系的图像搭接在一起，能产生新颖的视觉效果。这些都是设计师进行图像创意的方式。

在Photoshop中可以利用剪贴蒙版、图层蒙版、图层混合选项等进行完美的嵌套、搭接操作。

实例体验8：利用剪贴蒙版嵌套图像

素材：光盘\第 9 章\素材\海滩 .JPG、墨滴 .JPG、冲浪 .JPG
视频：光盘\第 9 章\视频\利用剪贴蒙版嵌套图像 .flv

STEP01 打开文件。 按快捷键Ctrl+O，打开三幅素材文件，如图9–69～图9–71所示。

图 9–69　海滩

图 9–70　墨滴

图 9–71　冲浪

STEP02 移动调整图像。 选择“海滩”图像，使用移动工具将“墨滴”图像移动到“海滩”文件中，并按快捷键Ctrl+T进行自由变换，调整其到合适位置，图9–72所示。按Enter键结束编辑，然后再将“冲浪”图像移至“海滩”文件中，如图9–73所示。

图 9–72　移动调整图像

图 9–73　移动“冲浪”图像

STEP03 创建剪贴蒙版。 按组合键Ctrl+Alt+G创建剪贴蒙版，然后按快捷键Ctrl+T自由变换，调整位置，如图9–74所示。调整完成后按Enter键结束编辑。双击“图层1”，在弹出的“图层样式”对话框中设置“斜面和浮雕”“等高线”样式的参数，参数面板如图9–75所示。

图 9–74　创建剪贴蒙版

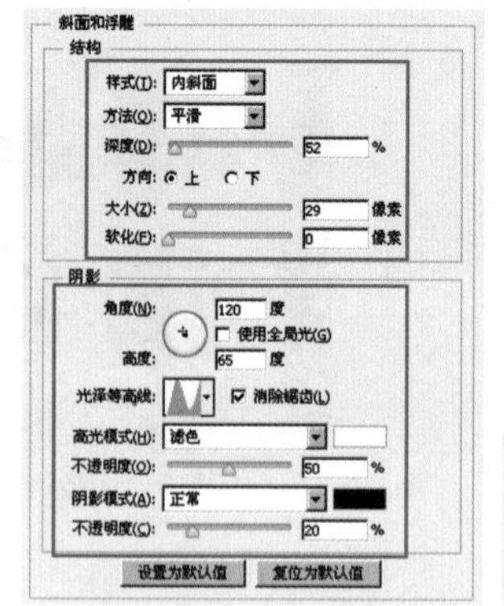

图 9–75　斜面和浮雕参数设置

STEP04 **最终效果。**设置完成后单击"确定"按钮，图像最终效果及"图层"面板分别如图9–76和图9–77所示。

图 9–76　最终效果

图 9–77　"图层"面板

实例体验9：用图层蒙版搭接★

素材：光盘\第 9 章\素材\狐狸 .PSD、鸟 .JPG　　视频：光盘\第 9 章\视频\用图层蒙版搭接 .flv

实例素材制作效果分别如图9–78、图9–79所示。

图 9–78　素材

图 9–79　飞狐效果

实例体验10：用图层蒙版渐隐合成★

素材：光盘\第 9 章\素材\夜间晴 .JPG、夜间 .JPG
视频：光盘\第 9 章\视频\用图层蒙版渐隐合成 .flv

本实例素材及制作效果分别如图9-80、图9-81所示。

图 9-80　素材　　图 9-81　夜间晴天效果

实例体验11：用图层混合选项合成★

素材：光盘\第 9 章\素材\狮子 .JPG、枫叶 .JPG
视频：光盘\第 9 章\视频\用图层混合选项合成 .flv

实例素材及制作效果分别如图9-82、图9-83所示。

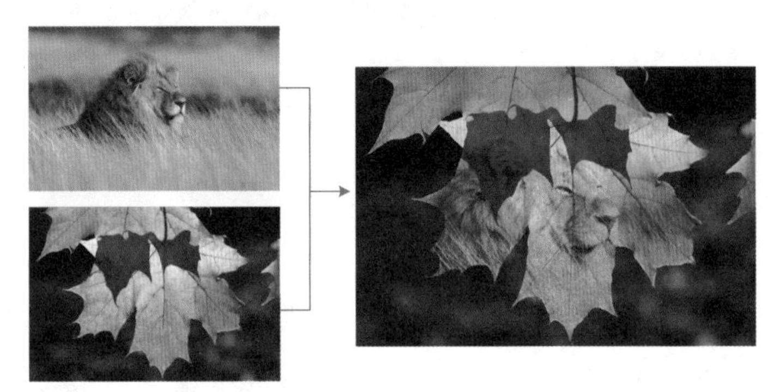

图 9-82　素材　　图 9-83　枫叶雄狮效果

3 纹理叠加

将某种纹理或者图案叠加到当前图像中，改变人们对事物质感的认识，从而形成强有力的视觉效果。设计师通常利用图层模式、“应用图像”命令、“计算”命令来实现纹理的叠加。

实例体验12：用图层模式叠加纹理

素材：光盘\第 9 章\素材\裂痕图 .JPG、人像 .JPG
视频：光盘\第 9 章\视频\用图层模式叠加纹理 .flv

STEP01 **打开文件**。按快捷键Ctrl+O，打开两幅素材文件，如图9-84和图9-85所示。

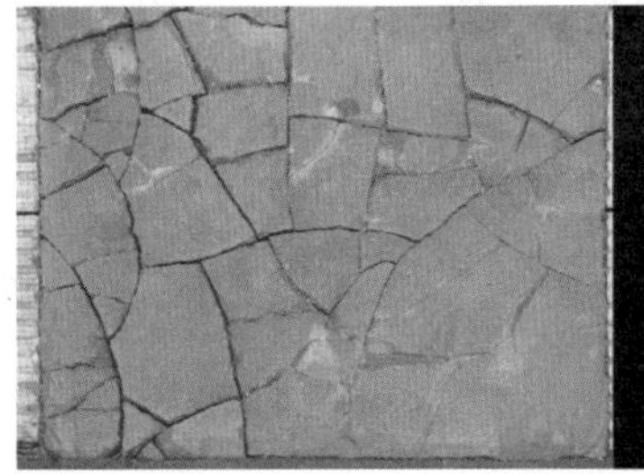

图 9-84　裂痕图

图 9-85　人像

STEP02 **移动调整图像**。选择"人像"图像，使用移动工具 将"人像"图像移动到"裂痕图"文件中，如图9–86所示。按快捷键Ctrl+T自由变换，调整其位置，如图9–87所示，调整完成后按Enter键结束编辑。

图 9–86　移动图像

图 9–87　调整图像

STEP03 **正片叠底**。在"图层"面板中将"图层1"的图层混合模式设置为"正片叠底"，得到图9–88和图9–89所示的最终效果。

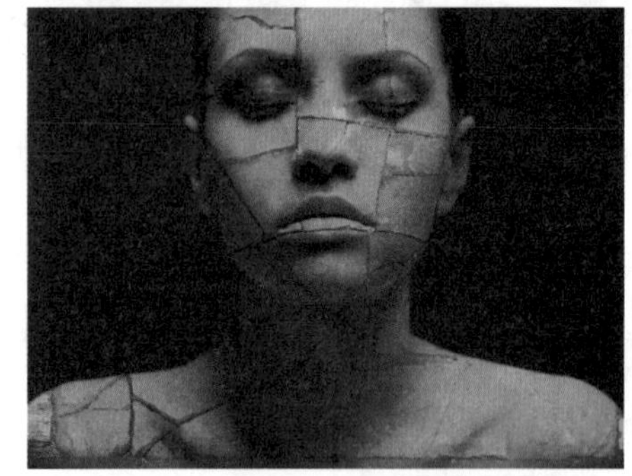

图 9–88　最终效果

图 9–89　"图层"面板

实例体验13：利用"应用图像""计算"命令合成★

素材：光盘\第 9 章\素材\骏马 .JPG、墙壁裂纹 .JPG、闪电 .JPG
视频：光盘\第 9 章\视频\利用"应用图像""计算"命令合成 .flv

实例素材和制作效果分别如图9–90、图9–91所示。

图 9–90　素材

图 9–91　驰骋的骏马

4 精彩 CG 创意合成欣赏

一幅精彩的创意合成图像，给人的感觉是逼真实在，精彩纷呈，最大限度地占领我们的眼球，而且色调舒服自然，给人以全身心的视觉享受。以下是一些国外艺术设计师的精彩合成作品欣赏，如图9–92、图9–93所示。

1）美国fensterer特效合成设计作品欣赏

图 9–92　CG 创意作品（1）

2）美国Volture新锐设计作品欣赏

图 9–93　CG 创意作品（2）

9.8 设计师实战

实战1：合成超酷的蓝色水珠人像★

素材：光盘 \ 第 9 章 \ 素材 \ 素材 01.JPG 至素材 06.JPG、水珠笔刷 1 和水珠笔刷 2
视频：光盘 \ 第 9 章 \ 视频 \ 合成超酷的蓝色水珠人像 .flv

本实例效果如图9-94所示。

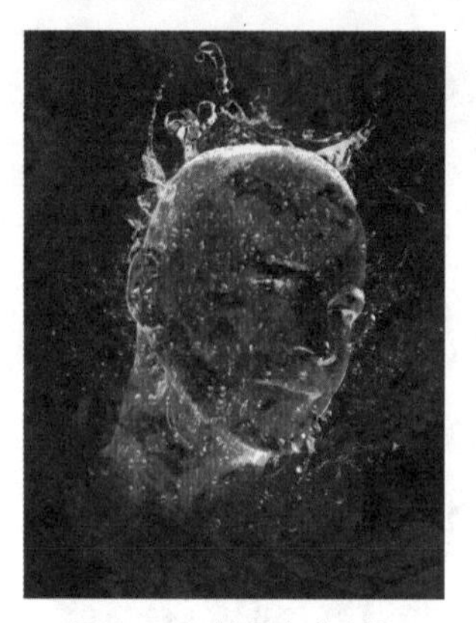

图 9-94　蓝色水珠人像

制作思路

运用铬黄渐变等滤镜制作出背景，然后将人物头像与背景相融合，使用水珠素材和画笔笔刷添加水珠效果，调整可选颜色和曲线命令，完成最终效果。

实例制作过程如图9-95所示。

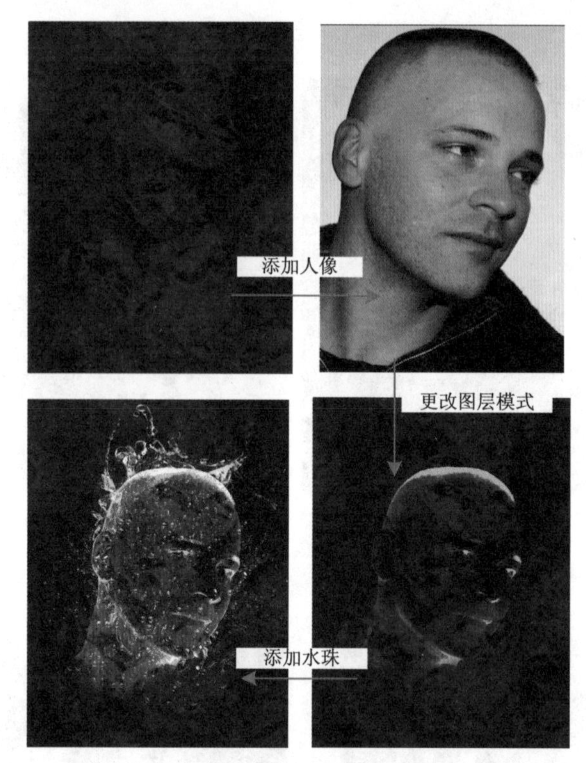

图 9-95　制作流程示意

实战2：唱歌的梨子★

素材：光盘\第 9 章\素材\梨 .JPG、墨镜 .JPG 等
视频：光盘\第 9 章\视频\唱歌的梨子 .flv

实例效果如图9-96所示。

图 9-96　唱歌的梨子

制作思路

抠取人像嘴的区域，与梨子合成，然后通过制作眼睛、添加墨镜、添加乐符和手等元素，完成唱歌的梨子效果。

实例制作过程如图9-97所示。

图 9-97　制作流程示意

CHAPTER

10

学习重点

- 滤镜的基础操作
- 熟悉常用的内置滤镜
- 外挂滤镜的安装和使用
- 学会常用特效的制作

添加特效

使用滤镜添加特效，在平面设计作品中运用得非常广泛。滤镜是Photoshop最具魅力的功能之一，它就像一个魔术师，可以使普通的图像瞬间呈现出令人惊叹的视觉效果。本章的学习重点就是各种滤镜的特点和使用方法。

第一部分　需要的工具和命令

本部分主要介绍滤镜的基础操作、常用内置滤镜和外挂滤镜及其使用效果。常用的内置滤镜包括：扭曲滤镜组、纹理滤镜组、艺术效果滤镜组、风格化滤镜组、光照滤镜组、锐化滤镜组、模糊滤镜组等。

10.1 滤镜常用的三个基础操作

滤镜常用的三个基础操作分别为：按快捷键Ctrl+F，重复应用上一次滤镜；按组合键Shift+Ctrl+F，渐隐上次滤镜效果；按组合键Ctrl+Alt+F，打开上次滤镜对话框，重设参数并应用。

实例体验1：滤镜基础操作

素材：光盘\第 10 章\素材\素材 1.JPG　　视频：光盘\第 10 章\视频\滤镜基础操作 .flv

STEP01 打开素材。打开素材图像，如图10–1所示。执行“滤镜”｜“扭曲”｜“旋转扭曲”命令，打开“旋转扭曲”对话框，如图10–2所示。

STEP02 旋转扭曲。在打开的“旋转扭曲”对话框中拖动“角度”下方的滑块或在文本框中输入数值，如图10–3所示。单击“确定”按钮，图像效果如图10–4所示。

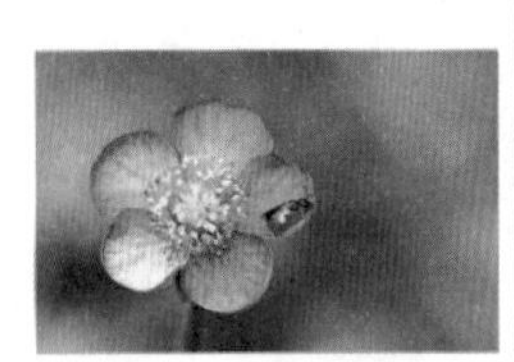

图 10–1　打开素材

图 10–2　“旋转扭曲”对话框

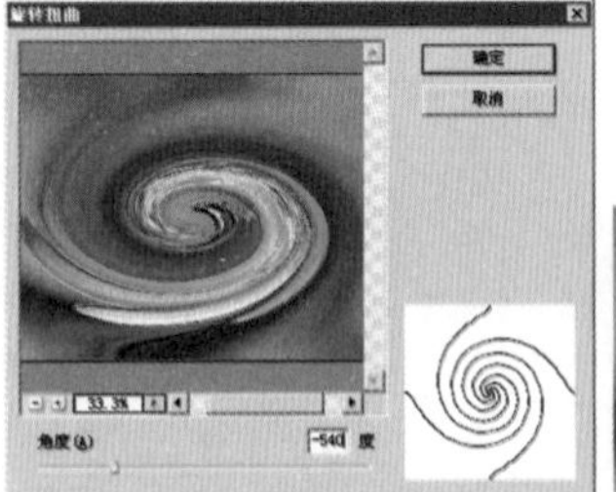

图 10–3　参数设置

图 10–4　扭曲效果

STEP03 重复应用滤镜。按快捷键Ctrl+F，按照上一次应用该滤镜的参数设置再次对图像应用该滤镜，效果如图10–5所示。按组合键Shift+Ctrl+F，打开“渐隐”对话框，设置参数，图像效果如图10–6所示。

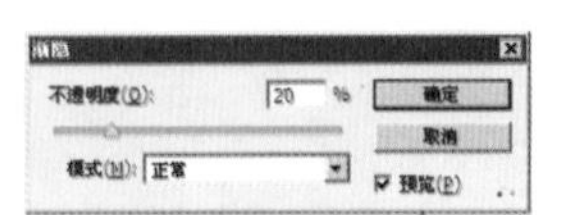

图 10–5　再次应用该滤镜的效果

图 10–6　渐隐效果

STEP04 重新设置该滤镜参数。按组合键Ctrl+Alt+F，可打开“旋转扭曲”对话框，重新设置该滤镜的参数如图10–7所示。单击“确定”按钮，效果如图10–8所示。

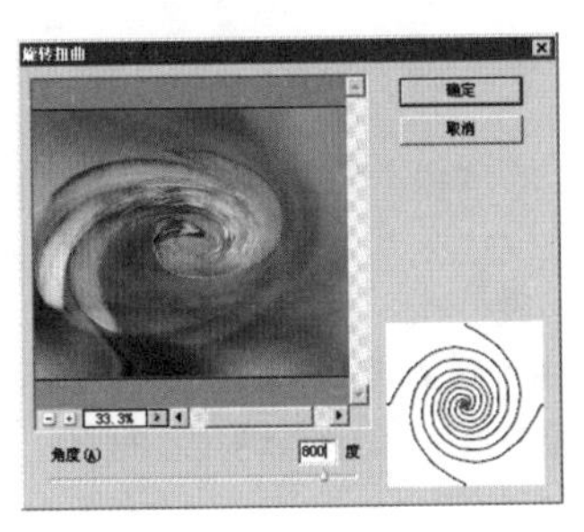
图 10–7 重新设置参数

图 10–8 图像效果

10.2 常用内置滤镜

常用的内置滤镜有扭曲滤镜组、纹理滤镜组、渲染滤镜组、杂色滤镜组、风格化滤镜组、像素化滤镜组、锐化滤镜组、模糊滤镜组和其他滤镜组等。除此之外，内置滤镜还包含画笔描边滤镜组、素描滤镜组、艺术效果滤镜组和视频滤镜组等。Photoshop内置滤镜庞大，操作简单，不一一赘述，以下主要介绍常用滤镜组的设置、操作及其效果。

注意

在Photoshop CC中滤镜的分布有所改变，“滤镜库”中出现的滤镜一般不会重复出现在滤镜菜单的各个滤镜组中。通过执行“编辑”|“首选项”|“增效工具”命令，打开“首选项”对话框，勾选“显示滤镜库的所有组和名称”复选框，如图10-9所示，“滤镜库”中的滤镜会同时出现在“滤镜”菜单的各个滤镜组中。

图 10–9 显示滤镜库的所有组和名称

1 扭曲滤镜组

扭曲滤镜组中有12种滤镜，如图10–10所示。它们可以对图像进行不同程度的扭曲变形。

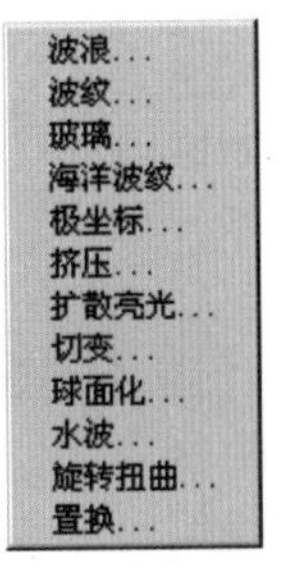

图 10–10 扭曲滤镜组

实例体验2：扭曲效果

素材：光盘\第 10 章\素材\素材 2.JPG、色块 .PSD　　视频：光盘\第 10 章\视频\扭曲效果 .flv

STEP01 **波浪效果**。打开素材图像，如图10–11所示。执行"滤镜"|"扭曲"|"波浪"命令，打开"波浪"对话框，设置参数如图10–12所示。其中"生成器数"用于设置波浪的强度，"波长"用于设置相邻两个波峰之间的水平距离，"波幅"用于设置波浪的宽度和高度。单击"确定"按钮，图像效果如图10–13所示。

图 10–11　打开素材

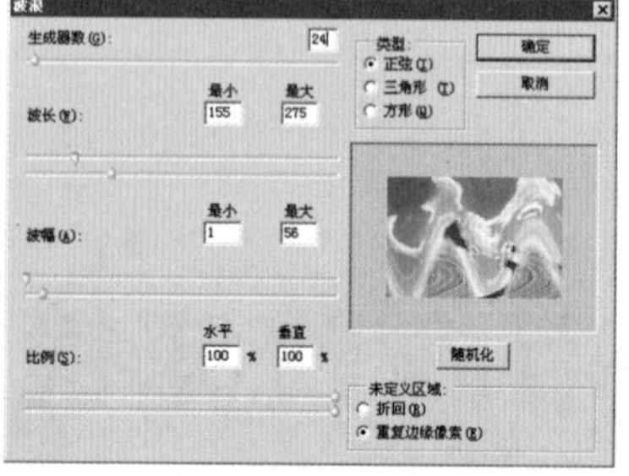

图 10–12　参数设置

图 10–13　图像效果

STEP02 **波纹效果**。按快捷键Ctrl+Z返回上一步操作，执行"滤镜"|"扭曲"|"波纹"命令，打开"波纹"对话框，设置参数如图10–14所示。其中"数量"用于设置产生波纹的数量，"大小"用于选择所产生的波纹的大小。单击"确定"按钮，图像效果如图10–15所示。

STEP03 **玻璃效果**。按快捷键Ctrl+Z返回上一步操作，执行"滤镜"|"扭曲"|"玻璃"命令，打开"玻璃"对话框，如图10–16所示。其中"扭曲度"用于设置扭曲效果的强度，该值越高，效果越强烈；"平滑度"用来设置玻璃扭曲效果的平滑程度，该值越低，扭曲的纹理越明显，"纹理"下拉列表中可以选择"块状""画布""小镜头"等纹理。应用该滤镜后图像效果如图10–17所示。

图 10–14　参数设置

图 10–15　图像效果

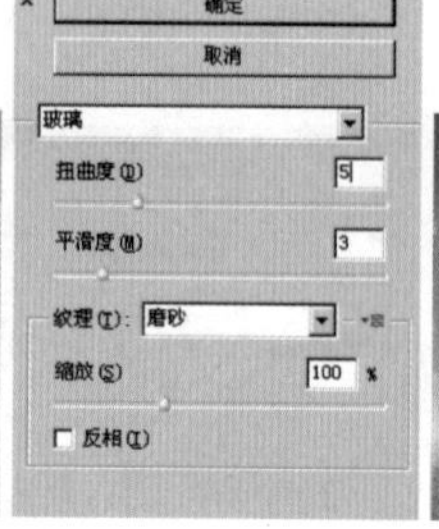

图 10–16　参数设置

图 10–17　图像效果

STEP04 **极坐标效果**。按快捷键Ctrl+Z返回上一步操作，执行"滤镜"|"扭曲"|"极坐标"命令，打开"极坐标"对话框，设置参数如图10–18所示。勾选"平面坐标到极坐标"可以使矩形图像变为圆形图像；选择"平面到极坐标"可将矩形图像变为圆形图像。应用效果如图10–19所示。

图 10–18　参数设置

图 10–19　图像效果

STEP 05 **水波效果**。按快捷键Ctrl+Z返回上一步操作，执行“滤镜”|“扭曲”|“水波”命令，打开“水波”对话框，设置参数如图10–20所示，其中“数量”用于设置波纹的大小，“起伏”可用于设置波纹的数量，“样式”用于设置波纹形成的方式。确定后图像效果如图10–21所示。

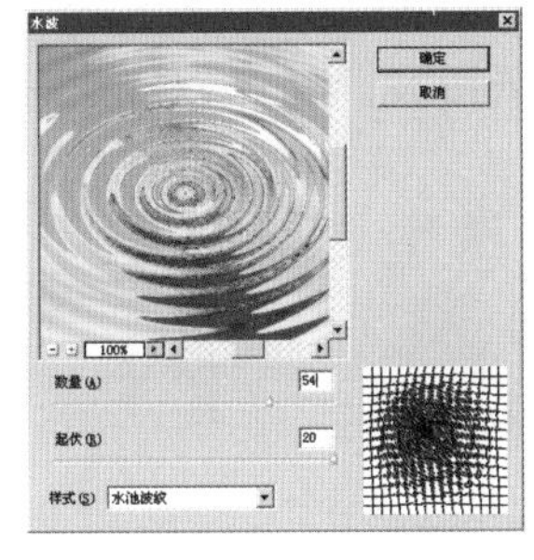

图 10–20 参数设置

图 10–21 图像效果

STEP 06 **置换效果**。按快捷键Ctrl+Z返回上一步操作，执行“滤镜”|“扭曲”|“置换”命令，打开“置换”对话框，设置参数如图10–22所示，其中“水平比例”用于设置置换图在水平方向上的变形比例，“垂直比例”用于设置置换图在垂直方向上的变形比例。单击“确定”按钮，打开“选取一个置换图”对话框，选择“色块.PSD”文件，如图10–23所示，单击“打开”按钮后图像效果如图10–24所示。

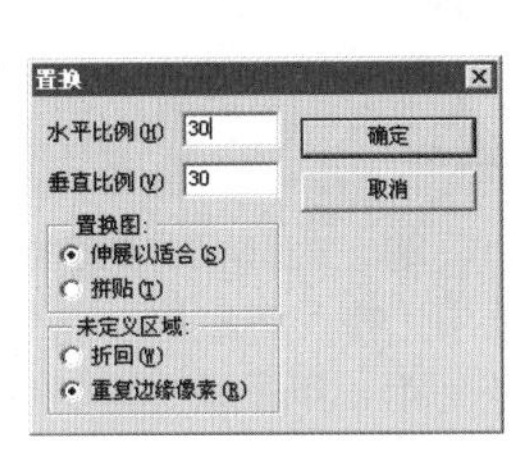

图 10–22 参数设置

图 10–23 选择置换图

图 10–24 图像效果

注意

置换滤镜必须选择一张PSD格式的图作为置换图。利用置换图的明暗信息对当前图像像素进行位移。置换图明亮区域将让当前图像像素向上、向左位移；置换图暗调区域将让当前图像像素向下、向右位移。

其他扭曲效果

在扭曲滤镜组中还有“挤压”“切变”“球面化”“旋转扭曲”“海洋波纹”“扩散亮光”滤镜，它们产生的效果如图10–25所示。

挤压效果

切变效果

球面化效果

旋转扭曲效果

海洋波纹效果

扩散亮光效果

图 10–25 其他扭曲效果

2 纹理滤镜组

纹理滤镜组包括6种滤镜，如图10−26所示。它们可以将图像变为具有深度质感的纹理效果。

龟裂缝...
颗粒...
马赛克拼贴...
拼缀图...
染色玻璃...
纹理化...

图10−26 纹理滤镜组

实例体验3：纹理效果

素材：光盘\第10章\素材\素材3.TIF　　视频：光盘\第10章\视频\纹理效果.flv

STEP 01 打开素材。打开素材图像，如图10−27所示。执行“滤镜”|“滤镜库”命令，打开“滤镜库”对话框，如图10−28所示。

图10−27 打开素材

图10−28 “滤镜库”对话框

STEP 02 龟裂缝效果。单击“纹理”滤镜组左侧的三角按钮，在打开的效果中选择“龟裂缝”滤镜，在对话框的右侧会出现相应的数值设置，设置参数如图10−29所示，其中“裂缝间距”用于设置图像中生成的裂缝的间距，“裂缝深度”和“裂缝亮度”用于设置裂缝的深度和亮度，单击“确定”按钮，图像效果如图10−30所示。

图10−29 参数设置

图10−30 图像效果

STEP 03 颗粒效果。按快捷键Ctrl+Z返回上一步操作，用步骤2相同的方法打开纹理滤镜组，选择“颗粒”滤镜，设置参数如图10−31所示，其中“强度”和“对比度”用于设置图像中加入颗粒的强度和对比度，单击“颗粒类型”右侧的下拉按钮，可选择颗粒的类型，确定后图像效果如图10−32所示。

图10−31 参数设置

图10−32 颗粒效果

其他纹理效果

在纹理滤镜组中还有“马赛克拼贴”“拼缀图”“染色玻璃”“纹理化”滤镜，图10–33所示为它们产生的图像效果。

图 10–33　其他纹理效果

3 艺术效果滤镜组

艺术效果滤镜组中有15种滤镜，如图10–34所示。它们可以将图像变为自然或传统介质的效果，使图像更接近绘画或艺术效果。

壁画...
彩色铅笔...
粗糙蜡笔...
底纹效果...
调色刀...
干画笔...
海报边缘...
海绵...
绘画涂抹...
胶片颗粒...
木刻...
霓虹灯光...
水彩...
塑料包装...
涂抹棒...

图 10–34　艺术效果滤镜组

实例体验4：艺术效果

素材：光盘\第 10 章\素材\素材 4.JPG　　视频：光盘\第 10 章\视频\艺术效果 .flv

STEP01 **壁画效果**。打开素材图像，如图10–35所示。执行，“滤镜”｜“滤镜库”命令打开“滤镜库”对话框。单击“艺术效果”滤镜组左侧的三角按钮，在打开的效果中选择“壁画”滤镜，设置参数如图10–36所示。其中“画笔大小”用于设置画笔的大小，“画笔细节”用于设置图像细节的保留程度，“纹理”用于设置添加纹理的数量，单击“确定”按钮，图像效果如图10–37所示。

图 10–35　打开素材　　图 10–36　参数设置　　图 10–37　壁画效果

STEP02 **彩色铅笔效果**。按快捷键Ctrl+Z返回上一步操作，用步骤1相同的方法打开艺术效果滤镜组，选择“彩色铅笔”滤镜，设置参数如图10–38所示。其中“铅笔宽度”用于设置线条的宽度；“描边压力”用于设置铅笔的压力，该值越高，线条越粗；“纸张亮度”用于设置画纸的明亮度。单击“确定”按钮后，图像效果如图10–39所示。

图 10–38　参数设置

图 10–39　彩色铅笔效果

提示

部分艺术滤镜的效果受前景色、背景色的影响。例如，“彩色铅笔”滤镜将采用背景色描图，“霓虹灯光”滤镜效果将同时受到前景色和背景色的影响。因此在使用这几个滤镜的时候，我们需要提前设置好需要的前景色和背景色。

STEP03 **粗糙蜡笔效果**。按快捷键Ctrl+Z返回上一步操作，用步骤1相同的方法打开艺术效果滤镜组，选择“粗糙蜡笔”滤镜，设置参数如图10–40所示。其中“描边长度”用于设置画笔线条的长度，“描边细节”用于设置线条刻画细节的程度。单击“纹理”右侧的三角按钮，可在弹出的下拉列表中选择纹理样式。“缩放”和“凸现”用于设置纹理的大小和凸现程度。单击“确定”按钮，图像效果如图10–41所示。

图 10–40　参数设置

图 10–41　粗糙蜡笔效果

STEP04 **底纹效果**。按快捷键Ctrl+Z返回上一步操作，用步骤1相同的方法打开艺术效果滤镜组，选择“底纹”滤镜，设置参数如图10–42所示。其中“画笔大小”用于设置产生底纹的画笔的大小，“纹理覆盖”用于设置纹理覆盖的范围。单击“确定”按钮后，图像效果如图10–43所示。

图 10–42　参数设置

图 10–43　底纹效果

STEP05 **调色刀效果**。按快捷键Ctrl+Z返回上一步操作，用步骤1相同的方法打开艺术效果滤镜组，选择“调色刀”滤镜，设置参数如图10–44所示。其中“描边大小”用于设置图像颜色混合的程度；“描边细节”用于设置描边的细节，该值越高，图像的边缘越明确；“软化度”用于设置图像的模糊程度。单击“确定”按钮后，图像效果如图10–45所示。

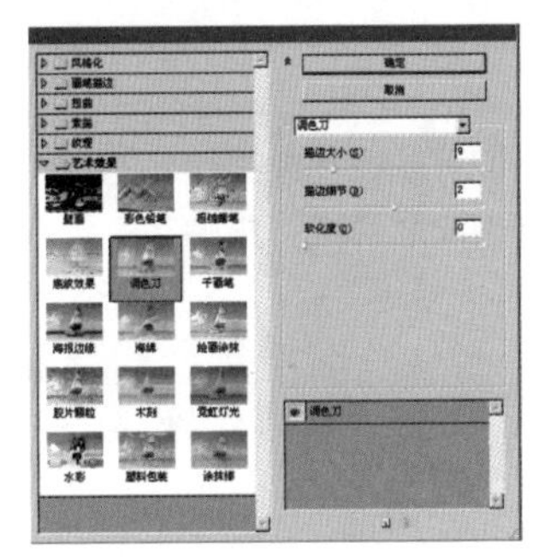

图 10-44　参数设置　　　图 10-45　调色刀效果

其他艺术滤镜效果

在艺术效果滤镜组中还有“干画笔”“海报边缘”“海绵”“绘画涂抹”“水彩”等滤镜，它们产生的效果如图10-46所示。

干画笔效果

海报边缘效果

海绵效果

绘画涂抹效果

胶片颗粒效果

木刻效果

霓虹灯效果

水彩效果

塑料包装效果

涂抹棒效果

图 10-46　其他艺术滤镜效果

4 杂色滤镜组

杂色滤镜组中有5种滤镜，如图10–47所示。它们可以添加或去除杂色，使图像具有与众不同的纹理，通常用于修复人像照片或扫描的印刷品。

减少杂色...
蒙尘与划痕...
去斑
添加杂色...
中间值...

图 10–47 杂色滤镜组

实例体验5：杂色效果

素材：光盘\第 10 章\素材\素材 5.TIF　　视频：光盘\第 10 章\视频\杂色效果 .flv

STEP 01 减少杂色效果。打开素材图像，如图10–48所示。执行“滤镜”｜“杂色”｜“减少杂色”命令，打开“减少杂色”对话框，设置参数如图10–49所示。其中“强度”用来设置应用于所有图像通道的杂色减少量，“保留细节”用来控制保留图像的边缘和细节程度，“减少杂色”可移去随机的颜色像素，“锐化细节”用来设置移除图像杂色时锐化图像的程度。单击“确定”按钮，图像效果如图10–50所示。

图 10–48 打开素材

图 10–49 参数设置

图 10–50 减少杂色效果

STEP 02 蒙尘与划痕效果。按快捷键Ctrl+Z返回上一步操作，执行“滤镜”｜“杂色”｜“蒙尘与划痕”命令，打开“蒙尘与划痕”对话框，设置参数如图10–51所示。其中“半径”用于设置柔化图像边缘的范围，“阈值”用于定义图像的差异有多大才被视为杂点。单击“确定”按钮，效果如图10–52所示。

STEP 03 添加杂色效果。按快捷键Ctrl+Z返回上一步操作，执行“滤镜”｜“杂色”｜“添加杂色”命令，打开“添加杂色”对话框，设置参数如图10–53所示。其中“数量”用于设置添加到图像中的杂色的数量，“分布”用于设置杂色分布的方式。勾选“单色”选项后，加入的杂色只影响原有像素的亮度，像素的颜色不会改变。单击“确定”按钮，图像效果如图10–54所示。

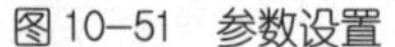

图 10–51 参数设置

图 10–52 蒙尘与划痕效果

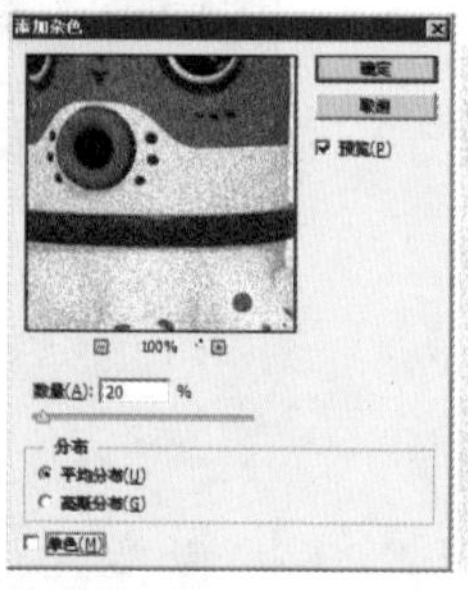

图 10–53 参数设置

图 10–54 添加杂色效果

STEP 04 中间值效果。按快捷键Ctrl+Z返回上一步操作，执行“滤镜”｜“杂色”｜“中间值”命令，打开“中间值”对话框，设置参数如图10–55所示。其中“半径”用于调整混合时采用的半径值，该值越高，像素的混合效果越明显。单击“确定”按钮，图像效果如图10–56所示。

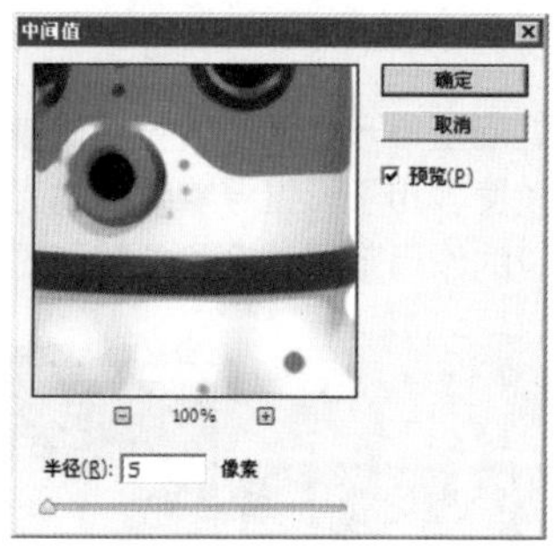

图 10–55　参数设置

图 10–56　中间值效果

5 风格化滤镜组

风格化滤镜组中有9种滤镜，如图10–57所示。它们可以查找并加强图像的对比度，使图像具有浪漫主义的印象派绘画风格。

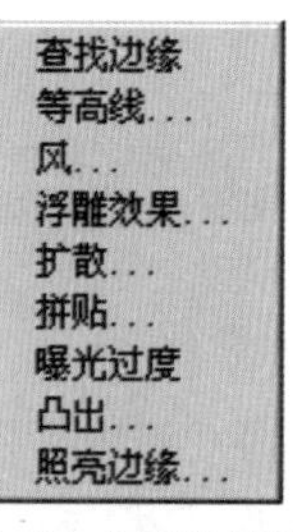

图 10–57　风格化滤镜组

实例体验6：风格化效果

素材：光盘\第 10 章\素材\素材 6.TIF　　视频：光盘\第 10 章\视频\风格化效果 .flv

STEP01 查找边缘效果。打开素材图像，如图10–58所示。执行“滤镜”|“风格化”|“查找边缘”命令，可自动查找图像像素对比度强烈的边界，将高反差区变亮，低反差区变暗，其他区域则介于两者之间，同时硬边会变成线条，柔边会变粗，从而形成清晰的轮廓，如图10–59所示。

图 10–58　打开素材

图 10–59　查找边缘效果

STEP02 等高线效果。按快捷键Ctrl+Z返回上一步操作，执行“滤镜”|“风格化”|“等高线”命令，打开“等高线”对话框。对话框中的“色阶”用于设置描绘边缘亮度的级别，“边缘”用于设置图像边缘的位置，设置参数如图10–60所示，单击“确定”按钮，图像效果如图10–61所示。

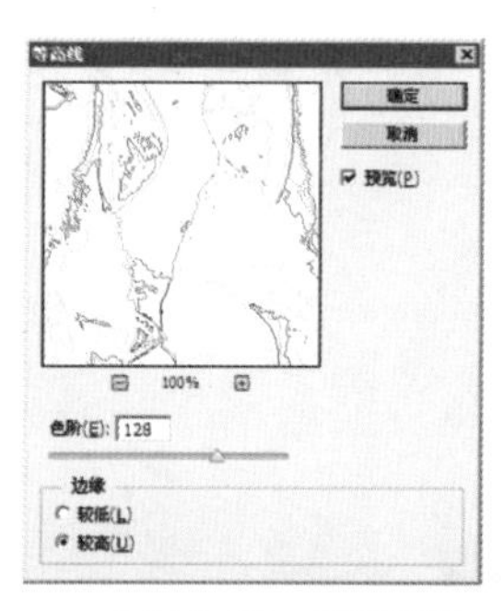

图 10–60　参数设置

图 10–61　等高线效果

STEP03 风效果。按快捷键Ctrl+Z返回上一步操作，执行“滤镜”|“风格化”|“风”命令，打开“风”对话框。对话框中的“方法”可选择三种风的类型，“方向”用于设置风源的方向，设置参数如

图10–62所示，确定后图像效果如图10–63所示。

STEP 04 **浮雕效果**。按快捷键Ctrl+Z返回上一步操作，执行"滤镜"｜"风格化"｜"浮雕效果"命令，打开"浮雕"对话框。对话框中的"角度"用于设置浮雕效果的光线方向，"高度"用于设置浮雕效果的凸起高度，"数量"用于设置浮雕滤镜的作用范围，设置参数和图像效果如图10–64和图10–65所示。

图 10–62　参数设置

图 10–63　风效果

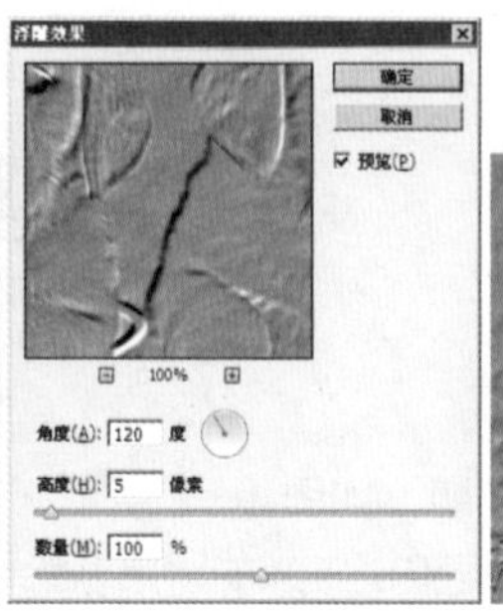

图 10–64　参数设置

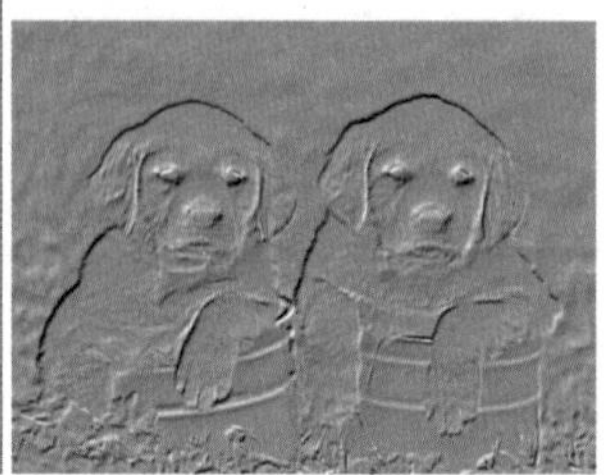
图 10–65　浮雕效果

其他风格化效果

在风格化滤镜组中还有"扩散""拼贴""曝光过度""凸出"和"照亮边缘"等滤镜，它们产生的效果如图10–66所示。

扩散效果

拼贴效果

曝光过渡效果

凸出效果

图 10–66　其他风格化效果

6 像素化滤镜组

像素化滤镜组中有7种滤镜，如图10–67所示。它们可以使图像像素通过单元格的形式分布，使图像变为网点状、点状化、马赛克等效果。

彩块化
彩色半调...
点状化...
晶格化...
马赛克...
碎片
铜版雕刻...

图 10–67　像素化滤镜组

实例体验7：像素化效果

素材：光盘\第 10 章\素材\素材 7.TIF　　视频：光盘\第 10 章\视频\像素化效果 .flv

STEP 01 **彩块化效果**。打开素材图像，如图10–68所示。执行"滤镜"｜"像素化"｜"彩块化"命令，得到图10–69所示的效果。

STEP 02 **彩色半调效果**。按快捷键Ctrl+Z返回上一步操作，执行“滤镜”｜“像素化”｜“彩色半调”命令，打开“彩色半调”对话框，设置参数如图10–70所示。其中“最大半径”用于设置生成的最大网点的半径，“网角（度）”用于设置图像各个原色通道的网点角度。单击“确定”按钮，图像效果如图10–71所示。

图 10–68　打开素材

图 10–69　彩块化效果

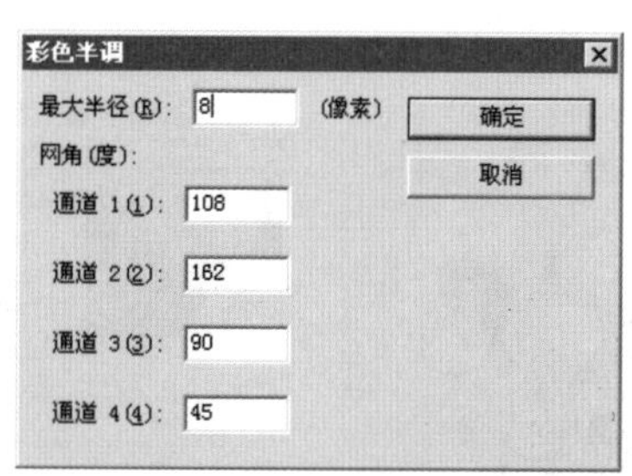

图 10–70　参数设置

图 10–71　彩色半调效果

STEP 03 **点状化效果**。按快捷键Ctrl+Z返回上一步操作，执行“滤镜”｜“像素化”｜“点状化”命令，打开“点状化”对话框，设置参数如图10–72所示。其中“单元格大小”用于设置每个多边形色块的大小。单击“确定”按钮，图像效果如图10–73所示。

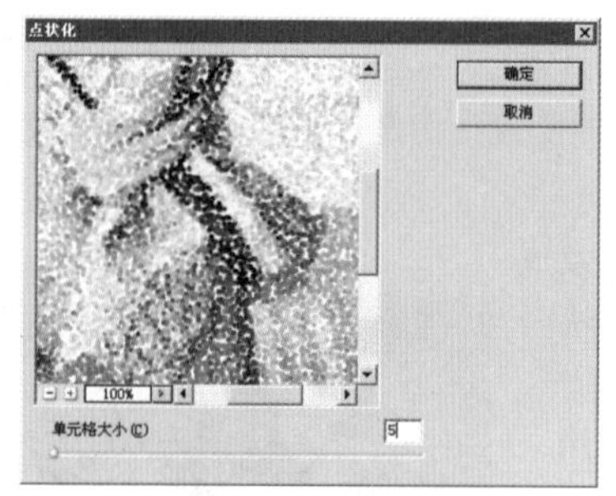

图 10–72　参数设置

图 10–73　点状化效果

其他像素化效果

在像素化滤镜组中还有“晶格化”“马赛克”“碎片”“铜版雕刻”滤镜，它们产生的效果如图10–74所示。

晶格化效果

马赛克效果

碎片效果

铜版雕刻效果

图 10–74　其他像素化效果

7 锐化滤镜组

锐化滤镜组中有5种滤镜，如图10–75所示。它们可以通过加强图像相邻像素的对比度，使图像变清晰。

USM 锐化...
防抖...
进一步锐化
锐化
锐化边缘
智能锐化...

图 10–75　锐化滤镜组

实例体验8：锐化效果

素材：光盘\第 10 章\素材\素材 8.TIF　　　　视频：光盘\第 10 章\视频\锐化效果 .flv

STEP01 **USM锐化效果**。打开素材图像，如图10–76所示。执行“滤镜”｜“锐化”｜“USM锐化”命令，设置参数如图10–77所示。其中“数量”用于设置锐化效果的精细程度，“半径”用于设置图像锐化的半径范围大小，“阈值”用于设置锐化发生值，只有相邻像素之间的差值达到所设置的阈值时才会被锐化，该值越大，被锐化的像素就越少。单击“确定”按钮，图像效果如图10–78所示。

图 10–76　打开素材

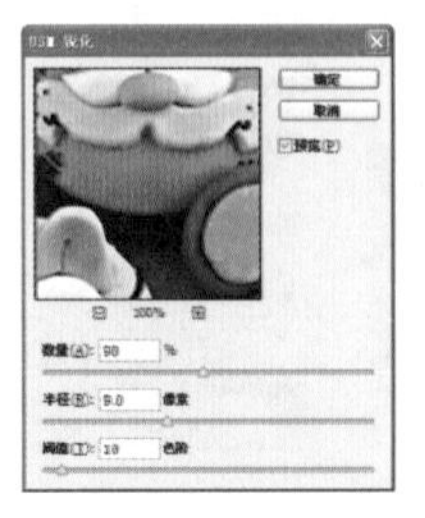

图 10–77　参数设置

图 10–78　USM 锐化效果

STEP02 **进一步锐化效果**。按快捷键Ctrl+Z返回上一步操作，执行“滤镜”｜“锐化”｜“进一步锐化”命令，可通过增加像素之间的对比度使图像变得清晰，但锐化效果不是很明显，图10–79所示为应用两次“进一步锐化”滤镜后的效果。

STEP03 **锐化效果**。按组合键Ctrl+Alt+Z 两次返回到最初的状态，“锐化”滤镜与“进一步锐化”滤镜一样，都可以通过增加像素之间的对比度使图像变得清晰，但效果没有“进一步锐化”滤镜的锐化效果明显，图10–80所示为应用了“锐化”滤镜两次后的效果。

图 10–79　进一步锐化效果

图 10–80　锐化效果

STEP04 **锐化边缘效果**。按组合键Ctrl+Alt+Z 两次返回到最初的状态，执行“滤镜”｜“锐化”｜“锐化边缘”命令可锐化图像的边缘，同时保留图像整体的平滑度。图10–81所示为应用“锐化边缘”滤镜4次后效果。

STEP05 **智能锐化效果**。按组合键Ctrl+Alt+Z四次返回到最初的状态，执行“滤镜”｜“锐化”｜“智能锐化”命令，设置参数如图10–82所示。其中“数量”用于设置锐化的精细程度，“半径”用于设置受锐化影响的边缘像素的数量，在“移去”中可以选择锐化图像的算法。单击“确定”按钮，图像效果如图10–83所示。

图 10–81　“锐化边缘”效果

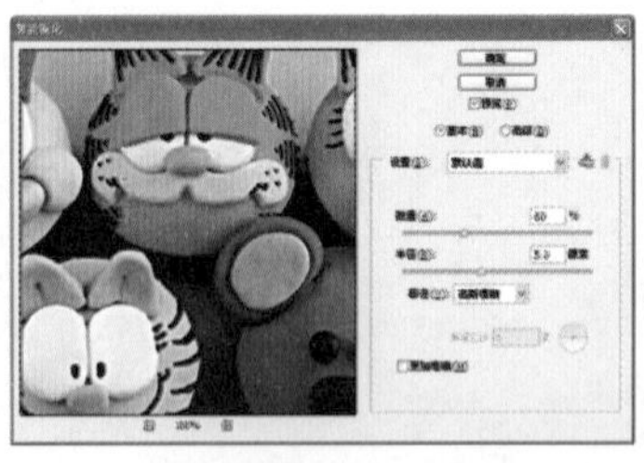

图 10–82　参数设置

图 10–83　智能锐化效果

8 模糊滤镜组

模糊滤镜组中有14种滤镜，如图10–84所示。它们可以使图像产生不同程度的模糊效果，其中“场景模糊”“光圈模糊”和“倾斜偏移”滤镜用于模拟镜头特效，制作逼真的景深效果，非常适合处理数码照片。

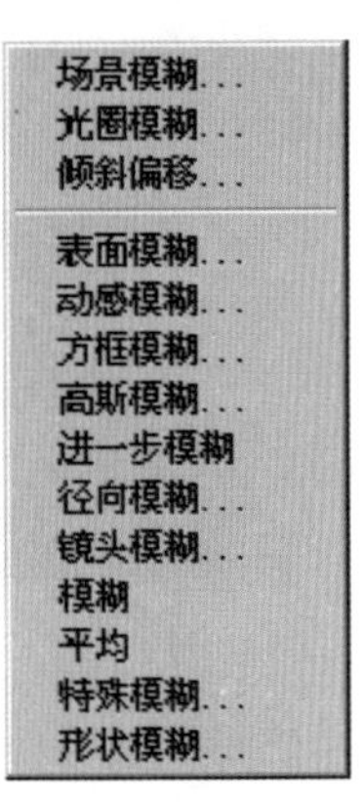

图 10–84　模糊滤镜组

实例体验9：模糊效果

素材：光盘\第 10 章\素材\素材 9.JPG、素材 10.JPG　　视频：光盘\第 10 章\视频\模糊效果 .flv

STEP01 **场景模糊效果一**。打开素材图像，如图10–85所示。执行“滤镜”|“模糊”|“场景模糊”命令，设置参数如图10–86所示。单击“确定”按钮，图像效果如图10–87所示。

图 10–85　打开素材

图 10–86　参数设置

图 10–87　场景模糊效果

STEP02 **场景模糊效果二**。按快捷键Ctrl+Z返回上一步操作，执行“滤镜”|“模糊”|“场景模糊”命令，在图像上单击，添加两个模糊点，如图10–88所示。按住鼠标左键可以移动模糊点，分别控制不同地方的清晰或模糊程度，选择中间的模糊点，设置模糊为“0像素”，如图10–89所示。设置完成后单击“确定”按钮，图像效果如图10–90所示。

图 10–88　添加模糊点

图 10–89　参数设置

图 10–90　场景模糊效果

STEP03 **光圈模糊效果**。打开素材图像，如图10–91所示。执行“滤镜”|“模糊”|“光圈模糊”命令，设置参数如图10–92所示。单击“确定”按钮，图像效果如图10–93所示。

图 10–91　打开素材

图 10–92　参数设置

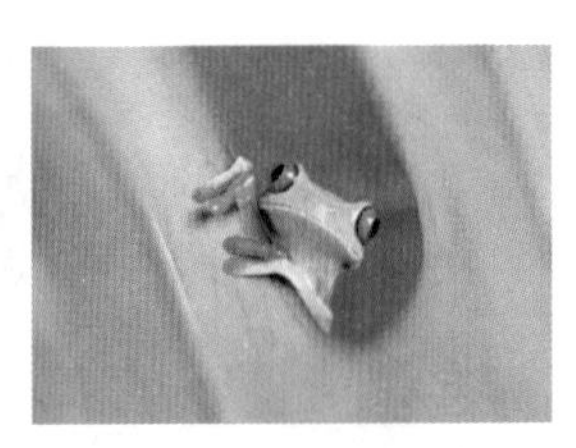

图 10–93　光圈模糊效果

STEP 04 倾斜偏移效果。按快捷键Ctrl+Z返回上一步操作，执行“滤镜”｜“模糊”｜“倾斜偏移”命令，设置参数如图10–94和图10–95所示。单击“确定”按钮，图像效果如图10–96所示。

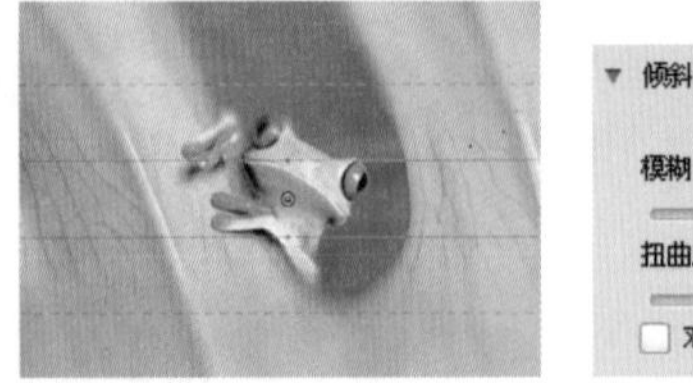

图 10–94 打开素材

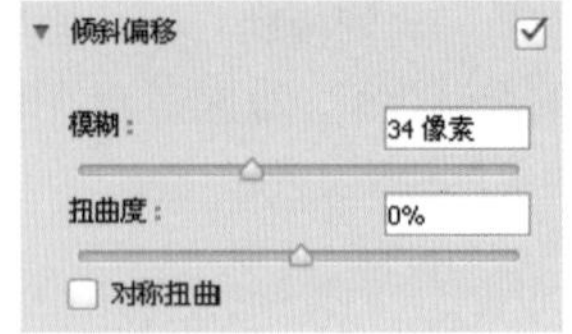

图 10–95 参数设置

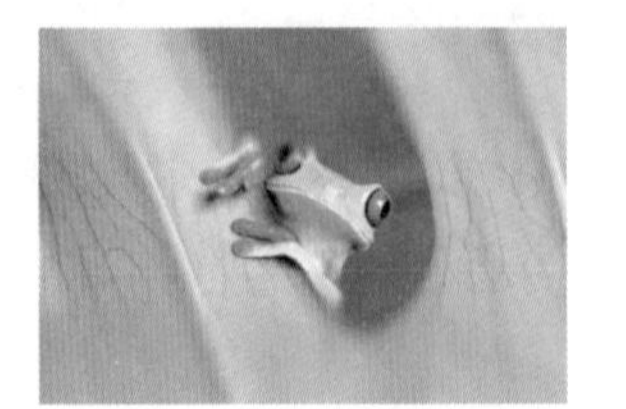

图 10–96 倾斜偏移效果

STEP 05 表面模糊。打开素材图像，如图10–97所示。执行“滤镜”｜“模糊”｜“表面模糊”命令，设置半径为80，阈值为46，如图10–98所示。单击“确定”按钮，图像效果如图10–99所示。

图 10–97 打开素材

图 10–98 参数设置

图 10–99 表面模糊效果

STEP 06 动感模糊效果。按快捷键Ctrl+Z返回上一步操作，执行“滤镜”｜“模糊”｜“动感模糊”命令，设置角度为–27，距离为90，如图10–100所示。单击“确定”按钮，图像效果如图10–101所示。

STEP 07 方框模糊效果。按快捷键Ctrl+Z返回上一步操作，执行“滤镜”｜“模糊”｜“方框模糊”命令，设置半径为15，如图10–102所示。单击“确定”按钮，图像效果如图10–103所示。

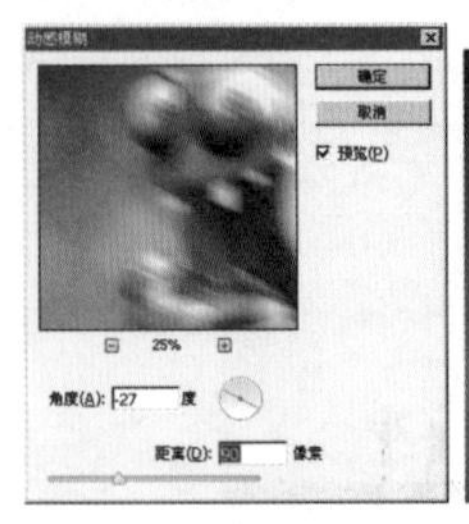

图 10–100 参数设置

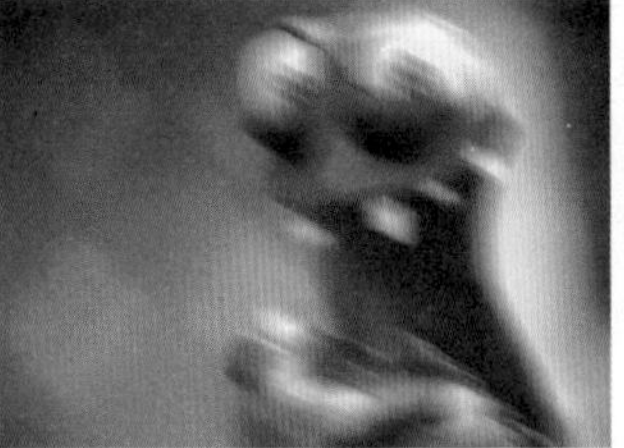

图 10–101 动感模糊效果

图 10–102 参数设置

图 10–103 方框模糊效果

其他模糊滤镜效果

在模糊滤镜组中还有“高斯模糊”“进一步模糊”“径向模糊”“镜头模糊”“模糊”“平均”“特殊模糊”“形状模糊”滤镜，它们产生的效果如图10–104所示。

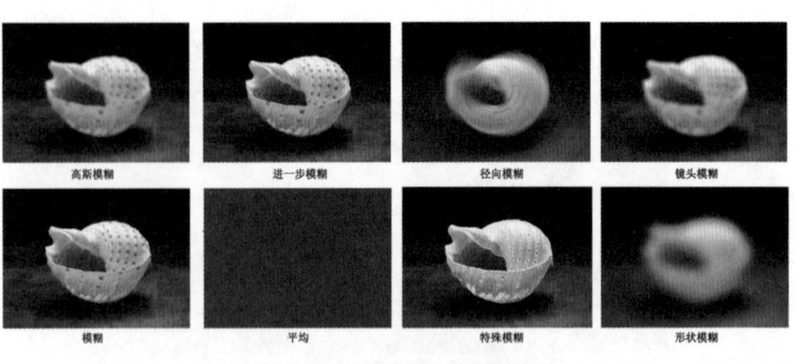

图 10–104 其他模糊滤镜效果

10.3 常用外挂滤镜

Photoshop外挂滤镜是由第三方厂商开发，以插件的形式安装在Photoshop中使用，也称为第三方滤镜。它们不仅种类齐全，品种繁多，而且功能强大。在Photoshop中运用外挂滤镜进行图像处理和创意设计，能实现各种神奇的超乎想象的效果，备受广大Photoshop爱好者的青睐。

1 外挂滤镜的安装

外挂滤镜的安装方法与笔刷、样式等的安装方法基本相同，找到Photoshop的滤镜Plug-in文件夹，然后将外挂滤镜复制到该文件夹中即可。

实例体验10：安装外挂滤镜

素材：光盘\第 10 章\素材\外挂滤镜　　　　视频：光盘\第 10 章\视频\安装外挂滤镜 .flv

STEP01 **复制文件**。选中Primatte外挂滤镜后，按快捷键Ctrl+C复制，如图10-105所示。找到Photoshop安装文件夹中的Plug-in文件夹，如图10-106所示。打开该文件夹后，按快捷键Ctrl+V将Primatte.8bf滤镜粘贴到该文件夹中。

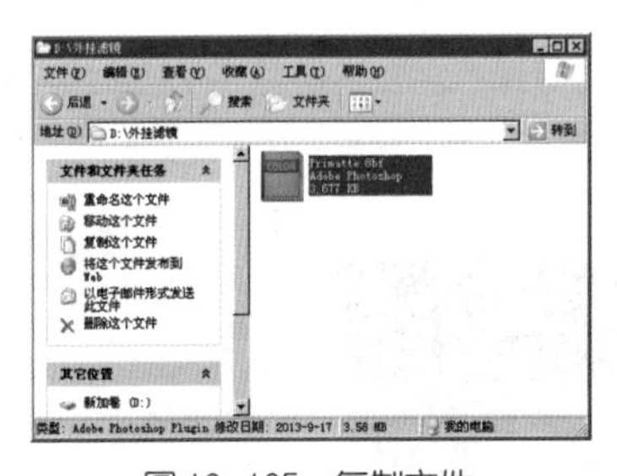

图 10-105　复制文件

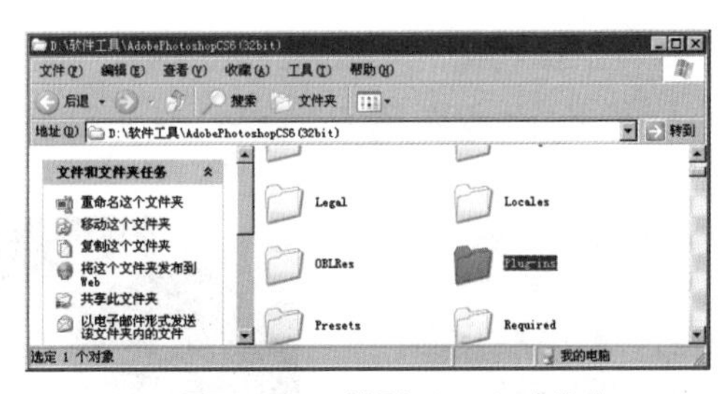

图 10-106　找到 Plug-in 文件夹

STEP02 **显示外挂滤镜**。启动Photoshop软件，在“滤镜”下拉列表中，可以找到安装的外挂滤镜，如图10-107所示。

图 10-107　外挂滤镜显示在列表中

注意

Primatte是一个用于抠图的外挂滤镜。它基于色彩进行抠图，可以理解为加强版的“魔术棒工具”或者“颜色范围”命令。

2 闪电滤镜

Xenofex是一款可以制作出触电、粉碎、闪电、旗帜、褶皱等多种效果的滤镜。将Xenofex文件夹移至Photoshop的Plug-in文件夹中，启动Photoshop软件，在“滤镜”的下拉列表中，可以找到安装的外挂滤镜，如图10-108所示。

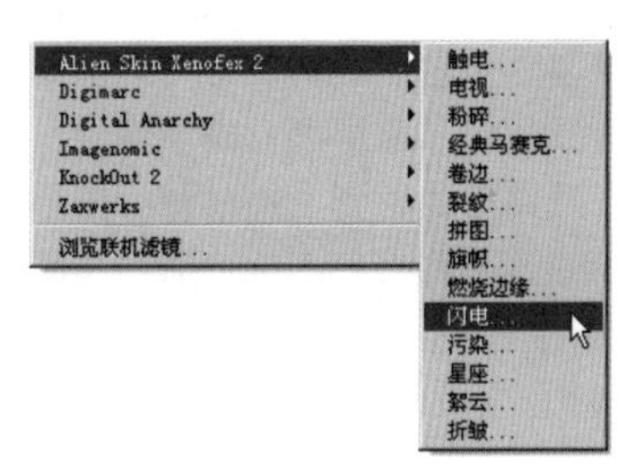

图 10-108　闪电滤镜

实例体验11：闪电效果

素材：光盘\第 10 章\素材\素材 12.JPG、外挂滤镜　　视频：光盘\第 10 章\视频\闪电效果 .flv

STEP01 绘制不透明度渐变。打开素材图像，如图10–109所示。新建“图层1”图层，然后选择工具箱中的渐变工具，确定前景色为黑色，在属性栏选择渐变颜色样式为“前景色到透明渐变”，在页面中由上到下拖动鼠标，绘制渐变，如图10–110所示。

图 10–109　打开素材

图 10–110　绘制渐变

STEP02 设置闪电参数。执行“滤镜”｜“Alien Skin Xenofex 2”｜“闪电”命令，在弹出的对话框中设置“基本”和“发光”参数，如图10–111和图10–112所示。

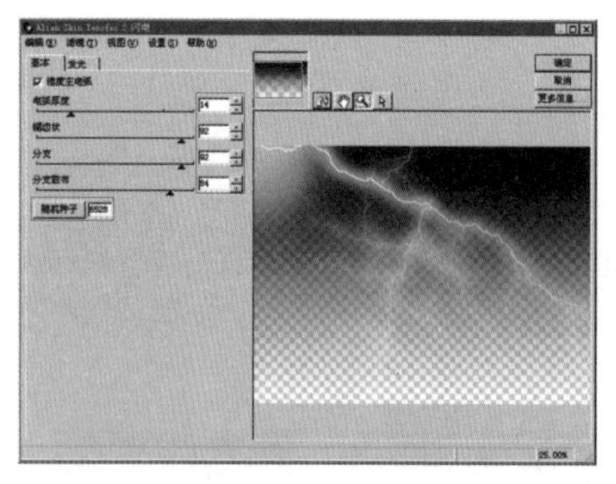

图 10–111　设置“基本”参数

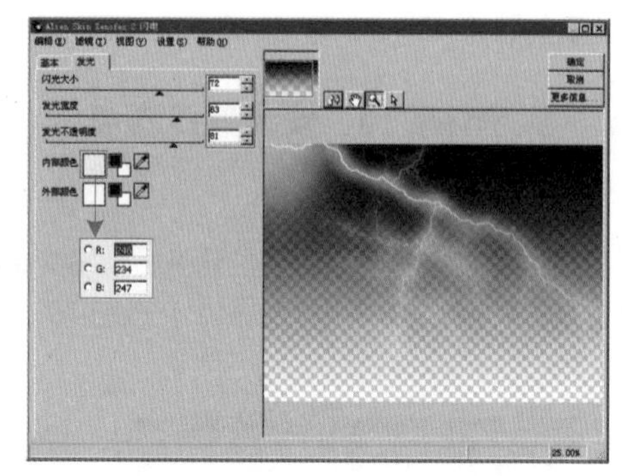

图 10–112　设置“发光”参数

STEP03 闪电效果。单击“确定”按钮，图像效果如图10–113所示。单击“图层”面板下方的“添加图层蒙版”按钮，为“图层1”添加图层蒙版，如图10–114所示。

图 10–113　闪电效果

图 10–114　添加图层蒙版

STEP04 隐藏部分闪电。选择工具箱中的渐变工具，确定前景色为黑色，在属性栏中选择渐变颜色样式为“黑、白渐变”，在页面中由下到上拖动鼠标绘制渐变，隐藏部分闪电，然后将图层1的不透明度设置为85%。设置和效果如图10–115和图10–116所示。

图 10–115　最终效果

图 10–116　设置不透明度

3 燃烧的梨树

燃烧的梨树，是Flaming Pear公司开发的一个专门制作倒影效果的特效滤镜。将Flood presets文件夹移至Photoshop的Plug-in文件夹中，启动Photoshop软件，在“滤镜”下拉列表中，可以找到安装的外挂滤镜，如图10-117所示。

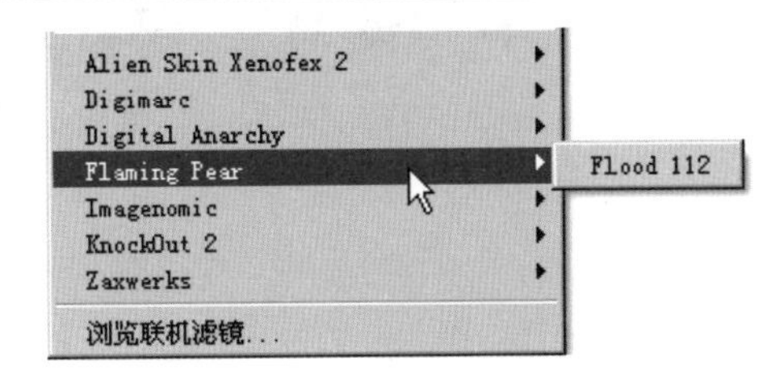

图10-117 燃烧的梨树滤镜

实例体验12：水中倒影

素材：光盘\第10章\素材\素材13.JPG、外挂滤镜　　视频：光盘\第10章\视频\水中倒影.flv

STEP01 **打开文件。**按快捷键Ctrl+O打开素材图像，如图10-118所示。

STEP02 **更改画布大小。**执行“图像”|“画布大小”命令，弹出“画布大小”对话框，单击↑图标定位后，将高度设置为原高度的两倍，如图10-119所示。单击“确定”按钮，按快捷键Ctrl+O满画布显示，如图10-120所示。

图10-118 打开素材

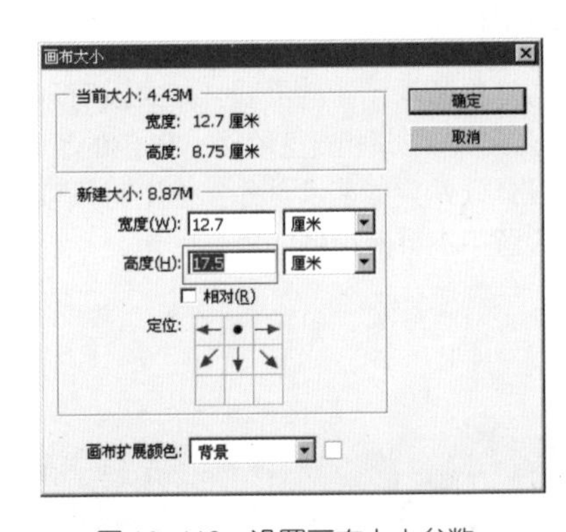

图10-119 设置画布大小参数

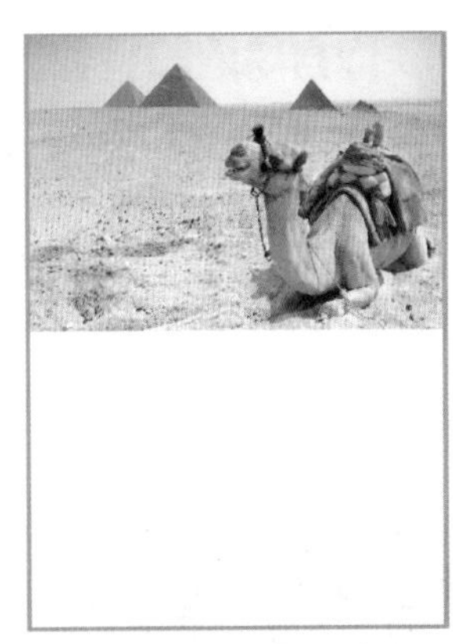

图10-120 满画布显示

STEP03 **产生倒影效果。**执行“滤镜”|Flaming Pear|Flood112命令，设置对话框中的参数后，单击“确定”按钮，效果如图10-121和图10-122所示。

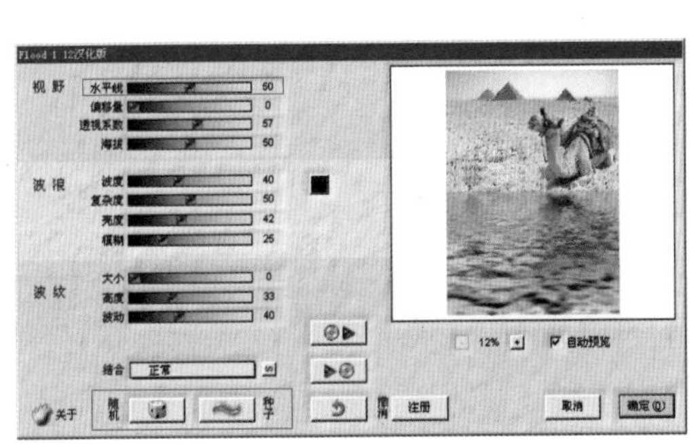

图10-121 设置水中倒影的参数

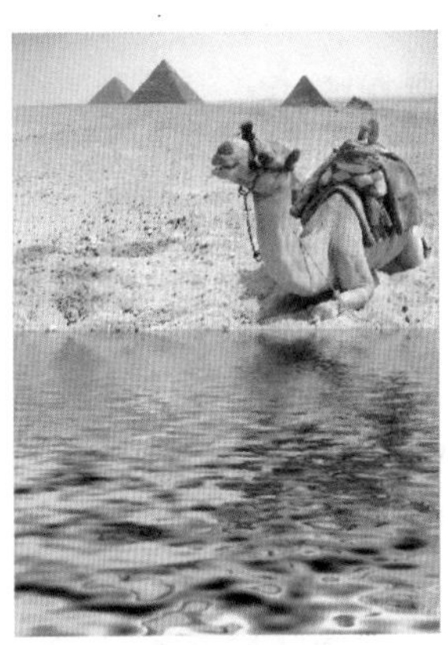

图10-122 最终效果

10.4 设计师的特效观

1 特效的确可以增色，但不是万能

精彩炫酷的特效在艺术创作中永远都是视觉焦点，引爆震撼的视觉触动。好的特效使艺术作品充满无限魅力，能够提高作品的艺术品位，为作品增色。然而，特效并不是万能的，只有当设计师的创意与恰到好处的特效运用相结合，才能凸显设计作品的内涵和灵魂。

2 你容易依赖特效，特效却依赖创意

好的特效不等于好的创意。创意才是艺术创作的灵魂，如果没有创意没有主题，只应用特效去创作，只能算是一种堆砌，要么颜色，要么元素，如同一盘散沙。出色的设计师，应该练就娴熟的特效制作技能，在灵感迸发时，能够轻松使用设计软件完成艺术创作。但不可只依赖于特效，切记，只有好的特效和好的创意相结合的创作，才能够给人留下不可磨灭的印象。

10.5 设计师常用的几种特效

1 模拟运动的特效

实例体验13：模拟相机追随拍摄效果

素材：光盘\第 10 章\素材\素材 14.JPG　　视频：光盘\第 10 章\视频\模拟相机追随拍摄效果 .flv

STEP01 **使用磁性套索工具。**打开素材图像，如图10–123所示。选择工具箱中的磁性套索工具，在人像头盔处单击一点后，沿着人物轮廓移动，如图10–124所示。

STEP02 **抠出人像。**沿人物轮廓移动至起点，当光标变为状时，单击生成人物选区，如图10–125所示。按快捷键Ctrl+J复制选区内图像，得到“图层1”图层，将背景图层隐藏后，效果如图10–126所示。

图 10–123　打开素材

图 10–124 选取人像

图 10–125　生成人物选区

图 10–126　抠取人像

STEP 03 **抠出背景。**显示背景图层，按住Ctrl键，单击“图层1”的图像缩览图，生成人物选区，然后按快捷键Shift+F7将选区反选，如图10–127所示。选中背景图层后，按快捷键Ctrl+J复制一个图层，得到“图层2”图层，隐藏“图层1”和“背景”图层后，效果如图10–128所示。

STEP 04 **动感模糊。**显示“图层1”和“背景”图层后，选择“图层2”图层，执行“滤镜”|“模糊”|“动感模糊”命令，设置参数如图10–129所示。单击“确定”按钮，图像效果如图10–130所示。

图 10–127　反选选区

图 10–128　抠出背景

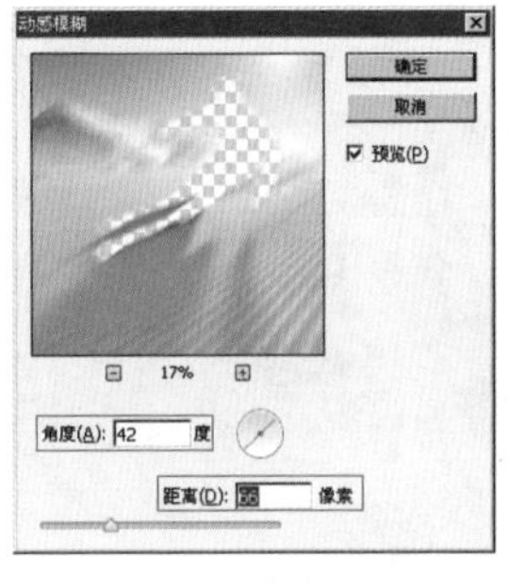

图 10–129　设置动感模糊参数

图 10–130　最终效果

实例体验14：模拟慢快门拍摄运动的效果★

素材：光盘\第 10 章\素材\素材 15.JPG
视频：光盘\第 10 章\视频\模拟慢快门拍摄运动的效果 .flv

使用Photoshop中的动感模糊滤镜后，通过添加图层蒙版，使用画笔工具修饰画面，模拟慢快门拍摄运动效果。

实例素材及效果图分别如图10–131和图10–132所示。

图 10–131　原图

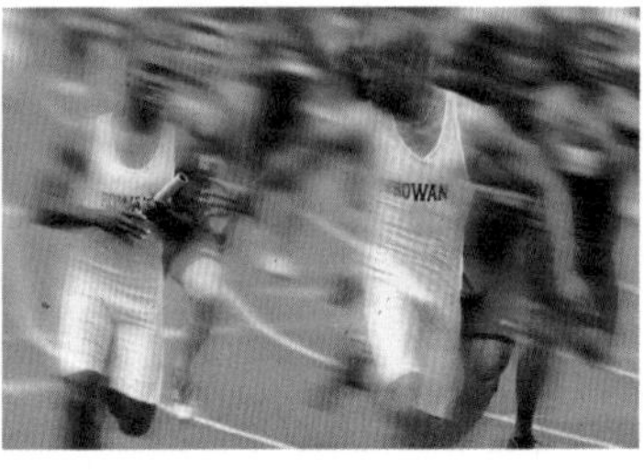

图 10–132　慢快门拍摄效果

2 模拟天气的特效

实例体验15：模拟雾海

素材：光盘\第 10 章\素材\素材 16.JPG　　视频：光盘\第 10 章\视频\模拟雾海 .flv

STEP 01 **复制和填充图层。**打开素材图像，如图10–133所示。按快捷键Ctrl+J复制背景图层，得到“图层1”图层，然后选中“背景”图层，将其填充为白色，如图10–134所示。

STEP 02 **填充渐变。**选择“图层1”图层，单击“图层”面板下方的“添加图层蒙版”按钮，然后选择工具箱中的渐变工具，确定前景色为黑色，在属性栏中选择渐变颜色样式为“黑、白渐变”，在页面中由上到下拖动鼠标，绘制渐变，如图10–135和图10–136所示。

图 10–133　打开素材

图 10–134　填充“背景”图层

图 10–135　添加渐变蒙版

图 10–136　“图层”面板

STEP 03 **云彩滤镜**。单击“图层”面板下方的“创建新图层”按钮新建一个图层，然后将其填充为黑色。执行“滤镜”|“渲染”|“云彩”命令，效果和当前图层如图10–137和图10–138所示。

STEP 04 **滤色混合模式**。将“图层2”的图层混合模式设置为“滤色”，不透明度设置为50%，设置和效果如图10–139和图10–140所示。

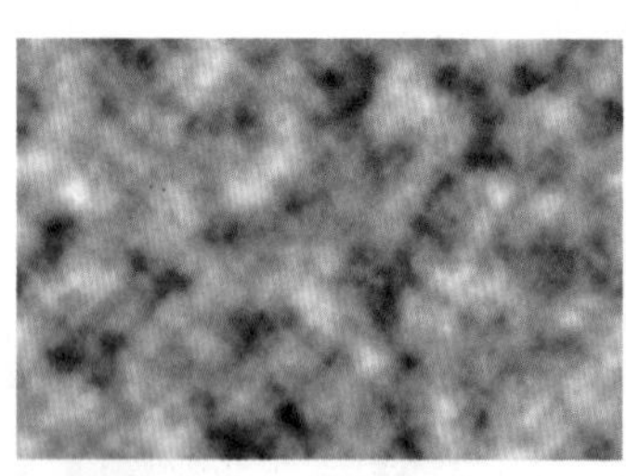
图 10–137　云彩滤镜效果

图 10–138　“图层”面板

图 10–139　最终效果

图 10–140　图层设置

实例体验16：打造美丽雨景★

素材：光盘\第 10 章\素材\素材 17.JPG　　视频：光盘\第 10 章\视频\打造美丽雨景 .flv

使用Photoshop中的“点状化”“动感模糊”滤镜，能够制作出真实的雨景效果。首先通过亮度，对比度调整图像明暗，再执行“点状化”滤镜、“阈值”命令，最后通过动感模糊完成最终效果。实例素材及效果图分别如图10–141和图10–142所示。

图 10–141　原图

图 10–142　雨景

实例体验17：模拟真实的雪景★

素材：光盘\第 10 章\素材\素材 18.JPG　　视频：光盘\第 10 章\视频\模拟真实的雪景 .flv

复制“绿”通道，然后执行“胶片颗粒”滤镜效果，新建一个空白图层后，载入“绿 副本”选区，并填充白色，再画笔修饰完成最终效果。

实例素材及效果图分别如图10–143和图10–144所示。

图 10–143　原图

图 10–144　模拟雪景

实例体验18：模拟闪电★

素材：光盘\第 10 章\素材\素材 19.JPG　　视频：光盘\第 10 章\视频\模拟闪电 .flv

使用Photoshop中的“分层云彩”滤镜，能够制作逼真的闪电特效。首先绘制一个黑白渐变层，然后执行“分层云彩”滤镜，通过“滤色”混合模式完成最终效果。

实例素材及制作效果图分别如图10–145和图10–146所示。

图 10–145　原图

图 10–146　闪电效果

3 模拟绘画的特效

实例体验19：照片变油画

素材：光盘\第 10 章\素材\素材 20.JPG　　视频：光盘\第 10 章\视频\照片变油画 .flv

STEP01 **复制图层**。打开素材图像，如图10–147所示。按快捷键Ctrl+J复制背景图层，得到“图层1”图层，如图10–148所示。

STEP02 **玻璃滤镜**。执行“滤镜”｜“扭曲”｜“玻璃”命令，设置对话框中的参数后，单击“确定”按钮，如图10–149和图10–150所示。

图 10–147　打开素材

图 10–148　复制图层

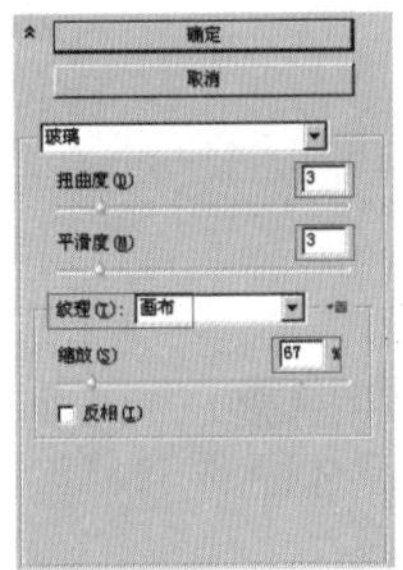

图 10–149　设置参数

图 10–150　玻璃效果

STEP03 **纹理化滤镜**。执行“滤镜”｜“纹理”｜“纹理化”命令，设置对话框中的参数后，单击“确定”按钮，如图10–151和图10–152所示。

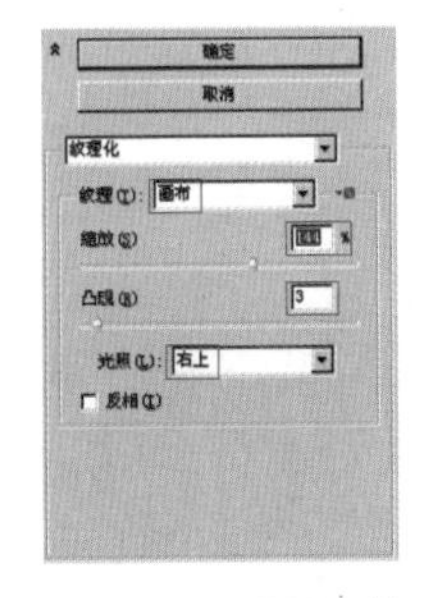

图 10–151　设置参数

图 10–152　最终效果

实例体验20：人像高对比水彩素描效果★

素材：光盘\第 10 章\素材\素材 21.JPG
视频：光盘\第 10 章\视频\人像高对比水彩素描效果 .flv

通过“最小值”滤镜，找出人物的轮廓线，再通过调整不透明度增强人物轮廓效果，最后通过“色相/饱和度”“色彩平衡”等命令完成最终效果。

实例素材及制作效果图分别如图10–153和图10–154所示。

图 10–153　原图

图 10–154　高对比水彩素描效果

实例体验21：把人物照片转为水彩画★

素材：光盘\第 10 章\素材\素材 22 文件夹
视频：光盘\第 10 章\视频\把人物照片转为水彩画 .flv

通过“阈值”“扩散”等命令，制作出人物的剪影效果，再通过纹理、颜色等素材的叠加完成最终效果。

本实例的素材及制作效果分别如图10–155和图10–156所示。

图 10–155　原图

图 10–156　水彩画效果

4 模拟倒影效果

实例体验22：水中倒影

素材：光盘\第 10 章\素材\素材 23.JPG　　视频：光盘\第 10 章\视频\水中倒影 .flv

STEP 01 复制图层。打开素材图像，如图10–157所示。按快捷键Ctrl+J复制背景图层，得到“图层1”图层，如图10–158所示。

图 10–157　打开素材

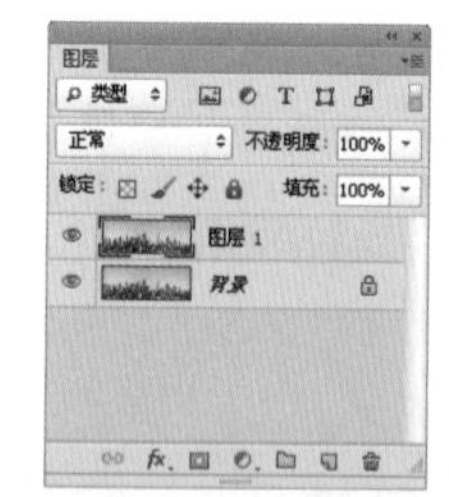

图 10–158　复制图层

STEP 02 **更改画布大小。**执行“图像”|“画布大小”命令，弹出“画布大小”对话框。单击↑图标定位后，将高度设置为原高度的两倍，如图10–159所示。单击“确定”按钮，效果如图10–160所示。

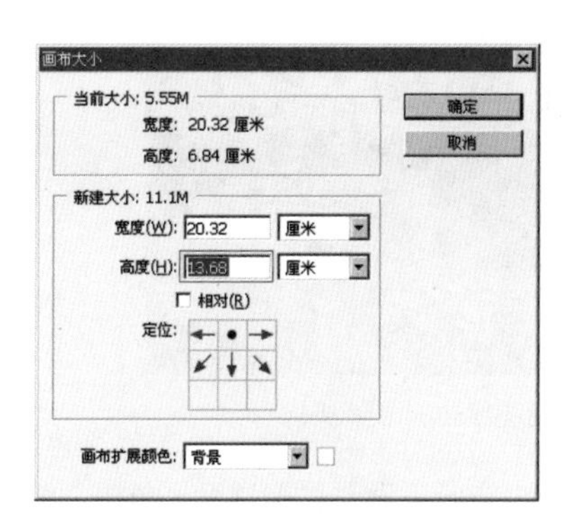

图 10–159　设置画布大小参数　　图 10–160　更改画布大小后

STEP 03 **垂直翻转图像。**选择移动工具，将“图层1”图像移至页面的下方，然后按快捷键Ctrl+T自由变换。单击鼠标右键，在弹出的快捷菜单中选择“垂直翻转”命令，如图10–161所示。按Enter键结束编辑，效果如图10–162所示。

图 10–161　自由变换　　图 10–162　垂直翻转效果

STEP 04 **海洋波纹滤镜。**执行“滤镜”|“扭曲”|“海洋波纹”命令，设置对话框中的参数后，单击“确定”按钮，效果如图10–163和图10–164所示。

图 10–163　设置海洋波纹的参数　　图 10–164　海洋波纹效果

STEP 05 **亮度/对比度效果。**单击“图层”面板下方的“创建新的填充或调整图层”按钮，在列表中选择“亮度/对比度”项，单击按钮后，设置亮度值为–102，如图10–165和图10–166所示。

图 10-165　设置亮度参数

图 10-166　降低亮度后的倒影效果

STEP 06 **绘制渐变色**。隐藏"图层1"和"亮度/对比度"图层，选择"背景"图层后，单击"图层"面板下方的"创建新图层"按钮，得到"图层2"图层，然后选择"背景"图层，使用魔棒工具，在空白处单击，生成选区，如图10-167所示。选择工具箱中的渐变工具，设置黑色到蓝色的渐变，设置蓝色时可以吸取图像中蓝色天空的颜色。选中"图层2"图层，由下到上拖动鼠标，绘制渐变，按快捷键Ctrl+D取消选区后，效果如图10-168所示。

图 10-167　空白处生成选区

图 10-168　绘制渐变效果

STEP 07 **添加图层蒙版**。选中"图层1"图层，单击"图层"面板下方的"添加图层蒙版"按钮，为"图层1"添加图层蒙版，如图10-169所示。选择渐变工具，设置黑白渐变，在图像倒影区域，由下到上拖动鼠标，绘制渐变，最终效果如图10-170所示。

图 10-169　添加图层蒙版

图 10-170　最终效果

5 模拟光效

实例体验23：镜头光晕效果

素材：光盘\第 10 章\素材\素材 24.JPG　　视频：光盘\第 10 章\视频\镜头光晕效果 .flv

STEP 01 **打开素材**。按快捷键Ctrl+O打开素材图像，如图10–171所示。

STEP 02 **镜头光晕效果**。执行“滤镜”|“渲染”|“镜头光晕”命令，设置对话框中的参数后，在预览图中从左上至右下拖动鼠标，定位光晕的指示方向，如图10–172所示。单击“确定”按钮，最终效果如图10–173所示。

图 10–171　打开素材

图 10–172　设置镜头光晕参数

图 10–173　镜头光晕效果

实例体验24：光柱效果★

素材：光盘\第 10 章\素材\素材 25.JPG　　视频：光盘\第 10 章\视频\光柱效果 .flv

使用Photoshop的添加杂色、动感模糊、极坐标等滤镜，制作出光柱效果，然后通过图层混合模式与图像融合，调整其合适的位置后，完成最终效果。

实例素材及制作效果图分别如图10–174和图10–175所示。

图 10–174　原图

图 10–175　光柱效果

实例体验25：光影特效★

素材：光盘\第 10 章\素材\素材 26.JPG　　视频：光盘\第 10 章\视频\光影特效 .flv

通过分层云彩制作出烟雾效果，然后使用画笔工具绘制绚丽的色彩，最后添加光影特效和装饰文字、星光等完成最终效果。实例素材及制作效果图分别如图10–176和图10–177所示。

图 10–176　原图

图 10–177　光影特效

实例体验26：光芒四射效果★

素材：光盘\第 10 章\素材\素材 27.JPG　　视频：光盘\第 10 章\视频\光芒四射效果 .flv

首先在新建图层上填充一个黑白渐变，然后通过"波浪""极坐标"等滤镜制作出光束效果，最后通过"曲线""色相/饱和度"命令完成最终效果。实例素材及制作效果图分别如图10–178和图10–179所示。

图 10–178　原图

图 10–179　光芒四射效果

6 精彩特效作品欣赏

精彩的特效图像之所以能够吸引我们的眼球，是因为它能够极大地满足我们的好奇心。在平面设计、电影等领域，特效的应用非常广泛。以下是一些国外艺术设计师的精彩创意作品欣赏，如图10–180所示。

图 10–180　特效作品欣赏

10.6 设计师实战

实战1：汽车广告

素材：光盘\第 10 章\素材\素材 28.JPG. 素材 29.PNG
视频：光盘\第 10 章\视频\汽车广告 .flv

本实例的素材及制作效果图分别如图10－181和图10－182所示。

图 10－181　原图

图 10－182　效果

制作思路

抠取汽车图像后，将背景模糊处理，再通过模糊车身、轮胎等使其更加真实，最后调整地面和天空的色调。实例制作过程如图10－183所示。

图 10－183　制作流程示意

实战2：合成爆炸★

素材：光盘\第 10 章\素材\素材 30.JPG、素材 31.JPG
视频：光盘\第 10 章\视频\合成爆炸 .flv

本实例的素材及制作效果图分别如图10－184和图10－185所示。

图 10－184　原图

图 10－185　爆炸效果

制作思路

使用“分层云彩”滤镜制作烟雾效果，然后使用“杂色”“动感模糊”“极坐标”等滤镜制作出爆炸的火焰，并将其叠加到图像中，最后调整色调，完成最终效果。

实例制作过程如图10-186所示。

图 10-186　制作流程示意

CHAPTER

11

学习重点

- 常用颜色设置选项
- 掌握如何分色
- 自定义ICC文件
- 如何在Photoshop中做叠印处理
- Photoshop结合其他的软件做设计

设计颜色管理和分色

在这一章里，我们主要解决两个问题：如何让设计的印刷稿在屏幕中看到的与打样中心输出的样稿一致；如何理解很多设计前辈告诉你的“别在Photoshop中做印刷设计稿”并找到“用Photoshop做印刷设计”的方法。

第一部分　需要的工具和命令

11.1 颜色设置

日常生活中我们经常会遇到这样一个问题：相同的一幅图像，在不同的显示设备中，颜色会发生不同程度的偏色，这是由于不同设备显示的色彩空间不同造成的。我们常用的显示器、扫描仪、打印机、照相机以及各种印刷设备其实都不能重现人眼能够看到的整个色彩范围，也就是说，每种设备所使用的色彩空间都有一个指定的色彩范围，这个范围我们称之为色域。

为了解决在不同的设备中传递文件时，能使不同的设备显示的颜色尽可能一致，Photoshop提供了一个色彩管理系统，它借助于ICC颜色配置文件来转换颜色，通过颜色设置使图像在不同设备上产生一致的颜色。

启动Photoshop软件，执行“编辑”｜“颜色设置”命令或按快捷键Shift+Ctrl+K，可以打开“颜色设置”对话框，如图11–1所示。

这个对话框我们并不陌生，在第5章5.9节曾用它设置Photoshop的显示与电脑屏幕中显示保持一致。对话框中显示：“设置”“工作空间”“色彩管理方案”三个选项组，单击“更多选项”按钮，还可显示“转换选项”和“高级控制”选项组。

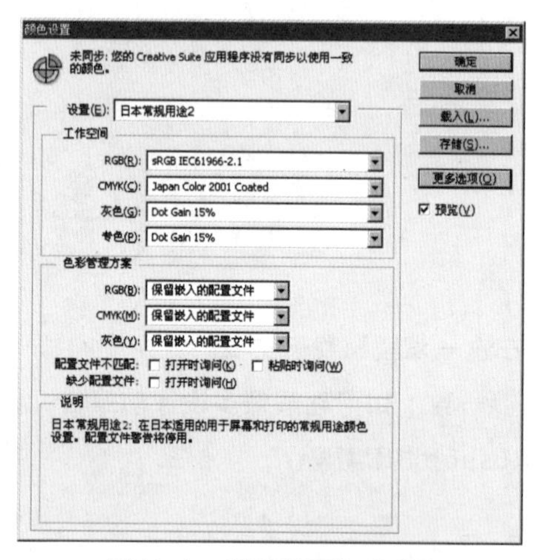

图 11–1　“颜色设置”对话框

1 设置用途

“设置”项内包含自定、北美Web／Internet、北美印前2、北美常规用途2、日本印前2、日本常规用途2、日本报纸颜色、日本杂志广告颜色、显示器颜色等十多种选项。选择除“自定”以外的任意一个选项，下面的“工作空间”“色彩管理方案”“转换选项”“高级控制”系统都将为其进行默认设置。

“设置”项的默认项是“日本常规用途2”，它的色彩空间是sRGB，适用于一般的打印、激光输出等。处理Web用图时，也建议使用sRGB，因为它定义了用于查看Web上图像的标准显示器的色彩空间。如果是高档印刷，处理Adobe RGB色域拍摄的照片和RAW格式的图像，应选择“北美印前2”项，它的色彩空间是Adobe RGB，色域空间要比sRGB宽阔，在此空间下修出的照片色彩层次更丰富，得到的效果会更好。注意这里的“印前”，它是一种规范，并非仅针对印刷。

选择“自定”项，可以自主设置下面的“工作空间”“色彩管理方案”“转换选项”“高级控制”等选项，从而设定属于自己的个性色彩管理方案。

注意

“自定”设置就好比关闭了单反相机的自动挡，进行手动拍摄，能够更精确地实现自己的意图。但是，如果设置不合理，会适得其反。

2 工作空间

利用该对话框的“工作空间”选项组，我们可以控制在photoshop处理图像时RGB图像、CMYK图像的显示颜色，以及CMYK图像的出片分色。

1）RGB工作空间

在“工作空间”选项组的RGB选项中，我们可以设置Photoshop如何显示RGB图像。在该选项的下拉列表中有多种选择。

（1）各RGB色彩空间解释

◆ Adobe RGB(1998)：由Adobe公司创立，色域广，完全包含了CMYK色域。

◆ sRGB IEC619966-2.1：由微软与惠普公司共同建立，又称为标准RGB色彩空间，色域窄，但被广泛应用于显示器、扫描仪、打印机。

◆ Apple RGB：由苹果公司建立，广泛应用于苹果显示器和苹果公司开发的软件，色域空间大小比sRGB IEC619966-2.1稍大。

◆ ColorMatch RGB：Radius公司定义的色彩空间，色域大小与Apple RGB相当。

◆ 显示器RGB：就是当前使用的显示器自身的色彩空间。采用显示器RGB空间的唯一优点就是确保在Photoshop中看到的RGB图像与关闭Photoshop后浏览的图像颜色保持一致。

（2）RGB色彩空间选用

如何选用上述色彩空间呢？

◆ 网络设计：推荐使用sRGB IEC619966-2.1，因为我们的网络支持的就是sRGB色彩。

◆ 普通平面设计：同样推荐使用sRGB IEC619966-2.1，虽然sRGB IEC619966-2.1的色域窄，甚至没有包含完CMYK的颜色，但是大多数显示器、打印机、扫描仪都以它为标准，因此采用sRGB IEC619966-2.1可以最大限度地保持设计各个环节的颜色一致性。还有一个可笑但事实存在的优点，因为其色域小，所以转成CMYK时损失也小，心理上更容易接受。

◆ 色彩要求高的设计：只要设备支持，推荐使用Adobe RGB(1998)。Adobe RGB(1998)色域宽，色彩层次更丰富，并且完全包含了CMYK色彩，可以充分利用CMYK色彩。

图11–2 是Adobe RGB(1998)、sRGB IEC619966–2.1、CMYK色彩空间的比较图。

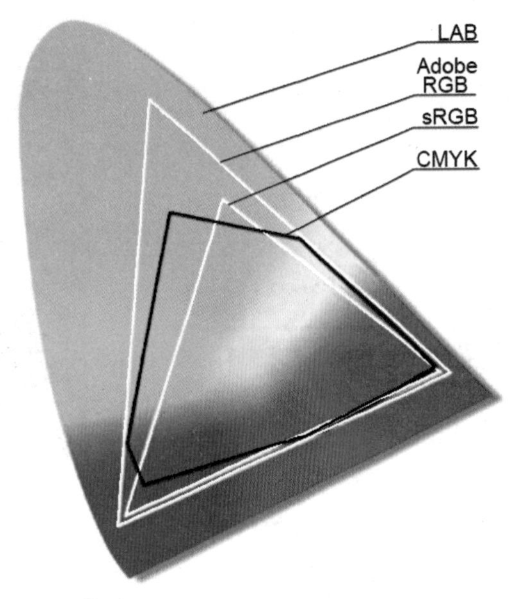

图 11–2　色彩空间比较

2）CMYK工作空间

在“工作空间”选项组的CMYK选项中，我们可以设置Photoshop如何显示CMYK图像以及执行菜单“编辑”|“模式”|CMYK时Photoshop将RGB图像转成了何种CMYK。在该选项的下拉列表中有十多种选择，下面只列举几种。

（1）CMYK色彩空间

◆ Japan Color 2001 Coated：日本通用油墨在铜版纸上印刷的色彩空间。

◆ Japan Color 2001 Newspaper：日本通用油墨在新闻纸上印刷的色彩空间。

◆ U.S. Sheetfed Coated v2：美国通用油墨在铜板纸上印刷的色彩空间。

◆ U.S. Web Coated（SWOP）v2：美国通用油墨运用轮转方式在铜版纸上印刷的色彩空间。

（2）CMYK空间设置

CMYK空间下拉列表中有日本的、美国的、欧洲的印刷色彩空间，但是没有中国的。因此，严格说来这些选项都不是国内设计师适宜采用的。

国内设计师要想让自己的印刷作品在Photoshop中显示与实际打样一致，有两种方法：其一，从打样中心拷贝他们的色彩管理文件（ICC文件，用于色彩空间描述），复制到C：\Windows\System32\Spool\Driver\Color中，然后重启Photoshop即可在CMYK空间下拉列表中选择它；其二，参照输出打样中心的打样品，自己设置生成一个色彩管理文件（ICC文件）。具体如何设置见11.5节。

如果你既不能拷贝到输出打样中心的ICC文件，又不想自己做ICC文件，那推荐你选择U.S. Web Coated（SWOP）v2作为CMYK的默认空间。当然，这样做的前提是你必须能忍受打样稿与你的屏幕稿可能有明显出入。

提示

没有一成不变的CMYK空间设置。应当为不同的输出打样中心，不同的纸张，建立不同的CMYK色彩管理文件。比如，作品将在A中心用铜版纸打样，就应该建立该中心的铜版纸打样CMYK色彩管理文件；如果用胶版纸打样，就应该建立该中心的胶版纸打样CMYK色彩管理文件。

实例体验1：不同CMYK工作空间下CMYK文件的显示不同

素材：光盘\第 11 章\素材\葡萄 .JPG

视频：光盘\第 11 章\视频\不同 CMYK 工作空间下 CMYK 文件的显示不同 .flv

STEP01 **启用校样颜色**。按快捷键Ctrl+O打开一幅CMYK颜色模式的素材文件，如图11–3所示。执行“视图”|“校样颜色”命令，或者按快捷键Ctrl+Y，如图11–4所示。

提示

执行“视图”|“校样颜色”命令，是模拟图像在印刷后的显示效果。

图 11–3　葡萄

图 11–4　启用校样颜色

STEP02 **感受不同的CMYK工作空间的颜色变化**。在“工作空间”的CMYK下拉列表中选择如图11–5所示的工作空间，图像颜色发生了变化，如图11–6所示。选择其他CMYK工作空间，颜色显示也会略有不同。

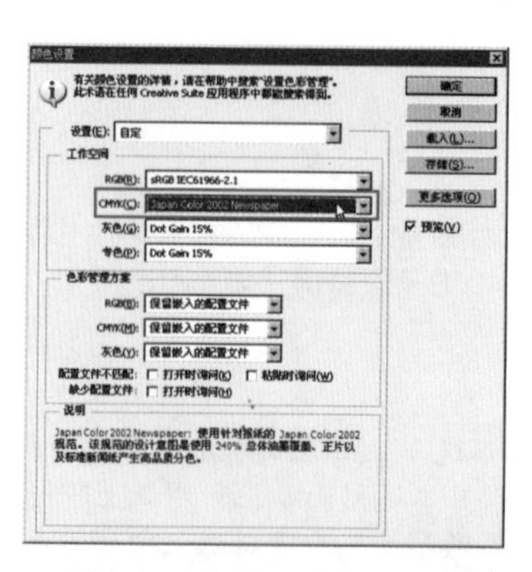

图 11–5　选择 CMYK 色彩空间

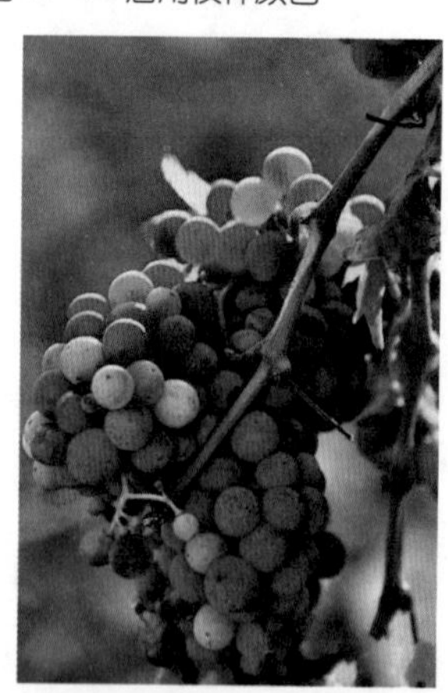

图 11–6　不同 CMYK 空间颜色不同

3 颜色管理

在“颜色设置”对话框的“颜色管理方案”选项组中，可以设置颜色配置文件（就是ICC文件）不匹配和缺失时的处理方式。

1）处理方式解释

分别打开RGB、CMYK、灰色管理方案下拉列表，可以看到都有三种处理方式：关、保留嵌入的配置文件、转换为工作中的RGB(CMYK、灰度)，如图11-7所示。

图 11-7　管理方案

◆ 关：表示当配置文件不一致的时候，Photoshop默认为扔掉文件原有的配置文件，也不指定新的配置文件，让文件“裸奔”。

◆ 保留嵌入的配置文件：就是当配置文件不一致的时候，Photoshop默认会采用文件自身的配置文件代替当前“颜色设置”对话框中的工作空间。

◆ 转换为工作中的RGB（CMYK、灰度）：就是当配置文件不一致的时候，Photoshop默认会扔掉文件自身的配置文件，采用当前“颜色设置”对话框中的工作空间管理色彩。保存后，文件的配置文件就变了。

2）提示方式设置

设置好处理方式后，我们还可以根据需要，让Photoshop弹出对话框提示我们是否用设置的处理方式进行处理。图11-8为提示设置。

◆ 配置文件不匹配：勾选“打开时询问”项，则只要文件的配置文件与当前软件颜色设置不一致，打开时就会弹出图11-9所示的对话框，对话框已经按设置的处理方式进行了选择；勾选“粘贴时询问”项，则只要被复制粘贴的图像与当前图像颜色设置不一致，就会弹出图11-10所示的对话框。

配置文件不匹配：□ 打开时询问(K)　□ 粘贴时询问(W)
缺少配置文件：□ 打开时询问(H)

图 11-8　提示设置

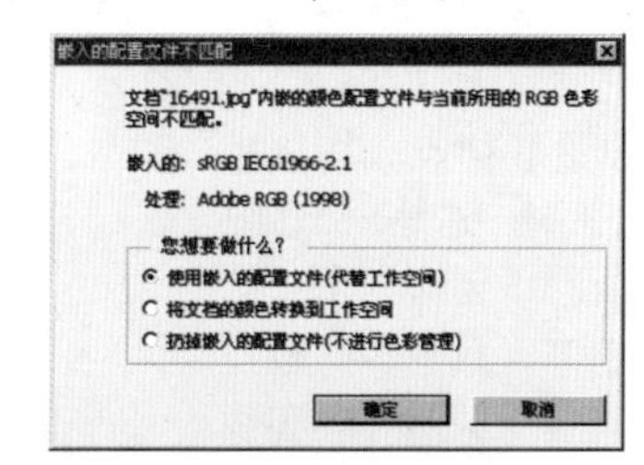

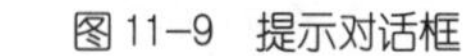

图 11-9　提示对话框

◆ 缺少配置文件：勾选“打开时询问”项，则只要文件没有携带配置文件，打开时就会弹出相应的提示对话框。

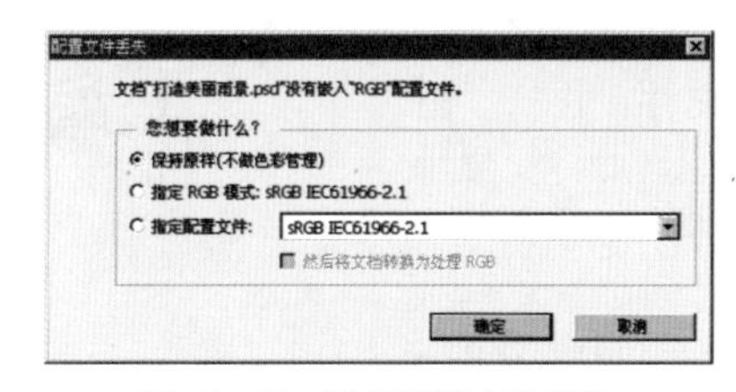

图 11-10　缺少配置文件提示

3）如何设置管理方案

对于设计师，推荐你采用谨慎方案，将两个“打开时询问”都勾选，这样你可以根据设计需要来确定如何做。不勾选“粘贴时询问”项，复制粘贴图像，一般用于图像合成，合成图像本身就是一个整体，也必须在同一个色彩空间下共存，所以无须询问了。

而对处理方式的默认设置，RGB设置为“转换为工作中的RGB”更常用，CMYK和灰色设置为“保留嵌入的配置文件”更常用。

对于普通用户，不用勾选询问条件，并且将处理方式都设置为“保留嵌入的配置文件”，这样可以避免被打扰。

11.2 分色

对分色最简单的理解就是将文件模式转为CMYK。这个过程，在Photoshop中的操作就是执行“图像”|“模式”|“CMYK”命令。

不过在这之前，需要明白或解决两个问题：第一，确定分色选项；第二，CMYK模式转化的实质。先说将图像模式转换为CMYK模式的实质。

1 CMYK 模式转化实质

利用“模式”菜单中的命令转换为CMYK，其实质就是按照“颜色设置”对话框中的CMYK空间设定条件，将图像分解成青（C）红（M）黄（Y）黑（K）四种原色颜色。同一RGB颜色，不同的设定条件，得到的CMYK色值不同。

因此，当我们执行“图像”|“模式”|“CMYK”命令时，一定要提前弄明白自己正在为哪个输出中心做分色文件，并作出相应的CMYK空间设置。

实例体验2：不同CMYK空间设置的分色感受

素材：光盘\第 11 章\素材\多啦 A 梦 .JPG
视频：光盘\第 11 章\视频\不同 CMYK 空间设置的分色感受 .flv

STEP01 **设置取样点。**按快捷键Ctrl+O打开素材，这是一张多啦A梦图像。执行“窗口”|“信息”命令，打开“信息”面板，选择颜色取样器工具，在图像的青色、红色、橙色区域确定三个取样点，如图11-11所示。

图 11-11 设置取样点

STEP02 **复制文件。**执行“窗口”|“历史记录”命令，显示“历史记录”面板，单击面板下方“从当前状态创建新文档”图标，复制当前文件得到名为“新颜色取样器”新文件。

STEP03 **设置CMYK空间并转换模式。**返回“多啦A梦”文件上，执行“颜色设置”命令，将CMYK空间设置为Japan Color 2001 Coated。执行“图像”|“模式”|“CMYK”命令，直接确定弹出的警告框，这时图像和取样点色值如图11-12所示。

图 11-12 日本铜版纸空间转换效果

STEP04 新设CMYK空间并转换模式。返回"新颜色取样器"文件，执行"颜色设置"命令，设置CMYK工作空间为Japan Color 2001 Newspaper。执行"图像"｜"模式"｜"CMYK"命令，直接确定弹出的警告框，这时图像和取样点色值如图11-13所示。

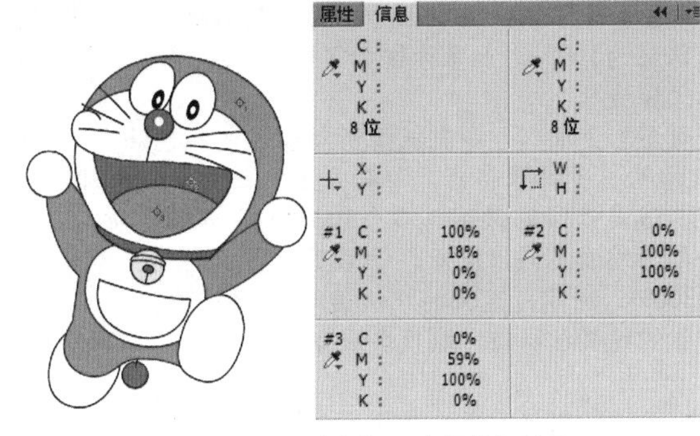

图11-13　日本新闻纸空间转换效果

2 分色选项

执行"编辑"｜"颜色设置"命令，打开"颜色设置"对话框。在CMYK的下拉列表中选择"自定CMYK"项，弹出"自定CMYK"对话框，如图11-14所示。该对话框的"分色选项"选项组用于指定如何在分色中使用黑墨，从而改变四色印刷的总油墨量。黑版在四色印刷中至关重要，是用来控制印刷品的整体明暗度，合理设置黑色油墨量，可以从很大程度上提高印刷适性、节约印刷成本，提高印刷质量。

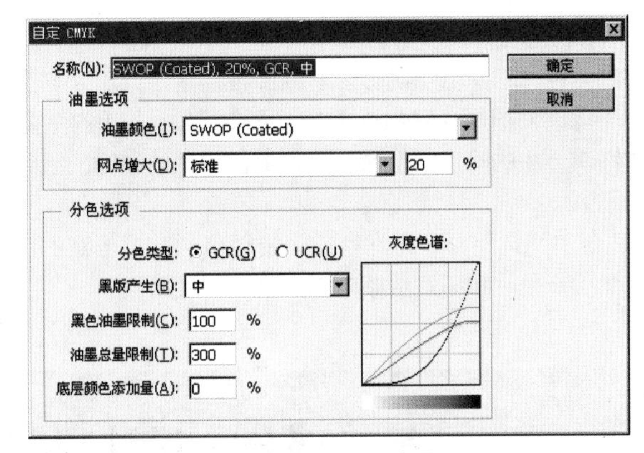

图11-14　分色选项

Photoshop中有两种分色类型GCR和UCR。

1）GCR

GCR，意为灰色成分替代，意思是用黑色油墨替代由CMY组成的中性灰，可以降低油墨总量，提高油墨的干燥速度。这一点很重要，因为油墨慢干会给印刷工艺出难题：先印的油墨没有干的话，套印下一色油墨，容易造成墨色不均或造成纸张的粘连。举个例子：C69 M80 Y72该颜色的油墨总量为CMY值相加等于221，假如可以用K67的黑色油墨来替代C47 M37 Y44的中性灰成分，那么该颜色可以用C22 M43 Y28 K67来印刷，油墨总量变为160，油墨总量的减少，意味着墨层变薄，干燥快。

一般的彩色印刷都采用GCR分色。当GCR被选中时，下方的"黑版产生""黑色油墨限制""油墨总量限制""底层颜色添加量"选项都能进行设置。

◆ 黑版产生：选中GCR后此项才有效。"自定义"，可调整黑版产生曲线，如图11-15所示。选择"自定义"后弹出"黑版产生"对话框，其横坐标是原始图像的灰度级，纵坐标转成CMYK模式后的黑版量。"无"表示转换成CMYK后不会产生黑版，没有黑色油墨；"较少"，转换后产生较少的黑色油墨；"中"，转换后产生中等程度的黑色油墨；"较多"，转换后产生较多的黑色油墨；"最大值"，将所有中性灰成分转换为黑色油墨。

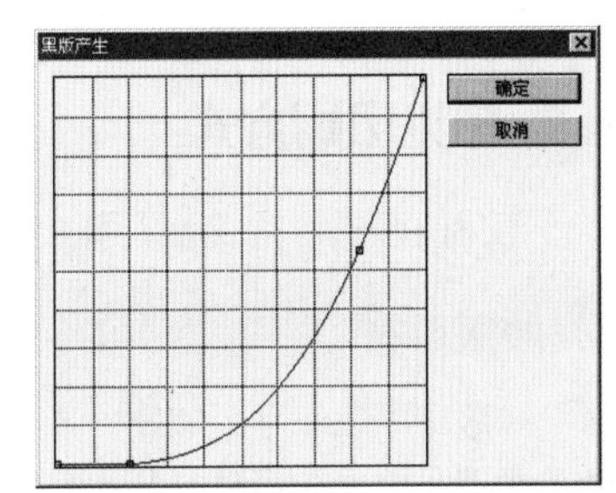

图11-15　自定义黑版产生

◆ 黑色油墨限制：当RGB转换为CMYK时最多可以有多少黑色油墨。印刷纸张所能承受的最大黑版墨量，默认值为100%，如果你增加了UCA（底色增加）的值，也应该适量减少黑版墨量，这样暗部的颜色看起来比较透气。

◆ 油墨总量限制：印刷纸张所能表现的四色油墨总量的上限。用它减去黑色油墨限制的量，即得到CMY三色油墨总量的限制值。印刷品上大面积的黑色铺底，有些人误以为：CMYK都用100%浓度印刷，一定很好，这是错误的做法！四个100%的色版印上去，纸张是承受不了的，油墨不能正常干燥，会使纸张粘在一起，或油墨溅出滚筒，结果不但得不到理想的黑，反而一片墨团。从经验值上来说，四色油墨总量应少于300%。所以，这里的默认值为300%。

这个值的设置往往与印刷设备和纸张有关联：印刷设备先进，网点扩大值小，油墨总量大时，也不会糊版。

在铜版纸上印刷，油墨总量可以为320%～340%，因为铜版纸表面光洁、吸墨性好，网点扩大小。

在胶版纸上印刷，油墨总量应少于300%。

在新闻纸等粗糙的纸张上印刷，油墨总量设置为250%～260%即可。

◆ 底层颜色增加量（UCA数量）：只有在选择了GCR时才能使用该项。为了防止灰色成分被替代造成墨层单薄、色泽不足，可以在暗调区域加入或保留部分彩色，一般设置为10%即可，也可以不设置。

2）UCR

UCR，指底色去除，加重阴影。GCR是用黑色替换任何色调范围内的CMY中性灰，而UCR则是替换在阴暗区域中的黑色。它降低了阴影区总油墨覆盖量，同时又增强了细节，非常适合于高速印刷，因为快速印刷的油墨干燥时间很短，容易造成暗调细节模糊。UCR的主要缺点是暗调显得较为单调，缺乏对比度，这就是以中性灰为主的暗调图像无法获得最佳效果的原因。因此，当图像包含丰富的中间调和暗调时，最好使用GCR组合。

UCR适合中间调色彩非常鲜艳或者暗部色彩变换丰富的画面分色，当选择UCR时，“分色选项”面板下方的“黑版产生”和“底层颜色增加量”不可用。

第二部分　设计师的分色工作

11.3 设计师对印刷的了解

设计师应该对印刷有一定了解，这样才能把握好设计和成品效果。

1 常见印刷方式

常见的印刷包括胶版印刷、丝网印刷、金属凸版印刷、柔性印刷等。

1）胶版印刷

胶版印刷属于平版印刷，是平版印刷最常见，应用最广泛的一种。主要用来印刷书刊、报纸、月历、精美画册、广告、招贴以及视觉效果要求高的印刷产品，如图11-16所示。

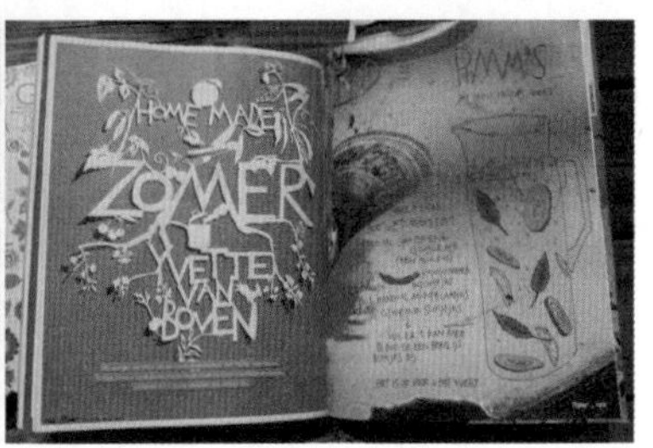

图 11–16　胶版印刷品

2）凹版印刷

凹版印刷简称凹印，使用图文部位凹下，空白部位平整的印版，在压力作用下，凹处的印墨被转印到承印物上进行的印刷。

主要用来印刷具有防伪标识的纸币、债券、邮票、产品包装等，如图11–17所示。

图 11–17　凹版印刷品

3）金属凸版印刷

采用金属印版的凸版印刷主要应用于名片、喜帖、烫金等印刷，如图11–18所示。

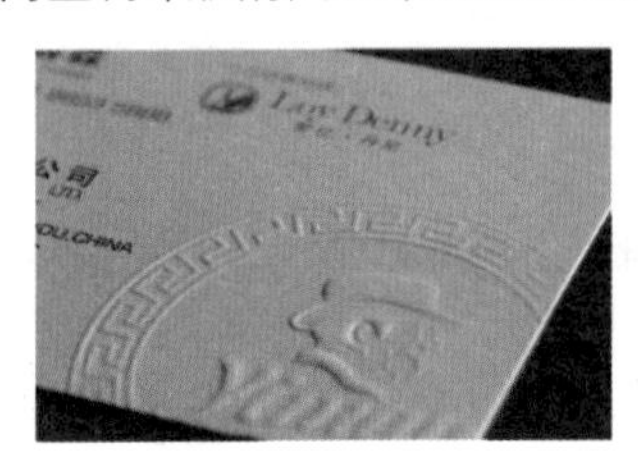

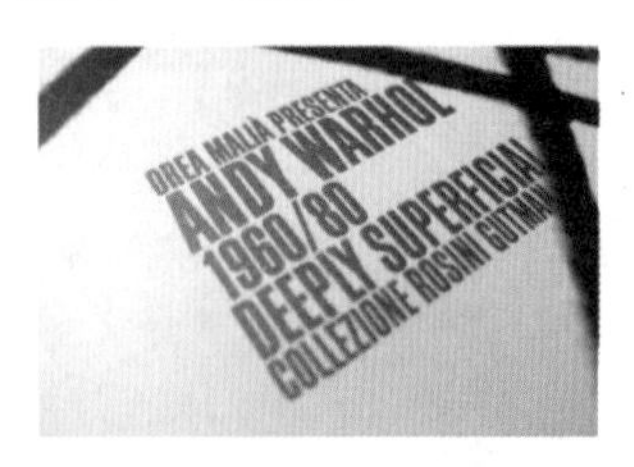

图 11–18　凸版印刷品

4）柔性版印刷

采用橡胶、树脂印版的凸版印刷称为柔性版印刷，在国内被简称为柔印。

柔印属于绿色环保印刷技术，在包装印刷领域具有举足轻重的地位，是主要的印刷方式。主要用于印刷如食品包装、塑料软包装、瓦楞纸包装等，如图11–19所示。

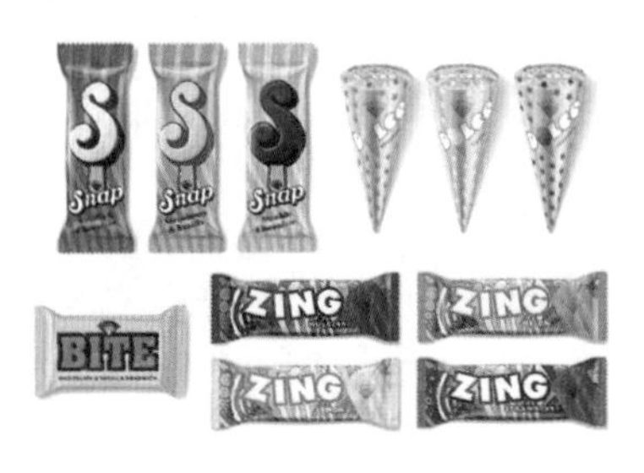

图 11–19　柔性版印刷品

5）丝网印刷

丝网印刷也称为丝印或网印，属于孔版印刷，具有鲜明的印刷特色和工艺技术。

胶印、凹印或凸印都是以平面材料为主要载体的印刷方法，而丝网印刷既能以纸张为载体，还可以在塑料制品、金属或皮革制品等承印物上进行印刷，承印物可以是平面的，也可以是曲面的，适应面更广。由于丝网印刷的灵活性与适应性，更多的设计作品甚至在以纸张为印刷载体的印刷品种采用丝网印刷取代胶版印刷，能够更生动地表达创意设计理念。

丝网印刷应用范围十分宽广，如工业产品中的集成电路板、金属制品外壳、玻璃器皿、各种异型塑料制品、纺织服装、包装装潢等，如图11-20所示。

图11-20　丝网印刷品

2 出片制版

传统印刷中，设计师设计的作品通过分色，然后输出胶片，再利用胶片制成印版，才能在各类印刷设备上印刷成成品。随着印刷技术的发展，现在可以不用出胶片，直接制版进行印刷，这种技术被称为CTP（Computer to plate）制版。

输出胶片，就是出片，出菲林片。菲林是英文"FILM"的直接音译，是制版与输出中心对胶片的俗称。每个CMYK模式的作品，就会出反映青、品红、黄、黑四种油墨分布的四张片（注意：每张片看到的都是黑白色的，不是彩色的）。如果有专色，或者需要对局部图像、文字添加特殊工艺，则这些需要各自单独另外出片。

制版，就是通过晒版、冲版等工艺将胶片上的图像、文字信息影印到PS版、聚酯版等上面制成印刷用的印版。

11.4 自定义CMYK配置文件

自定义CMYK配置文件的目的是让CMYK模式下的设计作品在显示屏上看到的与实际打样的颜色一致，也就是你设计成什么，打样出来就是什么，避免颜色偏差。

打开一张设计稿，同时将该设计稿的打样品放在屏幕旁边。我们可以对照打印品定义CMYK配置文件，让Photoshop显示的文件颜色与打样品一致。（注意：房间墙壁应是白色的，光线要充足，最好是白色的日光灯提供照明，避免光源颜色以及环境颜色影响对颜色的判断）。在"颜色设置"对话框中，将"工作空间"选项组中的CMYK设置为自定义，然后对照打样调整油墨颜色、网点增大，让文件显示的颜色与打样颜色一致。

因为不同的打样中心的输出特性是不同的，所以我们应该针对不同的打样中心做不同的CMYK配置。下面我们为A输出中心铜版纸打样自定义CMYK配置文件。

实例体验3：为A输出中心铜版纸打样定义CMYK文件

素材：光盘\第 11 章\素材\书籍封面 .JPG
视频：光盘\第 11 章\视频\为 A 输出中心铜版纸打样定义 CMYK 文件 .flv

STEP 01 **打开素材**。确保光线充足，将封面打样准备好，如图11–21所示。在Photoshop中打开制作完成的书籍封面，如图11–22所示。首先执行“视图”｜“校样颜色”命令开启校样，如图11–23所示，便于后面观察设置中的颜色变化。执行“编辑”｜“颜色设置”命令，弹出“颜色设置”对话框，如图11–24所示。

图 11–21　打样品　　图 11–22　书籍封面文件

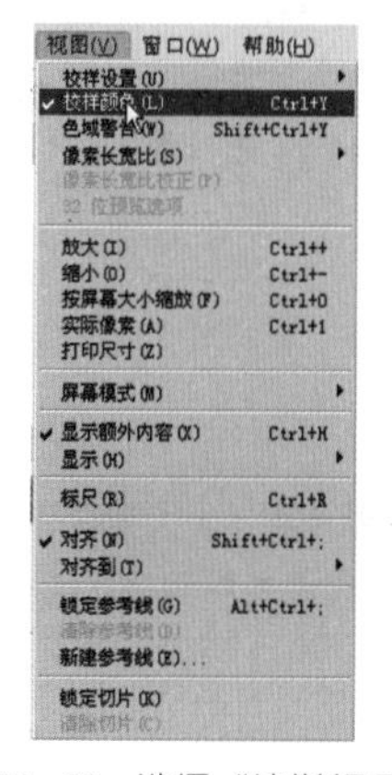

图 11–23　选择“校样颜色”

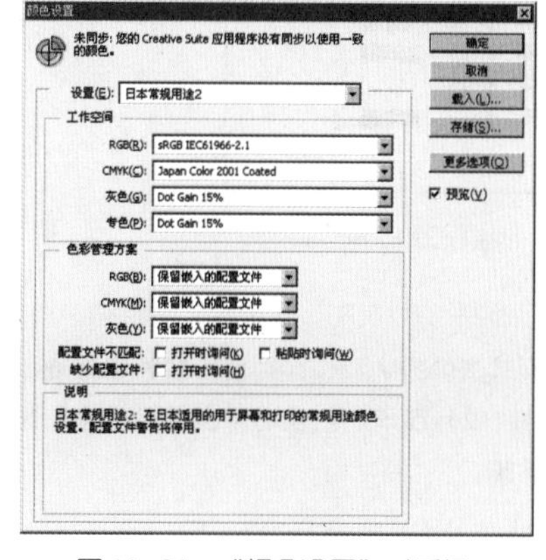

图 11–24　“颜色设置”对话框

STEP 02 **选择ICC起点**。单击工作空间CMYK选项的下拉菜单，选择各种ICC条目对比打样颜色，直到找到一个与ICC显示的CMYK图像最接近打样，这个ICC就是校色的起点，如图11–25所示，这里选择U.S.Web Coated (Swop) V2。

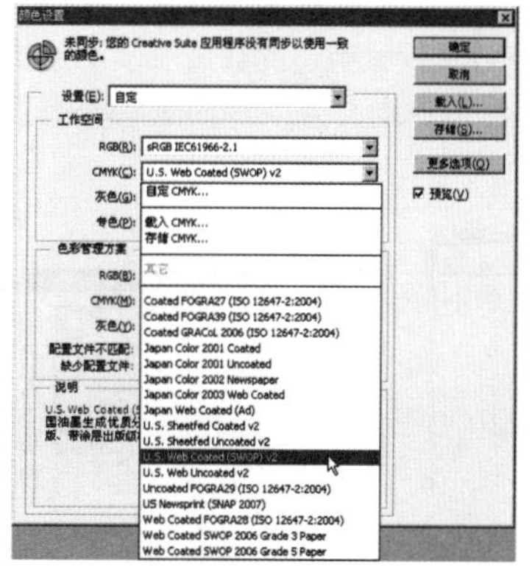

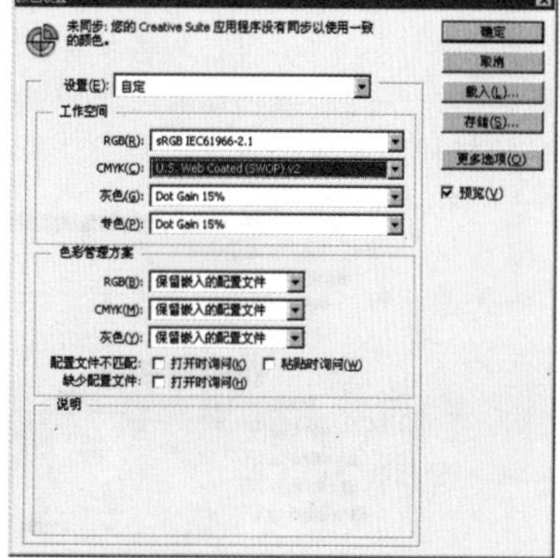

图 11–25　选择 ICC 起点

STEP 03 **设置ICC名称**。再次单击CMYK的下拉菜单，选择“自定CMYK”，打开“自定CMYK”对话框。首先设置一个名称，设定为“A输出中心，铜版纸–GCR，中”。这样在设置完成后，可以在“颜色设置”面板中快速查找到自定义的ICC文件，如图11–26所示。

STEP 04 **自定油墨颜色**。为了让显示器准确地显示各种实地印刷的油墨颜色，在对话框“油墨颜色”下拉列表中选择“自定…”选项，如图11–27所示，打开“油墨颜色”对话框。单击这些色块弹出“拾色器”，对照打样稿改变这些颜色的色值，使这些色块尽量接近打样稿上测控条的色块，如图11–28和图11–29所示。

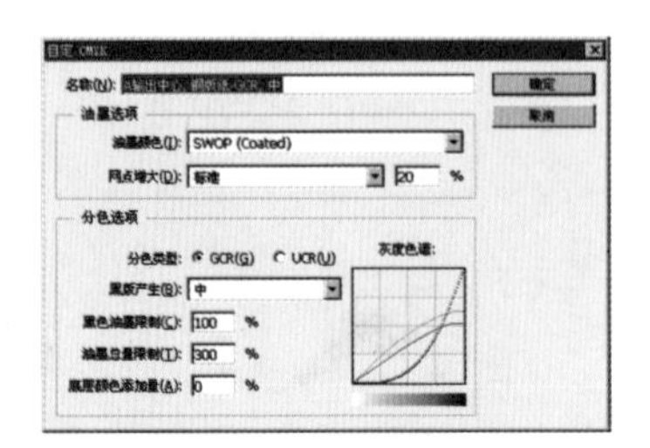

图 11–26　设置 ICC 名称

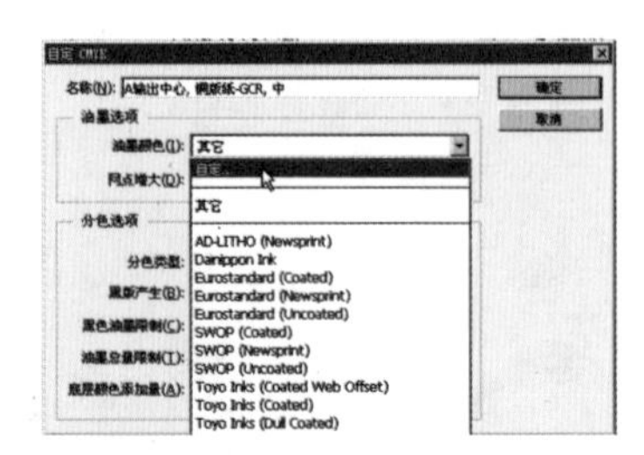

图 11–27　选择“自定…”选项

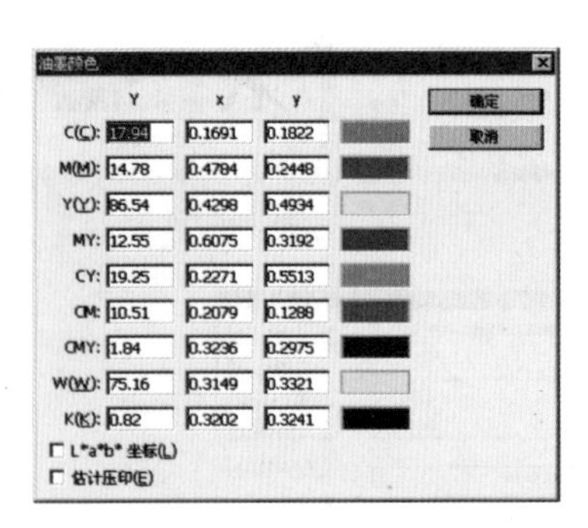

图 11–28　设置完成的油墨颜色

图 11–29　打样稿上的测控条

提示

也可以通过调节表中的Y、x、y数值，较为精确地改变色值，Y代表明度，x代表红色的成分，y代表绿色的成分，而蓝色的成分可以从红色和绿色推导出来，所以表中没有列出。如果勾选“L*a*b坐标”，可以把数据变为Lab格式。

STEP 05 **预测网点扩大**。设置完油墨颜色后，单击“确定”按钮。为了让CMYK颜色显示出就像在印刷中发生了网点扩大的样子，单击“网点增大”下拉按钮，选择“曲线…”选项，如图11–30所示，打开“网点增大曲线”对话框。拉曲线上的点或者设置旁边的数值，预测油墨从10%~90%的网点增大值，分别设置青色、洋红、黄色和黑色四种油墨的网点增大值。调节时注意对比观察打样稿（不是测控条）颜色，要与打样稿颜色保持一致，如图11–31所示。

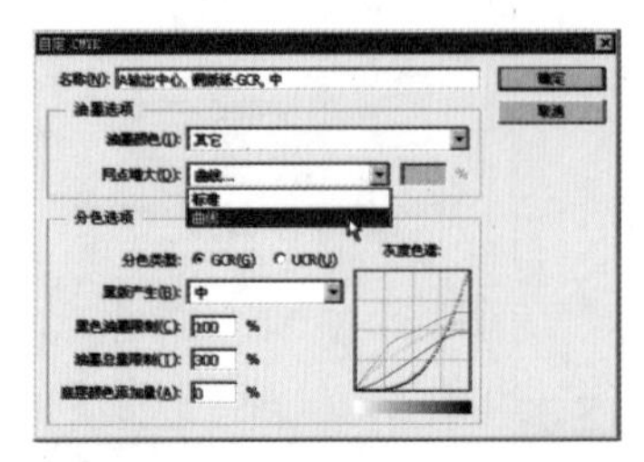

图 11–30　选择“曲线…”选项

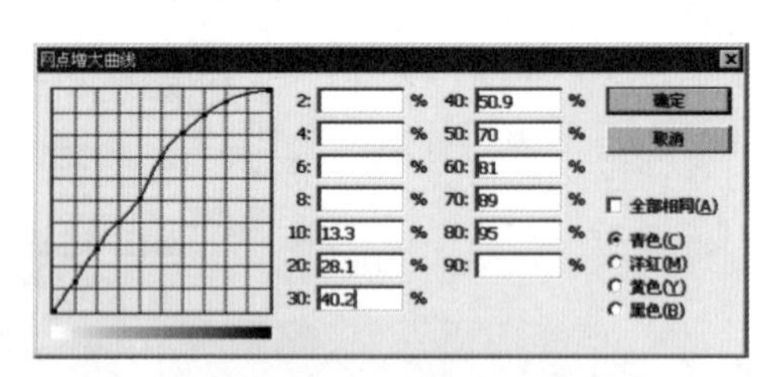

图 11–31　预测网点扩大

提示

网点由最初的出片设备打印在胶片上，然后通过晒版印刷转移到印刷品上。在印刷压力下，油墨会扩散，网点转移到印刷品上就会比胶片上大，这叫网点扩大。这相当于盖章的时候，印章在纸上的效果会有扩散，要比原版大。

STEP06 **完成ICC设置**。设置完网点增大后，单击“确定”按钮，关闭“网点增大曲线”对话框，再单击“确定”按钮，关闭“自定CMYK”对话框，回到“颜色设置”对话框，刚才编辑的ICC就出现在这里，如图11-32所示。

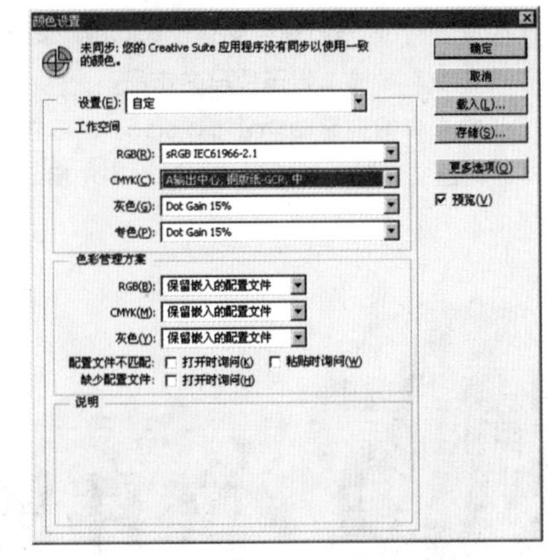

图 11-32　“颜色设置”对话框

STEP07 **存储ICC文件**。在CMYK下拉列表中选择“存储CMYK…”选项，如图11-33所示。弹出“存储”对话框，如图11-34所示。单击“保存”按钮，Windows的默认存储位置是C:|Windows|System32|spool|drivers|color，如图11-35所示。

图 11-33　选择“存储 CMYK…”选项

图 11-34　“存储”对话框

图 11-35　存储 ICC 文件

STEP08 **载入自定义的ICC文件**。只要没有人更改过“颜色设置”对话框，你所设置的ICC文件就会在这里，如果这里的ICC换了，还可以从CMYK下拉列表中选择“载入CMYK”，然后在电脑存储ICC的位置将其载入，如图11-36所示。

现在我们拥有了A输出中心铜版纸打样的ICC文件。只要我们的设计作品将在A中心用铜版纸打样，我们就必须在CMYK工作空间为“A输出中心，铜版纸-GCR，中”的颜色设置环境中进行设计工作。这样我们总能得到与设计效果一样的打样稿。

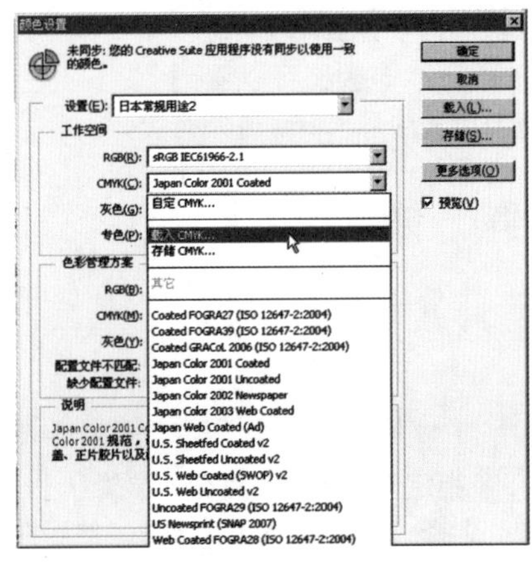

图 11-36　载入 CMYK

提示

1.备份ICC文件

自定义的CMYK配置文件，即ICC文件，Windows的默认存储位置是C:|Windows|System32|spool|drivers|color，为了防止重装系统后找不到它，可以将其复制保存到自己新建的文件夹中。如果某天"颜色设置"对话框中的CMYK空间不再是我们自定义的，再需要时我们还可以从CMYK下拉列表中选择"载入CMYK"，然后在电脑存储ICC的位置将其载入即可。

2.在他人电脑上显示自己的作品

在他人电脑中启动Photoshop，首先在"颜色设置"对话框中将"色彩管理方案"均设置为"保留嵌入的配置文件"，然后再打开我们的作品。这个时候，显示出的颜色就与我们自己电脑显示的颜色一致。

11.5 文件的分色

1 彩色图像分色操作

在Photoshop中做好了设计，需要转换模式进行分色，该如何操作呢？在本章第一部分我们已经知道了分色的实质——按指定条件转换成CMYK。因此，在Photoshop中进行分色包括两个必要步骤：指定CMYK配置文件（设置CMYK空间）、执行模式转换命令。

实例体验4：为输出中心A做分色文件

素材：光盘\第11章\素材\美味.JPG　　视频：光盘\第11章\视频\为输出中心A做分色文件.flv

STEP01 **打开文件。**按快捷键Ctrl+O打开一幅素材文件，如图11－37所示，然后执行"窗口"|"通道"命令，打开"通道"面板。可以看到RGB图像模式中除RGB通道外有"红""绿""蓝"三个颜色通道，如图11－38所示。

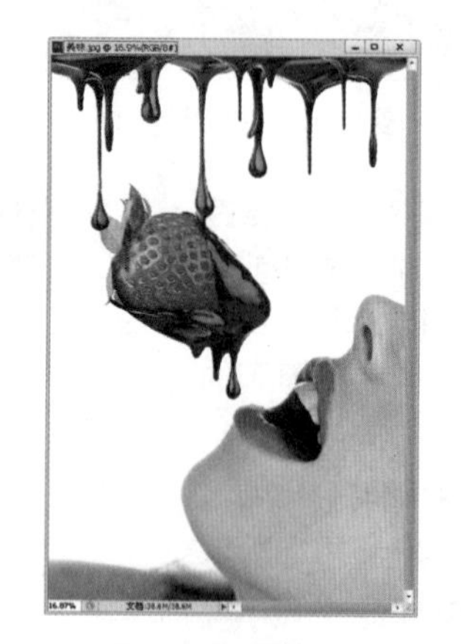

图11－37　原图

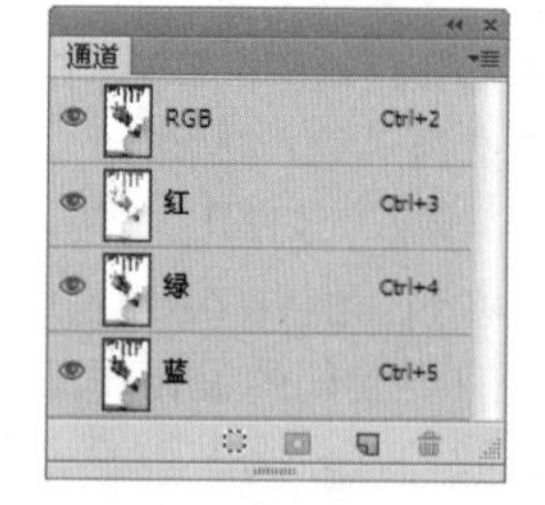

图11－38　RGB颜色模式"通道"面板

STEP02 **指定分色条件。**执行"编辑"|"颜色设置"命令，弹出"颜色设置"对话框。单击CMYK下拉菜单，选择"载入CMYK…"选项，然后在电脑存储ICC的位置载入"A输出中心，铜版纸－GCR，中"文件，如图11－39和图11－40所示。

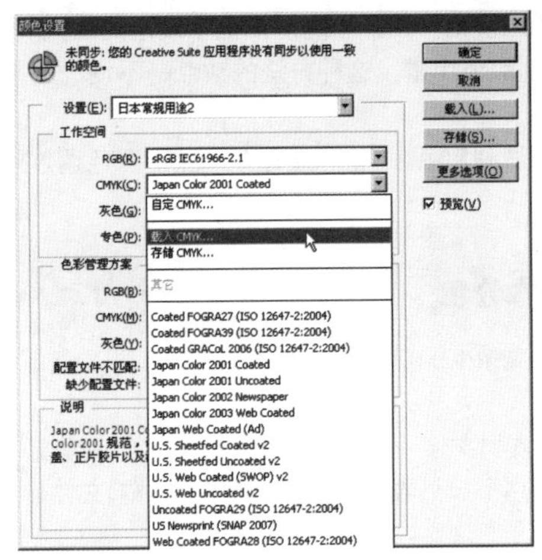

图 11-39　选择“载入 CMYK…”选项

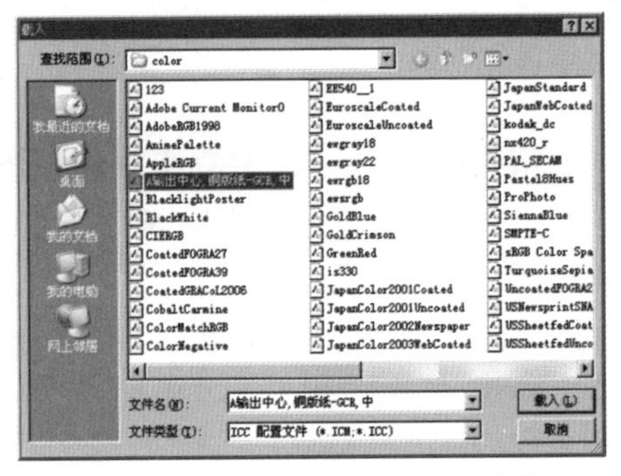

图 11-40　选择载入的 ICC 文件

STEP 03 **分色**。单击“载入”后，再单击“确定”按钮，关闭“颜色设置”对话框。执行“图像”|“模式”|CMYK命令，在弹出的警示框中单击“确定”按钮，如图11-41所示，RGB图像被转化成CMYK模式的图像，如图11-42所示。“通道”面板中除CMYK通道外有“青色”“洋红”“黄色”“黑色”四个颜色通道，如图11-43所示，这四个通道通过出片设备就会生成四张胶片。

图 11-41　警示窗口

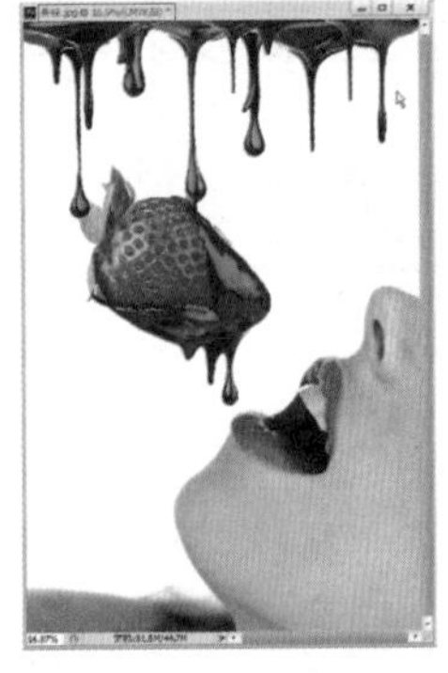

图 11-42　CMYK 颜色模式的图像

图 11-43　CMYK 颜色模式“通道”面板

2 用普通油墨印双色调图像的分色操作

双色调图像指如图11-44所示的图像，它由一种、两种或者三种颜色印刷。如果需要用普通的印刷油墨而不是专色油墨印出双色调效果，在Photoshop中有两种方法。

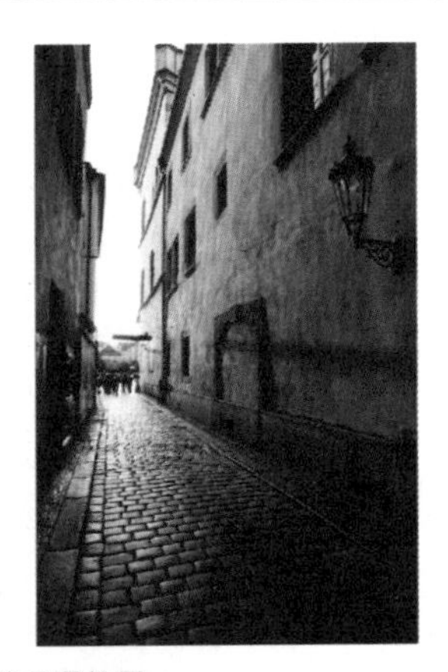

图 11-44　双色调效果

方法一：将图像转成灰度模式，然后转换成双色调模式，在弹出的对话框中设定油墨为C、M、Y、K中的两种颜色（注意色值必须是100）并调整曲线控制颜色用量。这种方法的缺点是不便于进一步编辑，如编辑文字不方便等。

方法二：将图像转成黑版最大值的CMYK模式，然后利用色相/饱和度命令调整出双色调效果。最后再转成多通道模式完成分色。

实例体验5：为A中心做双色调图像分色

素材：光盘\第 11 章\素材\小提琴 .JPG
视频：光盘\第 11 章\视频\为 A 中心做双色调图像分色 .flv

STEP 01 **指定CMYK空间**。按快捷键Ctrl+O打开一幅素材文件，如图11–45所示。执行"编辑"|"颜色设置"命令，弹出"颜色设置"面板。在工作空间CMYK下拉列表中选择A输出中心的ICC文件，如图11–46所示。

STEP 02 **修改黑版设置**。在CMYK下拉列表中，选择"自定CMYK"，在分色选项"黑版产生"下拉列表中选择"最大值"，如图11–47所示。单击"确定"按钮，关闭"自定CMYK"面板，再单击"确定"按钮，完成颜色设置。

图 11–45 原图

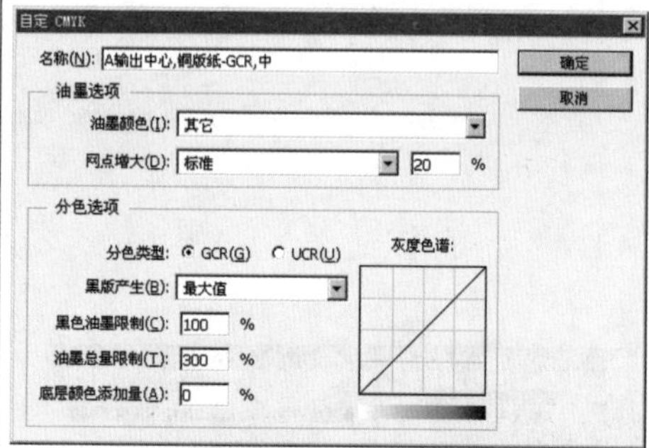

图 11–46 选择载入 A 输出中心的 ICC

图 11–47 选择黑版产生"最大值"

STEP 03 **转换模式**。执行"图像"|"模式"|"CMYK"命令，在弹出的警示框中单击"确定"按钮，如图11–48所示，RGB图像被转化成CMYK模式的图像，如图11–49所示。

图 11–48 单击"确定"

图 11–49 分色后的 CMYK 图像

STEP 04 **色相/饱和度调整成双色效果**。按快捷键Ctrl+U或执行"色相/饱和度"命令，勾选"着色"选项，设置色相值为180，饱和度为100，如图11–50所示，即可得到青色和黑色的双色调效果，如图11–51所示。还可设置色相值为60或300，可分别得到黄黑、洋红和黑的双色调效果。

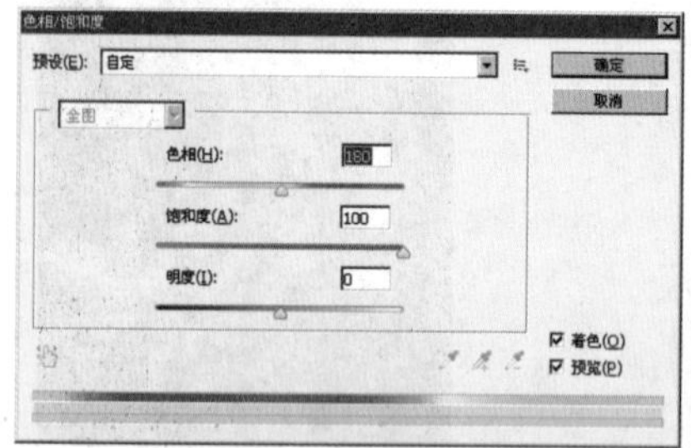

图 11–50 设置色相 / 饱和度

图 11–51 青色和黑色的双色调效果

STEP 05 **查看通道**。显示“通道”面板，可以看到这个时候，除开CMYK通道外，只有另外两个通道有颜色，其他通道都是空白的，如图11–52所示。这表示我们获得了只采用两种颜色来印刷的双色调效果。

STEP 06 **曲线调整**。按快捷键Ctrl+M或执行“曲线”命令，调整图像颜色对比度效果直至满意为止，如图11–53和图11–54所示。

STEP 07 **输入文字**。选择文字工具，文字颜色只能设置为白色、黑色、青色，以及青色与黑色组成的某种颜色，单击鼠标并输入“蓝色交响乐”文字，如图11–55所示，然后单击属性栏中的✓结束编辑。

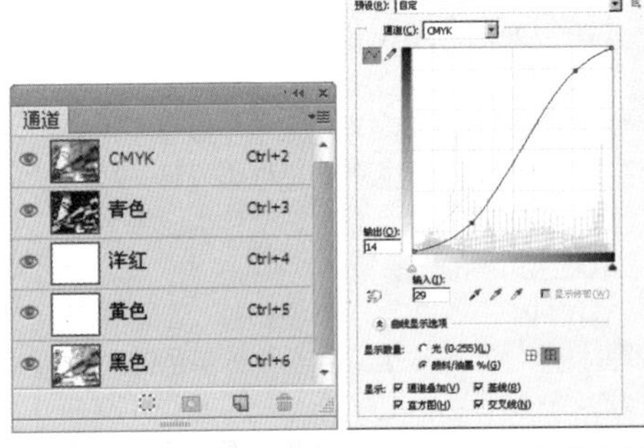

图 11–52 “通道”面板

图 11–53 曲线调整对比度 图 11–54 调整对比度后的效果

图 11–55 输入文字

STEP 08 **转成多通道模式**。执行“图像”|“模式”|“多通道”命令，直接确定弹出的合并图层对话框，图像色彩显示有轻微的变化，变亮了一点，如图11–56所示。显示“通道”面板，可以选中黑色通道，利用曲线调整变暗，如图11–57和图11–58所示。将多余的“洋红”和“黄色”空白通道删除。至此，用普通油墨印刷的双色调分色文件就做好了。

图 11–56 “多通道”模式

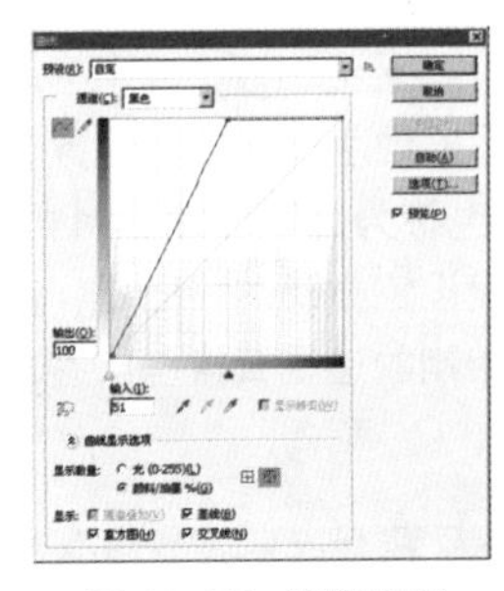

图 11–57 调整曲线

图 11–58 调整曲线后的效果

STEP 09 **自定专色**。如果想用C、M、Y、K以外的油墨印刷，可以双击青色通道，在弹出的对话框中单击颜色块，设置需要的颜色，可以看到图像效果改变了，如图11–59和图11–60所示。设置的这种颜色，作为一种专色，在印刷的时候需要告知印厂。

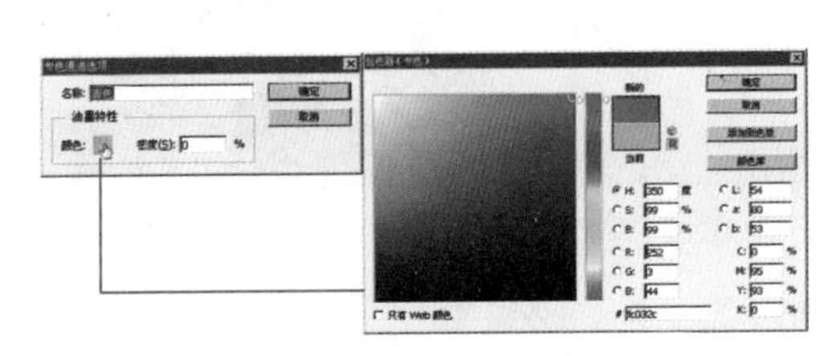

图 11–59 设置专色

图 11–60 设置专色后的效果

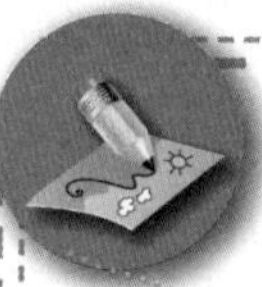

设计师经验谈

1.在Photoshop中利用双色调模式设计制作双色调效果，有很多不便。第一个不便是更改为双色调模式后，很难继续编辑文字。第二个不便是，Photoshop保存双色调图所能选择的文件格式很少。第三个不便是，Photoshop保存的双色调模式图导入AI、CorelDRAW等软件中会发生一定颜色变化。

2.如果最终双色调的作品要在AI、CorelDRAW等中完稿，则没有必要在Photoshop中制作双色调图。我们只需要在Photoshop中将需要的图处理成灰度模式并保存，然后导入到AI、CorelDRAW软件中。在这两个软件中可以很方便地将灰度图转变成双色调图。

3.在AI中制作双色印刷作品。将需要的灰度图插入AI后，确定工具箱中填色位于前，然后显示色板面板，单击面板右上角的下拉按钮，从弹出的菜单中选择“新建色板”命令。在弹出的“新建色板”对话框中设置“颜色类型”为专色，然后下方设置专色的颜色。确定对话框，然后将该专色颜色指定给图片。这时，文件中已经有一种专色了，剩下的文字等必须统一成另外的一种油墨色，如此就得到采用双色印刷的作品。

4. 在CorelDRAW中制作双色印刷作品。将需要的灰度图导入CorelDRAW中，选中图片，选择“位图”|“模式”|“双色”命令。在弹出的“双色调”对话框中单击锁形图标锁定预览，设置“类型”为单色调，然后双击下方框中的色条弹出“选择颜色”对话框。在这个对话框中可以选择一种专色，也可以设置成数值为100的某个印刷油墨色。确定“选择颜色”对话框，完成颜色设定。调节“双色调”对话框右侧的曲线，可以改变油墨的使用以改变图片的颜色直到满意。满意后确定“双色调”对话框完成颜色设定，然后再将余下的元素统一成另外一种油墨色，就完成了双色调作品的制作。

3 PS对黑色文字的分色

在Photoshop中做的印刷设计文件，如果文件中有较小的黑色字体，尤其是12pt以下的小字，不建议使用四色黑，因为会给套印带来很大的麻烦，甚至会出现文字彩色晕边。应该设置文字为单黑（K100），并设置文字为叠印，避免套印不准导致印刷后出现字体漏白的现象。

叠印是指两种或多种颜色叠加印刷，也称为压印，是设计师在处理文字、图形图像时必须注意的问题。对印刷品上较小的黑色文字、图形图像设定叠印的好处是，前一次序印刷的油墨，在施加后一次油墨时，有油墨叠加的部分不会镂空，后一次印刷的油墨直接压印在前一次的油墨上，这样可以避免因套印不准出现漏白的现象，如图11-61所示。

↑ 黑色文字没有设置叠印，下面的品红色色底会被镂空，稍有套印不准，可能会漏出纸的白边

↑ 黑色文字设置了叠印，下面的品红色色底不会被镂空，即使套印不准，也不会出现漏白

图 11-61　没有设置叠印和设置叠印的效果对比

实例体验6：RGB模式下的黑色文字分色

素材：光盘\第 11 章\素材\拼图 .PSD
视频：光盘\第 11 章\视频\RGB 模式下的黑色文字分色 .flv

STEP01 **填充文字层**。按快捷键Ctrl+O打开一幅RGB颜色模式的素材文件，如图11–62所示。单击前景色图标，在弹出的“拾色器”对话框中设置颜色为单黑，设置完成后，单击“确定”按钮，然后在“图层”面板中选择文字图层，按快捷键Alt+Delete填充文字层，如图11–63所示。

图 11–62 原图

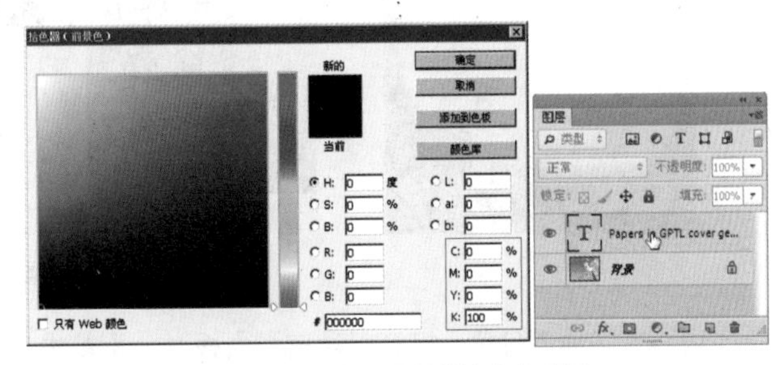

图 11–63 设置单黑色并填充文字层

STEP02 **分色**。执行“图像”|“模式”|“CMYK”命令，在先后弹出的两个警示框中分别单击“不拼合”和“确定”按钮，如图11–64所示，RGB图像被转化成CMYK模式的图像，如图11–65所示。

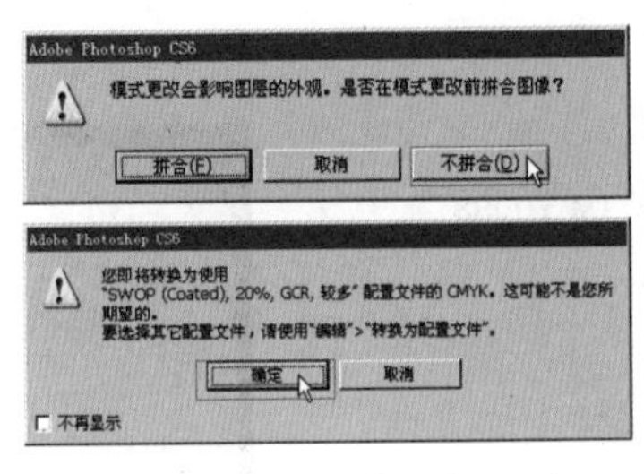

图 11–64 警示窗口

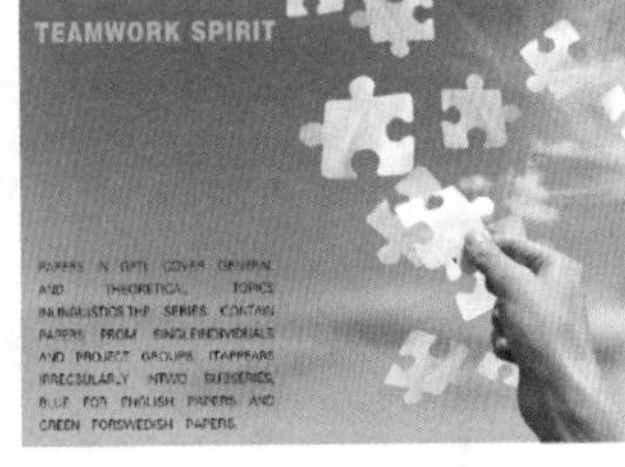

图 11–65 CMYK 颜色模式的图像

STEP03 **观察分色情况**。打开“通道”面板，分别单击“青色”“洋红”“黄色”“黑色”四个颜色通道，可以发现四个通道上都有灰色文字，如图11–66所示，也就是说黑色文字将用四色进行套印。因此，RGB模式下的黑色文字分色后，不适宜印刷。

青色

洋红

黄色

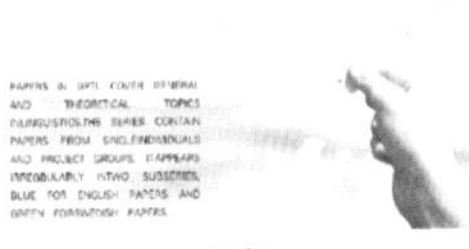

黑色

图 11–66 RGB 的黑色文字分色后成了四色文字

提示

由于RGB和CMYK的色域空间不同，在RGB颜色模式下填充的单黑（K100）文字，Photoshop会自动将其转换为四色。

实例体验7：CMYK模式下的单黑文字分色效果

素材：光盘\第 11 章\素材\表白 .PSD
视频：光盘\第 11 章\视频\CMYK 模式下的黑色文字分色效果 .avi

STEP01 **填充文字层**。按快捷键Ctrl+O打开一幅CMYK颜色模式的素材文件，如图11–67所示。单击前景色图标，在弹出的“拾色器”对话框中设置颜色为单黑，设置完成后，单击“确定”按钮，然后在“图层”面板中选择文字图层，按快捷键Alt+Delete填充文字层，如图11–68所示。

图 11–67　原图

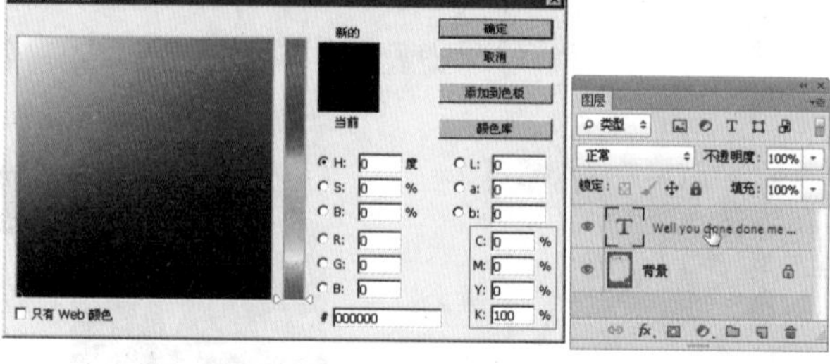

图 11–68　设置单黑色并填充文字层

STEP 02 **观察文字通道分色。**打开“通道”面板，分别单击“青色”“洋红”“黄色”“黑色”四个颜色通道，可以发现在青色、黄色通道中黑色文字出现镂空现象，如图11–69所示。因此，CMYK模式下文件中较小的文字，即使是单黑，也不适宜印刷。

青色　洋红　黄色　黑色

图 11–69　CMYK 单黑色文字分色出现镂空

实例体验8：修改文字图层模式获得叠印分色★

素材：光盘\第 11 章\素材\表白 .PSD
视频：光盘\第 11 章\视频\修改文字图层模式获得叠印分色 .flv

将黑色文字图层的图层混合模式设置为“正片叠底”，叠加的黑色文字只出现在黑色通道中，其他通道不会出现镂空现象，避免了漏白，如图11–170所示。

青色　洋红　黄色　黑色

图 11–70　叠印分色效果

11.6 分色后的颜色调整——二次调色

在RGB颜色模式转换为CMYK颜色模式分色时，由于色域空间的改变，转换后的图像多少会有些发灰，这就需要对其颜色做适当的调整。对转换为CMYK颜色模式图像进行的颜色调整，称之为二次调色。

1 校正PS对CMYK文件的显示

分色后调整颜色，首先需要校正Photoshop对CMYK图像的显示。

校正CMYK图像显示，实际就是定义CMYK工作空间。在11.4节中，我们讲了如何定义CMYK配置文件，其中的关键就是对照打样上的测控条调整油墨颜色，对照打样稿图像颜色设置网点曲线，以确保当前屏幕上看到的颜色与打样颜色是一致的。因此只要我们提前根据打样定义了不同输出中心的CMYK配置文件，则校正CMYK图像的显示就只是根据输出中心和纸张的不同设置不同的CMYK工作空间而已。

2 调整分色后的图像

RGB色域中的多数鲜艳色彩，如亮蓝色、亮绿色等在CMYK色域中都不存在，所以分色后的图像会变得暗淡发灰。要想百分百调回原来的鲜亮程度是不太可能的，这是CMYK的本质决定的，不过可以通过Photoshop的调色命令对暗淡发灰的图像进行调整。

实例体验9：分色变灰图像的调整

素材：光盘\第11章\素材\花.JPG　　视频：光盘\第11章\视频\分色变灰图像的调整.flv

STEP01 **分色。**按快捷键Ctrl+O打开一幅RGB颜色模式的素材文件，如图11–71所示，然后执行“图像”｜“模式”｜CMYK命令，弹出的警示框，单击“确定”按钮，RGB图像被转化成CMYK模式的图像，分色后颜色丢失较厉害，整体发灰，如图11–72所示。

图11–71　原图

图11–72　分色后的图像

STEP02 **增强色彩饱和度。**单击“图层”面板下方的“创建新的填充或调整图层”按钮，在弹出的列表中选择“色相/饱和度”命令，得到“色相/饱和度1”图层，设置饱和度为25，如图11–73所示，图像饱和度增大，如图11–74所示。

图11–73　色相饱和度调整

图11–74　饱和度增大效果

STEP 03 减少蓝色中的洋红色。花瓣中的洋红色显得有点过，单击“图层”面板下方的“创建新的填充或调整图层”按钮，在弹出的列表中选择“可选颜色”项，得到“选取颜色1”图层，在“颜色”下拉列表中选择“蓝色”项，然后设置洋红值为-15，如图11-75所示，设置完成后，效果如图11-76所示。

图11-75　可选颜色调整

图11-76　减少蓝色中的洋红

STEP 04 增强对比度。单击图层面板下方的“创建新的填充或调整图层”按钮，在弹出的列表中选择“曲线”项，同时得到“曲线1”图层，在曲线上单击两点，调整为S形曲线增强图像对比，效果如图11-77和图11-78所示。

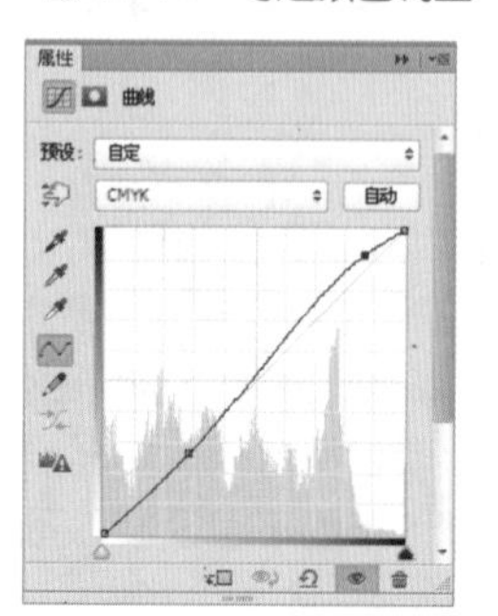

图11-77　曲线“属性”面板

图11-78　最终效果

注意

避免RGB模式与CMYK模式反复互转，如果把CMYK模式再转回RGB模式，丢失掉的颜色也找不回来。这好比，把一个装满500毫升的一杯水倒入一个能装400毫升水的杯子里，流失了100毫升，即使再倒回原来能装500毫升水的杯子，这只杯子里也只有400毫升水了。理论上RGB与CMYK的互转都会损失一些颜色，只不过从CMYK转RGB时损失的颜色较少，视觉上很难看出变化，而从RGB转CMYK颜色损失较多，视觉上有明显的变化。

11.7 解决文字、细线等出片有毛边的问题

1 PS中细小文字、图形的不足

在Photoshop中输入小的文字（小于12pt）或绘制细线，即使分辨率设置为300ppi，印刷后，我们可以看到文字、线条的轮廓有轻微的毛边现象，不如用矢量软件制作后印刷的文字、线条那样清晰、整洁。

如果必须用Photoshop输入文字进行设计，则文字层不能栅格化，设计完成后保存为EPS格式，可以有效避免毛边。但是这种方法有一个缺点，就是这个时候出片的速度远低于正常出片速度。

如果不是必须用Photoshop输入文字设计，则最好的方法是将Photoshop中设计好的背景图导出，然后在矢量软件中新建文件并插入或导入背景图，并编辑文字、线条等元素。如此，印刷出来的文字、小图形等肯定都是清晰的。常用的矢量软件有Illustrator、CorelDRAW和InDesign等。

设计师经验谈

1.正因为Photoshop存在文字、细线图形会出现毛边的问题，所以完全用Photoshop进行设计的不多，只有像户外喷绘广告、易拉宝广告、海报等直接用Photoshop完成整个设计。其他设计中，Photoshop担当的角色就是“图像处理器”或者“草案速制机”。

2.利用Photoshop做海报设计，需要黑色文字的时候，文字颜色要设置为单黑，图层模式要设置为正片叠底。

3.利用Photoshop做喷绘稿设计，黑色文字不能用单黑，而要用四色黑，这样能避免喷绘出来的黑色文字不够黑以及黑色部分有明显的横道。背景同样如此，不要用纯黑做背景，这时色值可以设为C50 M50 Y50 K100。

4.用Photoshop做喷绘稿设计，如果稿件中有细线，则细线的宽度不能低于0.5mm。低于这个值，喷绘时容易出现断线。

2 与排版软件搭配解决问题

实例体验10：与AI搭配做设计稿

素材：光盘\第 11 章\素材\画册内页背景 .PSD　视频：光盘\第 11 章\视频\与 AI 搭配做设计稿 .flv

STEP 01 **启动Adobe Illustrator CS5**。打开AI软件后，按快捷键Ctrl+N新建一个宽×高为40cm×20cm页面，并设置名称和出血，如图11–79所示，单击“确定”按钮，得到如图11–80的页面。

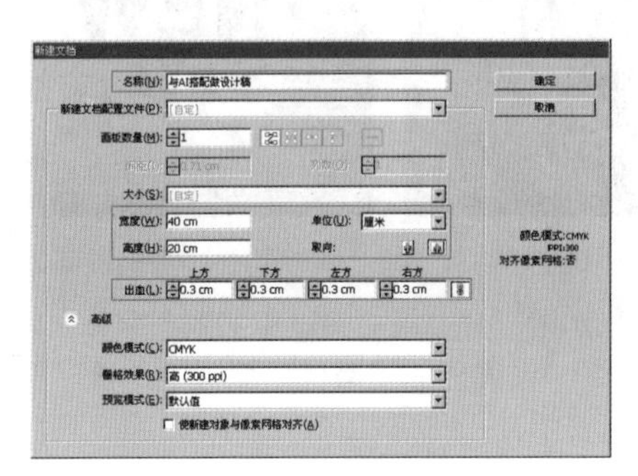

图 11–79　新建文档窗口

图 11–80　新建页面

STEP 02 **置入背景图**。执行“文件”|“置入”命令，选择在Photoshop中制作好的PSD文件背景图，单击“置入”按钮，如图11–81所示。执行“对象”|“锁定”|“所选对象”命令，锁定置入的背景文件，锁定后文件的链接框被隐藏，如图11–82所示。

图 11–81　置入的 PSD 文件背景

图 11–82　锁定背景图

STEP03 **输入文字。**选择工具箱中的文字工具T，并在属性栏中设置颜色、字体大小，如图11-83所示。在画面左上角位置单击并输入文字，如图11-84所示。再次设置字体颜色和大小后，在画面的黄色块右侧拖动出一个文本框，并输入一段英文，如图11-85所示。

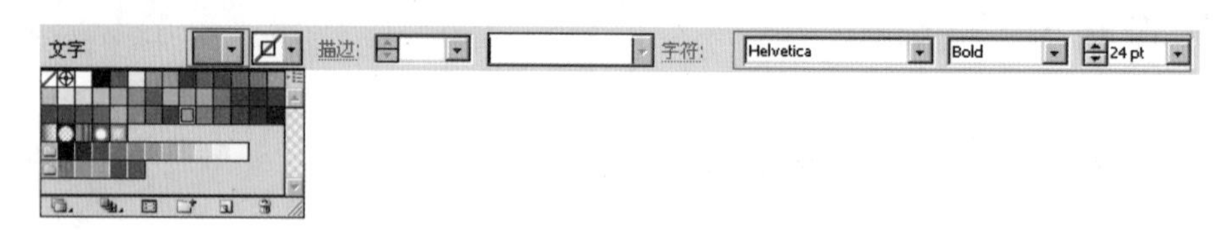

图11-83 设置字体属性栏参数

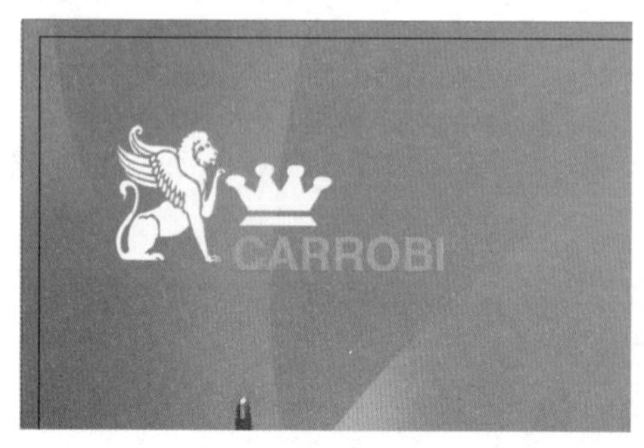

图11-84 输入文字

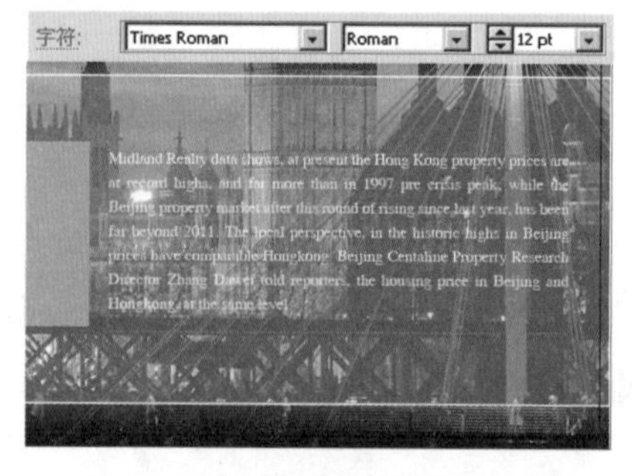

图11-85 拖动文本框并输入文字

STEP04 **输入文字。**使用相同的方法，分别设置不同的字体和字号后，在图像中分别输入黑色文字，如图11-86和图11-87所示的位置。

图11-86 输入页码文字

图11-87 输入英文字体

STEP05 **设置叠印。**选择工具箱中的选择工具，按住Ctrl键，分别单击图像中的黑色字体，将其全部选中，如图11-88所示。然后执行"窗口"｜"属性"命令，在弹出的"属性"面板中勾选"叠印填充"项，如图11-89所示。

图11-88 选择黑色字体

图11-89 "属性"面板

STEP06 **分色预览。**单击一下空白页面，取消文字的选择状态，执行"窗口"｜"分色预览"命令，在弹出的"分色预览"面板中，勾选"叠印预览"项，分别预览CMYK四色，如图11-90所示。黑色文字设置叠印后，不会对其他图层镂空，因此不用担心出现漏白现象。

图 11–90　分色预览效果

实例体验11：与CorelDRAW搭配设计购物优惠

素材：光盘\第 11 章\素材\优惠券背景图 .PSD、双 11LOGO.EPS 等
视频：光盘\第 11 章\视频\与 CorelDRAW 搭配设计购物优惠券 .flv

STEP 01 **设置页面大小**。打开CorelDRAW软件后，单击“新建”按钮，默认新建一个A4大小的页面，如图11–91所示。购物优惠的成品尺寸为200mm × 70mm，在属性栏中设置尺寸，如图11–92所示。

图 11–91　新建 A4 页面

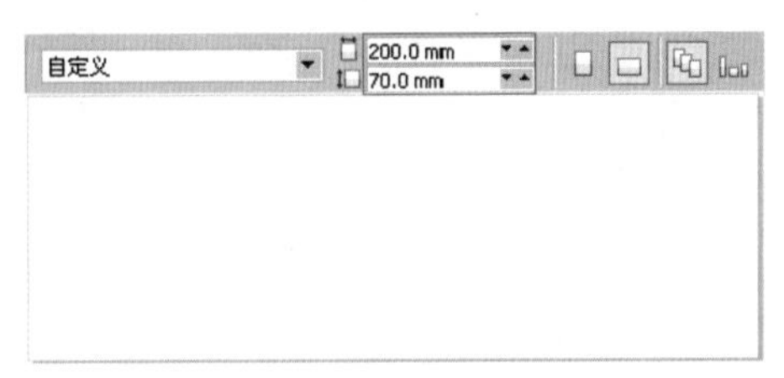

图 11–92　设置封面展开尺寸

STEP 02 **导入背景图**。执行“文件”|“导入”命令，选择Photoshop中制作的背景文件后，单击“导入”按钮，这时鼠标变为图11–93所示的状态，可以看到文件名称和格式。单击鼠标，将文件导入页面中，如图11–94所示。

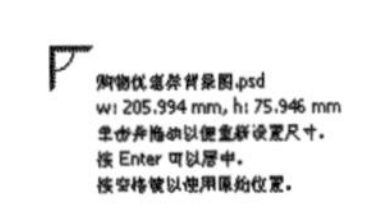

图 11–93　鼠标显示状态

图 11–94　导入 PSD 背景

STEP 03 **显示出血**。按P键文件会自动居中在页面中，如图11–95所示。在Photoshop中制作完成的优惠是带出血的，尺寸为206mm × 76mm。执行“视图”|“显示”|“出血”命令，显示出文件的出血，然后再执行“排列”|“锁定对象”命令，背景图像被锁定，如图11–96所示。

图 11-95　与页面居中

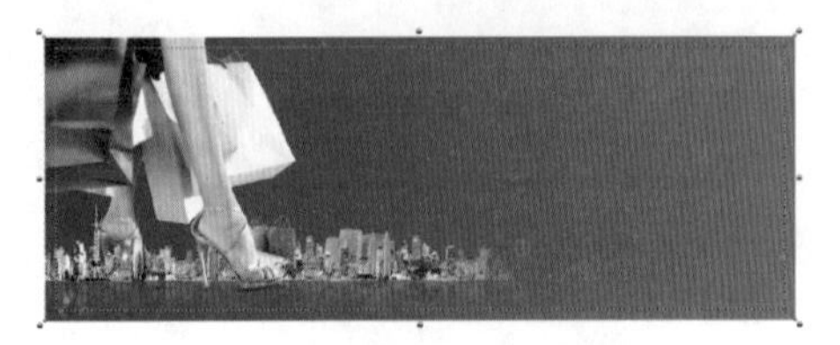

图 11-96　显示出血并锁定背景

STEP 04 **输入文字。**选择工具箱中的文字工具字，在属性栏中设置文字字体和大小后，在图11-97所示位置单击并输入文字。选择工具箱中的挑选工具，在最右侧的调色板中单击白色块，文字变为白色，如图11-98所示。

图 11-97　输入文字

图 11-98　设置文字颜色

STEP 05 **导入素材。**执行"文件"｜"导入"命令，选择"双11 LOGO.EPS"素材，单击"导入"按钮，这弹出如图11-99所示的对话框，单击"确定"按钮即可。再次单击鼠标，将文件导入页面中，如图11-100所示。

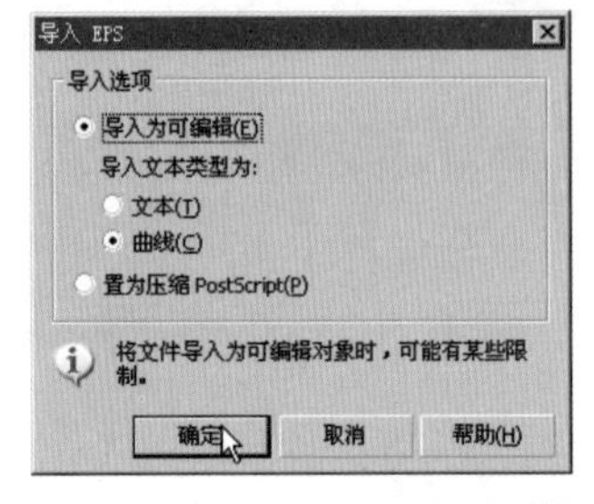

图 11-99　"导入 EPS"对话框

图 11-100　导入双 11 LOGO

STEP 06 **更换颜色并调整位置大小。**在最右侧的调色板中单击黄色块，"双11LOGO"变为黄色，拖动"双11 LOGO"右上角的控制点，将其放大，如图11-101和图11-102所示。

图 11-101　更改颜色并调整大小

图 11-102　调整后的效果

STEP 07 **导入素材。**执行"文件"｜"导入"命令，选择"天猫商城 LOGO.EPS"素材，将其导入，如图11-103所示。使用文字工具字，设置不同的文字字体和大小后，在页面右侧输入文字，并更改颜色，如图11-104所示。

图 11-103　导入素材

图 11-104　输入文字

STEP 08 输入文字并复制。选择文字工具，在属性栏中设置文字字体大小后，在图11-105所示的位置单击并输入文字，将其改为红色。选择挑选工具，在文字上按下鼠标左键向下拖动，拖动到需要位置后，不要释放鼠标左键，单击鼠标右键，复制一个对象，然后将其改为白色，如图11-106所示。

STEP 09 设置文字描边。双击软件右下角的☒按钮，在弹出的"轮廓笔"对话框中设置颜色为"白色"，宽度为1.0mm，如图11-107所示。单击"确定"按钮，得到图11-108所示的效果。

图 11-105 单击输入文字

图 11-106 复制对象并改变颜色

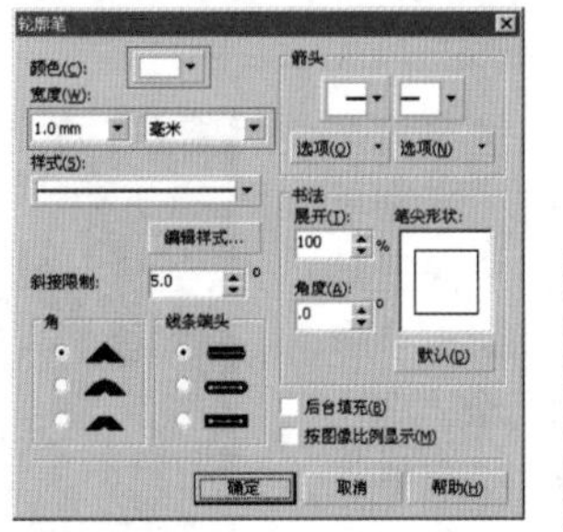

图 11-107 "轮廓笔"对话框

图 11-108 设置白色描边效果

STEP 10 垂直和水平居中对齐。按住Shift键，分别单击两个文字将它们选中，如图11-109所示。分别按C键和E键，垂直和水平居中，如图11-110所示。在空白处单击一下，取消两个文字的选择，然后再单独选择最上层的白色文字，按快捷键Ctrl+PageDown下移一层，如图11-111所示。

图 11-109 选择文字

图 11-110 垂直和水平居中对齐

图 11-111 下移一层

STEP 11 编组并移动。使用挑选工具，框选两个文字。按快捷键Ctrl+G，对其编组，然后移动到图11-112所示的位置。

图 11-112 编组后移动文字

STEP 12 绘制矩形线框。选择工具箱中的矩形工具，在页面中拖出一个矩形，然后在右侧调色板中，单击☒图标，取消填充。右击白色块，将边框颜色设置为白色，然后在属性栏中设置边框为0.1mm，如图11-113和图11-114所示。

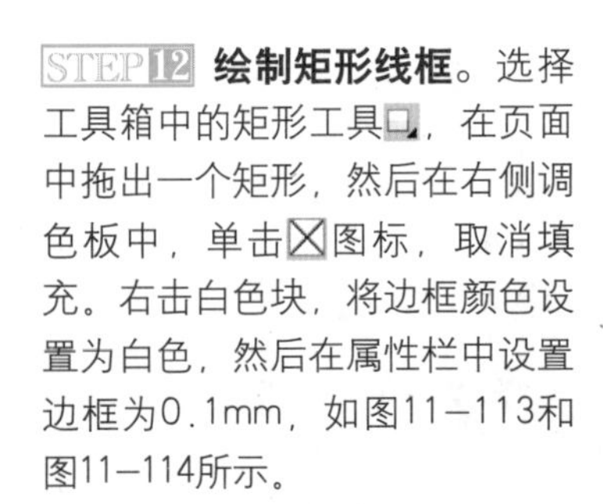

图 11-113 绘制矩形边框

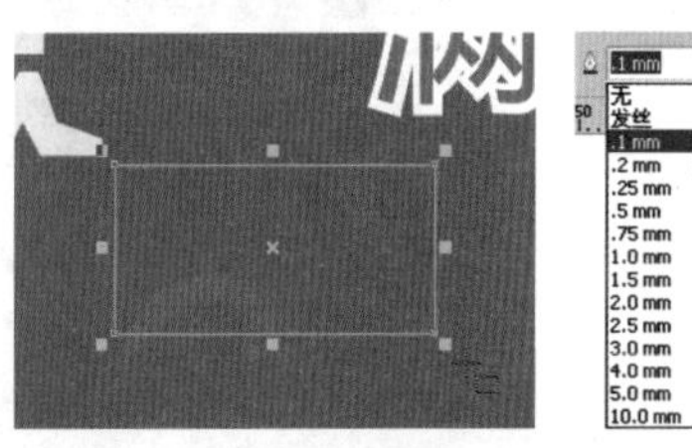

图 11-114 设置边框颜色和粗细

STEP 13 绘制虚线。选择工具箱中的钢笔工具，在页面中单击两点后，按Esc键结束编辑，如图11-115所示。右击白色块，将线条设置为白色，然后在属性栏中设置为0.1mm，如图11-116所示，然后在属性栏中设置线条为虚线，如图11-117所示。

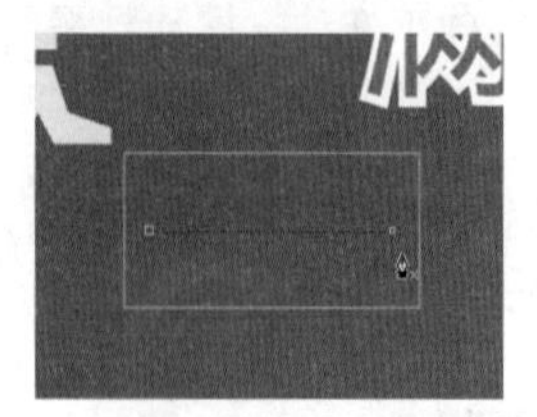

图 11-115　绘制线条

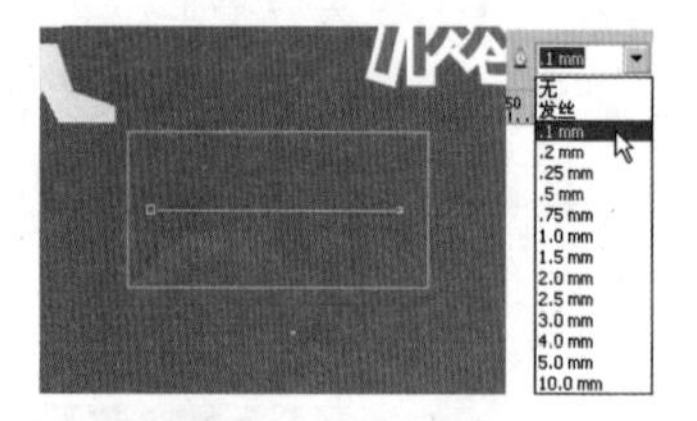

图 11-116　设置线条为 0.1mm

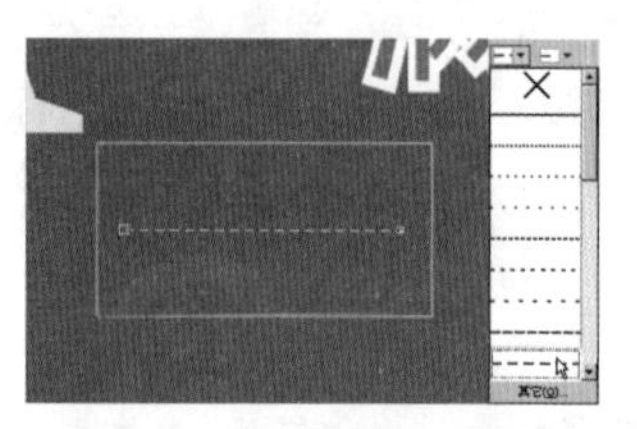

图 11-117　设置为虚线

STEP 14 **最终效果**。选择挑选工具，按住Shift键，分别单击选中边框和线条。按快捷键Ctrl+G进行编组，使用上面步骤中的复制方法，复制两个边框，然后使用文字工具，在属性栏中设置文字字体大小后，输入文字，得到最终效果，如图11-118所示。

图 11-118　最终效果

STEP 15 **设置叠印填充**。选择挑选工具，按住Ctrl键单击选中黑色小猫，然后单击鼠标右键，在列表中选择“叠印填充”项，如图11-119所示。使用相同的方法分别选中小猫眼睛中的两个黑色区域，设置为“叠印填充”，如图11-120所示。

图 11-119　选择小猫叠印填充

图 11-120　选中眼睛黑色区域叠印填充

STEP 16 **设置打印页面**。执行“文件”｜“打印”命令，单击“打印”面板中的“属性”按钮，然后设置页面规格为A4，方向为“横向”，如图11-121所示。

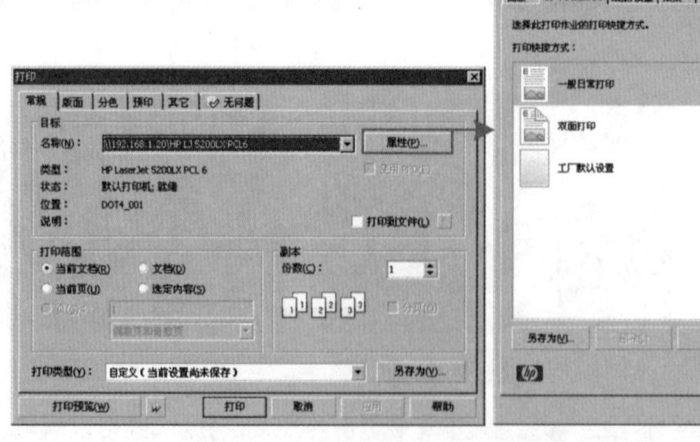

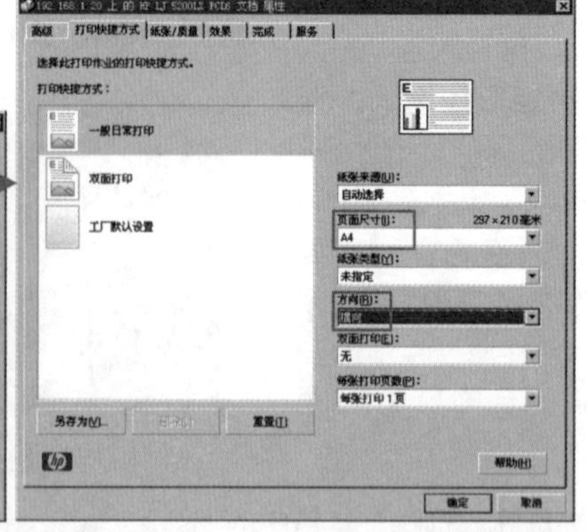

图 11-121　设置打印参数

STEP 17 **分色预览**。单击"确定"按钮，再单击"打印预览"按钮，进入打印预览界面，单击属性栏"启用分色"中的按钮，这时可以单击页面下方的 页1-青色 页1-品红 页1-黄色 页1-黑色 图标，分别预览"青色""品红""黄色"和"黑色"片，有如图11-122所示的分色效果。黑色区域设置叠印后，不会对其他图层镂空，因此不用担心印刷后漏白的现象。

青色

洋红

黄色

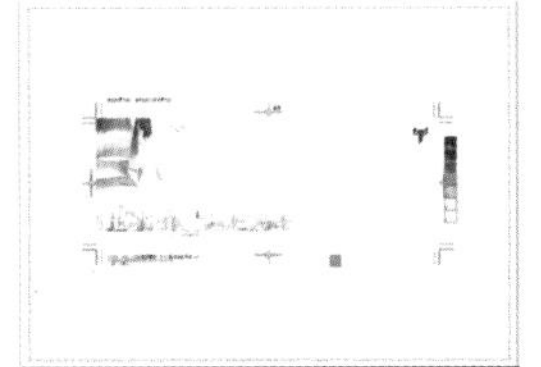
黑色

图11-122 分色预览效果

实例体验12：与ID搭配设计封二封三★

素材：光盘\第11章\素材\中国课堂广告.PSD、须知底图.TIF
视频：光盘\第11章\视频\与ID搭配设计封二封三.flv

期刊杂志等封面中的封二和封三经常会印刷一些广告内页、征稿启事等。这可以结合InDesign软件完成，新建好页面后，置入使用Photoshop制作的广告页面，然后在InDesign中完成文字部分，如图11-123所示。

图11-123 PS结合ID完成封二封三设计

11.8 设计师实战

实战1：完全用PS完成的设计

素材：光盘\第11章\素材\钢琴.PSD、3D音符.PSD等
视频：光盘\第11章\视频\完全用PS完成的设计.flv

下面将设计一张海报，如图11-124所示。海报尺寸大，张贴后与读者距离也比较远，因此文字、线

条等毛边问题可以被忽略，我们完全可以用Photoshop进行整个设计。

图 11–124　音乐会海报设计

STEP01 **新建文档**。按快捷键Ctrl+N新建一个文档，设置好参数后，单击“确定”按钮，如图11–125所示。单击“图层”面板下方的“创建新图层”按钮，得到“图层1”图层，按D键确定默认的前景色和背景色，按快捷键Alt+Delete填充“图层1”为黑色，如图11–126所示。

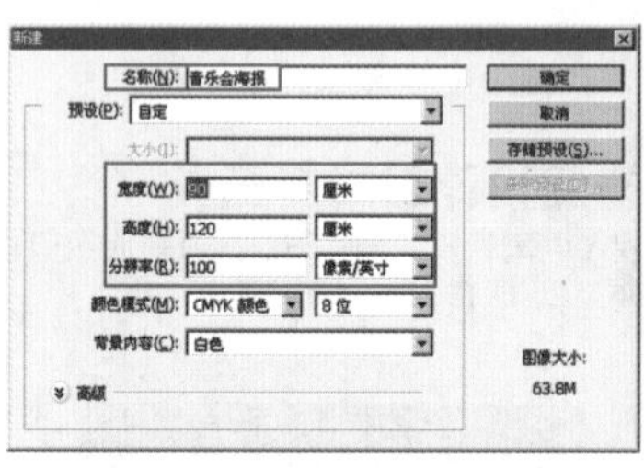

图 11–125　新建文档

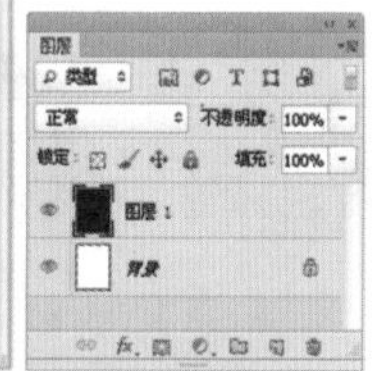

图 11–126　填充图层 1 为默认前景色

STEP02 **渐变填充选区**。选择工具箱中的椭圆选框工具，并设置羽化值为“60像素”，按住Shift键绘制出一个正圆，如图11–127所示。选择工具箱中的渐变工具，并设置渐变颜色，然后在选区内从左上到右下拖动渐变，如图11–128所示。

图 11–127　绘制正圆选区

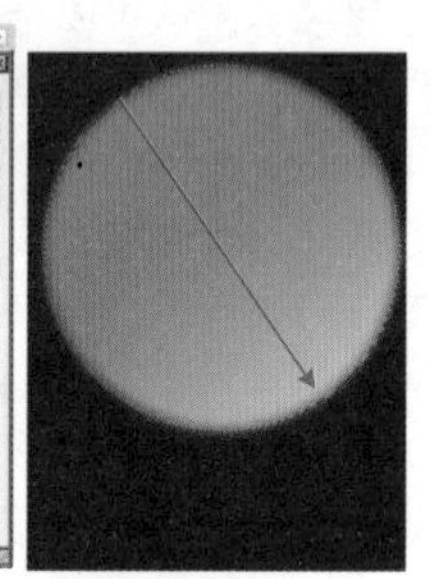

图 11–128　在选区内填充渐变

STEP03 **新建图层**。按快捷键Ctrl+D取消选区，单击“图层”面板下方的“创建新图层”按钮，得到“图层2”图层，按D键确定默认的前景色和背景色，然后按快捷键Alt+Delete填充“图层2”为黑色，并设置其图层混合模式为“柔光”，如图11–129和图11–130所示。

图 11–129　设置图层混合模式

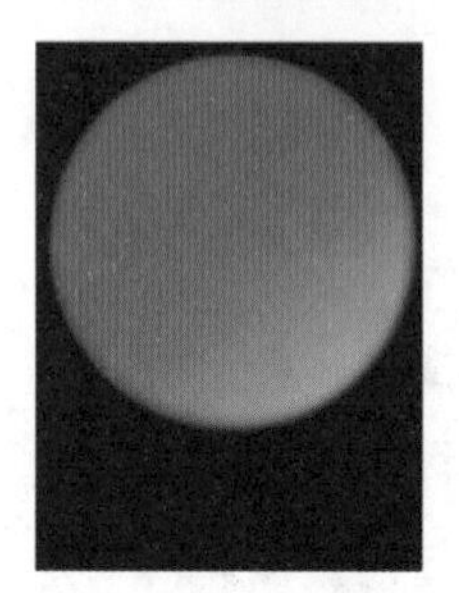

图 11–130　柔光效果

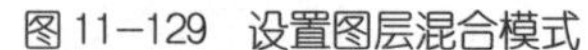

STEP04 **渐变填充选区**。选择工具箱中的椭圆选框工具，并设置羽化值为“15像素”，绘制出一个椭圆，如图11–131所示。新建“图层3”，选择工具箱中的渐变工具，并设置渐变颜色，然后在选区内从上到下拖动渐变，如图11–132所示。

图 11–131　绘制椭圆

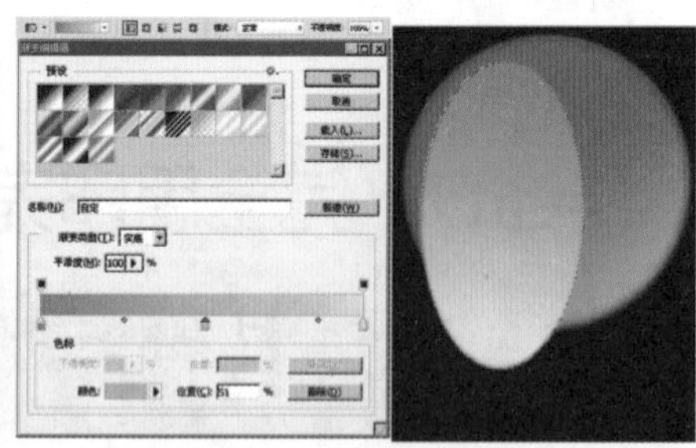

图 11–132　在选区内填充渐变

STEP 05 **自由变换图像**。按快捷键Ctrl+D取消选区，设置“图层3”的图层混合模式为“柔光”，不透明度为44%，如图11–133所示。按快捷键Ctrl+T自由变换，将其调整到图11–134所示的效果。

STEP 06 **复制图像**。将“图层3”拖至“图层”面板下方的“创建新图层”按钮上，得到“图层3副本”图层，如图11–135所示，然后按快捷键Ctrl+T自由变换，将其调整到图11–136所示的效果。

图 11–133　设置“柔光”模式

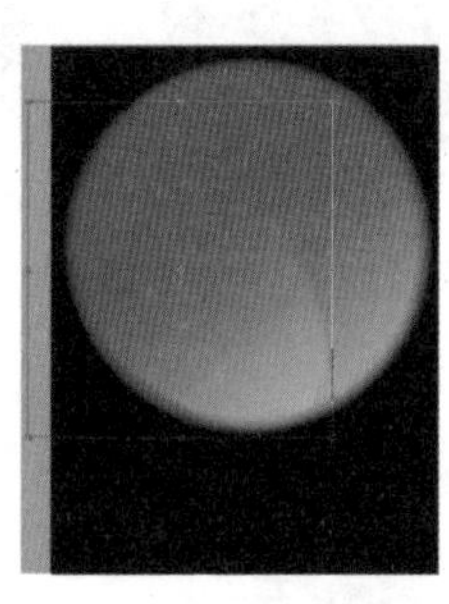

图 11–134　自由变换图像

图 11–135　复制图层

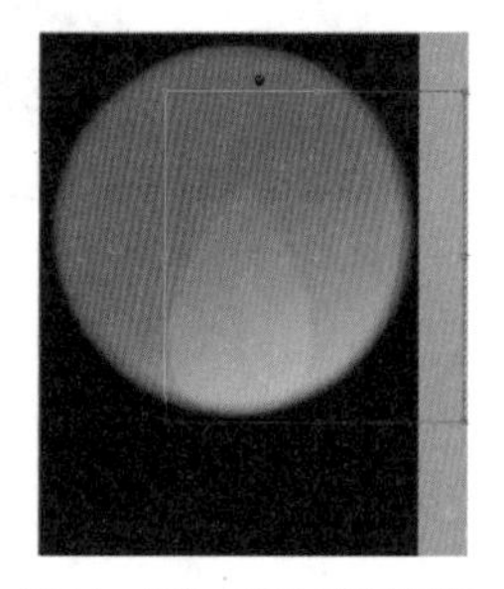

图 11–136　自由变换图像

STEP 07 **添加钢琴素材**。按Enter键结束编辑，然后按快捷键Ctrl+O打开“钢琴.PSD”素材，如图11–137所示。选择移动工具，将素材文件移至图像中，按快捷键Ctrl+T自由变换，将其调整到合适的位置，如图11–138所示。

STEP 08 **添加3D乐符**。按Enter键结束编辑，然后按快捷键Ctrl+O打开“3D音符.PSD”素材，如图11–139所示。选择移动工具，将素材文件移至图像中，按快捷键Ctrl+T自由变换，将其调整到合适的位置后再按Enter键结束编辑，如图11–140所示。

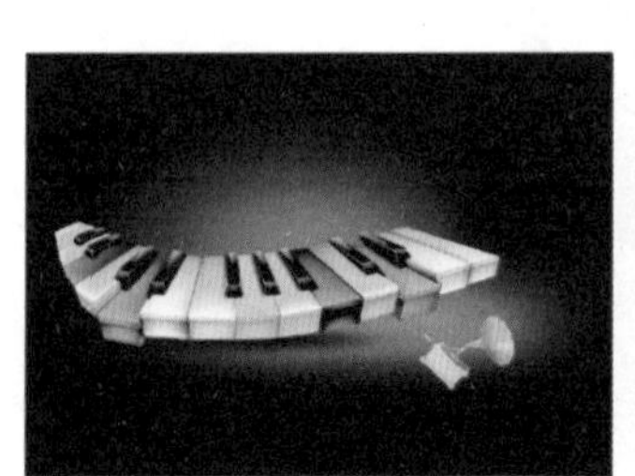

图 11–137　钢琴素材

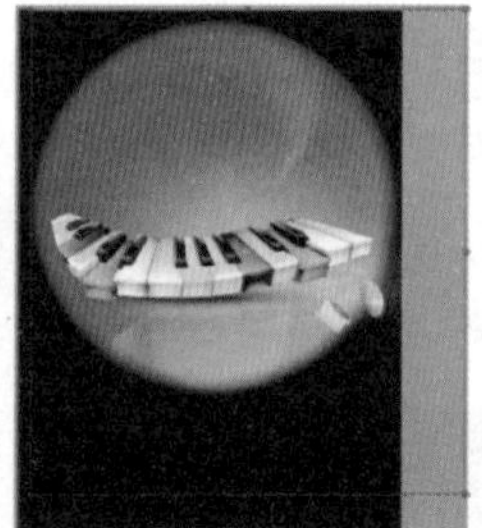

图 11–138　调整到合适的位置

图 11–139　3D 乐符素材

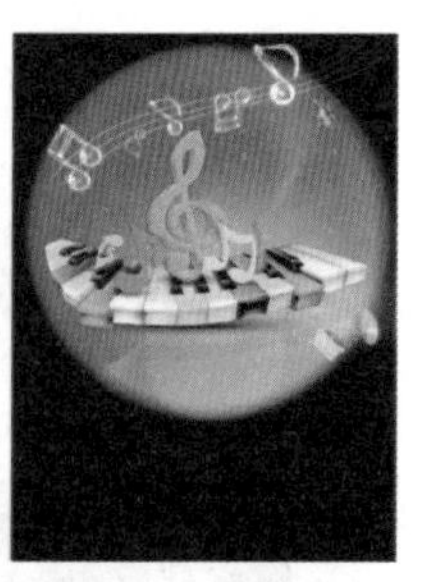

图 11–140　调整到合适的位置

STEP 09 **添加星光效果**。按快捷键Ctrl+O打开“星光.PSD”素材，如图11–141所示。选择移动工具，将素材文件移至图像中，按快捷键Ctrl+T自由变换，将其调整到合适的位置后按Enter键结束编辑，如图11–142所示。

图 11–141　星光素材

图 11–142　调整到合适的位置

STEP 10 **输入文字**。选择工具箱中的横排文字工具，在属性栏中选择“叶根友特色简体”，并设置字体大小为“430点”，单击输入文字，如图11–143所示。按快捷键Ctrl+O打开“色条.JPG”素材，如图11–144所示。选择移动工具，将素材文件移至图像中并按快捷键Ctrl+Alt+G创建剪切蒙版，然后按快捷键Ctrl+T自由变换，调整其至合适的位置，如图11–145所示。

图 11-143　输入文字

图 11-144　素材文件

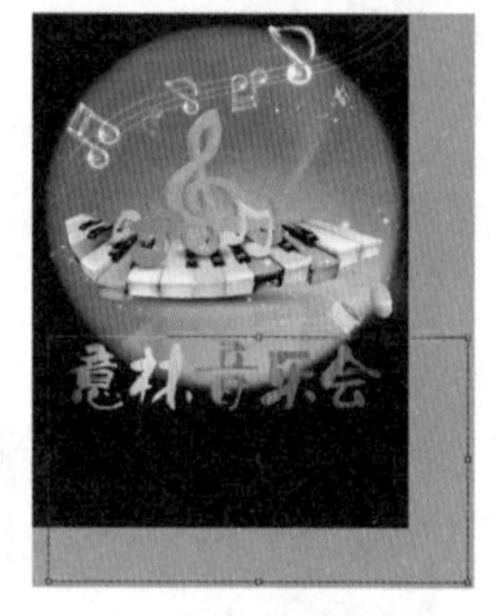

图 11-145　自由变换调整位置

STEP 11 **最终效果**。调整合适的位置后按Enter键结束编辑。使用横排文字工具T，在属性栏中设置字体和大小后，再次输入海报的时间和地址，最终效果就制作完成了，如图11-146和图11-147所示。

图 11-146　最终效果

图 11-147　最终"图层"面板

实战2：PS与AI搭配完成DM单设计★

素材：光盘\第 11 章\素材\酒吧 DM 单背景 .PSD
视频：光盘\第 11 章\视频\PS 与 AI 搭配完成 DM 单设计 .flv

DM单效果如图11-148所示。

图 11-148　酒吧宣传活动宣传单

制作思路

在Photoshop中制作完成宣传单的背景，然后在Illustrator软件中将背景图置入，完成文字及色块部分，其制作过程如图11-149所示。

图 11-149　制作流程示意

CHAPTER

12

学习重点

- 掌握专色印刷的定义
- 理解印金和烫金的区别
- 理解UV油墨和工艺
- 掌握在Photoshop中制作专色效果
- 学会如何保存四色片和专色片

做专色和特殊工艺处理

专色印刷和特殊工艺广泛应用于包装、高档礼品盒、书籍装帧等印刷品中，美观、大方，还提高了印刷品的品质。本章重点讲解如何在Photoshop中做印刷专色的效果，以及如何为UV、烫金等工艺制作出片文件。

第一部分　需要的工具和命令

12.1 通道

通道类似于分色底片，保存各种颜色的分布状态——区域和浓度。在设计中，通道最主要的用途是建立选区。通道的相关操作是在“通道”面板中完成的，图12–1 所示为“通道”面板。

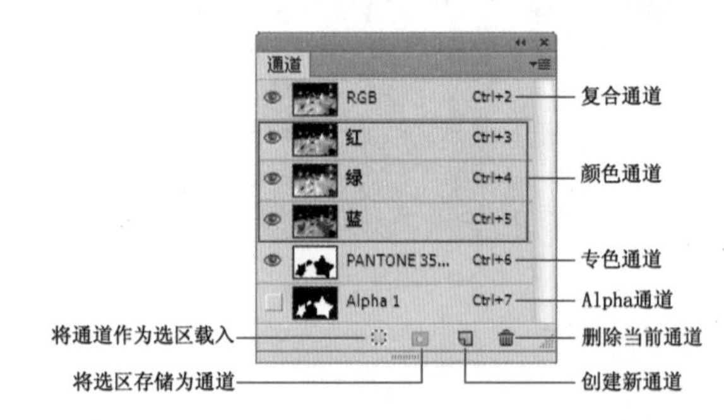

图 12–1　“通道”面板

1 通道类型

Photoshop提供了三种通道类型：颜色通道、Alpha通道和专色通道。图像的颜色模式、格式的不同决定了通道的模式和数量的不同。

1）颜色通道

RGB图像模式包含红、绿、蓝和RGB复合通道，如图12–2所示。CMYK图像模式包含青色、洋红、黄色、黑色和CMYK复合通道，如图12–3所示。Lab图像模式包含明度、a、b和Lab复合通道，如图12–4所示。位图、灰度、双色调和索引颜色的图像都只有一个通道。

图 12–2　RGB 模式通道

图 12–3　CMYK 模式通道

图 12–4　Lab 模式通道

2）Alpha通道

Alpha通道最基本的用处是保存选区，可以与选区相互转换，并不会影响图像的显示和印刷效果；还可以通过画笔、加深、减淡等工具以及各种滤镜编辑Alpha通道来修改选区。

3）专色通道

专色通道是一种特殊的颜色通道，是以专色名称来命名的。它可以用来存储普通印刷油墨青色、洋红、黄色和黑色以外的印刷需要的专色油墨，如金银色油墨、荧光色油墨等。

2 通道基本操作

在“通道”面板中可以新建、复制、删除通道。当打开一幅图像时，Photoshop会自动创建该图像的颜色信息通道。

实例体验1：通道的新建、复制、删除

素材：光盘\第 12 章\素材\星星.JPG　　视频：光盘\第 12 章\视频\通道的新建、复制、删除.flv

STEP01 **打开文件**。按快捷键Ctrl+O打开一幅素材文件，如图12–5所示。执行“窗口”|“通道”命令，打开“通道”面板，可以看到RGB图像模式有“红”“绿”“蓝”三个颜色通道，如图12–6所示。

STEP02 **新建Alpha通道**。选择工具箱中的快速选择工具，并设置属性栏中的参数，在图像的大五角星中按下鼠标左键并向右下方拖动，将五角星选中，如图12–7所示。单击“通道”面板中的“将选区存储为通道”按钮，生成Alpha1通道，将选区保存到Alpha1通道中，如图12–8所示。

图 12–5　原图

图 12–6　“通道”面板

图 12–7　生成五角星选区

图 12–8　将选区保存到 Alpha1 通道

STEP03 **复制通道**。注意复合通道不能复制也不能删除。选择“红”通道，将其拖至“创建新通道”按钮上，松开鼠标，可以复制该通道，得到“红 副本”通道，如图12–9所示。

STEP04 **删除通道**。选择“红 副本”通道，单击“通道”面板中的“删除当前通道”按钮，弹出警示框，单击“确定”按钮，将其删除，如图12–10所示。如果删除“红”“绿”“蓝”通道，图像会自动由RGB模式转换为多通道模式。

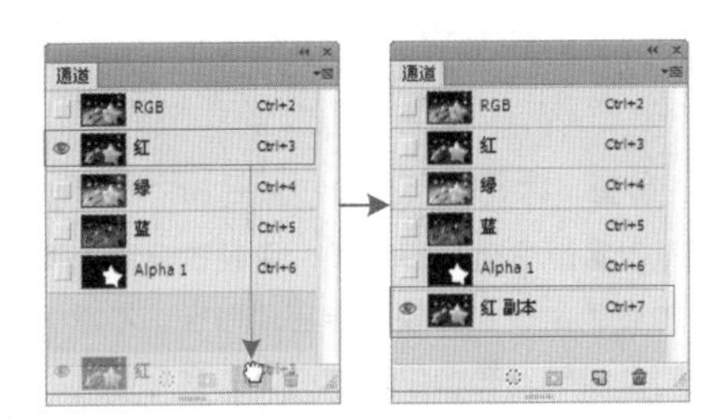

图 12–9　复制通道

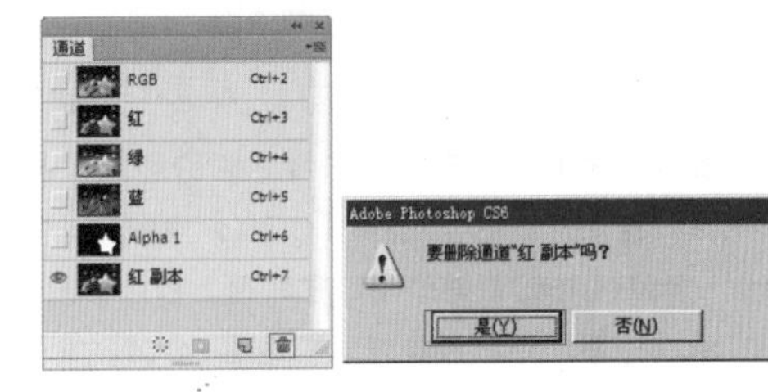

图 12–10　删除通道

提示

默认情况下，“通道”面板中的颜色通道都显示为灰色，执行“编辑”|“首选项”|“界面”命令，打开“首选项”对话框，勾选“用颜色显示通道”项，可以显示通道的颜色。

3 专色通道

专色通道与颜色通道、Alpha通道操作基本相似，但也有自己特别的地方。专色通道可以通过颜色和密度值，在电脑上模拟显示应用专色后的效果。

实例体验2：专色通道基本操作

素材：光盘\第12章\素材\运动.JPG　　视频：光盘\第12章\视频\专色通道基本操作.flv

STEP01 **生成人物选区。**按快捷键Ctrl+O打开一幅CMYK模式的素材文件，如图12-11所示。选择工具箱中的魔棒工具，并设置容差为32，单击人物区域生成人物选区，如图12-12所示。

图12-11　原图

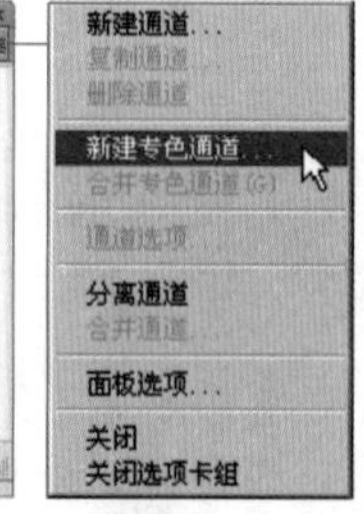

图12-12　生成人物选区

STEP02 **设置专色。**单击“通道”面板右上方下拉三角按钮，在弹出的如图12-13所示列表中选择“新建专色通道”选项，弹出“新建专色通道”对话框。设置“密度”为100%，并单击“颜色”右边的色块，打开“颜色库”，选择一种专色，如图12-14和图12-15所示。

图12-13　选择“新建专色通道”选项

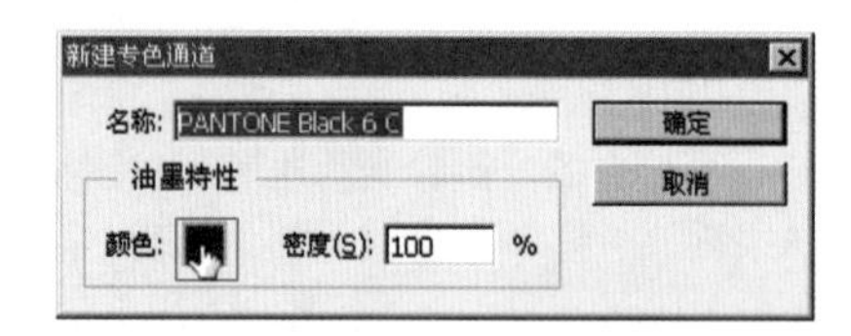

图12-14　单击颜色块

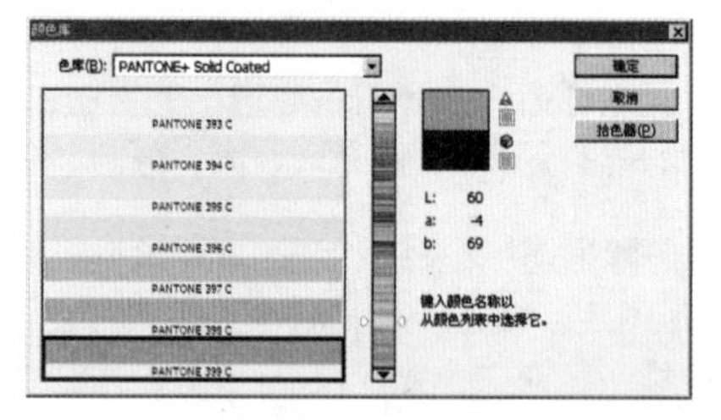

图12-15　选择专色

注意

颜色库里的专色仅是帮助你选择想要的印刷专色是什么效果，不代表在这里可以向印厂指定需要的专色。“密度”无论是设置0%还是100%，对胶片、打样和印刷品都没有任何影响，只是在屏幕上模仿印刷的效果，让我们操作起来更直观。在屏幕上模仿烫金、烫银的效果时，金、银完全压住四色，不透明，这时要设100%（白墨、无机色料也需要设置100%）；四色压印金银时，四色是透明的，与金银重叠时看起来有通透感，这时应设置0%；金色、银色压印四色时，应该设置为50%。

STEP03 **创建专色通道。**单击“确定”按钮关闭颜色库，再单击“确定”按钮，关闭“创建专色通道”对话框，生成专色通道，专色自动填充选区内的图像显示出烫金后的效果，如图12-16和图12-17所示。

图12-16　创建专色通道

图12-17　专色填充图像

专色简介

1 什么是专色

专色是指图像颜色不通过CMYK四色印刷，而是用印刷前已经调好的或专门油墨厂家生产的油墨来印刷该颜色，使用专色可使色彩管理更精准。除青色、洋红、黄色、黑色四种基本油墨外，其他一切油墨统称为专色油墨。使用专色在印刷品上能印出CMYK四色油墨色域以外的可见光颜色，如金、银、荧光色等颜色。

潘通色与潘通配色系统：潘通公司是全球领先的色彩标准公司和色彩权威。1963年，该公司的主席和首席执行官劳伦斯•赫伯特先生（Lawrence Herbert）发明了举世闻名的潘通配色系统。潘通色凭借其书籍、软件、硬件和相关产品服务，现在已经成为世界知名的通用色彩标准和全球色彩语言，它涵盖印刷、出版、包装、图像艺术、绘画艺术、电脑、电影、数码科技、纺织品和时装行业等领域。潘通油墨有固定的色谱、色卡，用户需要某种油墨都可以找到相应的代码。平面设计软件中几乎都有潘通色库，使用它进行颜色定义。

2 常见的专色

1）金银色

金色、银色是应用最广泛的专色，金色又包括青金、红金、青红金等类型。金墨并不是真的含有金粉，而是用铜铝合金粉来呈现金色，锌含量低时颜色偏红，叫红金；锌含量稍高时颜色偏青，叫青金；二者之间是青红金。银墨也不是真的含有银粉，而是铝粉。

印金、印银和烫金、烫银不是一回事。前者是一种印刷工艺，是在普通油墨所用的印刷机里完成；后者是一种印后加工工艺，是把金箔、银箔或电化铝薄膜通过设备加热、加压，牢牢地贴在承印物表面，如图12-18～图12-21所示。

图12-18　印金

图12-19　烫金

图12-20　印银

图12-21　烫银

2）UV油墨

UV油墨是指通过紫外光照射时能迅速干燥的油墨，有很多种，如UV光油、镜面油墨、磨砂油墨、镭射油墨等，它们往往有着特殊的光泽和肌理，如图12-22和图12-23所示。

图 12-22 UV 光油

图 12-23 UV 磨砂

3）白墨

白墨就是白色油墨。通常是通过丝网印刷方式印上去的，墨层厚，能很好地遮盖住底色，如图12-24所示。

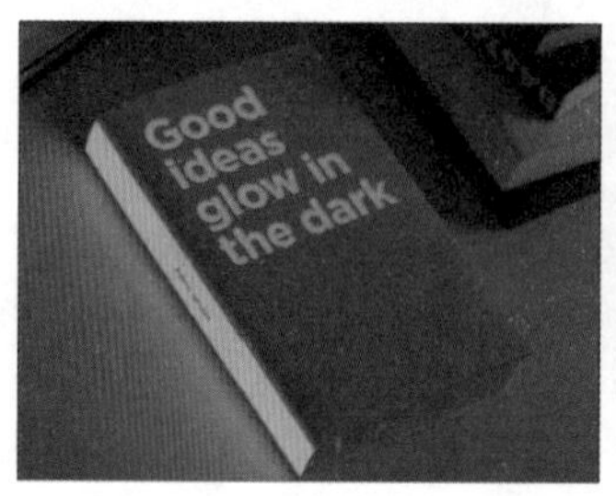

图 12-24 白墨

4）荧光油墨

荧光油墨就是用含有荧光颜料制成的油墨，其种类繁多，主要应用于一般产品的印刷和特殊产品的防伪印刷，如公路上的养路工人穿的制服就是荧光防伪油墨印刷的，即使在昏暗的天光下，它也非常耀眼，如图12-25所示。

图 12-25 荧光油墨

12.3 常见的特殊工艺简介

1 起凸、烫印

起凸就是让文字或者图形凸起一定高度，可以达到突出的设计目的，如图12-26所示。烫印是把金箔、银箔或电化铝薄膜通过设备加热、加压，牢牢地贴在承印物表面，常见的有烫金、烫银。

烫金和起凸结合叫作立体烫金。图12-27就是立体烫金效果。

图 12-26 起凸

图 12-27 立体烫金

2 UV上光、磨砂

UV上光是上光工艺中的一种，就是在印刷品表面涂布或印刷一层无色透明的油墨，经过紫外线照射进行固化，产生如丝般的光泽。做局部UV的时候，还能感觉到UV油墨造成的表面轻微凸起感，如图12-28所示。

如果UV工艺是为了突出光泽感，那磨砂恰好相反，就是为了让印刷品表面看起来是亚光并且摸起来有砂质的粗糙感。磨砂同样会产生轻微的凸起。图12-29所示为在金卡纸上印刷磨砂油墨后的效果。

图12-28　UV上光效果

图12-29　磨砂

12.4 设计师利用通道做专色处理

如果在设计作品中采用专色与特殊工艺加工，那么设计师需要额外制作专色片。这些专色片用来告诉印刷工人在什么地方需要印刷指定专色或者做特定工艺处理。

在Photoshop中专色片的制作有两种类型：一种是利用通道制作，一种是利用图层制作。

1 利用通道做印金专色片

印金一般是四色压专色，先在纸张上印刷一层金色，再印刷四色，从而达到普通彩色压在金底子上的效果。下面我们来做印金需要的专色片。为了模拟四色压印金色的效果，制作中专色通道的密度设置为0。

实例体验3：通道制作印金专色片

素材：光盘\第12章\素材\唯美人像.PSD　　视频：光盘\第12章\视频\通道制作印金专色.flv

STEP 01 **打开文件。**按快捷键Ctrl+O打开一幅素材文件，如图12-30所示，然后执行“窗口”｜“通道”命令，打开“通道”面板，如图12-31所示。

图12-30　原图

图12-31　“通道”面板

STEP 02 **设置专色。**单击“通道”面板右上方的下拉三角按钮，在列表中选择“新建专色通道”选项，弹出“新建专色通道”对话框，将名称设置为“印金”，密度设置为0，单击“颜色”右边的色块，打开“颜色库”对话框选择一种专色，如图12-32所示。

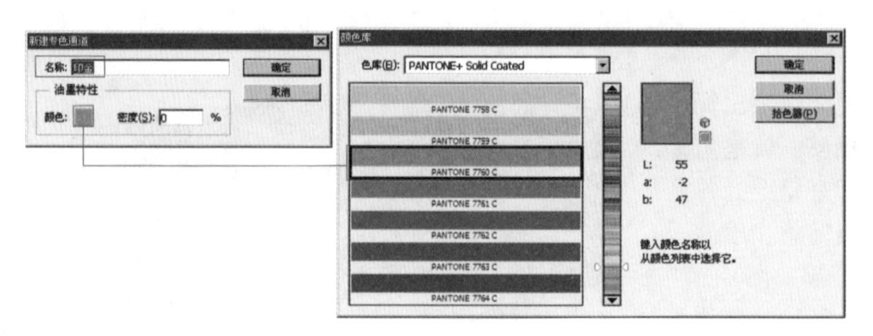

图 12-32　设置专色金

STEP 03 **调整专色通道。**单击“确定”按钮关闭“颜色库”对话框，再单击“确定”按钮，关闭“创建专色通道”对话框，生成专色通道“印金”，如图12-33所示。这时通道是白色的，表示没有任何金色。按快捷键Ctrl+M，弹出“曲线”对话框，将曲线左下端的点拉到最顶部，如图12-34所示，通道变成黑色，表示采用100%的青金印刷画面。单击“确定”按钮，这时整个画面铺上了一层金色，显示出四色图像压印在100%金色上的效果，如图12-35所示。

图 12-33　专色通道

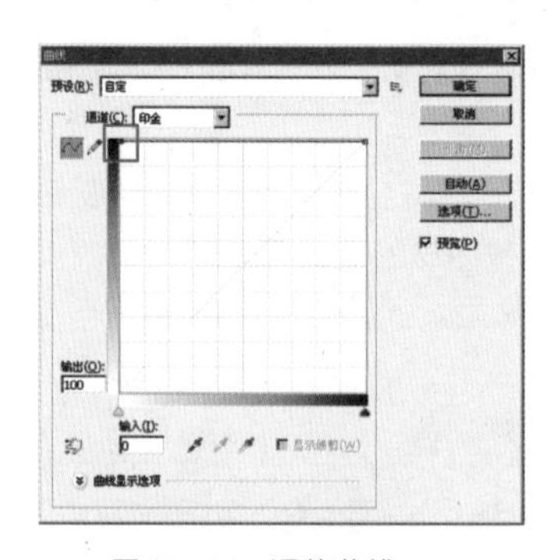

图 12-34　调整曲线

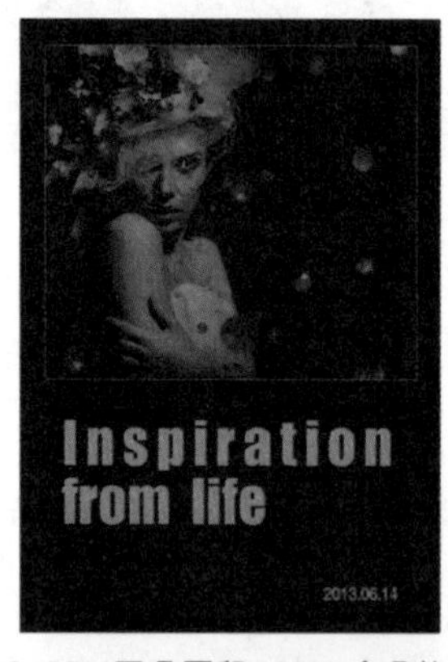

图 12-35　四色压印 100% 金色效果

STEP 04 **载入人像区域。**现在金色太浓，显得人物太暗，可以做选区调整颜色。打开“图层”面板，按住Ctrl键单击“图层1”的图层缩览图，人像图像生成选区，如图12-36和图12-37所示。

图 12-36　“图层”面板

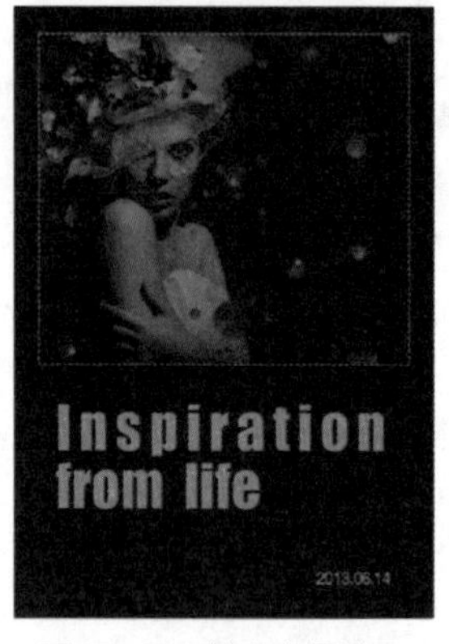

图 12-37　载入人像选区

STEP 05 **调整金色浓度。**按快捷键Ctrl+M，打开“曲线”对话框，将曲线右上端的点向下拖动到输出为70，如图12-38所示，这相当于把人像区域的专色金从100%降到70%。单击“确定”按钮，效果及通道如图12-39和图12-40所示。

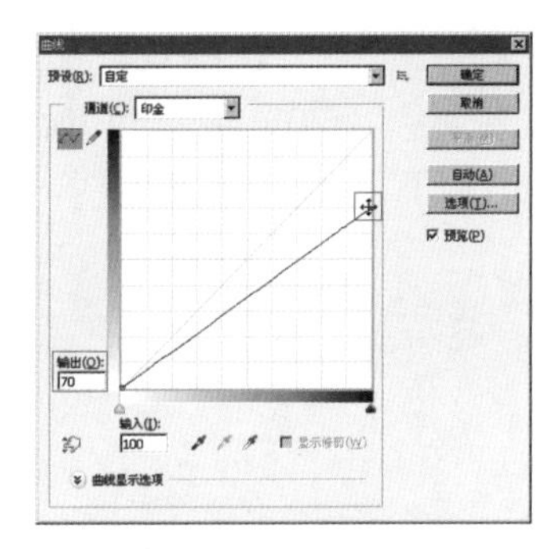

图 12-38　调整曲线

图 12-39　调整后的效果

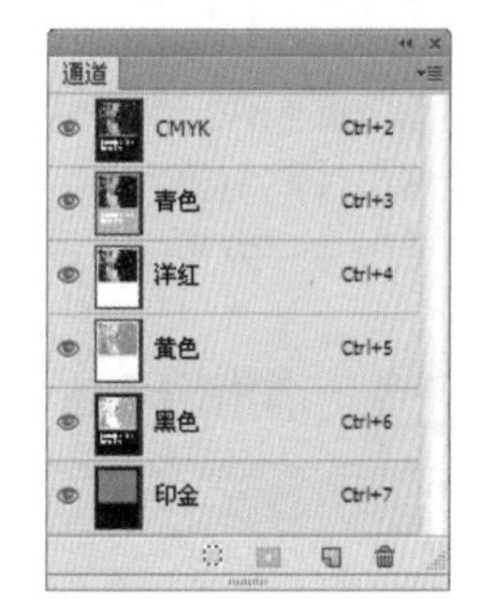

图 12-40　调整后的“通道”面板

STEP 06 **观察专色通道。**按快捷键Ctrl+D取消选区，回到通道面板，然后隐藏其他通道，只显示“印金”通道，如图12-41和图12-42所示。现在看到的专色通道就是将来的印金专色片。

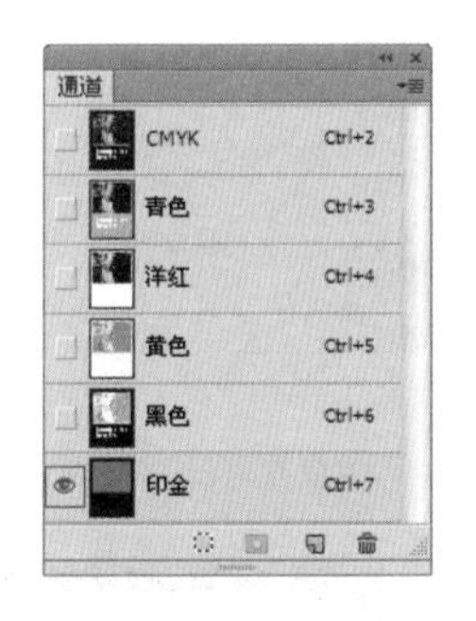

图 12-41　只显示专色通道

图 12-42　专色通道效果

注意

设计完成后，不适合直接拿PSD格式文件出片，需要将文件另存为PDF、TIF格式出片。设计完成的文件如果包含专色片，最好将文件保存为两个文件进行出片：一个只包括四色图像的TIF文件，一个只包括专色通道的灰度模式TIF文件。

2 利用通道做烫金专色片

烫金，金色完全盖住了下方的图像，所以做专色片时，专色通道密度需要设置为100%。专色片制作完成后，同样需要将文件和专色片分别另存为PDF或TIF格式出片。

实例体验4：通道制作烫金专色★

素材：光盘\第 12 章\素材\卡片 .TIF、卡片 .PSD
视频：光盘\第 12 章\视频\通道制作烫金专色 .flv

实例效果如图12-43所示。

图 12-43　在卡片上的烫金效果

3 将通道单独输出成 TIF 文件

利用通道制作好专色片后，拿去出片前还需要处理一下。在前方的注意中，我们已经提到了包含专色片的文件出片前需要另存，而不适合用PSD直接出片。另存为PDF格式，很简单，大家都能明白。这里专门说说将专色片存为TIF文件的方法。

实例体验5：专色通道输出为TIF文件

素材：光盘 | 第 12 章 | 素材 | 通道制作印金专色 .PSD
视频：光盘 | 第 12 章 | 视频 | 专色通道输出为 TIF 文件 .flv

STEP 01 **新建灰度文件**。打开实例体验3制作完成的印金文件，在"通道"面板中选择"印金"通道，按快捷键Ctrl+A命令选择全图，然后按快捷键Ctrl+C复制通道图像，如图12-44所示。按快捷键Ctrl+N新建命令，设置名称为"印金"，色彩模式为"灰度"，其他都不要改，如图12-45所示。

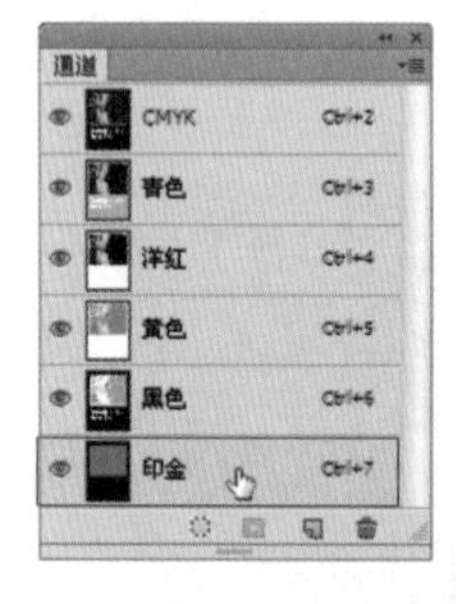
图 12-44 选择复制印金通道

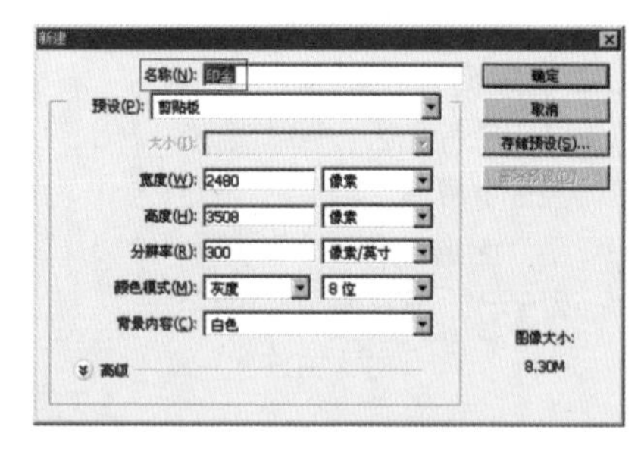
图 12-45 新建文件

STEP 02 **粘贴图像**。单击"确定"按钮后，得到新的文档，按快捷键Ctrl+V粘贴图像，"印金"通道图像被粘贴到新文件中，如图12-46和图12-47所示。

图 12-46 粘贴图像

图 12-47 "通道"面板

STEP 03 **存储为.tif文件**。打开"图层"面板，按快捷键Ctrl+E合并图层，如图12-48所示。执行"文件" | "存储为"命令，在弹出的窗口中，选择tif格式，单击"保存"按钮存储文件到指定的路径，如图12-49所示。至此，专色通道就被单独输出成TIF文件了。

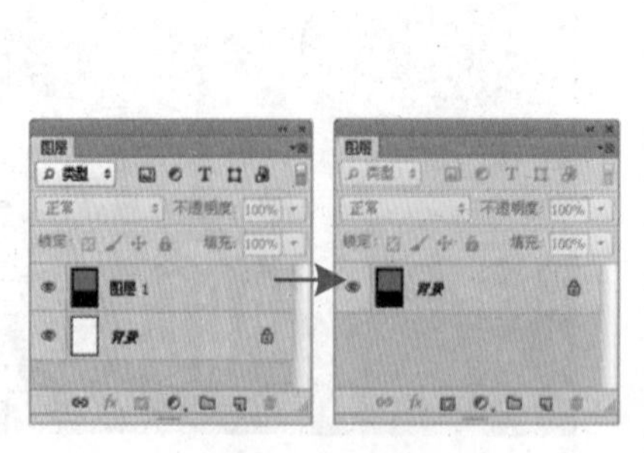
图 12-48 合并图层

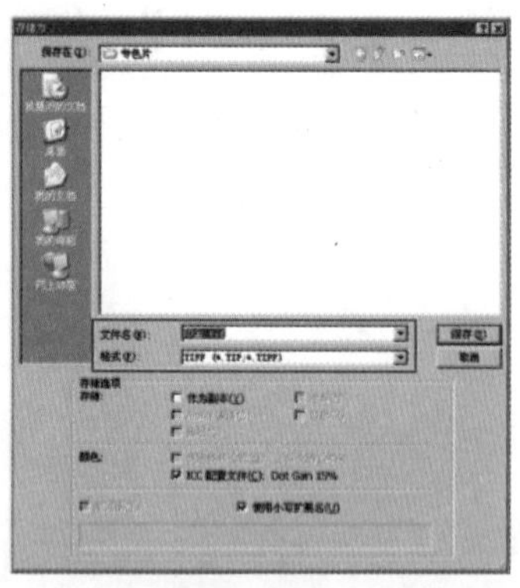
图 12-49 存储为 .tif 文件

12.5 设计师利用图层做专色处理

1 利用图层做烫金专色片

利用图层也可以做专色处理，而且比通道更直观。我们可以先用图层模拟出烫金效果，然后再改变颜色和模式，生成烫金专色片。

实例体验6：利用图层做烫金专色片

素材：光盘\第 12 章\素材\家园 .JPG　　视频：光盘\第 12 章\视频\利用图层做烫金专色片 .flv

STEP 01 **选取图案**。按快捷键Ctrl+O，打开一幅素材文件。假设需要对黑色图像烫金。选择工具箱中的魔棒工具，在属性栏中选择“添加到选区”按钮，设置容差为32，不勾选“连续”，在背景色上单击，背景色生成选区。按快捷键Shift+F7反选生成图像选区，如图12−50所示。单击“图层”面板下方的“创建新图层”按钮，新建“图层1”图层，如图12−51所示。

图 12−50　选择图案

图 12−51　新建图层

STEP 02 **预览烫金效果**。单击前景色图标，在弹出的“拾色器”对话框中选择一种像烫金效果的颜色，如图12−52所示。单击“确定”按钮，按快捷键Alt+Delete填充选区，再按快捷键Ctrl+D取消选区，如图12−53和图12−54所示。

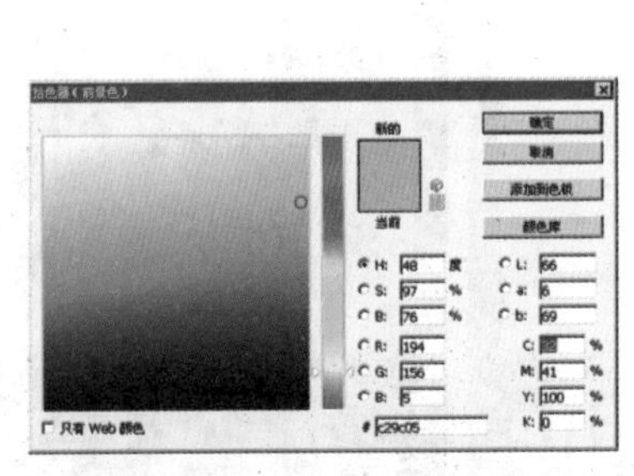

图 12−52　设置烫金颜色

图 12−53　烫金效果

图 12−54　“图层”面板

提示

现在看到的烫金效果只是一个简单的模拟，实际烫金后，图案十分光洁，像金子一样反光。

STEP 03 **更改图层颜色。**按住Ctrl键单击图层1缩览图载入图层1的选区，然后设置前景色为单黑（K100）。按快捷键Alt+Delete填充图层1，再按快捷键Ctrl+D取消选区，效果如图12–55所示。选中背景图层，设置前景色为白色，按快捷键Alt+Delete填充背景图层，效果如图12–56所示。

STEP 04 **另存出片文件。**按组合键Shift+Ctrl+E合并图层，然后执行"图像"｜"模式"｜"灰度"命令，将文件模式转成为灰度模式，如图12–57所示。最后按组合键Shift+Ctrl+S另存文件，格式选择TIF格式，名称设置为"烫金"，如图12–58所示，单击"保存"按钮完成专色片文件制作。

图 12–55　填充选区

图 12–56　填充背景图层

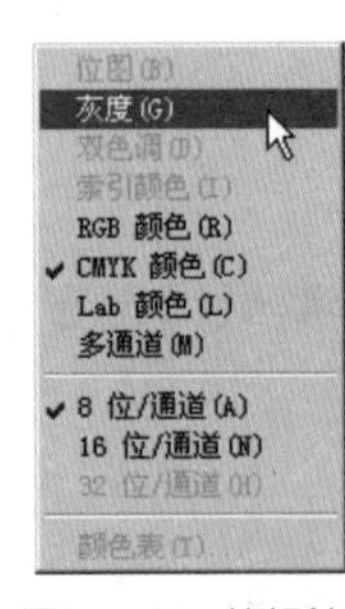

图 12–57　转换为 CMYK 模式

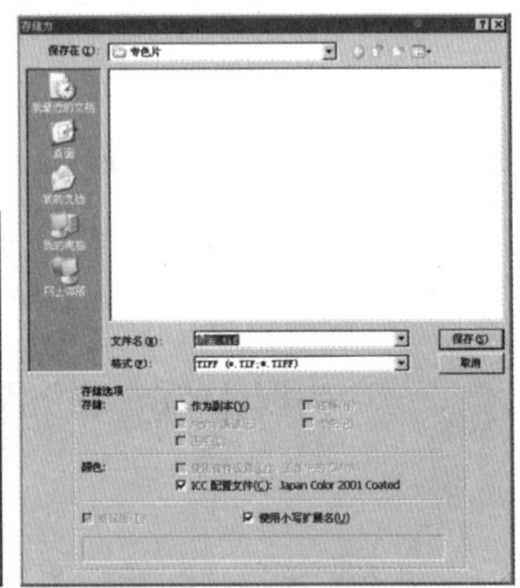

图 12–58　存储为 TIF 格式

2 利用图层做印金专色片

利用图层做印金专色片，同样可以分成两部分：一个是模拟印金效果，一个是生成专色出片文件。将图像图层放置在专色金图层上方，并设置混合模式为"正片叠底"，即可模拟出印金效果。最后将图像图层删除，修改专色金图层颜色，将文件模式转成灰度，另存即可获得印金专色片。

实例体验7：图层做印金处理★

素材：光盘\第 12 章\素材\浪漫海边 .PSD　　视频：光盘\第 12 章\视频\图层做印金处理 .flv

实例效果如图12–59所示。

图 12–59　图层做印金处理

12.6 设计师利用PS与排版软件搭配做专色处理

Photoshop与排版软件结合做专色片，是将Photoshop制作完成的背景图置入矢量排版软件中，然后在矢量排版软件中完成文字、矢量图的部分，并将专色部分单独保存为单黑文件，用来出专色片。

实例体验8：设计中的矢量图部分专色处理★

素材：光盘\第 12 章\素材\封面背景 .PSD

视频：光盘\第 12 章\视频\设计中的矢量图部分专色处理 .flv

实例效果如图12–60所示。

图 12–60　封面矢量文字及花纹边框做专色处理

12.7 设计师在PS中做特殊工艺处理

1 UV 处理

UV工艺同样需要出一张专色片。选中需要做UV处理的图像和文字，填充黑色，然后删除其他图像并将背景填充为白色。转换文件模式为灰度模式，另存文件，即完成UV片文件的制作。

实例体验9：UV处理

素材：光盘\第 12 章\素材\牛仔酒 .PSD　　视频：光盘\第 12 章\视频\UV 处理 .flv

STEP 01 **生成文字选区。**按快捷键Ctrl+O打开一个素材文件，假设图像中的文字和瓶子需要做UV加工。

按住Ctrl键单击文字图层的图层缩览图，生成文字选区，如图12-61和图12-62所示。

STEP 02 **加选酒瓶。**按住Ctrl键的同时按下Shift键，单击“酒”图层的图层缩览图，加选酒瓶选区，如图12-63和图12-64所示。

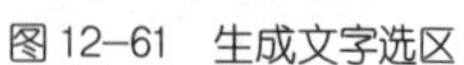

图12-61　生成文字选区

图12-62　“图层”面板

图12-63　加选酒瓶选区

图12-64　“图层”面板

STEP 03 **添加瓶颈选区。**选择工具箱中的多边形套索工具，在属性栏中单击“添加到选区”按钮，然后选择瓶颈处的选区，将其加选，如图12-65和图12-66所示。

STEP 04 **填充黑色。**选区就是要UV的区域，新建“图层1”图层，将选区填充为黑色，然后按快捷键Ctrl+D取消选区，如图12-67和图12-68所示的效果。

图12-65　加选选区

图12-66　加选后的效果

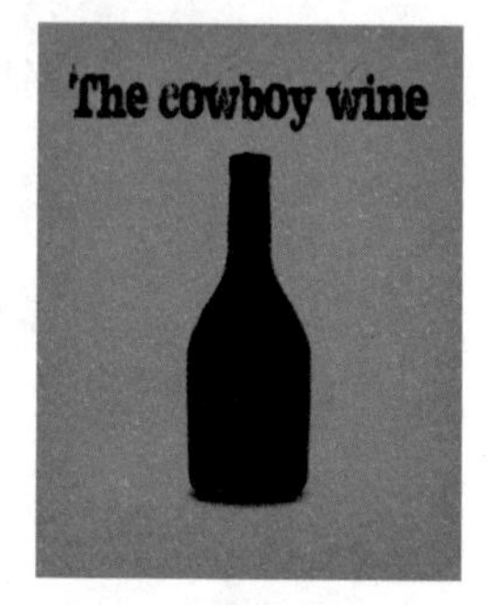

图12-67　UV区域预览

图12-68　“图层”面板

STEP 05 **保存UV片文件。**按下Ctrl键单击选中除“图层1”外的所有图层，然后按快捷键Ctrl+E合并图层。设置前景色为白色，填充合并后的图层，效果如图12-69所示。执行“图像”｜“模式”｜“灰度”命令，将文件转换成灰度模式，在弹出的对话框中单击“合并”按钮，然后再按组合键Shift+Ctrl+S另存文件，格式选择TIF，名称设置为UV，如图12-70和图12-71所示。

图12-69　填充合并后的图层

图12-70　单击合并

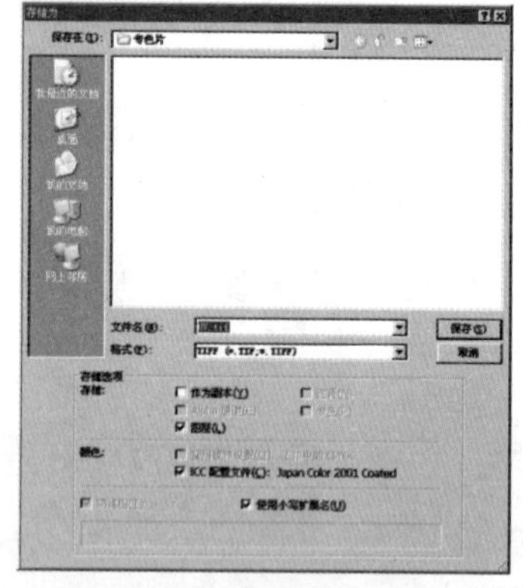

图12-71　存储为TIF格式

2 磨砂处理

磨砂处理与UV处理制作方法完全相同，需要磨砂的区域要出一张专色片。

提示

烫金、烫银、凹凸压印、UV上光和UV磨砂等工艺，专色片的制作方法完全相同，对需要添加工艺的区域，出一张单黑的专色片即可。

实例体验10：磨砂处理★

素材：光盘\第12章\素材\单反相机.JPG　　视频：光盘\第12章\视频\磨砂处理.flv

对单反相机的部分区域做磨砂专色片，如图12–72、图12–73所示。

图12–72　单反相机

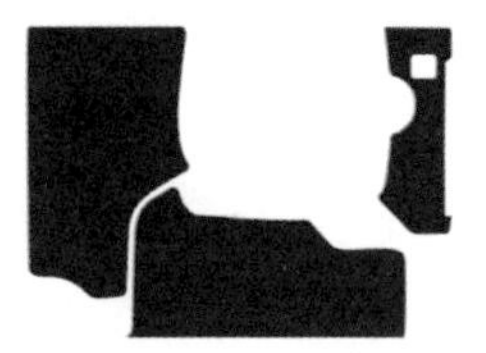

图12–73　磨砂专色片

12.8 设计师实战

实战：酒瓶标签——专色压四色设计

素材：光盘\第12章\素材\红酒标贴.PSD

视频：光盘\第12章\视频\专色压四色设计.flv

这个酒瓶的标签使用了两种专色：白墨和烫金。先印刷四色，再印刷白墨压住四色，最后是烫金，如图12–74所示。因此，出片时除了CMYK四张胶片外，还需要白墨和烫金两张专色片。实例效果如图12–75所示。

图12–74　素材

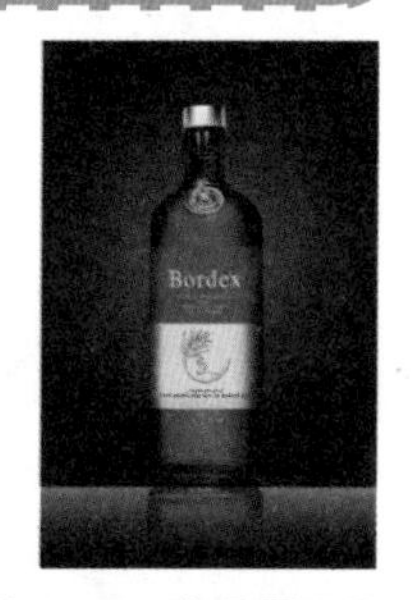

图12–75　专色压四色

STEP 01 打开文件。按快捷键Ctrl+O打开一个素材文件，图像及其“图层”面板，如图12-76和图12-77所示。

图 12-76 源文件

图 12-77 “图层”面板

STEP 02 制作白墨专色片。设置前景色为单黑K100，分别选择图层面板最上方的两个文字图层，分别按快捷键Alt+Delete将它们填充为黑色，如图12-78和图12-79所示。

图 12-78 填充文字

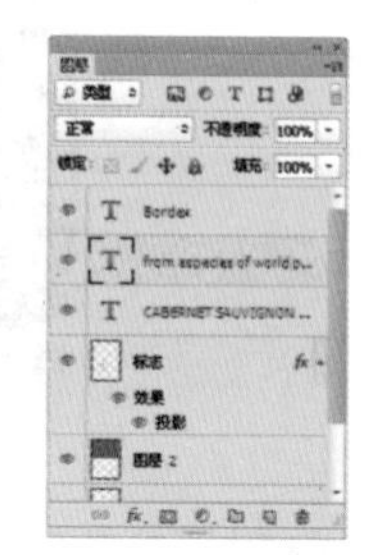
图 12-79 “图层”面板

STEP 03 保存“白墨”出片文件。选择除最上方的两个文字图层外的所有图层，按快捷键Ctrl+E合并图层，然后将其填充为白色，如图12-80和图12-81所示。执行“图像”|“模式”|“灰度”命令，在弹出的警示对话框中单击“不拼合”按钮，将其转换为“灰度”模式。再执行“文件”|“存储为”命令，弹出“存储为”对话框，设置文件名为“白墨”，格式为TIFF，勾选“作为副本”项，如图12-82所示，单击“保存”按钮保存文件。

Bordex

FROM ASPECIES OF WORLD PREMIUM RED GRAPES SPECIAL RESERVE

图 12-80 白墨专色片

图 12-81 “图层”面板

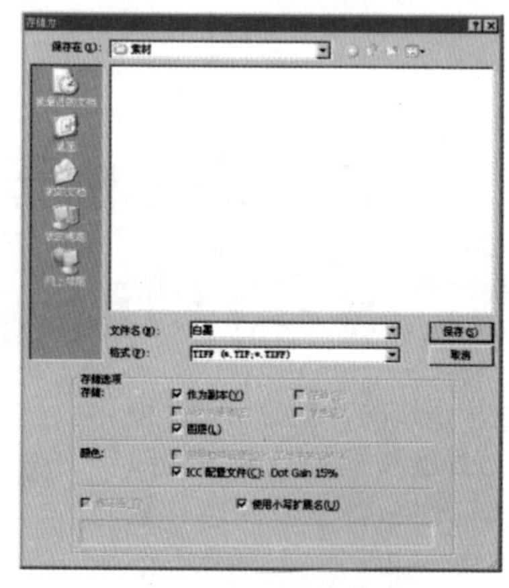
图 12-82 保存白墨专色片

STEP 04 合并“标志”层外所有图层。按快捷键F12将文件还原到最初。隐藏“标志”图层，在“图层”面板上单击最下方的图层，然后按快捷键Shift+Ctrl+E合并“标志”图层以外的所有图层，如图12-83和图12-84所示。

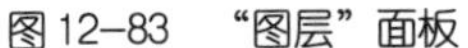

图 12–83 “图层”面板

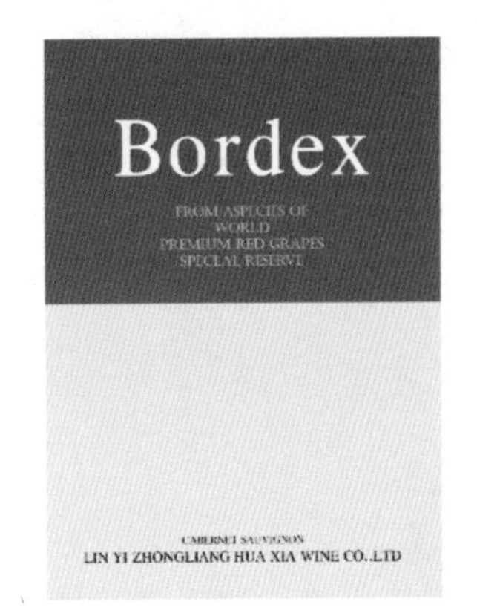

图 12–84 合并标志外所有图层

STEP 05 **填充颜色。**设置前景色为白色，按快捷键Alt+Delete填充合并的图层，选择并显示“标志”图层，如图12–85所示。按住Ctrl键单击“标志”图层的图层缩览图，生成标志选区，然后隐藏标志的投影效果，设置前景色为单黑（K100），按快捷键Alt+Delete填充“标志”图层，如图12–86和图12–87所示。

图 12–85 显示“标志”图层

图 12–86 “图层”面板

图 12–87 填充“标志”图层

STEP 06 **生成烫金专色片。**按快捷键Ctrl+D取消选区，再按快捷键Ctrl+E合并图层。执行“图像”｜“模式”｜“灰度”命令，将其转换为“灰度”模式，如图12–88和图12–89所示，这样就得到了烫金专色片。执行“文件”｜“存储为”命令，弹出“存储为”对话框，设置文件名为“烫金”，格式为TIFF，勾选“作为副本”项，如图12–90所示，单击“保存”按钮保存文件。

图 12–88 合并图层

图 12–89 转灰度模式

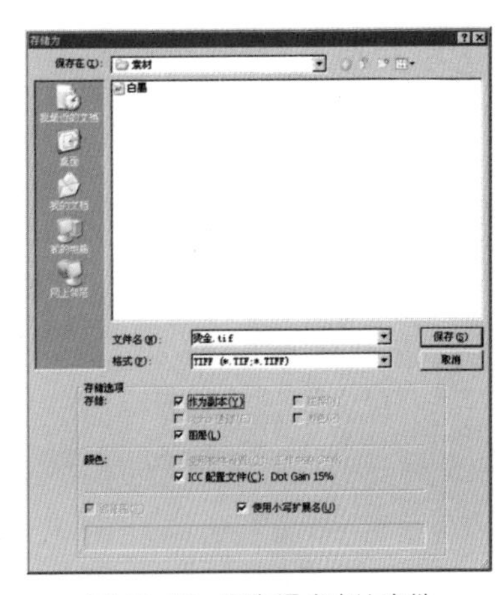

图 12–90 保存烫金出片文件

STEP 07 保存四色出片文件。按快捷键F12将文件恢复到最初，删除最上方的两个文字图层，删除“标志”图层，然后合并除文字层外的所有图层，如图12-91所示。选中黑色文字图层，设置图层模式为“正片叠底”，如图12-92所示。执行“文件”|“存储为”命令，弹出“存储为”对话框，设置文件名为“四色”，格式为TIFF，如图12-93所示。这样我们就做好了三个出片文件：白墨.tif和烫金.tif将各出一张专色片，四色.tif文件将出CMYK四张片子。

图 12-91　合并图层效果

图 12-92　正片叠底

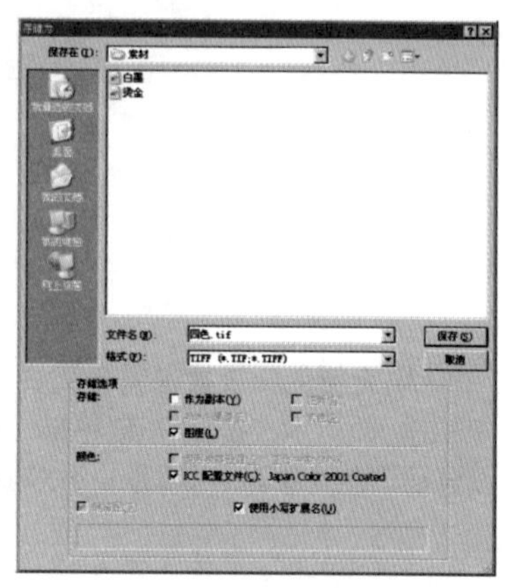

图 12-93　保存四色片文件

CHAPTER

13

学习重点

- 帧模式动画的制作
- 时间轴模式动画的制作
- 渲染视频
- 网页动画要点
- 常用的动画招数

动画与网页设计

精彩纷呈的动画艺术很有吸引眼球的作用，广泛应用于网页设计中。本章重点介绍在Photoshop中制作GIF动画。虽说Photoshop不是专门的动画制作软件，但在Photoshop的“时间轴”面板中制作简单的GIF动画十分便捷。

13.1 动画面板——帧模式

帧模式的动画就是在一段时间内显示一系列图像或帧，当每一帧与前一帧都有轻微变化时，连续、快速显示这些帧就会使图像产生运动变化的视觉效果，如图13–1所示。

图 13–1　动画帧图像

1 面板组成

打开一个图像文件，执行"窗口"｜"时间轴"命令，在Photoshop界面下方可以显示"时间轴"面板。将"时间轴"面板拖出来，然后单击面板中间的三角按钮，在其下拉列表中选择"创建帧动画"选项，单击"创建帧动画"按钮，就打开了帧模式的"时间轴"面板，如图13–2和图13–3所示。

图 13–2　选择创建帧动画

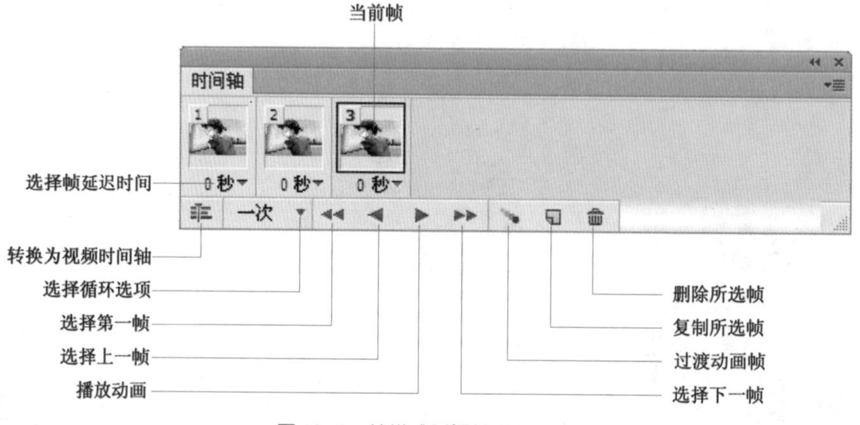

图 13–3　帧模式时间轴面板

2 帧的基础操作

在"时间轴"面板中可以编辑制作帧动画，完成包括显示每个帧的缩览图、复制当前帧、添加或删除帧、播放动画等操作。

实例体验1：关于帧的基础操作

素材：光盘\第 13 章\素材\飞行 .PSD　　视频：光盘\第 13 章\视频\关于帧的基础操作 .flv

STEP01 **打开素材并复制图像**。按快捷键Ctrl+O打开素材“飞行.psd”文件，如图13-4所示。选择“图层1”，按快捷键Ctrl+J复制两个图层，并重新命名为“图层2”和“图层3”，如图13-5所示。

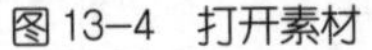

图 13-4　打开素材

图 13-5　“图层”面板

STEP02 **调整图像的位置并隐藏图层**。选择“图层2”图层，使用移动工具，移动图像位置，如图13-6所示，然后再选择“图层3”图层，将图像移动到图13-7所示的位置，然后将“图层1”“图层2”和“图层3”隐藏。

图 13-6　移动“图层 2”图像

图 13-7　移动“图层 3”图像

STEP03 **打开帧模式“时间轴”面板**。执行“窗口”|“时间轴”命令，打开“时间轴”面板，单击面板中间的三角按钮，在其下拉菜单中选择“创建帧动画”选项，如图13-8所示，然后再单击“创建帧动画”按钮，就打开了帧模式的“时间轴”面板，如图13-9所示。

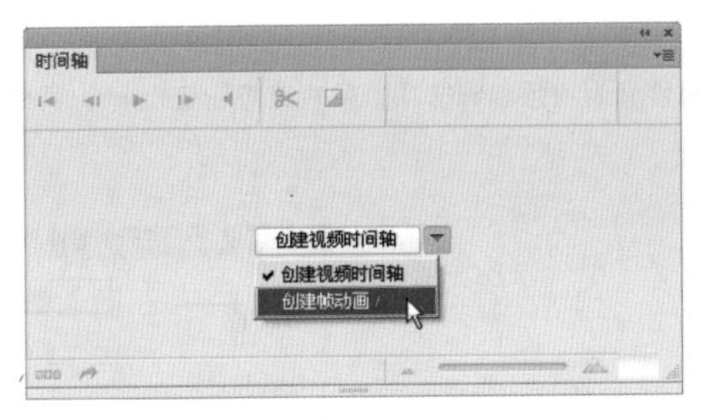

图 13-8　创建帧动画

图 13-9　帧模式的“时间轴”面板

STEP04 **复制所选帧**。单击“0秒”后面的三角按钮，在弹出的下拉列表中选择“0.1秒”，如图13-10所示。单击“时间轴”面板下面的“复制所选帧”按钮4次，得到与第1帧图像相同的4帧，如图13-11所示。

图 13-10　设置持续时间

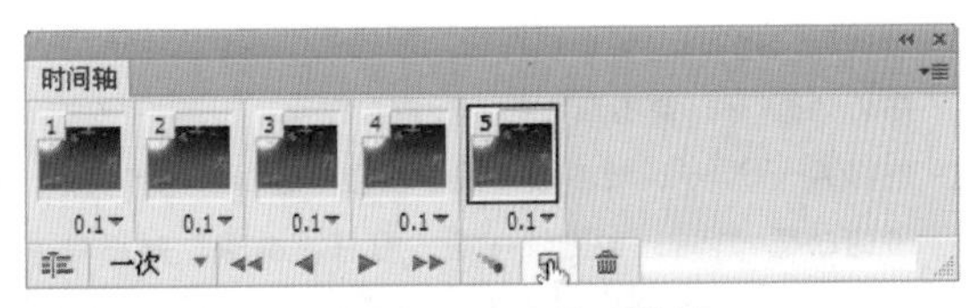

图 13-11　复制所选帧

STEP05 **编辑帧**。单击选择第2帧，在“图层”面板中显示“图层1”的图像，图像窗口如图13-12所示。单击选择第3帧，在“图层”面板中显示“图层2”的图像，图像窗口如图13-13所示。单击选择第4帧，在

“图层”面板中显示“图层3”的图像，图像窗口如图13–14所示。这时的“时间轴”面板如图13–15所示。

图13–12　第2帧的图像效果　　图13–13　第3帧的图像效果　　图13–14　第4帧的图像效果

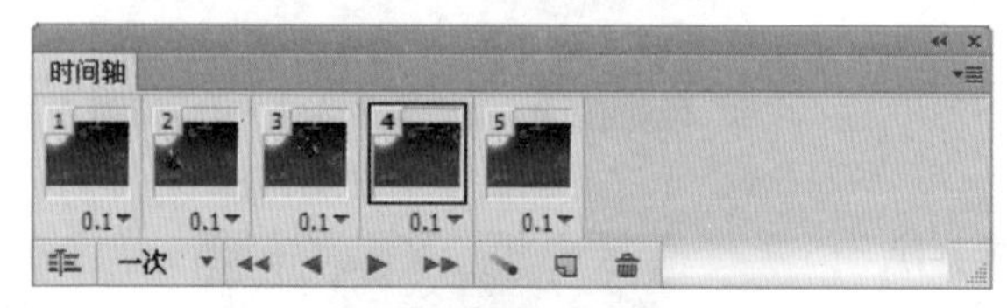

图13–15　帧模式的“时间轴”面板

STEP 06　设置循环选项并播放动画。在选择循环选项中，单击三角下拉按钮，在其下拉列表中选择“永远”，如图13–16所示，然后单击“播放动画”按钮，或按空格键，即可播放动画，看见画面中的飞船穿梭在太空中。

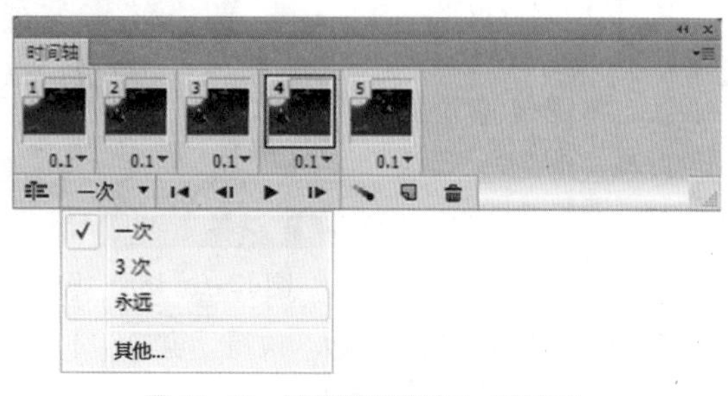

图13–16　设置循环选项为“永远”

常用参数介绍

转换为视频时间轴：单击该按钮，“时间轴”面板变为视频编辑选项，同时该按钮变为，再单击按钮，又可转换为帧模式的“时间轴”面板。

循环选项 一次：用于设置动画的播放次数。单击下拉列表，可以看到“一次”“3次”“永远”和“其他”四个选项，如图13-17所示。单击“其他”，弹出“设置循环次数”对话框，如图13-18所示。在“播放”数值框中可输入播放的次数，例如7次，那么该动画就会循环播放7次。

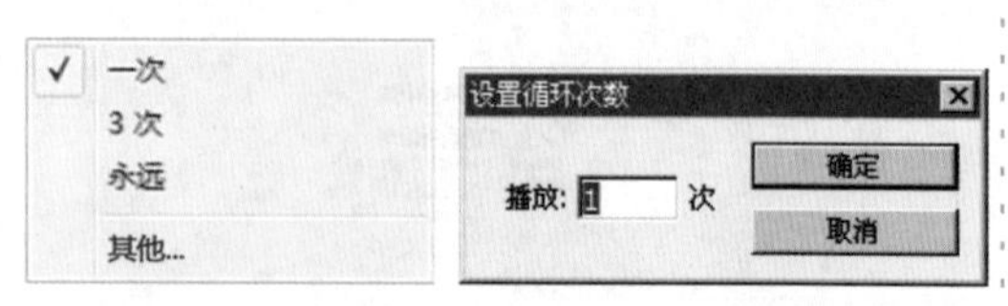

图13–17　播放次数　　图13–18　“设置循环次数”对话框

选择第一帧：单击该按钮，可自动返回到“时间轴”面板中的第一帧。

选择前一帧：单击该按钮，可自动选择当前帧的前一帧。

播放动画：单击该按钮，可播放动画。

选择下一帧：单击该按钮，可自动选择当前帧的下一帧。

过渡动画帧：单击该按钮，打开“过渡”对话框，可以在两个现有帧之间添加一系列的过渡帧，并让新帧之间的图层属性均匀变化。如图13-19所示，选择第3帧，单击该按钮，打开“过渡”对话框进行设置，如图13-20所示。单击“确定”按钮后，面板中自动在原来的第2帧与第3帧之间添加两帧过渡帧，如图13-21所示。

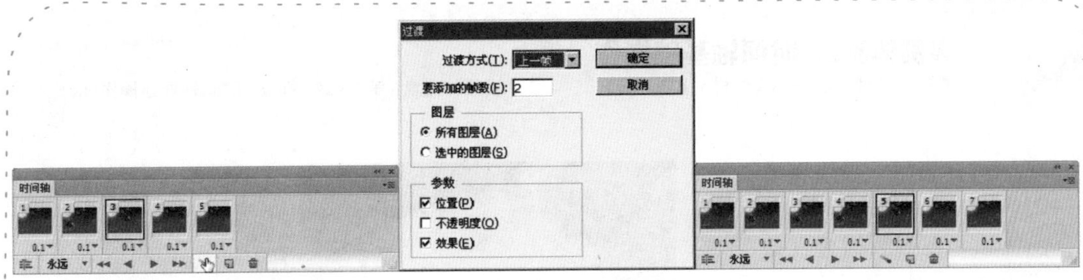

图 13-19　选择第 3 帧　　图 13-20　设置参数　　图 13-21　添加过渡帧后的“时间轴”面板

复制所选帧：单击该按钮，可在“时间轴”面板中复制所选的帧。

删除所选帧：单击该按钮，可删除当前所选择的帧。

13.2 动画面板——视频模式

1 面板组成

执行“窗口”|“时间轴”命令，在打开的“时间轴”面板中可以创建视频时间轴，或单击帧模式的“时间轴”面板下方的按钮，可将面板转换为视频模式的“时间轴”面板。图13-22所示为视频“时间轴”面板的相关按钮。

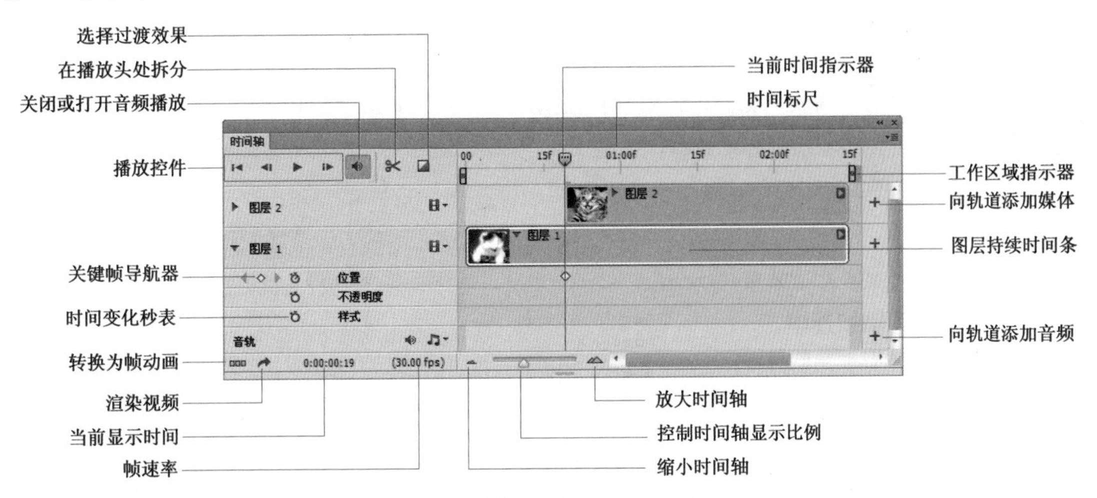

图 13-22　视频模式“时间轴”面板

2 时间轴操作

在视频“时间轴”中可以制作简单的动画，还可以编辑和剪辑视频。与帧动画“时间轴”有很大的不同，视频“时间轴”需要在图层条中建立属性关键帧，通过这些关键帧来编辑和制作动画。下面我们来学习如何制作简单的时间轴动画。

实例体验2：时间轴基础操作

素材：光盘\第 13 章\素材\小猫 .PSD　　　　视频：光盘\第 13 章\视频\时间轴基础操作 .flv

STEP01 **打开素材**。按快捷键Ctrl+O打开素材“小猫.psd”文件，图像和“图层”面板，如图13–23和图13–24所示。

图 13–23　打开素材

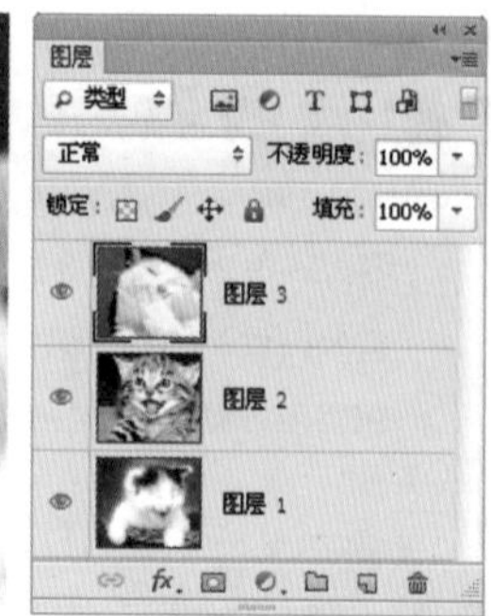

图 13–24　“图层”面板

STEP02 **打开“时间轴”面板**。执行“窗口”|“时间轴”命令，打开“时间轴”面板。为了便于操作，可以将“时间轴”面板拖出来。单击面板中间的下拉三角按钮，在其下拉列表中选择“创建视频时间轴”选项，如图13–25所示，然后再单击“创建视频时间轴”按钮，打开视频模式的“时间轴”面板，如图13–26所示。

图 13–25　创建视频时间轴

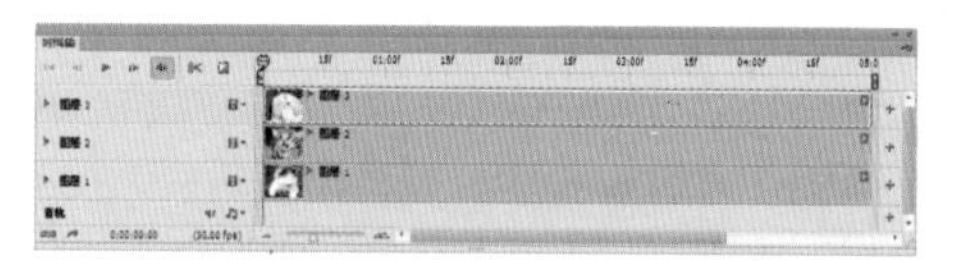

图 13–26　视频“时间轴”面板

STEP03 **调整面板大小**。将光标移至面板的右下角，拖动鼠标可以调整面板的大小，如图13–27所示。拖动缩放滑块，可以将时间轴放大或缩小显示，向左拖动滑块，效果如图13–28所示。

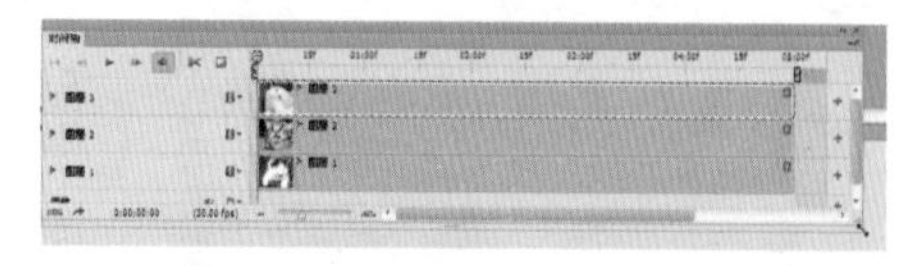

图 13–27　调整面板的大小

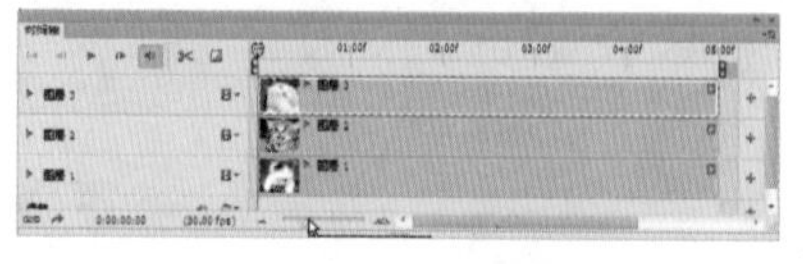

图 13–28　放大时间轴显示

STEP04 **设置时间轴帧速率**。单击“时间轴”面板右上角的按键，在弹出的下拉菜单中选择“设置时间轴帧速率”命令，如图13–29所示。打开“时间轴帧速率”对话框，设置“帧速率”为10，如图13–30所示。

图 13–29　打开“时间轴帧速率”对话框

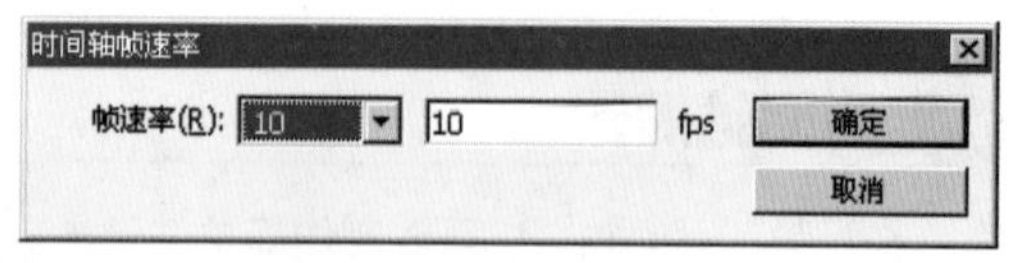

图 13–30　设置帧速率

提示

帧速率FPS是Frames Per Second的缩写，即帧/秒，是指每秒钟刷新图片的帧数。要生成平滑连贯的动画效果，帧速率一般不小于8。可以在视频动画制作完成后，通过更改“时间轴帧速率”来控制动画的播放速度，帧速率值越大，播放速度越快，反之则越慢。

STEP 05 **设置图像的视频播放时间段。**单击“图层2”的图层持续时间条，把“当前时间指示器”移到02:00f处，然后将光标移到“图层2”持续时间条的起点位置，当光标变成![]时，拖动“图层持续时间条”的起点到02:00f处，如图13–31所示。用相同的方法，将“图层3”持续时间条的起点移至04:00f处，如图13–32所示。

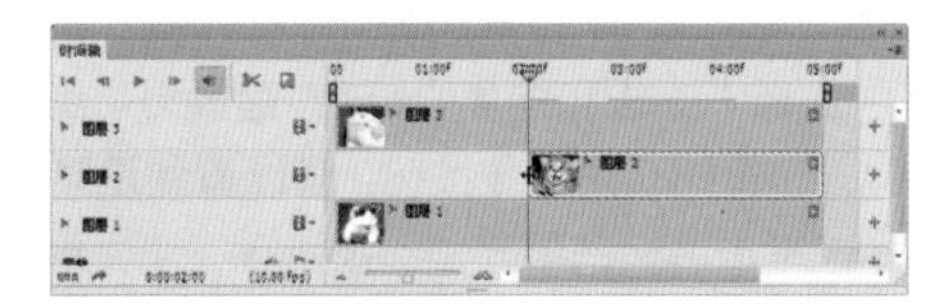

图 13–31 “持续时间条”起点移到 02:00f 处

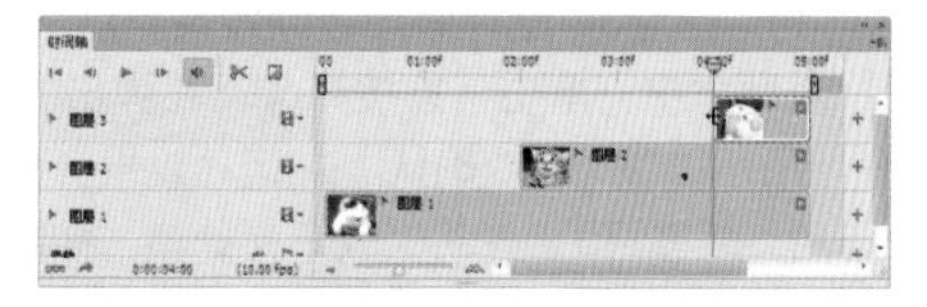

图 13–32 “持续时间条”起点移到 04:00f 处

STEP 06 **设置“图层2”的“位置”属性关键帧。**单击“时间轴”面板中“图层2”左侧的三角折叠按钮，打开“位置”属性设置，把“当前时间指示器”移到02:00f处，如图13–33所示。单击“位置”左侧的按钮，在02:00f处创建一个关键帧，如图13–34所示。使用移动工具，并在属性栏中勾选“显示变换控件”项，将“图层2”图像移到图像窗口的右上角，如图13–35所示。再把“当前时间指示器”移到03:00f处，单击“位置”左侧按钮，创建一个关键帧，同时将“图层2”图像移回原来位置，如图13–36所示。取消勾选“显示变换控件”项，这样通过两个关键帧，就完成了“图像2”图像从图像窗口的右上角飞入画面的效果。单击“转到第一帧”按钮，按空格键播放视频，观看效果。

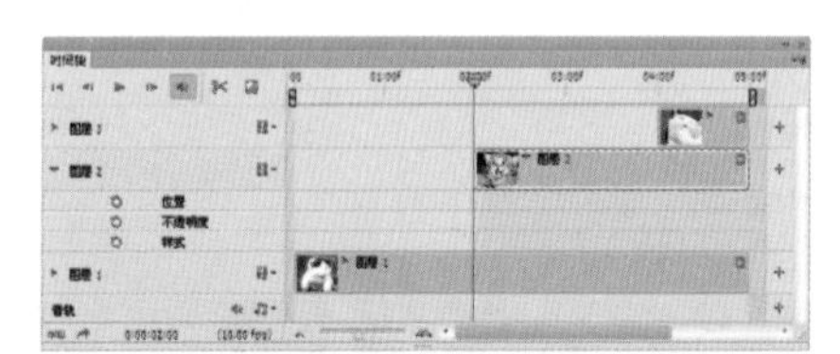

图 13–33 打开“位置”属性设置

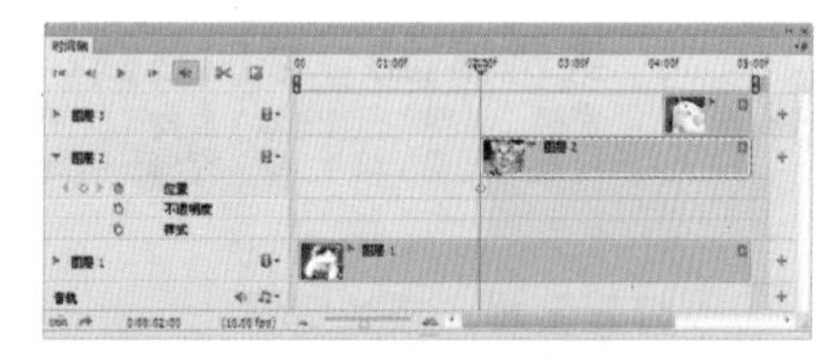

图 13–34 自动创建关键帧

图 13–35 移动图像到右上角

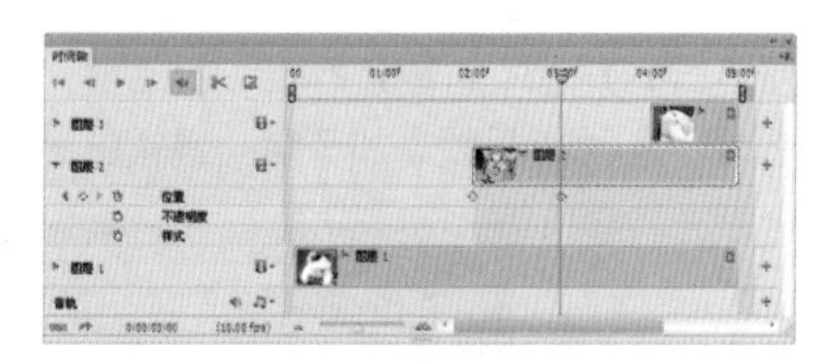

图 13–36 创建关键帧并将图像移回原位

STEP 07 **为“图层1”添加过渡效果。**单击选择“图层1持续时间条”，在“时间轴”面板中单击按钮，在弹出的“拖动以应用”列表框中选择“彩色渐隐”项，设置“持续时间”为“2秒”，“颜色”设置任意一个，如图13–37所示。按下鼠标拖动“彩色渐隐”图标至“图层1持续时间条”中，当出现一个黑色边框后，释放鼠标，如图13–38所示。单击“转到第一帧”按钮，按播放按钮可观看视频效果。

图 13-37　设置“彩色渐隐”效果

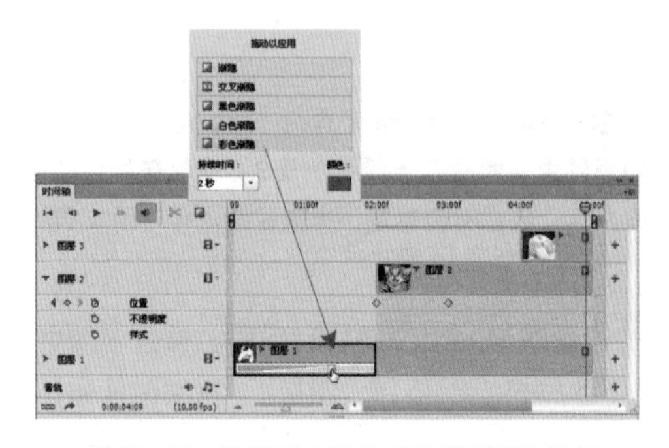

图 13-38　为图层 1 添加“彩色渐隐”效果

STEP 08 **为“图层3”图像添加运动效果。** 单击选择“图层3持续时间条”，然后单击鼠标右键，在弹出的“动感”对话框中，单击下拉按钮，在弹出的下拉列表中选择“旋转和缩放”，设置缩放为“缩小”，如图13-39所示。按Enter键确认添加运动效果。单击“图层3”左侧的三角折叠按钮，可以看到设置“旋转和缩放”后，“图层3”自动生成了关键帧，如图13-40所示。单击“转到第一帧”按钮，按播放按钮可观看整个视频效果。

图 13-39　设置“旋转和缩放”

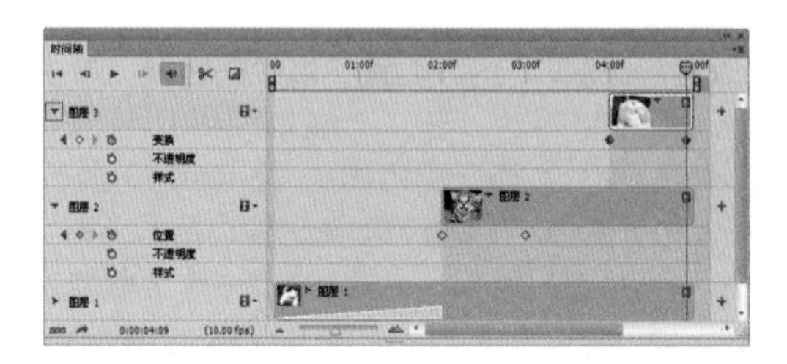

图 13-40　自动生成关键帧

实例体验3：添加音频

素材：光盘\第 13 章\素材\时间轴基础操作 .PSD、小猫叫声 .mp4
视频：光盘\第 13 章\视频\添加音频 .flv

STEP 01 **打开素材。** 按快捷键Ctrl+O打开素材“时间轴基础操作.psd”文件，其“时间轴”面板如图13-41所示。

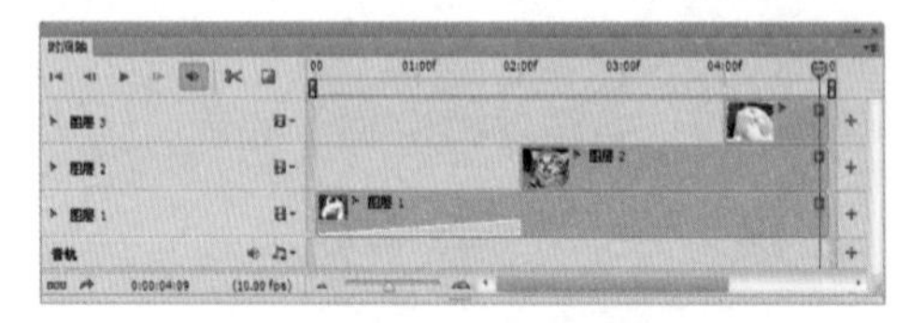

图 13-41　“时间轴”面板

STEP 02 **添加音频。** 单击“音轨”右侧的按钮，在弹出的下拉列表中选择“添加音频”命令，如图13-42所示，打开“添加音频剪辑”对话框，在对话中选择要添加的音乐，如图13-43所示，然后单击“打开”按钮，即可为视频添加音频，音轨中出现了绿色的“小猫叫声”持续条，如图13-44所示。

图 13-42　添加音频

图 13-43　选择要添加的音频

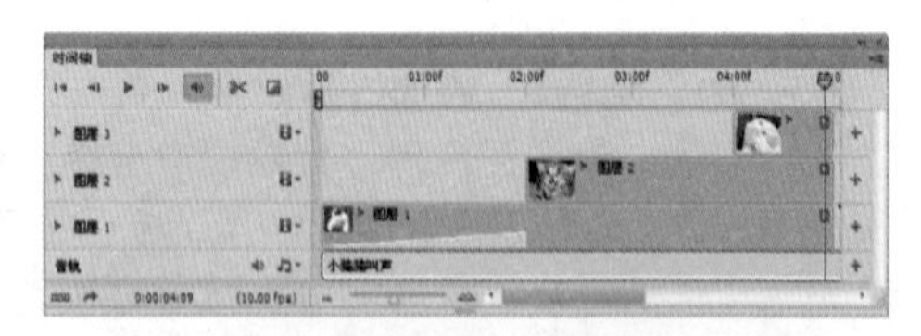

图 13-44　添加音频后的“时间轴”面板

STEP03 **剪辑音频**。单击选择音频，把“时间指示器” 拖动到想要剪辑的位置后，单击面板中的 按钮，即可将音频分开。该动画只有5秒钟，所以把“当前时间指示器” 移到05:00f处，然后单击 按钮，音频在05:00f处被拆分为两段，如图13-45所示。单击选择后一段音频，按Delete键将其删除，如图13-46所示。

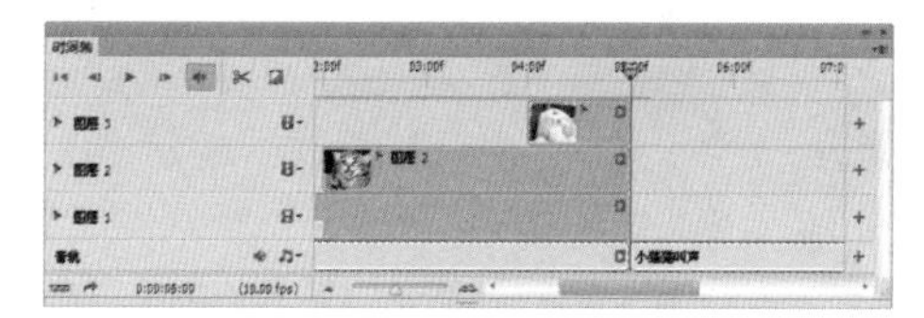

图 13-45　音频被剪辑为两段

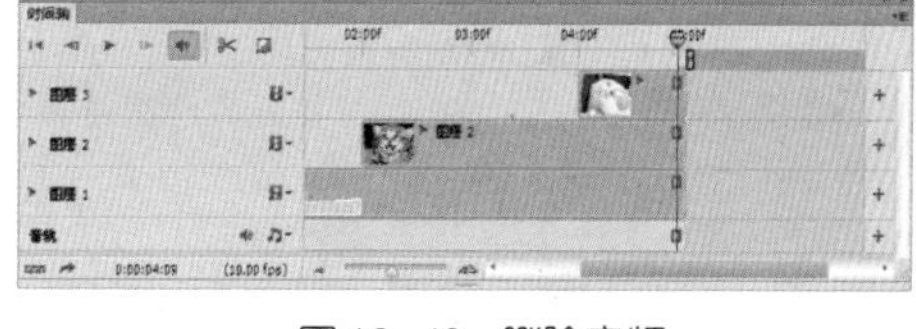

图 13-46　删除音频

STEP04 **为音频添加淡入淡出的效果**。在音频上单击鼠标右键，弹出“音频”设置框，设置“淡入”“淡出”的参数为“1.5秒”，如图13-47所示。按Enter键确认设置。完成后，单击“转到第一帧”按钮，按空格键可播放剪辑后的音频。

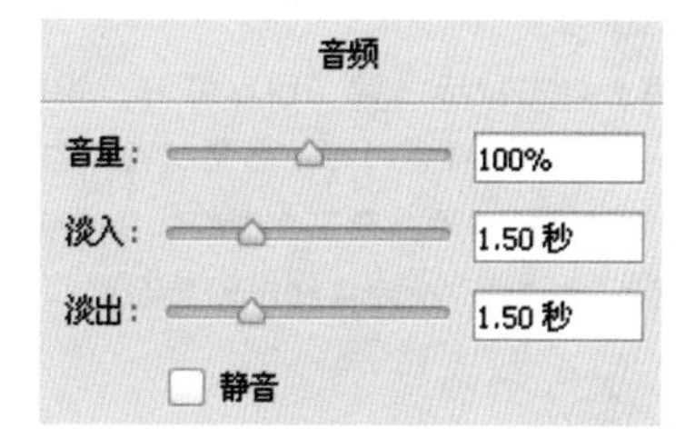

图 13-47　设置淡入和淡出为 1.5 秒

实例体验4：添加视频

素材：光盘\第 13 章\素材\小鸟 .PSD、太空 .mp4　　视频：光盘\第 13 章\视频\添加视频 .flv

STEP01 **打开素材**。按快捷键Ctrl+O打开素材“小鸟.psd”文件，其“时间轴”面板如图13-48所示。

图 13-48　“时间轴”面板

STEP02 **添加视频**。我们要在“图层1”与“图层2”之间添加视频。选择“图层1”，单击“图层1”右侧的 按钮，在下拉列表中选择“添加媒体”命令，弹出“添加剪辑”对话框。选择要添加的“太空.mp4”视频动画，如图13-49所示。单击“打开”按钮后，“图层1持续时间条”的后面添加了视频，如图13-50所示。

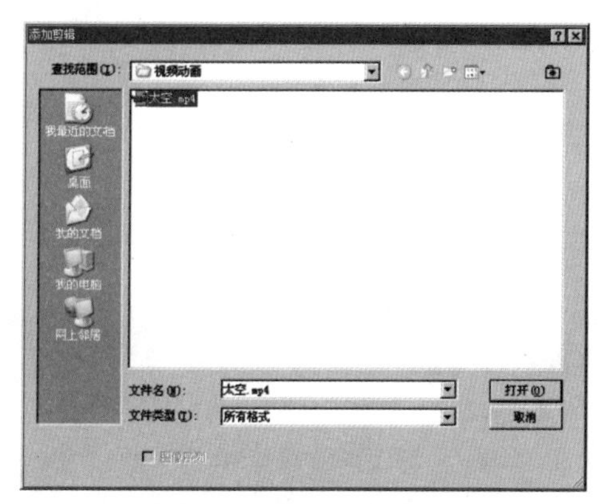

图 13-49　选择要添加的视频动画

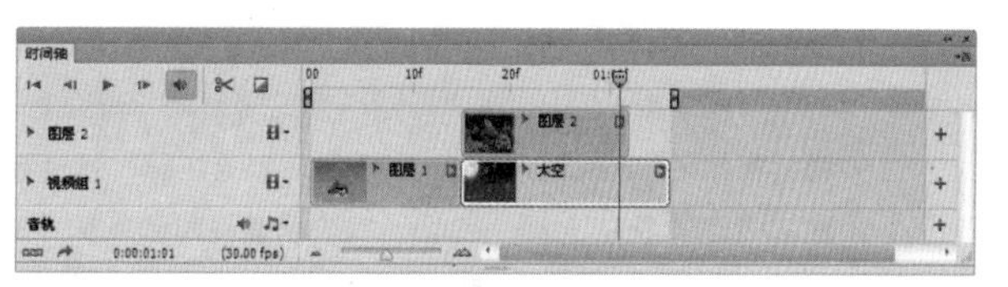

图 13-50　添加视频动画后的状态

STEP 03 **调整“图层2持续时间条”的位置**。选择“图层2”，按住鼠标左键，向右拖动，使其左端与视频动画的结尾处对齐，把“当前时间指示器”移到两者的中间位置，观察它们之间是否对齐，如图13–51所示。完成后，单击“转到第一帧”按钮，按空格键播放添加的视频。

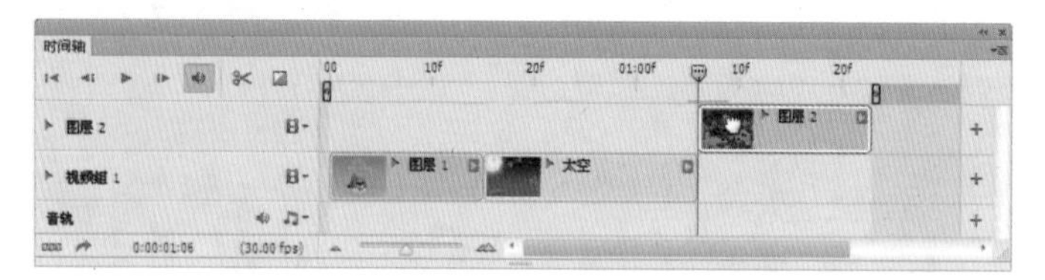

图 13–51　移动对齐“图层 2 持续时间条”

提示

在视频动画上单击鼠标右键，可以打开“视频”设置框，如图13-52所示。如果缩短持续时间，表示该视频的播放时间变短。例如，将持续时间改为0.5秒，表示后面的0.2秒视频被剪掉；如果将“速度”设置为200%，视频持续时间条会变短，表示加快了视频的播放速度。

图 13–52　“视频”设置框

常用参数介绍

音频控制按钮：单击该按钮可以关闭或开启音频播放。

在播放头处拆分：如果要拆分视频或音频，可以将当前时间指示器移动至要拆分的位置，单击该按钮，可以将视频或音频拆分为两段。

过渡效果：单击该按钮可打开下拉列表，如图13-53所示，可为视频添加渐隐、交叉渐隐等过渡效果。

工作区指示器：拖动顶部轨道两端的工作区指示器按钮，可以定位预览或导出视频的区域，如图13-54所示。

图 13–53　过渡效果列表

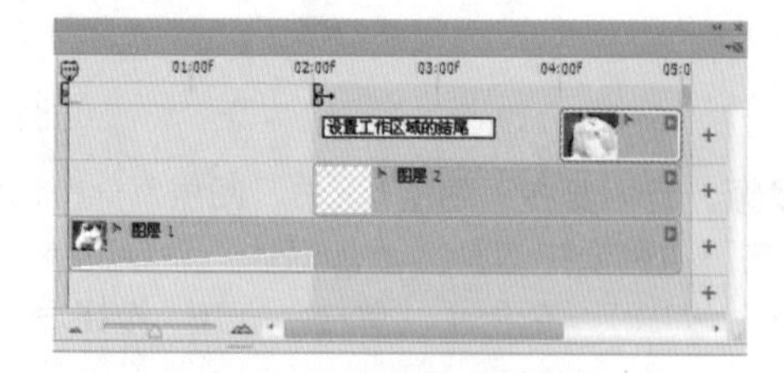

图 13–54　设置工作区域

当前时间指示器：拖动当前时间指示器可以更改当前时间或帧。

图层持续时间条：指定图层在视频中的时间位置。

关键帧导航器：单击两侧的箭头，可移动当前时间指示器，从当前关键帧位置移到上一个或下一个关键帧；单击中间的按钮，可删除或添加当前时间的关键帧。

时间变化秒表：单击该按钮，可停止或启用关键帧属性。

视频组：单击该按钮，可在其下拉列表中选择添加媒体。

音轨：单击该按钮，可在其下拉列表中选择添加音频。

转换为帧动画：单击该按钮，可以将视频“时间轴”面板转换为帧动画模式。

渲染视频：单击该按钮，可打开“渲染视频”对话框，将动画导出为视频。

控制时间轴显示比例：拖动滑块可调整时间轴的显示比例，单击按钮可缩小时间轴，单击按钮可放大时间轴。

13.3 视频预览

无论是帧动画还是视频动画，按空格键或单击播放按钮▶，都可以对视频进行播放预览。如果设置预览形式为循环播放，帧动画与视频动画的设置方式有所不同。帧动画，在帧模式“时间轴”面板下方的下拉三角处，可以设置循环播放，如图13-55所示。视频动画，需要单击“时间轴”面板右上角的按键，在弹出的下拉菜单中选择“循环播放”命令，如图13-56所示。

图 13-55　帧动画设置循环播放

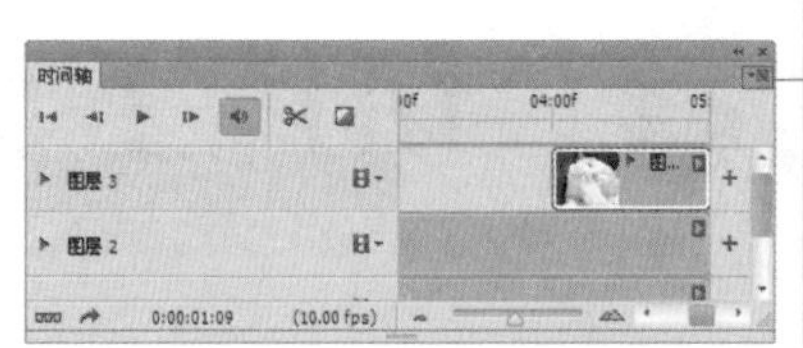

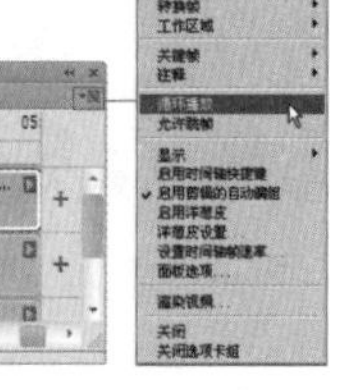

图 13-56　视频动画设置循环播放

13.4 渲染视频

制作好帧动画或视频动画后，执行“文件”｜“导出”｜“渲染视频”命令，可以将视频导出为影片。在渲染视频前最好将文件存储为PSD格式的源文件，便于修改。

实例体验5：渲染视频

素材：光盘\第 13 章\素材\太空 .PSD　　视频：光盘\第 13 章\视频\渲染视频 .flv

STEP01 **打开素材**。按快捷键Ctrl+O打开素材“太空.psd”文件，如图13-57所示。

图 13-57　打开素材

STEP02 **渲染视频**。执行"文件"|"导出"|"渲染视频"命令，打开"渲染视频"对话框。设置存储的位置，大小选择"PAL D1/DV 宽银幕"，如图13-58所示，然后单击"渲染"按钮，这时软件就会进行视频渲染，渲染完成后，在存储的位置生成一个MP4格式的影片，如图13-59所示。

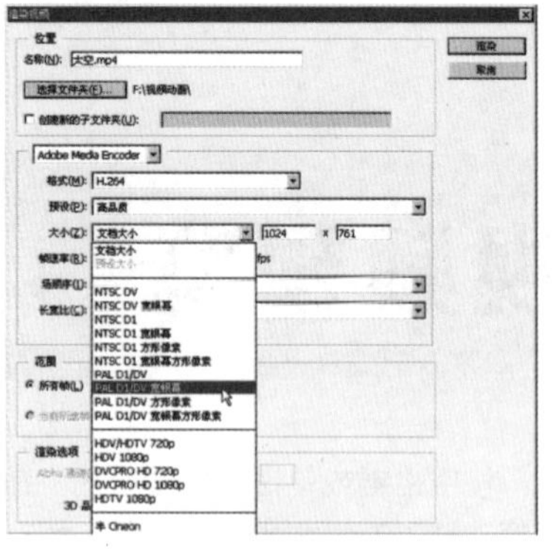

图 13-58　设置输出视频的大小

图 13-59　输出后的媒体文件

13.5 切片工具与切片选择工具

网页设计时，通常要对页面进行分割制作成切片，通过优化切片可以对分割的图像进行不同程度的压缩，轻松创建网页组件。

1 切片工具

使用切片工具可以将图像分割成不同大小的切片，还可以基于参考线和图层创建切片。单击工具箱中的切片工具，其属性栏如图13-60所示。

样式：正常　宽度：　高度：　基于参考线的切片

图 13-60　"切片工具"属性栏

实例体验6：切片工具用法

素材：光盘\第 13 章\素材\红房子 .JPG、礼物 .PSD　　视频：光盘\第 13 章\视频\切片工具用法 .flv

STEP01 **打开素材**。按快捷键Ctrl+O打开素材"红房子.JPG"文件，如图13-61所示。

STEP02 **创建切片**。选择工具箱中的切片工具，在工具属性栏中设置样式为"正常"，然后在红房子区域单击并拖动出一个矩形框，这时不要释放鼠标，按住空格键同时拖动鼠标可以移动矩形框，松开鼠标后，即可创建一个切片，它以外的部分会自动生成虚线切片，称为自动切片，如图13-62所示。

图 13-61　原图

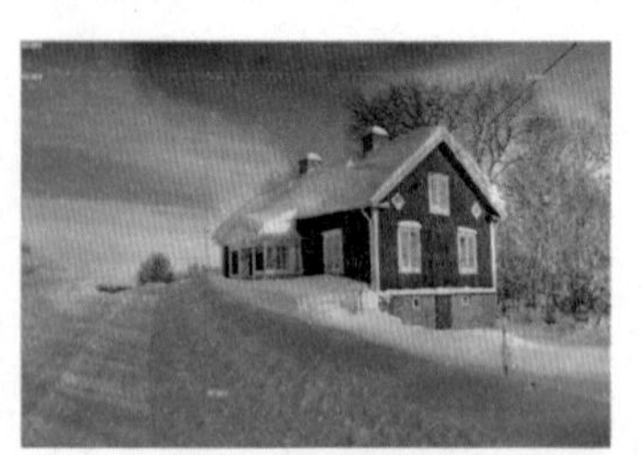

图 13-62　创建切片

STEP03 基于参考线创建切片。 按快捷键Ctrl+Z撤销一步，然后按快捷键Ctrl+R显示标尺。分别从水平标尺和垂直标尺拖出参考线，定义切片的范围，如图13–63所示。选择切片工具，在工具属性栏中单击“基于参考线的切片”，即可以参考线为基准创建切片，如图13–64所示。

图13–63　原图

图13–64　创建切片

STEP04 打开素材。 按快捷键Ctrl+O打开素材“礼物.PSD”文件，图像和“图层”面板如图13–65和图13–66所示。

图13–65　原图

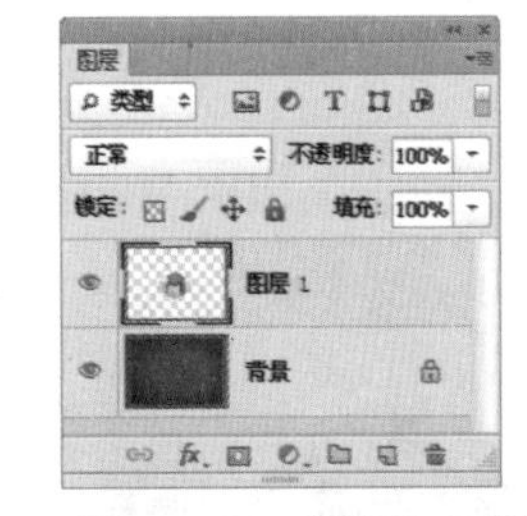

图13–66　“图层”面板

STEP05 基于图层创建切片。 选择“图层1”，执行“图层”｜“新建基于图层的切片”菜单命令，基于图层创建切片，如图13–67所示。使用移动工具移动“图层1”，切片区域也会随之自动调整，如图13–68所示，对图像放大或缩小也是如此。

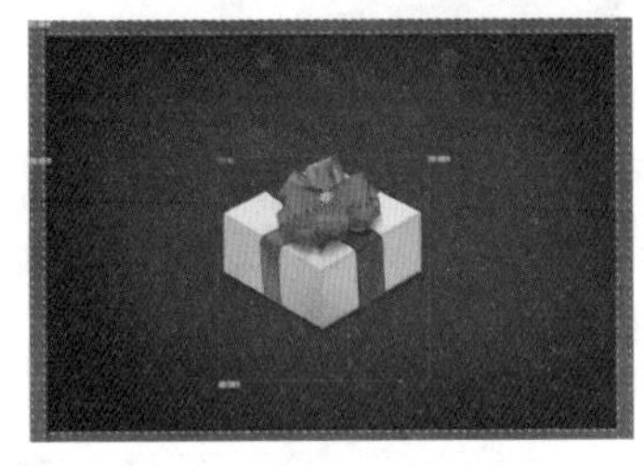

图13–67　基于图层创建切片

图13–68　移动图像自动调整切片

常用参数介绍

正常：通过拖动鼠标创建任意大小的切片。

固定长宽比：输入宽度和高度数值，按回车键，可创建具有固定长宽比的切片。

固定大小：输入宽度和高度数值，然后在画面中单击，可以创建指定大小的切片。

2 切片选择工具

创建切片后，使用切片选择工具可以选择并移动切片、复制切片和删除切片，还可以组合多个切片。选择工具箱中的切片选择工具，其属性栏如图13–69所示。

图13–69　“切片选择工具”属性栏

实例体验7：切片选择工具用法

素材：光盘\第13章\素材\逛街.JPG　　视频：光盘\第13章\视频\切片选择工具用法.flv

STEP01 打开素材。 按快捷键Ctrl+O打开素材“逛街.JPG”文件，如图13–70所示。

STEP02 选择切片。 选择工具箱中的切片选择工具，在创建好的一个切片上单击，可以选择该切片，如图13–71所示。按住Shift键单击其他切片，可以选择多个切片，如图13–72所示。

图 13-70　原图

图 13-71　选择一个切片

图 13-72　选择多个切片

 **调整切片大小**、移动和复制切片。单击选择一个切片，拖动切片边框上的控制点可以调整切片的大小，如图13-73所示。按住鼠标左键拖动切片，可以将其移动，如图13-74所示。按住Alt键拖动鼠标，可以复制切片，如图13-75所示。

图 13-73　调整切片大小

图 13-74　移动切片

图 13-75　复制切片

STEP 04 **删除切片和组合切片**。如果想要删除切片，按Delete键可将其删除，如图13-76所示。选择两个切片后，单击鼠标右键，在快捷菜单中选择"组合切片"命令，可将选择的切片组合为一个切片，如图13-77和图13-78所示。

图 13-76　删除切片

图 13-77　选择"组合切片"命令

图 13-78　组合为一个切片

提示

创建切片后，为了防止切片被意外移动，可以执行"视图"｜"锁定切片"菜单命令，锁定所有切片。再次执行该命令，可取消锁定。

常用参数介绍

调整切片叠放顺序：在创建切片时，最后创建的切片位于最顶层。当切片重叠时，可通过调整切片叠放顺序按钮，改变切片的叠放顺序。单击"置为顶层"按钮，可将所选择的切片置于最顶层；单击"前移一层"按钮，可将所选择的切片向上移动一层；单击"后移一层"按钮，可将所选择的切片向下移动一层；单击"置为底层"按钮，可将所选择的切片置于最底层。

提升按钮：使用切片工具创建切片时，切片以外会生成自动切片，使用切片选择工具选项自动切片后，单击属性栏中的提升按钮，可以将其转换为切片。

划分...按钮：单击该按钮，可以打开"划分切片"对话框，对所选切片进行划分，勾选"水平划分"，设置数值为3的划分结果，如图13-79和图13-80所示。勾选“垂直划分”，设置数值为3的划分结果，如图13-81和图13-82所示。

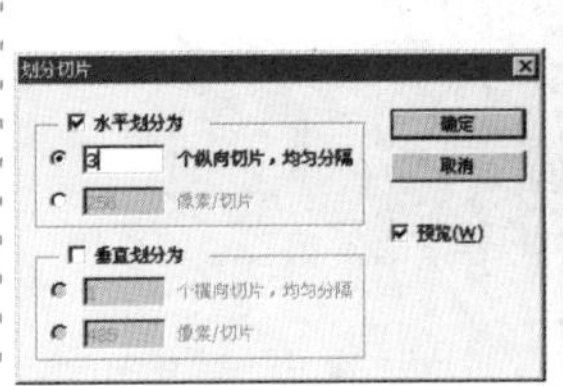
图 13–79　水平划分

图 13–80　水平切片

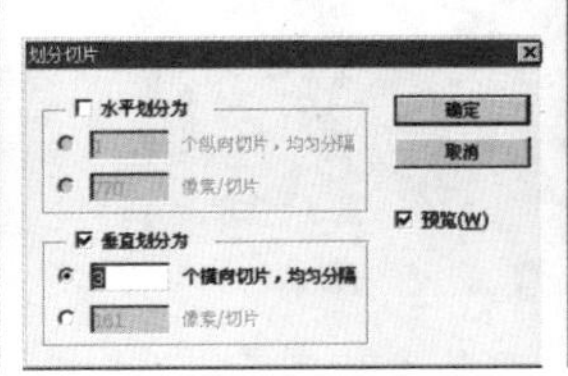
图 13–81　垂直划分

图 13–82　竖直切片

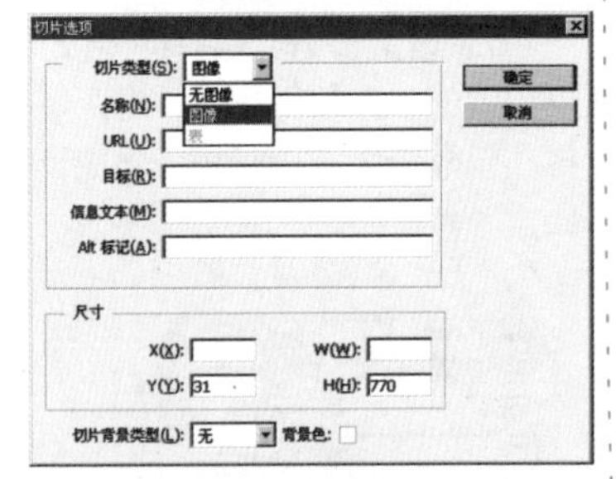
图 13–83　“切片选项”对话框

对齐与分布切片：选择两个或多个切片，单击相应的按钮可以让所选切片对齐或均匀分布。

隐藏自动切片按钮：单击该按钮，可以隐藏自动切片。

设置切片选项：单击该按钮，可在打开的“切片选项”对话框中设置切片类型、名称、尺寸、切片背景类型和指定URL地址等，如图13-83所示。

提示

按快捷键Ctrl+K，打开“首选项”对话框，在参考线、网格和切片选项中，可以更改切片线条的颜色和编号。

13.6 存储为Web和设备所用格式

1 输出GIF动画

实例体验8：存储为GIF格式

素材：光盘\第 13 章\素材\太空.psd　　视频：光盘\第 13 章\视频\存储为 GIF 格式.flv

STEP01 **打开素材**。按快捷键Ctrl+O打开素材“太空.psd”文件，如图13–84所示。

STEP02 **打开“存储为Web格式”对话框**。执行“文件”|“存储为Web格式”命令，或按组合键Shift+Ctrl+Alt+S，打开“存储为Web格式”对话框，如图13–85所示。

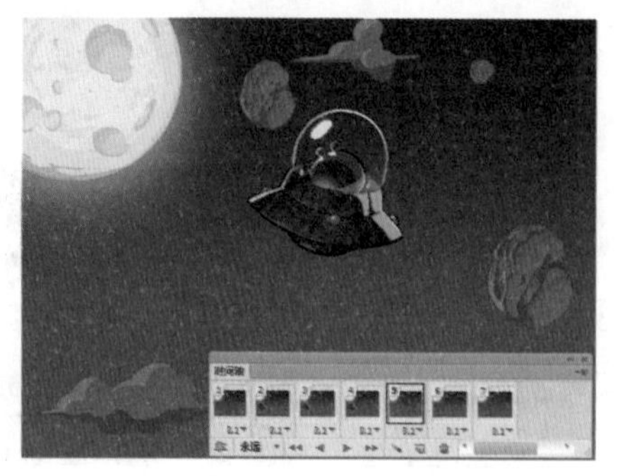

图 13-84 打开素材

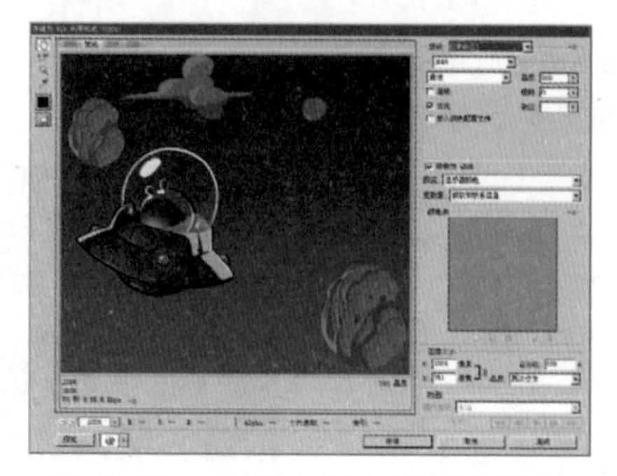

图 13-85 “存储为 Web 格式”对话框

STEP 03 **设置参数**。选择GIF格式，颜色选项为256，循环选项为“永远”，如图13-86所示，然后单击对话框下方的“存储”按钮，打开“将优化结果存储为”对话框。选择存储位置后，在“格式”下拉列表中选择“仅限图像”，如图13-87所示。单击“保存”按钮，会弹出一个警告对话框，如图13-88所示，单击“确定”按钮即可。

图 13-86 参数设置

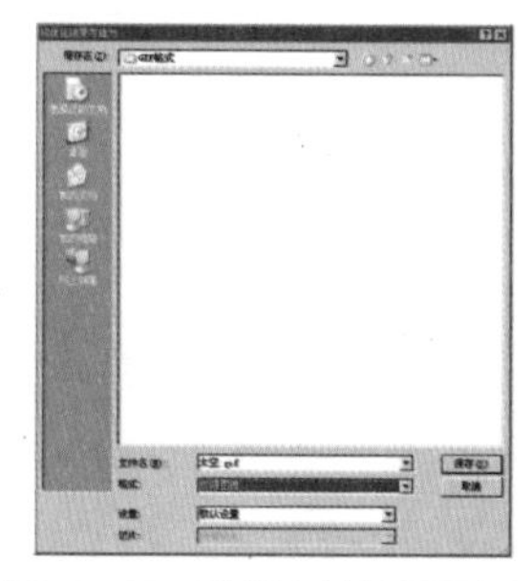

图 13-87 选择存储位置和格式

图 13-88 警告对话框

2 输出切片

实例体验9：输出切片

素材：光盘\第 13 章\素材\看书 .JPG　　视频：光盘\第 13 章\视频\输出切片 .flv

STEP 01 **打开素材**。按快捷键Ctrl+O打开素材“看书.JPG”文件。选择切片选择工具，在图像上单击，可以看到创建好的切片，如图13-89所示。

STEP 02 **打开“存储为Web格式”对话框**。执行“文件”|“存储为Web格式”命令，或按快捷键Shift+Ctrl+Alt+S，打开“存储为Web格式”对话框，如图13-90所示。

图 13-89 显示创建好的切片

图 13-90 “存储为 Web 格式”对话框

STEP 03 **设置参数。**选择JPEG格式，如图13-91所示，然后单击对话框下方的“存储”按钮，打开“将优化结果存储为”对话框。选择存储位置后，在“格式”下拉列表中选择“仅限图像”，在“切片”下拉列表中选择“所有切片”，如图13-92所示。单击“保存”按钮，会弹出一个警告对话框，单击“确定”按钮即可，然后打开存储路径中的images文件夹，如图13-93所示。

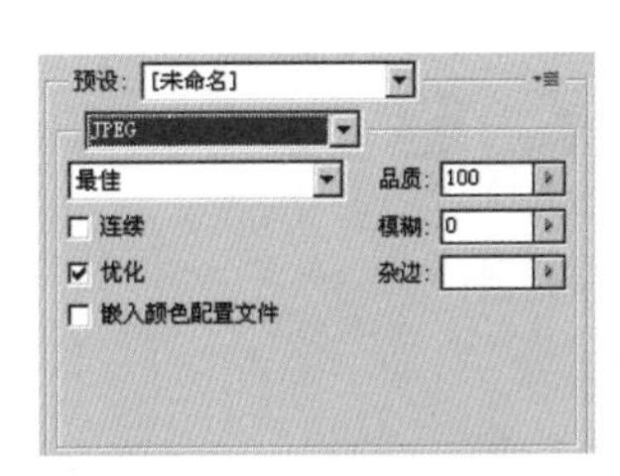

图 13-91　参数设置

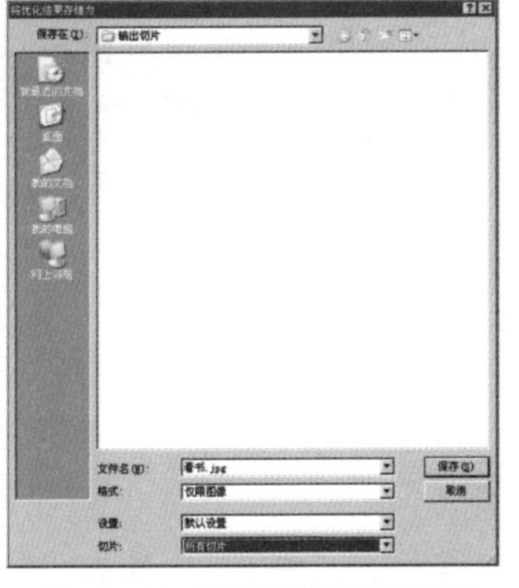

图 13-92　选择存储位置和格式

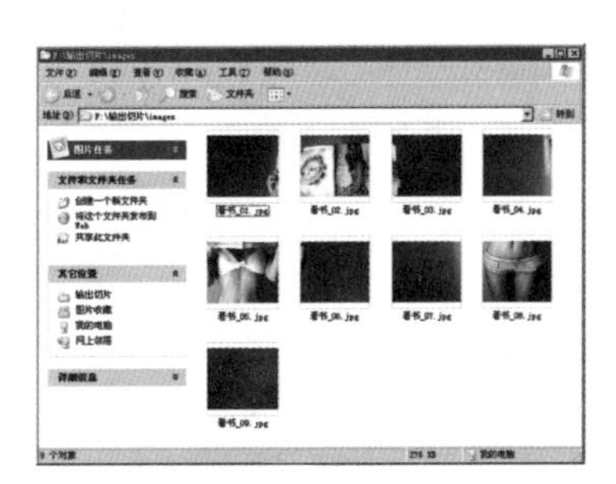

图 13-93　输出的切片

第二部分　设计师的网页设计和小动画制作

13.7 设计师必须了解的网页及动画要点

1 网页组成与规格

网页的基本组成大致分为网页标题、网站LOGO及导航栏、横幅广告、内容区域和页脚等几个部分，把这些基本元素组合在一起进行合理的设计和布局，就是网页设计，如图13-94所示。网页中每个栏目的规格尺寸都是根据页面的需要进行规划设计的。

图 13-94　网页组成

2 网页广告类型和尺寸

1）横幅广告（通栏广告）

横幅广告是最常见的网络广告形式，有GIF、JPG等格式，常用尺寸是486像素×60像素或486像素×80像素，它们大多放在网页的顶端，是互联网上流行的广告方式，如图13-95所示。

图 13-95　横幅广告

2）翻卷广告

翻卷广告在频道首页的右上角，自动播放8秒后卷回，翻卷角上有明确的“关闭”字样，可以单击后将广告卷回，常用尺寸为350像素×250像素，如图13-96所示。

图 13-96　翻卷广告

3）按钮广告（豆腐块广告）（70×60/120×60）

按钮广告尺寸较小，通常用来宣传商家的商标或品牌等特定图标。常用的按钮式广告尺寸有：125×125、120×90、120×60、70×60及88×31，如图13-97所示。

图 13-97　按钮广告

4）对联广告

对联广告在页面两侧的空白位置以对联形式展示，广告页面得以充分伸展，同时不干涉使用者浏览，常用尺寸为105像素×240像素，如图13-98所示。

图 13-98　对联广告

5）悬浮广告

悬浮广告是在页面左右两侧随滚动条而上下滚动，或在页面上自由移动的广告，形式可以为GIF或Flash等格式。

悬浮广告有三种形式：悬浮侧栏120像素×270像素、悬浮按钮100像素×100像素或150像素×150像素和悬浮视窗300像素×250像素，如图13-99所示。

图13-99 悬浮广告

6）弹出窗口广告

浏览网页时，弹出窗口广告会主动弹出广告窗口，显示广告内容，有GIF、JPG、SWF等格式，常用尺寸有360像素×300像素及321像素×300像素，如图13-100所示。

图13-100 弹出窗口广告

7）直邮广告

直邮广告就是直接向其邮箱里发送邮件形式的广告。直邮广告宽度为590像素，高度不限，可加入简单的Flash动画元素，但不能将邮件做成Flash版本。

8）赞助广告

赞助广告是指企事业单位等有计划地向某些有益于社会公益的项目和活动提供赞助，被赞助单位通过多种方式给予赞助单位一定的广告回报，如活动期间为赞助单位进行新闻媒体等广告宣传。

一般来说赞助广告分为三种形式：活动赞助、栏目赞助及节目赞助。赞助单位可选择自己较为关注的网站内容与网站节目进行赞助。赞助广告不仅是一种网络广告形式，确切地说是一种广告投放传播的方式，它可能是通栏式广告，也可能是弹出式广告等。

3 动画格式

1）GIF动画格式

GIF是一种基于LZW算法的连续色调的无损数据压缩格式，压缩率一般在50%左右。GIF动画格式可以同时存储若干幅静止图像进而形成连续的动画，目前Internet上大量采用的彩色动画文件多为这种格式的GIF文件。GIF的最大限制就是色彩只有256色。

2）FLIC格式

FLIC是Autodesk公司在其出品的Autodesk Animator / Animator Pro / 3D Studio等2D/3D动画制作软件中采用的彩色动画文件格式。FLIC是FLI和FLC的统称，FLI是最初基于320像素×200像素的动画文件格式，而FLC是FLI的扩展格式，采用了更高效的数据压缩技术，其分辨率也不再局限于320像素×200像素。它被广泛用于动画图形中的动画序列、计算机辅助设计和计算机游戏应用程序。

3）SWF格式

SWF是Flash的矢量动画格式，因为SWF文件是基于矢量的，它的图形是可伸缩的，而且能够稳定地支持任何屏幕大小的显示和多平台的平稳过渡。矢量动画文件大小通常要比同样的位图动画文件小得多。由于这种格式的动画可以与HTML文件充分结合，并能添加MP3音乐，因此被广泛应用于互联网中。

4）AVI格式

AVI格式是将音频和视频同步组合在一起的文件格式。它对视频文件采用了一种有损压缩方式，主要应用在多媒体光盘上保存影像信息。

5）MOV、QT格式

MOV、QT都是QuickTime的文件格式。国际标准化组织（ISO）选择QuickTime文件格式作为开发MPEG4规范的统一数字媒体存储格式。

4 动画原理

动画是将静止的画面变为动态的艺术，其原理是利用人眼的视觉暂留，也就是说当人眼看到一张图像时，它的成像会短时间停留在人的视网膜上，紧接着再放一张略微变化的图像，人眼就会把这些静态的图像串联起来，形成一个运动的效果，利用人的这种视觉生理特性可制作出具有高度想象力和表现力的动画影片。

实例体验10：两帧动画

素材：光盘\第13章\素材\花与蝶.psd　　视频：光盘\第13章\视频\两帧动画.flv

STEP01 打开素材并复制图像。按快捷键Ctrl+O，打开素材“花与蝶.psd”文件，如图13-101所示。选择“蝴蝶”图层，按快捷键Ctrl+J复制图层，得到“蝴蝶 副本”图层，如图13-102所示。

图13-101　打开素材

图13-102　“图层”面板

STEP 02 编辑第2帧的图像效果。 隐藏"蝴蝶"图层，选择"蝴蝶 副本"图层，按快捷键Ctrl+T自由变换，蝴蝶图像四周出现变换框。单击鼠标右键，在弹出的快捷菜单中选择"变形"命令，如图13-103所示。拖动控制杆调整蝴蝶的形状，变形效果如图13-104所示。编辑完成后，按Enter键结束操作。

图 13-103 选择"变形"命令

图 13-104 变形的图像效果

STEP 03 打开帧模式"时间轴"面板。 再将"蝴蝶 副本"图层隐藏，如图13-105所示。执行"窗口" | "时间轴"命令，打开"时间轴"面板。单击面板中间的三角按钮，在其下拉列表中选择"创建帧动画"选项，如图13-106所示。再单击"创建帧动画"按钮，打开帧模式的"时间轴"面板，如图13-107所示。

图 13-105 隐藏图层

图 13-106 创建帧动画

图 13-107 帧模式的"时间轴"面板

STEP 04 复制所选帧。 单击"0秒"后面的三角按钮，在弹出的下拉菜单中选择"0.2秒"如图13-108所示。单击"时间轴"面板下面的"复制所选帧"，得到与第1帧图像相同的帧，如图13-109所示。

图 13-108 设置持续时间

图 13-109 复制所选帧

STEP 05 设置第1帧。 在"时间轴"面板中单击第1帧，如图13-110所示，然后在"图层"面板中显示"蝴蝶"图层，如图13-111所示。

图 13-110 选择第一帧

图 13-111 显示"蝴蝶"图层

STEP 06 **设置第2帧**。在"时间轴"面板中单击第2帧，如图13-112所示，然后在"图层"面板中隐藏"蝴蝶"图层，显示"蝴蝶 副本"图层，如图13-113所示。

图13-112 选择第二帧

图13-113 显示"蝴蝶 副本"图层

STEP 07 **设置循环选项并播放动画**。在选择循环选项中，单击三角下拉按钮，在其下拉列表中选择"永远"，如图13-114所示，然后单击"播放动画"按钮▶或按空格键，即可播放动画，看见画面中的蝴蝶动了起来。

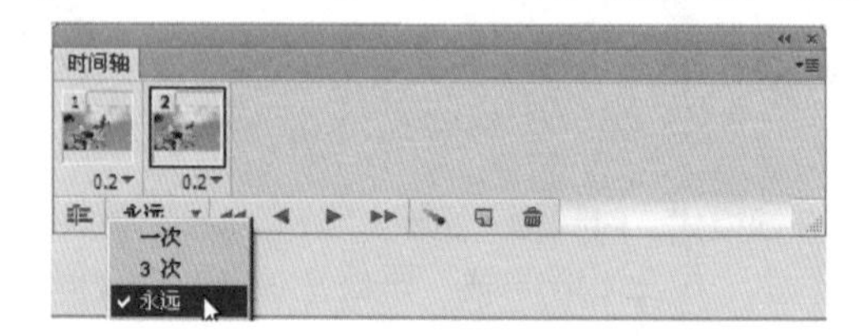

图13-114 设置循环选项为"永远"

13.8 设计师常用的动画设计招数

1 复制然后变更

通过复制一个图像，对其进行移动或者变形，产生运动的效果，是动画技法中最简单、巧妙的一种方法。

实例体验11：下雨动画

素材：光盘\第13章\素材\雨天.JPG　　视频：光盘\第13章\视频\下雨动画.flv

STEP 01 **打开素材并复制图像**。按快捷键Ctrl+O打开素材"雨天.JPG"文件，如图13-115所示。单击图层面板下方的"创建新图层"按钮，得到"图层1"，如图13-116所示。

图13-115 打开素材

图13-116 新建图层

STEP02 填充图层和添加杂色。填充“图层1”为黑色，然后执行“滤镜”｜“杂色”｜“添加杂色”命令，打开“添加杂色”对话框。设置数量为105，选择“高斯分布”项，勾选“单色”项，如图13-117所示。单击“确定”按钮，得到图13-118所示的效果。

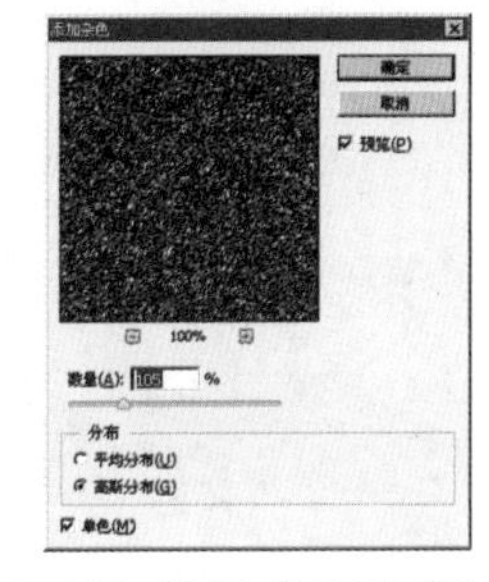

图 13-117 设置“添加杂色”参数

图 13-118 添加杂色的效果

STEP03 设置滤色混合模式。将“图层1”的图层混合模式设置为“滤色”，不透明度为70%，如图13-119和图13-120所示。

图 13-119 滤色效果

图 13-120 “图层”面板

STEP04 动感模糊命令。执行“滤镜”｜“模糊”｜“动感模糊”命令，打开“动感模糊”对话框。设置角度为55，距离为27像素，如图13-121所示。单击“确定”按钮，得到图13-122所示的效果。

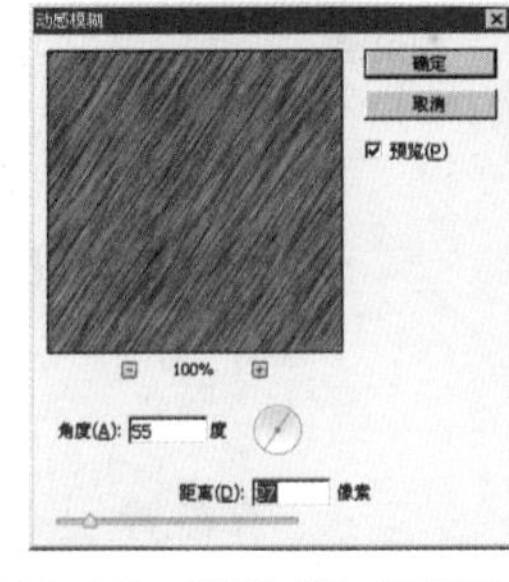

图 13-121 设置“动感模糊”参数

图 13-122 动感模糊效果

STEP05 打开帧模式“时间轴”面板。复制“图层1”，得到“图层1 副本”图层，然后同时隐藏“图层1”和“图层1 副本”图层，如图13-123所示。执行“窗口”｜“时间轴”命令，打开“时间轴”面板。单击面板中间的三角按钮，在其下拉列表中选择“创建帧动画”选项，如图13-124所示。再单击“创建帧动画”按钮，就打开了帧模式的“时间轴”面板，如图13-125所示。

图 13-123 隐藏图层

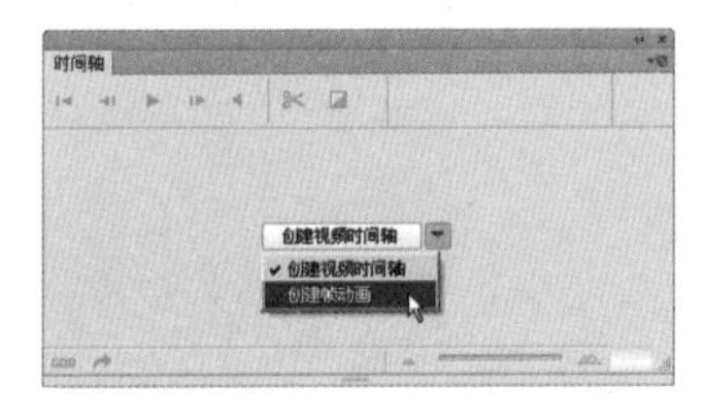

图 13-124 创建帧动画

图 13-125 帧模式的“时间轴”面板

STEP06 复制所选帧。单击“0秒”后面的三角按钮，在弹出的下拉列表中选择“0.2秒”，如图13-126所示。单击“时间轴”面板下面的“复制所选帧”按钮，得到与第1帧图像相同的帧，如图13-127所示。

图 13-126 设置持续时间

图 13-127 复制所选帧

STEP07 设置第1帧。 在“时间轴”面板中单击第1帧，如图13–128所示，然后在“图层”面板中显示“图层1”图层，如图13–129所示。

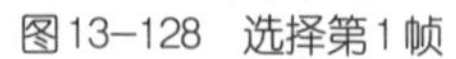

图13–128　选择第1帧

图13–129　显示“图层1”

STEP08 设置第2帧。 在“时间轴”面板中单击第2帧，如图13–130所示，然后在“图层”面板中隐藏“图层1”，显示并选择“图层1 副本”图层，如图13–131所示。按快捷键Ctrl+T自由变换，将光标移至变换框的右上角，按住Shift键，向右上方拖动鼠标，等比例放大图像，如图13–132所示。编辑完成后，按Enter键结束操作。

图13–130　选择第二帧

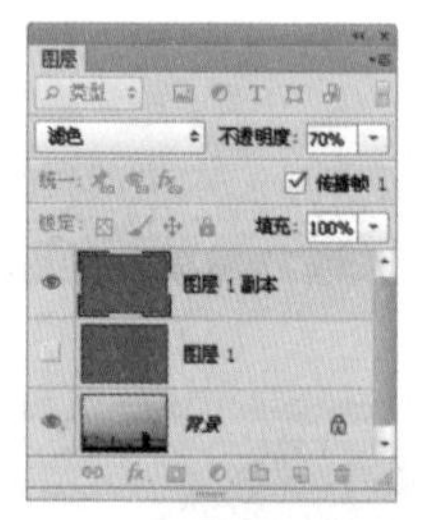

图13–131　显示“图层1 副本”

图13–132　放大图像

STEP09 设置循环选项并播放动画。在选择循环选项中，单击三角下拉按钮，在其下拉列表中选择“永远”，如图13–133所示，然后单击“播放动画”▶按钮或按空格键，即可播放动画，画面中产生了逼真的下雨场景。

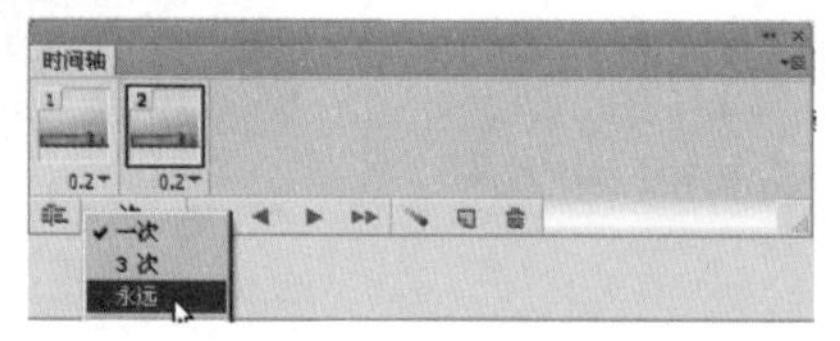

图13–133　设置循环选项为“永远”

2 蒙版限制

蒙版限制就是通过蒙版遮罩制作蒙版动画，是动画技法中富有魅力、创意的一种方法。巧妙地运用蒙版限制，可以制作出令人炫目的动画效果。

实例体验12：黑夜的望远镜

素材：光盘\第13章\素材\水.JPG　　视频：光盘\第13章\视频\黑夜中的望远镜.flv

STEP01 打开素材并复制图像。 按快捷键Ctrl+O打开素材文件“水.JPG”，如图13–134所示，按快捷键Ctrl+J复制图层，得到“图层1”，如图13–135所示。

图13–134　打开素材

图13–135　复制图层

STEP 02 新建并填充图层。隐藏“图层1”，选择“背景”图层，单击“图层”面板下方的“创建新图层”按钮，得到“图层2”图层。将“图层2”填充为黑色，不透明度设置为80%，如图13–136和图13–137所示。

图 13–136　新建并填充图层

图 13–137　“图层”面板

STEP 03 绘制椭圆选区。选择工具箱中的椭圆选框工具，在工具属性栏中单击“添加到选区”按钮，按住Shift键，在画面中绘制一个正圆选区，如图13–138所示。拖动鼠标再绘制一个正圆选区，不释放鼠标按下空格键，同时拖动鼠标移动选区，让两个正圆选区相交，然后松开鼠标和空格键，得到图13–139所示的效果。

图 13–138　绘制正圆选区

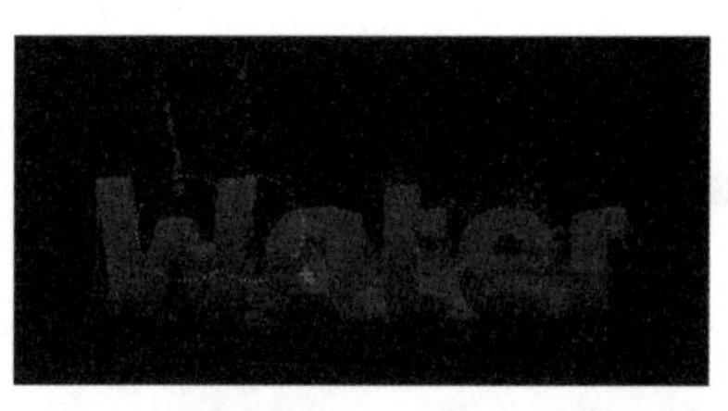

图 13–139　添加到选区

STEP 04 填充选区。单击“图层”面板下方的“创建新图层”按钮，得到“图层3”图层。将“图层3”填充为黑色，不透明度设置为50%，如图13–140和图13–141所示。

图 13–140　填充选区

图 13–141　设置不透明度

STEP 05 创建剪贴蒙版。按快捷键Ctrl+D取消选区，显示并选择“图层 1”，按组合键Ctrl+Alt+G创建剪贴蒙版，如图13–142和图13–143所示。

图 13–142　创建剪贴蒙版效果

图 13–143　“图层”面板

STEP 06 打开帧模式“时间轴”面板。执行“窗口”|“时间轴”命令，打开“时间轴”面板。单击面板中间的三角按钮，在其下拉列表中选择“创建帧动画”选项，如图13–144所示。再单击“创建帧动画”按钮，就打开了帧模式的“时间轴”面板，如图13–145所示。

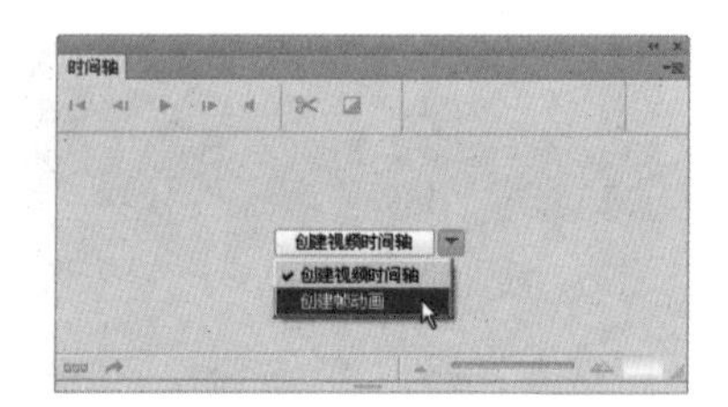

图 13–144　创建帧动画

图 13–145　帧模式的“时间轴”面板

STEP07 **设置第1帧**。单击“0秒”后面的三角按钮，在弹出的下拉列表中选择“0.2秒”如图13–146所示。选择工具箱中的移动工具，确定属性栏中的“自动选择”没有勾选，然后选择“图层3”，将图像移动到图13–147所示的位置。

图 13–146　设置持续时间

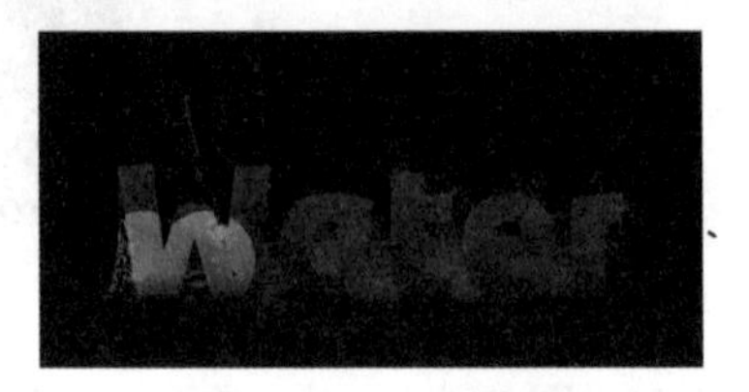

图 13–147　移动图像

STEP08 **设置第2帧**。单击“时间轴”面板下面的“复制所选帧”按钮，得到与第1帧图像相同的帧，如图13–148所示，然后使用移动工具，将“图层3”图像移动到图13–149所示的位置。

图 13–148　复制所选帧

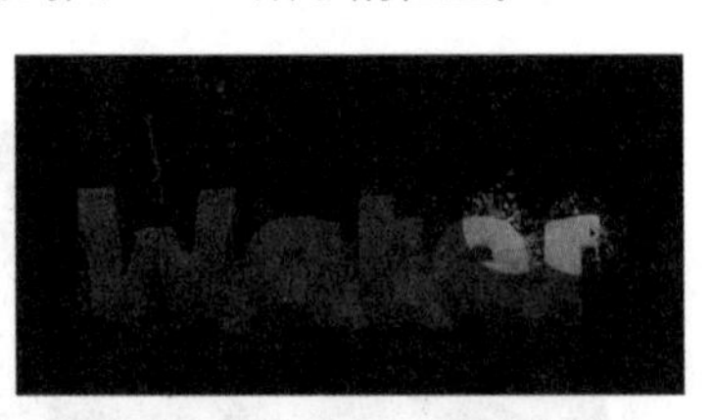

图 13–149　移动图像

STEP09 **设置过渡帧**。单击“时间轴”面板下方的“设置过渡帧”按钮，打开“过渡”对话框。设置“过渡方式”为“上一帧”，“要添加的帧数”为10，如图13–150所示。单击“确定”按钮后，在两帧之间添加了10帧过渡帧，如图13–151所示。

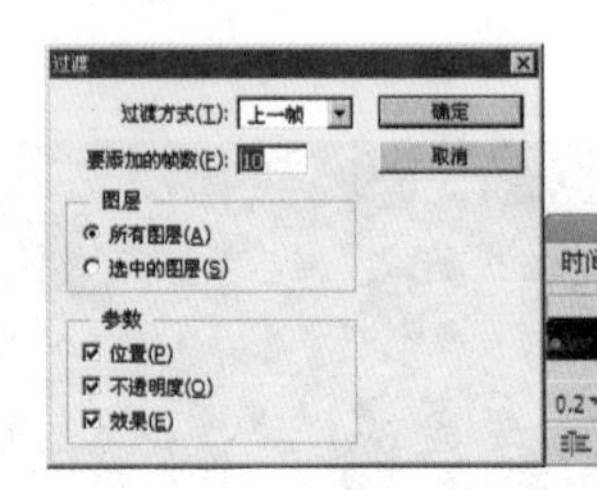

图 13–150　“过渡”参数设置

图 13–151　添加过渡帧

STEP10 **添加第13帧**。单击“时间轴”面板下面的“复制所选帧”按钮，得到第13帧，如图13–152所示，然后使用移动工具，将“图层3”图像移动到图13–153所示的位置。

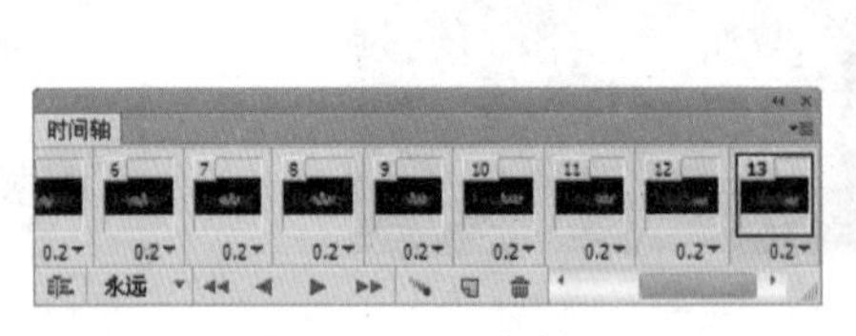

图 13–152　添加帧

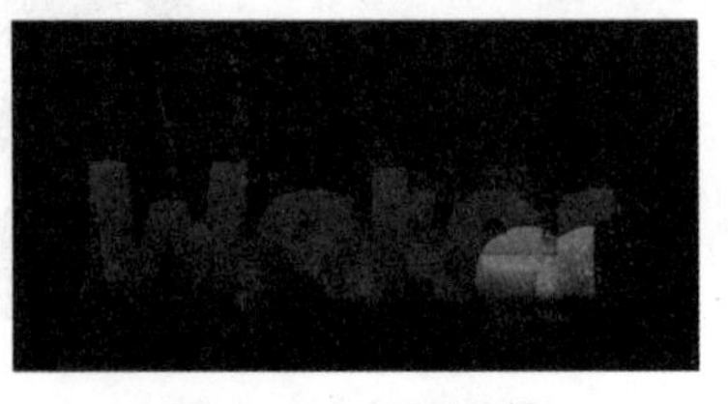

图 13–153　移动图像

STEP11 **添加第14帧**。单击“时间轴”面板下面的“复制所选帧”，得到第14帧，如图13–154所示，然后使用移动工具，将“图层3”图像移动到图13–155所示的位置。

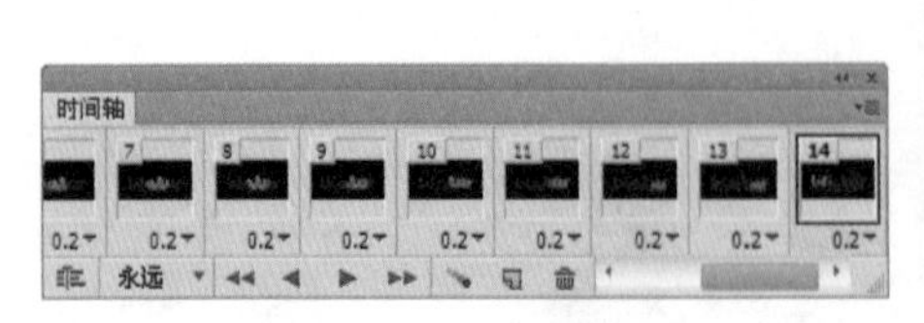

图 13–154　添加帧

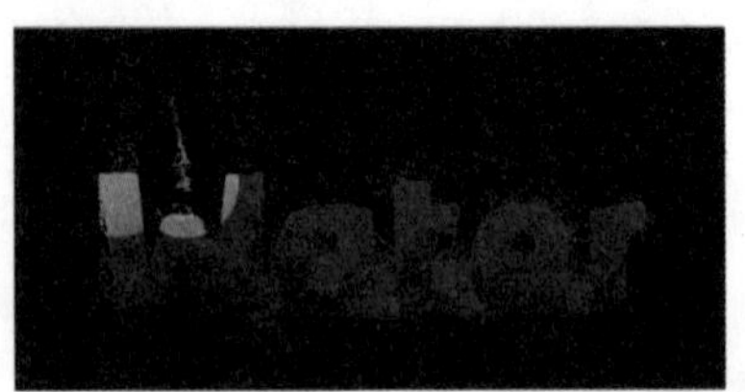

图 13–155　移动图像

STEP 12 **设置过渡帧**。单击“时间轴”面板下方的“设置过渡帧”按钮，打开“过渡”对话框。设置“过渡方式”为“上一帧”，“要添加的帧数”为6，如图13–156所示。单击“确定”按钮后，在原来的第13帧与14帧之间添加了6帧过渡帧，如图13–157所示。

STEP 13 **设置循环选项并播放动画**。在选择循环选项中，单击三角下拉按钮，在其下拉列表中选择“永远”，如图13–158所示，然后单击“播放动画”▶按钮或按空格键，即可播放动画，动画效果如图13–159所示。

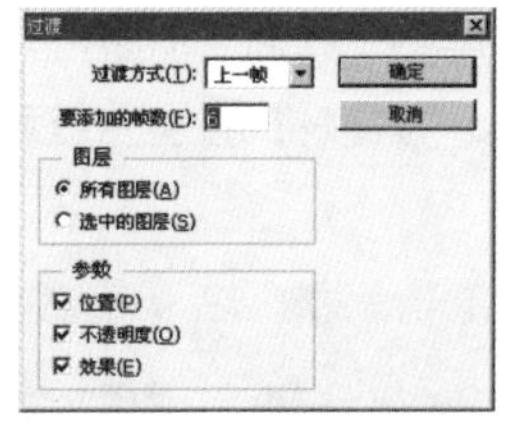

图 13–156 “过渡”参数设置

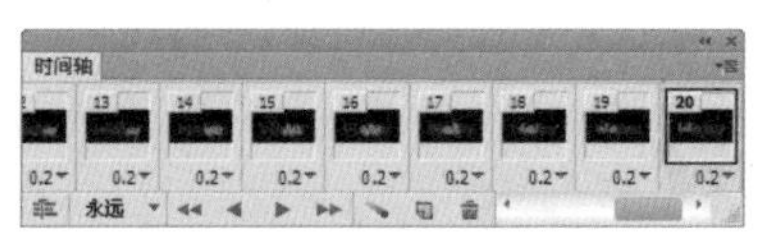

图 13–157 添加过渡帧

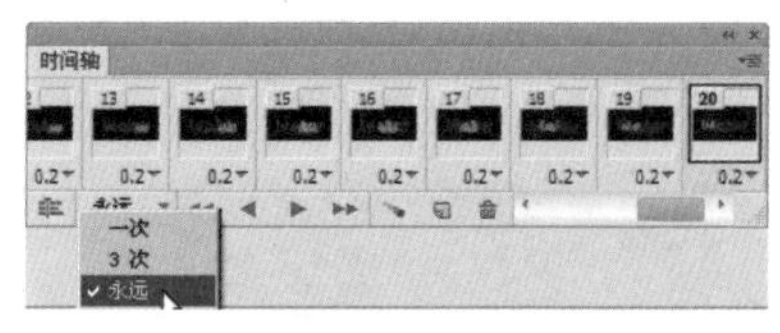

图 13–158 设置循环选项为“永远”

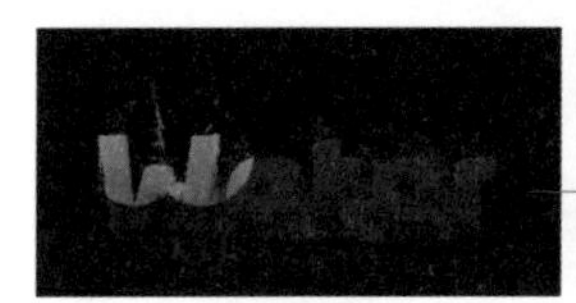

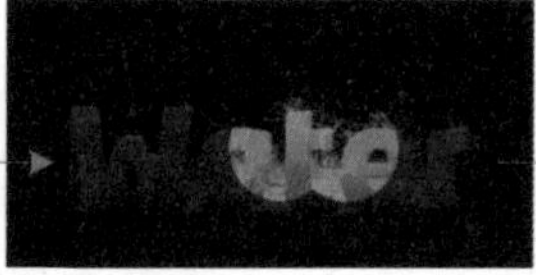

图 13–159 动画效果

3 更改属性

在视频“时间轴”面板中，通过移动“当前时间指示器”，更改图层的位置、不透明度、样式等属性，可自动创建关键帧，完成动画的制作。

实例体验13：沿线移动

素材：光盘\第 13 章\素材\蓝天 .PSD　　　　视频：光盘\第 13 章\视频\沿线移动 .flv

STEP 01 **打开素材文件和时间轴面板**。按快捷键Ctrl+O打开素材文件“蓝天.PSD”，如图13–160所示。执行“窗口”｜“时间轴”命令，打开“时间轴”面板。单击面板中间的三角按钮，在其下拉列表中选择“创建视频时间轴”选项，然后再单击 创建视频时间轴 按钮，就打开了视频“时间轴”面板，如图13–161所示。

图 13–160 打开素材

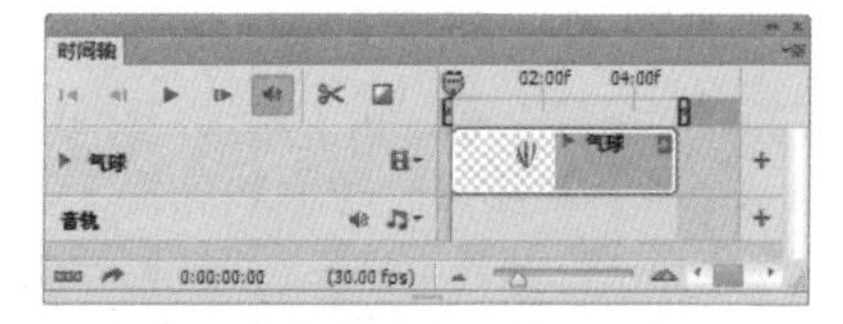

图 13–161 视频“时间轴”面板

STEP 02 **创建关键帧**。单击“时间轴”面板中“气球”左侧的三角折叠按钮，如图13–162所示，然后单击“位置”属性左侧的按钮，创建一个关键帧，如图13–163所示。

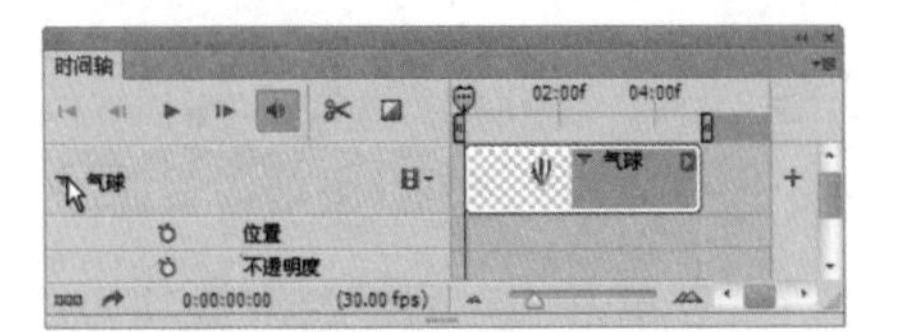

图 13-162　打开折叠按钮

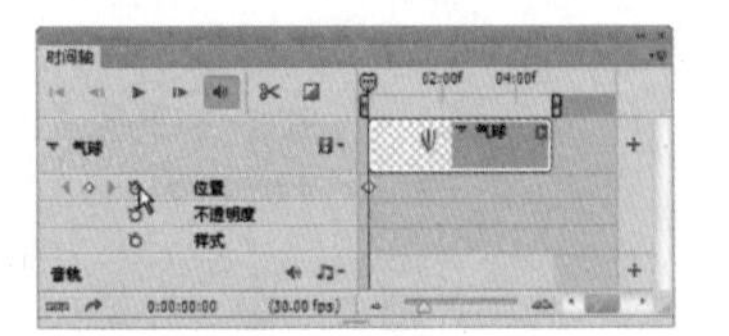

图 13-163　创建关键帧

STEP 03 **更改位置属性。**把“当前时间指示器”移到04:00f处，如图13-164所示。使用移动工具，将气球移至页面左上方，同时在“当前时间指示器”所在的04:00f处，自动创建了一个关键帧，如图13-165和图13-166所示。这样就完成了气球在天空中飞行的效果，单击“转到第一帧”按钮或按空格键可播放视频观看效果，效果如图13-167所示。

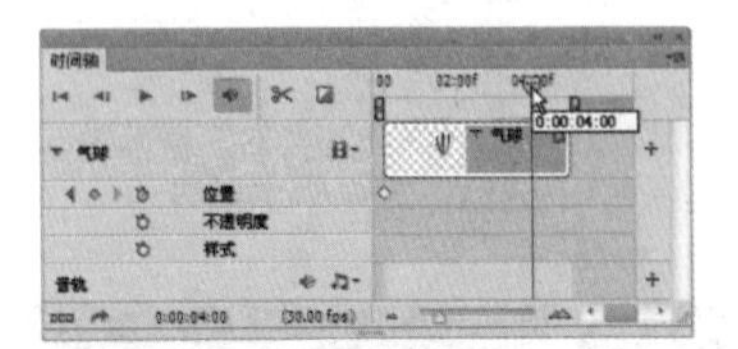

图 13-164　移动时间指示器

图 13-165　移动气球

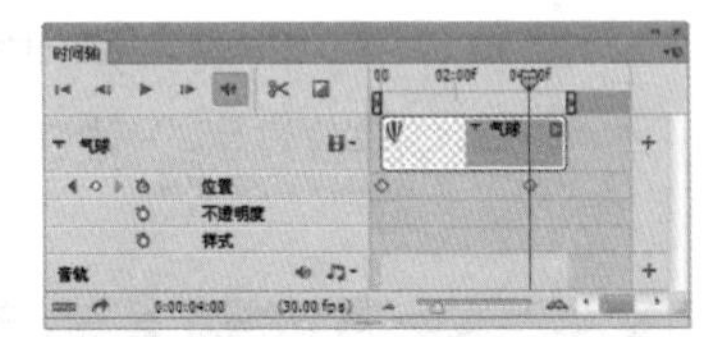

图 13-166　自动创建关键帧

图 13-167　动画效果

13.9 设计师的网页设计招数

精美的网页设计犹如一幅生动的画面，向浏览者展示商品的同时，还能展示企业自身的形象和企业文化，从而达到刺激和引导消费者购买的目的。因此，在做网页设计时不可敷衍了事，应该掌握一定的规律和技巧。

1 导航是最重要的设计

导航是网站最重要的组成部分。在网站导航结构设计上，投入足够的时间是非常有必要的，应确保父层与子层之间易于导航。浏览到任意子页面时，也应该能很容易返回到首页。导航的设计风格、布局安排和网页易读性，这些都是需要考虑的，图13-168、图13-169所示为不同性质网站的导航设计。

图 13-168　门户网站导航设置

图 13-169　电商网站导航设置

2 有条理地使用网页字体

成千上万种字体，在网页设计中真正能用到的只是一小部分，因为不是所有的浏览器都完全支持CSS3，所以在网页设计中最好使用网页安全字体。中文网页推荐使用宋体、黑体、微软雅黑，英文网页推荐使用Arial、Verdana、Times New Roman、Georgia、Courier New等。

同时，字体大小也必须合理，不合理的字体大小，会让浏览者感觉不舒服。例如，网页中的段落内容字体大小尽量保持在12点以上。

3 特别元素的一致性

在网站设计中，具有特色的元素如标志、象征图形图像、动画等元素，对其巧妙的设计组合，重复出现，也会给浏览者留下深刻印象。

4 合理的色彩搭配

网页设计中最难处理的就是色彩搭配的问题，运用最简单的色彩表达最丰富的含义，是网页设计师需要不断探索和学习的基本功。

网页设计配色时，黑、白、灰与其他任意颜色搭配都很协调，如果在配色时遇到色彩不协调的问题，可以尝试加入黑色或灰色，以协调色彩搭配；如果是一些明度较高的网站，加入少许黑色，可以起到降低明度的作用；白色是最常用的色彩，在网页设计中可以通过留白艺术给人以想象空间，如图13-170所示。

图 13-170　合理的网页色彩搭配

5 懂得如何编写代码

随着各种网页编辑器的出现，网页设计甚至通过简单的123步即可完成。然而，大多数网页编辑器混杂着不必要的代码，使你的HTML结构设计不当，难以维护和更新，导致网页膨胀。

自己编写网页代码，才能得到简洁的代码，才能创造出有效并高度优化的网页，便于阅读和维护。

6 了解浏览器的兼容性

网页设计师必须了解浏览器的工作环境，因为浏览器是非常挑剔且难以预料的。设计完成的网页需要在尽可能多的浏览器下测试其兼容性。

13.10 设计师实战

实战1：水波动画

素材：光盘\第 13 章\素材\黑白条 .JPG、欢乐 .JPG
视频：光盘\第 13 章\视频\水波动画 .flv

STEP 01 **打开素材。**按快捷键Ctrl+O打开素材文件“黑白条.JPG”，如图13-171所示。打开“图层”面板，双击“背景”图层，在弹出的对话框中单击“确定”按钮，“背景”图层变为普通图层，如图13-172和图13-173所示。

图 13-171 打开素材

图 13-172 “新建图层”对话框

图 13-173 “图层”面板

STEP 02 **高斯模糊。**执行“滤镜”|“模糊”|“高斯模糊”命令，弹出“高斯模糊”对话框。设置半径为20像素，如图13-174所示。单击“确定”按钮，得到图13-175所示的效果。

STEP 03 **色阶调整。**按快捷键Ctrl+L打开“色阶”对话框，设置黑场值为75，白场值为175，如图13-176所示。单击“确定”按钮，得到图13-177所示的效果。

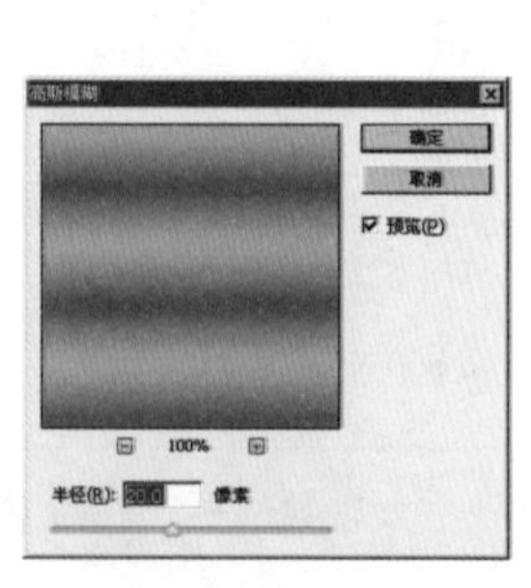

图 13-174 设置“高斯模糊”参数

图 13-175 高斯模糊效果

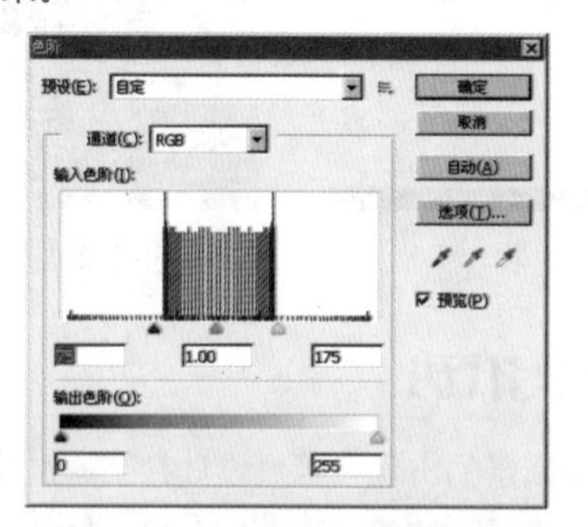

图 13-176 色阶调整

图 13-177 色阶效果

STEP04 **移动并复制图像。**按快捷键Ctrl+Alt+T自由变换并复制，在属性栏中Y轴处将400像素更改为420像素，如图13–178和图13–179所示。这样复制的图像就向下移动了20像素，同时得到“图层0副本”图层，如图13–180所示。单击属性栏中的✓按钮结束编辑。

STEP05 **重复上次操作复制两个新图层。**按组合键Ctrl+Alt+Shift+T两次，得到“图层0副本2”和“图层0副本3”图层，同时“图层0副本2”图像移动了40像素，“图层0副本3”图像移动了60像素。这样做是为了制作下面的循环不间断的播放效果，如图13–181和图13–182所示。

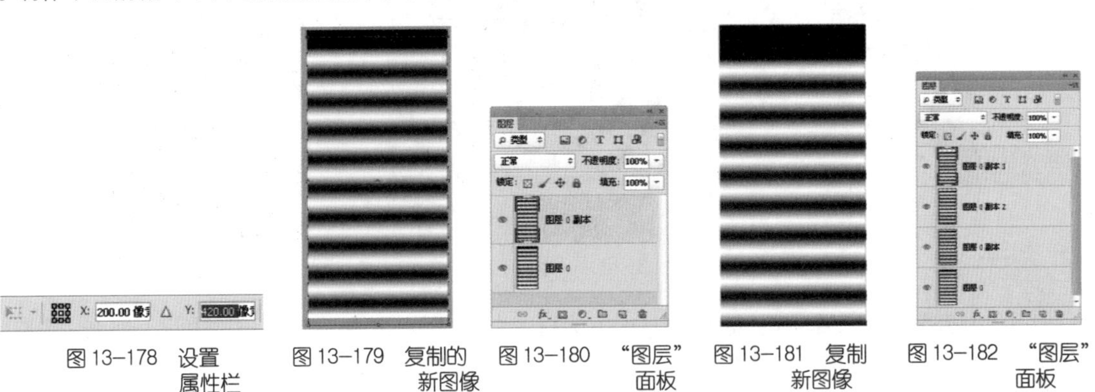

图13–178 设置属性栏　图13–179 复制的新图像　图13–180 “图层”面板　图13–181 复制新图像　图13–182 “图层”面板

STEP06 **裁剪图像。**选择工具箱中的裁剪工具，在属性栏单击下拉列表，选择“大小和分辨率”，在弹出的“裁剪图像大小和分辨率”对话框中设置宽度为400，高度为400，分辨率为72，如图13–183所示。单击“确定”按钮，生成一个正方形裁剪框。单击工具箱中的移动工具，完成裁剪并取消显示裁剪框，如图13–184所示。

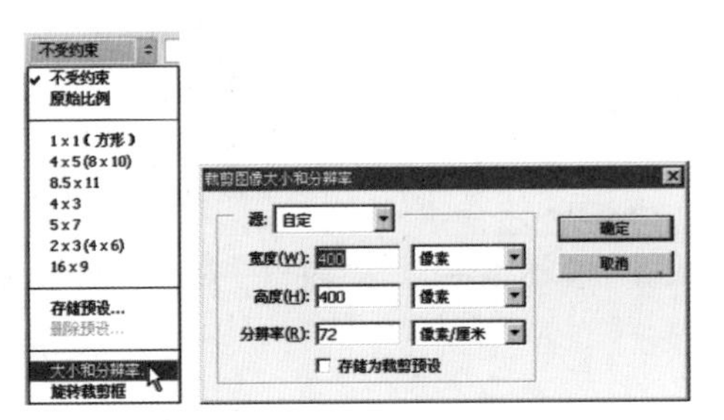

图13–183 选择大小和分辨率并设置参数

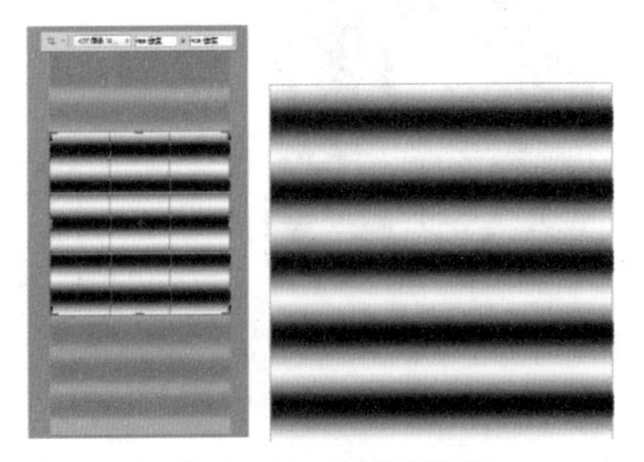

图13–184 裁剪后的图像

STEP07 **极坐标效果。**选择“图层0副本3”图层，执行“滤镜”|“扭曲”|“极坐标”命令，弹出“极坐标”对话框。选择“平面坐标到极坐标”，如图13–185所示。单击“确定”按钮，得到图13–156所示的效果。在“图层”面板中逐个选择下方图层，按快捷键Ctrl+F重复“极坐标”滤镜命令，“图层”面板显示效果，如图13–187所示。

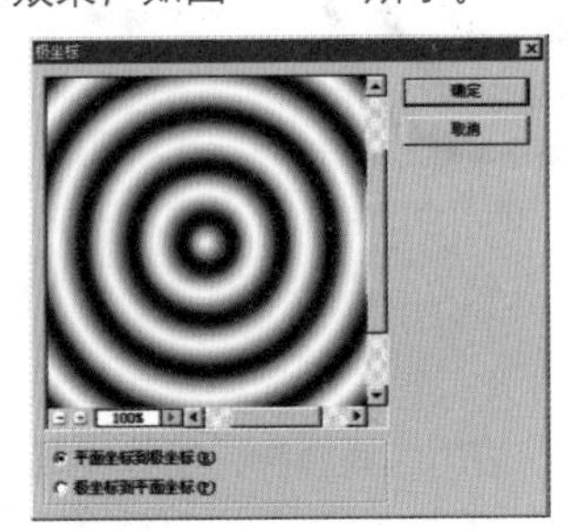

图13–185 设置“极坐标”

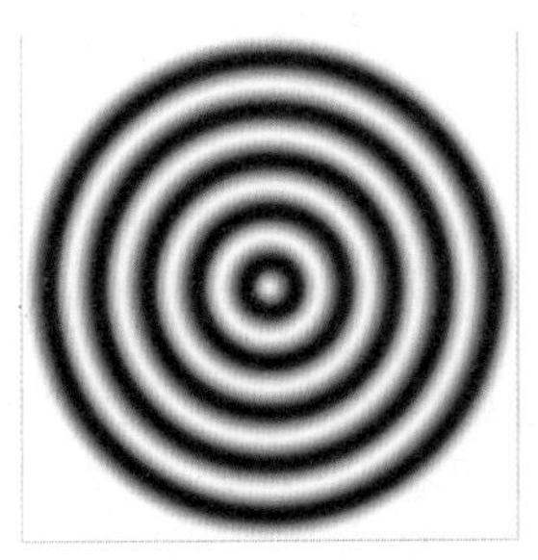

图13–186 极坐标效果

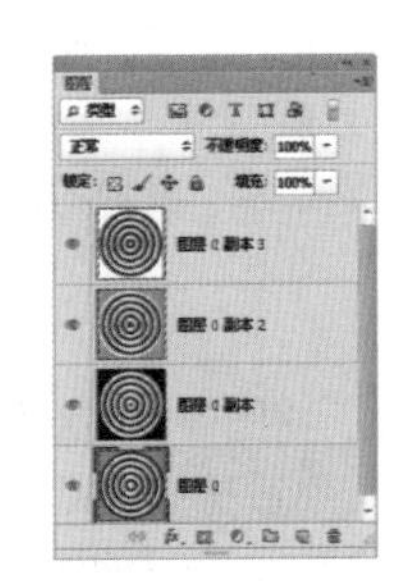

图13–187 “图层”面板

STEP 08 **放大图像效果。**选择“图层0副本3”图层，按住Shift键单击“图层0”，选中所有图层，如图13-188所示，然后按快捷键Ctrl+T自由变换，再按下组合键Shift+Alt，拖动变换框的一个角，等比例放大图像，如图13-189所示。按Enter键结束编辑，得到图13-190所示的效果。

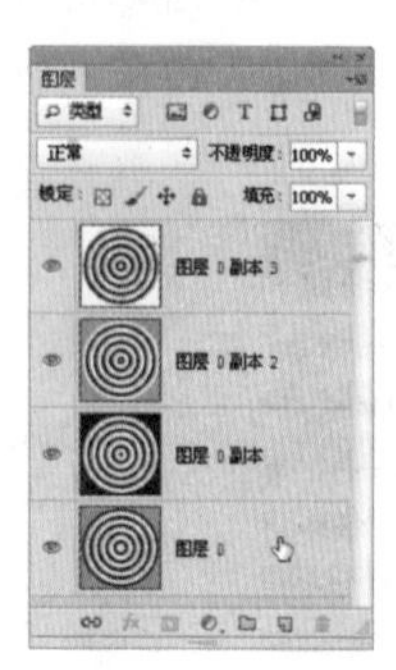

图 13-188　选择全部图层

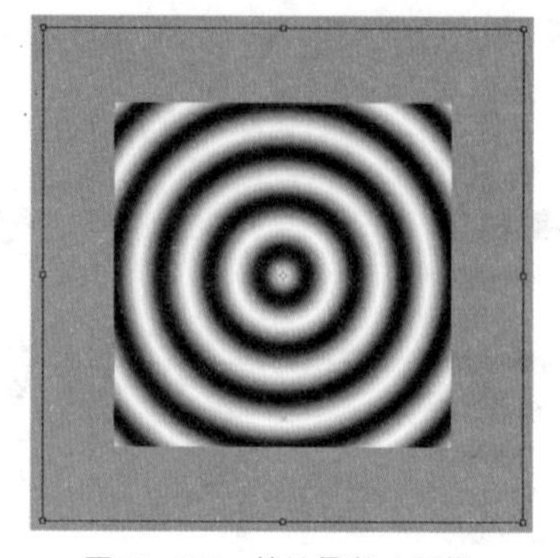

图 13-189　等比例放大图像

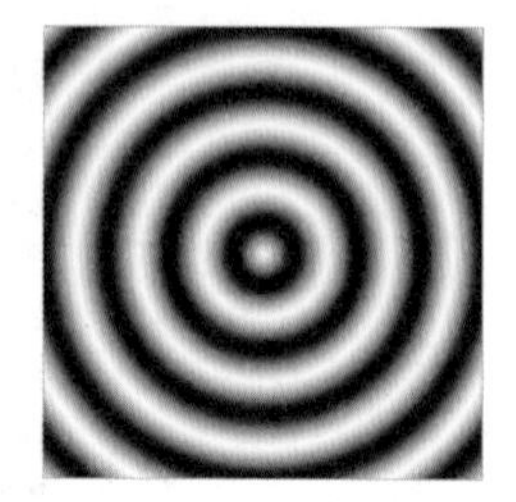

图 13-190　放大后的效果

STEP 09 **打开并复制图像。**按快捷键Ctrl+O打开素材“欢乐.JPG”文件，如图13-191所示。打开“图层”面板，双击“背景”图层，在弹出的对话框中单击“确定”按钮，“背景”图层变为“图层0”图层，然后按四次快捷键Ctrl+J复制四个图层，如图13-192和图13-193所示。

图 13-191　打开素材

图 13-192　“新建图层”对话框

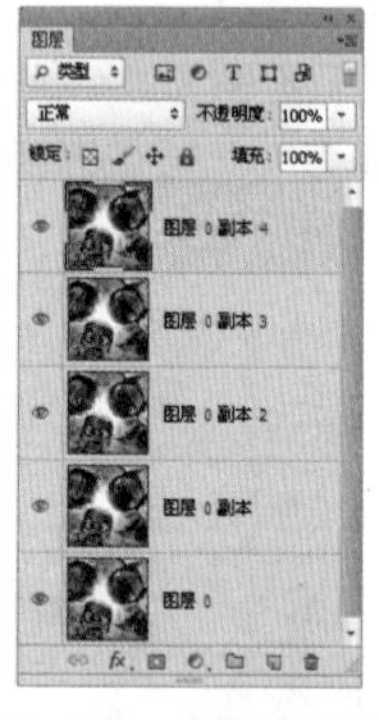

图 13-193　“图层”面板

STEP 10 **添加图层蒙版。**切换到“黑白条”文件，选择“图层0副本3”，如图13-194所示。按快捷键Ctrl+A全选，再按快捷键Ctrl+C复制“图层0副本3”图像，如图13-195所示。在切换至“欢乐”图像，选择最上方的图层，单击“图层”面板下方的“添加图层蒙版”按钮，为“图层0副本4”添加图层蒙版，如图13-196所示。

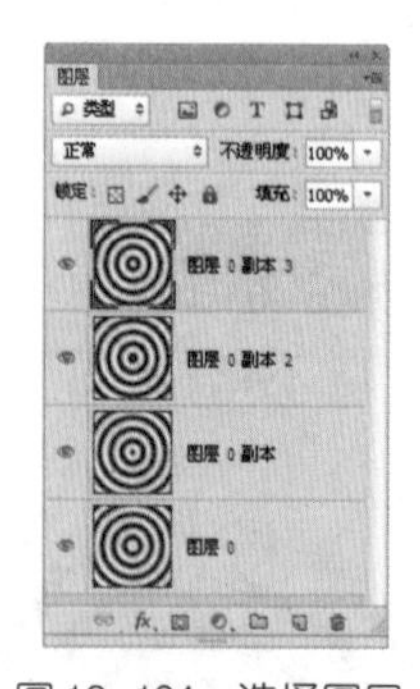

图 13-194　选择图层

图 13-195　全选并复制图像

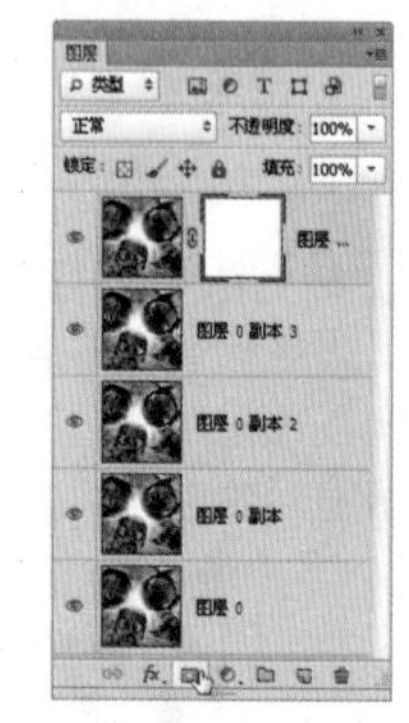

图 13-196　添加图层蒙版

STEP 11 **将图像粘贴到图层蒙版中。**按住Alt键单击图层蒙版，如图13-197所示。使图层蒙版在图像中放大显示，然后按快捷键Ctrl+V粘贴图像，图像被粘贴到“图层0副本4”的图层蒙版中。按快捷键Ctrl+D取消选区，如图13-198所示。按住Alt键再次单击图层蒙版，取消图层蒙版在图像中显示，这时的“图层”面板如图13-199所示。

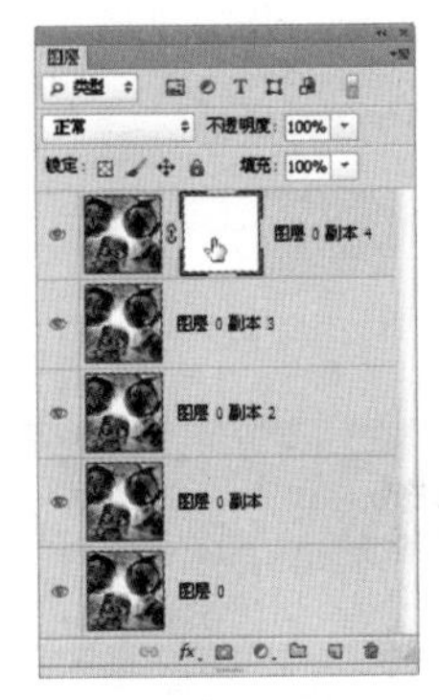

图 13-197　按 Alt 键单击图层蒙版

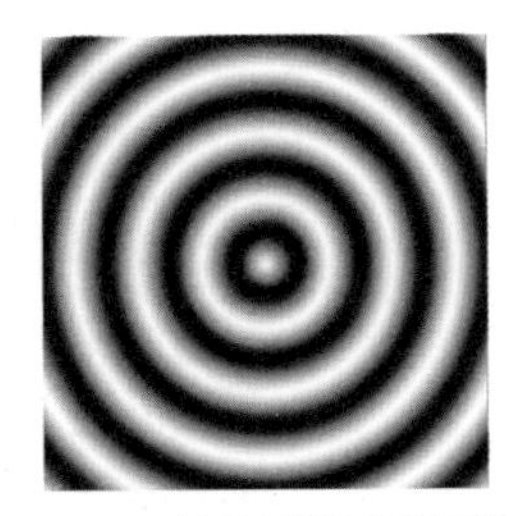

图 13-198　粘贴图像到图层蒙版中

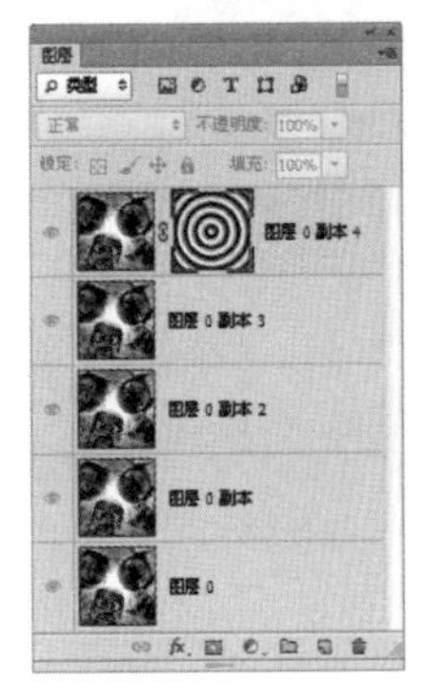

图 13-199　“图层”面板

STEP12 **添加其他图层蒙版并粘贴图像**。利用上面相同的方法，将“黑白条”文件中其余的三个图层，按照由上到下的顺序分别粘贴到“欢乐”文件的图层蒙版中，粘贴完成后的“图层”面板如图13-200所示。图层蒙版中的黑白圈区域，白色表示显示的区域，黑色表示隐藏的区域。按住Alt键单击最上方图层左边的眼睛图标，只显示该图层观察效果，如图13-201和图13-202所示。按住Alt键再次单击眼睛图标，又可显示全部图层。

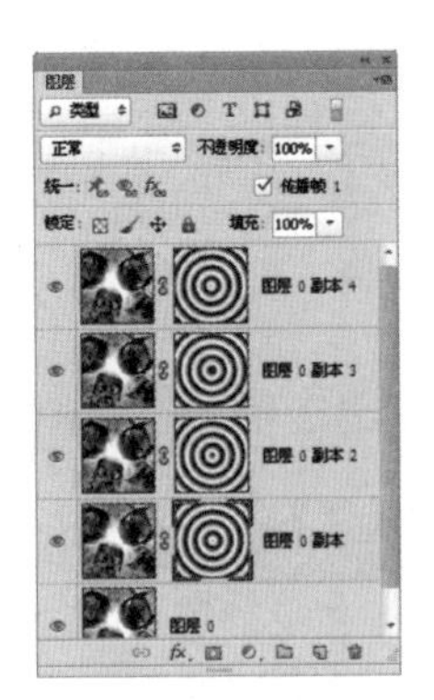

图 13-200　“图层”面板

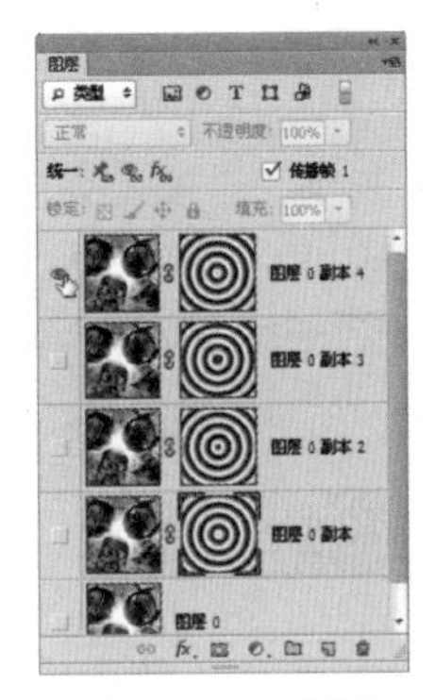

图 13-201　显示最上方图层

图 13-202　应用蒙版的图层效果

STEP13 **打开帧模式“时间轴”面板**。执行“窗口”|“时间轴”命令，打开“时间轴”面板。单击面板中间的三角按钮，在其下拉列表中选择“创建帧动画”选项，如图13-203所示。再单击“创建帧动画”按钮，就打开了帧模式的“时间轴”面板，如图13-204所示。

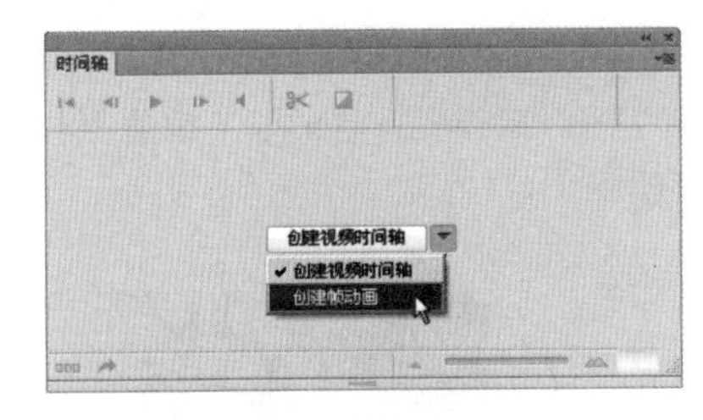

图 13-203　创建帧动画

图 13-204　帧模式的“时间轴”面板

STEP14 **复制所选帧**。单击“0秒”后面的三角按钮，在弹出的下拉列表中选择“0.2秒”，如图13-205所示。单击三次“时间轴”面板下面的“复制所选帧”按钮，得到与第1帧图像相同的三帧，如图13-206所示。

图 13-205　设置持续时间

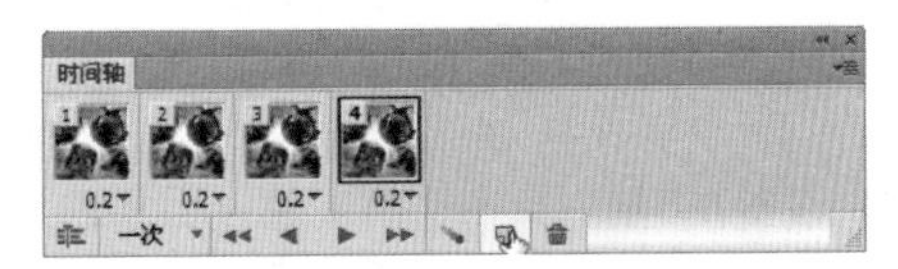

图 13-206　复制所选帧

STEP15 **设置第1帧**。单击“时间轴”面板中的第1帧，如图13-207所示。隐藏“图层”面板中最上方的三个图层，如图13−208所示。选择“图层0副本”图层，按快捷键Ctrl+T自由变换，再按住组合键Shift+Alt，拖动变换框的一个角，等比例放大图像，将图像稍微放大一点，待动画完成后才会产生错位感，如图13−209所示。完成后按Enter键结束编辑。

图 13−207　选择第 1 帧

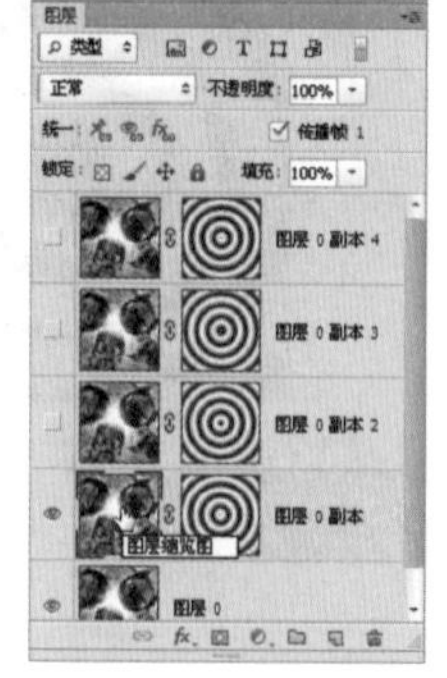

图 13−208　隐藏图层

图 13−209　等比例放大图像

STEP16 **设置第2帧**。单击“时间轴”面板中的第2帧，如图13−210所示。只显示“图层0副本2”和“图层0”图层，如图13−211所示。选择“图层0副本2”图层，按快捷键Ctrl+T自由变换，再按住组合键Shift+Alt，拖动变换框的一个角，等比例放大图像，将图像稍微放大一点，待动画完成后才会产生错位感，如图13−212所示。完成后按Enter键结束编辑。

图 13−210　选择第二帧

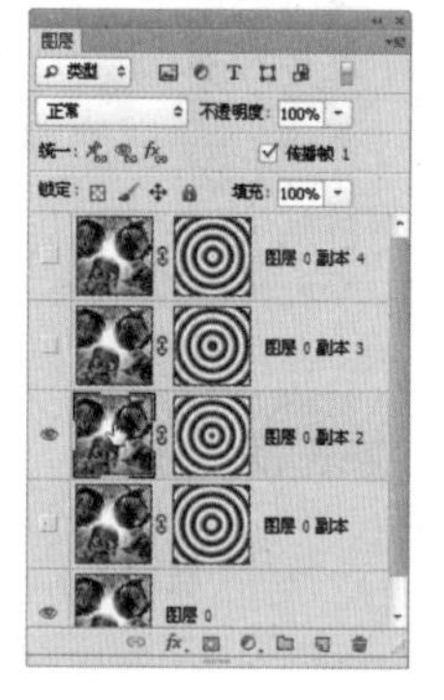

图 13−211　隐藏图层

图 13−212　等比例放大图像

STEP17 **设置第2帧图像颜色**。按快捷键Ctrl+U，打开“色相/饱和度”对话框。设置饱和度为26，如图13−213所示，然后单击“确定”按钮，效果如图13−214所示。

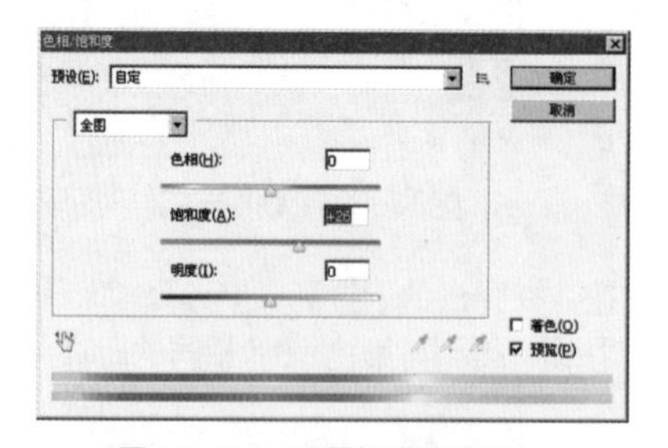

图 13−213　设置饱和度参数

图 13−214　图像效果

STEP18 **设置第3帧**。单击“时间轴”面板中的第3帧，如图13−215所示，只显示“图层0副本3”和“图层0”图层，如图13−216所示。选择“图层0副本3”图层，按快捷键Ctrl+T自由变换，再按住组合键Shift+Alt，拖动变换框的一个角，等比例放大图像，将图像稍微放大一点，如图13−217所示。完成后按Enter键结束编辑。

图 13-215　选择第 3 帧

图 13-216　隐藏图层

图 13-217　等比例放大图像

STEP 19 **设置第3帧图像的色阶**。按快捷键Ctrl+L，打开“色阶”面板。设置白场为225，如图13-218所示，然后单击“确定”按钮，效果如图13-219所示。

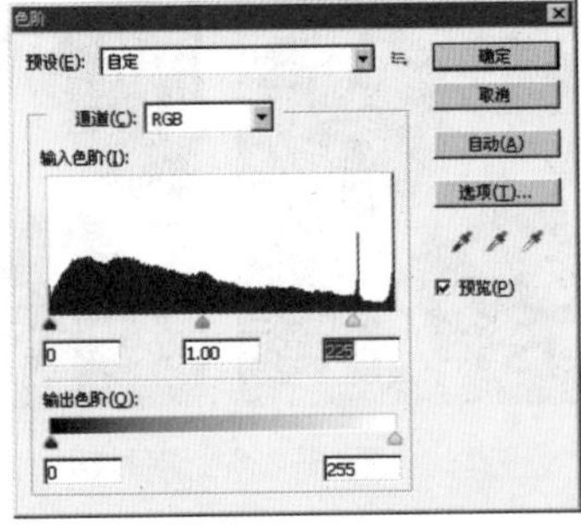

图 13-218　设置色阶参数

图 13-219　图像效果

STEP 20 **设置第4帧**。单击“时间轴”面板中的第4帧，如图13-220所示，只显示“图层0副本4”和“图层0”图层，如图13-221所示。选择“图层0副本4”图层，按快捷键Ctrl+T自由变换，再按住组合键Shift+Alt，拖动变换框的一个角，等比例放大图像，将图像稍微放大一点，如图13-222所示。完成后按Enter键结束编辑。

图 13-220　选择第 4 帧

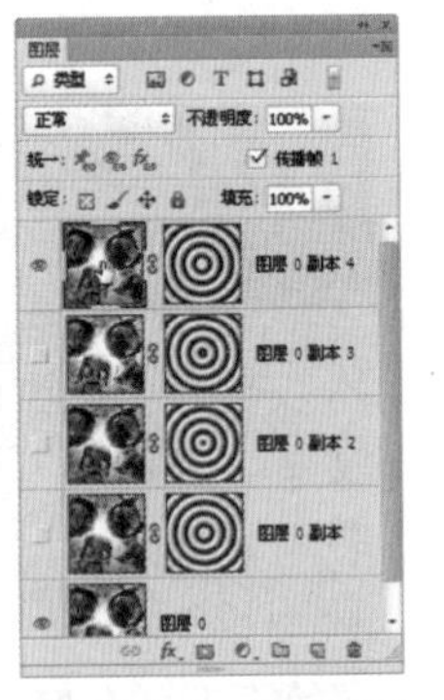

图 13-221　隐藏图层

图 13-222　等比例放大图像

STEP 21 **设置第4帧图像的色阶**。按快捷键Ctrl+L，打开“色阶”面板。设置白场为210，如图13-223所示，然后单击“确定”按钮，效果如图13-224所示。

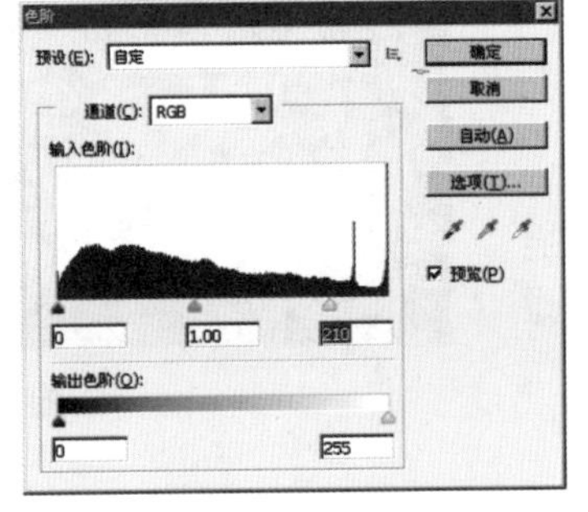

图 13-223　设置色阶参数

图 13-224　图像效果

STEP 22 **设置循环选项并播放动画。**在选择循环选项中，单击三角下拉按钮，在其下拉列表中选择"永远"，如图13-225所示，然后单击"播放动画" ▶按钮或按空格键，即可播放动画，画面中产生了水波效果，并且有真实的颜色和亮度的错落感，如图13-226所示。

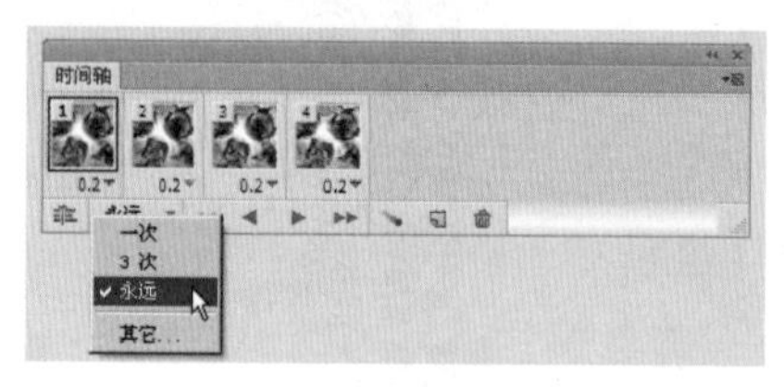

图 13-225　设置循环选项为"永远"

图 13-226　动画效果

实战2：网页广告动画★

素材：光盘\第 13 章\素材\网页广告动画
视频：光盘\第 13 章\视频\网页广告动画 .flv

实例动画截图如图13-227所示。

图 13-227　网页广告动画

制作思路

在帧模式动画面板中将图片和文字逐个添加关键帧，即可完成网页广告动画效果，其制作过程如图13-228所示。

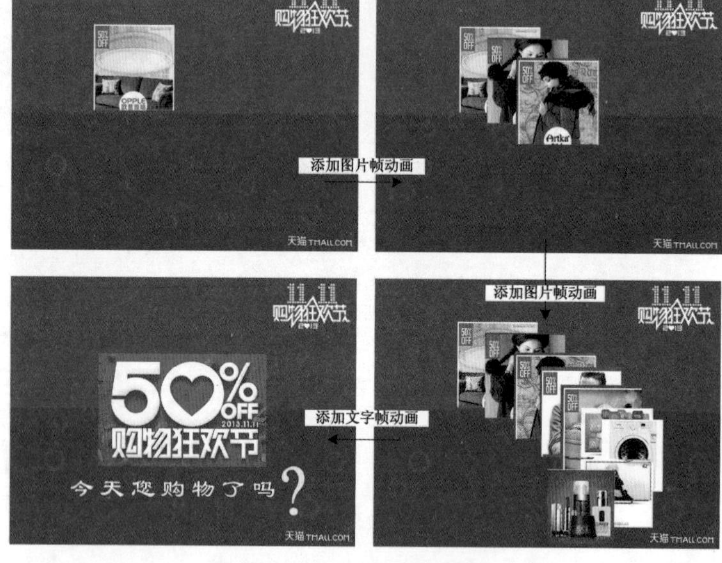

图 13-228　制作流程示意

CHAPTER

14

学习重点

- 如何录制动作
- 掌握对文件的批处理操作
- 掌握两种不会出错的批处理设置
- 学会运用暂停点批处理图像
- 学会整理属于自己的动作

大批量图处理

对大批量的图片进行相同处理，必须借助动作、批处理才能高效进行，否则重复处理几百张图会让人疯掉的。本章的重点就是学习如何在Photoshop中完成大批量、重复性的操作。

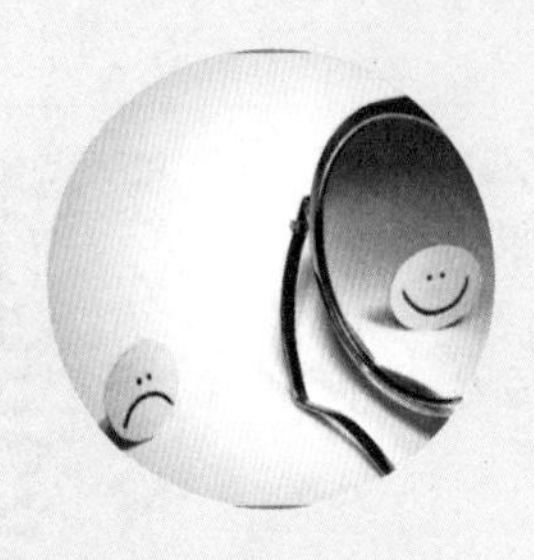

第一部分　需要的工具和命令

14.1 “动作”面板

“动作”面板用来创建、记录、播放、修改和删除动作。动作是多个操作的集合，具有重复执行功能。Photoshop通过“动作”面板将图像的处理过程记录下来，然后执行该动作命令，就可对其他图像进行相同的处理。执行“窗口”|“动作”命令，可打开“动作”面板，如图14-1所示。

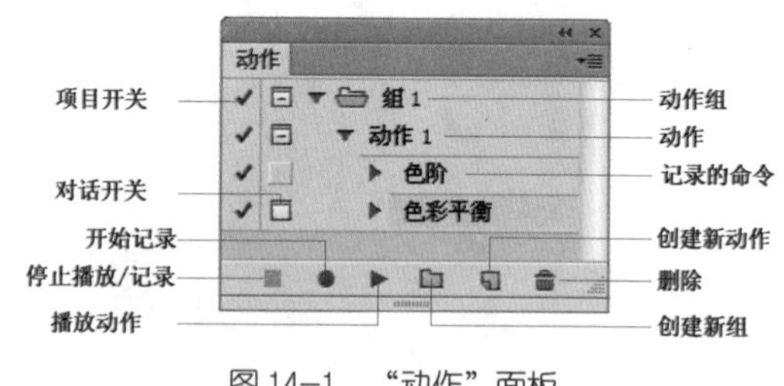

图 14-1　“动作”面板

1 面板组成

停止播放/记录■：记录或播放动作后，单击该按钮可停止记录或播放动作。

开始记录●：单击该按钮，可录制动作，录制时该按钮变为红色。

播放动作▶：选择一个动作后，单击该按钮可以播放该动作。

创建新组：单击可创建一个新的动作组，用来分类存放动作。

创建新动作：单击该按钮，可创建一个新动作。

删除：单击该按钮，可将选择的动作组或动作删除。

项目开关✓：勾选表示动作组、动作、命令可执行；取消勾选，则不能执行。

对话开关：勾选后，则每次执行到当前命令处，都会弹出对话框，由操作者进行操作，操作完毕确定，又开始自动执行；取消勾选，则按最初录制的命令参数自动进行处理，不会出现对话框。

2 面板菜单

单击“动作”面板右上角的下拉按钮，可打开下拉菜单，菜单中包含了Photoshop预设的一些动作，选择一个动作，可将其载入面板中，如图14-2所示。在下拉菜单中选择“按钮模式”命令，所有动作会变为按钮状态，如图14-3所示。

图 14-2　动作菜单　　图 14-3　按钮状态

3 动作的基本操作

下面我们通过一个小实例，具体学习动作的基本操作，包括新建、录制、停止录制等。

实例体验1：动作基本操作

素材：光盘\第14章\素材\镜子.JPG　　视频：光盘\第14章\视频\动作基本操作.flv

STEP01 **新建动作组**。按快捷键Ctrl+O打开一幅素材文件，如图14-4所示，然后执行“窗口”|“动作”命令或按快捷键Alt+F9，打开“动作”面板。单击“创建新组”按钮，在弹出的“新建组”对话框中设置新建组的名称为“反冲效果”，单击“确定”，如图14-5所示。

图14-4　原图

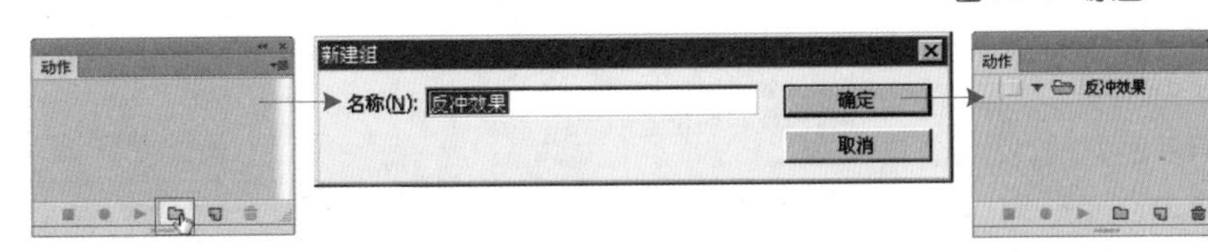

图14-5　新建组

STEP02 **创建新动作**。单击“创建新动作”按钮，在弹出的“新建动作”对话框名称处输入“曲线命令”，选择颜色为“蓝色”，单击“记录”按钮，面板中的“开始记录”按钮变为红色，如图14-6所示。按快捷键Ctrl+M，打开“曲线”对话框，在“预设”下拉列表中选择“反冲（RGB）”，单击“确定”按钮后，图像变为反冲效果，如图14-7和图14-8所示。单击面板中的“停止记录”按钮，完成动作的录制，如图14-9所示。

图14-6　创建动作

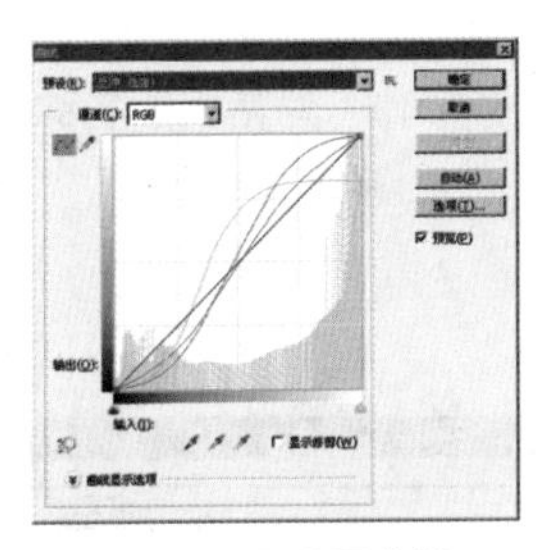

图14-7　设置曲线

图14-8　反冲效果

图14-9　停止录制

提示

在“新建动作”对话框中选择蓝色，则在按钮模式下新建的动作会显示为蓝色按钮，为动作设置颜色只是便于在按钮模式下区分动作。如果要清除动作面板中所有的动作，可以单击动作面板右上角的下拉按钮，在弹出的下拉菜单中选择“清除全部动作”命令即可。

14.2 批处理命令

1 何谓批处理

批处理是指通过设置，将某个动作应用于多个目标文件，从而实现重复操作的自动处理，以提高工作效率。例如，有100张照片都需要重新设置大小和分辨率，并调整一下对比度，就可以先将其中一张照片的处理过程录制为动作，再通过"批处理"命令将录制的动作应用到其他照片进行自动处理。

执行"文件"｜"自动"｜"批处理"命令，弹出图14-10所示的对话框。

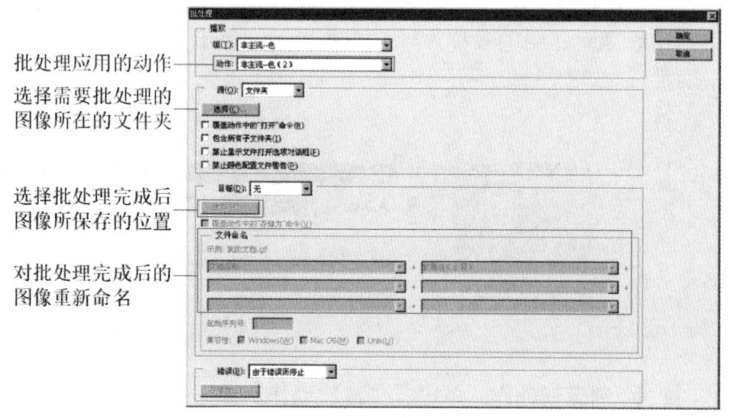

图 14-10 "批处理"对话框

2 批处理设置

在利用"批处理"命令进行图像处理时，主要设置包括指定动作、要处理的文件位置、处理后文件的保存位置以及保存文件的命名方式。

实例体验2：多个图像转换成灰度图

素材：光盘\第 14 章\素材\美女图 .JPG　　视频：光盘\第 14 章\视频\多个图像转换成灰度图 .flv

STEP01 **新建动作。**按快捷键Ctrl+O打开一幅素材文件，如图14-11所示。执行"窗口"｜"动作"命令，打开"动作"面板，单击"创建新动作"按钮，在弹出的"新建动作"对话框的名称处输入"灰度模式"，如图14-12所示。单击"记录"按钮后面板中的"开始记录"按钮变为红色。

图 14-11　原图

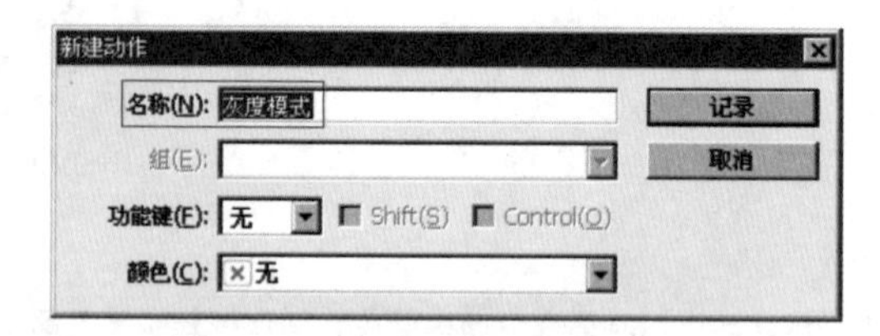

图 14-12　新建动作

STEP02 **记录转换灰度模式动作。**执行"图像"｜"模式"｜"灰度"命令，在弹出的"信息"对话框中单击“扔掉”按钮，图像变为灰度模式，如图14–13和图14–14所示。单击面板中的“停止记录”按钮■，完成动作的录制，如图14–15所示。

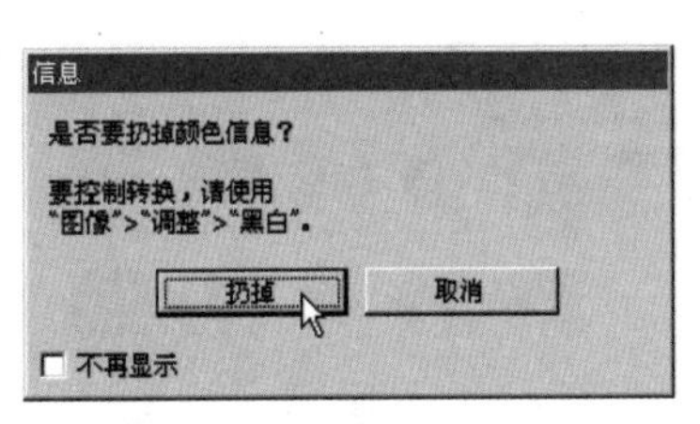

图14–13　扔掉颜色信息

图14–14　灰度图像

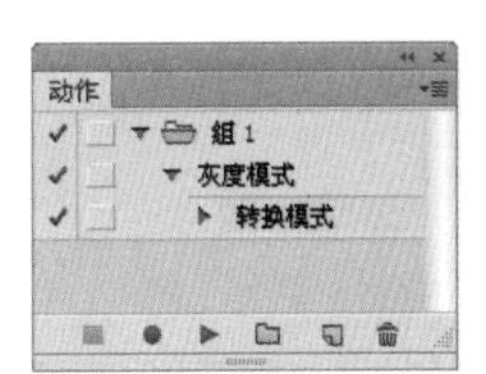

图14–15　完成录制

STEP 03 **准备好文件夹**。将需要批处理的文件保存到一个文件夹中，如图14–16所示，再新建一个文件夹用来保存处理后的图像，如图14–17所示。

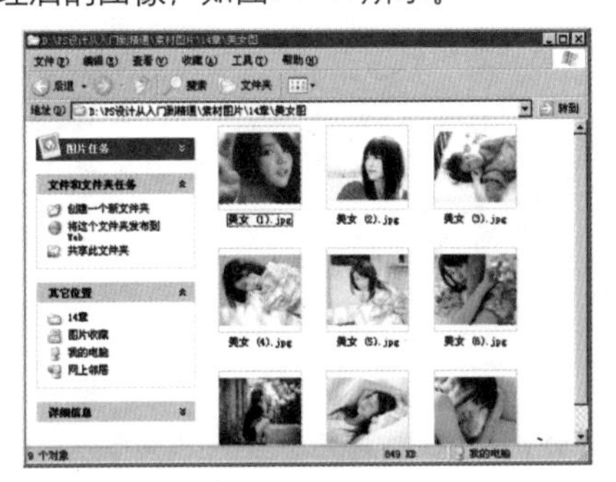
图14–16　处理文件夹

图14–17　保存文件夹

STEP 04 **设置批处理**。执行“文件”|“自动”|“批处理”命令，弹出“批处理”对话框。“动作”选择录制好的“灰度模式”，“源”文件夹选择需要批处理的图像所在文件夹，“目标”文件夹选择新建的文件夹，如图14–18所示。

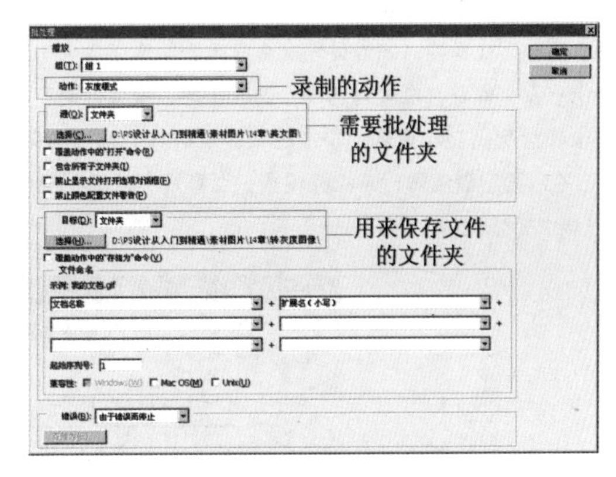

图14–18　批处理设置

STEP 05 **执行效果**。设置完成后单击“确定”按钮，开始批处理，处理过程中会弹出“JPEG选项”对话框，选择设置图像品质，单击“确定”按钮即可，如图14–19所示。打开新建文件夹，可以看到批处理后的效果，如图14–20所示。

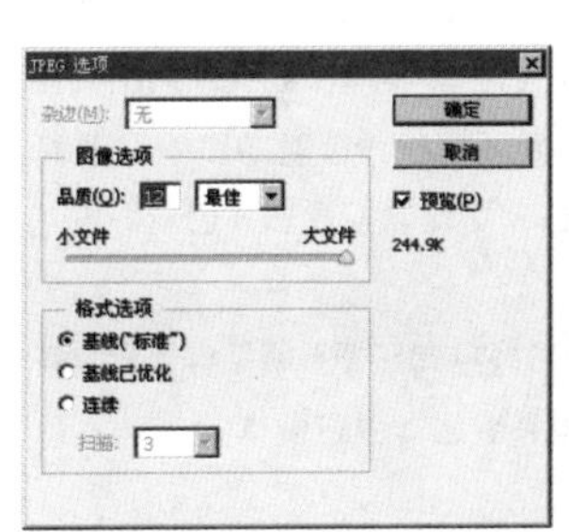

图14–19　JPEG 选项设置

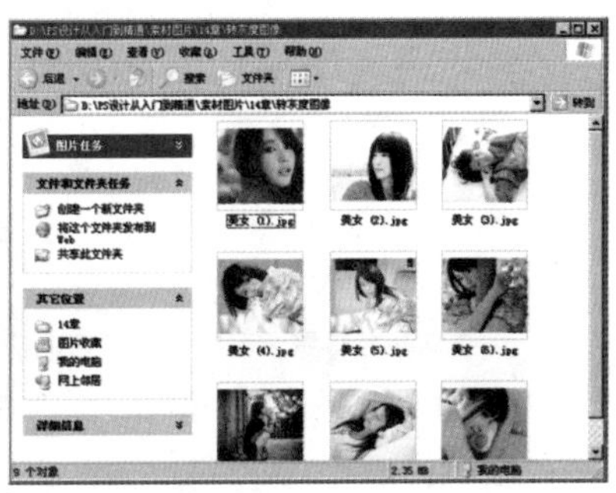
图14–20　批处理后的图像效果

STEP 06 **另起名保存**。上面的设置采用了原名保存，如果我们想另起名保存，则需要修改“文件命名”选项组中的设置。假设我们需要名称包括：美女、日期、序号、扩展名四个项目，就可以按照图14-21所示进行设置。设置完毕后，单击“确定”按钮开始批处理，结果如图14-22所示。文件的名称统一变成了我们需要的格式。

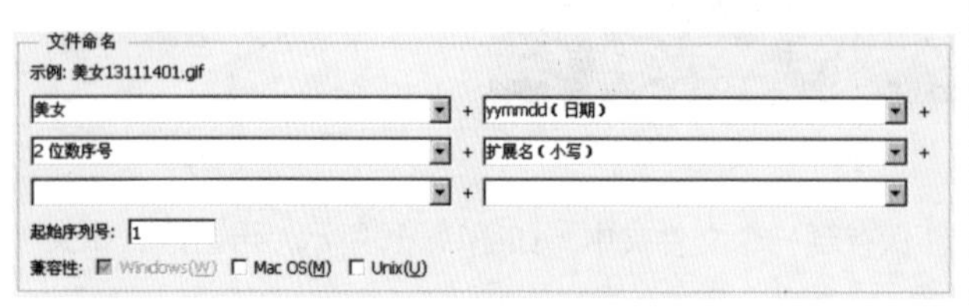

图14-21　文件命名设置

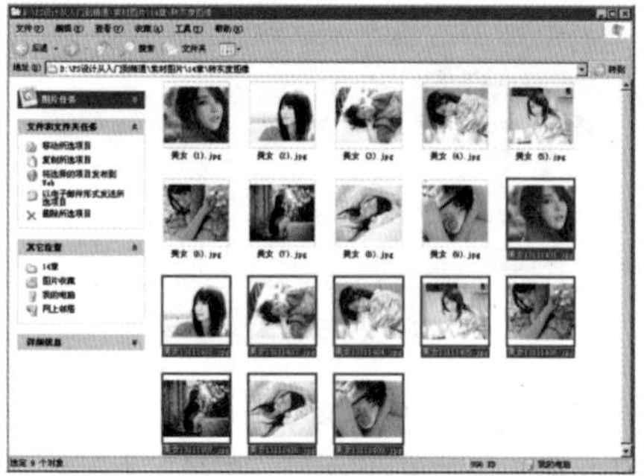

图14-22　批处理后统一命名

注意

如果要用批处理后的图像覆盖原图像，可以在“批处理”对话框“目标”下拉列表中选择“存储并关闭”项。

常用参数介绍

源：在其下拉列表中可以选择从电脑、数码相机、移动硬盘或Bridge中选择需要批处理的文件夹。

覆盖动作中的“打开”命令：如果设定的动作中录制了“打开”命令，则需要勾选此项，在批处理时，将用指定的文件打开路径覆盖动作中记录的“打开”路径，这样才能顺利执行批处理命令。

包含所有子文件夹：将批处理命令应用到所选文件夹中所有的子文件夹。

禁止显示文件打开选项对话框：勾选该项，批处理时不会打开文件选项对话框。

禁止颜色配置文件警告：勾选后，即使执行中打开的文件的颜色配置与“颜色设置”对话框中的设置不一样，也不会弹出警告框；不勾选该项，当打开文件的颜色配置与当前软件的颜色设置不一致时，则将会出现类似图14-23所示的提示框。

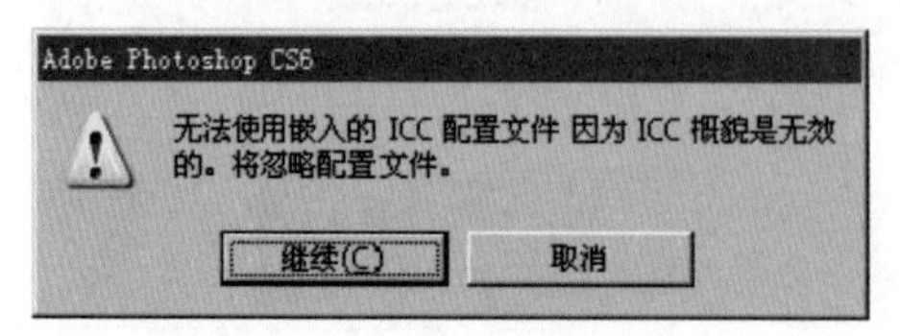

图14-23　警示对话框

目标：在“目标”下拉列表中可以选择对完成后的图像如何进行处理。“无”表示不保存文件，文件仍为打开状态；“存储并关闭”表示将批处理后的图像保存在原文件夹中，并覆盖原始文件；选择“文件夹”并单击选项下面的“选择”按钮，可指定一个文件夹保存批处理后的文件。

覆盖动作中的“存储为”命令：在批处理时，覆盖动作中记录的“存储为”命令。只有指定动作中包括了“存储为”命令，才勾选此项。勾选后，文件将保存到“目标”选项设置的文件夹中，而不是保存到最初录制时记录的文件保存位置。

文件命令：最多可以为批处理后的图像名字设置6项条件。默认的设置由两项组成，即“文档名称”“扩展名（小写）”，这个设置表示用文件原来的名字进行保存。

14.3 批处理要点

1 管理好自己的动作

动作的管理类似于我们在第7章讲到的画笔管理，设计师需要为自己的“动作”负责，将它们打理好。具体来说，包括动作的存储、加载、删除等。

1）存储动作

动作无法直接进行存储，只有将动作放入动作组中，选择该动作组才能进行存储。动作默认的保存位置在Photoshop安装目录下的Presets\Actions文件夹中，如图14-24所示，其格式为.atn。为了防止动作丢失，我们可以将动作保存到自建文件夹中。

图 14-24　动作默认保存位置

实例体验3：动作的保存

素材：无　　　　视频：光盘\第 14 章\视频\动作的保存 .flv

STEP01 **新建动作组。**执行“窗口”｜“动作”命令，打开“动作”面板。单击“创建新组”按钮，在弹出的“新建组”对话框的名称处输入“转灰度模式”，如图14-25所示。单击“确定”按钮，然后将前面录制的“灰度模式”动作移至新建的组中，单击展开三角按钮，如图14-26 所示。

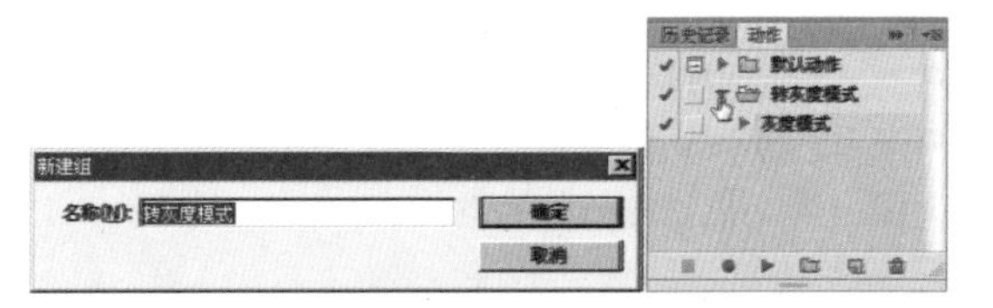

图 14-25　输入名称　　　图 14-26　展开动作组

STEP02 **将动作保存到自己的文件夹中。**新建一个文件夹命名为“自己的动作”，然后单击选择“转灰度模式组”，单击面板右上方的按钮，在列表中选择“存储动作”，如图14-27所示。在弹出的“存储”对话框中选择并打开新建的文件夹，设置动作名称后，单击“保存”按钮，如图14-28所示。打开新建的文件夹，即可看到存储的动作，如图14-29所示。

图 14–27　选择“存储动作”选项

图 14–28　选择存储位置

图 14–29　存储的动作

2）载入动作

在“动作”面板的下拉菜单中，选择“载入动作”命令，可以将我们保存的动作载入面板中。也可以将自己保存的动作文件夹的快捷方式复制到Photoshop动作默认的文件夹中，让保存的动作成为动作下拉菜单中的一部分。

实例体验4：让保存的动作成为菜单的一部分

素材：无　　　　视频：光盘\第 14 章\视频\让保存的动作成为菜单的一部分 .flv

STEP01 **创建快捷方式**。选择动作所在的文件夹，单击鼠标右键，在列表中选择“创建快捷键方式”命令，如图14–30所示。将创建为快捷键方式的文件夹剪切至Photoshop动作默认的Presets\Actions文件夹中，如图14–31所示。

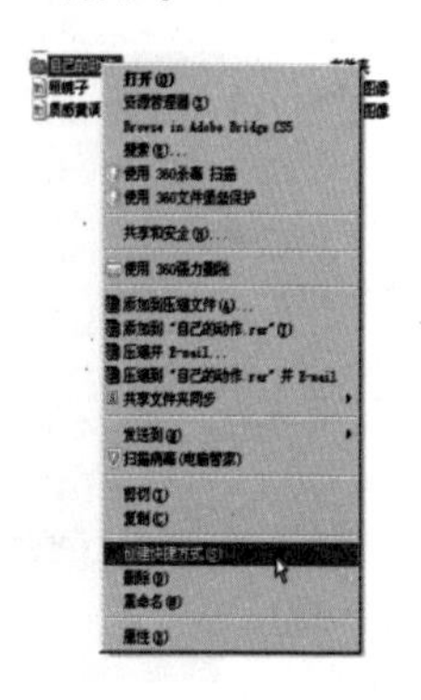
图 14–30　创建快捷键方式

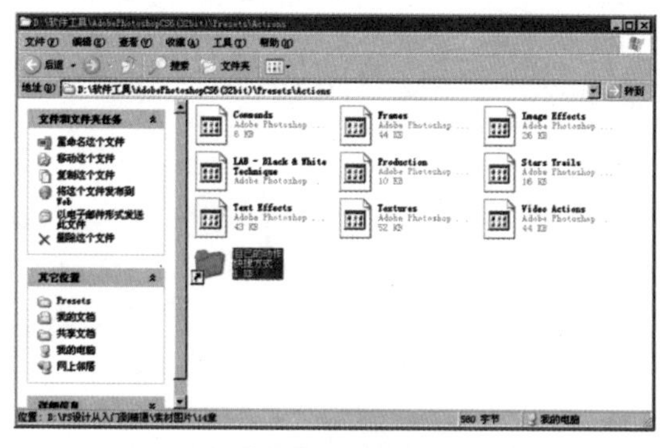
图 14–31　剪切到动作默认的文件夹中

STEP02 **显示在下拉菜单中**。重新启动一次Photoshop软件，然后打开“动作”面板，单击面板右上方的按钮，在列表中可以显示自己动作文件夹中的动作。选择一个“柔化皮肤”的动作，可以将其载入动作面板中，如图14–32所示。

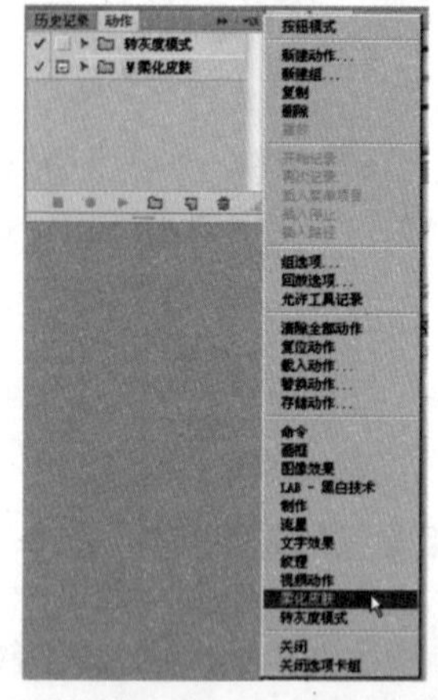
图 14–32　在下拉菜单中显示自己的动作

3）删除动作

如果只是从“动作”面板中删除某个动作，选中需要删除的动作，单击“删除”按钮即可。

如果要永久删除动作组中的某个动作，则首先在动作组中删除该动作，然后再选择该动作组，从“动作”面板下拉菜单中选择“存储动作”命令，覆盖保存该动作组即可。

如果想要删除下拉菜单中的某个动作组，则需要在Photoshop安装目录下的Presets\Actions文件夹中找到要删除的动作文件，将其删除即可。

2 创建快捷批处理程序

可以将常用的动作创建为一个快捷批处理程序，以简化批处理的操作过程。创建快捷批处理前，也需要在“动作”面板中创建、录制所需的动作。

实例体验5：创建快捷批处理

素材：无　　视频：光盘\第14章\视频\创建快捷批处理.flv

STEP01 **打开快捷批处理对话框。**执行“文件”|“自动”|“创建快捷批处理”命令，打开“创建快捷批处理”对话框，它与“批处理”对话框基本相似。

STEP02 **设置对话框。**单击最上方的“选择”按钮，打开“存储”对话框。设置快捷批处理程序的名称和保存位置，然后选择一个录制好的动作。这里选择“转换CMYK”动作，最后设置“目标”文件夹，单击选择一个文件夹，用于保存批处理后的图像，如图14-33所示。

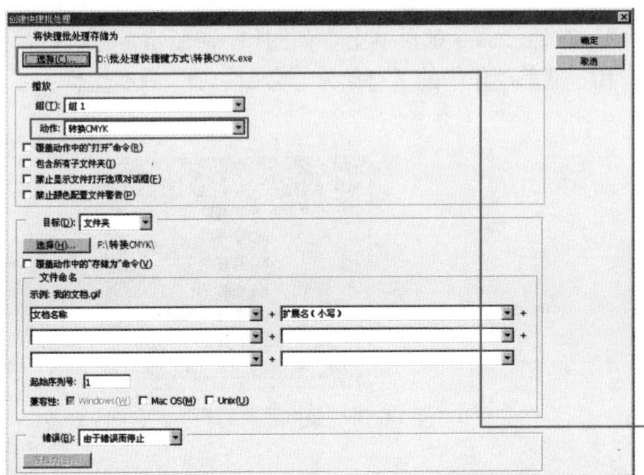

图14-33　设置快捷批处理的名称和保存位置

STEP03 **快捷批处理图标。**单击“保存”按钮关闭对话框，再单击“确定”按钮，快捷批处理程序就保存在指定的位置了，如图14-34所示。

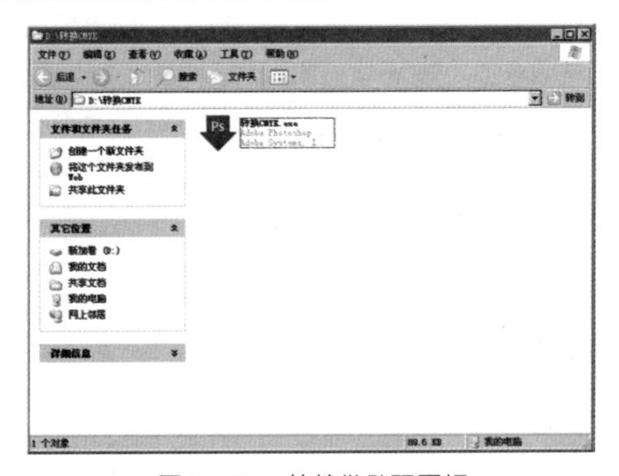

图14-34　快捷批处理图标

STEP04 **使用快捷批处理。**将需要处理的图像或文件夹拖动到该图标上，如图14—35所示。系统会自动打开Photoshop软件对图像进行处理，完成批处理操作后，打开保存的"目标"文件夹，可以看到批处理后的图像，如图14—36所示。

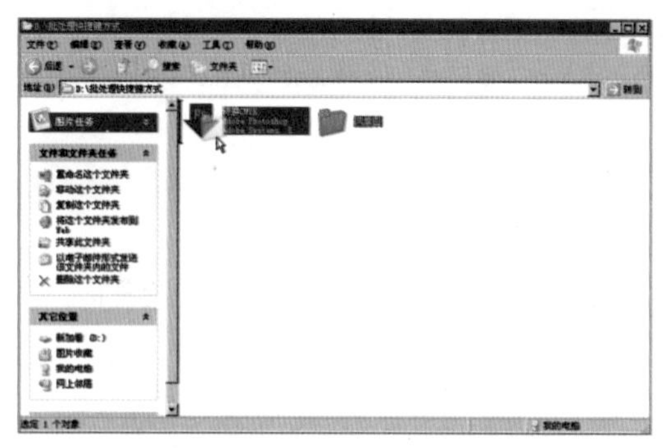
图14—35　将文件夹拖动到图标上

图14—36　"目标"文件夹中批处理后的图像

3 两种肯定不会出错的动作录制与批处理设置

第一种：不录制打开、存储

录制动作时，不录制最初的"打开"和最后的"存储"命令，如图14—37所示。在执行批处理时，不勾选"覆盖动作中的'打开'命令"和"覆盖动作中的'存储为'命令"项。

在这种情况下，批处理总能得到想要的效果。

第二种：录制打开、存储

录制动作时，将最初的"打开"和最后的"存储"命令都录制上，如图14—38所示。在执行批处理时，需要勾选"覆盖动作中的'打开'命令"和"覆盖动作中的'存储为'命令"项，只有这样，才能顺利执行批处理并得到想要的效果。

图14—37　没有录制"打开""存储"命令

图14—38　录制了"打开""存储"命令

4 设置暂停点控制

暂停点控制就是设置"对话开关"按钮，如果想要动作执行到某个命令时暂停，可以单击该命令的左侧，添加"对话开关"按钮，如图14—39所示。设置暂停点后，当动作执行到该位置时，能够弹出对应命令的对话框，操作者可以修改该命令的参数，修改后单击"确定"按钮，继续执行后面的动作。

有了暂停点设置，我们就能对不同图做出不同的调整，避免做无效处理。

图14—39　设置暂停点控制按钮

14.4 扫描图批处理

如果设计中经常使用扫描图，并且都是用同一台扫描仪，那么设计师可以建立一个扫描图处理动作，并进行批处理。

实例体验6：扫描图批处理建立和运用

素材：光盘\第 14 章\素材\书画 1.JPG

视频：光盘\第 14 章\视频\扫描图批处理建立和运用 .flv

STEP01 **新建动作**。按快捷键Ctrl+O打开一幅素材文件，如图14—40所示。单击“创建新动作”按钮，在弹出的“新建动作”对话框的名称处输入“扫描图批处理”，如图14—41所示。单击“记录”按钮，面板中的“开始记录”按钮变为红色，如图14—42所示。

图 14—40　原图

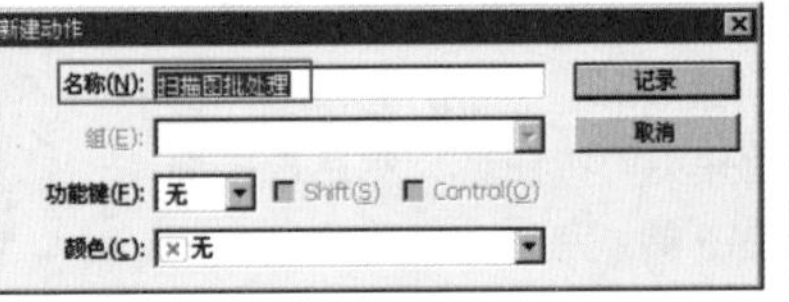

图 14—41　“新建动作”对话框

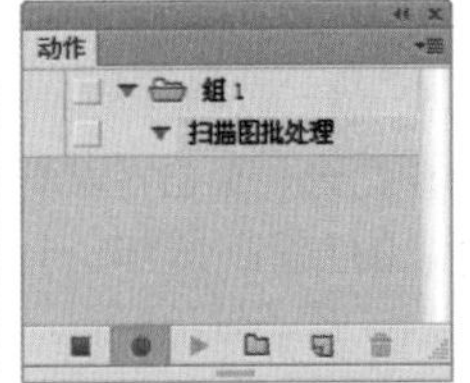

图 14—42　记录动作

STEP02 **录制裁剪命令**。选择工具箱中的裁剪工具，按下鼠标左键拖出一个裁剪框，调整裁剪框的位置和大小，如图14—43所示，然后单击属性栏中的“提交当前裁剪操作”按钮✔完成裁剪，裁剪命令被录制到“动作”面板中，如图14—44所示。

图 14—43　裁剪图像

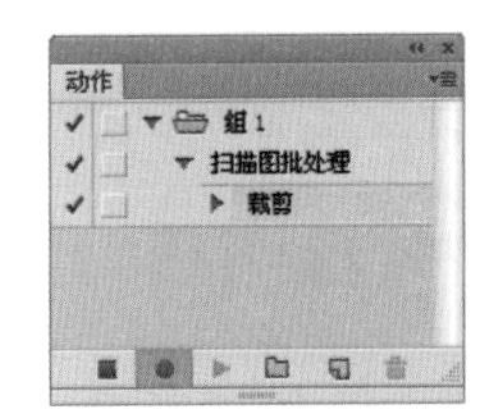

图 14—44　录制裁剪动作

STEP03 **录制色阶命令**。单击工具箱中的移动工具，取消裁剪框的显示。执行“图像”｜“调整”｜“色阶”命令，在弹出的“色阶”对话框中单击“自动”按钮，然后单击“确定”按钮，图像对比度增强了，如图14—45和图14—46所示。同时，“色阶”命令被录制到“动作”面板中，如图14—47所示。

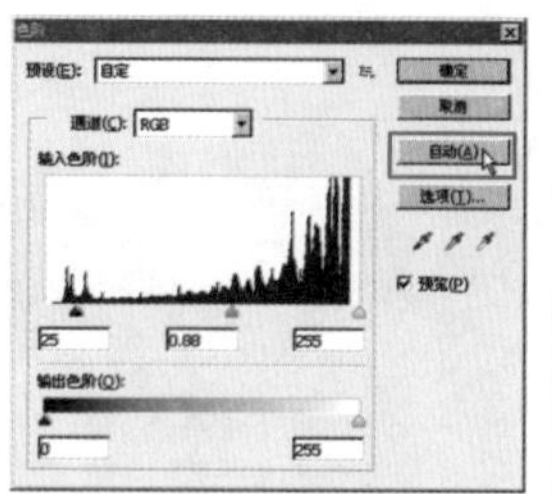
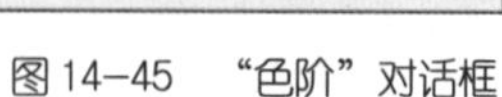

图 14-45　“色阶”对话框

图 14-46　自动色阶效果

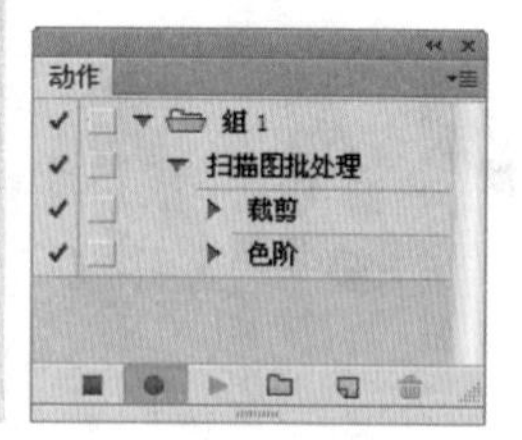

图 14-47　录制色阶

STEP04 **录制色相/饱和度命令。**执行“图像”｜“调整”｜“色相/饱和度”命令，在弹出的“色相/饱和度”对话框中设置饱和度为26，然后单击“确定”按钮，图像增强了饱和度，如图14-48和图14-49所示。同时，色相/饱和度命令被录制到“动作”面板中，如图14-50所示。

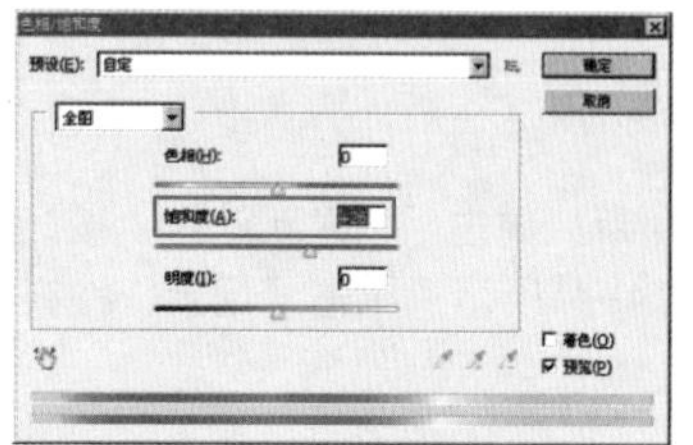

图 14-48　设置饱和度

图 14-49　增强饱和度效果

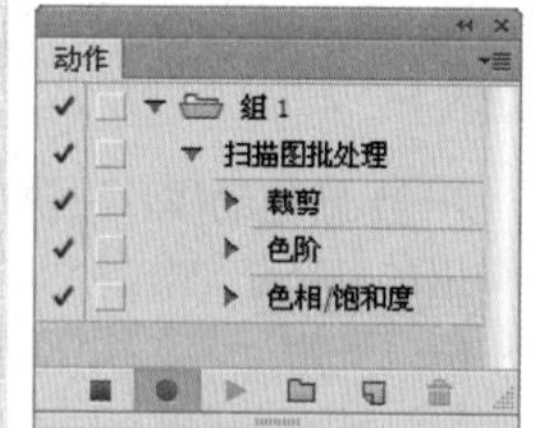

图 14-50　录制色相 / 饱和度

STEP05 **添加暂停点。**要进行批处理的书画尺寸大小不一、颜色也不同，所以录制动作中的“裁剪”和“色相/饱和度”命令，在批处理时不能一概而论。单击“裁剪”命令和“色相/饱和度”命令的左侧，添加“对话开关”按钮，然后单击面板中的“停止记录”按钮，完成动作的录制，如图14-51所示。

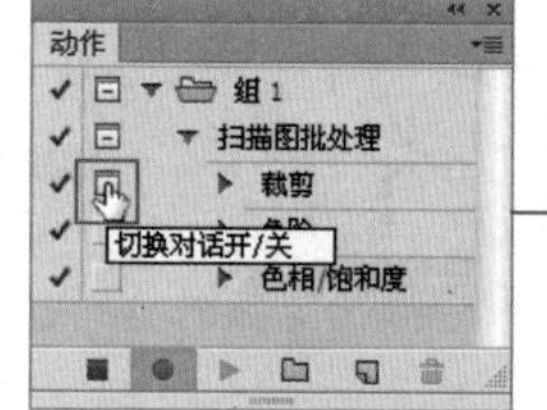
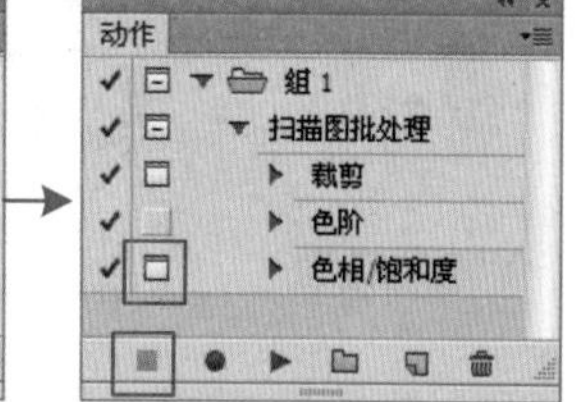

图 14-51　添加暂停点后停止记录

STEP06 **批处理设置。**将需要批处理的图像放在一个文件夹中，如图14-52所示，然后新建一个文件夹用于保存批处理后的图像。执行“文件”｜“自动”｜“批处理”命令，选择录制好的动作，设置好源文件夹和目标文件夹，如图14-53所示。

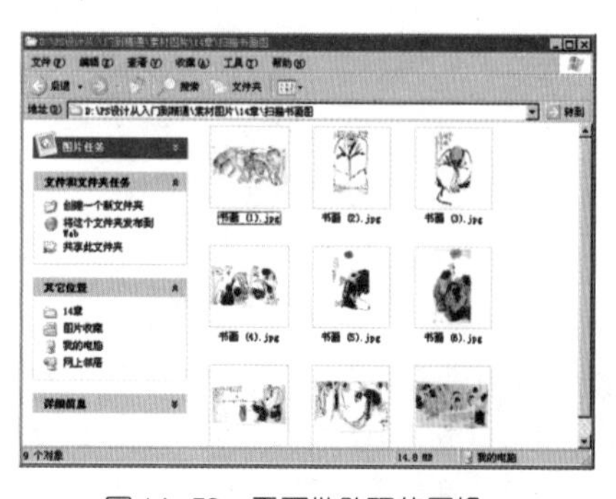

图 14-52　需要批处理的图像

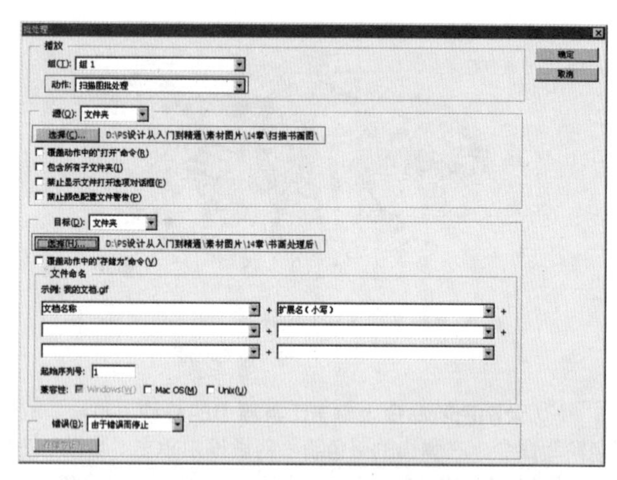

图 14-53　“批处理”对话框设置

STEP 07 **批处理效果**。单击“确定”按钮后，每张图像执行到“裁剪”和“色相/饱和度”命令时，就会暂停，需要手动裁剪和设置参数，手动操作完成后，继续自动处理。图14–54所示为处理后的结果。

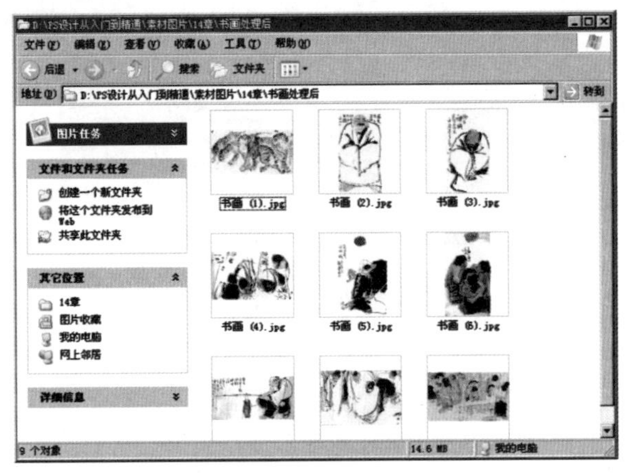

图 14–54　批处理后的效果

14.5 成批更改文件名

如果有成百上千的文件需要按规则重命名，我们可以利用一个空白动作建立批处理来快速实现。

实例体验7：批处理更改文件名

素材：无　　　　视频：光盘\第 14 章\视频\批处理更改文件名 .flv

STEP 01 **新建空白动作**。执行“窗口”|“动作”命令，打开“动作”面板。单击“创建新动作”按钮，弹出“新建动作”对话框，如图14–55所示。单击“记录”按钮关闭对话框，然后再单击停止记录按钮，建立一个空白“动作1”，如图14–56所示。

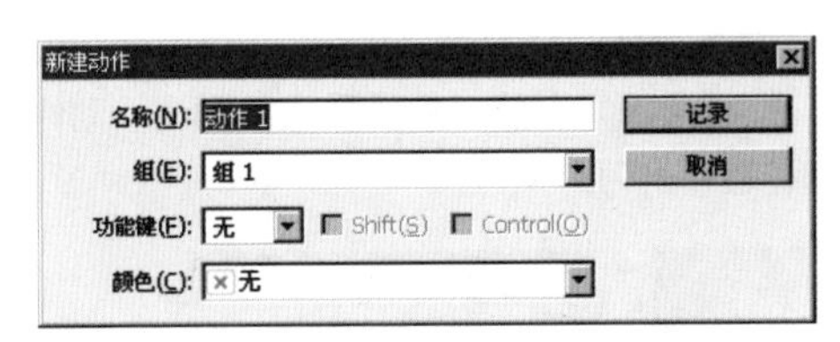

图 14–55　新建“动作”面板

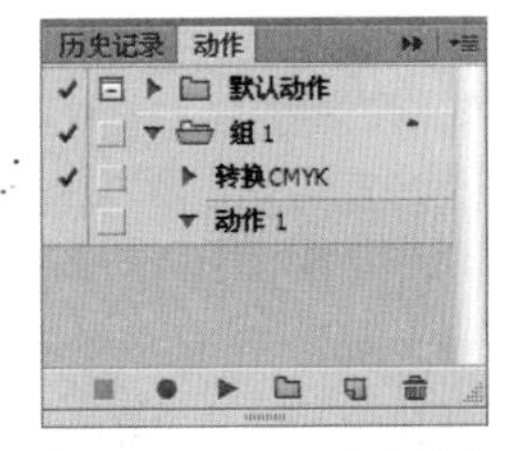

图 14–56　新建空白动作

STEP 02 **批处理更改文件名**。执行“文件”|“自动”|“批处理”命令，弹出“批处理”对话框。选择空白的“动作1”，“源”文件夹选择需要重命名的图像所在文件夹，“目标”文件夹选择一个空白文件夹。在文件命名处，设置重命名的名称和序号，然后选择一个扩展名，可以参考“文件命名”下方的“示例”格式，如图14–57所示。设置完成后，单击“确定”按钮，即可进行批处理重命名，批处理后打开存储的文件夹，如图14–58所示。

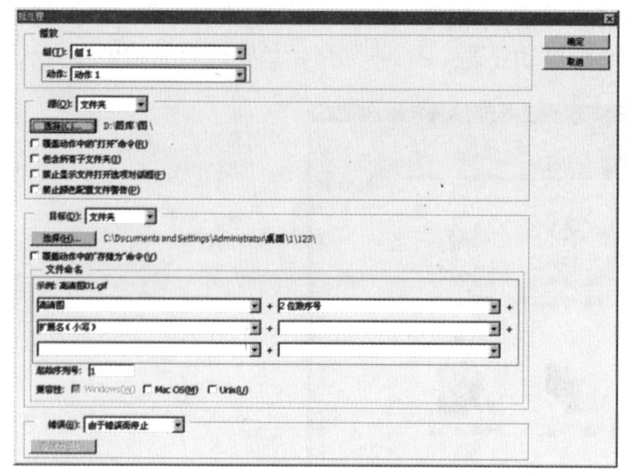
图 14-57 设置批处理选项

图 14-58 重命名后的文件

提示

利用Photoshop批处理命令只能成批修改Photoshop能够打开的图像文件的名称，对Photoshop不能打开的文件则无效。

14.6 设计师实战

实战1：成批调色

素材：光盘\第 14 章\素材\质感黄调调 12.JPG、质感黄调调 .atn
视频：光盘\第 14 章\视频\成批调色 .flv

STEP 01 **载入动作**。按快捷键Ctrl+O打开一幅素材文件，如图14-59所示。单击“动作”面板右上方的下拉三角按钮，在列表中选择“载入动作”，选择录制并存储好的“质感黄调调”动作，单击“载入”按钮，即可显示在“动作”面板中，如图14-60和图14-61所示。

图 14-59 原图

图 14-60 载入动作

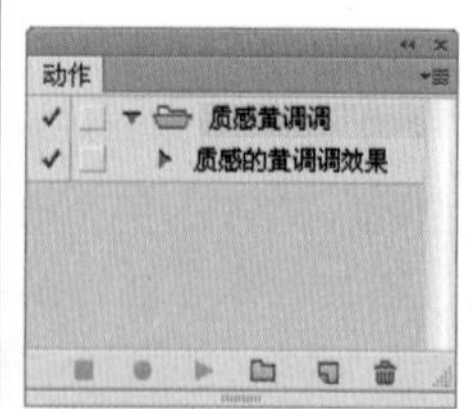

图 14-61 “动作”面板

STEP 02 质感黄调调效果。 单击选择“质感的黄调调效果”，然后再单击“播放”按钮▶，得到的图像效果如图14–62所示。

图 14–62　质感黄调调效果

STEP 03 批处理调色。 将需要调整的图像放在一个文件夹中，如图14–63所示。执行“文件”｜“自动”｜“批处理”命令，动作选择“质感的黄调调效果”，设置好源文件夹和目标文件夹，如图14–64所示。

图 14–63　需要批处理的图像

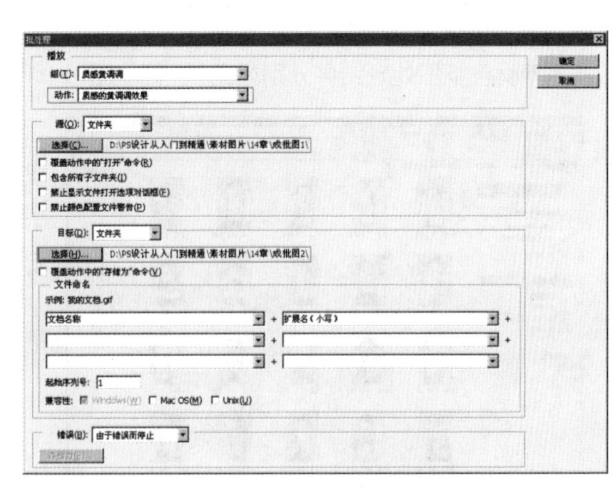

图 14–64　“批处理”对话框

STEP 04 批处理效果。 单击“确定”按钮后，Photoshop开始批处理，中途会弹出“JPEG选项”对话框，可以选择保存图像的品质，如图14–65所示。单击“确定”按钮即可。图14–66所示的文件夹即为处理后的效果。

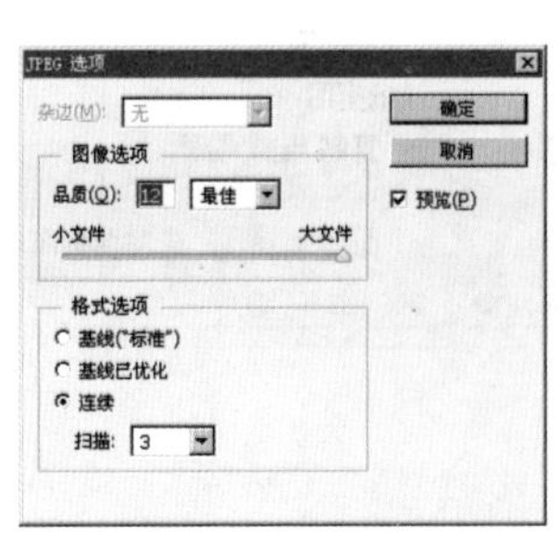

图 14–65　JPEG 选项设置

图 14–66　成批调色后的效果

设计师经验谈

1.把常用的调色方法记录成动作，可以节省大量的时间，提高工作效率。影楼对大批量的片子处理时，必须用到记录好的各种动作，这些动作以肤色调整、肤质柔化、修正曝光及各种调色方法为主。动作的设置是有针对性的，可以对同一批拍摄的片子进行效果的完善，达到一种风格。不同场景下拍摄的片子和色调千差万别，想指望一个动作实现不同的风格，是不现实的。

不同的调色师对片子的理解和感受也不尽相同，很难通过一个简单的动作就能满足所有人的审美品位，这里所要强调的是：掌握方法，运用在人。

2.不是所有操作都可以记录。比如我们使用画笔的绘画操作，使用钢笔工具创建路径、调整路径的操作都无法记录。

3.不是所有操作都有录制价值。有些操作虽然能记录，但没有重复使用的价值。比如使用仿制图章修图，虽然每次我们定义取样点，动作都进行了记录，但显然我们不可能用这个动作去修复下一张图。

实战2：成批抠图★

素材：光盘\第 14 章\素材\小丑 .JPG
视频：光盘\第 14 章\视频\成批抠图 .flv

实例素材及抠图处理结果分别如图14–67、图14–68所示。

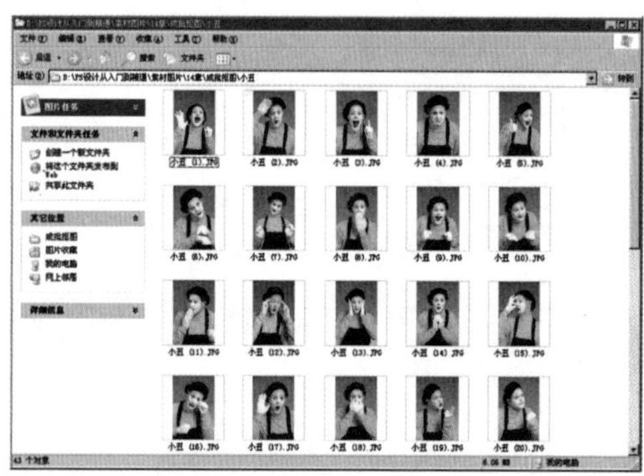

图 14–67　原图

图 14–68　批抠图后

制作思路

首先在Photoshop中安装Primatte抠图外挂滤镜，然后录制一个使用外挂滤镜抠图的动作，最后批处理抠图，其过程如图14–69所示。

图 14–69　制作过程示意

CHAPTER

15

学习重点

- 在Photoshop中输出PDF文件
- 在Photoshop中输出Web文件
- 理解陷印的含义
- 如何在Photoshop中做陷印处理
- 输出前的文件检查

打印与输出

在Photoshop中，可以根据需要设置打印选项参数，进行打印输出。本章重点讲解在Photoshop中输出不同文件的方法，以及输出前的文件检查。

15.1 打印

在Photoshop中任意打开一幅图像，执行“文件”|“打印”命令，打开“Photoshop打印设置”对话框，如图15-1所示。在对话框中可以预览打印对象，可以设置打印机、设置输出选项和色彩管理选项。

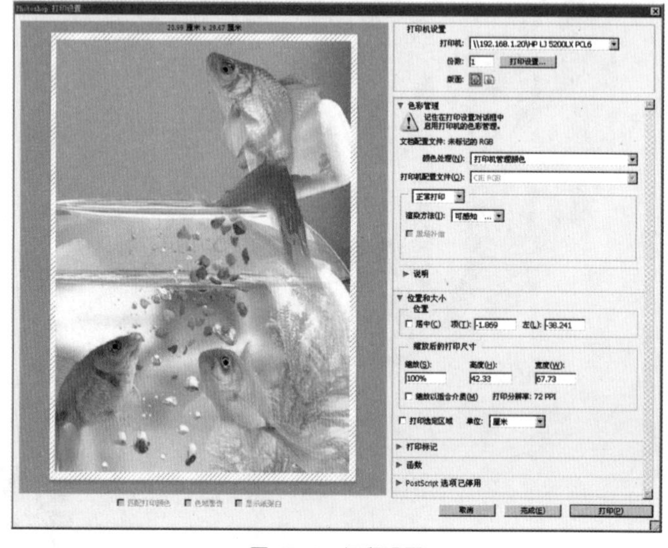

图 15-1　打印设置

1 设置基本打印选项

在“Photoshop打印设置”对话框最上方是打印机设置，可以选择打印机，设置打印份数和纸张的纵向和横向。单击 打印设置... 按钮，可进一步设置打印机，如图15-2所示。

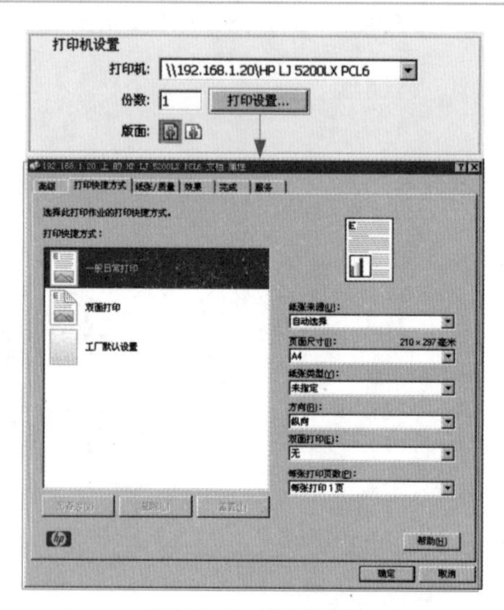

图 15-2　打印设置

2 指定颜色管理和校样选项

在“Photoshop打印设置”对话框右侧的“色彩管理”选项组中，可以设置色彩管理和校样，如图15-3所示。

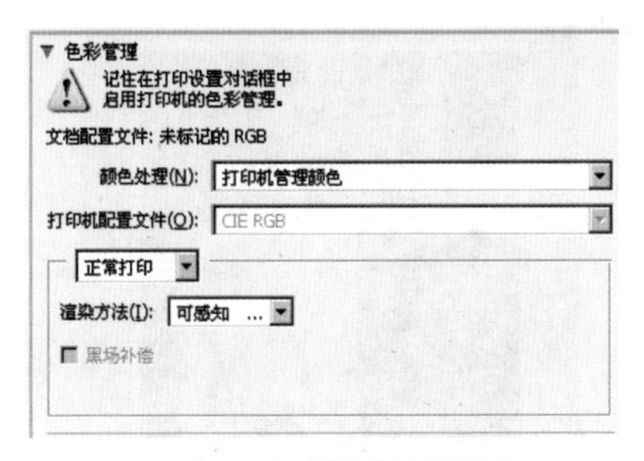

图 15-3　打印颜色管理设置

◆ 颜色处理：可以选择由打印机负责将图像颜色转成打印色，还是由Photoshop负责将图像色彩转成打印色。

◆ 正常打印/印刷校样：选择“正常打印”，可进行普通打印；选择“印刷校样”，可以模拟印刷输出的效果。

◆ 渲染方法：指定Photoshop将当前文件颜色空间转换为打印机颜色空间的方法，通常设置为“可感知”。

3 指定印前输出选项

在“Photoshop打印设置”对话框中还可以设置打印图像的位置和大小、打印标记和函数等输出选项。

1）位置和大小

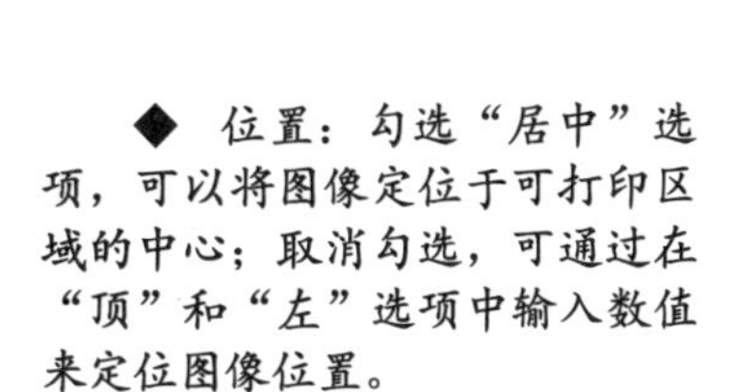

“位置和大小”选项组，如图15-4所示，用来设置图像在画面中的位置和缩放后的打印尺寸。

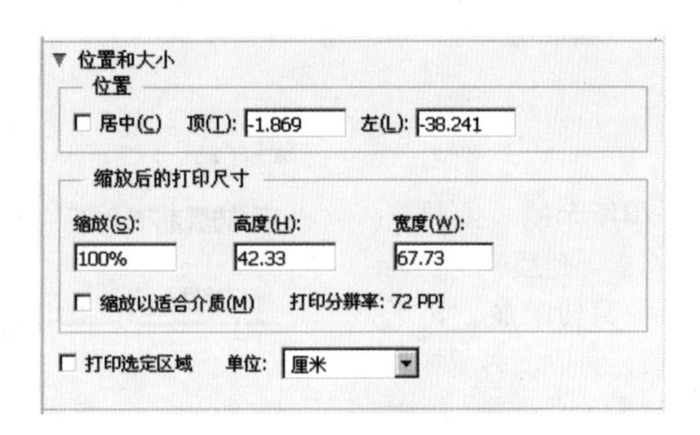

图 15-4　位置和大小设置

◆ 位置：勾选“居中”选项，可以将图像定位于可打印区域的中心；取消勾选，可通过在“顶”和“左”选项中输入数值来定位图像位置。

◆ 缩放后的打印尺寸：勾选“缩放以适合介质”选项，可以自动将图像缩放至纸张可打印的区域内，如图15-5所示；取消勾选，可在“缩放”选项中输入图像的缩放比例，或者在“高度”和“宽度”中设置图像的尺寸。

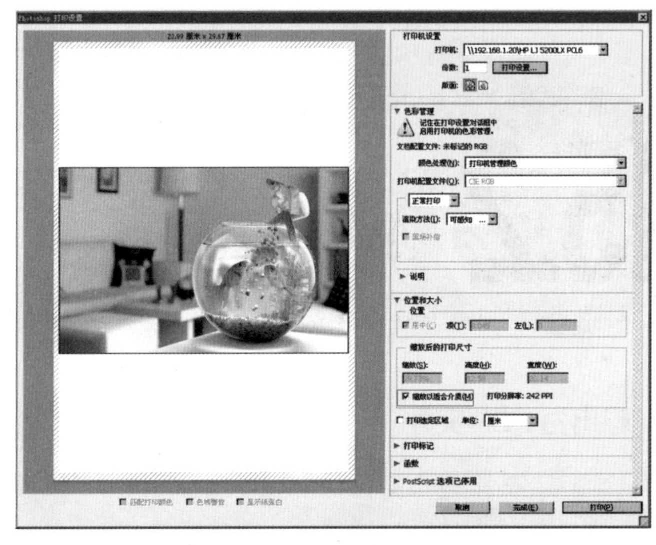

图 15-5　缩放图像到纸张范围内

◆ 打印选定区域：勾选该项，可以启用对话框中的裁剪控制功能，通过调整预览框外的四个黑色三角形来指定打印范围，如图15-6所示，只有亮色显示区域中的图像会被打印出来。

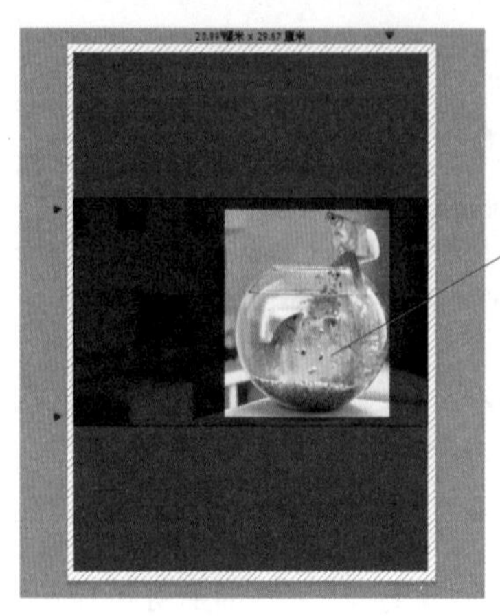

可打印区域

图 15-6　拖动定界框选定打印区域

2）设置打印标记

“打印标记”选项组可以设置是否在页面中打印出“角裁剪标志”“说明”“中心裁剪标志”“标签”“套准标记”，如图15-7所示。

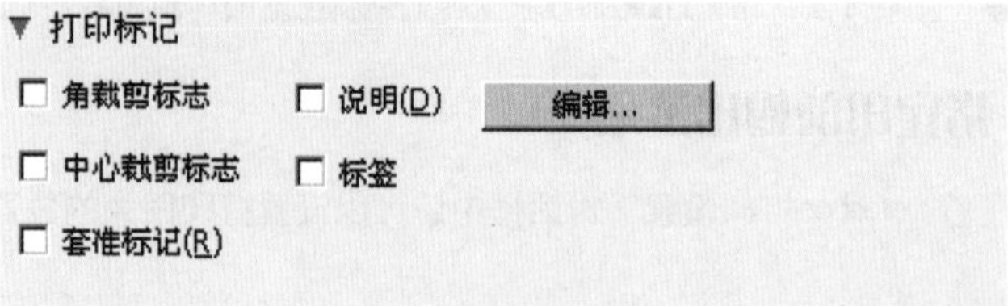

▼ 打印标记

☐ 角裁剪标志　☐ 说明(D)　编辑...

☐ 中心裁剪标志　☐ 标签

☐ 套准标记(R)

图 15-7　“打印标记”选项组

3）函数

在图15-8所示的“函数”选项组中，勾选“药膜朝下”选项，可以水平翻转图像。勾选“负片”选项，可以反转图像颜色。单击“背景”“边界”“出血”等按钮，可以打开相应选项设置对话框。

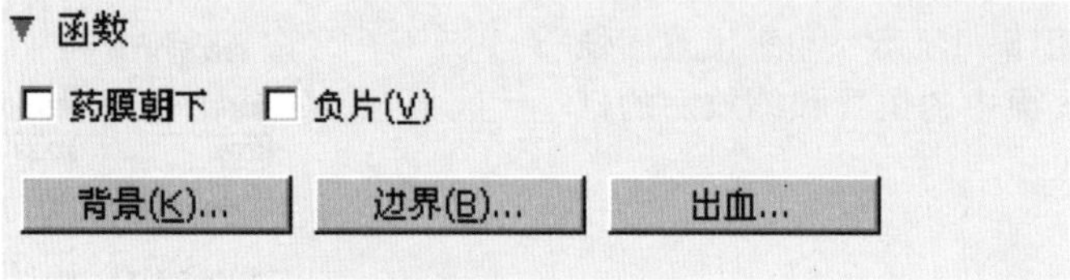

▼ 函数

☐ 药膜朝下　☐ 负片(V)

背景(K)...　边界(B)...　出血...

图 15-8　“函数”选项组

15.2 输出

1 输出为 PDF 文件

PDF格式是Adobe公司推出的支持跨平台、多媒体集成的信息出版和发布的电子文件格式，其优点是灵活、跨平台、跨应用程序。

实例体验1：输出PDF文件

素材：光盘\第 15 章\素材\音乐海报 .PSD　　视频：光盘\第 15 章\视频\输出 PDF 文件 .flv

STEP 01 执行存储为命令。按快捷键Ctrl+O打开素材文件，如图15-9所示。执行“文件”|“存储为”命令，弹出“存储为”对话框，在“格式”下拉列表中选择Photoshop PDF，如图15-10所示。

图 15-9 源文件

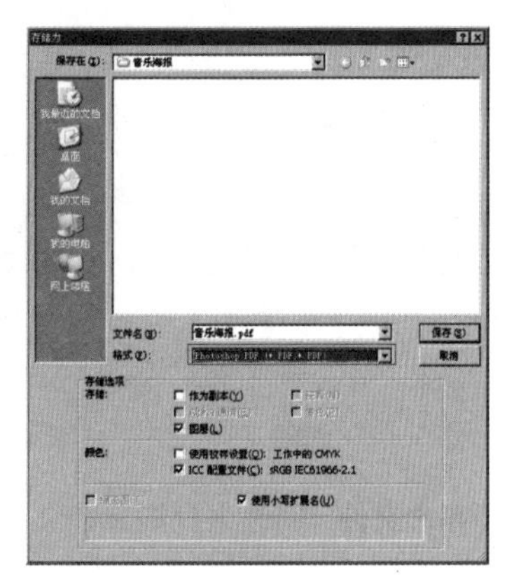

图 15-10 “存储为”对话框

STEP 02 PDF存储设置。单击“保存”按钮，弹出“存储 Adobe PDF”对话框。在“预设”下拉列表中选择“印刷质量”项，如图15-11所示。单击“存储PDF”按钮，文件存储到指定的文件夹中，如图15-12所示。

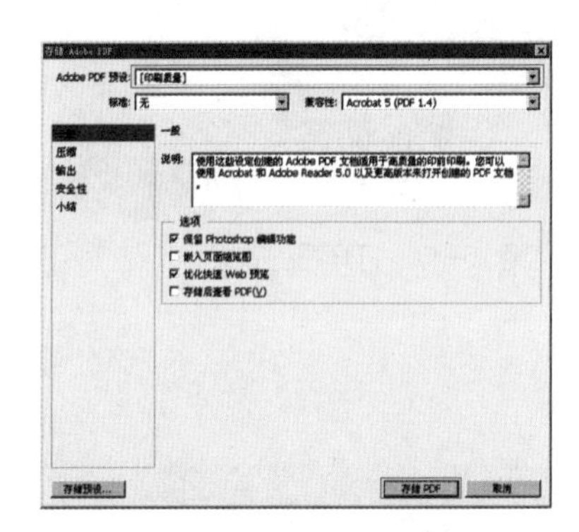

图 15-11 选择“印刷质量”

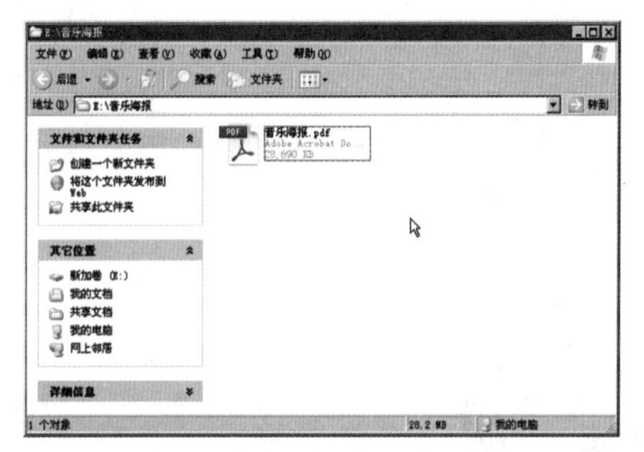

图 15-12 输出的 PDF 文件

提示

在Adobe PDF 预设的下拉列表中可以选择导出文件的类型，如“最小文件大小”“印刷质量”等。“最小文件大小”可以将很大的文件压缩到很小，便于网络传输，一般给客户看初稿时导出“最小文件大小”。“印刷质量”就是当客户定稿后拿到印刷厂印刷时需要导出的文件质量。

2 输出为 Web 文件

可以利用“存储为Web所用格式”命令将图像保存为HTML格式文件，直接用于网页。

实例体验2：输出Web文件

素材：光盘\第 15 章\素材\猫头鹰 .JPG　　视频：光盘\第 15 章\视频\输出 Web 文件 .flv

STEP 01 存储为Web所用格式。按快捷键Ctrl+O打开素材文件，如图15-13所示。执行“文件”|“存储为Web所用格式”命令，弹出“存储为Web所用格式”对话框。单击“存储”按钮，弹出“将优化结果存储为”对话框，在格式下拉列表中选择“HTML和图像”，选择指定的文件夹后，单击“保存”按钮即

可，如图15–14和15–15所示。

图 15–13　原图　　图 15–14　“存储为 Web”对话框　　图 15–15　存储优化结果

STEP02 **打开Web文件**。打开保存的文件夹，如图15–16所示，双击“猫头鹰.html”，打开效果，如图15–17所示。

图 15–16　存储 Web 格式的文件夹

图 15–17　打开后的效果

15.3 陷印

陷印也称为补漏白。主要是为了防止套印不准而对设计原稿采取的一种技术处理方法。采用陷印可以避免两个相邻的不同颜色之间出现“露白”。陷印的实质就是让两个色块在衔接处互相渗透后成为安全地带，这样可以防止在印刷过程中可能出现因套印时的细微偏移而造成露出白纸的现象，同时，相互渗透的区域会产生新的颜色，如图15–18和图15–19所示。

图 15–18　“露白”现象

图 15–19　“补漏白”后的效果

执行“图像”|“陷印”命令，会提示是否合并图层，单击“确定”按钮合并图层后，会弹出“陷印”对话框，如图15-20所示。“宽度”表示印刷时颜色向外扩张的距离。该命令仅用于CMYK模式的图像。

图 15-20 “陷印”对话框

注意

补漏白常应用于色彩对比较强烈的文字或色块类的图形图像。普通的连续色调图像没有必要进行补漏白设置，如果补漏白，可能还会破坏图像的视觉效果，因为补漏白后，颜色会出现叠印而产生新的颜色，比如图15-19中的黄色和洋红色叠印产生了红色轮廓。

15.4 输出前检查

设计完成的印刷作品，输出前应该做一次详细检查。检查的内容如下。

- 文件是否预留出血。
- 文件颜色模式是否正确。
- 文件分辨率是否足够。
- 文件尺寸是否正确。
- 黑色文字图层、黑色细线的图层模式是否为正片叠底。
- 黑色线条、小面积的黑色块、黑色文字是否为单黑（C0 M0 Y0 K100）。
- 细小文字是否取消了消除锯齿。
- 大面积的黑块是否加了青，颜色为C40 M0 Y0 K100。
- 是否删除了没用的图层、通道及路径。

如果设计的是喷绘稿，则不需要检查出血，其他检查项如下。

- 文件颜色模式是否正确。
- 文件分辨率是否适合。
- 文件尺寸是否正确。
- 黑色文字、黑色色块的色值是否是四色黑。
- 细线的宽度是否大于0.5mm。

实例体验3：输出检查

素材：光盘\第 15 章\素材\踢踏舞折页 .PSD　　视频：光盘\第 15 章\视频\输出检查 .flv

STEP 01 **检查设计尺寸、出血和分辨率。**按快捷键Ctrl+O打开“踢踏舞折页.PSD”素材文件，如图15-21所示。执行“图像”|“图像大小”命令，弹出“图像大小”对话框，在“文件大小”栏中显示文件的尺寸和分辨率，如图15-22所示。该文件是一个三折页，所以这里的尺寸应该是出血尺寸加折页展开的成品尺寸，分辨率不低于300dpi。

图 15-21 源文件

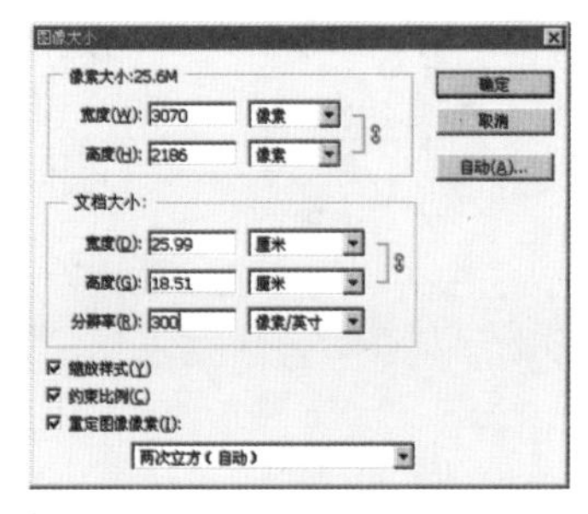

图 15-22 “图像大小”对话框

STEP 02 检查文件的色彩模式。检查文件的色彩模式是否是CMYK模式，因为印刷不允许出现RGB色彩模式，如图15-23所示。

图 15-23 检查文件的色彩模式

STEP 03 删除没用的图层、通道和路径。分别打开图层、通道、路径面板，检查是否有没用的图层、通道和路径，应删除隐藏的图层、通道和多余的路径，如图15-24～图15-26所示。

图 15-24 删除隐藏的图层

图 15-25 删除多余的通道

图 15-26 删除没用的路径

STEP 04 检查黑色背景的CMYK值。选择"背景"图层，按住Alt键单击"背景"图层前面的眼睛图标，只显示背景层，然后选择工具箱中的吸管工具吸取颜色，如图15-27所示。双击前景色图标，在弹出的"拾色器"窗口中，可以看到黑色"背景"图层的CMYK值，如图15-28所示。

图 15-27 吸取颜色

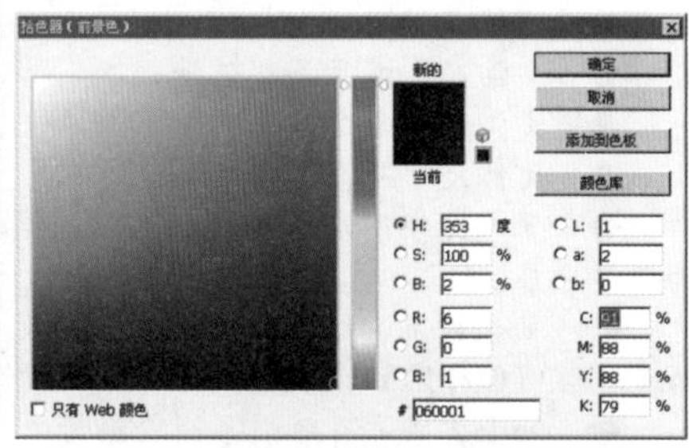

图 15-28 观察"背景"的 CMYK 值

STEP 05 修改"背景"的颜色。大面积的黑色背景，色值应设置为C40 M0 Y0 K100。更改"拾色器"对话框中的色值为C40 M0 Y0 K100，如图15-29所示，然后单击"确定"按钮，按组合键Alt+Delete填充背景，再次按住Alt键单击"背景"图层前面的眼睛图标，显示全部，如图15-30所示。

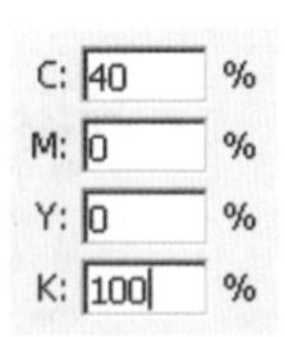

图 15-29 更改色值

图 15-30 修改背景色值后显示全部

CHAPTER

16

学习重点

- 普通照片调色
- 特殊照片处理
- 创意图像合成
- 印刷品设计与网页设计的不同

综合实战

本章主要讲解照片的精修和调色、照片的特殊处理、照片的合成和大型喷绘广告、海报、手机界面、网页设计的方法。通过一些具有代表性的实例讲解，使读者掌握人像照片修饰、创意合成和广告设计等精妙技法。

实战1：中性灰质感磨皮★

素材：光盘\第16章\素材\素材1.TIF
视频：光盘\第16章\视频\试镜美女.flv

实例素材及磨皮效果分别如图16–1、图16–2所示。

图16–1 原图

图16–2 中性灰质感磨皮

制作思路

使用修复污点画笔等工具，修复面部斑点；照片滤镜命令为照片增温后，曲线和色相/饱和度命令再次调整；USM锐化后，为人物磨皮，完成最终效果。

实例制作过程如图16–3所示。

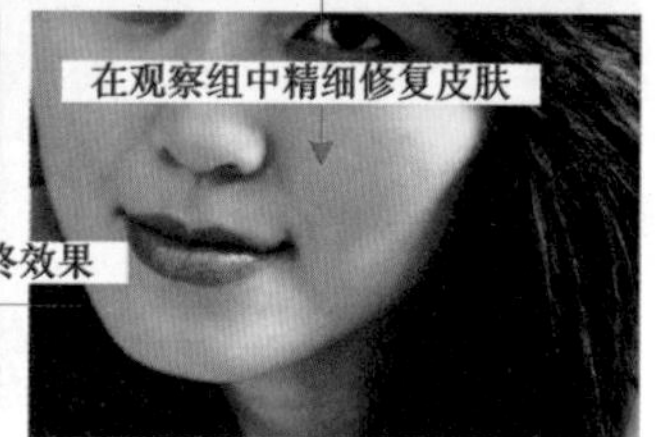

图16–3 制作流程示意

实战2：古铜色肤色调整★

素材：光盘\第16章\素材\素材2.JPG
视频：光盘\第16章\视频\古铜色肤色调整.flv

实例素材及人物皮肤质感处理效果分别如图16–4、图16–5所示。

图16–4 原图

图16–5 古铜色肤色效果

制作思路

钢笔工具抠出人像，然后将其删除后留下背景；调整背景颜色；单击调整人物肤色，最后使用画笔工具涂抹出人物的古铜肤色。

实例处理过程如图16–6所示。

图 16–6　处理过程示意

实战3：制作玻璃后面的人物效果★

素材：光盘\第 16 章\素材\素材 3.JPG、素材 4.JPG
视频：光盘\第 16 章\视频\制作玻璃后面的人物效果 .flv

实例素材及玻璃特效处理效果分别如图16–7、图16–8所示。

图 16–7　原图

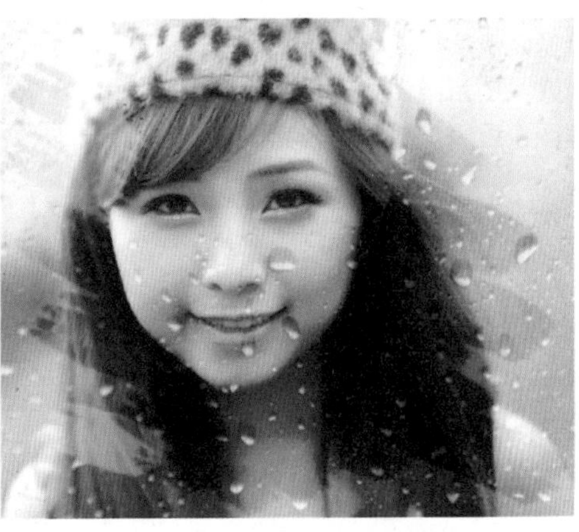

图 16–8　制作玻璃后面的人物效果

制作思路

复制一个图层后，执行"高斯模糊"命令；添加图层蒙版，使用画笔工具实现擦拭效果；叠加水珠素材，完成最终效果。

实例制作过程如图16-9所示。

图 16-9　特效制作过程示意

实战4：打造一个半调网屏唱片封面★

素材：光盘\第 16 章\素材\素材 5.JPG
视频：光盘\第 16 章\视频\打造一个半调网屏唱片封面 .flv

实例素材及特效制作效果如图16-10、图16-11所示。

图 16-10　原图

图 16-11　半调网屏唱片封面

制作思路

利用色阶、表面模糊等命令对素材图像进行简单的调整；将图像转换为灰度模式后，再转为位图模式；使用半调网屏直线效果处理图像后添加文字等，完成最终效果。

实例制作过程如图16-12所示。

图 16-12　制作过程示意

实战5：制作非常个性的雷朋风格人物海报★

素材：光盘\第 16 章\素材\素材 6.JPG
视频：光盘\第 16 章\视频\制作非常个性的雷朋风格人物海报 .flv

实例素材及雷朋人物海报制作效果分别如图16-13、图16-14所示。

图 16-13　原图

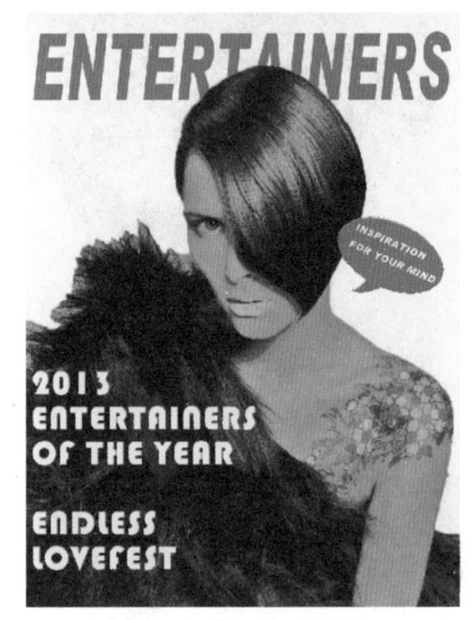

图 16-14　雷朋风格人物海报

制作思路

首先填充背景，执行阈值命令；然后选中人物的黑色区域，填充紫色后，执行色相混合模式；最后使用色相/饱和度命令调整人物的颜色，添加文字，完成最终效果。

实例制作过程如图16-15所示。

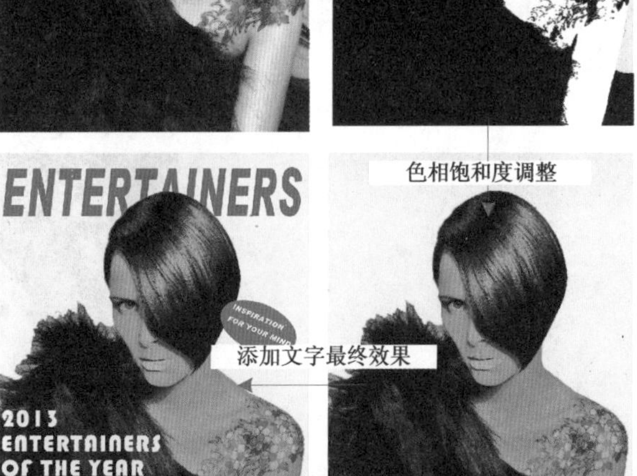

图 16-15　制作过程示意

实战6：真实照片转黑白漫画效果★

素材：光盘\第 16 章\素材\素材 7.JPG
视频：光盘\第 16 章\视频\真实照片转黑白漫画效果 .flv

实例素材及漫画效果分别如图16–16、图16–17所示。

图 16–16　原图

图 16–17　黑白漫画效果

制作思路

复制新图层后去色，色阶命令调整对比度；然后新建图层，填充50%的灰，执行添加杂色、动感模糊等滤镜，制作出条纹图层；使用强光混合模式与背景融合，自由变换调整倾斜后，用相同的方法制作出背景，完成最终效果，其过程如图16–18所示。

图 16–18　制作过程示意

实战7：制作怀旧封面印刷海报★

素材：光盘\第 16 章\素材\素材 8.JPG、素材 9.JPG
视频：光盘\第 16 章\视频\制作怀旧封面印刷海报 .flv

实例素材及怀旧海报制作效果分别如图16–19、图16–20所示。

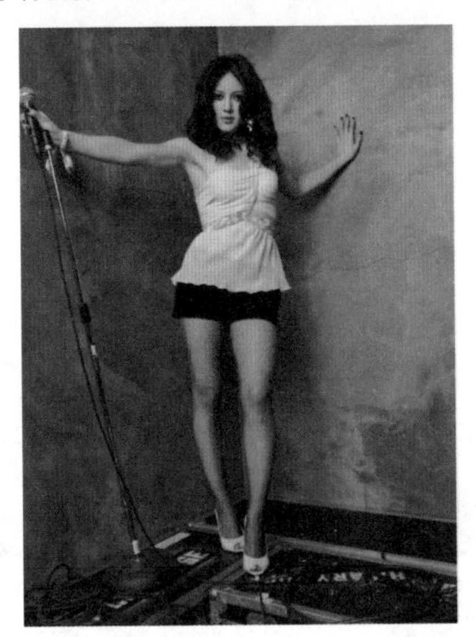

图 16–19　原图

图 16–20　怀旧封面印刷海报

制作思路

最小值滤镜得到人物线条轮廓；运用半调图案素描滤镜后，用曲线、可选颜色等命令调整图像；最后填充一个径向渐变，添加文字，完成最终效果。

实例制作过程如图16–21所示。

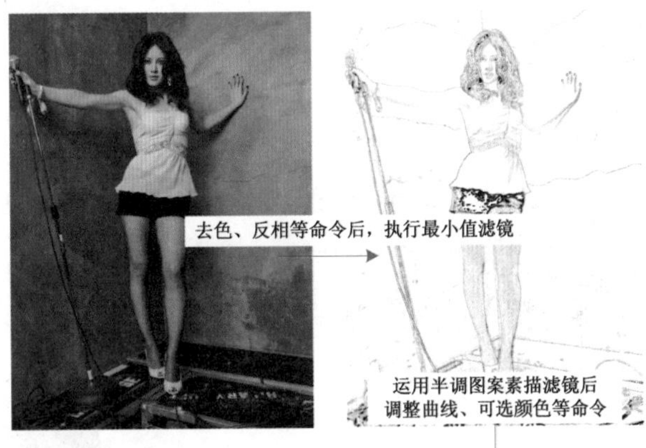

图 16–21　制作流程示意

实战8：神奇的红外效果★

素材：光盘\第 16 章\素材\素材 10.JPG
视频：光盘\第 16 章\视频\神奇的红外效果 .flv

实例素材及红外效果分别如图16—22、图16—23所示。

图 16—22　原图

图 16—23　神奇的红外效果

制作思路

复制新图层、反相命令后，运用色相混合模式与背景融合；通道混合器调整颜色；色相/饱和度、曲线等命令调整颜色，完成最终效果。

实例制作过程如图16—24所示。

图 16—24　制作流程示意

实战9：穿梭在夜空的海龟★

素材：光盘\第 16 章\素材\穿梭在夜空的海龟
视频：光盘\第 16 章\视频\穿梭在夜空的海龟 .flv

本实例制作效果如图16—25所示。

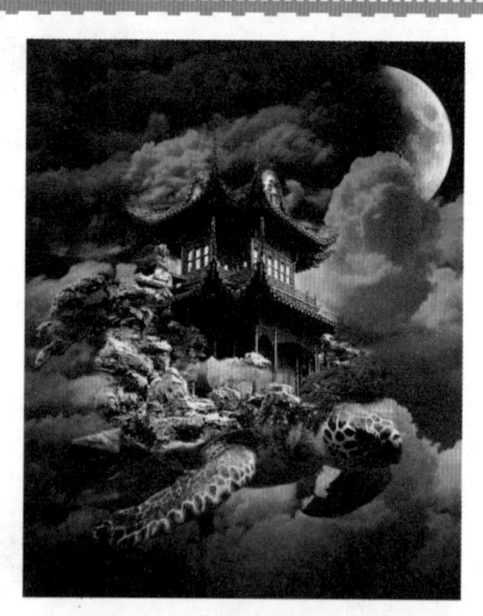

图 16—25　穿梭在夜空的海龟

制作思路

叠加两个云层素材后，进行调色；抠取海龟图像，使用图层蒙版合成图像；运用色彩平衡、亮度/对比度、色相/饱和度等调色命令调整图像的细节和整体，完成最终效果。

实例制作过程如图16－26所示。

图 16–26　制作流程示意

实战10：合成CG插画★

素材：光盘\第 16 章\素材\合成 CG 插画
视频：光盘\第 16 章\视频\合成 CG 插画 .flv

本实例的效果图如图16－27所示。

图 16–27　合成 CG 插画

制作思路

对素材底图进行调色后，打开一幅人像素材；调整人像颜色，抠取人像面部的区域；添加蝴蝶、植物、云朵和树藤等素材后，调整细节，完成最终效果。

实例制作过程如图16－28所示。

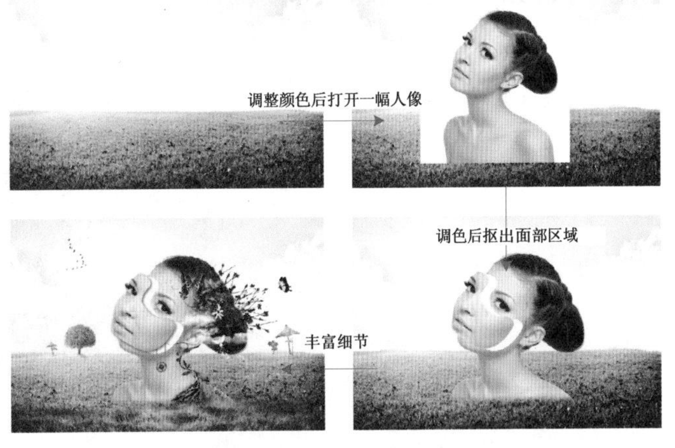

图 16–28　制作流程示意

实战11：俯瞰瀑布上的城堡★

素材：光盘\第16章\素材\俯瞰瀑布上的城堡
视频：光盘\第16章\视频\俯瞰瀑布上的城堡.flv

本实例效果图如图16-29所示。

图16-29　俯瞰瀑布上的城堡

制作思路

打开原图后，使用图层蒙版合成瀑布、鸟瞰的城市；在瀑布上方添加一个城堡，并调整颜色；调整整体虚实、明暗和整体颜色，完成最终的效果。

实例制作过程如图16-30所示。

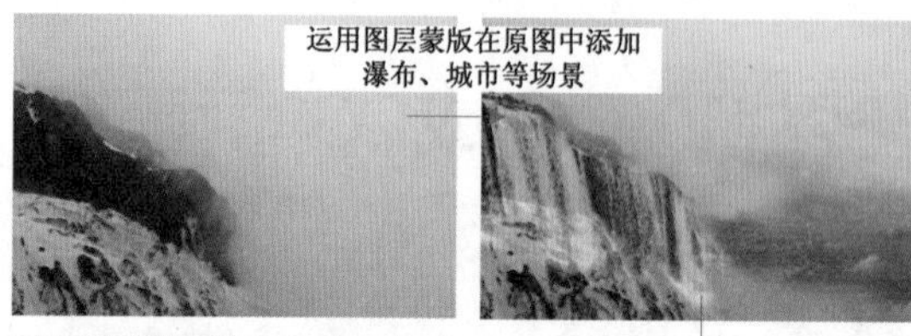

图16-30　制作过程示意

实战12：启航的蜗牛★

素材：光盘\第16章\素材\启航的蜗牛
视频：光盘\第16章\视频\启航的蜗牛.flv

本实例效果图如图16-31所示。

图16-31　启航的蜗牛

制作思路

绘制一个渐变背景；抠取蜗牛图像，添加水花、蜗牛壳上的苔藓、大海和云朵等素材，同时进行调色；丰富细节后，调整整体画面的光影和色调，完成最终效果。

实例制作过程如图16-32所示。

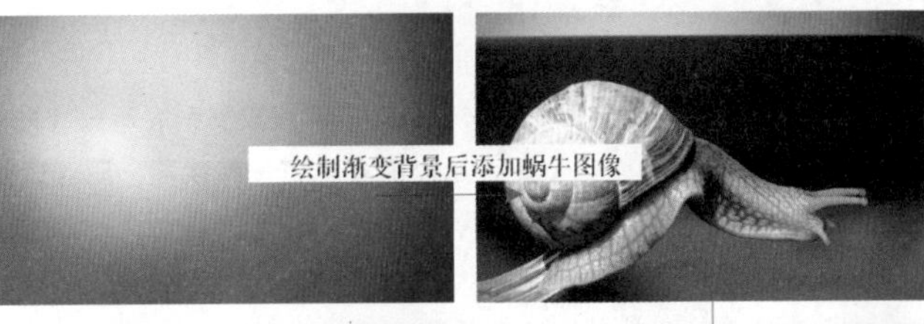

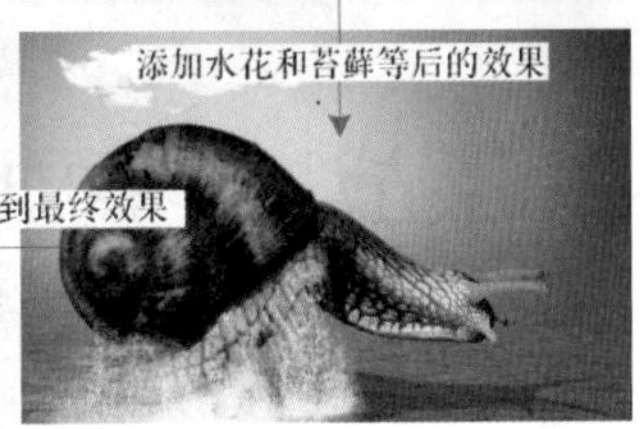

图 16-32　制作过程示意

实战13：户外大喷广告设计★

素材：光盘\第 16 章\素材\户外大喷广告设计
视频：光盘\第 16 章\视频\户外大喷广告设计 .flv

本案例制作一则大型喷绘公益广告，海报的主题是畅通北京，绿色出行，倡导人们骑自行车出行，少开车，真正的行动起来，减少空气污染，爱护我们的美好家园。广告采用PVC网格布材料油性墨喷绘，宽高为2.3m×1.6m，如图16-33所示。

图 16-33　公益广告——绿色出行

制作思路

新建页面后，绘制出背景色块和天空区域；添加素材图像，放置在合适的位置；最后输入文字，并设置图层样式，完成最终效果。

实例制作过程如图16-34所示。

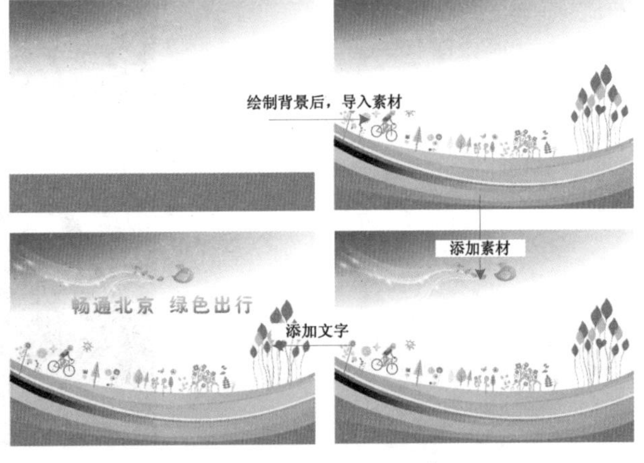

图 16-34　制作过程示意

大型喷绘不需要做出血，所以在做文件时按成品的实际尺寸做就可以了。大型喷绘广告分辨率一般要求在10dpi~35dpi，原则上尺寸越小的文件分辨率就高，尺寸较大的文件，分辨率可相应降低；大型喷绘都是远观，所以设计时应简洁明了，有较强的视觉冲击力；色相/饱和度可以稍高一些，经得起风吹日晒。

实战14：海报招贴设计★

素材：光盘\第16章\素材\海报招贴设计
视频：光盘\第16章\视频\海报招贴设计.avi

海报是一种信息传递艺术，具有尺寸大、远视强、艺术性高的特点，又名"招贴"或"宣传画"，国外也称之为"瞬间"的街头艺术。分布在街道、影剧院、展览会、商业区、车站、公园等公共场所。按应用不同大致可分为商业海报、文化海报、电影海报和公益海报等。

音乐会海报设计应当具有强烈的艺术感染力和视觉效果，本案例海报宽高为420mm×570mm，铜版纸单面印刷，如图16-35所示。

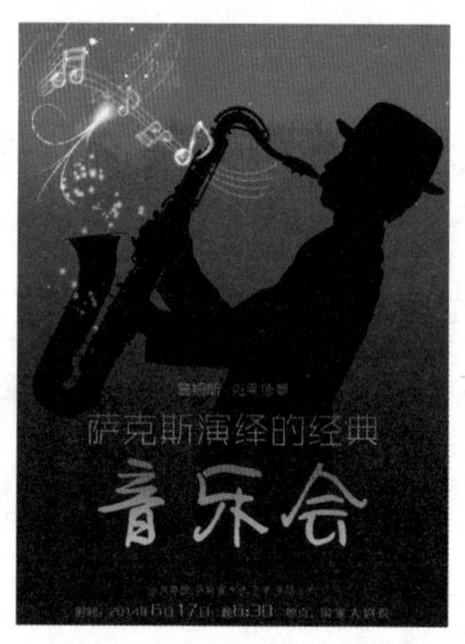

图16-35　音乐海报设计

制作思路

本案例制作一则音乐会海报，新建页面后，绘制出渐变背景颜色；添加素材图像，放置在合适的位置；最后输入文字，设置图层样式，完成最终效果。

实例制作过程如图16-36所示。

图16-36　制作过程示意

提示

商业宣传类海报多以产品作为主题，以传递产品信息以及品牌理念为主要目的。在设计上调动色彩、构图、形式感等因素形成强烈的视觉效果，激发人们的消费欲望，力求新颖、单纯。海报的规格主要以四开、对开、全开为主，纸张以70～150g/㎡胶版纸、100～250g/㎡铜版纸以及特种纸为主，单面印刷。

实战15：手机操作界面设计★

素材：光盘\第16章\素材\手机操作界面设计
视频：光盘\第16章\视频\手机操作界面设计.avi

手机界面设计应通过界面的版面、色彩、文字、图标等视觉元素来实现界面的风格，兼顾审美和操作。审美层次的界面风格是指界面给用户带来的视觉享受，操作层面则是用户体验交互操作的流畅性与协调性。

本实例效果如图16–37所示。

图16–37　手机操作界面设计

制作思路

新建页面后，制作底图效果；设计出天气图标和时间组合；最后设计电话、解锁、短信等操作控制，完成最终效果。

实例制作过程如图16–38所示。

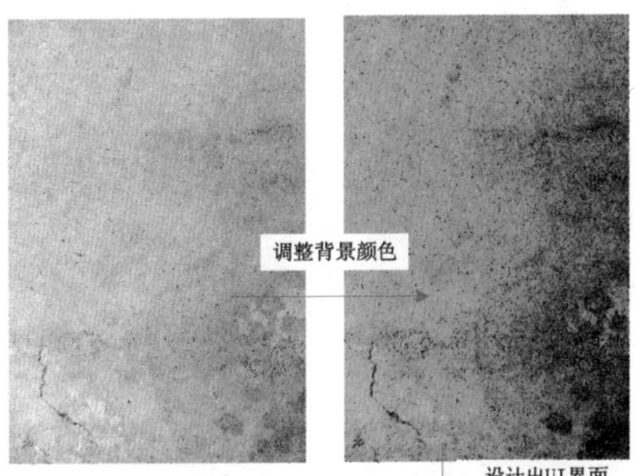

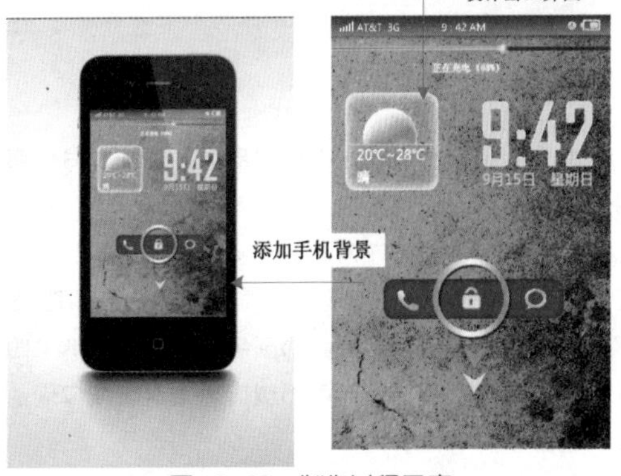

图16–38　制作过程示意

实战16：网页设计★

素材：光盘\第16章\素材\素材11.JPG、素材12.JPG
视频：光盘\第16章\视频\网页设计.avi

在浏览网站的时候，图片和文字能够直接传达用户想要寻觅的信息，所以在显著的版块中设计图像和文字这些最重要的信息尤为重要。

本实例制作的网页如图16–39所示。

图16–39　网页设计

制作思路

新建页面后，划分出网页的基本大块；添加网页内容，商品图及花纹等；最后设计制作出导航栏和搜索栏，完成最终效果。

实例制作过程如图16–40所示。

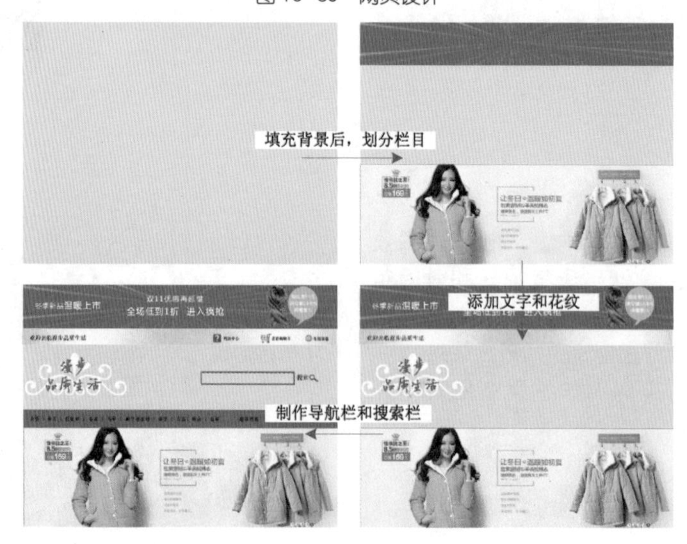

图16–40　制作过程示意

注意

我们平常所说的平面设计多指印刷品的设计，它与界面设计、网页设计等都属于视觉传达设计，但它们之间有很大的不同。

1.最大的不同就是载体不同。印刷品的设计成品是要印刷在纸张上，然后再呈现在我们面前，而界面设计、网页设计则是通过手机、显示器等显示出来，不需要经过印刷。

2.颜色的使用也有很大不同。印刷品的设计是CMYK四色的，而界面设计、网页设计是RGB。

3.它们的分辨率也不相同。界面或网页上的图像仅需达到网页显示的分辨率即可，而印刷品分辨率要求在300dpi以上。